依据《有机化合物命名原则·2017》修订命名

有机化学

Organic Chemistry

第三版

主　编　陆国元
副主编　李　英　邵　莺

南京大学出版社

图书在版编目(CIP)数据

有机化学 / 陆国元主编. — 3版. — 南京：南京大学出版社，2018.12(2025.1重印)

ISBN 978 - 7 - 305 - 21038 - 9

Ⅰ. ①有… Ⅱ. ①陆… Ⅲ. ①有机化学 Ⅳ. ①O62

中国版本图书馆CIP数据核字(2018)第227857号

出版发行 南京大学出版社
社　　址 南京市汉口路22号　　　邮　编 210093

书　　名 **有机化学**
YOUJI HUAXUE
主　　编 陆国元
责任编辑 刘　飞　蔡文彬　　　编辑热线 025 - 83592146

照　　排 南京南琳图文制作有限公司
印　　刷 南京人民印刷厂有限责任公司
开　　本 787 mm×1092 mm　1/16　印张 28　字数 682千
版　　次 2025年1月第3版第3次印刷
ISBN 978 - 7 - 305 - 21038 - 9
定　　价 68.00元

网址：http://www.njupco.com
官方微博：http://weibo.com/njupco
官方微信号：njupress
销售咨询热线：(025) 83594756

第三版前言

本书第三版在保持第二版的体系和基本章节基础上，根据近年有机化学的发展对第二版的内容作了必要的更新修订、删减和补充。

最近中国化学会颁布了《有机化合物命名原则 2017》（科学出版社，2018 年 1 月），因此第三版对有机化合物的命名作了相应的修订，并且以中英文对照的形式表示化合物的名称，以利于读者掌握修订后的命名原则和中英文名称的互译转换。立体化学是有机化学的重要内容，根据《有机化合物命名原则》的规定和推荐，第三版对有机立体化学有关术语和内容作了相应的修正和调整。严格的环境保护已是我国的基本国策，因此从反应"源头"防治、消除污染是有机化学工作者的重要使命。第三版在第十八章增加了绿色有机合成的内容，并在相关章节介绍绿色低毒化学试剂，如碳酸酯和交酯等的化学反应及应用。

第三版以嵌入二维码的形式提供动画、视频、课件等电子资源作为课外阅读材料，以提高学生的自主学习积极性。第三版对各章的思考问题和习题也作了部分修改、删减或增补，书末附有解答提示或参考答案。

第三版的内容具有一定的深度和广度，建议教学课时为 60～80 学时，在目录中标有星号的内容可根据教学课时数多少取舍，或供学生课外阅读参考。

第三版由南京大学陆国元教授、南京信息工程大学李英教授和常州大学邵莺副教授共同完成修订，并由李英和邵莺制作完成课程参考课件。

主编谨对广大读者多年来的支持和帮助表示衷心感谢。由于编者水平有限，希望读者对书中谬误和不妥之处批评指正。

主编　陆国元

2018 年 10 月于南京

第二版前言

本书第一版出版至今已十一年之久。在此期间，有机化学在理论和应用方面都取得了重要进展。为了适应当前有机化学教学的要求，作者征求了各方面的意见，对第一版作了必要的修改、删减和补充。

本书第二版保持了第一版的体系和基本章节，并补充了有机化学发展的新成就，如烯烃复分解反应、不对称氢化和不对称环氧化等新反应。第二版增加了"有机合成基础"一章，该章可作为本书有机反应的总结，同时给予学生有机合成方面必要的基础知识。第二版对各章的思考问题和习题及其解答提示也作了部分修改、增补或删减。

第二版的内容具有一定的深度和广度，教学学时数为80学时左右。在目录中加 * 号的内容可根据教学学时多少取舍，或供学生课外阅读参考。

强琚莉博士和刘芳博士对本书的修订提供了宝贵意见。张海棠硕士和博士生韦丽、史界平、沈波等为第二版绘制了结构式并细致校对了全稿，在此谨向他们表示衷心感谢。

编者谨对广大读者多年来的支持和帮助表示衷心感谢。由于编者水平有限，希望读者对不妥之处批评指正。

主 编

2010 年 5 月于南京

第一版前言

近20年来，生命科学的发展极为迅速，对生命现象的研究越来越深入到分子水平上。作为生命科学的主干基础课程的有机化学，仅仅学习和掌握官能团的性质显然已不适应生命科学发展的需要。为此我们编写了《有机化学讲义》，并在南京大学医学院、生物系及环科系等专业的教学中试用，经数年的教学实践，广泛听取意见，吸取国内外新知识、新资料，并不断修改，编写成本书。

本书首先介绍有机化学的基本理论，第一章介绍价键理论、分子轨道理论、共振论及电子效应。第二章和第五章介绍过渡状态理论和构象，第三章介绍顺反异构，第七章介绍对映异构，使有机化学基本理论的教学贯穿始终，反复运用，融会贯通。

本书有关章节用较多篇幅阐述重要有机反应的机理，培养学生正确书写反应机理的能力，使学生理解和掌握有机反应的本质，为学习和研究生命体中的化学变化规律打下扎实的基础。

近代物理方法红外光谱、紫外-可见光谱、核磁共振谱和质谱是测定有机化合物结构的快速且有效的方法，对生物物质的结构解析也十分重要。本书第十一章全面介绍这些方法的基本原理和应用。该章内容相对独立，可以根据教学要求提前或推迟讲授。

本书内容力求避免和生物化学等课程的内容重复，因此删去蛋白质和核酸的性质、结构以及生物合成等内容，并把氨基酸内容放在含氮化合物一章。

为帮助学生更好地学习这一门课程，我们在大多数内容的节后都安排一些思考问题，每章后面也有一定数量的习题，书末附有部分问题和习题的解答提示或参考答案。

本书内容有一定的深度和广度，教学学时数为80左右。因此凡在目录加*号的内容，可根据教学学时数多少取舍或供学生课外阅读参考。

陈中俊副教授编写了醇酚醚、醛酮、羧酸及其衍生物和取代酸等章节的初稿，丁孟辛博士编写了第十章的初稿，并对其余各章提供了宝贵的意见。

在本书编写过程中，承蒙胡宏纹院士的热情支持和指导。冯骏材教授详细审阅了全部书稿并提出了许多宝贵意见。南京大学化学系有机化学教研室的老师、南京大学医学院和生物系的领导以及有关老师对本书的编写和出版曾给予许多关心、帮助和支持。在此谨向他们表示衷心的感谢。

由于编者水平有限，不妥之处在所难免，恳请读者批评指正。

主　编

1998 年 10 月于南京

目　录

二维码资源一览表

序号	资源内容	对应页码	二维码
1	特配电子资源	目录	
2	有机化合物和无机化合物的区别	2	
3	甲烷的模型	6	
4	乙烯的分子轨道	7	
5	有机分子构造式的表示方法	12	
6	σ 键的旋转与构象	21	
7	锯木架式和纽曼投影式	22	
8	乙烷的构象与能量	22	
9	丁烷的构象与能量	23	
10	• 石油精炼和各馏分的用途 • 汽油 • 可燃冰的结构	30	
11	烯烃的顺反异构体	32	
12	烯烃聚合改变我们的生活	49	
13	• 烯烃的制法和来源 • 天然果蔬中存在的烯烃 • 乙烯利 • 昆虫信息素	50	
14	乙炔的结构	51	
15	• 聚合物电致发光(PLED) • 聚乙炔和导电聚合物	57	
16	[4+2]环加成反应分子轨道作用图	64	
17	环丙烷的燃烧热和稳定性	70	
18	环丙烷结构的模型	71	
19	• 金刚胺 • 八硝基立方烷	72	
20	环己烷的构象(椅式+船式)	72	
21	环己烷的构象翻转	73	
22	芳环上的亲电取代反应机理	86	
23	共振理论说明： • 硝基的间位定位效应 • 甲基、烷基和羟基的邻对位定位效应	94	
24	萘的分子模型	98	

（续表）

序号	资源内容	对应页码	二维码	序号	资源内容	对应页码	二维码
25	• 富勒烯 • 石墨烯	102		37	呼吸式酒后分析器的原理	158	
26	• [18]轮烯的模型 • 芳烃的工业来源	104		38	维生素 E	165	
27	自然界的手性	106		39	青蒿素的发现	174	
28	旋光仪的构造及旋光度的测定	109		40	苯并[α]芘的致癌机理	179	
29	判断手性中心构型的简便方法	114		41	大蒜洋葱和含硫化合物	182	
30	对映异构现象的发现	117		42	卤仿反应的机理	197	
31	非对映选择性反应	127		43	视觉中的化学	204	
32	卤代烃的制法	130		44	活性中间体的结构特点	208	
33	S_N2 反应的机理	136		45	红外光谱	211	
34	S_N1 反应的机理	137		46	紫外-可见光谱	217	
35	E1 和 E2 反应的机理	142		47	核磁共振谱	221	
36	• 氟利昂和臭氧层被破坏的危害 • 多氯代烃和环境污染	145		48	核磁共振成像	230	

（续表）

序号	资源内容	对应页码	二维码	序号	资源内容	对应页码	二维码
49	质谱	233		59	花青素和植物的颜色	333	
50	青霉素和头孢菌素	262		60	吸烟有害健康	339	
51	• 磺酸型阳离子交换树脂 • 磺胺抗菌药和磺酰脲降糖药物	264		61	有机发光二极管(OLED)	342	
52	取代酸的酸性	268		62	α-D-(+)-葡萄糖和β-D-(+)-葡萄糖的半缩醛结构	347	
53	亮菌	271		63	维生素 C	355	
54	• 苹果酸、酒石酸和柠檬酸 • 阿司匹林 • 降血脂和胆固醇的他汀类药物	272		64	• 环糊精 • 人工合成甜味剂	358	
55	喹诺酮抗菌药	274		65	α-葡萄糖酶抑制剂	360	
56	常见反应机理总结	276		66	骨化醇药物	373	
57	• 相转移催化 • 表面活性剂	293		67	芸苔素内酯(油菜素内酯)	374	
58	维生素 PP 和维生素 B_6	332		68	绿色化学十二原则	396	

第一章 绪 论

§1.1 有机化合物和有机化学

一、有机化合物和有机化学

有机化合物(organic compound)一般是含碳的化合物。有机化合物中除了含碳以外，含量最多的元素是氢，其次是氧、氮、硫、磷和卤素等，因此有机化合物也被称作是碳氢化合物及它的衍生物。但是一氧化碳、二氧化碳和碳酸、氢氰酸、硫氰酸及它们的金属盐等简单的含碳化合物不属于有机化合物，而被看作是无机化合物。研究有机化合物的组成、结构、性质及变化规律的科学叫作有机化学。

人类对有机化合物的认识是从动植物开始的。最初是从动植物中提取有用的成分，例如从植物中提取染料、药物、香料等，继而用植物果实发酵酿酒、制醋等。到 18 世纪末，人们已能从动植物中得到许多纯粹的有机化合物，如酒石酸、乳酸、苹果酸、尿酸、吗啡等等。这些来源于动植物的化合物与来源于矿物的化合物相比，有显著不同的性质。由于受当时科学水平的限制，曾认为这些化合物是在生物体内"生命力"的作用下生成的，因而称为有机物，意即有生机的化合物。而把来源于无生命的矿物的化合物叫作无机化合物。

1828 年，德国化学家韦勒(Wöhler F.)加热氰酸铵的水溶液得到了尿素。这一发现说明有机化合物无须生物体内神秘的"生命力"的帮助也能生成。随后许多有机化合物如醋酸、油脂等也在实验室和工厂从无机化合物中制造出来，"生命力"学说被彻底摒弃。但有机化合物这一历史性的名称却沿用至今。19 世纪中叶，碳四价和碳链及碳的四面体结构等经典的有机结构理论逐步建立。进入 20 世纪，量子化学的建立导致从价键理论到分子轨道理论的发展。20 世纪中期分子轨道守恒原理的确立，奠定了现代有机化学结构理论的基础。伴随分析仪器的进步和发展，有机化学快速发展取得辉煌成就。现在，人们不但能合成自然界存在着的复杂的天然有机物，而且能设计合成自然界不存在但具有更好性能的有机化合物。有机化学为人类创造了巨大的物质财富，并推动着生命科学、材料科学及其它科学的发展。

二、有机化合物的一般特性

有机化合物的数目众多，目前已有 8 000 多万种，并且还在迅速增长，而由 100 多种元素组成的无机化合物仅几十万种。大多数有机化合物与典型的无机化合物在性质上有明显的差别。有机化合物一般都可以燃烧，挥发性较大，固体有机化合物的熔点较低，在 400 ℃以下。有机化合物一般难溶于水，反应速度慢、副反应多。有机化合物与无机化合物性质上的差异主要是由于分子中化学键的性质不同所造成的，有机化合物分子中的原子是以共价键(covalent bond)结合的,而典型的无机化合物则是以离子键(ionic bond)结合的。

三、有机化学的重要性

有机化合物和无机化合物的区别

有机化合物具有十分广泛而重要的用途,在国民经济中占有十分重要的位置,并且与人们生活密切相关。例如农业上使用的农药、除虫剂,植物生长调节剂,临床医学上使用的中、西药物,纺织工业上使用的染料和各种印染助剂,日用工业上使用的香料、食品添加剂,电子工业上使用的有机导体、液晶、有机发光材料等等,都是有机化合物。合成纤维、合成橡胶、塑料等也是由简单的有机化合物聚合得到的高分子化合物。

有机化学和生命活动有着密切的关系。组成生物体的物质除了水和一些无机盐之外,绝大部分都是有机物。更为重要的是生物的生长、发育、衰老、死亡的过程都是组成生物体的各种有机物连续不断的互相依赖和制约的化学变化过程。因此研究有机化学对于在分子水平上研究生物体的组织结构和生命现象有着重要的意义。随着有机化学、生物学、分子生物学、医学及物理学的迅速发展,对核酸、蛋白质等复杂生物分子的研究已取得重要的进展。可以相信,随着对生命现象在分子水平上的认识的不断深化,人类必将迎来控制遗传、征服癌症、延长寿命的新时代。

综上所述,有机化学不仅是学习化学的各专业基础学科,也是研究生物学、药学、医学、材料科学和环境科学等的基础学科。

§1.2　有机化合物的结构

一、凯库勒式和四面体学说

1858 年德国化学家凯库勒(Kekulé A.)和英国化学家库帕(Couper A. S.)提出了定性的有机化合物的结构学说,即碳元素为四价,碳原子可以互相连接成碳链或碳环,碳原子可以以单键、双键或叁键互相连接,碳原子也可以和别的元素的原子相连接。有机化合物的化学式可用凯库勒式表示。例如:

```
   H          H  H         H       H
   |          |  |          \     /
H—C—H     H—C—C—H          C=C          H—C≡C—H
   |          |  |          /     \
   H          H  H         H       H
  甲烷        乙烷           乙烯             乙炔
```

环戊烷　　苯

```
   H
   |
H—C—O—H
   |
   H
  甲醇
```

凯库勒式(Kekulé formulas)表明分子中的原子互相连接的次序和方式,因而称为构造式(constitutional formulas)。使用化学软件 ChemOffice 中的 ChemDraw 可以方便地绘制有机分子的构造式。

分子式相同，构造式不同的化合物叫作同分异构体（isomer）。同分异构现象（isomerism）在有机化学中十分普遍，这是有机化合物数目众多的原因。例如乙醇与甲醚的分子式相同，但构造式不同，因而性质也不相同。

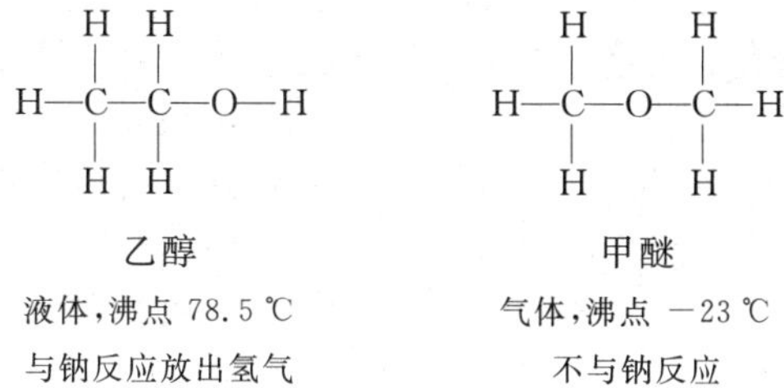

乙醇	甲醚
液体，沸点 78.5 ℃	气体，沸点 −23 ℃
与钠反应放出氢气	不与钠反应

1874 年荷兰化学家范特霍夫（van't Hoff J. H.）提出碳的四面体结构，即碳原子位于四面体的中心，碳原子上的四个价指向四面体的四个顶点。当碳原子和四个氢原子结合形成甲烷时，四个氢原子在四面体的四个顶点上（图 1.1）。范特霍夫并用碳的四面体结构阐明了对映异构现象（enantiomerism）。范特霍夫获得了第一个（1901 年）诺贝尔化学奖。

常用球棍模型（ball-stick model）和斯陶特（Stuart）模型表示有机分子的立体模型。斯陶特模型中各原子的大小与共价键键长的长短与实物保持一定的比例关系，因而能较精确地表示实际分子中各原子之间的立体关系。球棍模型表示的精确度虽不如斯陶特模型，但由于拆装方便，适用性强，应用比斯陶特模型广泛。图 1.1 为甲烷的模型。使用化学软件 ChemOffice 中的 Chem3D 也可以方便地做出有机分子的球棍模型和斯陶特模型。

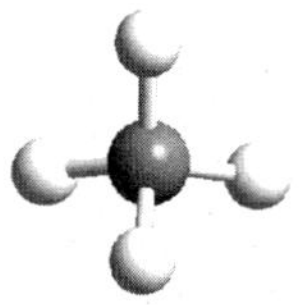

(a) 球棍模型

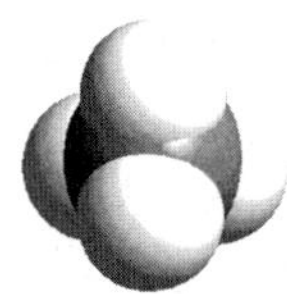

(b) 斯陶特模型

图 1.1　甲烷的模型

二、路易斯式

20 世纪初诞生了原子结构学说。根据原子结构学说，原子是由带正电荷的原子核和带负电荷的电子组成的；电子在原子核周围各个能量不同的电子层中围绕原子核运动；原子之间通过化学键结合成分子，而化学键的形成仅与最外层的价电子有关；各种元素的原子都有达到惰性元素原子的稳定的“八隅体”（octet）电子构型的倾向。1916 年，路易斯（Lewis G. N.）提出了原子的价电子（valence electron）可以配对共用形成共价键，使每个原子达到“八隅体”电子构型的学说。碳原子的最外层有四个价电子，既不易得到也不易失去这四个价电子，因而碳原子不是靠电子的得失而是通过原子间价电子的配对共用，即通过共价键来形成化合物。例如：

```
    H          H  H        H.     .H          H
H : C : H  H : C : C : H     :C::C:      H : C : O : H
    H          H  H        H'     'H          H
   甲烷          乙烷          乙烯           甲醇
```

用电子对表示共价键的结构式叫作路易斯式（Lewis formulas）。书写路易斯式时要把所有的价电子都表示出来。凯库勒式和路易斯式是一致的，凯库勒式中的短线“—”代表一对共用电子。

问题 1.1　将下列凯库勒式改写成路易斯式。

(1)
```
H
 \
  C=O
 /
H
```

(2) H—C≡C—H

(3)
```
      O
      ‖     ⊖
H — C — O
```

(4)
```
     H        O
     |       //
H — C — N⊕
     |       \
     H        O⊖
```

三、价键理论

原子如何通过电子对共用形成共价键呢？1927 年，海特勒（Heitler W.）和伦敦（London F.）运用量子力学方法研究化学键，他们提出的价键理论（valence-bond theory）成功地回答了共价键的形成问题。价键理论的主要要点是：

（1）共价键的形成可以看作是原子轨道的重叠或自旋反平行的单电子配对的结果。关于原子轨道，在无机化学中已经介绍，这里仅画出了 1s 和 2p 原子轨道的界面图(图 1.2)。

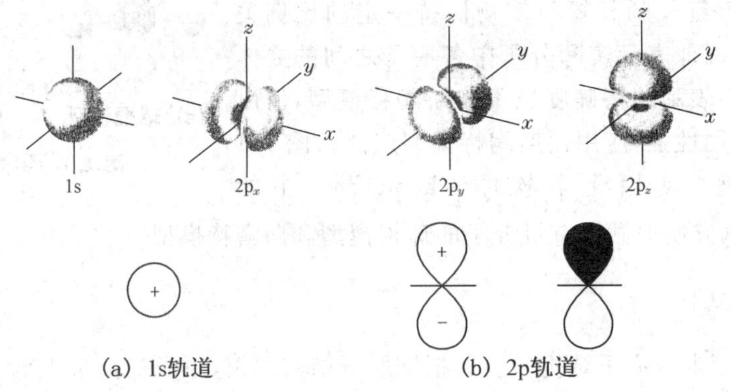

(a) 1s轨道　　(b) 2p轨道

图 1.2　原子轨道的界面图

（+）和（−）或黑和白表示轨道的位相。

当各有一个未成对的价电子的两个原子互相趋近时，若未成对电子自旋反平行，则两个原子间的作用是互相吸引，体系的能量逐渐降低到最低值，两个未成对电子配对形成共价键单键，两个原子结合为稳定的分子。此时，两原子核间电子云密度较高，表示两个原子轨道的重叠。例如两个氢原子的 1s 轨道互相重叠生成氢分子(图 1.3)。

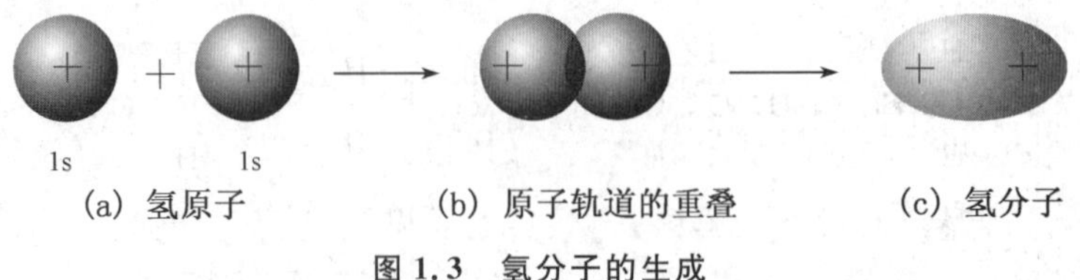

(a) 氢原子　　(b) 原子轨道的重叠　　(c) 氢分子

图 1.3　氢分子的生成

H—H 键的电子云是围绕键轴对称分布的，这种类型的键叫作 σ 键（σ bond）。

（2）共价键的饱和性。已成对的任一电子都不能再与别的原子的未成对电子配对。例如氯化氢分子中的氢原子和氯原子的未成对电子已互相配对，就不能再与其他的原子形成共价键。

(3) 共价键的方向性。原子轨道互相重叠程度越大，体系能量就越低，形成的共价键也就越牢固，因而应使原子轨道最大限度地互相重叠。例如两个 $2p_x$ 轨道只有在 x 轴方向上才能最大限度地互相重叠形成 σ 键。两个原子的 p 轨道若互相平行，则在侧面能有最大的重叠，这种类型的共价键叫作 π 键，π 电子云分布在两个原子键轴平面的上方和下方(图 1.4)。

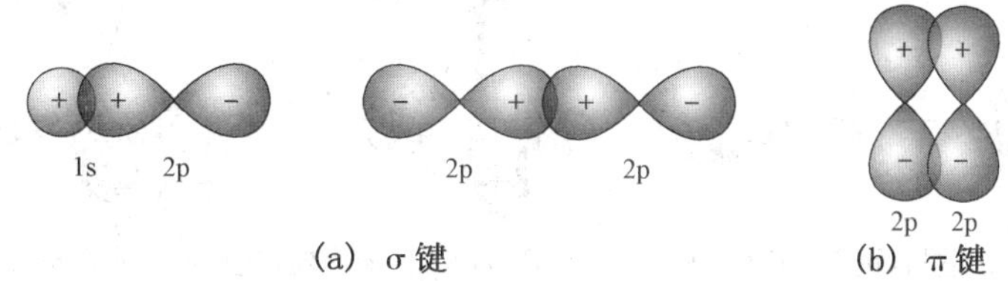

图 1.4 原子轨道之间的最大重叠

(4) 杂化轨道。能量相近的原子轨道能杂化组成能量相等的杂化轨道(hybridized orbital)，杂化轨道形成的共价键更加牢固。碳原子的电子构型为 $1s^2 2s^2 2p_x{}^1 2p_y{}^1$，其中一个 2s 电子首先被激发到 $2p_z$ 轨道上，2s 轨道可以和一个 2p 轨道杂化组成两个等同的 sp 杂化轨道，其对称轴之间的夹角等于 180°(图 1.5)。

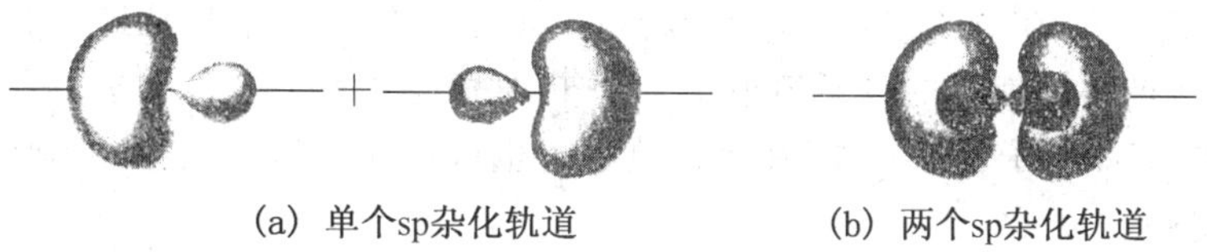

图 1.5 sp 杂化轨道

2s 轨道也可以和两个 2p 轨道杂化组成三个等同的方向性更强的 sp^2 杂化轨道，其对称轴在同一平面内，彼此之间的夹角为 120°(图 1.6)。

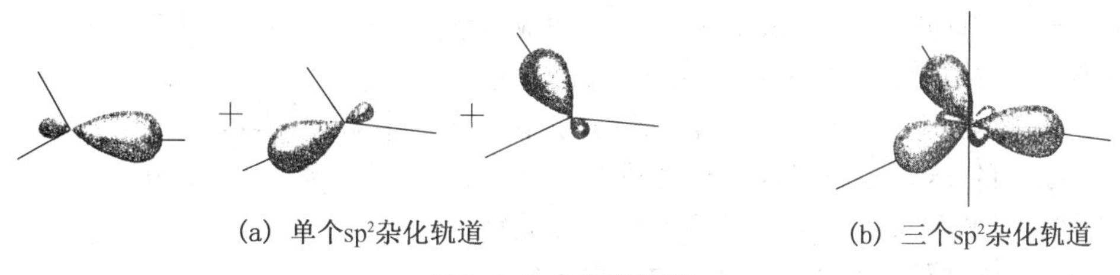

(a) 单个sp²杂化轨道
(b) 三个sp²杂化轨道

图 1.6 sp^2 杂化轨道

2s 轨道也可以和三个 2p 轨道杂化组成四个等同的方向性更强的 sp^3 杂化轨道。sp^3 杂化轨道的对称轴彼此之间的夹角为 109°28′(图 1.7)。

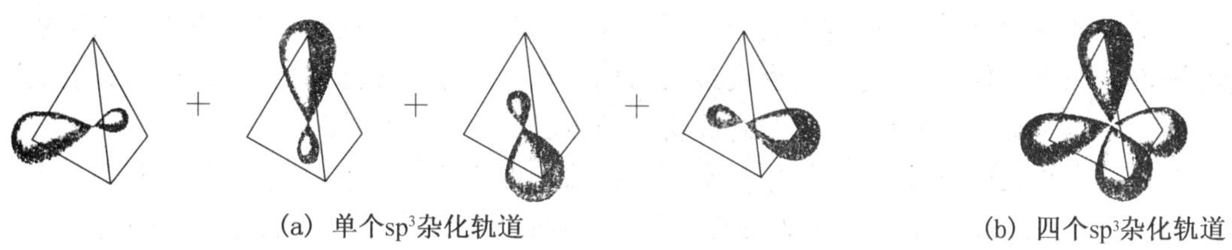

图 1.7 sp^3 杂化轨道

四个氢原子分别沿着四个 sp^3 杂化轨道对称轴方向趋近碳原子时，氢原子的 1s 轨道与碳原子的 sp^3 杂化轨道最大限度地重叠生成四个等同的 C—H σ 键，彼此之间的夹角为 109°28′(图 1.8)。因此甲烷分子的四个氢原子恰好在正四面体的四个顶点，碳原子在正四面体(tetrahedron)的中心(图 1.8)。

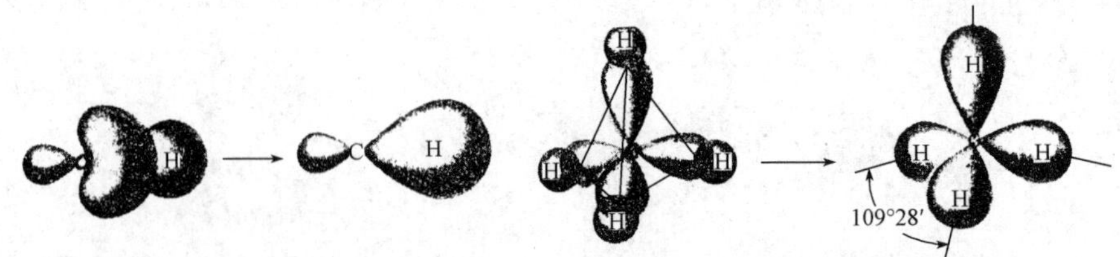

(a) 一个 sp^3 杂化轨道与s轨道形成C—H σ键　(b) 四个 sp^3 杂化轨道分别与s轨道形成四个C—H σ键

图 1.8　甲烷分子的生成

甲烷的模型

四、分子轨道理论

分子轨道理论(molecular orbital theory)是量子力学处理共价键的又一种近似方法，它和价键法互为补充。

分子轨道法认为，在分子中，组成分子的所有原子的价电子不只从属于相邻的原子，而是处于整个分子的不同能级的分子轨道中。分子轨道是分子中电子的运动状态，用波函数 ψ 表示。分子轨道和原子轨道一样，在容纳电子时也遵守能量最低原理、泡利(Pauli)原理和洪特(Hund)规则。

分子轨道的导出一般采用原子轨道线性组合的近似方法(LCAO)。所谓原子轨道线性组合就是由原子轨道函数 φ 相加或相减导出分子轨道函数 ψ。有几个原子轨道线性组合就可以导出几个分子轨道。其中能量比孤立原子轨道低的叫作成键轨道(bonding orbital)，能量比孤立原子轨道高的叫作反键轨道(antibonding orbital)。组成分子轨道的原子轨道应符合能量相近，对称性相同，能最大重叠三个原则，否则不能组合成稳定的分子轨道。例如两个氢原子的 1s 轨道可以线性组合成两个分子轨道，两个波函数相加得到能量低于原子轨道的成键轨道(σ)，两个波函数相减得到能量高于原子轨道的反键轨道(σ*)。反键轨道一般用星号(*)标记。在基态(ground state)时，氢分子的两个电子都在成键轨道中(图 1.9)。

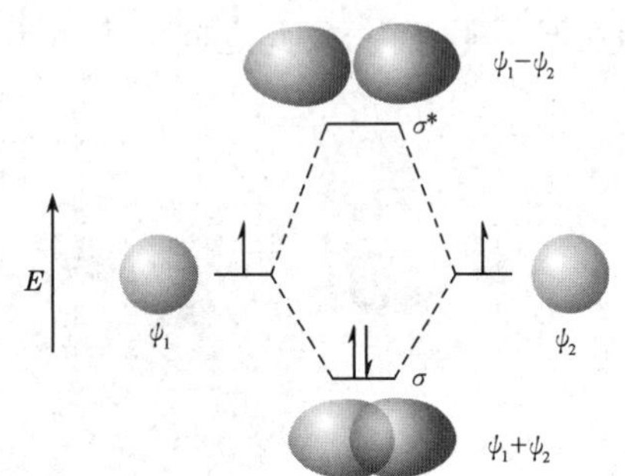

图 1.9　氢分子的分子轨道

在成键轨道中，电子云密度最大的地方是两个原子核之间的区域，因而使两个原子核结合在一起。在反键轨道中，电子云密度最大的地方在两个原子核之间的区域以外，失去电子屏蔽的两个原子核互相排斥，不能结合成稳定的分子。

在讨论有机化合物的结构时，一般常用价键法近似描述分子中的 σ 键部分，而用分子轨道法描述 π 键(π bond)部分。例如在乙烯分子中，两个碳原子以 sp^2 杂化轨道互相重叠，其余的 sp^2 杂化轨道分别与四个氢原子的 1s 轨道互相重叠生成五个 σ 键，它们共处于一个平面上(图 1.10)。

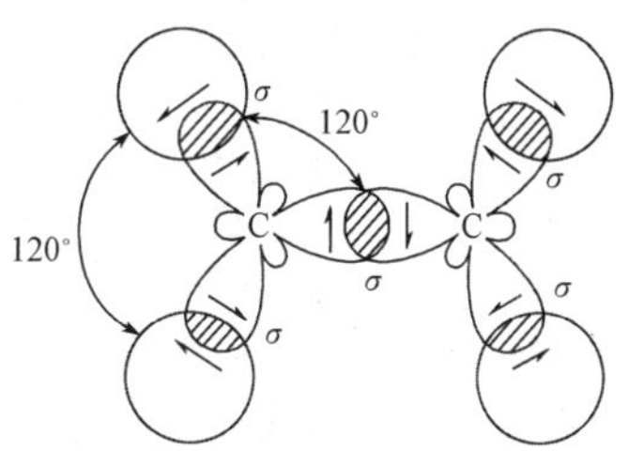

图 1.10　乙烯分子中的 σ 键

在两个碳原子上各剩下一个 $2p_z$ 轨道(图 1.11),它们互相平行且垂直于 σ 键所在的平面,可以组合成两个分子轨道,一个是成键轨道(π),另一个是反键轨道(π^*)。成键轨道中的 π 电子云分布在 σ 键所在平面的上、下方。反键轨道在两个碳原子核之间有节面(node)。在基态时,两个电子都在成键轨道中(图 1.12)。

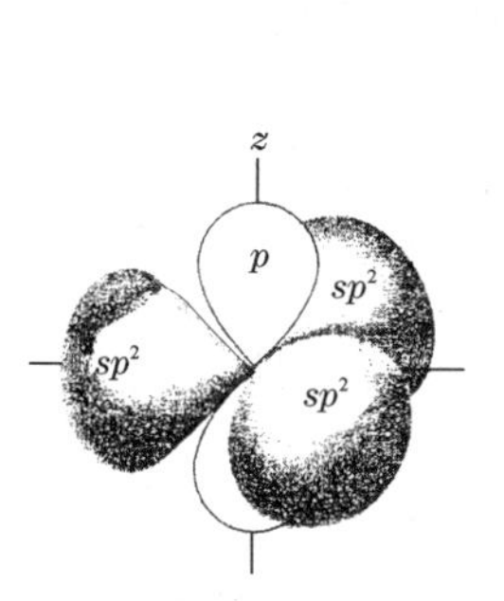

图 1.11　sp^2 杂化轨道碳原子的 p_z 轨道

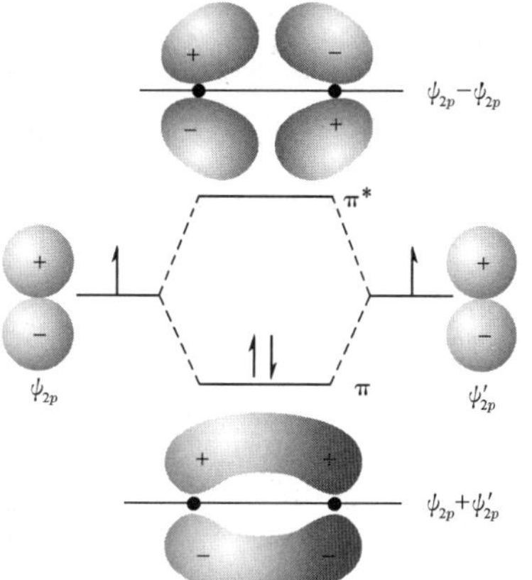

图 1.12　乙烯分子中的 π 分子轨道

乙烯的分子轨道

问题 1.2　说明下面分子结构式中箭头所指的键由哪些原子轨道和杂化轨道重叠形成?

H　　　　CH_3
　C═C
H　　　　H

五、共振式

许多化合物可以用一个经典凯库勒式表示其结构,例如甲烷、乙烯、甲醇等。但另外一些化合物却不能用单一的凯库勒式来表示。例如醋酸根,两个 C—O 键是等同的,并没有单、双键之分,负电荷也并不固定在某一个氧原子上。因此 $CH_3—C(=O)O^{\ominus}$ 和 $CH_3—C(O^{\ominus})=O$ 都不能表示醋酸根的真实结构。为了解决这个问题,美国化学家鲍林(Pauling L.)于 1931 年在电子学说和价键理论的基础上导入"共振"的概念。共振论(resonance theory)的基本观点是:许多不能用一个经典结构式描述的分子,可以用几个经典结构式的组合来描述,即分子的真实结构可以认为是这些经典结构的共振杂化体(resonance hybrid)。例如醋酸根可以用下面的共振式(resonance form)来表示:

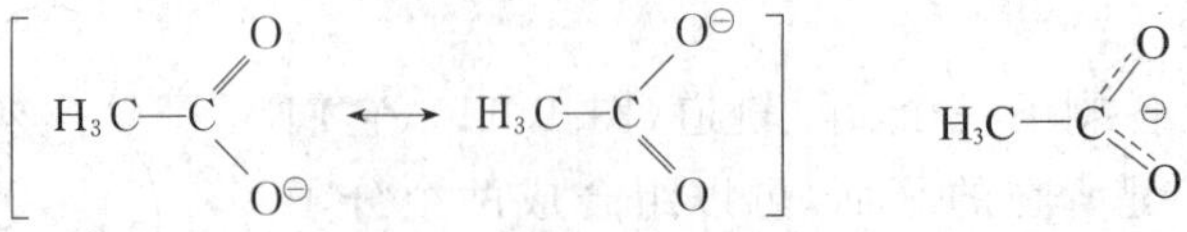

$$\left[H_3C-C\begin{matrix}{}^{\nearrow O}\\{}_{\searrow O^{\ominus}}\end{matrix} \longleftrightarrow H_3C-C\begin{matrix}{}^{\nearrow O^{\ominus}}\\{}_{\searrow O}\end{matrix} \right] \qquad H_3C-C\begin{matrix}{}^{\nearrow O}\\{}_{\searrow O}\end{matrix}\ominus$$

共振杂化体

上式表示醋酸根是两个经典结构式共振的杂化体，它不是两个经典结构式中的任何一个，但与每一个都有相似的地方。共振杂化体的能量比任何一个经典结构式都低。

“$\longleftrightarrow$”是共振符号，而不是平衡符号。

书写共振式时应当注意：

(1) 各经典结构式中原子的相对位置不变，彼此间的差别仅在于电子的排布。

(2) 各经典结构式中，配对的或未配对的电子数目不变。例如：

$$[CH_2=CH-\dot{C}H_2 \longleftrightarrow \dot{C}H_2-CH=CH_2]$$

$$[CH_2=CH-\dot{C}H_2 \not\longleftrightarrow \dot{C}H_2-\dot{C}H-\dot{C}H_2]$$

(3) 能量较低的稳定的经典结构式对共振杂化体的贡献较大。例如：

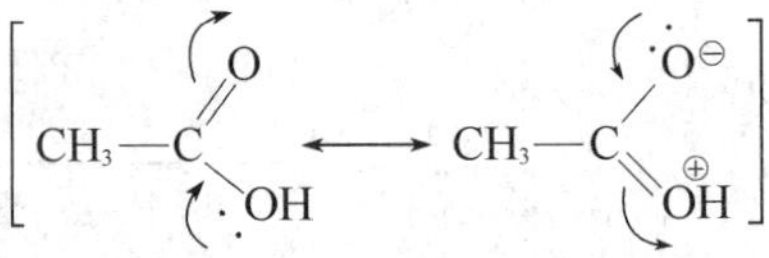

$$\left[CH_3-C\begin{matrix}{}^{\nearrow O}\\{}_{\searrow \ddot{O}H}\end{matrix} \longleftrightarrow CH_3-C\begin{matrix}{}^{\nearrow \ddot{O}^{\ominus}}\\{}_{\searrow \overset{\oplus}{O}H}\end{matrix} \right]$$

贡献较大　　　　贡献较小

所有原子都达到八隅体构型和没有正、负电荷分离的经典结构式较稳定，贡献较大。

为了方便，常用贡献最大的经典结构式作为该化合物的构造式。

问题 1.3　下列各式中哪些是错误的？

(1) 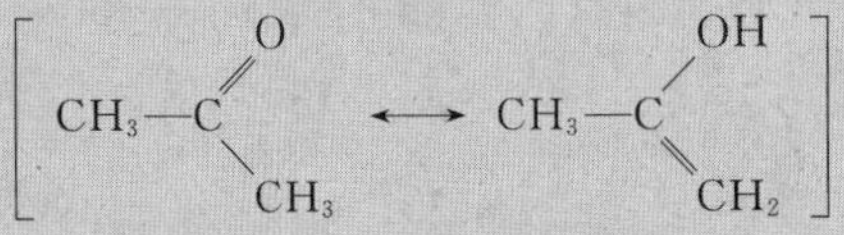 $\left[CH_3-C\begin{matrix}{}^{\nearrow O}\\{}_{\searrow CH_3}\end{matrix} \longleftrightarrow CH_3-C\begin{matrix}{}^{\nearrow OH}\\{}_{\searrow CH_2}\end{matrix} \right]$

(2) $[\overset{\ominus}{O}-\overset{\oplus}{O}=O \longleftrightarrow O=\overset{\oplus}{O}-\overset{\ominus}{O}]$

(3) $[CH_2=CH-\overset{\oplus}{C}H_2 \longleftrightarrow \overset{\oplus}{C}H_2-CH=CH_2]$

(4) $[CH_2=C=CH_2 \longleftrightarrow \dot{C}H_2-\dot{C}=CH_2]$

§1.3　共价键的性质

一、键长

以共价键相结合的两个原子核之间的距离叫作键长(bond length)。不同的共价键具有不同的键长。相同的共价键的键长由于受到相邻的键的影响而稍有差异，但基本上相同。常见共价键的键长见表 1.1。

表 1.1　共价键的键长

共价键	键长(pm)	共价键	键长(pm)	共价键	键长(pm)
C—H	109	C═C	134	C—C	154
C≡C	120	C—N	147	C═N	130
C—O	143	C≡N	116	C—Cl	176
C═O	122	C—Br	194	H—O	96
C—I	214	H—N	103		

二、键角

分子中某一原子与另外两个原子形成的两个共价键之间的夹角叫作键角(bond angle)。键长和键角决定着分子的立体形状。例如甲烷分子中两个 C—H 键的键角为 109°28′。

三、键能

原子通过共价键形成分子时要放出能量,相反地,断裂共价键,把分子拆成原子必须吸收能量。在标准状态下(298 K,0.1 MPa),将 1 mol 气态双原子分子 A—B 离解成气态的原子 A 和 B 所需要的能量叫作键 A—B 的离解能(bond dissociation energy),也是 A—B 的键能(bond energy)。例如将 1 mol 氢气在标准状态下离解成 2 mol 氢原子吸收的热量为 435 $kJ \cdot mol^{-1}$,因此 H—H 的离解能和键能都是 435 $kJ \cdot mol^{-1}$。

对于多原子分子来说,键能与键的离解能是不同的。离解能是指离解分子中某一个键所需的能量,而键能是指分子中几个相同类型键的离解能的平均值。例如甲烷第一个 C—H 键的离解能是 439.3 $kJ \cdot mol^{-1}$,第二个、第三个 C—H 键的离解能都是 442.0 $kJ \cdot mol^{-1}$,第四个 C—H 键的离解能是 338.6 $kJ \cdot mol^{-1}$。因此,C—H 键的平均键能为:(439.3+442.0+442.0+338.6)÷4=415.5($kJ \cdot mol^{-1}$)。

键能是化学键强度的主要衡量标志。相同类型的键中,键能越大,键越稳定。常见共价键的平均键能列于表 1.2。

表 1.2　常见共价键的平均键能($kJ \cdot mol^{-1}$)

键	键能	键	键能	键	键能	键	键能
O—H	464.7	C—C	347.4	C—Cl	339.1	C═N	615.3
N—H	389.3	C—O	360.0	C—Br	284.6	C≡N	891.6
S—H	347.4	C—N	305.6	C—I	217.7	C═O(醛)	736.7
C—H	414.4	C—S	272.1	C═C	611.2	C═O(酮)	749.3
H—H	435.3	C—F	485.6	C≡C	837.2		

四、偶极矩

相同原子或电负性差不多的原子所形成的共价键中,电子云在两个原子核间对称分布,正电荷中心和负电荷中心是互相叠合的，这种共价键叫作非极性键。电负性不同的原子所形成的共价键 A—B 中，由于电负性较大的原子对共享电子对有较大的吸引力因而带部分负电荷(δ^-)，而电负性较小的原子带部分正电荷(δ^+)，即正电荷中心和负电荷中心不相叠合，这种共价键叫作极性键。例如氯化氢分子：

$$\overset{\delta^+}{H}—\overset{\delta^-}{Cl} \qquad \overset{+q}{A}—\overset{-q}{B}$$

$$\mu=1.03\ D \qquad d$$

键的极性由键的偶极矩(也叫作键矩)(dipole moment)来衡量。其定义为：$\mu=q\times d$，q 为正电荷中心或负电荷中心的电荷值，d 为正、负电荷中心之间的距离。偶极矩的单位为德拜(D)，1 D=3.335 65×10^{-30} 库仑·米(C·m)。偶极矩是向量，一般用箭头加一直线表示，箭头指向带负电荷的原子一边。

键的偶极矩的大小主要取决于成键两原子的电负性(electronegativity)大小之差。一般说，两原子的电负性大小之差小于 1.7 时为共价键，其中差值在 0.7～1.6 时为极性共价键。表 1.3 列出常见元素的电负性值(鲍林值)。

表 1.3 常见元素的电负性值

H	B	C	N	O	F	Cl	Br	I	Al	Si	P	S	Mg	Li	Na	K
2.2	2.0	2.6	3.0	3.4	4.0	3.2	3.0	2.7	1.6	1.9	2.2	2.4	1.2	1.0	0.9	0.8

多原子分子的分子偶极矩(molecular dipole moment)是各个键的偶极矩的向量和。例如 C—Cl 键的偶极矩为 2.3 D，而四氯化碳分子是正四面体，四个 C—Cl 键的偶极矩的向量和为零。因此四氯化碳的偶极矩为零。

$\mu=1.94$ D　　$\mu=0.0$ D

分子的偶极矩越大，分子的极性越大，分子间相互作用力也越大。极性分子的 μ 值在 1.0～3.0 D 之间。化合物分子的极性对沸点、熔点和溶解度等物理性质及某些化学性质有重要影响。

问题 1.4 下列化合物有无偶极矩？如有，画出偶极矩方向。

(1) Br—Cl　　(2) CH_3COCH_3

(3) CH_3OH　　(4) CF_2Cl_2

(5) $CH_3—C\equiv N$　　(6) $H—C\equiv C—H$

五、诱导效应和共轭效应

在有机化合物分子中，原子或原子团的相互影响并不局限于成键的两个原子之间，也存在于不直接相连的原子或原子团之间，这种相互影响主要是通过诱导效应(inductive effect)

和共轭效应(conjugation effect)传递的。

1. 诱导效应

$$\overset{\delta\delta\delta^+}{-\underset{3}{C}} \longrightarrow \overset{\delta\delta^+}{\underset{2}{C}} \longrightarrow \overset{\delta^+}{\underset{1}{C}} \longrightarrow \overset{\delta^-}{Cl}$$

假定在碳链的一端连有一个氯原子,由于氯原子的电负性较强,C—Cl 键为极性共价键,使得 C_1 带部分正电荷。C_2—C_1 键上的电子云分布,由于受到 C_1 上正电荷的影响也变得不对称,使 C_2 上也带有部分正电荷,不过 C_2 上的正电荷比 C_1 上要少一些。同时 C_2 又使 C_3 带部分正电荷,其数值比 C_2 更小。这种通过静电引力沿着 σ 键传递键的极性的作用叫作诱导效应(I 效应)。诱导效应沿着碳链传递时减弱得很快,一般传递三个碳原子后就可以忽略不计。诱导效应常用箭头表示,箭头所指方向就是共价键中电子云偏移方向。

比较各种原子或原子团的诱导效应时,以氢原子作为标准来决定其诱导效应的方向。

$$\overset{\delta^+}{-C}\longrightarrow\overset{\delta^-}{X} \qquad -C-H \qquad \overset{\delta^-}{-C}\longleftarrow\overset{\delta^+}{Y}$$

$-I$　　　　标准　　　　$+I$

若一个原子或原子团的吸电子能力比氢原子强,就具有负的诱导效应($-I$)。若给(斥)电子能力比氢原子强,就具有正的诱导效应($+I$)。

2. 共轭效应

单、双键交替相间的分子叫作共轭分子(conjugated molecule),如 CH_2═CH—CH═CH_2、CH_2═CH—CH═O 等。在共轭分子中,每个原子的未杂化的 p 轨道互相平行并在侧面互相重叠,使得电子云分布趋于平均化,即电子云密度大的地方向电子云密度小的地方转移并沿着共轭链传递,这种作用叫作共轭效应(C 效应)。

与诱导效应不同,共轭效应只存在于共轭体系中并沿共轭链传递,不管共轭体系多大,共轭效应可以从共轭链的一端传递到另一端而不减弱。例如:

CH_2═HC—CH═CH—C(═O)H　　($-C$)

CH_2═HC—CH═CH—$\ddot{C}l$　　($+C$)

弧形箭头表示 π 电子转移的方向。

比较共轭效应的强度时,一般以碳原子为标准。在共轭体系中,若一个原子或原子团吸电子的能力大于碳原子,就具有负的共轭效应($-C$)。若给(斥)电子能力比碳原子强,就具有正的共轭效应($+C$)。上例中氯原子的一对电子参加了共轭,因而是给电子的共轭效应,即$+C$ 效应。共轭效应主要有 π,π-共轭和 p,π-共轭,将在以后各章中讨论。

以上介绍的都是在无外界影响的分子中内在的电子效应(诱导效应和共轭效应),叫作静态电子效应。在化学反应中,分子内共价键的电子云密度分布因进攻试剂电场的影响而改变,叫作动态电子效应。

六、共价键的均裂和异裂

在有机化合物的反应中,依据不同的反应条件,共价键的断裂方式有均裂和异裂两种。

1. 均裂(homolysis)

$$A \vdots B \longrightarrow A\cdot + B\cdot$$

共价键均裂时,成键的一对电子平分给两个原子或基团。带有未配对电子的原子或基团 A· 和 B· 叫作自由基(free radical)或游离基。通过共价键均裂的反应叫作自由基反应(free radical reaction)。

2. 异裂(heterolysis)

$$A \vdots : B \longrightarrow A^{\oplus} + :B^{\ominus}$$

共价键异裂时,成键的一对电子为某一个原子或基团占有,生成正离子和负离子。通过共价键的异裂的反应叫作离子型反应(ionic reaction)。

大多数有机反应都是离子型反应或自由基反应。此外还有协同反应(concerted reaction),在协同反应中,既无自由基也无离子生成,共价键的断裂和形成是同时进行的。

§1.4 有机化合物的分类

有机化合物数目众多,为了便于系统学习和研究,必须对有机化合物进行科学分类。有机化合物一般是根据分子中的碳链和官能团分类。

一、按碳架分类

1. 开链化合物

这类化合物中,碳原子连接成链而无环状结构,所以叫作开链化合物。由于开链化合物最初从油脂中得到,所以又叫作脂肪族化合物(aliphatic compound)。例如:

结构简式	$CH_3CH_2CH_2CH_3$	$CH_3CH_2CH_2CH_2OH$	$CH_3(CH_2)_{16}COOH$
键线式		OH	O, OH
	正丁烷	正丁醇	十八酸

书写有机化合物结构式时,常将 C—H 和 C—C 单键间的键省略,写成结构简式。或者将碳原子和 C—H 都省略,写成键线式。

有机分子构造式的表示方法

2. 碳环化合物

这类化合物分子中含有由碳原子组成的碳环。它们又可以分成两类:

(1) 脂环族化合物(alicyclic compound)

性质与脂肪族化合物相似的碳环化合物。例如:

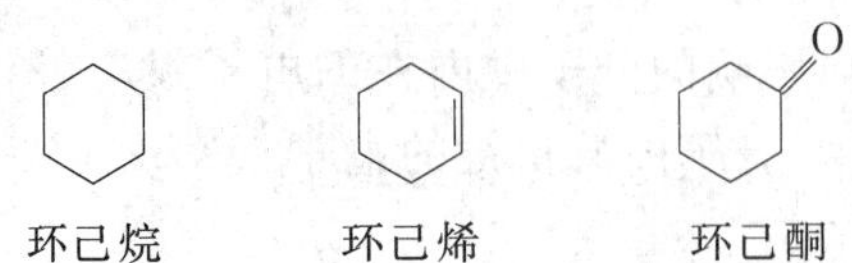

环己烷 环己烯 环己酮

书写环状化合物的结构式时,常将环上碳原子和 C—H 省略。

(2) 芳香族化合物(aromatic compound)

含有苯环或稠合苯环,与脂肪族化合物性质不同的化合物。例如:

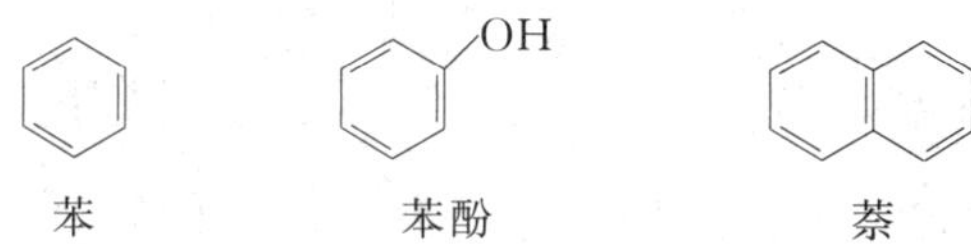

苯　　苯酚　　萘

3. 杂环化合物(heterocyclic compound)

这类化合物的分子中,组成环的原子除碳外,还有氧、氮、硫等杂原子。例如:

呋喃　　噻吩　　吡咯　　吡啶

二、按官能团分类

决定一类化合物典型性质的原子或原子团叫作特性基团(characteristic group)或官能团(functional group)。重要的官能团和化合物类名见表 1.4。

表 1.4　常见重要官能团和名称

化合物类别	官能团	化合物类别	官能团
烷　烃 (alkane)	无	醛或酮 (aldehyde,ketone)	>C═O 羰基 (carbonyl)
烯　烃 (alkene)	>C═C< 烯键(双键) (double bond)	羧　酸 (carboxylic acid)	—COOH 羧基 (carboxy)
炔　烃 (alkyne)	—C≡C—炔键(叁键) (triple bond)	腈 (nitrile)	—C≡N 氰基 (cyano)
芳　烃 (aromatic compound)	芳环 (aryl)	磺　酸 (sulfonic acid)	$—SO_3H$ 磺酸基 (sulfo)
卤代烃 (halohydrocarbon)	—X(F,Cl Br,I)卤素 (halogen atom)	硫　醇 (thiol)	—SH 巯基 (sulfanyl)
醇或酚 (alcohol,phenol)	—OH 羟基 (hydroxy)	胺 (amine)	$—NH_2$ 氨基 (amino)
醚 (ether)	—C—O—C—醚键 (ether group)	亚　胺 (imine)	═NH 亚氨基 (imino)
过氧化物 (peroxide)	—O—O—过氧基 (peroxy group)	硝基化合物 (nitro compound)	$—NO_2$ 硝基 (nitro)
酯 (ester)	—COOR 酯基 (ester group)	亚硝基化合物 (nitroso compound)	—NO 亚硝基 (nitroso)
酰卤 (acyl halide)	—COX 酰卤基 (acyl halide group)	酰胺 (amide)	$—CONH_2$ 酰胺基 (amido)

问题1.5 指出下列从中药中分离得到的化合物分子中的官能团名称。

莽草酸(从八角中) 常山碱(从虎耳草中) 喜树碱(从喜树中)

习 题

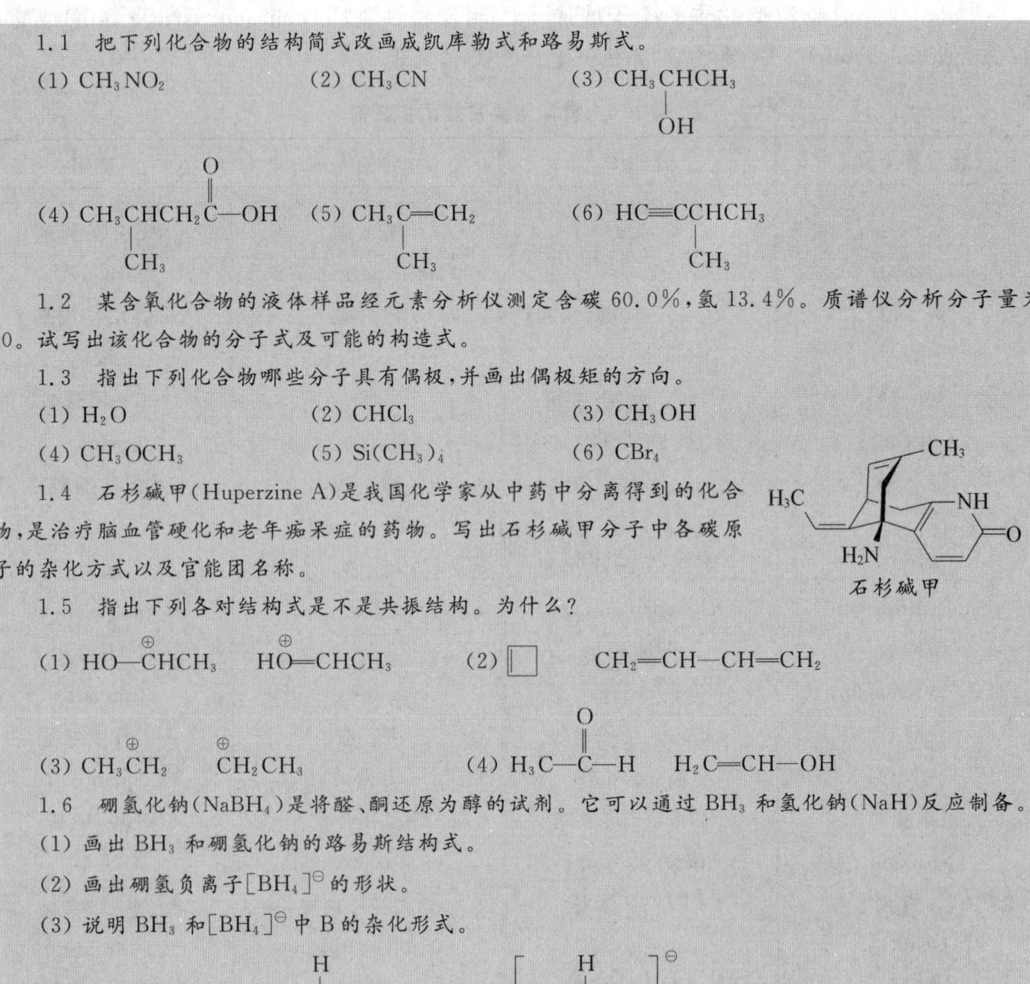

1.1 把下列化合物的结构简式改画成凯库勒式和路易斯式。

(1) CH_3NO_2 (2) CH_3CN (3) $CH_3CH(OH)CH_3$

(4) $CH_3CH(CH_3)CH_2C(=O)—OH$ (5) $CH_3C(CH_3)═CH_2$ (6) $HC≡CCH(CH_3)CH_3$

1.2 某含氧化合物的液体样品经元素分析仪测定含碳60.0%,氢13.4%。质谱仪分析分子量为60。试写出该化合物的分子式及可能的构造式。

1.3 指出下列化合物哪些分子具有偶极,并画出偶极矩的方向。

(1) H_2O (2) $CHCl_3$ (3) CH_3OH

(4) CH_3OCH_3 (5) $Si(CH_3)_4$ (6) CBr_4

1.4 石杉碱甲(Huperzine A)是我国化学家从中药中分离得到的化合物,是治疗脑血管硬化和老年痴呆症的药物。写出石杉碱甲分子中各碳原子的杂化方式以及官能团名称。

石杉碱甲

1.5 指出下列各对结构式是不是共振结构。为什么?

(1) $HO—\overset{\oplus}{C}HCH_3$ $H\overset{\oplus}{O}═CHCH_3$ (2) □ $CH_2═CH—CH═CH_2$

(3) $CH_3\overset{\oplus}{C}H_2$ $\overset{\oplus}{C}H_2CH_3$ (4) $H_3C—C(=O)—H$ $H_2C═CH—OH$

1.6 硼氢化钠($NaBH_4$)是将醛、酮还原为醇的试剂。它可以通过BH_3和氢化钠(NaH)反应制备。

(1) 画出BH_3和硼氢化钠的路易斯结构式。

(2) 画出硼氢负离子$[BH_4]^{\ominus}$的形状。

(3) 说明BH_3和$[BH_4]^{\ominus}$中B的杂化形式。

$$BH_3 + \overset{\oplus\ominus}{NaH} \longrightarrow \overset{\oplus}{Na}\left[\begin{matrix} & H & \\ H— & B & —H \\ & H & \end{matrix}\right]^{\ominus} = NaBH_4$$

第二章　烷　　烃

分子中只含有碳和氢两种元素的化合物叫作碳氢化合物(hydrocarbon)，简称烃。烃是最简单的有机化合物，其他的有机化合物可以看作是烃的衍生物。

开链的碳氢化合物叫作脂肪烃(aliphatic hydrocarbon)。碳原子以单键互相连接成链，其余的价键为氢原子所饱和的脂肪烃称为饱和脂肪烃，即烷烃(alkane)。

最简单的烷烃是甲烷，分子式是 CH_4。随着碳原子数的增加，烷烃的分子式依次是 C_2H_6、C_3H_8、C_4H_{10}、C_5H_{12}……可以看到：从甲烷开始，每增加一个碳原子就相应增加两个氢原子。因此，烷烃的通式可以用式子 C_nH_{2n+2} 表示，其中 n 表示碳原子数。凡是在组成上相差一个 CH_2 或其倍数且具有同一通式的一系列化合物叫作同系列(homologous series)。同系列中的各个化合物称为同系物(homolog)。CH_2 叫作系差。

不仅烷烃，其它烃类及其衍生物也都存在同系列。由于同系物的结构相似，因而它们具有相似的化学性质。它们的物理性质随着同系物的碳原子数增加而呈现一定的规律性。但必须注意到，同系列中的第一个化合物由于它与其它同系物在结构上的差异，因而具有某些特殊的性质。

§2.1　烷烃的同分异构

分子中原子互相连接的次序和方式叫作构造(constitution)。分子式相同、构造不同的化合物叫作构造异构体(constitutional isomer)。正丁烷和异丁烷具有相同的分子式 C_4H_{10}，但它们的构造不同，即分子中碳原子互相连接的次序不同，因而正丁烷和异丁烷互为构造异构体。它们的性质，如熔点、沸点有显著的差别。

$$CH_3CH_2CH_2CH_3 \qquad \begin{array}{c} CH_3CHCH_3 \\ | \\ CH_3 \end{array}$$

	正丁烷	异丁烷
熔点/℃	−135	−145
沸点/℃	−0.5	−11.7

五个碳原子的烷烃有三种构造异构体，分别为正戊烷、异戊烷和新戊烷。它们的物理常数如下：

$$CH_3CH_2CH_2CH_2CH_3 \qquad \begin{array}{l} CH_3CHCH_2CH_3 \\ \quad\ | \\ \quad CH_3 \end{array} \qquad \begin{array}{c} CH_3 \\ | \\ CH_3—C—CH_3 \\ | \\ CH_3 \end{array}$$

	正戊烷	异戊烷	新戊烷
熔点/℃	−129.7	−159.9	−16.8
沸点/℃	36.1	29.9	9.4

从丁烷和戊烷的异构体可以看出，烷烃中各个碳原子所处的位置并不是完全等同的。我们把只与一个碳原子相连的碳原子叫作伯(一级)碳原子，把与二个、三个或四个碳原子直接相连的碳原子分别叫作仲(二级)、叔(三级)和季(四级)碳原子。与伯、仲或叔碳原子相连接的氢原子分别叫作伯(一级)、仲(二级)和叔(三级)氢。伯、仲、叔、季相应的英文分别是 primary、secondary、tertiary、quaternary。

同时也可以看到，烷烃的构造异构是由于分子中的碳链不同而产生的。这样的构造异构叫作碳链异构(碳架异构，carbon skeleton isomerism)。

按一定次序写出所有可能的碳链，然后再加上氢原子，就可以推导出一个分子式具有的所有异构体的构造式。现以己烷为例说明推导方法。

首先，写出最长的碳链：

```
C—C—C—C—C—C    ①
```

其次，写出少一个碳原子的直链，把减少的那个碳原子当作支链依次连接到除末端碳原子之外的非等位碳上。这样，主链为五个碳原子的己烷的构造异构体的碳链为：

```
C—C—C—C—C    ②        C—C—C—C—C    ③
  |                        |
  C                        C
```

然后，再写出少两个碳原子的直链，把减少的两个碳原子当作两个支链，这样得到主链为四个碳原子的异构体的碳链：

```
    C
    |
C—C—C—C    ④        C—C—C—C    ⑤
    |                    |  |
    C                    C  C
```

若把减少的两个碳原子当作一个支链加到主链上：

```
C—C—C—C          C—C—C—C
  |                   |
  C                   C
  |                   |
  C                   C
```

构造式只表示分子中原子互相连接的方式和次序，以上两个碳链和③表达的碳链中，原子互相连接的方式和次序都相同，即碳原子都是以单键相连，都是在五个碳原子所组成的直链的中间碳原子上加上一个碳原子的支链，它们和③是同一种碳链。因此，己烷的构造异构体只有五种，即：

```
CH3CH2CH2CH2CH2CH3      CH3CHCH2CH2CH3      CH3CH2CHCH2CH3
                           |                      |
                           CH3                    CH3

        CH3
        |
CH3—C—CH2CH3            CH3CH—CHCH3
        |                  |    |
        CH3                CH3  CH3
```

烷烃异构体的数目随着碳原子数的增加而迅速增加。例如理论推测十个碳原子的脂链烷烃有 75 种构造异构体。

问题 2.1　下列构造式中，哪些代表同一化合物？

```
(1) CH3CHCH2CHCH3                (2) C(CH2CH3)4
       |     |
       CH3   CH3
```

(3) $CH_3(CH_2)_2CH(CH_3)_2$

(4) $CH_3CH_2C(CH_2CH_3)_2CH_2CH_3$

(5) $(CH_3)_2CH$
　　　　　|
　　　　$CH_2CH_2CH_3$

(6) $(CH_3)_2CHCH_2CH(CH_3)_2$

　　　　CH_3
　　　　　|
(7) CH_3—C—$CH_2CH(CH_3)_2$
　　　　　|
　　　　CH_3

　　　　CH_3
　　　　　|
(8) $CH_3CHCH_2C(CH_3)_3$

问题 2.2　写出相对分子量为 100，同时含有伯、叔、季碳原子的烷烃。

§2.2　烷烃的结构

甲烷分子中的碳原子是 sp^3 杂化，四个 sp^3 杂化轨道分别与氢的 s 轨道互相重叠生成四个碳氢 σ 键。因而甲烷分子中 C—H 的键长为 110 pm，∠HCH 为 109°28′，四个氢原子正好位于以碳原子为中心的正四面体的四个顶点上。乙烷分子中两个碳原子的 sp^3 杂化轨道沿对称轴方向互相重叠生成碳碳 σ 键。每一个碳原子的其余三个 sp^3 杂化轨道分别与六个氢原子的 s 轨道互相重叠生成碳氢 σ 键。乙烷分子中 C—C 键长为 154 pm，C—H 键长为 110 pm，键角也是 109°28′。其他烷烃分子的 C—C 键长和 C—H 键长接近 154 pm 和 110 pm，∠CCC 在 111°～113°之间，基本上符合正四面体所要求的角度。

在烷烃的碳碳和碳氢 σ 键中，成键电子云都是沿着轨道的对称轴方向互相重叠，使成键电子云对称地分布在连接两个原子核轴线的周围。因而形成 σ 键的两个原子可以围绕键轴自由旋转。这种旋转既不改变电子云形状，也不改变电子云重叠程度，因而并不影响 σ 键的强度和键角。

由于烷烃分子中碳的价键都是四面体结构，成键的两个碳原子间又可以相对旋转，所以三个碳以上的烷烃分子中的碳链并不是直线形的，而是呈锯齿形的形式存在。所谓直链，是指没有支链的碳链。

丙烷、丁烷、异丁烷和戊烷的三种异构体的模型见图 2.1。

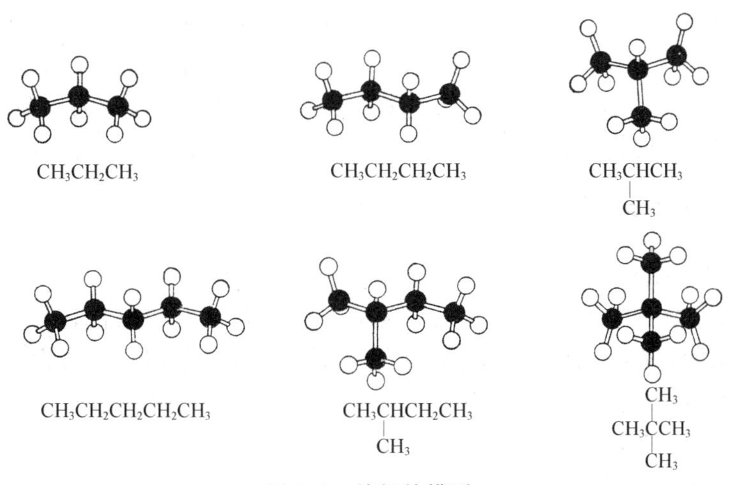

图 2.1　烷烃的模型

§2.3 烷烃的命名

有机化合物种类繁杂，数目众多，而且新化合物不断地被发现和合成，因此其名称的系统化和统一极为重要。1892 年一些化学家在日内瓦集会，拟定了一种系统的有机化合物命名法。此后经过国际纯粹和应用化学协会（International Union of Pure and Applied Chemistry, IUPAC）的多次修订。最近一次是 2013 年，又以蓝皮书的形式正式出版了《Nomenclature of Organic Chemistry—IUPAC Recommendations and Preferred Name》。IUPAC 系统命名的原则已普遍为各国采用。中国化学会根据国际通用的原则，结合我国文字特点，制定了中国的系统命名法。1960 年发布了《有机化学物质的系统命名原则》。1980 年进行了修订和增补，出版了《有机化学命名原则》。最近中国化学会根据 IUPAC 历年来推荐的命名原则文件，再次进行了修正和增补，正式出版了《有机化合物命名原则》（科学出版社，北京，2018.1）。本书简称为《命名原则》。《命名原则》与当前 IUPAC 国际命名规则一致，形式上符合中文构词习惯和特点，并且易于和英文相互转换，便于国际交流。

烷烃是有机化合物最基本的母体氢化物（parent hydride）。所以我们首先学习烷烃的命名。

一、直链烷烃的命名

凡直链烷烃，根据碳原子的数目命名为正某烷。用天干名称甲、乙、丙、丁、戊、己、庚、辛、壬、癸来表示一到十的碳原子数目，碳原子数在十以上则用中文数字表示。烷烃的英文名称后缀是- ane。例如：

$CH_3(CH_2)_5CH_3$	$CH_3(CH_2)_{15}CH_3$
（正）庚烷	（正）十七烷
n - heptane	*n* - heptadecane

“正”（*n* -）字表示直链，但常可省略。

碳原子数从一到十八的直链烷烃的名称见表 2.2。

烷烃中去掉一个氢原子生成的一价原子团叫作烷基（alkyl），烷基的通式为 C_nH_{2n+1}。直链烷烃链端碳原子上去掉一个氢原子生成的烷基的命名，根据碳原子的数目叫作某基。例如 CH_3–是甲基（methyl），简写作 Me–。CH_3CH_2–是乙基（ethyl），简写作 Et–。$CH_3CH_2CH_2$–为丙基（*n*–propyl），简写作 *n*–Pr –。$CH_3CH_2CH_2CH_2$–为丁基（*n*–butyl），简写作 *n* –Bu –。烷基的英文是将烷烃的后缀–ane 改成–yl。

二、支链烷烃的命名

1. 支链烷烃的俗名

在有机化学发展的早期，由于人们发现和认识的有机化合物数目有限，常根据其来源、性质或发现的先后命名有机化合物，形成人们熟知的名称叫作俗名或习惯名。《命名原则》建议如下四种支链烷烃上没有取代基时，它们的俗名仍保留使用。

$$\underset{\text{isobutane}}{\underset{\text{异丁烷}}{CH_3-\overset{\overset{\displaystyle CH_3}{|}}{CH}-CH_3}} \qquad \underset{\text{isopentane}}{\underset{\text{异戊烷}}{CH_3-\overset{\overset{\displaystyle CH_3}{|}}{CH}-CH_2CH_3}} \qquad \underset{\text{isohexane}}{\underset{\text{异己烷}}{CH_3-\overset{\overset{\displaystyle CH_3}{|}}{C}HCH_2CH_2CH_3}} \qquad \underset{\text{neopentane}}{\underset{\text{新戊烷}}{CH_3-\underset{\underset{\displaystyle CH_3}{|}}{\overset{\overset{\displaystyle CH_3}{|}}{C}}-CH_3}}$$

英文前缀 iso-(有时简写为 *i*-)表示“异”,区别于 *n*-(正)。neo-表示“新”,是当时新发现的一种戊烷异构体。

2. 支链烷基的命名

丙烷和异丁烷分别去掉一个仲氢和伯氢原子相应生成异丙基和异丁基。异丁烷去掉一个叔氢原子生成叔丁基。正丁烷去掉一个仲氢原子生成仲丁基。新戊烷去掉一个氢原子生成新戊基。这些常见的烷基系统命名则不同。命名方法是:从去掉氢的碳原子开始沿最长链编号,根据最长碳链的碳原子数目叫作某基,其余的作为它的取代基。常见的支链烷基的中英文俗名和系统命名见表 2.1。

表 2.1 常见支链烷基的名称[a]

烷烃	烷基	中文俗名 (英文俗名,缩写)	中文系统名 (英文系统名)
$H_3C-\underset{\underset{\displaystyle H}{\vert}}{CH}-CH_3$	$H_3C-\underset{\vert}{\overset{1}{C}H}-\overset{2}{C}H_3$	异丙基 (isopropyl, *i*-Pr)	1-甲基乙基 (1-methylethyl)
$H_3C-\underset{\underset{\displaystyle CH_3}{\vert}}{CH}-CH_3$	$\overset{3}{H_3C}-\underset{\underset{\displaystyle CH_3}{\vert}}{\overset{2}{C}H}-\overset{1}{C}H_2-$	异丁基 (isobutyl, *i*-Bu)	2-甲基丙基 (2-methylpropyl)
$H_3C-\underset{\underset{\displaystyle CH_3}{\vert}}{\overset{\overset{\displaystyle H}{\vert}}{C}}-CH_3$	$H_3C-\underset{\underset{\displaystyle CH_3}{\vert}}{\overset{\vert}{\overset{1}{C}}}-\overset{2}{C}H_3$	叔丁基 (*tert*-butyl, *t*-Bu)	1,1-二甲基乙基 (1,1-dimethylethyl)
$CH_3CH_2\underset{\underset{\displaystyle H}{\vert}}{C}HCH_3$	$CH_3CH_2\underset{\vert}{C}HCH_3$	仲丁基 (*sec*-butyl, *s*-Bu)	1-甲基丙基 (1-methylpropyl)
$CH_3-\underset{\underset{\displaystyle CH_3}{\vert}}{\overset{\overset{\displaystyle CH_3}{\vert}}{C}}-CH_3$	$\overset{3}{C}H_3-\underset{\underset{\displaystyle CH_3}{\vert}}{\overset{\overset{\displaystyle CH_3}{\vert}}{\overset{2}{C}}}-\overset{1}{C}H_2-$	新戊基 (neopentyl)	2,2-二甲基丙基 (2,2-dimethylpropyl)

[a] IUPAC—2013 不建议继续使用 isobutyl(异丁基)、*sec*-butyl(仲丁基)和 neopentyl(新戊基)俗名。

3. 支链烷烃的系统命名

支链烷烃可以看作直链烷烃的烷基衍生物,其命名的主要规则如下:

(1) 选择主链,确定母体。选择最长的碳链为主链,写出相当于主链的直链烷烃的名字,把它作为母体。例如:

$$\overset{1}{H_3C}-\overset{2}{C}H_2-\underset{\underset{\displaystyle \underset{4}{C}H_2-\underset{5}{C}H_2-\underset{6}{C}H_3}{|}}{\overset{3}{C}H}-CH_2-CH_3$$

母体是己烷,而不是戊烷。

(2) 将主链上的碳原子编号,从离取代基最近的一端开始。将取代基的位次(用阿拉伯数字表示)和名称写在母体名称的前面。注意阿拉伯数字与汉字之间应用短横线(半字线)连接,读作"位"。例如:

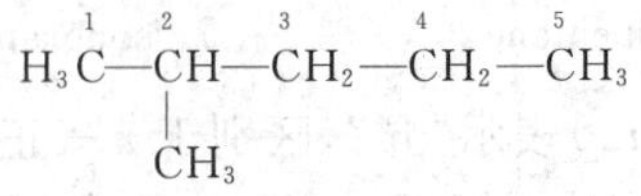

$$\begin{array}{ccccccccc}
^{1} & & ^{2} & & ^{3} & & ^{4} & & ^{5} \\
H_3C & — & CH & — & CH_2 & — & CH_2 & — & CH_3 \\
 & & | & & & & & & \\
 & & CH_3 & & & & & &
\end{array}$$

2 -甲基戊烷(2 - methylpentane),读作二位甲基戊烷(不是 4 -甲基戊烷)。

若有几个相同的取代基,应并在一起,用汉字表示其数目。用英文命名时,汉字数目一、二、三、四、五相应的英文词头为 mono -、di -、tri -、tetra -、penta -。命名中的标点符号采用中文半角的标点符号(英文标点符号)。例如:

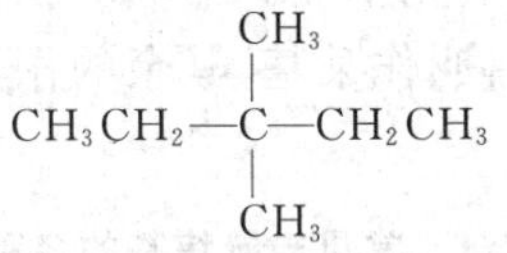

$$\begin{array}{ccccc}
 & & CH_3 & & \\
 & & | & & \\
CH_3CH_2 & — & C & — & CH_2CH_3 \\
 & & | & & \\
 & & CH_3 & &
\end{array}$$

3,3 -二甲基戊烷(3,3 - dimethylpentane)

(3) 最低(小)位次组规则:主链的碳原子以不同方向编号时,若得到两种或两种以上的编号系列时,应顺次逐项比较各取代基的不同位次,最先遇到的位次最小的编号系列叫作最低(小)位次组。此时应按最低(小)位次组编号。例如:

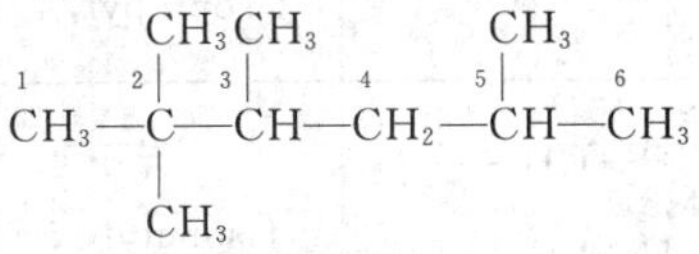

$$\begin{array}{ccccccccccc}
 & & CH_3 & & CH_3 & & & & CH_3 & & \\
^{1} & & ^{2}| & & ^{3}| & & ^{4} & & ^{5}| & & ^{6} \\
CH_3 & — & C & — & CH & — & CH_2 & — & CH & — & CH_3 \\
 & & | & & & & & & & & \\
 & & CH_3 & & & & & & & &
\end{array}$$

2,2,3,5 -四甲基己烷(2,2,3,5 - tetramethylhexane)(不是 2,4,5,5 -四甲基己烷)

(4) 在选择最长碳链作为主链时,若有两种可能,应选择取代基最多的碳链作为主链。例如:

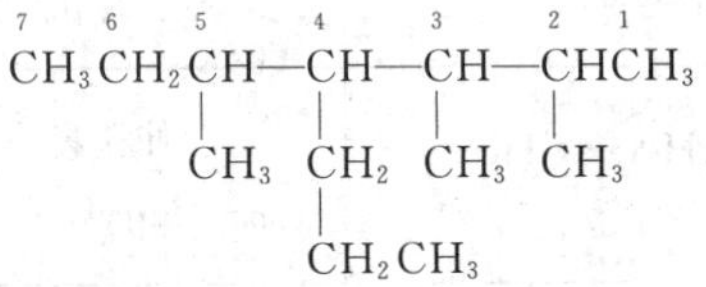

$$\begin{array}{ccccccccc}
^{7}\ \ ^{6}\ \ \ ^{5} & & ^{4} & & ^{3} & & ^{2}\ \ ^{1} \\
CH_3CH_2CH & — & CH & — & CH & — & CHCH_3 \\
| & & | & & | & & | \\
CH_3 & & CH_2 & & CH_3 & & CH_3 \\
 & & | & & & & \\
 & & CH_2CH_3 & & & &
\end{array}$$

2,3,5 -三甲基- 4 -丙基庚烷(2,3,5 - trimethyl - 4 - propylheptane)

(不是 2,3 -二甲基- 4 -(1 -甲基丙基)庚烷)

(5) 若有几种取代基,命名时将取代基的英文名称按英文字母顺序排列,依次写在母体名称之前。必须注意表示相同简单的取代基数目的词头 di -、tri -、tetra -等不参与比较。异丙基(isopropyl)是常见的习惯名称烷基,iso -要参与比较,而 *sec* -、*tert* -、*s* -、*t* -、*n* -等不参与比较。例如:

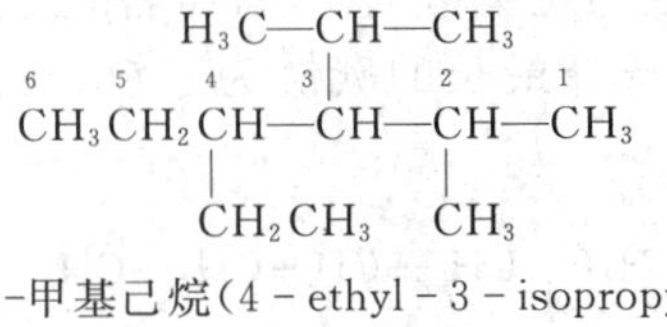

$$\begin{array}{ccccccc}
 & & H_3C—CH—CH_3 & & & & \\
^{6}\ \ ^{5}\ \ \ ^{4} & & ^{3}| & & ^{2} & & ^{1} \\
CH_3CH_2CH & — & CH & — & CH & — & CH_3 \\
| & & & & | & & \\
CH_2CH_3 & & & & CH_3 & &
\end{array}$$

4 -乙基- 3 -异丙基- 2 -甲基己烷(4 - ethyl - 3 - isopropyl - 2 - methylhexane)

iso -参与取代基英文名称的字母顺序比较,所以 isopropyl 在 methyl 的前面。

```
                    CH2CH3     CH3
 8    7    6       |5   4    3  2|1
CH3CH2CH2CHCH2CH2CCH3
                                  |
                                 CH3
```

5-乙基-2,2-二甲基辛烷(5-ethyl-2,2-dimethyloctane)

di-是表示简单取代基的数目，不参与英文字母顺序比较，所以 ethyl 在 dimethyl 前面。

(6) 若支链上还有取代基，则把该支链的全名放在括号中，并用阿拉伯数字来标明取代基在该支链上的位次。例如：

```
                          CH3
               3     2    1|
              CH3CH2—C—CH3            CH3
                           |                    |
CH3CH2CH2CH2CH2—CH—CH2CH2CH—CH3
 10    9    8    7    6       5     4    3    2      1
```

5-(1,1-二甲基丙基)-2-甲基癸烷

5-(1,1-dimethylpropyl)-2-methyldecane

di-是支链上相同取代基数目的词头，属于取代基名称的一部分，要参与字母顺序比较。

如果一个复杂的取代基出现不止一次，那么它们的名称前面要加上双(bis-)、叁(tris-)、肆(tetrakis-)等汉字大写数目词头。在不引起混淆时，也可用小写的汉字数字二、三、四等表示。

问题 2.3　用系统命名法(中文和英文)命名问题 2.1 中的化合物。

问题 2.4　写出下列化合物的构造式，并对违反系统命名法原则者予以改正。

(1) 2,4-二甲基-3,3-二异丙基戊烷

(2) 3,3-二甲基丁烷

(3) 1,1-二甲基丙烷

(4) 2-(1,1-二甲基乙基)-4,5-二甲基己烷

§2.4　烷烃的构象

当乙烷分子中两个甲基围绕碳碳 σ 键旋转时，其氢原子在空间的相对位置将不断改变，形成无数个不同的空间排列方式。这种通过单键旋转而引起分子中原子或基团在空间的不同排列方式叫作构象(conformation)。图 2.2 是乙烷的两种极限构象重叠(eclipsed)式和交叉(staggered)式的球棍模型和斯陶特模型。

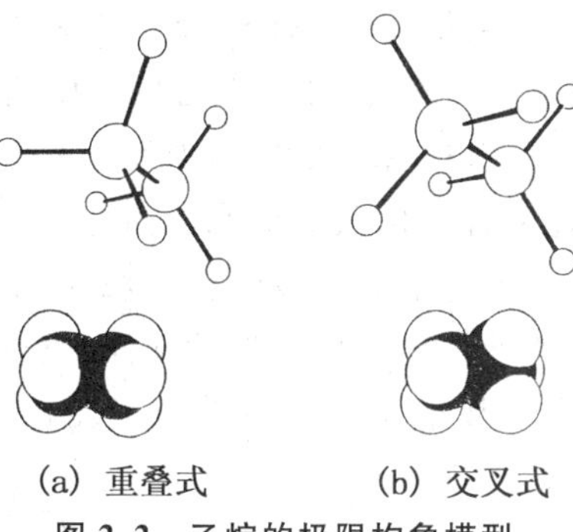

(a) 重叠式　　(b) 交叉式

图 2.2　乙烷的极限构象模型

σ 键的旋转与构象

它们也可以用锯木架式(sawhorse formula)表示为：

重叠式　　　　交叉式

锯木架式和纽曼投影式

为了方便，也常用纽曼(Newman)投影式表示：

重叠式　　　　交叉式

纽曼投影式是C—C键垂直于纸面的乙烷模型的投影。上、下两个碳原子在投影式中是重叠的。用一个点表示上面的碳原子，与该点相连的线表示碳原子上的键。用圆圈表示下面的碳原子，从圆圈向外伸出的线表示该碳原子上的键。

在交叉式中，两个碳原子上的氢原子间的距离最远，相互间的排斥力最小，因而能量最低，是乙烷的最稳定的构象形式，即是乙烷的优势构象。在重叠式中，两个碳原子上的氢原子以及C—H键均两两相对，距离最近，相互间的排斥作用最大，因而能量最高，是乙烷的最不稳定的构象形式。其他形式的构象的能量都介于这两者之间(图2.3)。

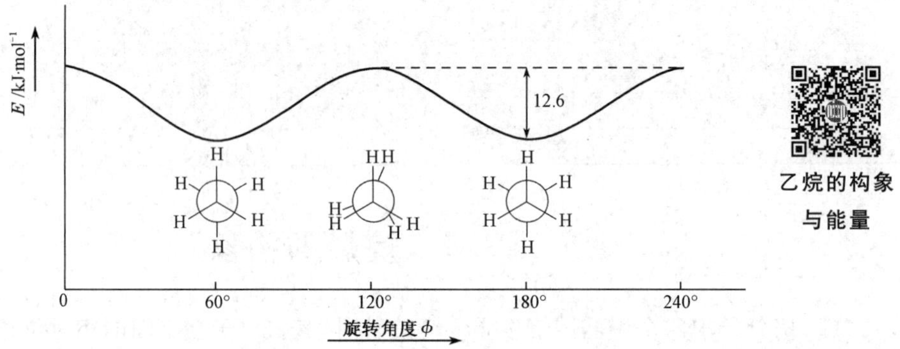

图2.3　乙烷不同构象的能量曲线图

根据计算，乙烷的重叠式和交叉式的能量差约为12.6 kJ·mol^{-1}，就是说，从一个交叉式转变为另一个交叉式，分子必须克服12.6 kJ·mol^{-1}的能垒。从这个意义上讲，σ键的旋转并不是完全自由的。但是在常温下分子的动能已足以使乙烷分子的C—C键迅速旋转。由一个交叉式转变为另一个交叉式，这种转变每秒内发生的次数高达10^{11}。温度越高，旋转的速度越快。因此，乙烷分子处于各种构象的动态平衡之中。由于交叉式构象最稳定，因而大部分乙烷分子为交叉式构象。接近绝对零度(约−272 ℃)时，乙烷成为晶体，以交叉式作为基本存在形式。而在通常的条件下要分离乙烷的不同构象是不可能的。

丁烷可以看作是乙烷的二甲基衍生物。C(2)—C(3)σ键旋转360°形成的极限构象如下：

$\phi=0°, 360°$
全重叠式

$\phi=60°$
顺交叉式

$\phi=120°$
部分重叠式

$\phi=180°$
反交叉式

$\phi=240°$
部分重叠式

$\phi=300°$
顺交叉式

图 2.4 是丁烷各种不同构象的能量曲线图。

丁烷的构象与能量

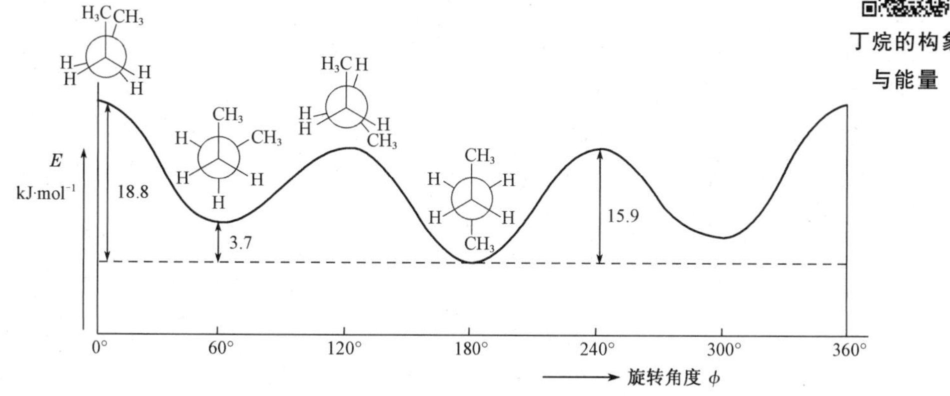

图 2.4 丁烷不同构象的能量曲线图

反交叉式中两个体积大的甲基相距最远，体系能量最低。顺交叉式中，两个甲基之间的范德华斥力使能量比反交叉式高 3.7 kJ・mol^{-1}。全重叠式的两个甲基之间距离最小，范德华斥力最大，加上 C—H 键电子云之间的斥力，使其能量比反交叉式高 18.8 kJ・mol^{-1}。在常温下丁烷主要以反交叉式(63%)和顺交叉式(37%)构象存在，其他构象所占比例极小。

有机分子的构象的研究是有机化学的重要组成部分，也是生物大分子的构象与功能、药物构效关系研究的基础。

问题 2.5 分别用锯木架式和纽曼投影式表示 1,2-二溴乙烷的最稳定构象。

§2.5 烷烃的物理性质

物质的物理性质主要包括状态、气味、颜色、沸点、熔点、密度、折光率和溶解度等。许多物理性质如沸点、熔点、密度、折光率等在一定条件下有恒定的数值，因而叫作物理常数。通过测定有机化合物的物理常数对鉴定化合物及其纯度有重要的参考价值。

一、沸点

在常温(25 ℃)常压(760 mmHg,1 个大气压或 0.1 MPa)下,含有四个碳原子以下的烷烃为气体,含五个到十六个碳原子的直链烷烃为液体,含十七个碳原子以上的直链烷烃为固体。

(1) 直链烷烃的沸点(boiling point, bp)随着相对分子量的增加而有规律地升高。每增加一个 CH_2 单位所引起沸点升高值随着相对分子量的增加而逐渐减少(表 2.2)。

表 2.2 直链烷烃的熔点和沸点

化合物	英文名称	熔点/℃	沸点/℃(0.1 MPa)
甲烷	methane	−182.6	−161.6
乙烷	ethane	−183.3	−88.5
丙烷	propane	−187.1	−42.2
丁烷	butane	−138.4	−0.5
戊烷	pentane	−129.7	36.1
己烷	hexane	−94.0	68.7
庚烷	heptane	−90.5	98.4
辛烷	octane	−56.8	125.7
壬烷	nonane	−53.7	150.8
癸烷	decane	−29.7	174.1
十一烷	undecane	−25.6	195.9
十二烷	dodecane	−9.7	216.3
十三烷	tridecane	−6.0	235.5
十四烷	tetradecane	5.5	253.6
十五烷	pentadecane	10.0	270.7
十六烷	hexadecane	18.1	287.1
十七烷	heptadecane	22.0	302.6
十八烷	octadecane	28.0	317.4

(2) 同数碳原子的烷烃异构体,直链异构体的沸点最高,支链越多,沸点越低。例如:戊烷、异戊烷和新戊烷的沸点分别为 36.1 ℃、29.9 ℃和 9.4 ℃。

化合物的沸点与分子间的吸引力有关,分子间的吸引力越大,则化合物的沸点越高。烷烃是非极性分子,分子间仅有色散力(dispersion force)存在。色散力与分子中原子的数目和大小约成正比,就是说烷烃分子中碳原子和氢原子越多,色散力越大,因此,直链烷烃的沸点随相对分子量增加而升高。色散力只有在近距离内才能有效地作用,就是说,分子间接触面积越大,色散力越大。在有支链的烷烃分子中,由于支链的阻碍使分子间接触面积减少,因而色散力比直链烷烃小,沸点比相应直链烷烃低。

二、熔点

直链烷烃的熔点(melting point, mp)变化规律基本上与沸点相同,除甲烷外也是随相对分子量增加而有规律地升高。不过含奇数碳原子的烷烃和含偶数碳原子的烷烃分别构成两条熔点曲线，前者在下，后者在上(图 2.5)。随着相对分子质量增加，两条曲线逐渐趋近。在晶体中，分子间的作用力不仅取决于分子的大小，而且与分子在晶格中的排列情况有关。排列得越紧密，熔点就越高。已经证明，直链烷烃的碳链在晶体中的排列状态为锯齿形，但奇数碳原子烷烃中两端的甲基处于锯齿状链的同一边，而偶数碳原子烷烃中两端的甲基处于相反的位置，对称性较好，因而后者比前者排列更为紧密，色散力较大，熔点也较高。所以一般说，分子对称性越好，熔点越高。例如，甲烷、新戊烷、2,2,3,3-四甲基丁烷具有高度的对称性，在晶格中能紧密堆积，因此甲烷的熔点比丙烷还高，新戊烷的熔点(−16.6 ℃)比戊烷高 113 ℃，2,2,3,3-四甲基丁烷的熔点(102 ℃)比辛烷高 158.8 ℃。

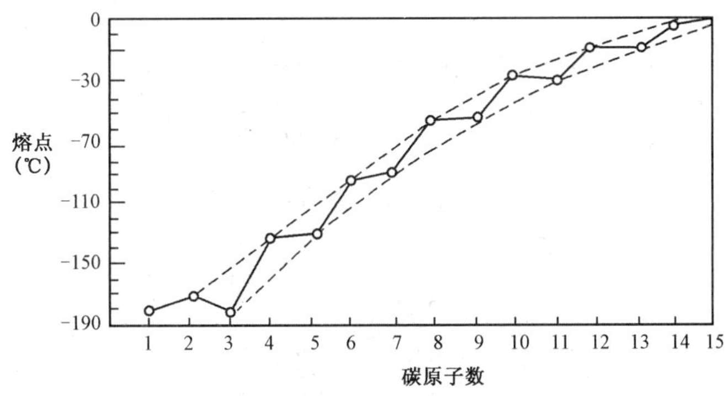

图 2.5 直链烷烃的熔点

三、溶解度

烷烃的密度(density)都小于 1，即比水轻。

烷烃不溶于水，但能溶于有机溶剂，在非极性有机溶剂(如烃类)中的溶解度(solubility)比在极性有机溶剂(如乙醇)中大。

“相似互溶”原理是有机化合物溶解度的经验规律。这个原理指出结构相似的化合物，它们分子间的吸引力相近，可以彼此互溶。烷烃是非极性分子，因而最易溶于非极性溶剂中，而不溶于极性大的水中。

§2.6 烷烃的卤化反应

结构是决定物质性质的内在因素。烷烃是仅含有 C—C 键和 C—H 键的化合物，它们没有极性或极性很弱，因而烷烃的化学性质是不活泼的。在一般情况下，烷烃与强酸(如浓硫酸、浓硝酸)、强碱(如氢氧化钠)、强氧化剂(如高锰酸钾)、强还原剂(如钠+乙醇)等都不起反应或反应速度很慢。但是在适当的温度、压力和催化剂的作用下也可以起氧化、硝化、磺化等反应变成许多重要的工业产品。烷烃分子中的氢原子在一定条件下可以被卤素取代。分子中的原子或原子团被其他原子或原子团取代的反应叫作取代反应(substitution reaction)，被卤素原子取代的反应叫作卤代或卤化反应(halogenation)。

一、卤化反应

在室温、暗处，烷烃和氯气不发生反应。但在光、热或催化剂的影响下可以与氯气反应，烷烃中的氢原子被氯取代生成氯代烃。例如：

$$CH_4 + Cl_2 \xrightarrow[\text{或}\triangle]{h\nu} CH_3Cl + HCl$$

一氯甲烷
chloromethane

hν 表示用光照射，△表示加热。生成的一氯甲烷容易继续氯化，生成二氯甲烷、三氯甲烷(氯仿)和四氯化碳。

$$CH_3Cl + Cl_2 \xrightarrow{h\nu} CH_2Cl_2 + HCl$$

一氯甲烷 二氯甲烷
dichloromethane

$$CH_2Cl_2 + Cl_2 \xrightarrow{h\nu} CHCl_3 + HCl$$

二氯甲烷 三氯甲烷(氯仿)
trichloromethane(chloroform)

$$CHCl_3 + Cl_2 \xrightarrow{h\nu} CCl_4 + HCl$$

三氯甲烷 四氯化碳
carbon tetrachloride

乙烷氯化时除生成氯乙烷外，还生成二氯乙烷等产物。

$$CH_3CH_3 + Cl_2 \xrightarrow{h\nu} CH_3CH_2Cl + HCl$$

乙烷 ethane 氯乙烷 chloroethane

$$2CH_3CH_2Cl + 2Cl_2 \xrightarrow{h\nu} CH_3CHCl_2 + ClCH_2CH_2Cl + 2HCl$$

氯乙烷 chloroethane　1,1-二氯乙烷 1,1-dichloroethane　1,2-二氯乙烷 1,2-dichloroethane

丙烷和异丁烷的氯化反应结果表明烷烃分子中任何一个氢原子都有被氯代的可能，同时表明烷烃分子中不同类型的氢原子的反应活性是不相同的。

$$CH_3CH_2CH_3 \xrightarrow[h\nu,25\ ^\circ C]{Cl_2} CH_3CH_2CH_2Cl$$
1-氯丙烷 43%
1-chloropropane

$$ \longrightarrow CH_3CH(Cl)CH_3$$
2-氯丙烷 57%
2-chloropropane

$$CH_3CH(CH_3)CH_3 \xrightarrow[h\nu,25\ ^\circ C]{Cl_2} (CH_3)_2CHCH_2Cl$$
1-氯-2-甲基丙烷 63%
1-chloro-2-methylpropane

$$ \longrightarrow (CH_3)_3CCl$$
2-氯-2-甲基丙烷 37%
2-chloro-2-methylpropane

由此可算出仲氢、叔氢与伯氢的相对反应活性为：

仲氢/伯氢＝(57/2)÷(43/6)＝4/1；叔氢/伯氢＝(37/1)÷(63/9)＝5.3。

因此，在氯化反应中三种氢的相对活性为：叔氢＞仲氢＞伯氢。

在烷烃的氯化反应中，氯原子对三种不同的氢的取代有选择性，但选择性不高，因而常得到难以分离的混合物。

烷烃在光照或高温下与溴反应生成相应的溴代烃。溴化反应的速度比氯化反应慢得多，即溴的反应活性比氯小。但是溴化反应有较好的选择性，例如丙烷光照下溴化反应生成3% 1-溴丙烷和97% 2-溴丙烷。

烷烃与氟的反应十分猛烈，难于控制。烷烃与碘很难反应，要使反应进行必须加入氧化剂以破坏反应生成的碘化氢。因此，烷烃的卤化反应常指氯化和溴化反应。

问题2.6　写出2-甲基丁烷进行一氯化反应得到的所有产物的构造式。并估计各种产物的相对含量。

二、烷烃卤化反应的机理

有人将甲烷和氯气的混合气体通过用弧光灯照射的玻璃反应室，产物经冷凝后分析，发现其中含乙烷的氯化物20%。即使用很纯粹的甲烷作原料，也得到乙烷的氯化物，显然上节的反应式不能说明这些实验事实。

反应方程式一般是表示反应原料和产物之间的关系，并没有说明原料是怎样变成产物的，在变化过程中要经过哪些中间步骤，要说明这些问题就要研究反应机理(reaction mechanism)。反应机理是指反应物到产物经过的途径和过程。反应机理是根据大量的实验事实做出的理论假设，它随着对有机反应的深入研究不断得到修正和发展。研究反应机理的目的在于理解和掌握反应的本质，以便有效地控制反应条件，提高产物的产量，甚至改变反应的进程得到所需要的另一种产物。

烷烃的卤化反应机理是典型的自由基链反应(free radical chain reaction)，分三个步骤进行。下面以甲烷的氯化为例说明。

1. 链引发(chain initiation)

氯分子的键离解能(242.6 kJ·mol^{-1})较低，用波长较长的光照射或加热到不太高的温度(如120 ℃)，就可以使氯分子的共价键均裂生成两个氯原子。氯原子保留了一个原来共价键的电子，它没有自旋相反的配对电子。这种具有未配对电子的原子或原子团叫作自由基(radical)。

$$\mathrm{Cl{-}Cl} \xrightarrow[\text{或}\ \triangle]{h\nu} \mathrm{Cl\cdot} + \mathrm{Cl\cdot}$$

鱼钩箭头表示单个电子的转移。这是反应的第一步，产生活性很高的自由基，叫作链引发阶段。

2. 链增长(chain propagation)

氯原子(氯自由基)有获得一个电子而形成八隅体的倾向，十分活泼，一旦生成，立即与甲烷反应生成甲基自由基和氯化氢。

实验和理论研究表明：甲基自由基(methyl radical)中所有的原子在同一平面内，因而

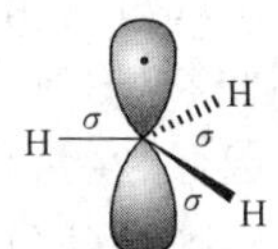

图 2.6 甲基自由基的结构

碳原子是用三个互成 120°的 sp^2 杂化轨道分别与三个氢原子的 1s 轨道重叠形成了共平面的三个 C—H σ 键,余下的一个未配对电子占据垂直于该平面的 p 轨道(图 2.6)。

甲基自由基的活性很高,与氯分子碰撞时夺取一个氯原子生成氯甲烷分子和一个新的氯自由基。新的氯自由基又可重复上面的过程。

$$Cl\cdot + H—CH_3 \longrightarrow CH_3\cdot + HCl$$
$$Cl—Cl + \cdot CH_3 \longrightarrow CH_3Cl + Cl\cdot$$

CH_3Cl、CH_2Cl_2 和 $CHCl_3$ 分子中 C—H 键的离解能(分别为 422.2 kJ · mol^{-1}、414.2 kJ · mol^{-1}、400.8 kJ · mol^{-1})都比甲烷 H_3C—H 键的离解能(439.3 kJ · mol^{-1})小,因而氯化反应可继续进行。

$$Cl\cdot + H—CH_2Cl \longrightarrow ClCH_2\cdot + HCl$$
$$ClCH_2\cdot + Cl—Cl \longrightarrow CH_2Cl_2 + Cl\cdot$$
$$\cdots$$

如此循环,生成三氯甲烷和四氯化碳。

在上面的每一步反应中,都生成一个新的自由基,使反应能够循环进行,像一环接一环的锁链一样,所以叫作连锁反应或链反应。这一阶段叫作链增长。在链增长阶段,自由基的活性不因链增长而减弱,自由基的数量也不因链增长而减少。

3. 链终止(chain termination)

随着连锁反应的进行,甲烷迅速被消耗,相对来说,自由基的浓度不断增加,自由基互相碰撞的机会增加。自由基互相碰撞后结合成稳定的分子,反应就到达链终止阶段。

$$Cl\cdot + \cdot CH_3 \longrightarrow CH_3Cl$$
$$CH_3\cdot + \cdot CH_3 \longrightarrow CH_3CH_3$$
$$\cdots$$

在链引发阶段中,除了用热和光产生自由基引发反应外,也可用偶氮二异丁腈、过氧二苯甲酰、叔丁基过氧化物等自由基引发剂引发反应。

自由基反应一般在气相或非极性溶剂中进行。反应体系中应排除氧的存在,因为氧极易与活泼的自由基反应生成过氧化物。

$$CH_3\cdot + \cdot O—O\cdot (O_2) \longrightarrow CH_3O—O\cdot$$
$$CH_3O—O\cdot + \cdot CH_3 \longrightarrow CH_3O—OCH_3$$

因此,只有当反应体系中的氧被消耗完了以后,自由基反应才能正常进行,这段时间叫作自由基反应的诱导期(induction period)。

在人体内正常的代谢过程中,也产生 HO·、HOO·、H·、R· 等自由基,但可迅速被细胞内的防御体系所清除。由于年龄的增长或其他疾病导致人体内防御体系减弱时,自由基往往不能完全被清除。过多的自由基将损伤蛋白质、核酸等生物大分子,促使机体逐渐衰老。老年性白内障就是由于眼睛晶状体受到自由基的损害作用所致。

问题 2.7 写出问题 2.6 中氯化反应的过程。

问题 2.8 解释甲烷的氯化产物中含有氯代乙烷产物的原因。

三、烷烃卤化反应中的能量变化

化学反应是由反应物逐渐转变成产物的连续过程。这一过程的能量变化可用能线图(energy profile)表示。在能线图上处于能量最高点的过渡阶段的结构叫作过渡态(transition state)。过渡态和反应物之间的内能差是反应的活化能(E_a),反应物和产物的能量差是反应的热效应 ΔH。在分步进行的反应中,可以有几个过渡态,每两个过渡态之间的能量最低点相当于反应的活性中间体(reactive intermediate)。活化能大的步骤速度慢,是整个反应的速度决定步骤。

在甲烷的氯化反应中,氯原子与甲烷接近时,H 与 Cl 之间逐渐开始成键,该 H 与 C 之间的键开始伸长,体系的能量逐渐上升到最大值。随着 H—Cl 键成键程度的增加,体系的能量开始降低,最后形成甲基自由基和氯化氢分子,碳原子从 sp^3 杂化逐渐转变成 sp^2 杂化。甲基自由基与氯分子的反应过程与氯原子和甲烷的反应过程类似,但碳原子从 sp^2 杂化转变成 sp^3 杂化。

$$Cl\cdot + H\text{—}CH_3 \longrightarrow [Cl\cdots H\cdots CH_3]^{\ddagger} \longrightarrow \cdot CH_3 + HCl$$

$$Cl\cdot + CH_4 \longrightarrow [Cl\cdots H\cdots CH_3]^{\ddagger} \longrightarrow CH_3\cdot + HCl$$

$$H_3C\cdot + Cl\text{—}Cl \longrightarrow [H_3C\cdots Cl\cdots Cl]^{\ddagger} \longrightarrow H_3C\text{—}Cl + Cl\cdot$$

$$CH_3\cdot + Cl\text{—}Cl \longrightarrow [H_3C\cdots Cl\cdots Cl]^{\ddagger} \longrightarrow CH_3Cl + Cl\cdot$$

甲烷一氯化反应过程的能线图见图 2.7。

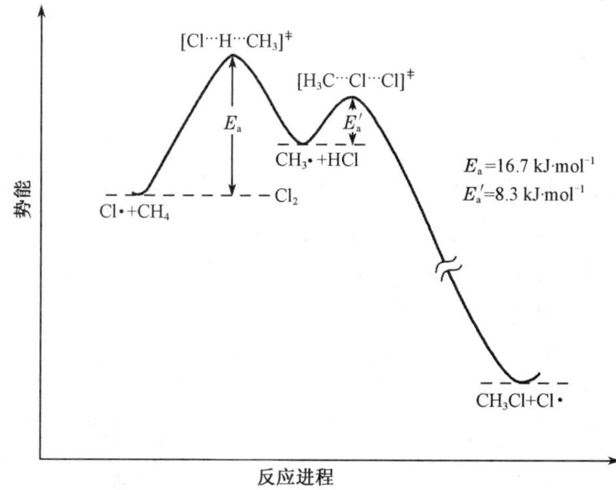

图 2.7 甲烷一氯化的能线图

从图 2.7 可见,第一步的活化能比第二步大得多,因而第一步即生成甲基自由基的一步为整个反应的速度决定步骤。甲基自由基处于两个过渡态之间的谷底,它是反应中的活性中间体。

过渡态只能短暂存在,不能用实验测定。那么如何知道过渡态的结构和位能高低呢?哈蒙特(Hammond G. S.)假定:在基元反应(简单的一步反应)中,过渡态的结构应同能量相近的原料或产物近似。对于自由基反应,过渡态的结构在一定程度上更类似于活性中间体自由基。生成的自由基越稳定,相应的过渡态位能越低,反应的活化能也越小。在烷烃的卤化反应中,烷烃的 C—H 键均裂生成烷基自由基。不同类型氢的离解能是不同的,即 CH_3—H,434.7 $kJ \cdot mol^{-1}$;伯氢 RCH_2—H,405.5 $kJ \cdot mol^{-1}$;仲氢 R_2CH—H,392.9 $kJ \cdot mol^{-1}$;叔氢 R_3C—H,376.2 $kJ \cdot mol^{-1}$。键的离解能越小,均裂时需要的能量就越少。因此形成自由基所需能量的大小次序为 $CH_3\cdot > RCH_2\cdot > R_2CH\cdot > R_3C\cdot$。形成自由基所需能量越低,自由基的位能也越低,自由基的稳定性就越大。因此,烷基自由基的稳定性次序为:$R_3C\cdot > R_2CH\cdot > RCH_2\cdot > CH_3\cdot$。

由此不难理解前面叙述的烷烃分子中氢的反应活性是:叔氢>仲氢>伯氢。

§2.7 烷烃的来源及其重要性

烷烃的主要来源为天然气(natural gas)和石油(petroleum)。天然气中含 90%~95% 的甲烷和少量低级烷烃。但产地不同,组成也不完全相同。煤矿的坑道气中甲烷含量可达 20%~30%(按体积计算)。甲烷的爆炸极限是 5.53%~14.0%,即甲烷在空气中的比例在此范围时遇到火花时发生爆炸。这就是煤矿中发生爆炸事故的原因。

石油中含有 $C_1 \sim C_{40}$ 的各种烷烃,也含有环烷烃和芳烃,含量因产地而异。在工业上炼油时是根据用途(如汽油、煤油、柴油等)的要求而分成各种温度范围的馏分。

烷烃在高温和足够的空气中燃烧,则完全氧化,生成二氧化碳和水,并放出大量的热。燃烧时放出的热量叫作燃烧热。

$$C_nH_{2n+2} + \frac{3n+1}{2}O_2 \longrightarrow n\,CO_2 + (n+1)H_2O$$

因此天然气和石油馏分的重要用途是用作燃料。

石油馏分中的相对分子质量较大的高级烷烃(重油、石蜡等)和带支链的烷烃在催化剂存在下,隔绝空气加热,碳链会断裂(催化裂化)生成相对分子量较小的烷烃,同时伴随脱氢而生成烯烃和氢气。因此利用催化裂化可以提高汽油产率,同时可以从重油或原油生产相对分子质量较小的烯烃,如乙烯、丙烯等,用作基本的化工原料。

在海底沉积物和大陆永久冻土中,存在甲烷的水合物 $CH_4 \cdot nH_2O$。这是水分子通过氢键形成的笼状晶格包结甲烷。甲烷水合物是由天然气与水在长期低温高压下形成的,外观像冰一样并且遇火即可燃烧,所以叫作"可燃冰"(combustible ice)。可燃冰的储藏量十分丰富,其含碳量是已探明的石油、天然气的两倍。我国已将可燃冰列为新的矿种。并且我国已成功试采可燃冰。

- 石油精炼和各馏分的用途
- 汽油
- 可燃冰的结构

习 题

2.1 写出分子式为 C_7H_{16} 的烷烃的各种异构体的构造式，并用系统命名法命名。

2.2 将下列化合物用系统命名法命名(中文和英文)。

(1) $(CH_3)_2CHCH_2CH_2CH(CH_3)_2$

(2)
$$\begin{array}{llll} & & & CH_3 \\ & & & \vert \\ CH_3 & CHCH_2CH_2CH_2 & — & C — CH_2CH_3 \\ & \vert & & \vert \\ & CH_2CH_2CH_3 & & CH_3 \end{array}$$

(3)
$$\begin{array}{ccccccc} & & & CH_3 & & CH_3 & \\ & & & \vert & & \vert & \\ CH_3 & CH & — & C & —— & C & —CH_3 \\ & \vert & & \vert & & \vert & \\ & CH_2 & & CH_2 & & CH_2 & \\ & \vert & & \vert & & \vert & \\ & CH_3 & & CH_3 & & CH_3 & \end{array}$$

(4) $(CH_3CH_2)_4C$

2.3 写出下列烷烃的构造式。

(1) 分子式为 C_8H_{18}，一氯代后只得到一种氯代烃 $C_8H_{17}Cl$ 的烷烃。

(2) 相对分子量为86，一溴化反应生成两种一溴代衍生物的烷烃。

2.4 写出异丁烷在光照下一溴化反应的机理。

2.5 用纽曼式画出2,3-二甲基丁烷的几个极限构象式，并绘出 $C_2—C_3$ 键轴旋转的势能变化示意图。

2.6 写出下列烷烃的英文名称和构造式。

(1) 3-乙基-2-甲基戊烷

(2) 4-(1-甲基乙基)庚烷

(3) 5-乙基-2,2-二甲基辛烷

(4) 5-(1,1-二甲基乙基)-3-乙基辛烷

第三章　烯　　烃

含有碳碳双键的不饱和烃叫作烯烃(alkene)。烯烃比相应的烷烃少两个氢原子，因而其通式为 C_nH_{2n}。烯烃的多数反应发生在碳碳双键上，双键是烯烃的官能团。烯烃是重要的化学工业原料，也是有机合成的重要中间体。低级烯烃如乙烯、丙烯及丁烯等由石油加工的馏分和天然气的催化裂解获得。

§3.1　烯烃的结构

烯烃分子中的双键的两个碳原子是 sp^2 杂化。它们各以一个 sp^2 杂化轨道相互重叠形成碳碳 σ 键，而每个碳原子的其余两个 sp^2 杂化轨道分别与原子(或基团)a 和 b 的轨道重叠形成 C—a 和 C—b 四个 σ 键。由于碳原子的三个 sp^2 杂化轨道同处于一个平面上，因而五个 σ 键共平面。两个碳原子上各保留一个电子的 p 轨道垂直于 σ 键所在的平面，即两个 p 轨道互相平行，因而能最大限度地在侧面重叠形成 π 键(图 3.1)。

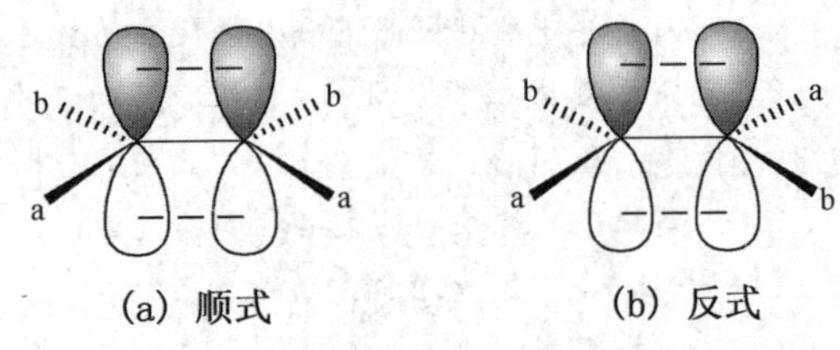

(a) 顺式　　(b) 反式

图 3.1　两个 *p* 轨道重叠形成 π 键

烯烃的顺反异构体

两个 p 轨道只有在平行时才能得到最大程度的重叠，若 p 轨道失去平行，则重叠程度必将减小甚至于 π 键完全破裂。因此，碳碳双键不能像碳碳单键那样可以自由旋转，从而产生图 3.1 中所示的烯烃的两种异构体，叫作顺、反异构体。

由于 π 键是由相邻的两个 p 轨道侧面重叠形成的，重叠程度比 σ 键小得多，因而 π 键的键能也小得多，大约为 263.6 kJ · mol^{-1}。(C═C 键的平均键能为 610.9 kJ · mol^{-1}，C—C 键的平均键能为 347.3 kJ · mol^{-1})。同时，π 电子云不像 σ 电子云那样集中在两原子核之间，而是分布在 σ 键的上方和下方，离原子核较远，原子核对 π 电子的吸引力比对 σ 电子小，因而当有外电场(如试剂)影响时，π 电子云容易发生极化。因此，π 键没有 σ 键牢固。这就是双键的化学活泼性较大的根本原因。

由于碳碳双键由 σ 键和 π 键组成，核间距变小，因而键长(134 pm)比烷烃中的碳碳单键的键长(154 pm)要短。碳碳双键与相邻键的夹角约为 120°左右，例如乙烯分子中，∠HCH 和∠HCC 分别为 117.2°和 121.4°，其键角的差别是由于键的不等同性引起的。乙烯的立体模型见图 3.2。

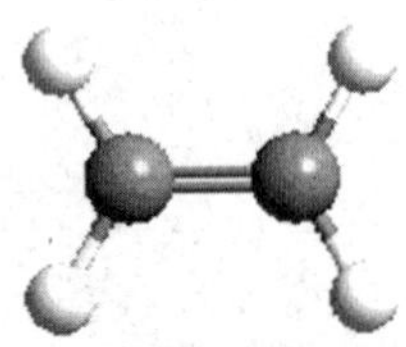

(a) 球棍模型

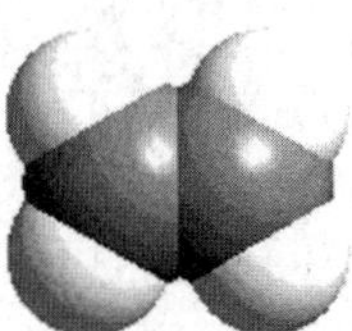

(b) 斯陶特模型

图 3.2　乙烯的立体模型

§3.2 烯烃的同分异构和命名

一、烯烃的异构

1. 构造异构

丁烯有三种构造异构体：

$CH_3—CH_2—CH═CH_2$	$CH_3—C(CH_3)═CH_2$	$CH_3—CH═CH—CH_3$
丁-1-烯	2-甲基丙烯(异丁烯)	丁-2-烯
but-1-ene	2-methylpropene(isobutylene)	but-2-ene

丁-1-烯和异丁烯是碳链结构不同的碳链异构体。丁-1-烯和丁-2-烯是双键的位置不同而产生的异构体，叫作官能团位置异构。因此，烯烃的构造异构比烷烃复杂。

烯烃的构造异构体可以从相应的烷烃出发，变动双键的位置导出。例如，戊烯有五种构造异构体，两种可以从戊烷导出：

$CH_3CH_2CH_2CH═CH_2$	$CH_3CH_2CH═CHCH_3$
戊-1-烯	戊-2-烯
pent-1-ene	pent-2-ene

三种可以从异戊烷导出：

$CH_3CH_2C(CH_3)═CH_2$	$CH_3CH═C(CH_3)CH_3$	$CH_2═CHCH(CH_3)CH_3$
2-甲基丁-1-烯	2-甲基丁-2-烯	3-甲基丁-1-烯
2-methylbut-1-ene	2-methylbut-2-ene	3-methylbut-1-ene

从新戊烷不能导出相应的烯烃。

问题 3.1 写出分子式为 C_7H_{14}，最长碳链为五个碳原子的烯烃的各种构造异构体。

2. 顺反异构

烯烃的顺反异构现象(cis-trans isomerism)是由于碳碳双键旋转受阻而产生的。在顺反异构体分子中，原子互相连接的次序和方式相同即构造式相同，但分子中的原子在空间排列方式不同即构型(configuration)不同。例如：丁-2-烯分子中(图 3.3)，与双键相连的两个甲基和两个氢原子在空间有两种排列方式，即在 π 键平面的同侧(顺式，*cis*)或异侧(反式，*trans*)。

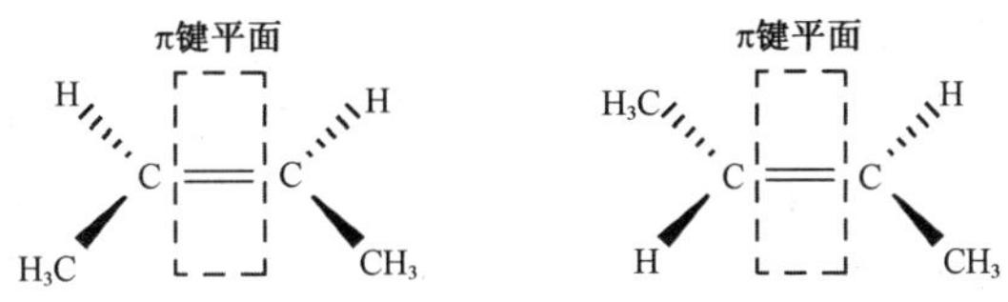

图 3.3 丁-2-烯的顺反异构体

cis 和 *trans* 异构体在常温下不能彼此互变，是构型不同的两种化合物，它们的物理性质完全不同，因而可以用各种物理方法分离。

烯烃分子中双键的两个碳原子各带有不同的原子或取代基时都会有顺反异构体：

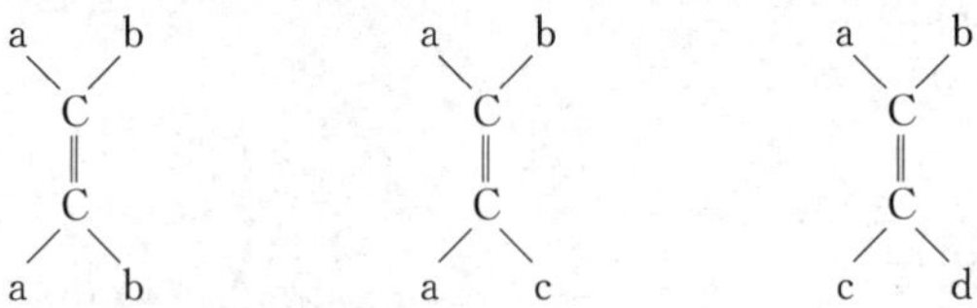

双键的两个碳原子中任何一个碳原子上带有两个相同的原子或取代基时，都没有顺反异构体。

问题 3.2　问题 3.1 中哪些化合物有顺反异构体？

二、烯烃的命名

简单的烯烃常用俗名。例如：

$CH_2{=}CH_2$	$CH_3CH{=}CH_2$	$CH_3C(CH_3){=}CH_2$
乙烯(ethylene)	丙烯(propylene)	异丁烯(isobutylene)

复杂的烯烃用系统命名法命名。

1. 烯基、叉基和亚基的命名

烯烃去掉一个氢原子的一价基称为烯基(alkenyl)，烯基的英文名称的后缀是- enyl。即把烯烃英文名称的末端字母 e 改为 yl。简单的烯基常用俗名。用系统命名法命名烯基时，编号从游离价所在的碳原子开始，并将表明烯键位次的阿拉伯数字写在烯基(- enyl)之前，数字两边用短横线隔开。

	$H_2C{=}CH—$	$H_3CHC{=}CHCH_2—$	$H_2C{=}CHCH_2—$	$H_2C{=}C(CH_3)—$
俗名	乙烯基 vinyl	巴豆基 crotyl(crotonyl)	烯丙基 allyl	异丙烯基 isopropenyl
系统命名	乙烯基 ethenyl	丁-2-烯基 but-2-enyl	丙-2-烯基 prop-2-enyl	丙-1-烯-2-基 (1-甲基乙烯基) prop-1-en-2-yl (1-methylethenyl)

分子中去掉两个氢原子形成两个游离的单键的基团叫作叉基，叉基的英文后缀是- diyl。叉基的系统命名是在母体氢化物名称后，叉基后缀前用阿拉伯数字标注位次。母体氢化物为烷烃时，“烷”字可省略。例如：

$—CH_2—$	$—CH_2CH_2—$	$—C(CH_3)_2—$
甲叉基 methanediyl	乙-1,2-叉基 ethane-1,2-diyl	丙-2,2-叉基或 1-甲基乙-1,1-叉基 propane-2,2-diyl/1-methylethane-1,1-diyl

甲叉基和乙-1,2-叉基的中、英文俗名分别为亚甲基(methylene)、亚乙基(ethylene)，亚甲基和亚乙基使用已久并为人们熟知,《命名原则》确定保留沿用。

分子中去掉两个氢原子形成一个游离的双键的基团叫作亚基，亚基的英文后缀是 - ylidene。常见的简单亚基如下：

$H_2C=$ 甲亚基 methylidene

$CH_3CH=$ 乙亚基 ethylidene

$=C(CH_3)_2$ 异丙亚基，1-甲基乙亚基 isopropylidene, 1 - methylethylidene

必须注意甲亚基的英文俗名与甲叉基的英文俗名相同，都是 methylene，但甲叉基的中文俗名为亚甲基。

2. 构造异构体的命名

烯烃的构造异构体的系统命名法要点为：

(1) 没有支链的直链烯烃按碳原子数目称为某烯。碳原子在十以上用汉字数字表示，称为某碳烯。从靠近双键一端用阿拉伯数字开始编号，使双键的位次最低(小)。位次数字写在烯字之前，汉字与阿拉伯数字之间用短横线隔开。例如：

$CH_3CH_2CH_2CH_2CH=CHCH_3$ 庚-2-烯 hept - 2 - ene

$CH_3(CH_2)_8CH=CHCH_3$ 十二碳-2-烯 dodec - 2 - ene

(2) 选择最长的碳链作为主链，若主链不包含完整的碳碳双键，则按烷烃相同的原则命名。例如：

$\overset{6}{C}H_3\overset{5}{C}H_2\overset{4}{C}H_2\overset{3}{C}(=CH_2)—\overset{2}{C}H_2\overset{1}{C}H_3$

3-甲亚基己烷

3 - methylidenehexane, 3 - methylenehexane

《命名原则》根据 IUPAC 2013 年的建议“主链的选择取决于链长，而不是不饱和度”，对中国化学会《有机化合物命名原则》(1980)做出重要修订。按后者应是选择含碳碳双键的最长碳链作为主链，该化合物旧的命名是 2-乙基-1-戊烯。

(3) 若最长的碳链含完整的碳碳双键，则从靠近双键的一端开始编号，使双键碳原子的位次最低(小)。在烯字前面用阿拉伯数字标出双键的位次。取代基的位次和名称的表示方法与烷烃的命名相同。例如：

$CH_3CH_2CH(CH_3)—CH(CH_3)CH=CH_2$

3,4-二甲基己-1-烯

3, 4 - dimethylhex - 1 - ene

$CH_3CH_2CH(CH_3)—CH(CH_2CH_3)—C(CH_3)=CHCH_3$

4-乙基-3,5-二甲基庚-2-烯

4 - ethyl - 3, 5 - dimethylhept - 2 - ene

3. 顺反异构体的命名

(1) *cis*-*trans* 法

在烯烃的系统名称前冠以“顺”(*cis*-)或“反”(*trans*-)表示烯烃的构型。例如：

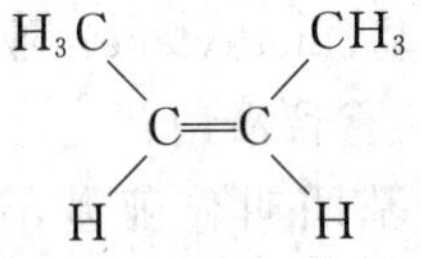

$$\begin{array}{c} H_3C \quad\quad CH_3 \\ \diagdown \quad\ \diagup \\ C{=}C \\ \diagup \quad\ \diagdown \\ H \quad\quad\quad H \end{array}$$

顺丁-2-烯

cis-but-2-ene

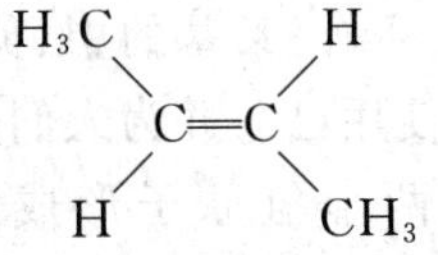

$$\begin{array}{c} H_3C \quad\quad H \\ \diagdown \quad\ \diagup \\ C{=}C \\ \diagup \quad\ \diagdown \\ H \quad\quad\quad CH_3 \end{array}$$

反丁-2-烯

trans-but-2-ene

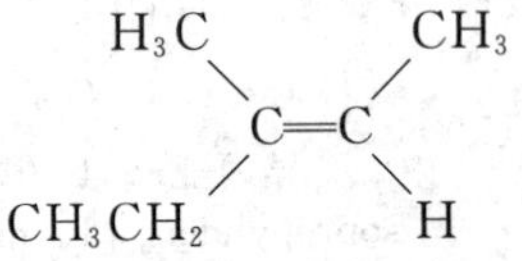

$$\begin{array}{c} H_3C \quad\quad CH_3 \\ \diagdown \quad\ \diagup \\ C{=}C \\ \diagup \quad\ \diagdown \\ CH_3CH_2 \quad\quad\quad H \end{array}$$

顺-3-甲基戊-2-烯

cis-3-methylpent-2-ene

$$\begin{array}{c} H_3C \quad\quad H \\ \diagdown \quad\ \diagup \\ C{=}C \\ \diagup \quad\ \diagdown \\ CH_3CH_2 \quad\quad\quad CH_3 \end{array}$$

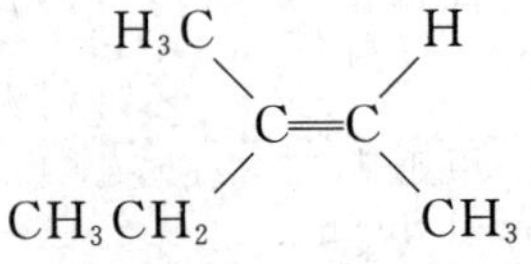

反-3-甲基戊-2-烯

trans-3-methylpent-2-ene

但两个双键碳原子如没有共同的原子或取代基时，用 *cis-trans* 法表示构型有困难，则采用 Z-E 法来标记烯烃的构型。

(2) Z-E 法

根据系统命名法，顺反异构体的构型用 Z(德文 Zusammen，同侧)和 E(德文 Entgegen，异侧)来表示。构型是 Z 或 E 要用"顺序规则"(sequence rule)来决定。顺序规则首先由 Cahn、Ingold 和 Prelog 提出，所以又被称为 CIP 优先系统。

所谓顺序规则，就是把各种取代基按先后次序排列的规则，其要点如下：

① 取代基游离价所在的原子按原子序数排列，原子序数大的为高位基团(较优基团)，同位素原子按相对原子量排列，相对原子量大的为较优原子。常见元素的原子的高低位次序的排列如下：

$$H<D<T<Li<B<C<N<O<F<Si<P<S<Cl<Br$$

② 若取代基游离价所在的原子的原子序数和相对原子量相同而无法决定其次序时，应用外推法即顺次比较第二个、第三个……原子的原子序数及同位素的相对原子量，直到能够决定较高位(较优)基团为止。例如：

$$CH_3—、CH_3CH_2—、(CH_3)_2CH—、(CH_3)_3C—$$

这些游离价所在的原子都是碳原子，因而要用外推法即沿着碳链向外进行比较。在上面四个烃基中，与游离价所在碳原子相连接的原子分别为 C(HHH)、C(CHH)、C(CCH)、C(CCC)，括号中的原子也按次序规则排列。先比较括号中第一个原子，然后第二、第三个原子，可决定这四个烃基的先后次序就是以上的排列顺序，较高位基团在后。

③ 确定不饱和基团的次序时，应把不饱和键的成键原子看作是以单键分别和相同的原子相连接。例如：

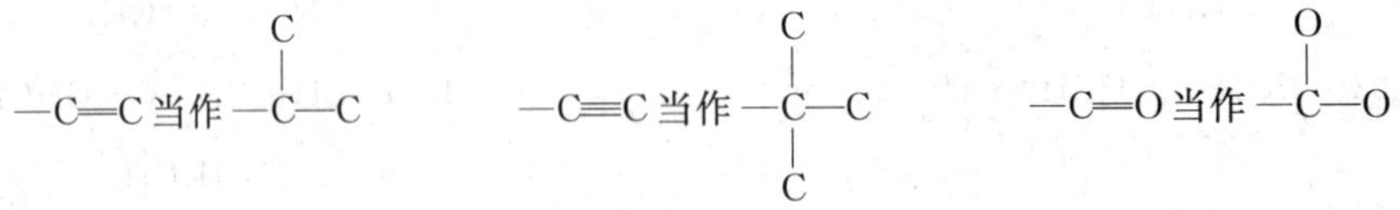

$$—C{=}C \text{ 当作 } —\overset{\overset{C}{|}}{C}—C \qquad —C{\equiv}C \text{ 当作 } —\underset{\underset{C}{|}}{\overset{\overset{C}{|}}{C}}—C \qquad —C{=}O \text{ 当作 } —\overset{\overset{O}{|}}{C}—O$$

要决定烯烃是 Z 构型还是 E 构型时，应先将双键碳原子上的取代基按顺序规则排列。

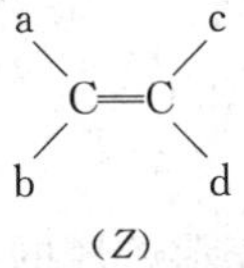

$$\begin{array}{c} a \quad\quad c \\ \diagdown \quad \diagup \\ C{=}C \\ \diagup \quad \diagdown \\ b \quad\quad d \end{array}$$

(Z)

$$\begin{array}{c} a \quad\quad d \\ \diagdown \quad \diagup \\ C{=}C \\ \diagup \quad \diagdown \\ b \quad\quad c \end{array}$$

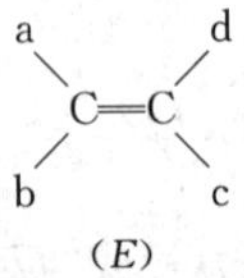

(E)

$$a>b$$
$$c>d$$

较高位基团在双键同侧的构型为 Z，在异侧的构型为 E。例如：

$$\underset{CH_3CH_2}{\overset{H_3C}{}}\!\!>C=C<\!\!\underset{CH(CH_3)_2}{\overset{CH_2CH_2CH_3}{}}$$

(Z)-4-异丙基-3-甲基庚-3-烯

(Z)-4-isopropyl-3-methylhept-3-ene

$$\underset{CH_3CH_2}{\overset{H_3C}{}}\!\!>C=C<\!\!\underset{CH_2CH_2CH_3}{\overset{CH(CH_3)_2}{}}$$

(E)-4-异丙基-3-甲基庚-3-烯

(E)-4-isopropyl-3-methylhept-3-ene

$$\underset{Cl}{\overset{Br}{}}\!\!>C=C<\!\!\underset{H}{\overset{Cl}{}}$$

(Z)-1-溴-1,2-二氯乙烯

(Z)-1-bromo-1,2-dichloroethene

$$\underset{Cl}{\overset{Br}{}}\!\!>C=C<\!\!\underset{Cl}{\overset{H}{}}$$

(E)-1-溴-1,2-二氯乙烯

(E)-1-bromo-1,2-dichloroethene

cis-trans 法和 $Z-E$ 法是表示烯烃构型的两种不同的命名方法。*cis* 和(Z)，*trans* 和(E)没有对应关系，即 *cis* 式不一定是(Z)-构型，*trans* 式也不一定是(E)-构型。

问题 3.3　命名问题 3.2 中确定的顺-反异构体。

§3.3　烯烃的物理性质

烯烃的物理性质和烷烃很相似。在室温下含二个到四个碳原子的烯烃为气体，含五个至十八个碳原子的为液体，含十九个碳原子以上的为固体。烯烃的沸点、熔点和烷烃一样，也随着相对分子量的增加而升高。烯烃的密度都小于 1，但比相应的烷烃大。烯烃都难溶于水，但易溶于非极性的有机溶剂。一些烯烃的物理性质见表 3.1。

表 3.1　烯烃的物理性质

化合物	英文名称	熔点/℃	沸点/℃(0.1 MPa)
乙烯	ethene	−169.1	−103.7
丙烯	propene	−185.0	−47.6
丁-1-烯	but-1-ene	−185.0	−6.1
(Z)-丁-2-烯	(Z)-but-2-ene	−138.9	3.7
(E)-丁-2-烯	(E)-but-2-ene	−105.5	0.9
2-甲基丙烯	2-methylpropene	−141.0	−6.6
戊-1-烯	pent-1-ene	−138.0	30.2
己-1-烯	hex-1-ene	−138.0	63.5
庚-1-烯	hept-1-ene	−119.7	94.9
辛-1-烯	oct-1-ene	−104.0	119.2
壬-1-烯	non-1-ene	−81.4	146.0
癸-1-烯	dec-1-ene	−66.3	172.0

烯烃分子的顺式异构体有一定的偶极矩，在液态时，分子间除了范德华吸引力外，还有偶极之间的吸引力，因此顺式异构体的沸点比反式异构体高。反式异构体具有较好的对称性，在晶体中能比顺式异构体更紧密地排列堆积，因而熔点较高。例如 *cis*-丁-2-烯的沸点比 *trans*-丁-2-烯高，熔点比 *trans*-丁-2-烯低。

§3.4 烯烃的化学性质

前面已讨论碳碳双键的结构，它是由一个 π 键和一个 σ 键组成。π 键的键能比 σ 键小，因而容易在双键碳原子上加两个原子或原子团而转变成两个更强的 σ 键，这样的反应叫作加成反应(addition reaction)。

一、亲电加成反应

1. 加卤化氢

烯烃与卤化氢发生加成反应生成一卤代烷：

$$\rangle C{=}C\langle \; + HX \longrightarrow -\underset{H}{\underset{|}{C}}-\underset{X}{\underset{|}{C}}-$$

例如：

$$\underset{(Z)\text{-hex-3-ene}}{\underset{(Z)\text{-己-3-烯}}{\overset{CH_3CH_2\quad\; CH_2CH_3}{\underset{H\qquad\quad H}{C{=}C}}}} + HBr \xrightarrow[-30\ ^\circ C]{CHCl_3} \underset{\text{3-bromohexane}}{\underset{\text{3-溴己烷}}{CH_3CH_2\underset{Br}{\underset{|}{C}}HCH_2CH_2CH_3}}$$

烯烃与卤化氢的加成反应一般在甲苯、二氯甲烷、氯仿、乙酸等有机溶剂中进行。极性催化剂的存在使加成反应加速。HX 对烯烃的加成活性顺序与它们的酸性强度一致：HI＞HBr＞HCl。氟化氢也能起加成反应，但易使烯烃发生聚合。

卤化氢与不对称烯烃加成时理论上可以生成两种加成产物：

$$RCH{=}CH_2 + HX \longrightarrow R\underset{X}{\underset{|}{C}}HCH_3 + RCH_2\underset{X}{\underset{|}{C}}H_2$$

俄国化学家马尔科夫尼可夫(Markovnikov V. M.)根据许多实验事实于 1870 年首先总结了卤化氢与不对称烯烃加成的规律，即主要产物是氢原子加在含氢较多的双键碳原子上所生成的化合物。这一区域选择性(regioselectivity)规律被称为马尔科夫尼可夫规律，简称马氏规律。例如：

$$\underset{\text{but-1-ene}}{\underset{\text{丁-1-烯}}{CH_3CH_2CH{=}CH_2}} + HBr \xrightarrow{CH_3COOH} \underset{80\%}{\underset{\text{2-bromobutane}}{\underset{\text{2-溴丁烷}}{CH_3CH_2\underset{Br}{\underset{|}{C}}HCH_3}}} + \underset{20\%}{\underset{\text{1-bromobutane}}{\underset{\text{1-溴丁烷}}{CH_3CH_2CH_2\underset{Br}{\underset{|}{C}}H_2}}}$$

$$\underset{\text{2-methylpropene}}{\underset{\text{2-甲基丙烯}}{(CH_3)_2C{=}CH_2}} + HBr \xrightarrow{CH_3COOH} \underset{90\%}{\underset{\text{2-bromo-2-methylpropane}}{\underset{\text{2-溴-2-甲基丙烷}}{(CH_3)_2\underset{Br}{\underset{|}{C}}-CH_3}}}$$

> 问题 3.4　下列化合物与 HI 起加成反应,主要产物是什么?
> (1) 2-甲基丁-2-烯
> (2) 2,4,4-三甲基戊-2-烯

卤化氢与烯烃的加成反应是分步进行的离子型反应。卤化氢分子中带部分正电荷(δ^+)的氢原子接近烯键的 π 电子云时,H—X 发生异裂,同时质子接受一对 π 电子(π 键破裂)生成碳正离子(carbocation),这是整个反应的速度决定步骤(rate-determining step)。碳正离子一经生成,立即与卤素负离子结合成一卤代烃分子。第二步比第一步快得多。

$$\overset{\oplus}{\mathrm{C}}\mathrm{H_3CH_2}\text{(H}^{\delta+}\text{—X}^{\delta-}\text{ 加成于 }\mathrm{H_2C{=}CH_2}) \longrightarrow \mathrm{CH_3}\overset{\oplus}{\mathrm{C}}\mathrm{H_2} + \mathrm{X}^{\ominus}$$

$$\mathrm{CH_3}\overset{\oplus}{\mathrm{C}}\mathrm{H_2} + \mathrm{X}^{\ominus} \longrightarrow \mathrm{CH_3CH_2X}$$

在第一步,即在决定反应速度的步骤中,进攻试剂实际上是带正电荷的质子,它从 π 键接受一对电子,与双键的碳原子形成 σ 键,这种试剂叫作亲电试剂(electrophile)。由亲电试剂的进攻引起的反应叫作亲电反应。因此烯烃与卤化氢的加成反应是亲电加成反应(electrophilic addition)。

根据物理学上的规律,带电体系的电荷愈分散,则体系愈稳定,因而碳正离子的稳定性取决于碳原子上的正电荷的分散程度。在乙基碳正离子(ethyl cation)中,带正电荷的碳原子是 sp^2 杂化,由于 sp^2 杂化碳原子的电负性大于 sp^3 杂化碳原子,因而甲基的存在使正电荷得到分散,稳定性提高。同时,带正电荷的碳原子上空的 p 轨道与甲基上 C—H 的 σ 电子云发生部分重叠(图3.4),即发生 σ,p-超共轭作用(hyperconjugation),也使部分正电荷向甲基分散。

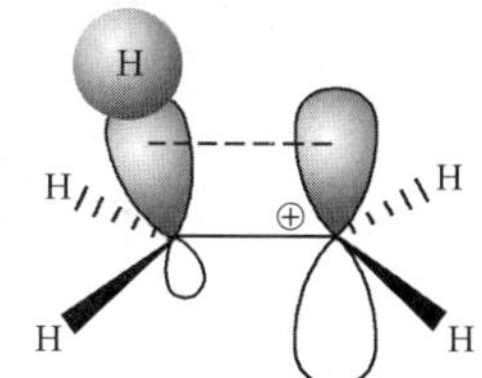

图 3.4　乙基碳正离子中的超共轭作用

当碳正离子中心碳原子上甲基的数目增加时,正电荷更加分散,稳定性相应提高,因此不同结构的碳正离子的稳定性有如下次序:

$$(\mathrm{CH_3})_3\mathrm{C}^{\oplus} > (\mathrm{CH_3})_2\mathrm{CH}\,\mathrm{C}^{\oplus}\text{(CH}_3\text{—}\overset{\mathrm{CH_3}}{\underset{\mathrm{H}}{\mathrm{C}}}{}^{\oplus}) > \mathrm{CH_3}\text{—}\overset{\mathrm{H}}{\underset{\mathrm{H}}{\mathrm{C}}}{}^{\oplus} > \mathrm{H}\text{—}\overset{\mathrm{H}}{\underset{\mathrm{H}}{\mathrm{C}}}{}^{\oplus}$$

叔碳正离子 > 仲碳正离子 > 伯碳正离子 > 甲基碳正离子

自由基的稳定性的次序也是叔碳自由基>仲碳自由基>伯碳自由基>甲基自由基,其原因也可以用相同的方式解释。

马氏规律可以通过碳正离子的稳定性来解释。例如:当丙烯与氯化氢加成时,生成两种碳正离子,它们分别与氯离子结合生成 2-氯丙烷和 1-氯丙烷。

$$CH_3CH{=}CH_2 + HCl \longrightarrow \begin{cases} \left[CH_3\overset{\delta^+}{C}H\text{┈}CH_2\text{┈}\overset{\delta^+}{H} \right]^{\neq} \longrightarrow CH_3\overset{\oplus}{C}HCH_3 \quad \text{仲碳正离子} \\ \left[CH_3\underset{\underset{H\,\delta^+}{\vdots}}{C}H\text{┈}\overset{\delta^+}{C}H_2 \right]^{\neq} \longrightarrow CH_3CH_2\overset{\oplus}{C}H_2 \quad \text{伯碳正离子} \end{cases}$$

由于反应速度决定步骤是生成碳正离子的第一步，因而两种卤代烷在最后产物中的比例取决于生成这两种碳正离子的相对速度，即取决于生成它们的过渡态能量的高低，过渡态的能量低，活化能小，反应速度快。在过渡态中，碳正离子已部分生成，它的结构和能量与碳正离子相近。由于仲碳正离子比伯碳正离子稳定，相应的过渡态的能量前者比后者低，因而 2 -氯丙烷生成的速度较快，是主要产物(图 3.5)。实际上，在卤化氢与不对称烯烃加成反应中，生成的主要活性中间体(reactive intermediate)是最稳定的碳正离子，反应的主要产物是它与负离子结合所形成的化合物。

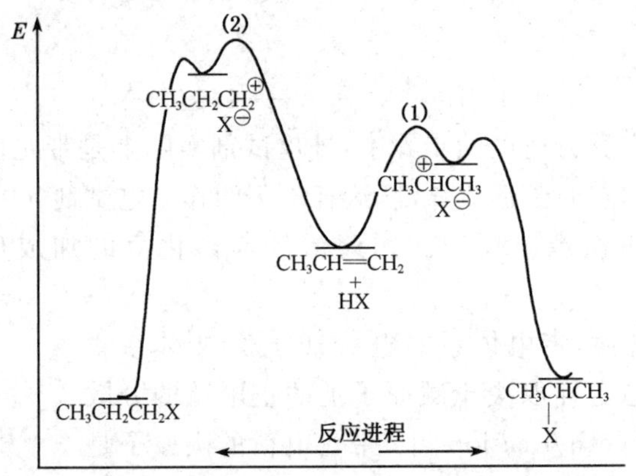

图 3.5　丙烯与氯化氢加成反应的能线图

> 问题 3.5　下列反应的区域选择性是反马氏规律的，解释其原因。
>
> $$CF_3-CH{=}CH_2 + HCl \longrightarrow CF_3-CH_2CH_2Cl$$
>
> $$(CH_3)_3\overset{\oplus}{N}-CH{=}CH_2 + HCl \longrightarrow (CH_3)_3\overset{\oplus}{N}CH_2CH_2Cl$$

2. 加卤素

烯烃容易与卤素起加成反应：

$$\rangle C{=}C\langle + X_2 \longrightarrow X-\overset{|}{\underset{|}{C}}-\overset{|}{\underset{|}{C}}-X \qquad X = Cl, Br$$

例如：

$$(CH_3)_2CHCH{=}CHCH_3 + Br_2 \xrightarrow[0\ ℃]{CCl_4} (CH_3)_2CH\underset{Br}{\underset{|}{C}H}\underset{Br}{\underset{|}{C}H}CH_3$$

4 -甲基戊- 2 -烯　　　　2,3 -二溴- 4 -甲基戊烷

4 - methylpent - 2 - ene　　　　2,3 - dibromo - 4 - methylpentane

100%

$$(CH_3)_3CCH=CH_2 + Cl_2 \longrightarrow (CH_3)_3CCH(Cl)CH_2Cl$$

3,3-二甲基丁-1-烯　　1,2-二氯-3,3-二甲基丁烷

3,3-dimethylbut-1-ene　　1,2-dichloro-3,3-dimethylbutane

68%

在实验室中常用溴与烯烃的加成反应定性和定量分析烯烃。例如把红棕色的5%溴的四氯化碳溶液滴入烯烃中，红棕色立即褪去，并且无溴化氢放出。不过要注意能使溴的四氯化碳溶液褪色的不只是烯烃，因此还要用别的方法验证。

氟与烯烃的反应十分激烈，放出大量的热，使烯烃分解。碘与烯烃在通常情况下难以反应。但氯化碘(ICl)和溴化碘(IBr)可以与烯烃起加成反应，反应是定量的。因此，工业上利用这一反应测定石油和油脂中的不饱和化合物的含量。

在没有光照或自由基引发剂存在的情况下，烯烃与卤素的加成反应也是分步进行的离子型反应。如把乙烯通入含有氯化钠、碘化钠和硝酸钠的溴水溶液中，除了得到1,2-二溴乙烷外，还得到含有氯、碘、氮和氧的其他加成产物。但没有溴的存在，仅仅这些盐类水溶液和烯烃并不发生反应。由此推测，反应是分步进行的。

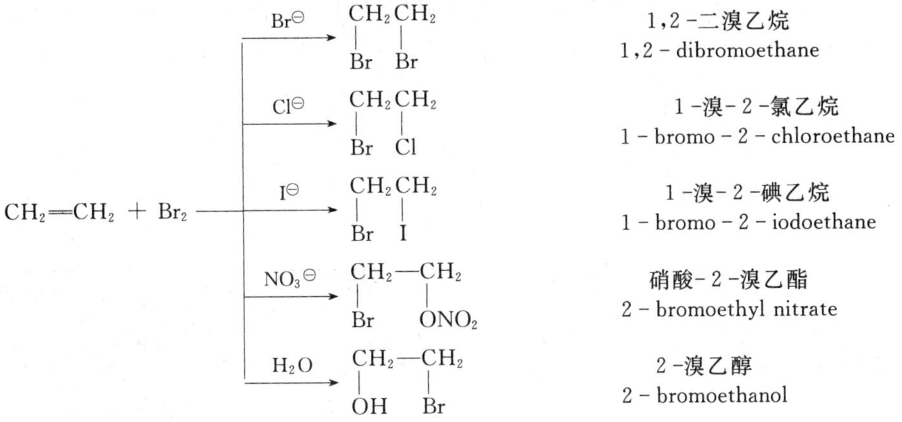

$CH_2=CH_2 + Br_2$ →

- $\xrightarrow{Br^\ominus}$ CH_2BrCH_2Br　1,2-二溴乙烷　1,2-dibromoethane
- $\xrightarrow{Cl^\ominus}$ CH_2BrCH_2Cl　1-溴-2-氯乙烷　1-bromo-2-chloroethane
- $\xrightarrow{I^\ominus}$ CH_2BrCH_2I　1-溴-2-碘乙烷　1-bromo-2-iodoethane
- $\xrightarrow{NO_3^\ominus}$ $CH_2Br—CH_2ONO_2$　硝酸-2-溴乙酯　2-bromoethyl nitrate
- $\xrightarrow{H_2O}$ $CH_2(OH)—CH_2Br$　2-溴乙醇　2-bromoethanol

当溴分子接近双键时，溴分子被π电子云极化，离π键较远的溴原子带部分负电荷，离π键较近的溴原子带部分正电荷。当进一步接近时，溴分子发生异裂，溴正离子接受一对π电子生成碳正离子。溴原子上未共用电子对所占轨道和相邻碳原子上的缺电子p轨道存在相互重叠的倾向，因而往往生成一个环状的溴正离子(bromonium ion)(图3.6)。后者的每个原子都具有八隅体电子构型，在能量上是有利的。

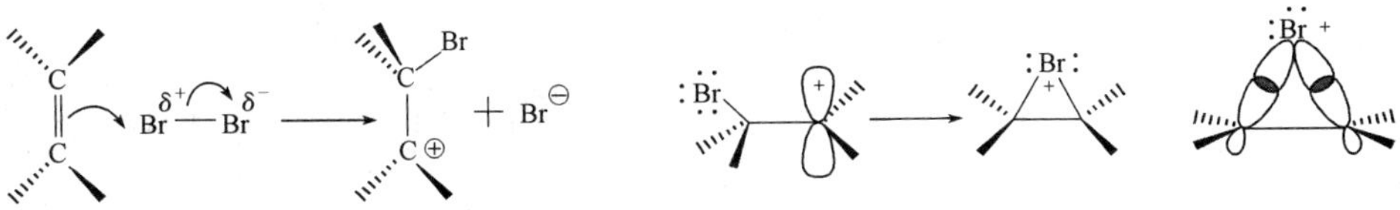

图 3.6　环溴正离子的形成

氯原子的电负性比溴大，且半径比溴小，因而形成环卤正离子的倾向比溴小，常形成非环状的碳正离子。环溴正离子或碳正离子一旦生成，立即与溶液中的负离子结合。例如上

例中环溴正离子立即与负离子或具有未共用电子对的水分子结合生成相应的含氯、含碘、含氮和含羟基的产物。

$$\underset{CH_2 - CH_2}{\overset{Br^{\oplus}}{\wedge}} \quad \begin{matrix} \xleftarrow{a} :Y^{\ominus} \xrightarrow{a} BrCH_2CH_2Y \qquad Y^{\ominus} = Br^{\ominus}, Cl^{\ominus}, I^{\ominus}, {}^{\ominus}ONO_2 \\ \xleftarrow{b} :OH_2 \xrightarrow{b} BrCH_2CH_2\overset{\oplus}{O}H_2 \xrightarrow{-H^{\oplus}} BrCH_2CH_2OH \end{matrix}$$

和卤化氢与烯烃的加成反应一样，第一步的反应速度远比第二步慢，是整个反应的速度决定步骤。在这一步中，实际结果是溴正离子($Br^{\oplus}$)进攻电子云密度高的π键，因而也是亲电加成反应。

烯烃与卤素的加成反应，随着双键碳原子上连接的烷基的增加，反应速度加快。例如乙烯$CH_2{=}CH_2$、丙烯$CH_3CH{=}CH_2$、2-甲基丙烯$(CH_3)_2C{=}CH_2$、2,3-二甲基丁-2-烯$(CH_3)_2C{=}C(CH_3)_2$加溴的反应速率之比为1∶2∶10∶14。这是由于烷基给电子的诱导效应使双键上电子云密度增大，烷基取代基越多，电子云密度越大，越有利于亲电试剂的进攻，因而反应速率越大。

必须指出，由于环溴正离子的形成，负离子只能从环溴正离子的反面进攻，因此净结果是溴分子的两个溴原子从烯键的两边加到烯键上(反式加成 anti addition)。

$$\text{(环溴正离子)} + :\ddot{Br}:^{\ominus} \longrightarrow \text{(反式二溴代物)} + \text{(反式二溴代物)}$$

或

问题 3.6　写出氯化碘与丙烯的加成产物。

问题 3.7　写出下列烯烃与1 mol溴反应的加成产物。

(1) $CH_2{=}CHCH_2\underset{\displaystyle CH_3}{\underset{|}{C}}{=}C(CH_3)_2$

(2) $CH_3CH{=}CHCH_2CH{=}CHCF_3$

3. 加硫酸

烯烃和硫酸混合，在室温下就能发生反应生成透明的硫酸氢酯溶液，加水稀释，加热水解可得到相应的醇：

$$CH_2{=}CH_2 \xrightarrow{98\%\ H_2SO_4} \underset{\substack{\text{硫酸氢乙酯} \\ \text{ethyl hydrogen sulfate}}}{CH_3CH_2OSO_2OH} \xrightarrow[\text{加热}]{H_2O} CH_3CH_2OH + H_2SO_4$$

$$CH_3CH{=}CH_2 \xrightarrow{80\%\ H_2SO_4} \underset{\substack{\text{硫酸氢异丙酯} \\ \text{isopropyl hydrogen sulfate}}}{\underset{OSO_2OH}{CH_3\underset{|}{C}HCH_3}} \xrightarrow[\text{加热}]{H_2O} \underset{\substack{\text{异丙醇} \\ \text{isopropyl alcohol}}}{\underset{OH}{CH_3\underset{|}{C}HCH_3}} + H_2SO_4$$

$$(CH_3)_2C{=}CH_2 \xrightarrow{60\%\ H_2SO_4} \underset{\substack{\text{硫酸氢叔丁酯} \\ tert\text{-butyl hydrogen sulfate}}}{(CH_3)_3COSO_2OH} \xrightarrow[\text{加热}]{H_2O} \underset{\substack{\text{叔丁醇} \\ tert\text{-butyl alcohol}}}{(CH_3)_3COH} + H_2SO_4$$

$$(CH_3)_2C{=}CHCH_3 \xrightarrow{50\%\ H_2SO_4} (CH_3)_2\underset{\displaystyle OSO_2OH}{\underset{|}{C}}{-}CH_2CH_3 \xrightarrow{H_2O} (CH_3)_2\underset{\displaystyle OH}{\underset{|}{C}}{-}CH_2CH_3 + H_2SO_4$$

2-甲基丁-2-烯　　2-甲基丁-2-醇
2-methylbut-2-ene　　2-metylbutan-2-ol

从上面例子可以看出烯烃与硫酸的加成也遵循马氏规律。同时也可以看出，烯键上烷基越多，所使用的硫酸浓度越稀，即烯键上烷基越多的烯烃反应活性越大。因此烯烃与硫酸的加成也是亲电加成反应。

烯烃在酸的催化下也可以直接加水转变成醇。例如：

$$CH_2{=}CH_2 + H_2O \xrightarrow[300\ ℃,70\ MPa]{H_3PO_4} CH_3CH_2OH$$

在酸催化剂存在时，烯烃可分别与羧酸、醇加成得到羧酸酯和醚，反应也遵守马氏规律。例如：

$$(CH_3)_2C{=}CH_2 + CH_3CH_2OH \xrightarrow{H_2SO_4} (CH_3)_2\underset{\displaystyle OCH_2CH_3}{\underset{|}{C}}{-}CH_3$$

$$(CH_3)_2C{=}CH_2 + CH_3COOH \xrightarrow{H_2SO_4} (CH_3)_2\underset{\displaystyle OCOCH_3}{\underset{|}{C}}{-}CH_3$$

问题 3.8　解释下面反应产物的形成过程。

戊-4-烯-1-醇 $\xrightarrow{稀H_2SO_4}$ 2-甲基四氢呋喃

4. 加次卤酸

烯烃与次卤酸加成生成 β-卤代醇：

$$CH_2{=}CH_2 + HO{-}X \longrightarrow \underset{\displaystyle OH}{\underset{|}{CH_2}}\underset{\displaystyle X}{\underset{|}{CH_2}}$$

在实验室和实际生产中，常用氯气和水、溴和水分别代替次氯酸和次溴酸。例如工业上将乙烯和氯气同时通入水中生产氯乙醇，同时副产物 1,2-二氯乙烷：

$$CH_2{=}CH_2 + Cl_2 + H_2O \longrightarrow \underset{\displaystyle OH}{\underset{|}{CH_2}}\underset{\displaystyle Cl}{\underset{|}{CH_2}} + \underset{\displaystyle Cl}{\underset{|}{CH_2}}\underset{\displaystyle Cl}{\underset{|}{CH_2}}$$

这说明烯烃与次卤酸的加成也是分步的亲电加成反应。

在次卤酸分子中，由于氧原子的电负性比氯和溴原子大，因而分子是极化的，氧原子上带部分负电荷，而氯原子或溴原子上带部分正电荷：$\overset{\delta^-}{HO}{-}\overset{\delta^+}{Cl}$，$\overset{\delta^-}{HO}{-}\overset{\delta^+}{Br}$。在与不对称烯烃加成时，试剂中带负电荷的部分即羟基加在含氢最少的双键碳原子上。例如：

$$(CH_3)_2C{=}CH_2 + Br_2 + H_2O \longrightarrow (CH_3)_2\underset{\displaystyle OH}{\underset{|}{C}}{-}\underset{\displaystyle Br}{\underset{|}{CH_2}}$$

异丁烯　　1-溴-2-甲基丙-2-醇
isobutylene　　1-bromo-2-methylpropan-2-ol
80%

二、自由基加成反应

前面已讨论不对称烯烃与溴化氢的加成产物遵循马氏规律。但是在过氧化物(peroxide)存在时却得到反马氏规律的加成产物。例如：

$$CH_2{=}CHCH_2CH_3 + HBr \xrightarrow{\text{无过氧化物}} CH_3\underset{\displaystyle Br}{\underset{|}{C}}HCH_2CH_3 \quad \text{2-溴丁烷 90\%} \quad \text{2-bromobutane}$$

$$CH_2{=}CHCH_2CH_3 + HBr \xrightarrow{\text{有过氧化物}} \underset{\displaystyle Br}{\underset{|}{C}}H_2CH_2CH_2CH_3 \quad \text{1-溴丁烷 95\%} \quad \text{1-bromobutane}$$

实验证明过氧化物的存在改变了加成反应的机理,不是离子型加成反应,而是自由基加成反应,因而得到了不同的反应产物。过氧化物分子中含有—O—O—键,它的离解能为146.3 kJ·mol^{-1},比一般有机化合物的键的离解能低得多,因而容易离解产生自由基：

$$RO{-}OR \longrightarrow 2RO\cdot$$

自由基从溴化氢分子中夺取一个氢原子,同时生成一个溴自由基：

$$RO\cdot + H{-}Br \longrightarrow ROH + Br\cdot$$

这两个反应是自由基链反应中的链引发步骤。R—O—O—R 在这里是自由基引发剂。

溴自由基进攻碳碳双键,π 键发生均裂,有可能生成两种自由基：

$$Br\cdot + CH_2{=}CHCH_2CH_3 \longrightarrow \underset{\displaystyle Br}{\underset{|}{C}}H_2\dot{C}HCH_2CH_3 \quad \text{仲碳自由基}$$

$$Br\cdot + CH_2{=}CHCH_2CH_3 \longrightarrow \dot{C}H_2\underset{\displaystyle Br}{\underset{|}{C}}HCH_2CH_3 \quad \text{伯碳自由基}$$

由于自由基的稳定性次序是叔碳自由基>仲碳自由基>伯碳自由基,因而在此反应中,仲碳自由基易于生成,并从溴化氢夺取一个氢原子,产生一个新的溴自由基,同时生成 1-溴丁烷。

$$\underset{\displaystyle Br}{\underset{|}{C}}H_2\dot{C}HCH_2CH_3 + HBr \longrightarrow \underset{\displaystyle Br}{\underset{|}{C}}H_2CH_2CH_2CH_3 + Br\cdot$$

这两步反应是链增长步骤,可以周而复始地循环,直至链式反应终结为止。

在烯烃与溴化氢的离子型亲电加成反应中生成的活性中间体主要是最稳定的碳正离子,而在自由基加成反应(free radical addition)中,主要的活性中间体是最稳定的碳自由基,因而导致区域选择性相反的加成产物。

由过氧化物引起的溴化氢对烯烃的自由基加成称为过氧化物效应(peroxide effect)。过氧化物效应只限于溴化氢,氯化氢和碘化氢都不发生上述反应。这是由于氯化氢的离解能较高,难以均裂为自由基,而碘化氢离解的碘自由基活性不高,难以和 π 键加成。

问题 3.9 写出下列反应的主要产物。

(1) $CH_3CH{=}C(CH_3)_2 + HBr \xrightarrow{\text{过氧化物}}$

(2) $CH_3CH{=}C(CH_3)_2 + HI \longrightarrow$

三、硼氢化反应

在乙醚或四氢呋喃溶剂中，甲硼烷(BH_3)的三个 B—H 键可迅速定量地加到烯键上，得到三烷基硼烷，这类反应叫作 Brown 硼氢化反应(hydroboration)。例如，把过量的乙烯通入甲硼烷的四氢呋喃溶液中的反应：

$$BH_3 \xrightarrow{CH_2=CH_2} \underset{\substack{\text{乙基硼烷}\\ \text{ethylborane}}}{CH_3CH_2BH_2} \xrightarrow{CH_2=CH_2} \underset{\substack{\text{二乙基硼烷}\\ \text{diethylborane}}}{(CH_3CH_2)_2BH} \xrightarrow{CH_2=CH_2} \underset{\substack{\text{三乙基硼烷}\\ \text{triethylborane}}}{(CH_3CH_2)_3B}$$

用过氧化氢的氢氧化钠水溶液氧化水解三烷基硼可得到相应的醇：

$$(CH_3CH_2)_3B \xrightarrow[NaOH, H_2O]{H_2O_2} \underset{\substack{\text{乙醇}\\ \text{ethanol}}}{3CH_3CH_2OH} + \underset{\substack{\text{硼酸}\\ \text{boric acid}}}{H_3BO_3}$$

烯烃经硼氢化、氧化水解得到醇的联合反应称为硼氢化-氧化反应，反应的净结果是烯键上加一分子水。这是制备醇的一种重要方法。

硼氢化反应不是离子型加成反应。在硼氢化反应中，硼烷中的硼原子的空的 p 轨道接受烯键的 π 电子形成硼烷-烯烃复合物(环状四中心过渡态 cyclic four-centered transition state)，接着生成产物。因此硼和氢是从烯键的同一边加到烯键的碳原子上(顺式加成 syn addition)，碳碳双键上连接的原子或取代基的相对位置保留在产物中。

空轨道

π 键

硼烷-烯烃配合物

四中心过渡态

由于氢原子的电负性(2.2)比硼原子的电负性(2.0)大，同时硼原子的外层有缺电子的空轨道，因而不对称烯烃进行硼氢化反应时，氢加到含氢较少的烯键碳原子上，氧化水解后得到反马氏规律的产物。例如：

$$3CH_3CH{=}CH_2 + BH_3 \longrightarrow (CH_3CH_2CH_2)_3B \xrightarrow[NaOH, H_2O]{H_2O_2} CH_3CH_2CH_2OH$$

甲硼烷中的硼原子周围只有 6 个电子，是不稳定的。实际上甲硼烷是以二聚体乙硼烷(B_2H_6)的形式存在。乙硼烷有毒，在空气中能自燃。它与醚类生成甲硼烷的配合物。因此实际使用的是它的醚溶液(四氢呋喃、乙醚或二甲硫醚)。

$$\begin{array}{c} H \\ | \\ H{-}B \\ | \\ H \end{array}$$

甲硼烷
borane

乙硼烷
diborane

甲硼烷-四氢呋喃
borane-tetrahydrofuran

问题 3.10 写出下列烯烃经硼氢化-氧化反应后的主要产物。

(1) 2-甲基丁-2-烯 (2) 癸-1-烯 (3) 3-乙基戊-2-烯

四、催化加氢

在催化剂存在下，烯烃可与氢起加成反应生成烷烃：

$$RCH{=}CHR + H_2 \xrightarrow{催化剂} RCH_2CH_2R$$

这一反应称为催化加氢(catalytic hydrogenation)。常用于催化加氢的催化剂是铂、钯、镍等过渡金属。钯和铂的水溶性盐经氢气还原得到极细的黑色粉末。钯和铂一般吸附在载体上。常用的载体是活性炭，因而称为钯炭(Pd/C)和铂炭(Pt/C)。常用的镍催化剂是雷尼(Raney)镍，它是用一定浓度的氢氧化钠溶液溶去铝镍合金中的铝而得到的多孔状骨架镍。干燥的雷尼镍在空气中会剧烈氧化而自行燃烧，所以雷尼镍要始终保持在溶剂中。由于钯炭、铂炭、雷尼镍等催化剂不溶于有机溶剂，所以叫作非均相催化剂。近年来发现了可溶于有机溶剂的催化剂(均相催化剂)，如氯化铑或氯化钌的三苯基膦的配合物魏尔金生(Wilkinson)催化剂 $[(C_6H_5)_3P]_3RhCl$ 和 $[(C_6H_5)_3P]_3RuCl$。

非均相催化加氢的反应过程一般是：氢分子被吸附在催化剂表面上并发生键的断裂生成活泼的氢原子，同时烯烃的 π 键配位于催化剂表面而被活化，氢原子与烯键碳原子结合生成烷烃后从催化剂表面解吸。当双键碳原子上的烷基取代基增多时，空间障碍会使烯烃不容易被催化剂吸附，从而加氢速率减小。

催化加氢反应产率高，常常是定量的，而且产物纯度高，容易分离，因而在实验室和工业上都有重要应用。

在烯烃的加氢反应中，生成两个碳氢 σ 键放出的热量大于一个 π 键和一个氢分子的 σ 键断裂所吸收的热量，因而加氢反应是放热反应。1 mol 烯烃与氢气加成所放出的热量称为氢化热(heat of hydrogenation)。催化剂的作用是降低反应的活化能，使反应加速，但不改变反应的热效应。因此，可以利用催化加氢反应，测定氢化热，比较不同结构的烯烃的相对稳定性。例如 2-甲基丁-2-烯、2-甲基丁-1-烯和 3-甲基丁-1-烯三种构造异构体的碳链相同，经催化加氢后都得到异戊烷，它们的氢化热分别为 112.3 $kJ \cdot mol^{-1}$、119.1 $kJ \cdot mol^{-1}$ 和 126.6 $kJ \cdot mol^{-1}$。因此它们的稳定性的次序为 2-甲基丁-2-烯>2-甲基丁-1-烯>3-甲基丁-1-烯。就是说碳碳双键上烷基越多，氢化热就越小，烯烃也就越稳定。

五、氧化反应

1. 环氧化反应(epoxidation)

乙烯与空气催化氧化可得到最重要的环氧化合物环氧乙烷：

$$CH_2{=}CH_2 \xrightarrow[250\ ℃]{O_2,Ag} \underset{\diagdown O \diagup}{CH_2{-}CH_2}$$

烯烃与有机过氧酸反应，也能得到环氧化合物。常用的环氧化试剂是过氧乙酸(CH_3COOOH)和过氧苯甲酸(C_6H_5COOOH)等。例如丙烯与过氧乙酸反应生成环氧丙烷：

$$CH_3CH{=}CH_2 + CH_3{-}C({=}O){-}O{-}O{-}H \longrightarrow CH_3{-}\underset{\diagdown O \diagup}{CH{-}CH_2} + CH_3{-}C({=}O){-}OH$$

丙烯 propylene　过氧乙酸 peroxyacetic acid　环氧丙烷 1,2-epoxypropane　乙酸 acetic acid

2. 用高锰酸钾氧化

烯烃与高锰酸钾的稀、冷溶液反应，在烯键碳原子上加两个羟基，生成顺式邻二醇。例如：

$$CH_3CH{=}CHCH_3 + KMnO_4(冷,稀) \longrightarrow \left[\begin{array}{c} CH_3CH{-}CHCH_3 \\ \mid \quad\ \mid \\ O \quad O \\ \diagdown \diagup \\ Mn \\ \diagup\!\!\!\diagup \ \diagdown \\ O \quad O^{\ominus} \quad K^{\oplus} \end{array}\right] \xrightarrow{H_2O} \underset{OH\,OH}{CH_3CHCHCH_3} + MnO_2\downarrow$$

这一反应速度快，高锰酸钾溶液的紫红色迅速褪去，并生成褐色的二氧化锰沉淀，因此用作烯键的定性检验反应。

若用高锰酸钾的酸性溶液或高锰酸钾的碱性溶液并加热，则双键被氧化完全断裂。不同结构的烯烃可得到不同的产物。例如：

$$CH_3CH_2CH{=}CH_2 \xrightarrow[H^{\oplus},H_2O,\triangle]{KMnO_4} CH_3CH_2COOH + CO_2 + H_2O$$

丁-1-烯 but-1-ene　丙酸 propionic acid

$$CH_3CH_2\underset{CH_3}{C}{=}CHCH_3 \xrightarrow[H^{\oplus},H_2O,\triangle]{KMnO_4} CH_3CH_2\underset{CH_3}{C}{=}O + CH_3COOH$$

3-甲基戊-2-烯 3-methylpent-2-ene　丁-2-酮 butan-2-one　乙酸 acetic acid

3. 臭氧化反应(ozonolysis)

把含有6%～8%臭氧的氧气在低温下通入烯烃的溶液，臭氧迅速而定量地与烯烃反应生成黏稠的臭氧化物：

$$\gt C{=}C\lt + O_3 \longrightarrow \gt C\!\!\underset{O{-}O}{\overset{O}{\diagup\ \diagdown}}\!\!C\lt \quad 臭氧化物 \quad ozonide$$

游离的臭氧化物极不稳定，易于爆炸，因而不能把它从溶液中分离出来。在还原剂如锌粉存在下加水直接水解可得到醛和酮。原来烯烃中的 $CH_2{=}$基变成甲醛，$RCH{=}$基变成醛 RCHO，$RR'C{=}$基变成酮 $RR'C{=}O$。

$$RCH{=}CH_2 \xrightarrow[\text{② Zn, }H_2O]{\text{① }O_3} RCH{=}O + H_2C{=}O$$

醛 aldehyde　　甲醛 formaldehyde

$$RR'C{=}CHR'' \xrightarrow[\text{② Zn, }H_2O]{\text{① }O_3} RR'C{=}O + HR''C{=}O$$

酮 ketone　　醛 aldehyde

因此，根据臭氧化产物的还原水解产物可以确定烯烃中双键的位置和碳架的构造。例如：

$$CH_3CH_2CH{=}O + O{=}CH_2 \Longrightarrow CH_3CH_2CH{=}CH_2$$

丙醛 propanal　　甲醛 formaldehyde　　丁-1-烯 but-1-ene

$$(CH_3)_2C{=}O + O{=}CHCH_3 \Longrightarrow (CH_3)_2C{=}CHCH_3$$

丙酮 acetone　　乙醛 acetaldehyde　　2-甲基丁-2-烯 2-methylbut-2-ene

> 问题 3.11　A 和 B 两种化合物，分子式都为 C_6H_{12}，A 经臭氧化后用锌粉还原水解得到乙醛（CH_3CHO）和丁-2-酮（$CH_3COCH_2CH_3$）；B 经高锰酸钾酸性溶液氧化只得到丙酸（CH_3CH_2COOH）。推测 A 和 B 的构造式或构型式。

六、α-氢的卤代反应

与双键相邻的碳原子称为 α-碳，α-碳原子上的氢叫作 α-氢。在高温或光照条件下，烯烃的 α-氢可以被卤素（氯和溴）取代。例如：

$$CH_3CH{=}CH_2 \xrightarrow[\text{室温}]{Cl_2/CCl_4} CH_3CHClCH_2Cl \quad \text{亲电加成反应}$$

$$CH_3CH{=}CH_2 \xrightarrow[Cl_2]{500\sim600\ ℃\text{ 或光照}} ClCH_2CH{=}CH_2 \quad \text{自由基取代反应}$$

烯丙基氯 allyl chloride

反应条件很重要，条件不同，反应产物不同，反应机理也不同。丙烯在高温或光照下的 α-卤代反应与烷烃的卤代反应相似，都是自由基取代反应。

烯烃 α-氢的自由基取代反应的推动力来自反应中能生成较稳定的烯丙基自由基。丙烯分子中甲基上的 C—H 键的键离解能为 364.2 kJ·mol^{-1}，比丙烷分子中甲基上的 C—H 键的键离解能（460.3 kJ·mol^{-1}），亚甲基上的 C—H 键的键离解能（397.7 kJ·mol^{-1}），异丁烷分子中叔碳的 C—H 键的键离解能（389.4 kJ·mol^{-1}）都小，说明烯丙基自由基比伯烷基自由基、仲烷基自由基、叔烷基自由基稳定。

$$H_2C{=}CH{-}\dot{C}H_2$$

π键

图 3.7　烯丙基自由基的 p,π-共轭体系

图 3.7 是烯丙基自由基的结构，三个碳原子都是 sp^2 杂化，每个碳原子上剩下一个 p 轨道，它们互相平行并在侧面重叠，组成三个碳原子的 p，π -共轭体系，自由基中未配对电子的电子云并不集中于一个碳原子上，而是分布在整个共轭体系中，因而烯丙基自由基较稳定。

在实验室中常用 *N* -溴代丁二酰亚胺（*N* - bromosuccinimide，NBS）作为溴化剂，在过氧化物存在和光照下，烯烃起 α -溴代反应。反应机理也是自由基取代反应。

$$R-CH_2CH=CH_2 \xrightarrow[h\nu]{NBS,ROOR} R-\underset{\underset{Br}{|}}{C}HCH=CH_2$$

问题 3.12　写出下列反应的主要产物。

(1) $(CH_3)_2C=CH_2 \xrightarrow[室温]{Cl_2}$

(2) $(CH_3)_2C=CH_2 \xrightarrow[500\sim600\ ℃]{Cl_2}$

(3) $(CH_3)_2C=CH_2 \xrightarrow[h\nu]{NBS,ROOR}$

七、聚合反应

相对分子量较小的烯烃在催化剂、一定的温度和压力下，π 键断裂，原来的双键碳原子依次相互以 σ 键连接，生成相对分子量较大的大分子：

$$n\,CH_2=\underset{\underset{R}{|}}{C}H \longrightarrow \left[CH_2-\underset{\underset{R}{|}}{C}H\right]_n$$

这种反应叫作聚合反应（polymerization）。参加聚合的烯烃叫作单体（monomer）。生成的大分子产物叫作聚合物（polymer）。聚合物中的重复单元称为链节。*n* 表示平均聚合度。链节式量×聚合度（*n*）的值为聚合物的平均相对分子量。

聚乙烯（polyethylene）是用途广泛的通用塑料。它可以采用高压聚合法制备，生成高压聚乙烯。

$$n\,CH_2=CH_2 \xrightarrow[180\ ℃,150\ MPa]{O_2(0.05\%)} \left[CH_2-CH_2\right]_n$$

氧的作用是与乙烯生成作为自由基引发剂的过氧化物，这一反应是自由基聚合反应。

20 世纪 50 年代德国化学家齐格勒（Ziegler K.）和意大利化学家纳塔（Natta G.）分别独立发展了由四氯化钛和三乙基铝（Et_3Al）组成的齐格勒-纳塔催化剂。在这种催化剂存在下，乙烯可以在低压和较低温度下聚合生成低压聚乙烯。

$$n\,CH_2=CH_2 \xrightarrow[0.1\ MPa\sim1.0\ MPa,60\sim75\ ℃]{TiCl_4/Al(C_2H_5)_3} \left[CH_2-CH_2\right]_n$$

烯烃聚合改变我们的生活

丙烯在类似条件下聚合成聚丙烯（polypropylene）：

$$n\,CH_2=\underset{\underset{CH_3}{|}}{C}H \xrightarrow[2.0\ MPa,50\ ℃]{TiCl_4/Al(C_2H_5)_3} \left[CH_2-\underset{\underset{CH_3}{|}}{C}H\right]_n$$

乙烯和丙烯在齐格勒-纳塔催化剂存在下在己烷中共聚可以得乙丙橡胶。

齐格勒和纳塔共同获得 1963 年的诺贝尔化学奖。

工业上除了从石油裂解获得烯烃外，也采用醇脱水和卤代烃消去卤化氢合成烯烃。

烯烃也广泛存在于动植物体内，它们有重要的生理功能，同时一些含烯化合物也是重要的营养物质。

- 烯烃的制法和来源
- 天然果蔬中存在的烯烃
- 乙烯利
- 昆虫信息素

习　题

3.1　写出己烯所有顺反异构体的构型并命名。

3.2　用化学反应式表示2-甲基丁-1-烯与下列试剂的反应。

(1) Br_2/CCl_4　(2) HI　(3) ① H_2SO_4，② H_2O　(4) Br_2+H_2O

(5) $CH_3OH+H_2SO_4$　(6) $Br_2+NaCl(H_2O)$　(7) $KMnO_4$，$H^+/\triangle$

(8) ① B_2H_6　② H_2O_2，$OH^\ominus$　(9) HBr(ROOR)　(10) 过氧苯甲酸

3.3　如何实现下列转变？用化学反应式表示。

(1) $CH_3CH(OH)CH_3 \longrightarrow CH_3CH_2CH_2Br$

(2) $CH_3CH(Br)CH_3 \longrightarrow CH_3CH_2CH_2OH$

(3) $CH_3CH{=}CH_2 \longrightarrow CH_2(Cl)CH(Br)CH_2(Br)$

3.4　化合物A、B、C均为庚烯的异构体。A、B、C分别经臭氧化，锌粉还原水解得到CH_3CHO，$CH_3CH_2CH_2CH_2CHO$；CH_3COCH_3，$CH_3CH_2COCH_3$；CH_3CHO，$CH_3CH_2COCH_2CH_3$。试推断A、B、C的构造式或构型式。

3.5　化合物A，分子式为C_4H_8，能使Br_2/CCl_4褪色；与稀、冷的$KMnO_4$溶液作用生成B，分子式为$C_4H_{10}O_2$；在高温(500 ℃)时，A与氯反应生成化合物C，分子式为C_4H_7Cl。试推断A、B、C可能的构造式。

3.6　2,2,4-三甲基戊烷(俗名异辛烷)常作为测定汽油的辛烷值(octane value)的标准物。"异辛烷"可由异丁烯二聚物催化加氢得到。试写出异丁烯在50%硫酸催化下二聚的反应产物和反应机理。

3.7　写出下面反应的机理(用弯箭头表示电子对的转移)。

(1) $\xrightarrow{H^{\oplus}}$

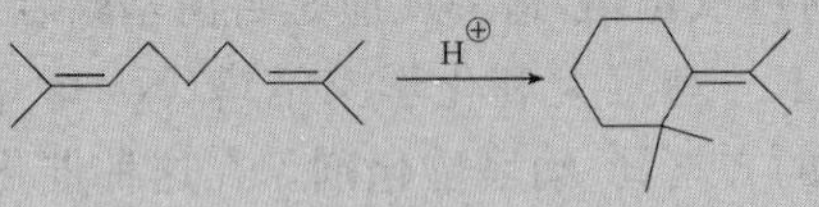

(2) $HOCH_2CH_2CH_2CH{=}CH_2 \xrightarrow{I_2}$ (四氢呋喃环)$-CH_2I$

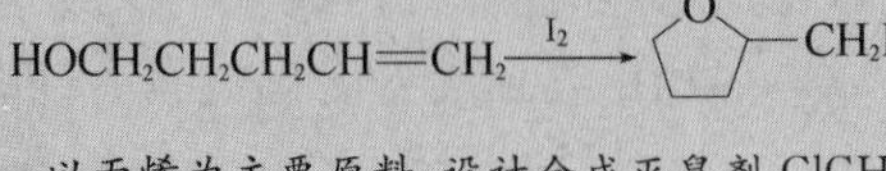

3.8　以丙烯为主要原料，设计合成灭鼠剂$ClCH_2CH(OH)CH_2(OH)$(3-氯丙-1,2-二醇)。

第四章　炔烃和共轭二烯烃

分子中含有碳碳叁键的烃叫作炔烃(alkyne),叁键是炔烃的官能团。含有两个碳碳双键的烃叫作二烯烃。相应的炔烃和二烯烃是构造异构体,它们的分子式通式是 C_nH_{2n-2}。

§4.1　炔烃的结构、异构、命名和物理性质

一、炔烃的结构

乙炔是最简单的炔烃。乙炔是线型分子,四个原子在同一条直线上,C≡C 和 C—H 的键长分别为 120 pm 和 106 pm。乙炔分子中的碳原子是 sp 杂化,两个碳原子以 sp 杂化轨道互相重叠形成一个碳碳 σ 键,余下的两个 sp 杂化轨道分别与氢原子的 1s 轨道重叠形成两个碳氢 σ 键。每个碳原子上都剩下两个 p 轨道,它们两两平行在侧面重叠,形成两个互相垂直的 π 键,π 电子云对称分布在 σ 键轴的周围呈圆柱体形状(图 4.1)。

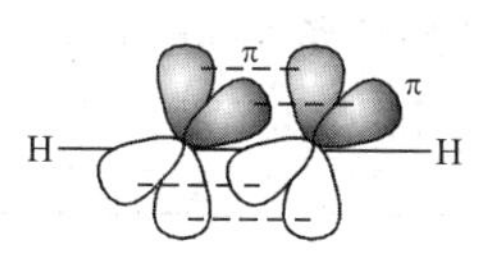

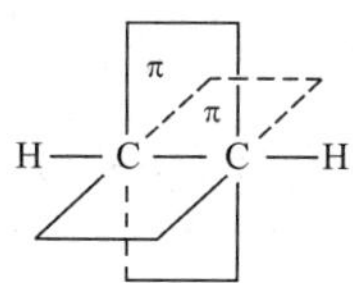

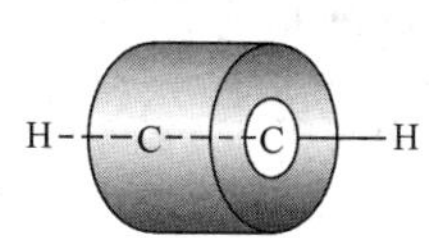

乙炔的结构

图 4.1　乙炔的 π 键及电子云分布

乙炔分子的模型如图 4.2 所示。

(a) 球棍模型

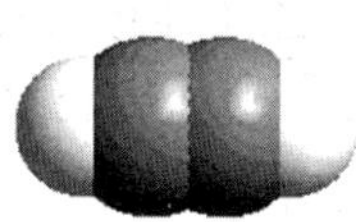

(b) 斯陶特模型

图 4.2　乙炔分子的立体模型

由于碳碳叁键的碳原子是 sp 杂化,s 成分大,因而叁键的键长比碳碳双键和单键短。同时由于 p 轨道在侧面重叠程度较小,叁键的键能为 836.8 kJ · mol^{-1},比三个 σ 键的平均键能 347.3 kJ · mol^{-1} ×3 要小得多。

在炔烃中,由于 C—C≡C—C 在一条直线上,因而炔烃没有顺反异构体。

二、炔烃的异构和命名

炔烃的构造异构由碳链不同或叁键位置不同而引起。由于在碳链分支点不能有叁键,因而炔烃的构造异构体比相应的烯烃少。

炔烃的系统命名法和烯烃相同,只要把烯烃名称中的“烯”字改成“炔”字。yne 是炔的英文词尾。例如:

$CH_3CH_2C\equiv CH$

丁-1-炔

but-1-yne

$(CH_3)_2CHC\equiv CH$

3-甲基丁-1-炔

3-methylbut-1-yne

$CH_3(CH_2)_9C\equiv CCH_2CH_3$

十四碳-3-炔

tetradec-3-yne

$(CH_3)_3CC\equiv CCH_3$

4,4-二甲基戊-2-炔

4,4-dimethylpent-2-yne

$$\overset{8}{C}H_3\overset{7}{C}H_2\overset{6}{C}H_2-\overset{5}{C}(CH{=}CH_2){=}\overset{4}{C}(C\equiv CH)-\overset{3}{C}H_2\overset{2}{C}H_2\overset{1}{C}H_3$$

(*E*)-4-乙炔基-5-乙烯基辛-4-烯

(*E*)-4-ethynyl-5-vinyloct-4-ene

分子主链中同时含有C═C和C≡C时编号从靠近不饱和键的一端开始，但烯的名称在前，炔的名称在后。例如：

$CH_3-CH{=}CH-C\equiv CH$

戊-3-烯-1-炔

pent-3-en-1-yne

$CH_3-C\equiv C-CH_2-CH(CH_3)-CH{=}CH_2$

3-甲基庚-1-烯-5-炔

3-methylhepten-1-en-5-yne

炔的后缀(-yne)是元音字母开头，为了便于发音，省略烯的后缀(-ene)的末尾字母e。

问题4.1　写出炔烃C_6H_{10}的各种异构体，并用系统命名法命名。

三、炔烃的物理性质

乙炔、丙炔和丁-1-炔在室温常压下为气体。炔烃的沸点比相应的烯烃高10～20 ℃(表4.1)。炔烃的密度小于1。炔烃不溶于水，易溶于四氯化碳、乙醚、烃类等有机溶剂中。

表4.1　炔烃的沸点和熔点

化合物	英文名称	熔点/℃	沸点/℃(0.1 Mpa)
乙炔	ethyne(acetylene)	−81.8	−84.0
丙炔	propyne	−101.5	−23.2
丁-1-炔	but-1-yne	−125.9	8.1
丁-2-炔	but-2-yne	−32.3	27.0
戊-1-炔	pent-1-yne	−106.5	40.2
戊-2-炔	pent-2-yne	−109.5	56.1
3-甲基丁-1-炔	3-methylbut-1-yne	−89.7	29.0
己-1-炔	hex-1-yne	−132.4	71.4
己-2-炔	hex-2-yne	−89.6	84.5
己-3-炔	hex-3-yne	−103.2	81.4
辛-1-炔	oct-1-yne	−79.6	126.2
壬-1-炔	non-1-yne	−36.0	160.6
癸-1-炔	dec-1-yne	−40.0	182.2

由于 s 电子较 p 电子靠近原子核，受原子核的束缚较大，所以碳原子的电负性随杂化轨道的 s 成分的增加而增大。因而不同杂化状态碳原子的电负性次序为：$C_{sp} > C_{sp^2} > C_{sp^3}$。因此在叁键碳原子和烷基碳原子单键之间的电子云偏向叁键碳原子一边，使得不对称的炔烃具有偶极矩。对称的炔烃的偶极矩为零。例如：

$CH_3CH_2C\equiv CH$	$CH_3CH_2CH=CH_2$	$CH_3C\equiv CCH_3$
μ=0.80 D	0.30 D	0.0 D

§4.2　炔烃的化学性质

碳碳叁键和双键相似，也能发生加成、氧化、聚合等反应。但是叁键也有它的特殊性，尤其叁键碳原子上的氢具有微弱的酸性而易被金属取代生成炔化物。

一、亲电加成反应

炔烃和烯烃一样，也能与卤素、氢卤酸等起亲电加成反应。

1. *加卤素*

炔烃与卤素的加成，先加一分子卤素生成二卤代烯烃，继续与卤素加成，生成四卤代烷烃。例如：

$$HC\equiv CH + Cl_2 \xrightarrow{FeCl_3} \underset{\text{1,2-二氯乙烯 (1,2-dichloroethene)}}{\text{CHCl}=\text{CHCl}} \xrightarrow{Cl_2} \underset{\text{1,1,2,2-四氯乙烷 (1,1,2,2-tetrachloroethane)}}{H-CCl_2-CCl_2-H}$$

当分子中同时有双键和叁键时，则亲电试剂首先与碳碳双键加成。例如：

$$\underset{\text{戊-1-烯-4-炔 (pent-1-en-4-yne)}}{CH_2=CH-CH_2-C\equiv CH} + Br_2(1\ mol) \longrightarrow \underset{\text{4,5-二溴戊-1-炔 (4,5-dibromopent-1-yne) 90\%}}{CH_2Br-CHBrCH_2C\equiv CH}$$

这说明叁键尽管有两个 π 键，但亲电加成反应却没有双键活泼。这主要由于亲电试剂与炔烃加成时第一步反应中生成的活性中间体是乙烯式碳正离子(vinyl cation)。

$$R-C\equiv CH + Br_2 \longrightarrow \underset{\text{乙烯式碳正离子}}{R-\overset{\oplus}{C}=CHBr} + Br^{\ominus}$$

$$R-CH=CH_2 + Br_2 \longrightarrow \underset{\text{烷基碳正离子}}{R-\overset{\oplus}{C}HCH_2Br} + Br^{\ominus}$$

在乙烯式碳正离子中，正电荷所在的碳原子是 sp 杂化，空的 p 轨道垂直于 π 键所在的平面(图4.3)。由于 sp 杂化碳原子的电负性大于 sp^2 杂化碳原子，因而乙烯式碳正离子没有烷基碳正离子稳定。因此炔烃的亲电加成反应

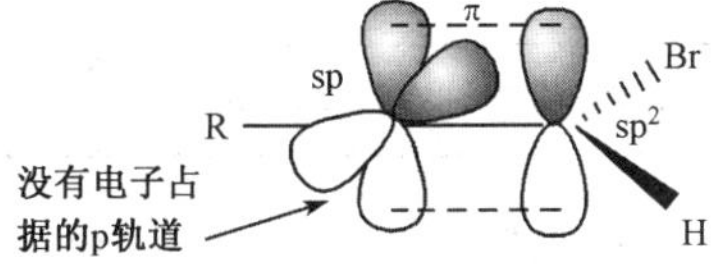

图 4.3　乙烯式碳正离子的结构

比烯烃慢。

2. 加卤化氢

炔烃与卤化氢的加成速度也比烯烃慢。例如乙炔与氯化氢的加成要在催化剂和较高温度下进行：

$$HC\equiv CH \xrightarrow[160\ ℃]{FeCl_3,HCl} CH_2\!=\!CHCl \xrightarrow[FeCl_3]{HCl} CH_3CHCl_2$$

乙炔　　　　氯乙烯　　　　1,1-二氯乙烷

acetylene(ethyne)　　vinyl chloride　　1,1-dichloroethane

氯乙烯与氯化氢加成时，遵守马氏规律。

其他的不对称炔烃与卤化氢加成，也遵守马氏规律。例如：

$$CH_3-C\equiv CH + HBr \longrightarrow CH_3\underset{\displaystyle Br}{\underset{|}{C}}\!=\!CH_2 \xrightarrow{HBr} CH_3-\overset{\displaystyle Br}{\overset{|}{\underset{\displaystyle Br}{\underset{|}{C}}}}-CH_3$$

丙炔　　　　2-溴丙烯　　　　2,2-二溴丙烷

propyne　　2-bromopropene　　2,2-dibromopropane

这是由于第一步反应中，碳正离子 $CH_3\overset{\oplus}{C}\!=\!CH_2$ 比 $CH_3CH\!=\!\overset{\oplus}{C}H$ 稳定，因而加成产物符合马氏规律。

卤代烯分子中的卤原子使双键的反应活性降低，反应可以停留在只加 1 mol 卤化氢的阶段。例如：

$$CH_3CH_2CH_2CH_2C\equiv CH + HI \longrightarrow CH_3CH_2CH_2CH_2\underset{\displaystyle I}{\underset{|}{C}}\!=\!CH_2$$

己-1-炔　　　　2-碘己-1-烯

hex-1-yne　　2-iodohex-1-ene

乙炔与氯化氢的加成也可以停留在氯乙烯阶段。氯乙烯是通用塑料聚氯乙烯的单体。氯乙烯有致癌毒性。聚氯乙烯(PVC)主要用于制造管道和板材。

在过氧化物存在时，溴化氢与不对称炔烃的加成和烯烃相似，加成产物也不符合马氏规律，反应机理也是自由基加成反应。例如：

$$CH_3C\equiv CH + HBr \xrightarrow{ROOR} CH_3CH\!=\!CHBr$$

丙炔　　　　1-溴丙烯

propyne　　1-bromopropene

1-溴丙烯继续与溴化氢起自由基加成反应：

$$CH_3CH\!=\!CHBr + HBr \xrightarrow{ROOR} CH_3CH_2CHBr_2$$

1-溴丙烯　　　　1,1-二溴丙烷

1-bromopropene　　1,1-dibromopropane

问题 4.2　由丙炔制备 $CH_3CBr_2CH_3$ 和 $CH_3CHClCH_2Br$。

3. 加水

把乙炔通入含 5%硫酸汞的稀硫酸溶液中，乙炔与水起加成反应，先生成乙烯醇。烯醇

很不稳定，立即发生互变异构生成羰基化合物乙醛。

$$HC\equiv CH \xrightarrow[Hg^{2\oplus}]{H_2O,H^{\oplus}} [H_2C=CH-O-H] \longrightarrow CH_3CHO$$

乙烯醇（烯醇式）　乙醛（酮式）

ethenol(enol form)　acetaldehyde(keto from)

炔烃加水的产物也符合马氏规律。例如：

$$CH_3(CH_2)_5C\equiv CH + H_2O \xrightarrow[HgSO_4]{H_2SO_4} [CH_3(CH_2)_5C(OH)=CH_2] \longrightarrow CH_3(CH_2)_5C(=O)-CH_3$$

辛-1-炔　　辛-2-酮　91%

oct-1-yne　　octan-2-one

这个反应的缺点是使用毒性很大的汞盐。用铜或锌的磷酸盐代替汞盐作为催化剂可以消除这一缺点。

只有乙炔加水生成醛（乙醛），其他炔烃加水都生成酮。

问题 4.3　下列化合物在 5%$HgSO_4$ 的稀硫酸溶液中反应，写出主要产物。

(1) 丁-1-炔　　(2) 戊-2-炔

二、硼氢化反应

炔烃的硼氢化反应与烯烃相似。生成的烯基硼经过氧化氢的碱性溶液氧化水解生成烯醇，烯醇迅速异构化生成羰基化合物。其中加成中间产物符合反马氏规律。例如：

$$3CH_3CH_2C\equiv CH \xrightarrow[THF]{B_2H_6} (CH_3CH_2CH=CH)_3B \xrightarrow[OH^{\ominus}]{H_2O_2}$$

三（丁-1-烯基）硼

tri(but-1-enyl)borane

$$3[CH_3CH_2CH=CH-O-H] \longrightarrow 3CH_3CH_2CH_2CHO$$

烯醇　　丁醛

叁键在链端的炔烃叫作末端炔烃。末端炔烃经硼氢化-氧化反应，产物为醛。非末端炔烃则生成酮。

问题 4.4　写出辛-1-炔和己-3-炔分别经硼氢化-氧化反应生成的产物。

三、加氢和还原

在镍、钯、铂等催化剂存在下，炔烃的催化加氢反应难于停留在烯烃阶段，一般加两分子氢生成烷烃：

$$CH_3C\equiv CCH_3 + 2H_2 \xrightarrow{Pd/C} CH_3CH_2CH_2CH_3$$

但是若用活性较低的林德拉（Lindlar）催化剂（沉淀在 $BaSO_4$ 上的金属钯，加喹啉降低其活性)，可使反应停留在烯烃阶段，并且使非末端炔烃转变成顺式烯烃(*cis* - alkene)。若用在液氨中的碱金属(锂、钠、钾)还原炔，则生成反式烯烃(*trans* - alkene)。例如：

$$CH_3C\equiv CCH_3 \xrightarrow{H_2,\text{Lindlar Pd}} \begin{matrix} CH_3 & & CH_3 \\ & C{=}C & \\ H & & H \end{matrix}$$

$$CH_3C\equiv CCH_3 \xrightarrow{Na,NH_3(l)} \begin{matrix} CH_3 & & H \\ & C{=}C & \\ H & & CH_3 \end{matrix}$$

这种用同一反应物在不同条件下各自生成不同立体异构体为主要产物的反应称为立体选择性反应(stereoselective reaction)。

问题 4.5　写出己-3-炔转变成(E)-己-3-烯或(Z)-己-3-烯的反应方程式。

四、氧化

炔烃经高锰酸钾氧化或臭氧化后水解，碳链在叁键处断裂，生成羧酸。例如：

$$CH_3(CH_2)_3C\equiv CH \xrightarrow[\text{② } H_2O]{\text{① } O_3} CH_3(CH_2)_3COOH + HCOOH$$

己-1-炔　　戊酸　　甲酸

hex-1-yne　　pentanoic acid　　formic acid

$$CH_3(CH_2)_7C\equiv C(CH_2)_7COOH \xrightarrow[OH^{\ominus}]{KMnO_4} CH_3(CH_2)_7COOH + HOOC(CH_2)_7COOH$$

十八碳-9-炔酸　　壬酸　　壬二酸

octadec-9-ynoic acid　　nonanoic acid　　nonanedioic acid

反应使高锰酸钾溶液褪色，生成二氧化锰沉淀，可用作定性鉴定反应。炔烃的氧化也可用于结构测定。根据生成的羧酸，可以推测叁键在碳链上的位置。

五、炔化物的生成

叁键碳原子上的氢叫作炔氢。只有乙炔和末端炔烃分子中有炔氢。与炔氢相连的碳原子为 sp 杂化，电负性较强，因而$\equiv\overset{\delta^-}{C}-\overset{\delta^+}{H}$键的极性增加，使炔氢具有微弱的酸性。

酸性：$H—OH > H—C\equiv CR > H—NH_2 > H—CH{=}CH_2 > H—CH_2CH_3$

pK_a　15.7　～25　～34　～44　～50

碱性：$^{\ominus}{:}OH < {}^{\ominus}{:}C\equiv CR < {}^{\ominus}{:}NH_2 < {}^{\ominus}{:}CH{=}CH_2 < {}^{\ominus}{:}CH_2CH_3$

炔氢的酸性小于水而大于氨。酸性愈强，其共轭碱的碱性愈弱。

乙炔或末端的炔烃在液氨中与氨基钠反应，炔氢被钠置换，生成炔化钠：

$$RC\equiv CH + NaNH_2 \xrightarrow{\text{液氨}} RC\equiv C^{\ominus}Na^{\oplus} + NH_3$$

炔烃　　氨基钠　　炔化钠　　氨

alkyne　　sodium amide　　sodium alkynide　　ammonia

pK_a　～25　　34

炔烃的 pK_a 值比氨小 9 左右，即酸性比氨强 10^9 倍。强酸置换弱酸，末端炔烃可以把氨游离出来，本身转变成炔化钠。

乙炔有两个炔氢，可以生成乙炔一钠和乙炔二钠：

$$\underset{\substack{\text{乙炔}\\ \text{acetylene}}}{HC\equiv CH} \xrightarrow[\text{液氨}]{NaNH_2} \underset{\substack{\text{乙炔一钠}\\ \text{sodium acetylide}}}{HC\equiv CNa} \xrightarrow[\text{液氨}]{NaNH_2} \underset{\substack{\text{乙炔二钠}\\ \text{disodium acetylide}}}{NaC\equiv CNa}$$

将乙炔或末端炔烃加入硝酸银或氯化亚铜的氨溶液中，立即生成白色的炔化银沉淀或红色的炔化亚铜沉淀：

$$HC\equiv CH + 2Ag(NH_3)_2^{\oplus}\ NO_3^{\ominus} \longrightarrow \underset{\text{乙炔银(白色)}}{AgC\equiv CAg\downarrow} + 2NH_4NO_3 + 2NH_3$$

$$HC\equiv CH + 2Cu(NH_3)_2^{\oplus}\ Cl^{\ominus} \longrightarrow \underset{\text{乙炔亚铜(红色)}}{CuC\equiv CCu\downarrow} + 2NH_4Cl + 2NH_3$$

$$RC\equiv CH + Ag(NH_3)_2^{\oplus}\ NO_3^{\ominus} \longrightarrow \underset{\text{炔化银(白色)}}{RC\equiv CAg\downarrow} + NH_4NO_3 + NH_3$$

该反应十分灵敏，现象明显，常用于乙炔和末端炔烃的定性检验。

炔化银和炔化亚铜在干燥状态时，受热或受震动容易发生爆炸生成碳和金属，因而实验以后应立即加稀硝酸分解。

问题 4.6　用简单的化学方法区别下列各组化合物。

(1) 丁-1-炔、丁-2-炔

(2) 己-1-炔、己-1-烯、己烷

炔烃在齐格勒-纳塔催化剂存在下也能发生聚合反应生成聚炔。用碘掺杂的聚乙炔具有像金属一样的导电性。三位科学家白川英树、MacDiarmid A. G. 和 Heeger A. J. 由于对导电聚合物的贡献获 2000 年诺贝尔化学奖。

- **聚合物电致发光(PLED)**
- **聚乙炔和导电聚合物**

§ 4.3　炔烃的制法

炔烃中最重要的是乙炔，焦炭和氧化钙在电炉中加热到 2 000 ℃生成碳化钙，碳化钙与水反应生成乙炔。碳化钙又叫作电石，因而乙炔也称为电石气。石油馏分和天然气的热裂解也可以生产乙炔。

一、二卤代烷去卤化氢

两个卤原子在相邻两个碳原子上或同一碳原子上的二卤代烷分别叫作邻二卤代烷或偕二卤代烷。在强碱作用下，它们都可以消去一分子卤化氢生成乙烯式卤代烃（卤原子与双键碳相连），后者在更剧烈的条件下（高温、强碱）再消去一分子卤化氢生成炔烃：

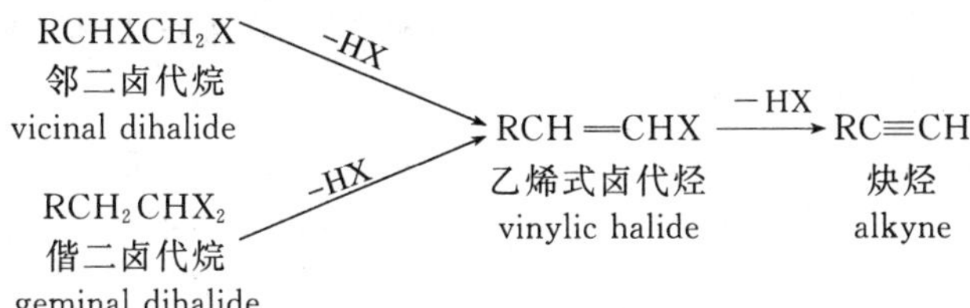

例如：

$$(CH_3)_3CCH_2CHCl_2 \xrightarrow[\triangle]{NaNH_2} (CH_3)_3CC\equiv CNa \xrightarrow{H_2O} (CH_3)_3CC\equiv CH$$

1,1-二氯-3,3-二甲基丁烷　　3,3-二甲基丁-1-炔

1,1-dichloro-3,3-dimethylbutane　　3,3-dimethylbut-1-yne

$$CH_3(CH_2)_{13}CHBrCH_2Br \xrightarrow[\triangle]{NaNH_2} CH_3(CH_2)_{13}C\equiv CNa \xrightarrow{H_2O} CH_3(CH_2)_{13}C\equiv CH$$

1,2-二溴十六烷　　十六碳-1-炔

1,2-dibromohexadecane　　hexadec-1-yne

这种方法仅适合于制备末端炔烃。

二、炔化物的烃化

炔化物与伯卤代烷反应可以生成更高级的炔烃。例如：

$$CH_3C\equiv CNa + CH_3CH_2Br \longrightarrow CH_3C\equiv CCH_2CH_3 + NaBr$$

丙炔钠　　溴乙烷　　戊-2-炔　89%

sodium propynide　　bromoethane　　pent-2-yne

$$NaC\equiv CNa + 2CH_3CH_2Br \longrightarrow CH_3CH_2C\equiv CCH_2CH_3 + 2NaBr$$

乙炔二钠　　溴乙烷　　己-3-炔　75%

disodium acetylide　　bromoethane　　hex-3-yne

问题 4.7　实现下列转变。

(1) $HC\equiv CH \longrightarrow CH_3CH_2C\equiv CCH_2CH_2CH_3$

(2) $CH_3CH_2CH_2CH{=}CH_2 \longrightarrow CH_3CH_2CH_2C\equiv CH$

§4.4　共轭二烯烃的结构和特性

根据双键的相对位置，可以把二烯烃分成三类。① 累积二烯烃：两个双键与同一个碳原子相连接，即其分子中含有 C═C═C 结构的二烯烃。例如丙二烯 $CH_2{=}C{=}CH_2$。② 孤立二烯烃：两个双键被两个或两个以上的单键隔开，即其分子中含 $CH_2{=}CH{-}(CH_2)_n{-}CH{=}CH_2$ ($n\geqslant1$)结构的二烯烃。例如戊-1,4-二烯 $CH_2{=}CH{-}CH_2{-}CH{=}CH_2$。③ 共轭二烯烃(conjugated diene)：两个双键被一个单键隔开，即其分子中含有 C═C—C═C 结构的二烯烃。例如丁-1,3-二烯。

在三类二烯烃中，共轭二烯烃具有特殊的结构和性质，在理论上和实际应用方面都有重要意义，因而本章仅讨论共轭二烯烃。

多烯烃的系统命名，是用汉字数字表示双键的数目，加在"烯"之前。其余命名规则与烯烃相似。二烯的英文系统命名的后缀是 diene，表示烯键位次的阿拉伯数字插在 diene 之前，两边用短横线隔开。例如：

$CH_2=C(CH_3)-CH=CH_2$

2-甲基丁-1,3-二烯(异戊二烯)

2-methylbuta-1,3-diene(isoprene)

$CH_3(1)-CH(2)=CH(3)-CH(4)=CH(5)-CH_3(6)$

(2*Z*,4*E*)-己-2,4-二烯

(2*Z*,4*E*)-hexa-2,4-diene

一、共轭二烯烃的结构

最简单同时最重要的共轭二烯烃是丁-1,3-二烯，其构造式为 $CH_2=CH-CH=CH_2$。在丁-1,3-二烯分子中，每一个碳原子都是 sp^2 杂化。它们以 sp^2 杂化轨道相互重叠或与氢原子的 1s 轨道重叠形成 9 个共平面的 σ 键。这样，每个碳原子各留下一个 p 轨道，它们互相平行并垂直于 σ 键所在的平面，因而相邻的 p 轨道可以在侧面互相重叠(图 4.4)。

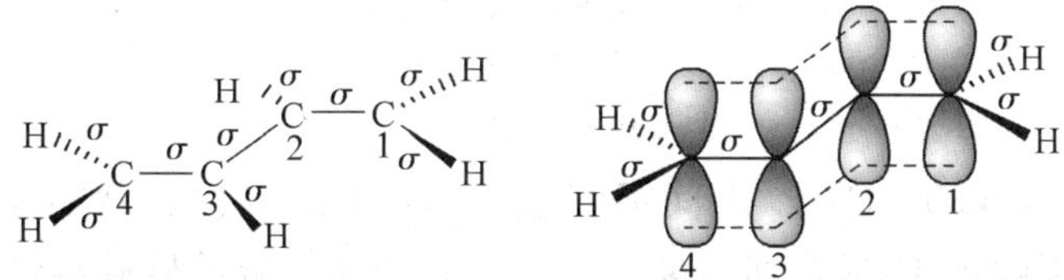

图 4.4　丁-1,3-二烯分子中的 σ 键和 p 轨道

分子轨道理论认为四个 p 轨道可线性组合成四个分子轨道(见图 4.5)。其中 π_1 和 π_2 为成键轨道，其能量比原子轨道(p 轨道)低。π_3^* 和 π_4^* 为反键轨道，其能量比原子轨道高。在基态下，四个 p 电子都在成键轨道中，反键轨道中没有电子。π_2 是填充有电子的能量最

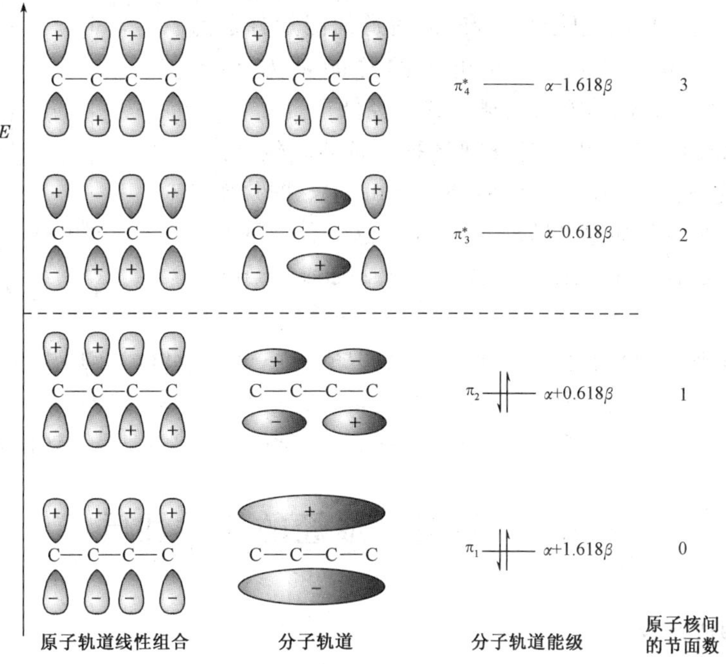

图 4.5　丁-1,3-二烯的分子轨道

高的分子轨道，称作最高已占轨道，用 HOMO（highest occupied molecular orbital）表示。π_3^* 是未填充有电子的能量最低的分子轨道，称作最低未占轨道，用 LUMO（lowest unoccupied molecular orbital）表示。

从成键轨道 π_1 和 π_2 的叠加可以看到丁-1,3-二烯分子中 π 电子云的分布并不局限于 C(1)—C(2)和 C(3)—C(4)之间，C(2)—C(3)之间也有部分 π 电子云，因而形成了离域的大 π 键。丁-1,3-二烯分子的这种结构特点是导致其特殊性质的根本原因。

二、共轭二烯烃的特性

1. 键长的平均化趋向

用电子衍射法测得丁-1,3-二烯分子中价键的键长和键角的数据如下：

146.3 pm　136.0 pm

122.4°　119.8°

C(1)—C(2)、C(3)—C(4)之间的键长（136.0 pm）比乙烯的碳碳双键的键长（134.0 pm）长，而 C(2)—C(3)之间的键长（146.3 pm）比一般的碳碳单键（154 pm）短。这是由于 C(2)—C(3)之间也有部分 π 电子云，即有部分双键的性质。同时也由于 C(2)—C(3)是以 sp^2 杂化轨道成键，而烷烃中碳原子是以 sp^3 杂化轨道成键。

2. 体系能量降低，稳定性增加

乙烯分子中成键轨道的能量为 $\alpha+\beta$（β 为负值），如四个 π 电子填充在两个孤立的 π 轨道中，总能量为 $4\alpha+4\beta$。而在丁-1,3-二烯分子中，成键轨道 π_1 和 π_2 轨道的能量分别为 $\alpha+1.618\beta$ 和 $\alpha+0.618\beta$，四个 π 电子的总能量为 $4\alpha+4.472\beta$，因此共轭二烯烃的能量比孤立二烯烃低。

共轭二烯烃的稳定性也由氢化热数据所证实。例如戊-1,3-二烯的氢化热比戊-1,4-二烯小 28 kJ · mol^{-1}。即共轭二烯烃的位能低于相应的孤立二烯烃（图 4.6）。这部分能量差值叫作离域能（delocalization energy）或共振能（resonance energy）。

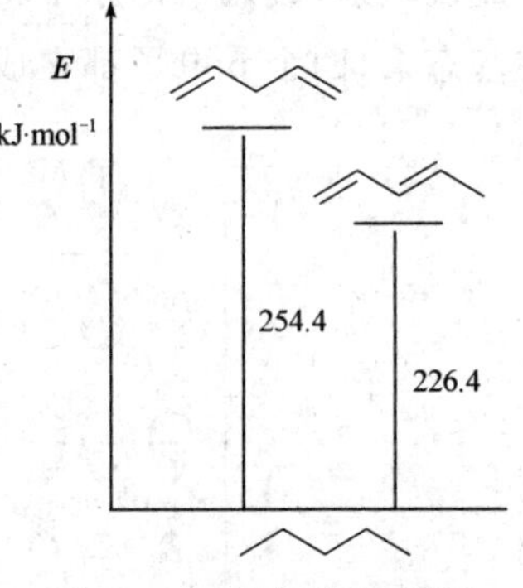

图 4.6 二烯烃的稳定性

3. 共轭作用

共轭二烯烃所具有的特性是两个 π 键之间的共轭（conjugation）作用引起的，这种共轭作用称为 π,π-共轭。共轭作用使两个 π 键上的 π 电子在四个碳原子之间离域，有效地降低了共轭二烯烃的能量。共轭二烯烃不同于孤立二烯烃的化学性质大多都是基于这种 π,π-共轭作用。

§ 4.5 共轭二烯烃的化学性质

一、亲电加成反应

共轭二烯烃也能与卤素、卤化氢等亲电试剂起加成反应，生成的产物不仅有 1,2-加成产物，还有 1,4 -加成产物。例如：

$$CH_2{=}CH{-}CH{=}CH_2 + Br_2 \longrightarrow \begin{cases} CH_2{=}CH{-}CH(Br){-}CH_2Br & \text{3,4 -二溴丁- 1 -烯 3,4-dibromobut-1-ene} \\ BrCH_2{-}CH{=}CH{-}CH_2Br & \text{1,4 -二溴丁- 2 -烯 1,4-dibromobut-2-ene} \end{cases}$$

两个溴原子加在共轭体系的两端，即 C(1)和 C(4)上，原来的两个双键消失，而在 C(2)和 C(3)之间原来的单键转变成新的双键。这种加成方式叫作 1,4 -加成。在 1,4 -加成中，共轭体系作为一个整体参加反应，因此也叫作共轭加成(conjugate addition)。共轭加成是共轭烯烃的特征反应。

共轭二烯烃的亲电加成反应机理与烯烃相似。加成反应也是分两步进行，第一步生成碳正离子，是速度决定步骤。例如：

$$CH_2{=}CH{-}CH{=}CH_2 \xrightarrow{Br{-}Br} \begin{cases} CH_2{=}CH{-}CH(Br){-}\overset{\oplus}{C}H_2 & (\text{Ⅰ}) \\ CH_2{=}CH{-}\overset{\oplus}{C}H{-}CH_2Br & (\text{Ⅱ}) \end{cases}$$

在丁- 1,3 -二烯与溴的加成中，若亲电试剂进攻 C(1)，则生成碳正离子(Ⅱ)，若进攻 C(2)，则生成碳正离子(Ⅰ)。(Ⅱ)是烯丙基型碳正离子，其结构如图 4.7。

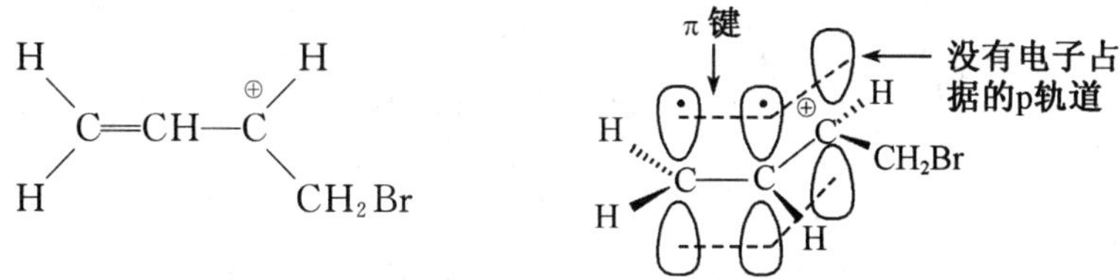

图 4.7　烯丙基碳正离子的 p,π -共轭

带正电荷的碳原子是 sp^2 杂化，留一个空的 p 轨道可以和双键碳原子的 p 轨道在侧面互相重叠，即组成了 p,π -共轭体系。这样，正电荷不再定域于 C(2)上，而是通过 π 电子的离域使正电荷分散到共轭体系的三个碳原子上。因此，碳正离子(Ⅱ)比(Ⅰ)稳定。

碳正离子(Ⅱ)的共振式为：

$$\left[CH_2{=}CH{-}\overset{\oplus}{C}HCH_2Br \longleftrightarrow \overset{\oplus}{C}H_2{-}CH{=}CH{-}CH_2Br\right]$$

可见，正电荷并不是平均分布在三个碳原子上，而是在 C(2)和 C(4)上有较多的正电荷，即是极性交替的。因此，在第二步反应中，$Br^{\ominus}$ 既可以进攻 C(2)，也可以进攻 C(4)，生成 1,2 -加成产物和 1,4 -加成产物。

$$\overset{\delta^+}{\underset{4}{CH_2}}\cdots\underset{3}{CH}\cdots\overset{\delta^+}{\underset{2}{CH}}{-}\underset{1}{CH_2}Br + Br^{\ominus} \longrightarrow \begin{cases} CH_2{=}CH{-}CH(Br){-}CH_2Br \\ BrCH_2CH{=}CH{-}CH_2Br \end{cases}$$

1,2-加成产物和1,4-加成产物的比例取决于反应条件。一般地,在低温下,主要生成1,2-加成产物。升高温度或催化剂存在时,则主要生成1,4-加成产物。例如:

$$CH_2{=}CH{-}CH{=}CH_2 + HBr \longrightarrow \underset{\underset{Br}{|}}{CH_3CHCH}{=}CH_2 + CH_3CH{=}CH\underset{\underset{Br}{|}}{CH_2}$$

	1,2-加成产物	1,4-加成产物
−80 ℃	81%	19%
45 ℃	15%	85%

反应的第一步是生成较稳定的烯丙基型碳正离子。在第二步反应中,由于生成1,2-加成产物所需活化能较低,生成速度较大,因而在低温下,1,2-加成产物为主(图4.8)。这种由反应速度支配的动力学控制过程叫作速度控制或动力学控制(kinetic control)。但当温度升高、反应时间延长及催化剂存在时,碳正离子有条件克服较高活化能的能垒,生成1,4-加成产物;同时,生成的1,2-加成产物电离成碳正离子和卤离子,即1,2-加成的逆反应所需的活化能也较低,反应速度快,而1,4-加成的逆反应所需活化能高,反应速度慢,并且1,4-加成产物比1,2-加成产物有更大的稳定性,因而1,2-加成产物通过碳正离子不断转变成1,4-加成产物,当达到平衡时,1,4-加成产物是主要的。这种由产物的稳定性和反应平衡所支配的热力学控制过程叫作平衡控制或热力学控制(thermodynamic control)。

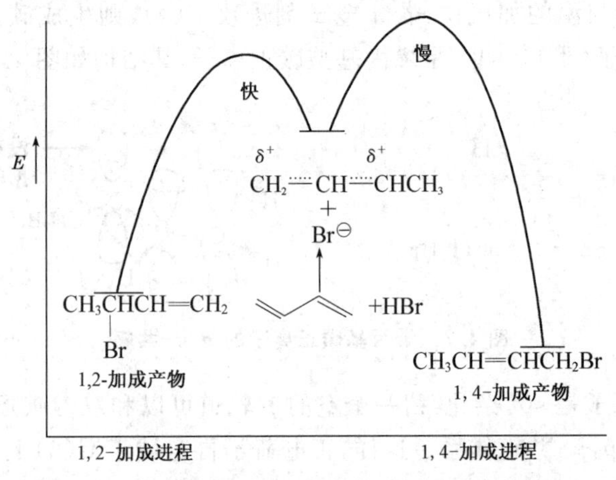

图4.8 1,2-加成和1,4-加成反应

问题4.8 说明烯丙基负离子($CH_2{=}CH{-}CH_2^{\ominus}$)比丙基负离子稳定的原因。

问题4.9 写出1 mol 2-甲基丁-1,3-二烯与1 mol HCl反应生成的主要产物。

问题4.10 写出1 mol己-1,3,5-三烯与1 mol Br_2反应生成的热力学控制产物。

二、狄耳斯-阿尔德(Diels-Alder)反应

共轭二烯烃与含有吸电子基团(—CHO、—COR、—CO_2R、—NO_2、—CN等)活化的烯键或炔键化合物作用,生成含六元环的环状化合物。例如:

甲苯

丁-1,3-二烯　丙烯醛　环己-3-烯-1-甲醛　100%

buta-1,3-diene　acrylaldehyde　cyclohex-3-ene-1-carbaldehyde

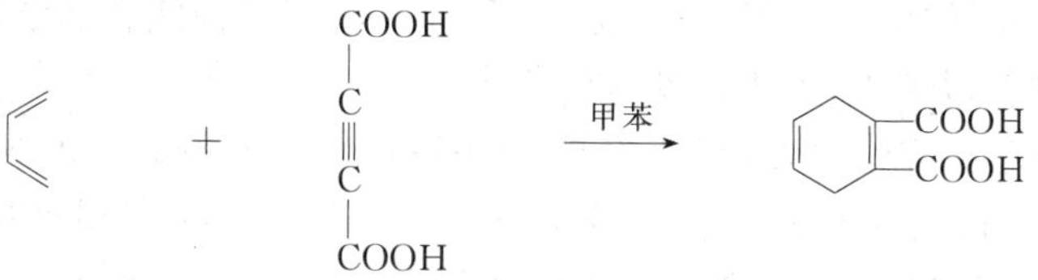

甲苯

丁-1,3-二烯　丁炔二酸　环-1,4-己二烯-1,2-二甲酸　100%

buta-1,3-diene　but-2-ynedioic acid　cyclohexa-1,4-diene-1,2-dicarboxylic acid

这类反应叫作狄耳斯-阿尔德(Diels-Alder)反应,也叫作双烯合成反应。在反应原料中,共轭二烯化合物称为二烯体(diene),与之反应的不饱和化合物称为亲二烯体(dienophile)。Diels-Alder反应条件温和,产率高,尤其是二烯体的烯键碳原子连有给电子基团和亲二烯体连有强烈吸电子基时,反应可在室温进行。这是合成含六元环化合物的重要方法。狄耳斯(Diels O.)和阿尔德(Alder K.)获得1950年的诺贝尔化学奖。

以顺丁烯二酸酐为亲二烯体与共轭二烯反应时,生成的环状化合物一般为固体,因此可利用这一反应检验共轭烯烃。

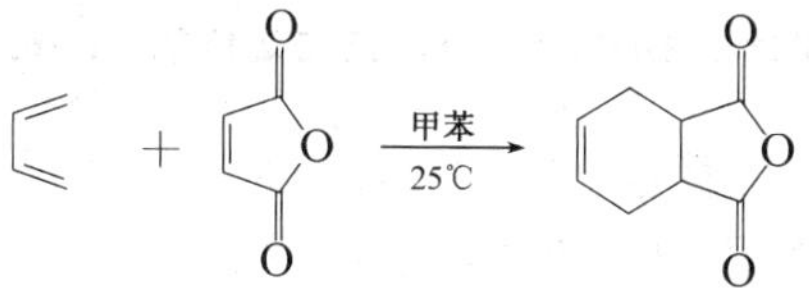

甲苯 25℃

顺丁烯二酸酐(顺酐)　100%

cis-butenedioic anhydride

Diels-Alder反应是可逆反应。在较高温度下环状产物又可转变成二烯体和亲二烯体。例如,环戊二烯在室温发生Diels-Alder反应二聚成双环戊二烯,将后者加热则起逆Diels-Alder反应,又转变成环戊二烯。

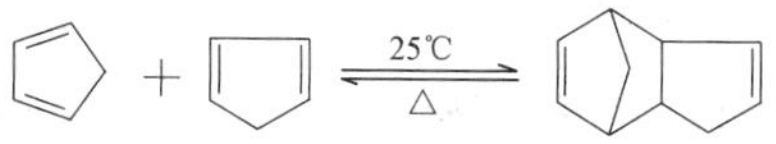

25℃ △

环戊二烯　环戊二烯　双环戊二烯

cyclopenta-1, 3-diene　dicyclopentadiene

Diels-Alder反应与前面学过的反应显著不同。在反应过程中,没有任何活性中间体如碳正离子、碳负离子、碳自由基等生成,反应速度也极少受溶剂极性和酸碱催化剂的影响,自由基引发剂与抑制剂也不起作用。Diels-Alder反应是通过环状过渡态的一步协同反应(concerted reaction),新的 σ 键与 π 键的形成和旧的 π 键的断裂是同步进行的。

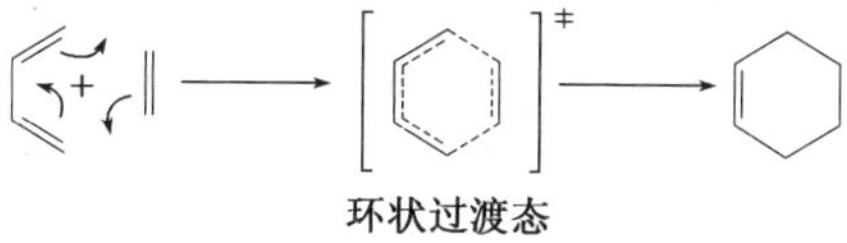

环状过渡态

这种通过环状过渡态进行的协同反应通称为周环反应(pericyclic reaction)。Diels-

Alder 反应是周环反应中的[4+2]环加成反应的一种。根据伍德沃德(Woodward R. B.)和霍夫曼(Hoffmann R.)提出的分子轨道对称守恒(conservation of orbital symmetry)原理，可以预测协同反应是否进行及其立体化学(stereochemistry)。所谓分子轨道对称守恒原理是指协同反应中从原料到产物轨道的对称性保持不变。分子轨道对称守恒原理是近代有机化学发展中的重大成就之一。为此霍夫曼(Hoffmann R.)和前线轨道学说的开拓者福井谦一(Fukui K.)共同获得了 1981 年诺贝尔化学奖。

按照分子轨道对称守恒原理，正常的 Diels-Alder 反应主要是二烯体的 HOMO 轨道与亲二烯体的 LUMO 轨道面对面互相重叠成键(图 4.9)。Diels-Alder 反应中的二烯体的 HOMO 轨道和亲二烯体的 LUMO 轨道之间的能量差越小，反应越容易进行。因此二烯体上带有给电子基(D)和亲二烯体上带有吸电子基(A)有利于反应进行。

HOMO
LUMO
D
A
二烯体
(diene)
亲二烯体
(dienophile)

[4+2]环加成反应分子轨道作用图

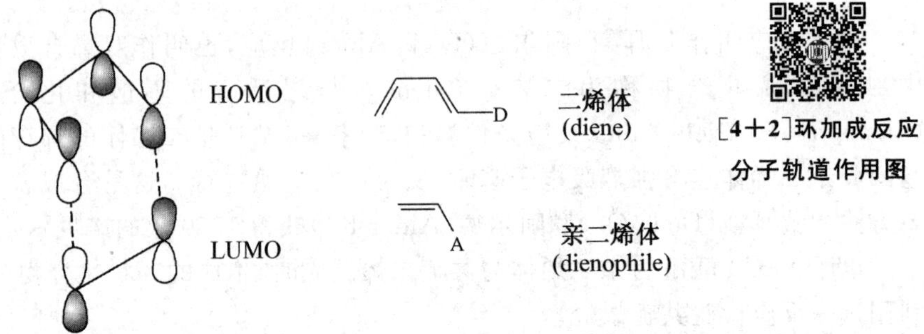

图 4.9　二烯体的 HOMO 轨道与亲二烯体的 LUMO 轨道的重叠

Diels-Alder 反应是具有高度的立体专一性反应(stereospecific reaction)，反应产物仍保持二烯体和亲二烯体原来的构型。例如：

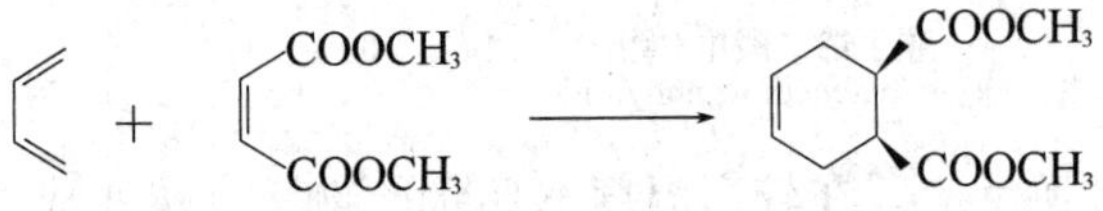

COOCH3
COOCH3
COOCH3
COOCH3

顺丁烯二酸二甲酯　　顺式产物

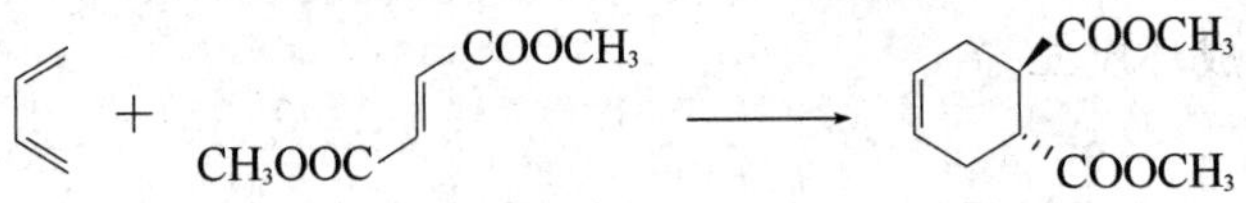

COOCH3
CH3OOC
COOCH3
COOCH3

反丁烯二酸二甲酯　　反式产物

不对称的二烯体和亲二烯体起 Diels-Alder 反应的区域选择性(regioselectivity)：产物的环上取代基相邻或相对的位置异构体一般是主要产物。例如：

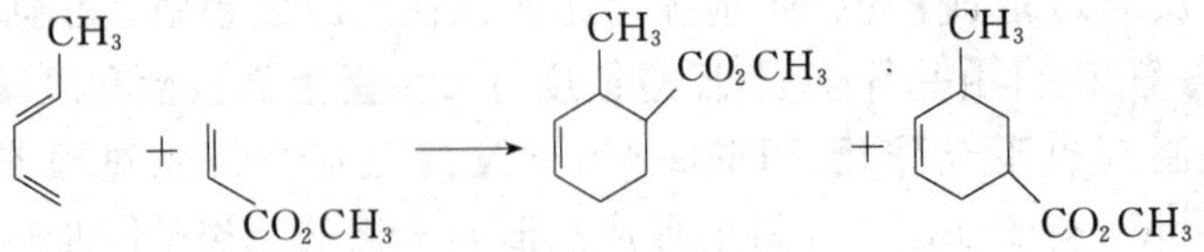

CH3
CO2CH3
CH3
CO2CH3
CH3
CO2CH3

61%　　3%

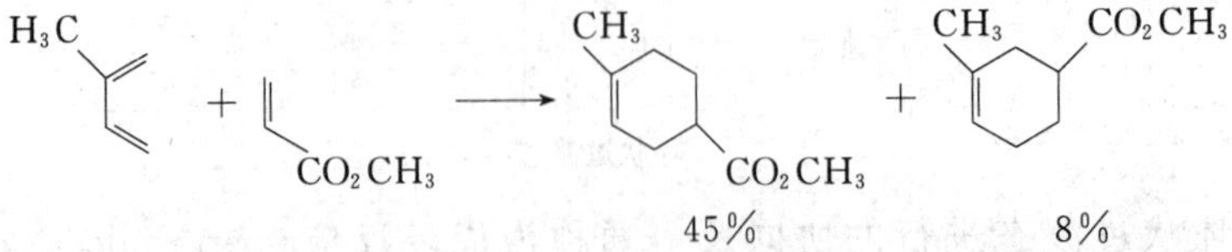

H3C
CO2CH3
CH3
CO2CH3
CH3
CO2CH3

45%　　8%

问题 4.11　写出下列反应的产物。

(1) 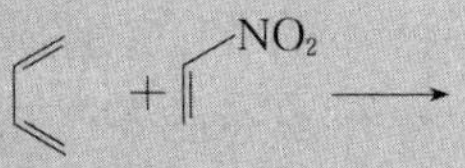 丁-1,3-二烯 + $CH_2{=}CH{-}NO_2$ ⟶　　(2) 2,3-二甲基丁-1,3-二烯 + 马来酸酐 ⟶

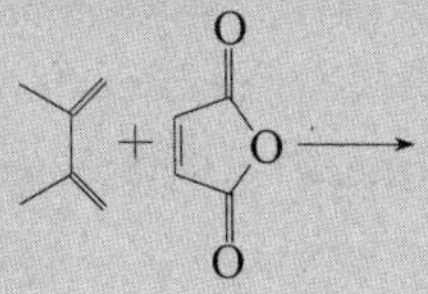

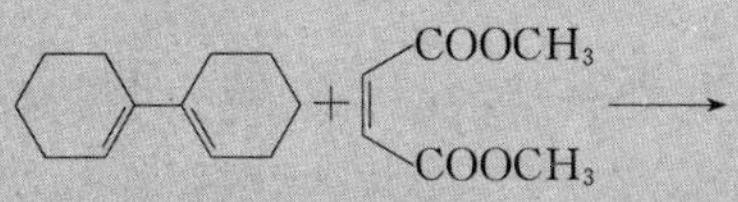

(3) 1,1'-二(环己-1-烯基) + $CH_3OOC{-}CH{=}CH{-}COOCH_3$ ⟶　　(4) 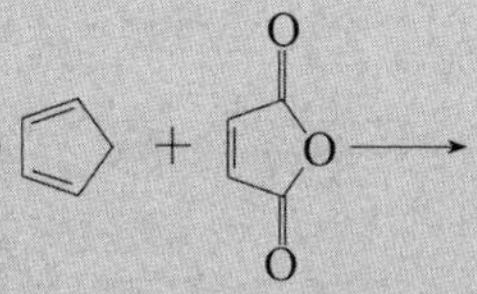 环戊二烯 + 马来酸酐 ⟶

问题 4.12　哪些二烯体与亲二烯体进行 Diels-Alder 反应，可得到下列化合物？

(1) 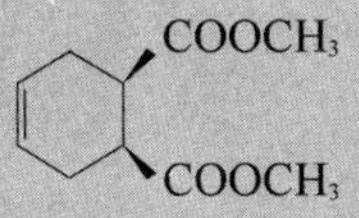 环己-4-烯-1,2-二甲酸二甲酯（两个 $COOCH_3$ 同侧）　　(2) 环己-4-烯-1,2-二甲腈（两个 CN 异侧）

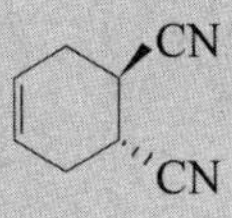

三、聚合反应

共轭二烯烃能起聚合反应，生成高分子聚合物。例如丁-1,3-二烯在金属钠存在下进行加成聚合生成聚丁二烯。这就是最早的合成橡胶——丁钠橡胶。由于共轭二烯烃的加聚反应既生成1,2-加聚产物，也可生成1,4-加聚产物，并且在1,4-加聚产物中有 *E* 和 *Z* 两种构型的产物，因而丁钠橡胶是一种混合物，严重影响其性能。

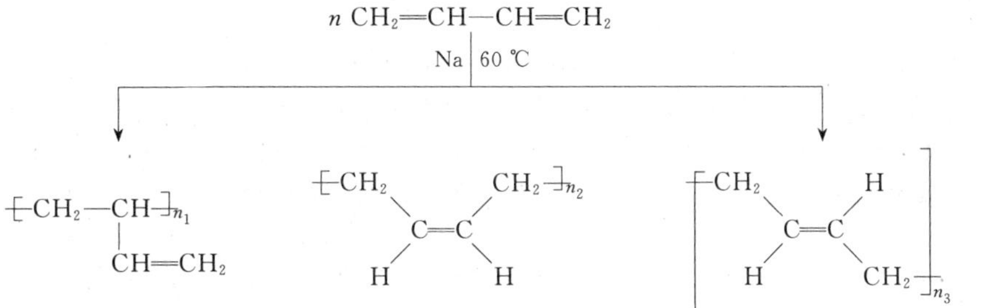

$$n\ CH_2{=}CH{-}CH{=}CH_2 \xrightarrow{Na,\ 60\ ℃}$$

$$\left[CH_2{-}\underset{\underset{CH=CH_2}{|}}{CH}\right]_{n_1} \qquad \left[CH_2 \ \ \underset{(Z)}{HC{=}CH}\ \ CH_2\right]_{n_2} \qquad \left[CH_2 \ \ \underset{(E)}{HC{=}CH}\ \ CH_2\right]_{n_3}$$

1,2-聚丁二烯　　(*Z*)-1,4-聚丁二烯　　(*E*)-1,4-聚丁二烯

1955年，工业上使用 Ziegler-Natta 催化剂，使丁-1,3-二烯定向加成聚合，得到单纯的(*Z*)-1,4-聚丁二烯，称为顺丁橡胶，其性能优良，与天然橡胶不相上下。2-甲基丁-1,3-二烯(异戊二烯)在 Ziegler-Natta 催化剂作用下，也能加成聚合得到主要为 *Z* 构型的聚合物：

$$n\ CH_2{=}\underset{\underset{CH_3}{|}}{C}{-}CH{=}CH_2 \xrightarrow{\text{Ziegler-Natta 催化剂}} \left[CH_2\ \ \underset{(Z)}{(CH_3)C{=}CH}\ \ CH_2\right]_n$$

异戊二烯　　(*Z*)-1,4-聚异戊二烯

由于其结构与性能差不多完全与天然橡胶相同，因而称为合成天然橡胶。

共轭二烯烃也可以和其他不饱和化合物共聚制造性能各异的合成橡胶。例如丁-1,3-

二烯和丙烯腈在乳液中共聚可以得丁腈橡胶：

$$n\mathrm{CH_2{=}CH{-}CH{=}CH_2} + n\ \mathrm{CH_2{=}\underset{\displaystyle CN}{\underset{|}{C}H}} \longrightarrow \mathrm{[\!-CH_2{-}CH{=}CH{-}CH_2{-}CH_2{-}\underset{\displaystyle CN}{\underset{|}{C}H}-\!]_n}$$

习　题

4.1　写出下列反应的主要产物。

(1) $2\mathrm{CH_3C{\equiv}CNa} + \mathrm{BrCH_2CH_2Br} \longrightarrow$

(2) $\mathrm{CH_2{=}CH{-}CH{=}CHCH_3} + \mathrm{HI(1\ mol)} \longrightarrow$

(3) $\mathrm{(CH_3)_2C{=}CHCH_2C{\equiv}CCH_3} \xrightarrow[\mathrm{NH_3(l)}]{\mathrm{Na}}$

(4) $\mathrm{(CH_3)_2CHC{\equiv}CH} \xrightarrow[\text{② } \mathrm{H_2O_2, OH^{\ominus}}]{\text{① } \mathrm{B_2H_6}}$

(5) 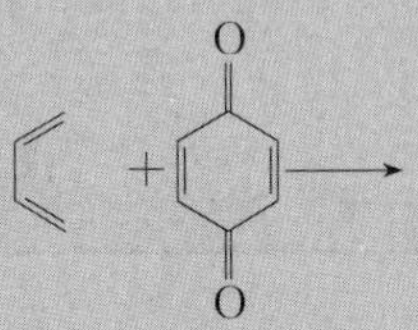

(6) $n\ \mathrm{CH_2{=}\underset{\displaystyle Cl}{\underset{|}{C}}{-}CH{=}CH_2} \xrightarrow{\text{聚合}}$

4.2　用乙炔和其他合适原料合成苍蝇性诱引剂(*Z*)-十三碳-4-烯。

4.3　写出下列 Diels-Alder 反应产物的原料二烯体和亲二烯体。

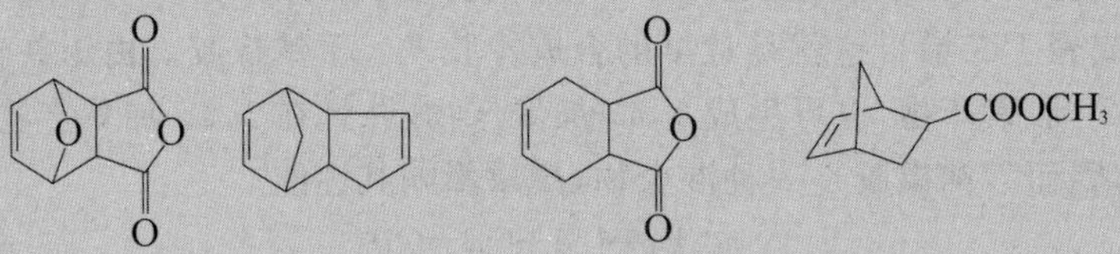

4.4　某化合物分子式为 C_6H_{10}，催化加氢生成 2-甲基戊烷，在硫酸汞存在下与水反应，生成 $\mathrm{(CH_3)_2CHCH_2COCH_3}$，与氯化亚铜的氨溶液作用产生红色沉淀。试推测其构造式并写出有关反应式。

4.5　有四种化合物 A、B、C、D，分子式都是 C_5H_8，都能使溴的四氯化碳溶液褪色。A 与硝酸银氨溶液反应产生白色沉淀，而 B、C 和 D 没有。A、B 和 C 经催化氢化都得到正戊烷，而 D 只吸收 1 mol H_2，得到分子式为 C_5H_{10} 的烃。B 与热的高锰酸钾溶液反应生成醋酸和丙酸。C 与顺丁烯二酸酐反应生成白色固体。D 经臭氧化还原水解只得到一种醛。写出 A、B、C 和 D 的构造式及有关反应式。

第五章　脂环烃

碳原子互相连接成环，性质与脂链烃相似的烃类称为脂环烃(alicyclic hydrocarbon)。脂环烃及其衍生物广泛存在于自然界，例如植物精油中的萜类化合物(第十七章)和动物组织中的甾族化合物。石油中也含有五元和六元脂环烃。

§5.1　脂环烃的分类、异构和命名

根据分子内环的数目，脂环烃分为单环、双环和多环脂环烃。在单环体系中根据环的大小分为小环($C_3 \sim C_4$)、普通环($C_5 \sim C_7$)、中环($C_8 \sim C_{12}$)及大环($>C_{12}$)，其中五元和六元环最为普遍。与脂链烃相似，饱和的脂环烃称为环烷烃，含双键和叁键的分别称为环烯烃和环炔烃。

一、单环脂环烃

脂环烃的命名与脂链烃相似[1]，只需在化合物类名前加“环”字即可。英文命名只需在相应的名称前加 cyclo。例如：

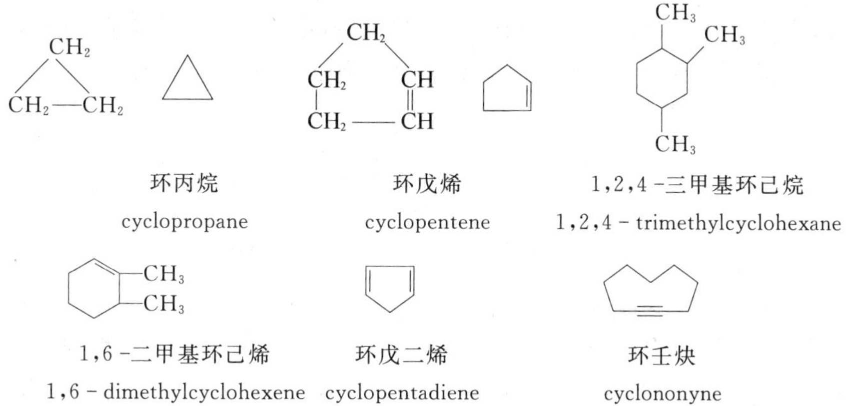

环烷烃分子中，由于环的大小、侧链的长短和位置的不同而产生构造异构体。例如五个碳原子的环烷烃(C_5H_{10})有五种构造异构体：

---

〔1〕 给单环脂环烃环的碳原子编号时，使环中碳碳不饱和键的碳原子编号最小(1 和 2)，并使取代基的位次组数字最小。如还有不同选择，则使英文字母顺序在前的取代基的位次组数字最小。

在1,2-二甲基环丙烷分子中，由于环的存在阻止了σ键的自由旋转，因而两个甲基可以在环的同一边，也可以各在一边，它们是具有不同物理性质的顺反异构体（*cis*-*trans* isomer）：

CH_3 CH_3 / H H 或 CH_3 CH_3 / H H

顺-1,2-二甲基环丙烷
cis-1,2-dimethylcyclopropane
沸点 37 ℃

CH_3 H / H CH_3 或 CH_3 H / H CH_3

反-1,2-二甲基环丙烷
trans-1,2-dimethylcyclopropane
沸点 29 ℃

书写环状化合物的顺反异构体，一般将环的一半用粗线写出，表示环平面与纸面垂直，粗线表示在纸面的前面。另一种方法是用平面投影式表示，从环平面的上方往下看，朝上的取代基用楔形线与环相连，向下的取代基用虚线与环相连。楔形线的一端表示离观察者较近。

由于几何原因，较小的环中不可能有反式碳碳双键存在，已知最小的反式环烯烃是反环辛烯。在环炔烃中，由于C—C≡C—C必须在一条直线上，只有较大的环才能容纳这一结构单位，因此已合成的最小的环炔烃为环辛炔。环炔烃的数目很少。

二、螺环和桥环烃

两个碳环共有一个碳原子的化合物称为螺环化合物（spiro compoud）。公共的碳原子称为螺原子。螺环化合物的命名是根据螺环上碳原子的总数目叫作螺某烷，方括号内记入除螺原子外各环的碳原子数，小的在前，大的在后，数字之间用小圆点式句号隔开。螺环的编号从小环相邻螺原子的碳原子开始经螺原子到较大的环。例如：

螺[3.4]辛烷 spiro[3.4]octane

两个环共有两个以上碳原子的化合物称为桥环化合物（bridged ring compound）。碳桥交会处的两个碳原子称为桥头。双环（bicyclo）桥环化合物的命名是根据桥环上碳原子的总数目叫作双环某烷，方括号内记入除桥头碳原子（bridgehead carbon）外各桥身的碳原子数目，大的在前，小的在后，数字之间用小圆点式句号隔开。桥环的编号总是从桥头碳原子开始，沿最长桥到另一桥头碳原子，再沿次长桥回到第一个桥头碳原子，最短的桥上的碳原子最后编号。例如：

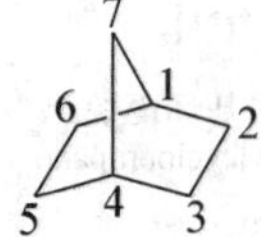

双环[2.2.1]庚烷
bicyclo[2.2.1]heptane

双环[4.4.0]癸烷
bicyclo[4.4.0]decane（俗名：十氢萘，decalin）

命名含有取代基或不饱和键的螺环或桥环烃时，必须按照上面的规则编号，同时使不饱和键和取代基的位次最小。

十氢萘有顺反异构体：

顺十氢萘 *cis* - decalin 沸点 187.3 ℃　　　反十氢萘 *trans* - decalin 沸点 195.7 ℃

桥头上的氢可以省略，用一个实心圆点表示向上的氢：

顺十氢萘　　　反十氢萘

> 问题 5.1 写出下列化合物的构造式或构型式。
> (1) 3 - 甲基环己 - 1,4 - 二烯　　(2) 反 - 1,4 - 二甲基环己烷
> (3) 6 - 甲基双环[3.2.0]庚烷　　(4) 螺[4.5]癸 - 6 - 烯

§5.2 脂环烃的物理性质和化学性质

脂环烃的物理性质与脂链烃相似。脂环烃的沸点和熔点比相应的脂链烃高。脂环烃比水轻，不溶于水。

环烷烃的反应与烷烃相似，但含三元环和四元环的小环环烷烃有一些特殊的化学性质，它们容易开环生成开链化合物。

1. 加氢

$$\triangle + H_2 \xrightarrow[40\ ℃]{Ni} CH_3CH_2CH_3$$

$$\square + H_2 \xrightarrow[100\ ℃]{Ni} CH_3CH_2CH_2CH_3$$

$$⬠ + H_2 \xrightarrow[300\ ℃]{Pt} CH_3CH_2CH_2CH_2CH_3$$

在较低温度下环丙烷就可以加氢开环，而环戊烷必须在相当高的温度和活性高的铂催化剂作用下才能加氢开环变成烷烃。

2. 加溴

$$\triangle + Br_2 \xrightarrow{室温} BrCH_2CH_2CH_2Br$$

1,3 - 二溴丙烷

$$\square + Br_2 \xrightarrow{\triangle} BrCH_2CH_2CH_2CH_2Br$$

1,4 - 二溴丁烷

环丙烷在室温就可与溴加成开环，而环丁烷要在加热时才与溴加成开环。

多环脂环烃中的三元环与溴作用也容易开环。例如：

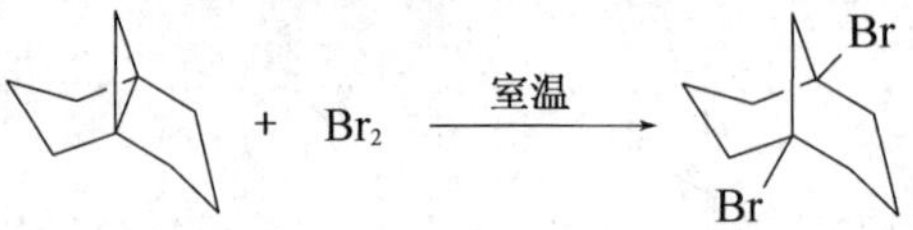

3．加卤化氢

卤化氢在室温下也能使环丙烷开环：

△ + HI ⟶ $CH_3CH_2CH_2I$

取代环丙烷与卤化氢的加成产物符合马氏规律，即卤素原子加在含氢较少的碳原子上。例如：

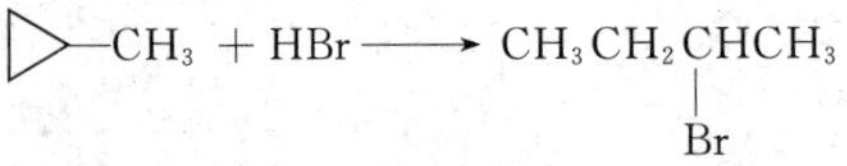

甲基环丙烷　　　　2-溴丁烷

从以上反应可以看到，环戊烷和环己烷等像烷烃，化学性质稳定，而环丙烷和环丁烷像烯烃，容易起加成反应。但必须指出，环丙烷和环丁烷对氧化剂是稳定的。例如：

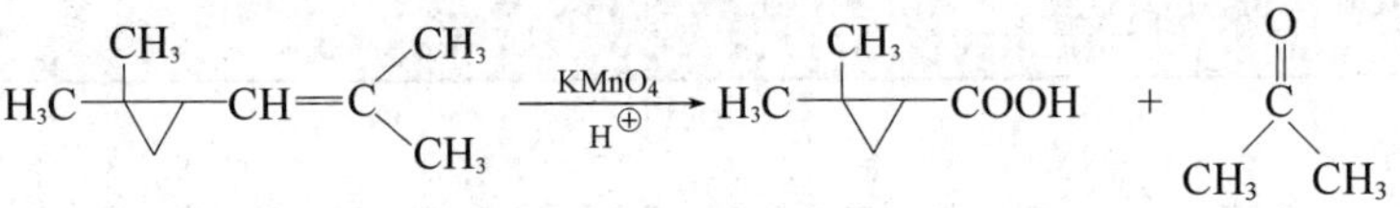

环烯烃中的烯键的反应与脂链烯烃相似。例如环己烯与溴的四氯化碳溶液作用形成环溴正离子，溴负离子从环溴正离子背后进攻生成反-1,2-二溴环己烷。

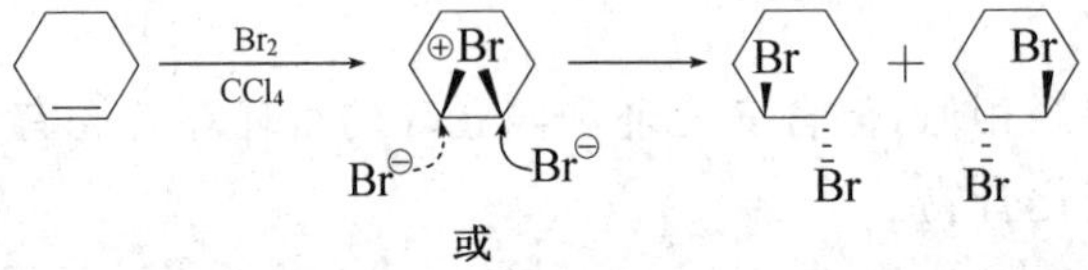

问题 5.2　写出下列反应的主要产物。

(1) 环己烷 + Cl_2 $\xrightarrow{h\nu}$　　(2) 1-甲基环丁烷 + HI ⟶

(3) 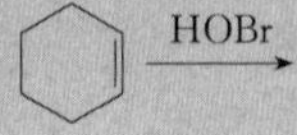 $\xrightarrow{HOBr}$　　(4)  CH_2CH_3 $\xrightarrow{HI}$

§5.3　环烷烃的结构与稳定性

环丙烷的燃烧热和稳定性

现代物理方法已经测定环丙烷分子中碳碳键和碳氢键的键长分别为 151 pm 和 108 pm，C—C—C 键角为 105.5°，因而使分子具有一种恢复正常键角的角张力(angle strain)。角张力的存在是环丙烷分子不稳定的主要因素。由于键角偏离正常值，环丙烷分子中相邻碳的 sp^3 杂化轨道互相重叠的程度比一般烷烃要小(图 5.1)，实际环丙烷的碳碳 σ 键呈香蕉形的弯曲键(图 5.2)，因而键能(230 kJ · mol^{-1}) 比直链烷烃

的碳碳 σ 键键能($376.8\ kJ \cdot mol^{-1}$)小得多。

(a) 烷烃中的碳碳 σ 键(重叠程度大)

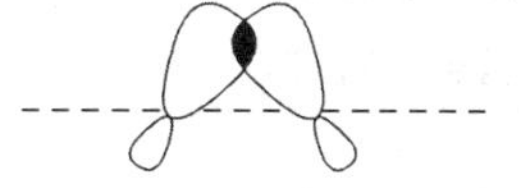

(b) 环丙烷中的 σ 键(重叠程度较小)

图 5.1　σ 键的比较

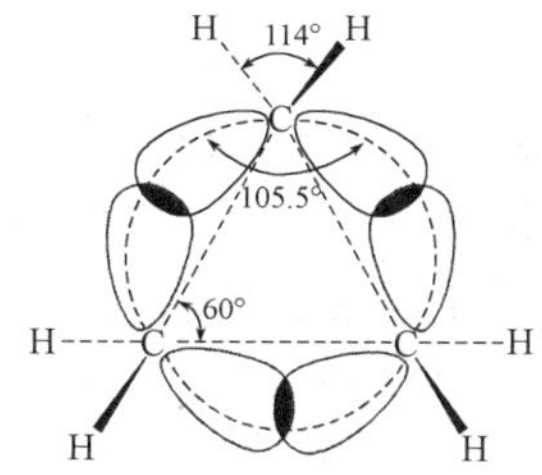

图 5.2　环丙烷分子中的键

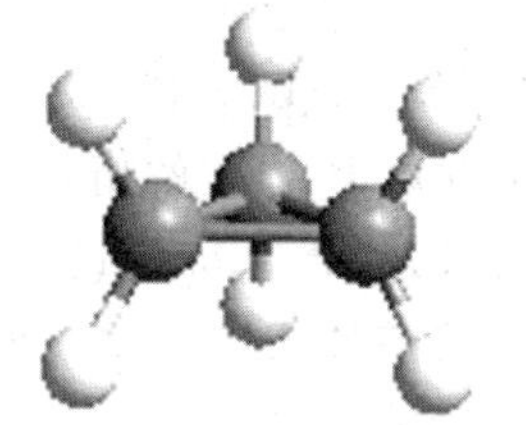

图 5.3　环丙烷的棍球模型

环丙烷结构的模型

此外,环丙烷的三个碳原子共平面,因而相邻碳原子上的 C—H 键全部处于重叠式构象而产生扭转张力(torsional strain)(图 5.3)。扭转张力的存在也是环丙烷不稳定的原因之一。

环丁烷通常呈蝶形折叠状构象(图 5.4(a)),角张力和扭转张力均比环丙烷小些。环戊烷的构象常为信封式(图 5.4(b)),碳碳键已接近一般烷烃中碳碳键之间的正常键角,因而较稳定。但 C—H 都处于重叠式位置,因而仍有一定的扭转张力。

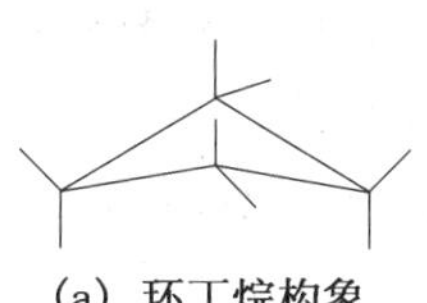

(a) 环丁烷构象

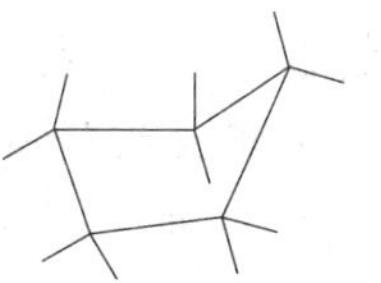

(b) 环戊烷构象

图 5.4　环丁烷和环戊烷的构象(H 被省略)

三元环和四元环虽然存在较大的张力,但仍存在于天然产物中。例如菊酸(chrysanthemic acid)酯存在于除虫菊的花冠中,是一种天然的杀虫剂。根据它的结构目前已发展出多种含环丙烷结构单元的广谱、低毒的拟除虫菊酯(pyrethroid)杀虫剂。

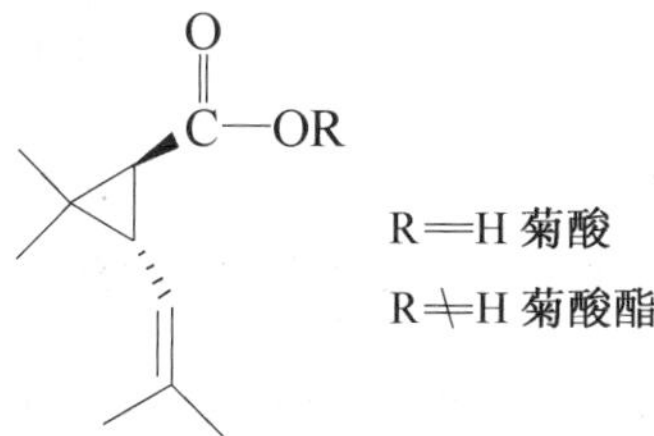

环己烷分子中既无角张力,也无扭转张力,是个无张力的环(见下节)。

大环烷烃(>C_{12})的环也是几乎没有张力的环,碳碳键之间的键角保持 109.5°,它们一般以皱褶形存在。

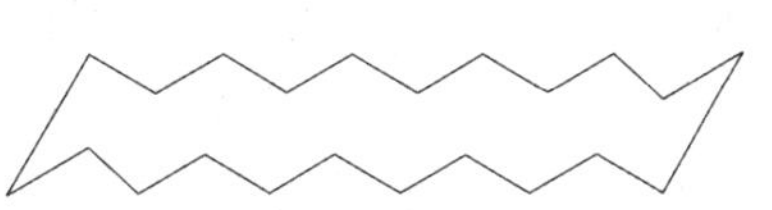

图 5.5　环二十二烷的立体构象

例如图 5.5 为环二十二烷的立体构象。

某些特殊结构的多环环烷烃衍生物有重要的用途，例如金刚胺盐酸盐是临床上抗流感病毒的药物，八硝基立方烷是威力最强大的炸药之一。

· 金刚胺

· 八硝基立方烷

§5.4 环己烷及其衍生物的构象

一、椅式和船式构象

1950 年，巴通(Barton D.)和哈赛尔(Hassel O.)根据电子衍射实验提出环己烷的六个碳原子都保持正常键角 109°28′的椅式和船式的两种构象(chair and boat conformation)，因而两者都不存在角张力。Barton 和 Hassel 共同获得 1969 年诺贝尔化学奖。

图 5.6(a)是环己烷椅式构象的透视式。从 C(1)向 C(2)，C(5)向 C(4) 观察得到椅式构象的纽曼投影式(图 5.6(b))。

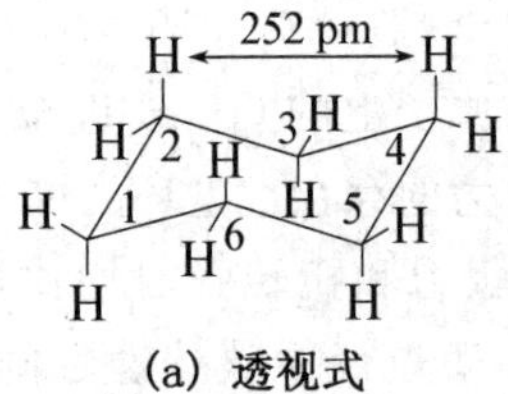

(a) 透视式

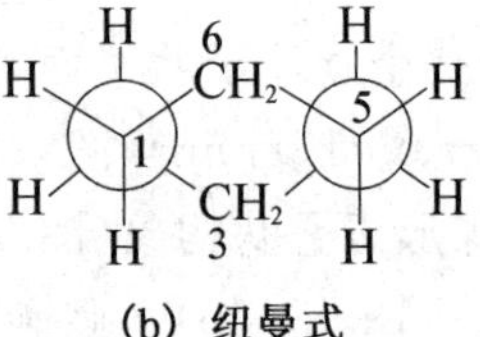

(b) 纽曼式

环己烷的构象(椅式＋船式)

图 5.6 环己烷的椅式构象

从纽曼式可以清楚地看出，任何两个相邻碳原子的碳氢键和碳碳键都处于邻位交叉式，因而没有扭转张力。从透视式看到非键合的 1,3 -碳原子上的氢原子相距 252 pm，约等于范德华半径之和(248 pm)，属于正常的原子间距，因而也没有范德华斥力(跨环张力)。因此环己烷的椅式构象是无张力的稳定构象。

图 5.7(a)是环己烷船式构象的透视式。从 C(1)向 C(6)，C(3)向 C(4)观察得到船式构象的纽曼投影式(图 5.7(b))。

(a) 透视式　　(b) 纽曼式

图 5.7 环己烷的船式构象

可以清楚地看到 C(1)与 C(6)，C(3)与 C(4)(船沿)之间为全重叠式构象，因而具有扭转张力。并且船头与船尾(C(2)和 C(5))碳原子上相对的氢原子的距离只有 183 pm，远小于范德华半径之和(248 pm)，必然要产生斥力(跨环张力)。由于这两种张力的存在，环己烷的船式构象的能量比椅式高 29.7 kJ · mol^{-1}。因此椅式比船式稳定。常温下，在两种构象的动态平衡中，椅式构象占 99.9%。

二、平伏键和直立键

环己烷椅式构象中 6 个碳原子分别处在两个平面上，C(1)、C(3)、C(5) 位于同一平面上，C(2)、C(4)、C(6)位于另一平面上，两个平面互相平行，相距 50 pm。通过环的中心向这两个平面作垂线，便得到椅式环己烷的三重对称轴(C_3)(图 5.8)。绕着这根轴旋转 120°或其倍数，新的构象与原来的构象重合。

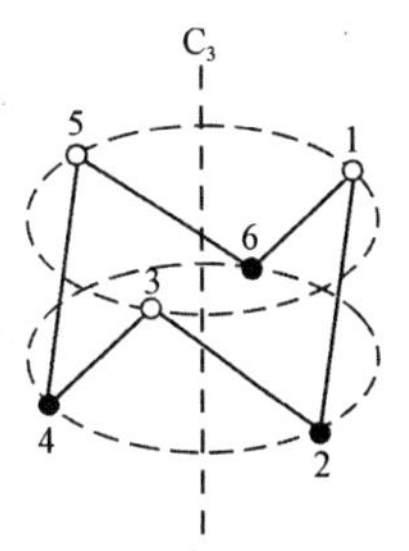

图 5.8　椅式环己烷的对称轴

环己烷椅式构象的 12 个碳氢键中，六个碳氢键与对称轴平行，称为直立键或 a 键(axial bond)，另外六个碳氢键分别与两个水平面成 19°，称为平伏键或 e 键(equatorial bond)(图 5.9)。

(a) 直立键或a键

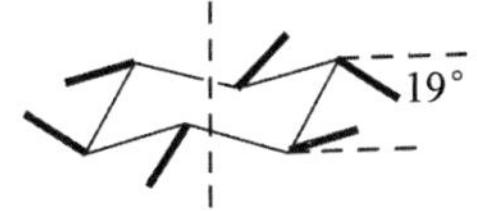

(b) 平伏键或e键

图 5.9　a 键和 e 键

在室温下，环己烷的一种椅式构象可以通过 σ 键旋转迅速转变成另一种椅式构象，这叫作环的翻转。在环翻转后，C(1)、C(3)、C(5)由上面的平面转移到下面的平面，而 C(2)、C(4)、C(6)则由下面的平面转移到上面的平面，同时原来的 a 键都变成 e 键，而原来的 e 键则都变成 a 键(图 5.10)。

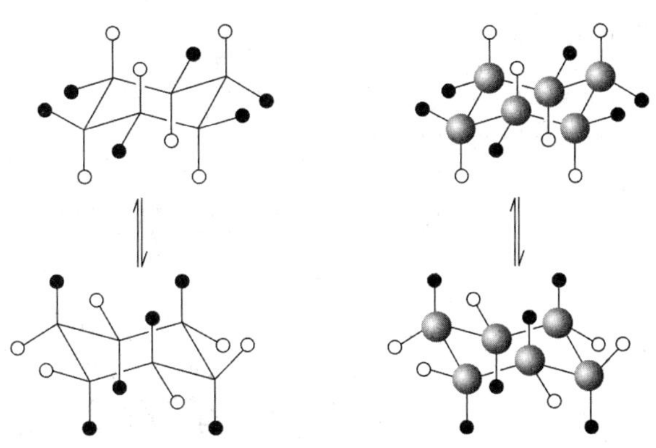

图 5.10　环己烷椅式构象的翻转

环己烷的构象翻转

三、环己烷构象的推导

在环己烷椅式构象中，相邻碳原子之间都相当于乙烷的交叉式构象。因此从乙烷的锯架式和纽曼式的交叉式构象出发，可以推导出环己烷的椅式构象的透视式和纽曼式。其方法是：将乙烷的交叉式构象平行排列并互相接近，用碳原子代替两对重叠的氢原子，并按交叉式构象的要求在两个碳原子上分别连接两个氢原子(图 5.11)。

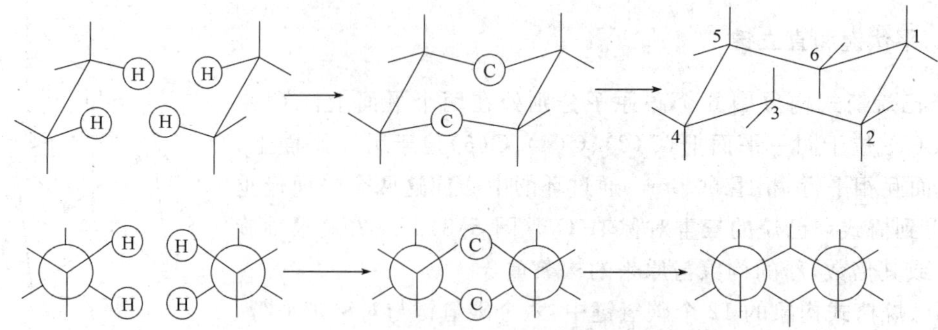

图 5.11 环己烷椅式构象的推导

在环己烷的船式构象中,"船沿"的两对碳原子之间都相当于乙烷的重叠式构象。因此从乙烷的重叠式出发可以推导环己烷的船式构象(图 5.12)。

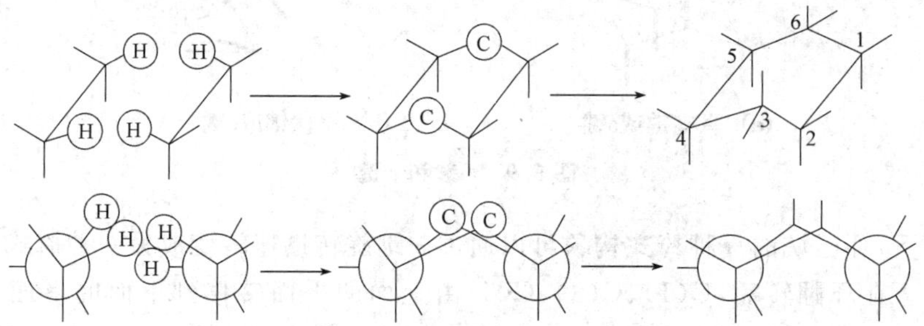

图 5.12 环己烷的船式构象的推导

四、一取代环己烷的构象

甲基环己烷分子中甲基可以在 e 键的位置,也可以在 a 键的位置,它们可以通过环的翻转互相转变,两种构象形成动态平衡:

5% ⇌ 95%

在平衡混合物中,e -甲基构象占 95%左右,这说明 e -甲基构象比 a -甲基构象稳定。其原因有两方面:e -甲基构象中甲基与碳环处于对位交叉式,而 a -甲基构象中,甲基与碳环处于邻位交叉式(图 5.13),因而 a -甲基构象有一定的扭转张力;另一方面,甲基的范德华半径比氢原子大得多,当甲基为直立键时,与 C(3)和 C(5)上的 a -氢有较大的跨环张力。

(a) a-甲基构象,邻位交叉式

(b) e-甲基构象,对位交叉式

图 5.13 甲基环己烷的构象(纽曼式)

五、二取代环己烷的构象

环己烷中，相邻碳原子上的 a-氢原子总是在反位（一个向上，另一个向下），相隔一个碳原子的两个 a 氢原子则总是顺位（都向上或都向下），相隔两个碳原子的两个 a-氢原子又在反位。因此在二甲基环己烷中，顺-1,2、反-1,3 和顺-1,4-异构体的两个甲基，一个以 e 键另一个以 a 键分别与环相连，它们的构象是 ae 型，环翻转后仍是 ae 型。例如：

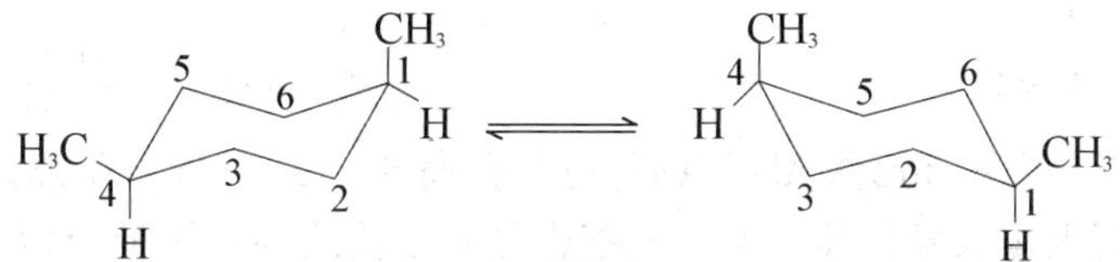

顺-1,4-二甲基环己烷 *cis*-1,4-dimethylcyclohexane

反-1,2、顺-1,3 和反-1,4-异构体为 aa 型，环翻转后为 ee 型。例如：

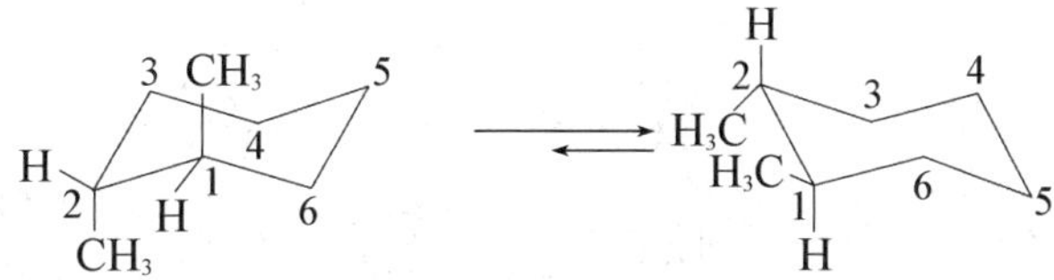

反-1,2-二甲基环己烷 *trans*-1,2-dimethylcyclohexane

ee 型比 aa 型稳定，在平衡混合物中占绝对优势。

问题 5.3 写出顺-1,3-和反-1,3-二甲基环己烷的较稳定的构象。

在顺-1-叔丁基-2-甲基环己烷中，两个烷基中一定有一个在 a 键的位置：

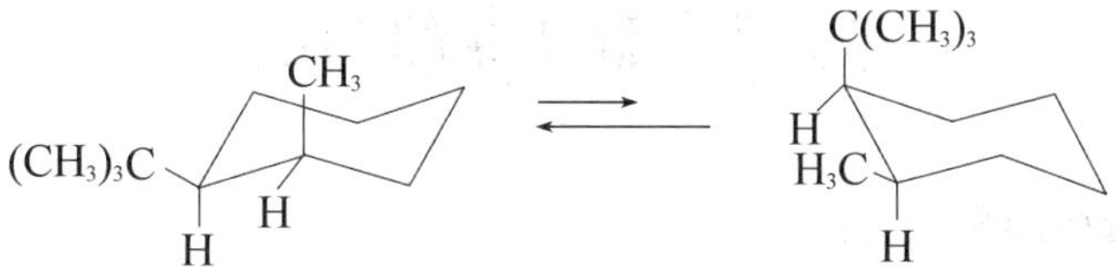

顺-1-叔丁基-2-甲基环己烷

cis-1-*tert*-butyl-2-methylcyclohexane

叔丁基在 a 键位置时受到同一边两个 a 氢原子的排斥力远大于甲基，因此较稳定的构象是叔丁基在 e 位，甲基在 a 位的构象。

问题 5.4 写出下列化合物较稳定的构象。

(1) 反-1-叔丁基-2-甲基环己烷

(2) 反-1-叔丁基-3-甲基环己烷

(3) 顺-1-叔丁基-4-甲基环己烷

综上所述，可以总结出环己烷衍生物优势构象的规律：

(1) 一取代环己烷：取代基处在 e 键位置为优势构象。

(2) 多取代环己烷：e 取代基最多的构象最稳定。

(3) 有不同取代基的环己烷：体积大的取代基在 e 位的构象最稳定。

六、十氢萘的构象

十氢萘的顺反异构体的构象如下：

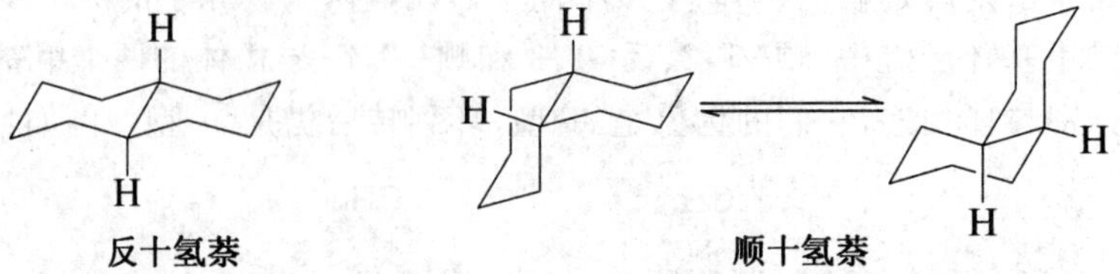

H H H H H H

反十氢萘 顺十氢萘

反十氢萘是两个椅式环己烷相互以 ee 键并合而成。由于两个环公共边已被固定，环不能自由翻转，因而无构象异构体。顺十氢萘也是两个椅式环己烷稠合而成，但是是一个环的 ea 键与另一个环的 ae 键相互稠合。因此反十氢萘比顺十氢萘稳定。

顺十氢萘和反十氢萘的构象也可以从乙烷的交叉式构象推导得到，其方法与推导环己烷构象的方法类似：

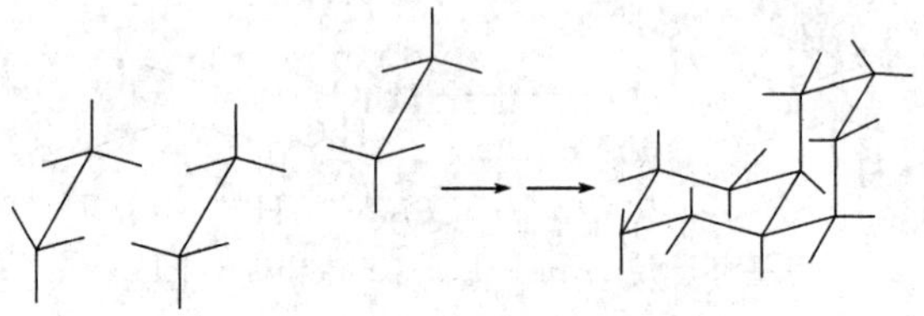

(顺式)

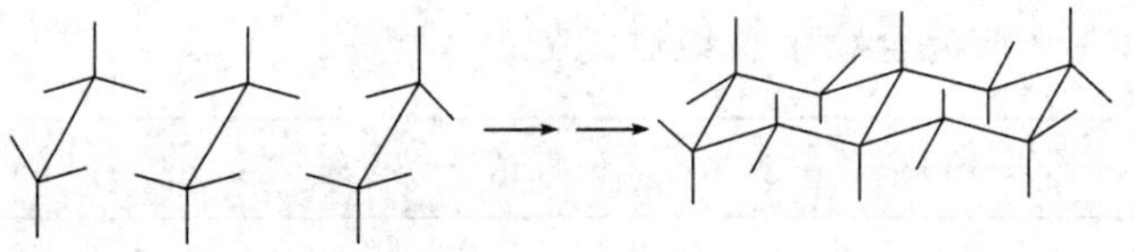

(反式)

§5.5 脂环烃的制法

一、碳烯与烯键的加成

碳烯也称为卡宾(carbene)，是不带电荷的缺电子活性中间体。卡宾的碳原子周围只有六个价电子，因而十分活泼，它一旦生成可以立即与烯键起加成反应形成环丙烷衍生物。

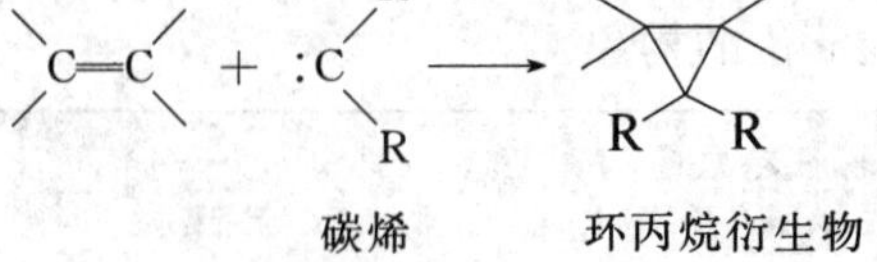

$$>C{=}C< + :CR_2 \longrightarrow \text{环丙烷衍生物}$$

碳烯 环丙烷衍生物

例如氯仿与强碱叔丁醇钾作用时消去一分子氯化氢，产生活性中间体二氯卡宾(dichlorocarbene)。它可以与烯烃起加成反应。

$$CHCl_3 \xrightarrow{(CH_3)_3COK} :CCl_2 + HCl$$

二氯卡宾

$$\text{环己烯} + :CCl_2 \longrightarrow \text{7,7-二氯双环[4.1.0]庚烷}$$

环己烯　　二氯卡宾　　7,7-二氯双环[4.1.0]庚烷

cyclohexene　dichlorocarbene　7,7-dichlorobicyclo[4.1.0]heptane

用铜盐如硫酸铜溶液处理过的锌粉与偕二卤代烷作用生成有机锌化合物，它同碳烯一样可以与碳碳不饱和键发生加成反应生成三元环的化合物。这一反应称作 Simmons-Smith 反应。

$$CH_2I_2 + Zn/Cu \longrightarrow ICH_2ZnI$$

$$\rangle C{=}C\langle + CH_2\langle^{I}_{ZnI} \longrightarrow \left[\begin{matrix} -C{\cdots}C- \\ CH_2 \\ I{----}ZnI \end{matrix} \right]^{\neq} \longrightarrow -\overset{|}{C}{-}\overset{|}{C}- \,(\text{环上 } CH_2) + ZnI_2$$

例如：

$$\text{环己烯} + CH_2I_2 \xrightarrow{Zn/Cu} \text{双环[4.1.0]庚烷} \quad 65\%$$

$$CH_2{=}CHCOCH_3 + CH_2I_2 \xrightarrow{Zn/Cu} \triangleright\!-COCH_3 \quad 50\%$$

二、环加成反应

两个烯键都含有两个 π 电子，在光照下可以起[2+2]环加成反应，形成环丁烷衍生物。[2+2]环加成反应遵守轨道对称守恒原则。基态的乙烯分子的最高已占轨道(HOMO)为 π 轨道，最低未占轨道(LUMO) 为 π^* 轨道。当两个乙烯分子面对面接近时，一个乙烯分子的 LUMO 轨道和另一个乙烯分子的 HOMO 轨道的位相不同，因而热反应是禁阻的。处于激发态的乙烯分子的 HOMO 轨道是 π^* 轨道，而基态乙烯分子的 LUMO 轨道也是 π^* 轨道。它们的位相相同，可以互相重叠成键，因而光反应是允许的(图 5.14)。

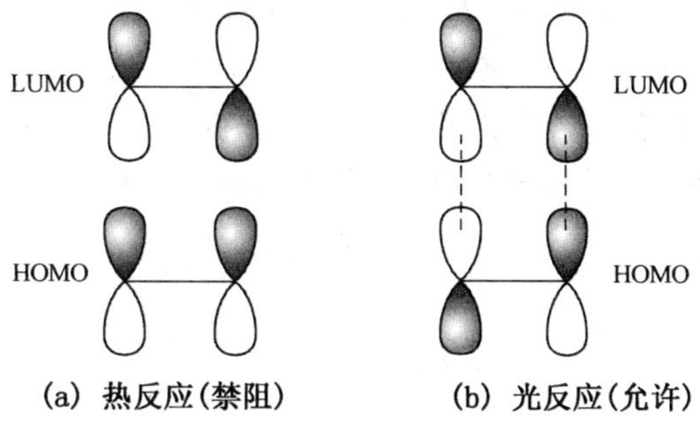

图 5.14　[2+2]环加成

简单的烯烃仅在光照下难以进行[2+2]环加成反应，但加入少量的光敏剂(如二苯甲酮、苯乙酮等)，反应可迅速进行。例如：

$$2\ \text{(bicyclo[2.2.1]hept-2-ene)} \xrightarrow[C_6H_5COCH_3]{h\nu} \text{dimer}\quad 85\%$$

双环[2.2.1]庚-2-烯

bicyclo[2.2.1]hept-2-ene

$$\text{bicyclo[2.2.1]hepta-2,5-diene} \xrightarrow[C_6H_5COCH_3]{h\nu} \text{quadricyclane}\quad 95\%$$

双环[2.2.1]庚-2,5-二烯

bicyclo[2.2.1]hepta-2,5-diene

共轭二烯烃、α,β-不饱和羰基化合物在光照下也可以进行[2+2]环加成反应。例如：

$$2\ \text{cyclohexenone} \xrightarrow{h\nu} \text{head-to-head dimer} + \text{head-to-tail dimer}$$

核酸中的嘧啶碱基也可看作α,β-不饱和羰基化合物，因而在紫外光照射下也发生[2+2]环加成反应。因此长时间受紫外光照射会导致核酸链的交联，诱发皮肤癌。

$$\text{uracil} + \text{uracil} \xrightarrow{h\nu} \text{cyclobutane dimer} + \text{cyclobutane dimer}$$

狄尔斯-阿德尔反应为[4+2]环加成反应，热反应是允许的，而光反应是禁阻的。因此二烯体与亲二烯体共热可合成六元脂环衍生物(第四章)。

三、RCM关环反应

一分子烯烃与另一分子烯烃在催化剂存在下生成两分子新的不同的烯烃的反应称作烯烃复分解反应(olefin metathesis)。烯烃复分解反应的反应条件温和，产率高，并且羟基、氨基、环氧基、酯基等对反应没有影响。因此烯烃复分解反应已成为形成碳碳双键的重要方法。烯烃复分解反应，既可以是分子间的，也可以是分子内的：

$$R^1CH{=}CH_2 + R^2CH{=}CH_2 \xrightarrow{L_nM{=}CHR} R^1CH{=}CHR^2 + CH_2{=}CH_2$$

$$\text{diene} \xrightarrow{L_nM{=}CHR} \text{cycloalkene} + CH_2{=}CH_2$$

分子内的烯烃复分解反应形成环烯烃，因而叫作RCM(ring closing metathesis)关环反应。

$L_nM{=}CHR$代表催化剂，它们是金属卡宾配合物，金属为钌、钨或钼等。目前在烯烃复分解反应中常用的金属卡宾配合物催化剂是Grubbs催化剂和Schrock催化剂。

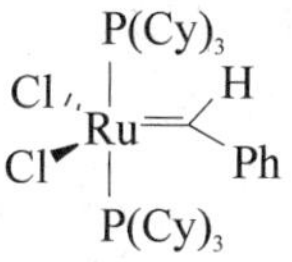

$P(Cy)_3$ Cl Ru H Cl Ph $P(Cy)_3$ (Grubbs催化剂)

Cy=环己基

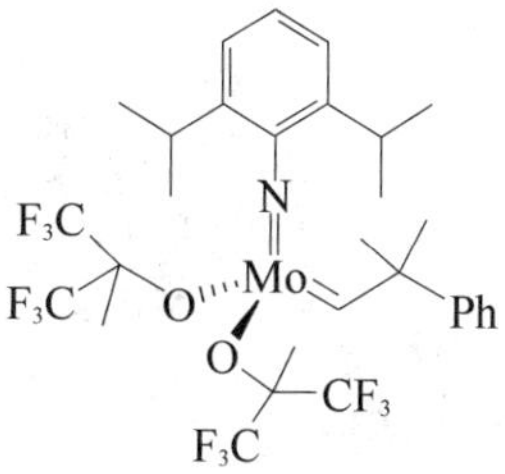

F_3C F_3C O N Mo Ph O CF_3 F_3C (Schrock催化剂)

RCM关环反应可以高产率合成任意大小的环烯烃,环烯烃经催化加氢可得到环烷烃。在有机合成中,一些脂环化合物,尤其是大环脂环化合物,合成步骤冗长,收率低,而利用RCM关环反应,合成过程能大大简化。例如:

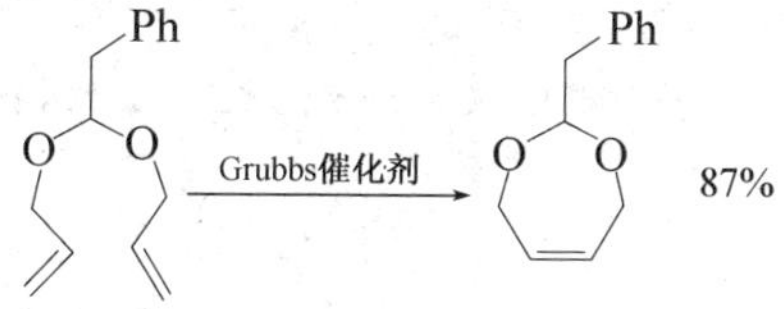

Ph O O —Grubbs催化剂→ Ph O O 87%

由于法国化学家Chauvin Yves、美国化学家Grubbs Robert H. 和Schrock Richard R.对烯烃的复分解反应的贡献,他们共享2005年诺贝尔化学奖。

问题5.5 写出下列反应的产物。

(1) 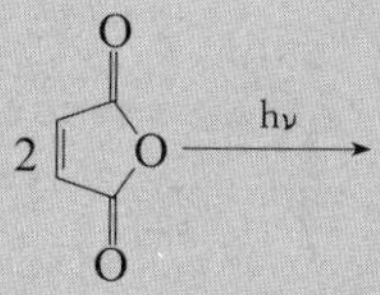 2 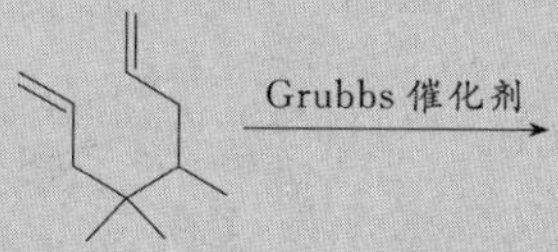 (马来酸酐) —hν→

(2) —Grubbs催化剂→

(3) 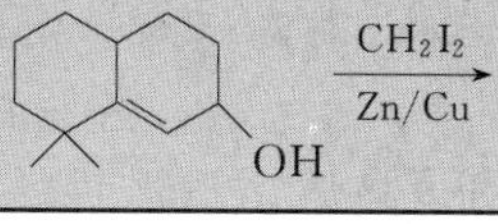 OH —CH_2I_2, Zn/Cu→

此外,双官能团链状化合物前体分子发生分子内环化反应也可以制备脂环化合物(如二元醛酮的分子内羟醛缩合反应、二元羧酸酯分子内克莱森缩合等,第十三章)。

习 题

5.1 写出下列反应的主要产物。

(1) 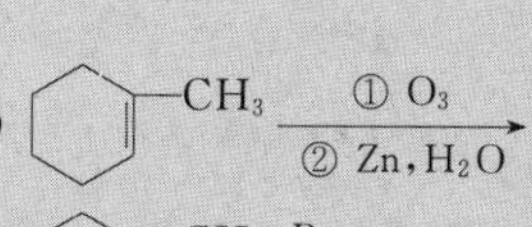 CH_3 —① O_3 ② Zn, H_2O→

(2) 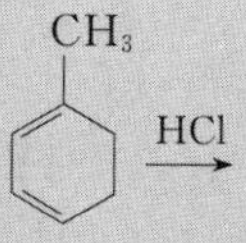 CH_3 —HCl→

(3) CH_3 —Br_2, hν→

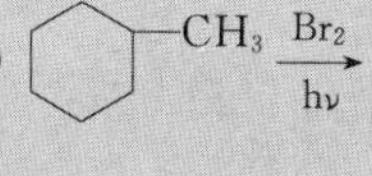

(4) 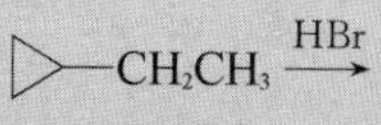 ▷—CH_2CH_3 —HBr→

(5) 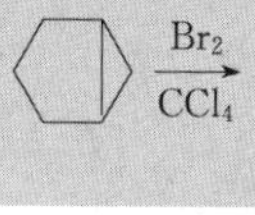 —Br_2, CCl_4→

(6) 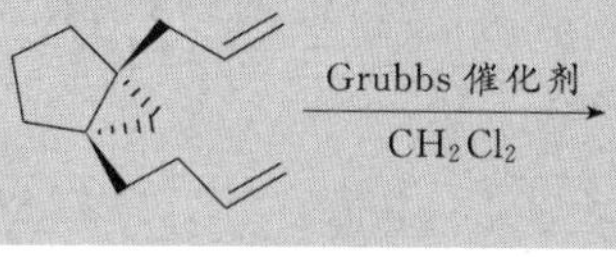 —Grubbs催化剂, CH_2Cl_2→

5.2 写出下列化合物最稳定的构象。

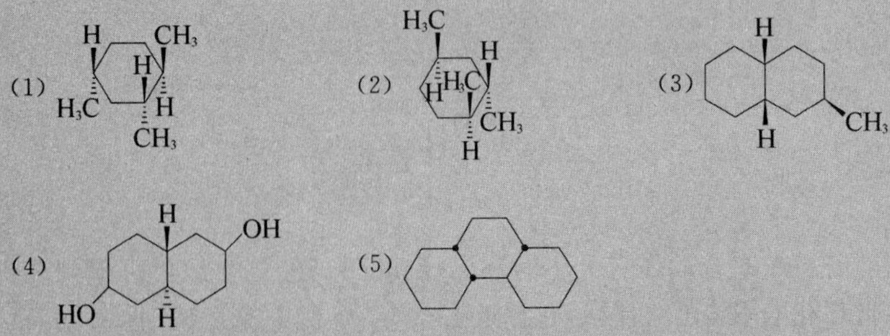

5.3 用化学方法区别下列化合物。

环己烷、环己烯、环己-1,3-二烯、丙基环丙烷

5.4 下列各对化合物中，哪个化合物具有较高的燃烧热？为什么？

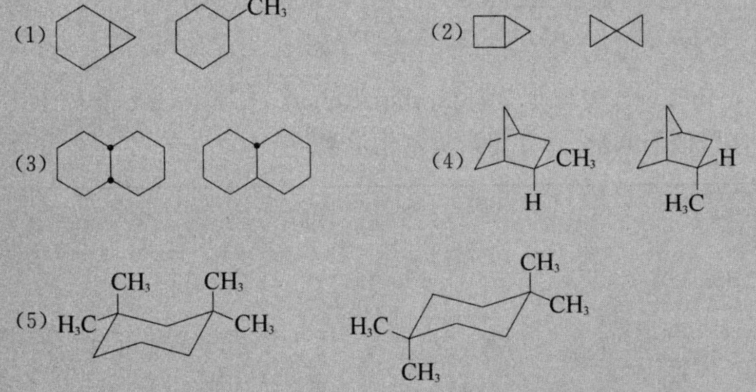

5.5 有一分子式为 $C_{10}H_{16}$ 的环烃，能吸收 1 mol 的 H_2，分子内不含有任何烷基，用酸性高锰酸钾氧化，得到一个对称的二酮，分子式为 $C_{10}H_{16}O_2$。写出其构造式。

5.6 丁-1,3-二烯聚合时，除生成聚合物外，还生成一种二聚体。该二聚物催化加氢时吸收 2 mol 的 H_2，但不能与顺丁烯二酸酐反应。用酸性高锰酸钾溶液氧化生成 $HOOCCH_2CH(COOH)CH_2CH_2COOH$。写出二聚物的可能的构造式和有关反应式。

第六章　芳　　烃

含有苯环的烃叫作芳香烃，简称芳烃(aromatic hydrocarbon)。最初发现的芳香族化合物来自香树脂、香精油等天然产物，芳烃是历史的名词，并非都有芳香味。分子中没有苯环但性质与芳烃相似的烃叫作非苯芳烃(nonbenzenoid aromatic hydrocarbon)。

§6.1　苯的结构

一、凯库勒式

芳烃是芳香族化合物的母体，苯是最简单的芳烃。苯的分子式是 C_6H_6，六个碳原子连接成一个闭合的平面碳环，每个碳原子上连有一个氢原子，其构造式为：

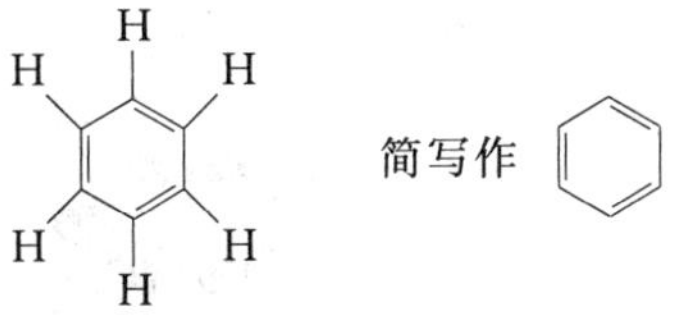

简写作

这是德国化学家凯库勒(Kekulé A.)在 1865 年首先提出来的，因而称为苯的凯库勒式。凯库勒式可以说明苯的一元取代物只有一种的实验事实，但不能说明苯的邻二元取代物也只有一种的事实，也不能解释苯环的特殊稳定性和苯易于起取代反应而难于加成反应的原因。

二、苯分子结构的近代观念

按照杂化轨道理论，苯分子中六个碳原子都以 sp^2 杂化轨道相互重叠形成六个碳碳 σ 键，组成正六边形，每一个碳原子以余下的一个 sp^2 杂化轨道分别与六个氢原子的 1s 轨道重叠形成六个碳氢 σ 键，所有的原子都在同一平面上，形成苯分子的骨架(图 6.1)。

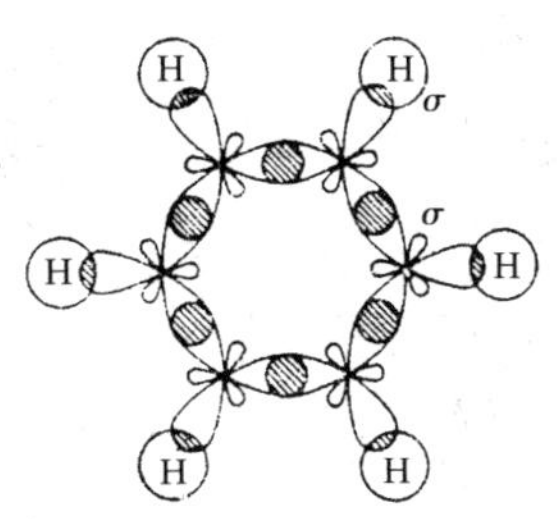

图 6.1　苯分子中的 σ 键和骨架

每个碳原子各留下一个p轨道，它们互相平行且垂直于σ键所在的平面，因而所有相邻的p轨道可以互相重叠，形成环状的共轭体系(图6.2)。

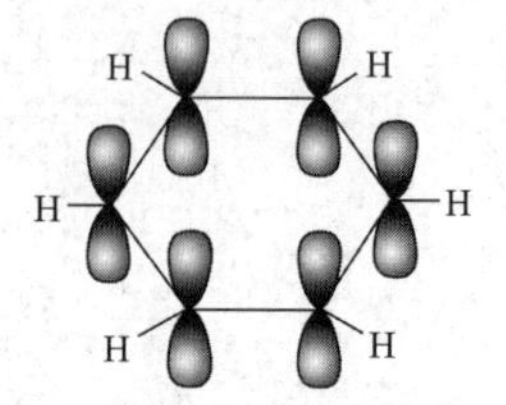

图6.2 苯分子中的p轨道

分子轨道理论认为，六个p轨道线性组合形成六个分子轨道，其中三个是成键轨道，三个是反键轨道。在基态时，六个p电子都在成键轨道上(图6.3)。

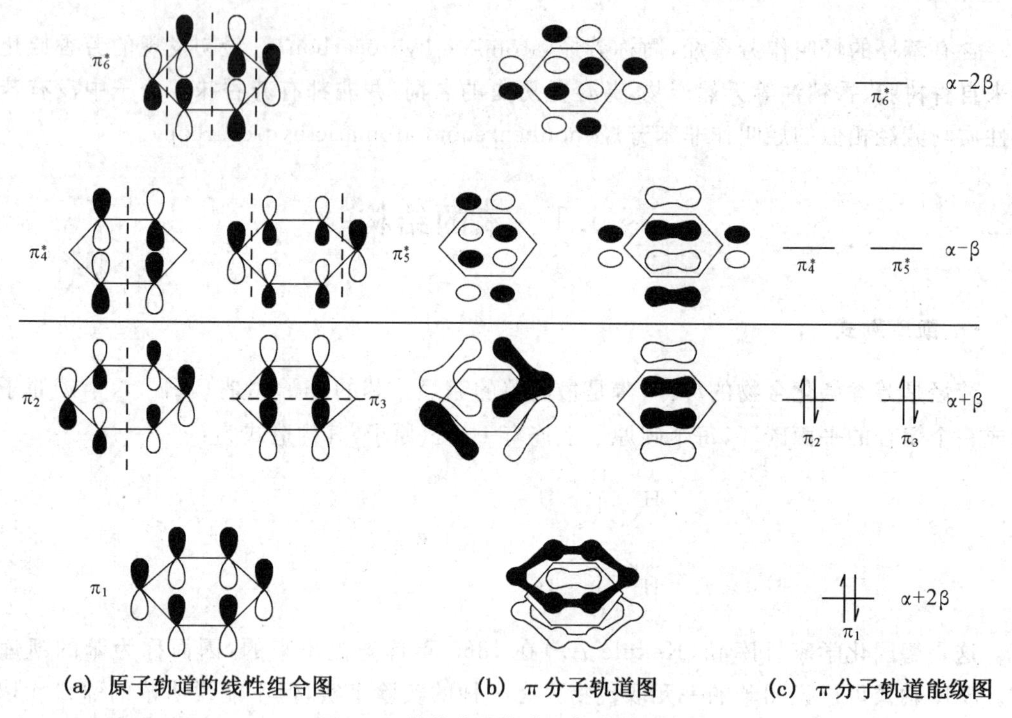

(a) 原子轨道的线性组合图 (b) π分子轨道图 (c) π分子轨道能级图

图6.3 苯的分子轨道和轨道的能级

六个分子轨道中，除碳原子所在平面的节面外，π_1没有节面，能量最低；π_2、π_3各有两个节面，其能量相等，为简并轨道；π_4^*、π_5^*各有四个节面，它们也是简并轨道；π_6^*有六个节面，能量最高。

在基态时，苯的π电子云是三个成键分子轨道的叠加，其结果是π电子云密度完全平均化，形成环状共轭的大π键，如图6.4(a)。

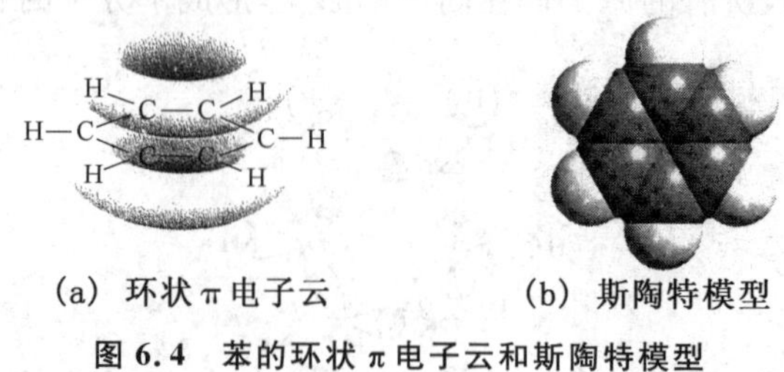

(a) 环状π电子云 (b) 斯陶特模型

图6.4 苯的环状π电子云和斯陶特模型

因此，苯的碳碳键长是完全等长的，六个碳氢键键长也完全相等。现代物理方法测定的结果与此完全吻合，其键长、键角分别为：C—C，139.7 pm；C—H，108.4 pm；∠HCC，

120°；∠CCC，120°。苯的斯陶特模型如图 6.4(b)。

三、苯环的特殊稳定性

在基态下，苯分子中六个 π 电子的总能量为 $2\times(\alpha+2\beta)+4(\alpha+\beta)=6\alpha+8\beta$(图 6.3)，比在三个孤立的 π 轨道中的总能量($6\alpha+6\beta$)要低得多。因此，苯环具有特殊的稳定性。从氢化热数据也可证明这一点(图 6.5)。

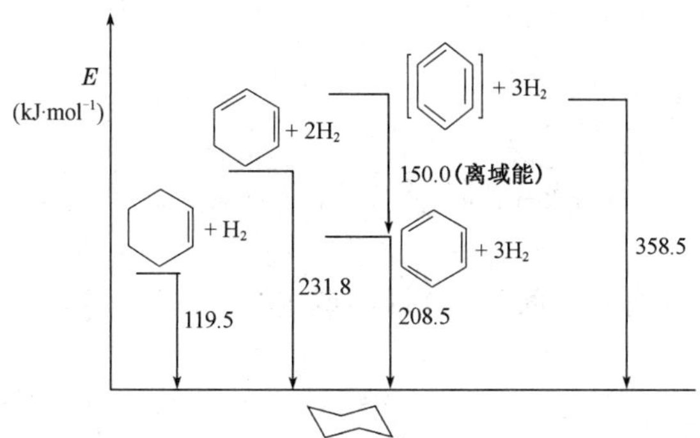

图 6.5　苯环的特殊稳定性

苯在铂催化剂存在下加氢生成环己烷，氢化热为 208.5 kJ・mol^{-1}，比少一个双键的共轭二烯烃环己-1,3-二烯的氢化热还小 27.3 kJ・mol^{-1}。假想的环己三烯，其氢化热应为环己烯的三倍，即 358.5 kJ・mol^{-1}，比苯的实际氢化热高 150 kJ・mol^{-1}，这个差值就是苯的离域能(delocalized energy)或共振能(resonance energy)。

四、苯的结构的表示方法

由于键长和 π 电子云的平均化，苯的结构可表示为：。其一元取代物只有一种，如甲苯 CH_3；其邻二取代物也只有一种，如邻二氯苯 Cl Cl。

苯环的结构仍可用凯库勒式表示，不过它代表的是苯环的共振式：

或　代表 [⟷]

CH_3　CH_3　CH_3　CH_3

或　代表 [⟷]

§6.2　单环芳烃的异构、命名及物理性质

一、单环芳烃的异构和命名

单环芳烃的命名原则与脂环烃的命名相同。

一元烷基苯的命名常以苯为母体，烷基为取代基。例如：

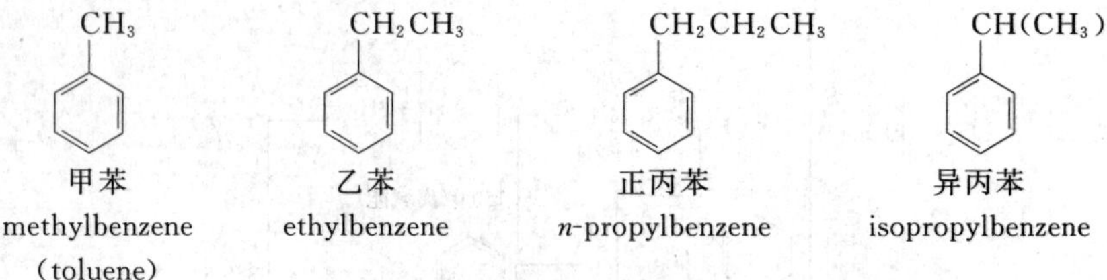

甲苯 methylbenzene (toluene)　　乙苯 ethylbenzene　　正丙苯 *n*-propylbenzene　　异丙苯 isopropylbenzene

二元烷基苯的命名用邻(*o*)、间(*m*)、对(*p*)或 1,2 -、1,3 -、1,4 - 来表示两个烷基在苯环上的相对位置。例如：

CH_3 CH_3　　CH_3 CH_3　　CH_3 CH_3

邻二甲苯(*o*-二甲苯) 1,2-二甲苯 1,2 - dimethylbenzene　　间二甲苯(*m*-二甲苯) 1,3-二甲苯 1,3 - dimethylbenzene　　对二甲苯(*p*-二甲苯) 1,4-二甲苯 1,4 - dimethylbenzene

苯环上连有多个不同取代基时，按最低(小)位次组编号。如有不同的选择，使英文字母顺序在前的取代基的位次组数字最小。取代基按英文字母排序，依次写在母体名称的前面。例如：

CH_2CH_3 CH_3　　$CH_2CH_2CH_3$ CH_3 CH_3

1-乙基-3-甲基苯 1 - ethyl - 3 - methylbenzene　　2,4-二甲基-1-丙基苯 2,4 - dimethyl - 1 - propylbenzene

苯基(phenyl)是苯分子中减去一个氢原子剩下来的原子团 C_6H_5—，也写作 Ph—或 ϕ—。甲苯分子中苯环上减去一个氢原子得到甲苯基(tolyl)，甲苯的甲基上减去一个氢原子得到苯甲基(苄基 benzyl，Bn)$C_6H_5CH_2$—。芳烃分子中芳环上减去一个氢原子得到芳基(aryl)，简写作 Ar—。

对于苯环上连有不饱和基或结构较复杂或支链上有官能团的化合物以及多苯代脂烃，可以把苯环作为取代基来命名。例如：

$C_6H_5CH_2CH{=}CH_2$　　$C{\equiv}CH$（苯环）　　$CH_3CH_2CH(C_6H_5)CH(CH_3)CH_3$　　Ph_2CH_2

3-苯基丙-1-烯 3 - phenylprop - 1 - ene　　苯乙炔 phenyl acetylene　　2-甲基-3-苯基戊烷 2 - methyl - 3 - phenylpentane　　二苯甲烷 diphenylmethane

问题 6.1 写出分子式为 C_8H_{10} 含有苯环的构造异构体，并命名。

二、单环芳烃的物理性质

苯及其同系物一般为无色液体，不溶于水，易溶于有机溶剂。环丁砜、二甘醇、*N*-甲基吡咯烷酮等溶剂对芳烃有高度的选择性溶解能力，常用来萃取芳烃。单环芳烃的相对密度小于1，有特殊的气味，有毒，尤其是苯毒性较大。单环芳烃分子中含碳比例高，因而燃烧时有浓烟。

苯环上取代基位置不同的同数碳原子的异构体沸点相差不大，而对称性高的异构体具有较高的熔点。例如邻、间、对二甲苯的沸点分别为 144.4 ℃、139.1 ℃、138.2 ℃，用高效分馏塔只能把邻二甲苯分出。由于对二甲苯（13.3 ℃）的熔点比间二甲苯（−47.9 ℃）高 61.2 ℃，因此可以用冷冻结晶的方法把对二甲苯分离出来。常见单环芳烃的物理常数见表6.1。

表 6.1 单环芳烃的物理常数

化合物	英文名称	熔点/℃	沸点/℃(0.1 MPa)
苯	benzene	5.5	80.1
甲苯	toluene	−95.0	110.6
乙苯	ethylbenzene	−95.0	136.2
丙苯	propylbenzene	−99.5	159.2
异丙苯	isopropylbenzene	−96.0	152.4
丁苯	butylbezene	−88.0	183.0
叔丁苯	*tert*-butylbenzene	−57.8	169.0
邻二甲苯	*o*-dimethylbenzene	−25.5	144.4
间二甲苯	*m*-dimethylbenzene	−47.9	139.1
对二甲苯	*p*-dimethylbenzene	13.3	138.2
苯乙烯	styrene	−31.0	145.0

§6.3 单环芳烃的化学性质

苯的结构已说明苯环中不存在典型的碳碳双键，所以苯没有烯烃的典型性质。苯环具有特殊的稳定性，不易被氧化，也不易起加成反应，而易于起取代反应。

一、亲电取代反应

由于苯分子中环状离域的 π 电子云分布在分子平面的上下两侧，因而易受到亲电试剂的进攻，发生亲电取代反应(electrophilic substitution)。其反应机理为：

苯 $+ E^{\oplus}$ $\xrightarrow{慢}$ [三种σ络合物共振式（H、E）]

$\equiv$ σ络合物（H、E） $\xrightarrow{快}$ 取代苯（E） $+ H^{\oplus}$

[σ络合物（H、E）]　H　H　H　C　E　H　H　H　sp^3杂化

$E^{\oplus}$代表亲电试剂，接受苯环一对 π 电子并与苯环的一个碳原子结合成 σ 键，得到活性中间体碳正离子，它是由五个碳原子和四个 π 电子组成的共轭体系，但能量比苯高得多，一经生成，立即从 sp^3 杂化碳原子上失去质子，恢复稳定的苯环结构，完成取代反应。反应的第一步必须经过势能较高的过渡态，所以是整个反应的速度决定步骤(图 6.6)。

芳环上的亲电取代反应机理

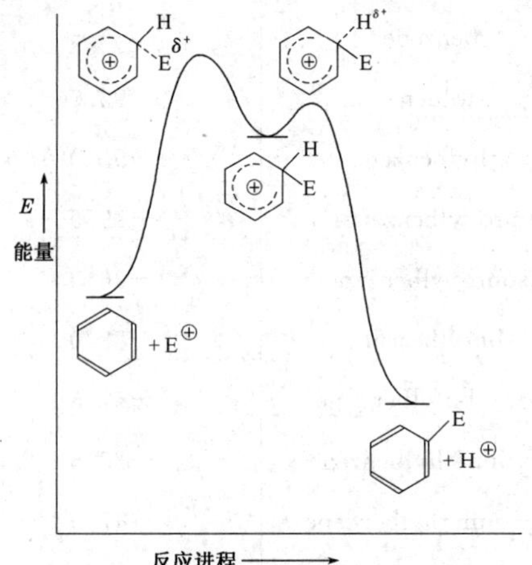

图 6.6　苯亲电取代反应的能线图

1. 硝化反应(nitration)

苯和浓硝酸与浓硫酸(常称为混酸)共热生成硝基苯：

$$C_6H_6 + HNO_3 \xrightarrow[50\ ℃]{H_2SO_4} C_6H_5NO_2 + H_2O$$

硝基苯 98%

nitrobenzene

硫酸不但起脱水作用，而且有助于硝基正离子(nitronium ion)的生成：

$$HONO_2 + 2H_2SO_4 \longrightarrow \overset{\oplus}{N}O_2 + H_3O^{\oplus} + 2HSO_4^{\ominus}$$

硝基正离子是硝化反应中的亲电试剂，它进攻苯环生成碳正离子，后者失去一个质子得到硝基苯：

$$C_6H_6 + NO_2^{\oplus} \longrightarrow [C_6H_6NO_2]^{\oplus} \xrightarrow{-H^{\oplus}} C_6H_5NO_2$$

硝基苯不容易继续硝化，要在更高的温度和用发烟硝酸与浓硫酸的混合物作硝化剂时，才能导入第二个硝基。这时，主要是生成间二硝基苯：

$$C_6H_5NO_2 + HNO_3(\text{发烟}) \xrightarrow[95\ ℃]{H_2SO_4} m\text{-}C_6H_4(NO_2)_2$$

间二硝基苯 88%

m - dinitrobenzene

甲苯的硝化比苯容易，硝基主要进入甲基的邻位和对位：

$$C_6H_5CH_3 + HNO_3 \xrightarrow[30\ ℃]{H_2SO_4} o\text{-}CH_3C_6H_4NO_2 + p\text{-}CH_3C_6H_4NO_2$$

邻硝基甲苯 58%　　对硝基甲苯 38%

o - nitrotoluene　　*p* - nitrotoluene

问题 6.2　甲苯的硝化和硝基苯的硝化有哪些不同？

2. 卤化反应(halogenation)

在三卤化铁的催化下，苯与氯或溴作用，放出氯化氢或溴化氢，生成氯苯或溴苯。

$$C_6H_6 + Cl_2 \xrightarrow{FeCl_3} C_6H_5Cl + HCl$$

$$C_6H_6 + Br_2 \xrightarrow{FeBr_3} C_6H_5Br + HBr$$

卤化铁的作用是与卤素配位，使其容易发生异裂，生成卤正离子：

$$2Fe + 3Br_2 \longrightarrow 2FeBr_3$$

$$Br_2 + FeBr_3 \longrightarrow Br^{\oplus} + FeBr_4^{\ominus}$$

卤正离子作为亲电试剂进攻苯环生成卤代苯：

$$C_6H_6 + Br^{\oplus} \longrightarrow [C_6H_6Br]^{\oplus}$$

$$[C_6H_6Br]^{\oplus} + Br\text{—}FeBr_3^{\ominus} \longrightarrow C_6H_5Br + HBr + FeBr_3$$

氯苯或溴苯进一步卤代时，产物主要为邻位和对位异构体。例如：

$$\text{C}_6\text{H}_5\text{Cl} + \text{Cl}_2 \xrightarrow{\text{FeCl}_3} o\text{-C}_6\text{H}_4\text{Cl}_2 + p\text{-C}_6\text{H}_4\text{Cl}_2 + \text{HCl}$$

邻二氯苯 50%　　对二氯苯 45%

o - dichlorobenzene　　*p* - dichlorobenzene

甲苯在卤化铁催化下的卤化比苯容易，卤素主要进入甲基的邻位和对位：

$$\text{C}_6\text{H}_5\text{CH}_3 + \text{Cl}_2 \xrightarrow{\text{FeCl}_3} o\text{-CH}_3\text{C}_6\text{H}_4\text{Cl} + p\text{-CH}_3\text{C}_6\text{H}_4\text{Cl}$$

邻氯甲苯 58%　　对氯甲苯 42%

o - chlorotoluene　　*p* - chlorotoluene

3. *磺化反应*(sulfonation)

苯与浓硫酸在 80 ℃反应，生成苯磺酸：

$$\text{C}_6\text{H}_6 + H_2SO_4 \underset{>100\ ^\circ\text{C}}{\overset{80\ ^\circ\text{C}}{\rightleftharpoons}} \text{C}_6\text{H}_5\text{SO}_3\text{H} + H_2O$$

苯磺酸

benzenesulfonic acid

磺化反应是可逆的，在较高温度下，苯磺酸可以水解去磺基。

一般认为三氧化硫是磺化反应的亲电试剂：

$$2H_2SO_4 \longrightarrow SO_3 + H_3O^{\oplus} + HSO_4^{\ominus}$$

$$\text{C}_6\text{H}_6 + \text{O}_2\overset{\oplus}{\text{S}}\text{—O}^{\ominus} \rightleftharpoons [\text{C}_6\text{H}_6\text{SO}_3^{\ominus}]^{\oplus}\ (\sigma\text{-络合物, H 与 } SO_3^{\ominus} \text{ 同碳})$$

$$[\text{C}_6\text{H}_6\text{SO}_3^{\ominus}]^{\oplus} + {}^{\ominus}\text{OSO}_3\text{H} \rightleftharpoons \text{C}_6\text{H}_5\text{SO}_3^{\ominus}$$

$$\text{C}_6\text{H}_5\text{SO}_3^{\ominus} + H_2SO_4 \longrightarrow \text{C}_6\text{H}_5\text{SO}_3\text{H} + HSO_4^{\ominus}$$

苯磺酸的磺化要在高温度下与发烟硫酸作用，产物为间苯二磺酸：

$$\text{C}_6\text{H}_5\text{SO}_3\text{H} + H_2SO_4(SO_3) \xrightarrow{200\ ^\circ\text{C} \sim 300\ ^\circ\text{C}} m\text{-C}_6\text{H}_4(\text{SO}_3\text{H})_2$$

甲苯比苯容易磺化，它与浓硫酸在室温下就可以起反应，主要产物是邻甲苯磺酸和对甲苯磺酸：

$$\text{C}_6\text{H}_5\text{CH}_3 + H_2SO_4 \longrightarrow \text{2-}CH_3C_6H_4SO_3H + \text{4-}CH_3C_6H_4SO_3H$$

32% 2-甲基苯磺酸 2-methylbenzenesulfonic acid

62% 4-甲基苯磺酸 4-methylbenzenesulfonic acid

苯磺酸是强酸，在水中溶解度很大，因此在分子中导入磺酸基可以增加化合物的酸性和溶解度。

4. 傅列德尔-克拉夫茨(Friedel-Crafts)反应

(1) 烷基化反应(alkylation)

芳烃在无水三氯化铝、三氯化铁、氯化锌、氟化硼等路易斯酸(Lewis acid)催化下与卤代烷作用生成烷基苯，称为傅-克烷基化反应。例如：

$$C_6H_6 + CH_3CH_2Cl \xrightarrow{AlCl_3} C_6H_5CH_2CH_3 \quad 52\%$$

烷基化反应中的亲电试剂是碳正离子：

$$RCl + AlCl_3 \longrightarrow R^{\oplus} + AlCl_4^{\ominus}$$

$$C_6H_6 + R^{\oplus} \longrightarrow [C_6H_6R]^{\oplus}$$

$$[C_6H_6R]^{\oplus} + Cl{-}AlCl_3^{\ominus} \longrightarrow C_6H_5R + HCl + AlCl_3$$

当烷基化试剂含有三个或三个以上碳原子时，烷基往往发生异构化。例如：

$$C_6H_6 + CH_3CH_2CH_2Cl \xrightarrow{AlCl_3} C_6H_5CH(CH_3)_2 \ (70\%) + C_6H_5CH_2CH_2CH_3 \ (30\%)$$

异构化的原因是反应中的伯碳正离子重排成较稳定的仲碳或叔碳正离子：

$$CH_3CH_2\overset{\oplus}{C}H_2 \xrightarrow{\text{重排}} CH_3\overset{\oplus}{C}HCH_3$$

除卤代烷外，醇或烯也可用作烷基化试剂。例如工业上以丙烯为烷基化试剂生产异丙苯。

$$C_6H_6 + CH_3CH{=}CH_2 \xrightarrow{H_3PO_4} C_6H_5CH(CH_3)_2$$

烷基苯比苯更容易起烷基化反应，因而反应不易停留在一元烷基苯阶段，反应中常有多烷基苯生成。

在无水三氯化铝存在下，过量的芳烃与氯仿作用，反应混合物显很深的颜色，这一显色反应可以用来检验芳烃。

问题 6.3 写出下列反应的主要产物。

(1) C_6H_6(过量)$+CHCl_3 \xrightarrow{AlCl_3}$

(2) $C_6H_6+CH_3CH_2CH_2CH_2Cl \xrightarrow{AlCl_3}$

(3) $C_6H_6+(CH_3)_2C=CH_2 \xrightarrow{H_3PO_4}$

(2) 酰基化反应(acylation)

芳烃在无水三氯化铝等路易酸催化下与酰卤或酸酐等酰基化试剂作用生成芳酮，称为傅-克酰基化反应。例如：

$$C_6H_6 + CH_3COCl \xrightarrow{AlCl_3} C_6H_5COCH_3 + HCl$$

乙酰氯 acetyl chloride；苯乙酮 acetophenone

$$C_6H_6 + (CH_3CO)_2O \xrightarrow{AlCl_3} C_6H_5COCH_3 + CH_3COOH$$

乙酐 acetic anhydride；苯乙酮 acetophenone

酰基化反应的亲电试剂是酰基正离子：

$$CH_3-\overset{O}{\overset{\|}{C}}-Cl + AlCl_3 \longrightarrow CH_3-\overset{O}{\overset{\|}{C}}{}^{\oplus} AlCl_4^{\ominus}$$

$$C_6H_6 + \overset{\oplus}{C}(=O)CH_3 \longrightarrow [C_6H_6(H)(COCH_3)]^{\oplus}$$

$$[C_6H_6(H)(COCH_3)]^{\oplus} + Cl-AlCl_3^{\ominus} \longrightarrow C_6H_5COCH_3 + HCl + AlCl_3$$

酰基化反应不生成多元取代产物，也不发生异构化。

苯环上有强烈吸电子基硝基、磺酸基等时，则不能起傅-克烷基化和酰基化反应。因此硝基苯是傅-克反应的良好溶剂。

问题 6.4 写出下列反应的产物。

(1) $C_6H_6 + C_6H_5COCl \xrightarrow{AlCl_3}$

(2) $C_6H_6 +$ 丁二酸酐 $\xrightarrow{AlCl_3}$

(3) 氯甲基化反应

在无水氯化锌催化下，芳烃与甲醛及氯化氢作用，苯环上的氢被氯甲基($—CH_2Cl$)取代，称为氯甲基化反应(chloromethylation)。例如：

$$C_6H_6 + HCHO + HCl \xrightarrow[60\ ℃]{ZnCl_2} C_6H_5CH_2OH \xrightarrow{HCl} C_6H_5CH_2Cl + H_2O$$

苄醇 benzyl alcohol　　苄氯 79% benzyl chloride

氯甲基化反应与傅-克反应类似。反应中，甲醛与氯化氢作用形成碳正离子中间体：

$$HCHO + HCl \longrightarrow [(H_2C{=}\overset{\oplus}{O}H)Cl^{\ominus} \longleftrightarrow (H_2\overset{\oplus}{C}{-}OH)Cl^{\ominus}]$$

完成亲电取代反应后生成苄醇，后者与氯化氢反应生成苄氯。氯甲基化反应在有机合成中有广泛的应用。

二、加成反应

苯环具有特殊的稳定性，只有在特殊的条件下才能起加成反应。例如：

$$C_6H_5CH_3 + 3H_2 \xrightarrow[18\ MPa]{Ni,170\ ℃} C_6H_{11}CH_3$$

在光照射下，没有铁等催化剂存在时，苯可与氯或溴起加成反应生成六氯环己烷或六溴环己烷：

$$C_6H_6 + 3Cl_2 \xrightarrow{h\nu} C_6H_6Cl_6$$

三、氧化反应

具有 α-氢的烷基苯可以被高锰酸钾、重铬酸钠/硫酸、硝酸等强氧化剂氧化，并且不论烃基碳链的长短，都被氧化成苯甲酸。例如：

$$C_6H_5CH_2CH_2CH_3 \xrightarrow[\triangle]{KMnO_4} C_6H_5COOH$$

$$p\text{-}CH_3C_6H_4CH_3 \xrightarrow[催化剂]{O_2} p\text{-}HOOCC_6H_4COOH$$

对二甲苯 *p*-dimethylbenzene　　对苯二甲酸 terephthalic acid

这些反应也说明苯环是相当稳定的。只有在剧烈的特殊条件下，苯环才会破裂。例如：

$$C_6H_6 + O_2 \xrightarrow[500\ ℃]{V_2O_5}$$ 顺丁烯二酸酐

顺丁烯二酸酐(简称顺酐)
cis - butenedioic anhydride

问题 6.5 写出下列反应的产物。

(1) 1,2,3,4-四氢萘 $\xrightarrow[\triangle]{KMnO_4}$

(2) $C_6H_5CH_2CH{=}CH_2 \xrightarrow[\triangle]{KMnO_4}$

(3) 1,3,5-三甲苯（CH_3, H_3C, CH_3） $\xrightarrow[5\ MPa]{H_2, Ni}$

四、侧链卤化反应

在光照或较高温度,并且没有铁等催化剂的条件下,甲苯与氯的反应在侧链上进行:

$$C_6H_5CH_3 + Cl_2 \xrightarrow{h\nu} C_6H_5CH_2Cl$$

侧链氯化为自由基反应,其活性中间体为苄基自由基(benzyl radical):

$$Cl\cdot + C_6H_5CH_3 \longrightarrow C_6H_5CH_2\cdot + HCl$$

苄基自由基

$$C_6H_5CH_2\cdot + Cl_2 \longrightarrow C_6H_5CH_2Cl + Cl\cdot$$

苄氯

与烯丙基自由基类似,由于 p,π-共轭,苄基自由基的未配对电子的电子云分散到苯环上,因而比烷基自由基稳定。(图 6.7)

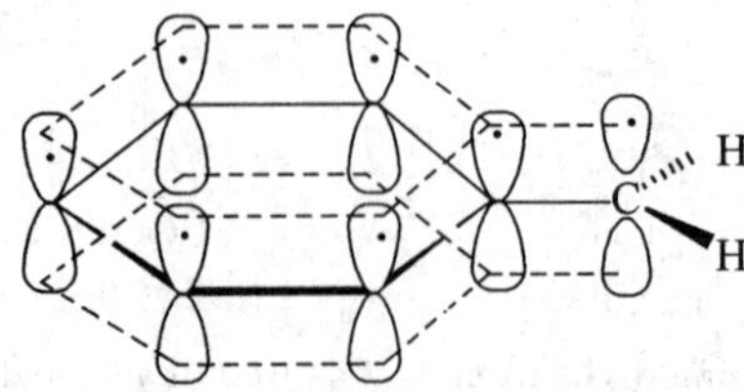

图 6.7 苄基自由基的结构

苄氯可以继续氯化生成二氯甲基苯和三氯甲基苯：

$C_6H_5CH_2Cl \xrightarrow[h\nu]{Cl_2} C_6H_5CHCl_2 + C_6H_5CCl_3$

苄氯 benzyl chloride　　二氯甲基苯 (dichloromethyl)benzene　　三氯甲基苯 (trichloromethyl)benzeme

控制氯气的用量可以使反应停留在某一阶段。

苄氯、二氯甲基苯和三氯甲基苯水解分别可生成苄醇、苯甲醛和苯甲酸。

其他烷基苯的自由基卤化反应也是卤素取代 α－H。例如：

$C_6H_5CH(CH_3)_2 + Br_2 \xrightarrow{h\nu} C_6H_5CBr(CH_3)_2$

(2－溴丙－2－基)苯　～100%

(2－bromopropan－2－yl)benzene

§6.4　苯环上亲电取代反应的定位(orientation)规律

一、两类定位基

从上面讨论的苯环上的各种亲电取代反应可以看出，苯环上原有的取代基对新导入取代基的位置及亲电取代反应的难易有着明显的影响。例如甲苯的硝化比苯容易，硝基进入甲基的邻对位；硝基苯的硝化比苯难，硝基进入原来硝基的间位。根据大量的实验事实，可以把苯环上的取代基分成两类。

1. 第一类定位基(邻对位定位基)

第一类定位基除卤素外，使苯环活化，亲电取代反应比苯容易进行。同时使新导入的取代基主要进入它的邻对位($o + p > 60\%$)。主要有：$—O^{\ominus}$、$—NR_2$、—NHR、$—NH_2$、—OH、—OR、—NHCOR、$—OCOCH_3$、$—CH_3$(—R)、$—C_6H_5$、—F、—Cl、—Br、—I 等。其结构特点是与苯环直接相连的原子上一般只有单键并且多数都具有未共用电子对。

2. 第二类定位基(间位定位基)

第二类定位基使苯环钝化，亲电取代反应比苯难于进行。同时使新导入的取代基主要进入它的间位($m > 40\%$)。主要有：$—\overset{\oplus}{N}R_3$、$—NO_2$、$—CF_3$、$—CCl_3$、—CN、$—SO_3H$、—CHO、—COR、—COOH、—COOR、$—CONH_2$ 等。其结构特点为：与苯环直接相连的原子上一般有重键或正电荷，或者是强烈的电负性基团(如$—CF_3$)。

卤素是邻对位定位基，但使苯环钝化，是弱的钝化基。

以上取代基是按其对苯环活化或钝化能力的顺序排列的。

问题 6.6　写出下列反应的主要产物。

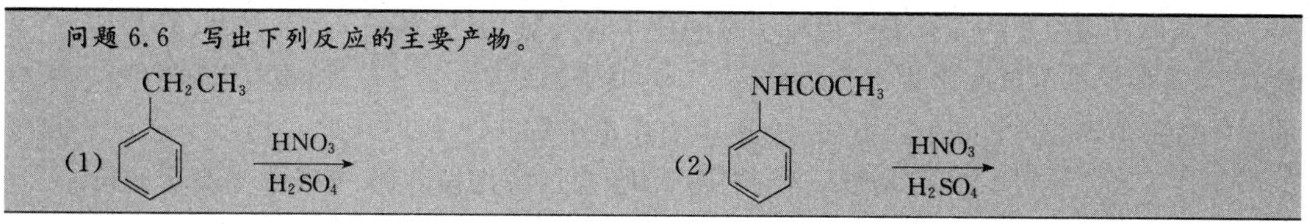

(3) CHO（苯甲醛）$\xrightarrow[H_2SO_4]{HNO_3}$　　(4) O═C—Cl（苯甲酰氯）$\xrightarrow[Cl_2]{Fe}$

(5) 联苯—OCH_3 $\xrightarrow[\triangle]{H_2SO_4}$

二、定位规律的理论解释

苯是高度对称的分子，环上电子云密度完全平均化。但当苯环上有了一个取代基后，由于取代基对苯环的影响（诱导效应和共轭效应），环上电子云密度发生了变化。$+I$ 和 $+C$ 效应使苯环上电子云密度增加，$-I$ 和 $-C$ 效应使苯环上电子云密度降低。

1. 间位定位基对苯环的影响

间位定位基的共同特点是具有吸电子效应，它们或是具有吸电子诱导效应（$-I$）（$—CCl_3$ 等）或是同时具有吸电子诱导效应和共轭效应（$-I$ 和 $-C$）。以硝基为例，硝基上的氮原子和氧原子的电负性都比碳原子大，因而硝基具有强烈的 $-I$ 效应；同时硝基的 π 轨道和苯环的 π 轨道共轭，具有强烈的 $-C$ 效应。因此硝基是强烈的吸电子基团，使苯环上的电子云密度降低，即使苯环钝化，但使间位钝化的程度比邻、对位小。

δ^+ δ^+ δ^+ N O O

因此，硝基苯的亲电取代反应，不但比苯难，而且主要生成间位产物。

硝基的间位定位效应也可以用共振理论来说明。

2. 邻、对位定位基对苯环的影响

(1) 甲基和烷基

这类基团具有给电子的诱导效应（$+I$）和超共轭效应，使苯环上的电子云密度增加，即使苯环活化，并且使邻、对位的活化程度大于间位。

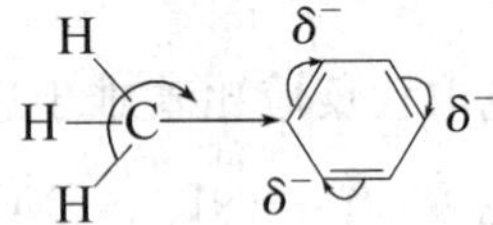

共振理论说明：
• 硝基的间位定位效应
• 甲基、烷基和羟基的邻对位定位效应

因此，甲苯的亲电取代反应，不但比苯容易，而且主要生成邻、对位产物。

甲基或烷基的邻对定位效应可以用共振理论说明。

(2) 和苯环相连的原子具有未共用电子对的取代基（除卤素外）

和苯环直接相连的具有未共用电子对的原子常为氧、氮等原子（例如羟基、氨基等）。虽然氧、氮等原子的电负性比碳原子大因而具有吸电子诱导效应（$-I$），但是具有未共用电子对的 p 轨道和苯环的 π 轨道发生 p，π-共轭，具有给电子的共轭效应（$+C$）。由于 $+C > -I$，净结果是使苯环上电子云密度增加，即使苯环活化，并且活化程度邻、对位显著高于间位。

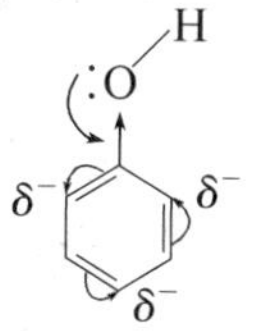

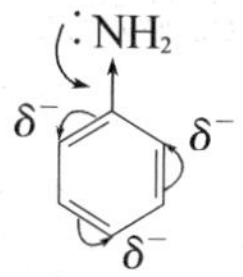

(3) 卤素

以氯苯为例。氯原子的电负性比碳原子大，具有吸电子诱导效应($-I$)。同时，氯原子上有未共用电子对的 p 轨道与苯环发生 p，π-共轭，具有给电子的共轭效应($+C$)。电子效应的净结果是$-I>+C$，因而使苯环上的电子云密度降低，即使苯环钝化。但是，由于给电子共轭效应($+C$) 的结果使苯环上邻、对位电子云密度降低的程度比间位小，因而氯原子是邻、对位定位基。

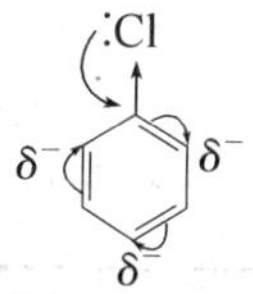

问题 6.7　用取代基的电子效应说明下列化合物偶极矩的方向。

化合物	偶极矩(D)	偶极矩方向
C_6H_5OH	1.6	由取代基到苯环
$C_6H_5N(CH_3)_2$	1.6	由取代基到苯环
C_6H_5Br	1.6	由苯环到取代基
C_6H_5CHO	2.8	由苯环到取代基
C_6H_5CN	3.9	由苯环到取代基

三、二元取代苯的定位规律

在苯环上已有两个取代基时，可以综合分析两个取代基的定位效应来推测亲电取代反应中第三个取代基进入的位置。

(1) 两个取代基的定位效应一致，则第三个取代基进入的位置由原取代基共同确定。例如：

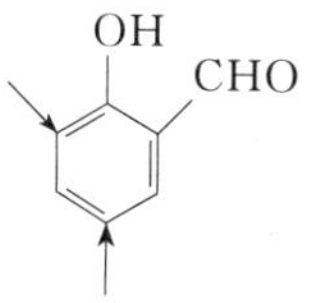

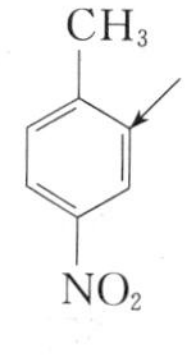

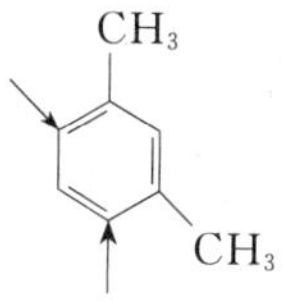

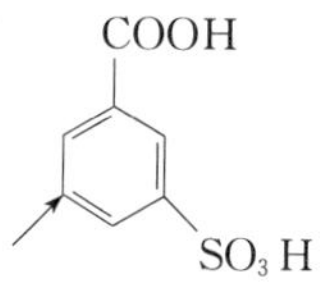

(2) 两个取代基的定位效应不一致，其中一个取代基是邻、对位定位基，另一个是间位定位基时，则第三个取代基进入的位置主要由邻、对位取代基决定。例如：

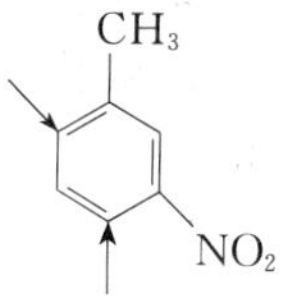

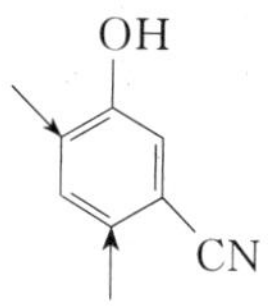

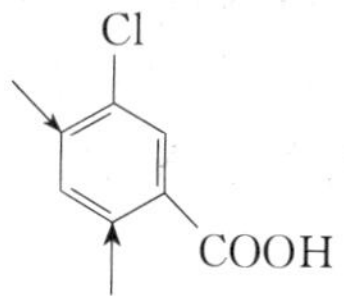

(3) 两个取代基的定位效应不一致,而它们属于同一类定位基时,则第三个取代基进入的位置主要由定位效应强的取代基决定。例如:

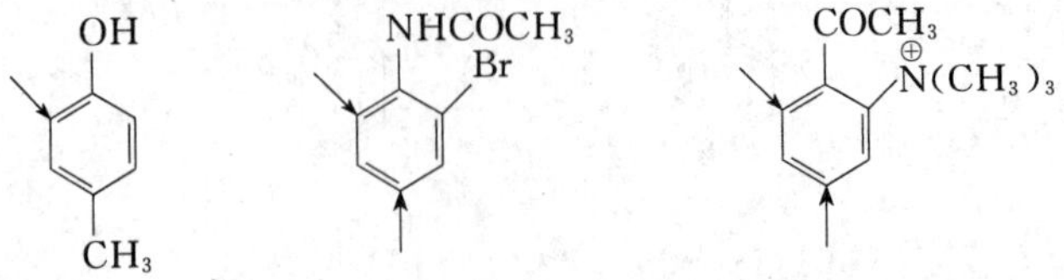

(4) 空间位阻效应

此外,苯环上的两个取代基互为间位时,由于空间位阻,第三个取代基进入前两个取代基之间的产物一般比较少。例如:

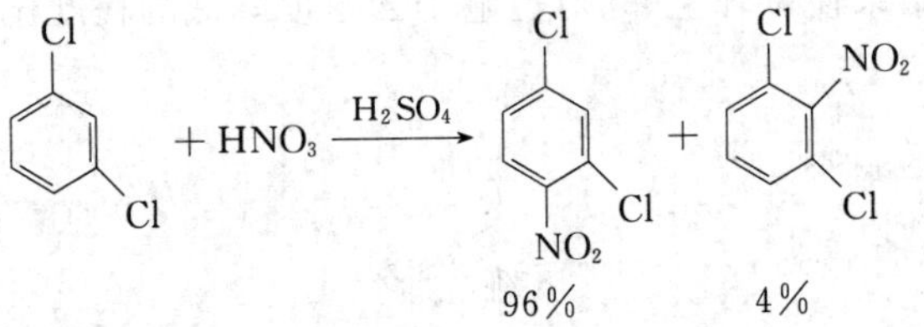

$$\text{1,3-二氯苯} + HNO_3 \xrightarrow{H_2SO_4} \text{2,4-二氯硝基苯 (96\%)} + \text{2,6-二氯硝基苯 (4\%)}$$

问题 6.8 用箭头表示下列化合物进行硝化反应硝基进入的位置。

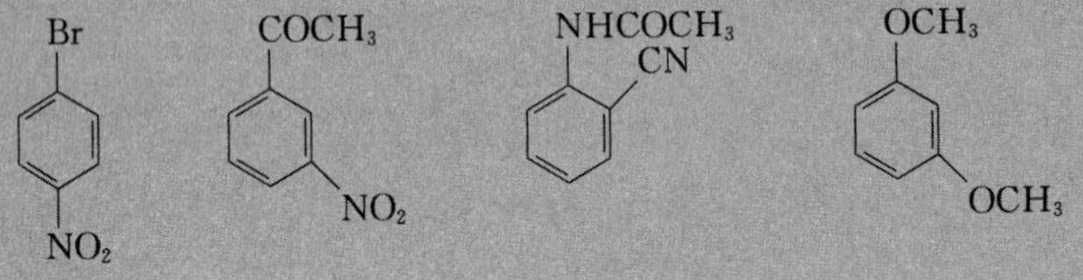

四、定位规律的应用

苯环上亲电取代反应的定位规律,可以用来指导多官能团取代苯的合成,预测反应主要产物和设计合理的合成路线。

1. 预测反应产物

例如苯甲酰氯的氯化,根据定位基的结构特点可以判定氯甲酰基是第二类定位基,因而主要产物是间氯苯甲酰氯:

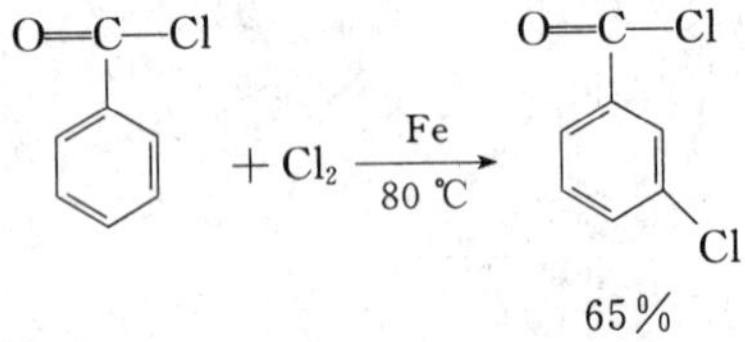

$$C_6H_5COCl + Cl_2 \xrightarrow[80\,^\circ C]{Fe} m\text{-}ClC_6H_4COCl \quad 65\%$$

又如三种二甲苯中,间二甲苯的两个甲基定位效应一致,而邻二甲苯和对二甲苯的两个甲基定位效应不一致,因而间二甲苯的亲电取代反应比邻二甲苯和对二甲苯容易。工业上就是利用这一原理,控制一定的反应温度和硫酸浓度,使间二甲苯磺化而不使邻和对二甲苯磺化,然后水解磺化产物,从混合二甲苯中分离得到纯的间二甲苯。

$$\text{间二甲苯} \xrightarrow[50\,℃ \sim 60\,℃]{80\%\ H_2SO_4} \text{2,4-二甲基苯磺酸} \xrightarrow[120\,℃]{H_2O} \text{间二甲苯}$$

2. 设计合理的合成路线

有机合成的目的是要制备纯粹的化合物，设计合理的合成路线，可以得到较高的产率和避免复杂的分离手续。例如，从苯合成间硝基溴苯，应先硝化后溴化；合成邻及对硝基溴苯，应先溴化后硝化：

$$\text{苯} \xrightarrow[H_2SO_4]{HNO_3} \text{硝基苯} \xrightarrow[Fe]{Br_2} \text{间硝基溴苯}$$

$$\text{苯} \xrightarrow[Fe]{Br_2} \text{溴苯} \xrightarrow[H_2SO_4]{HNO_3} \text{邻硝基溴苯} + \text{对硝基溴苯}$$

又例如，从苯合成间硝基苯乙酮应先酰化后硝化，因为苯环上强钝化基的存在能阻止傅-克反应的进行。

$$\text{苯} \xrightarrow[AlCl_3]{(CH_3CO)_2O} C_6H_5COCH_3 \xrightarrow[H_2SO_4]{HNO_3} 3\text{-}O_2NC_6H_4COCH_3$$

苯乙酮 acetophenone　　3-硝基苯乙酮 3-nitroacetophenone

问题 6.9　用苯或甲苯合成下列化合物。

(1) 间硝基苯甲酸（COOH，3-NO_2）　(2) 间溴三氯甲苯（CCl_3，3-Br）　(3) 对硝基叔丁苯（$C(CH_3)_3$，4-NO_2）

(4) 对磺基苯甲酸（COOH，4-SO_3H）　(5) 3-溴-5-硝基苯乙酮（$COCH_3$，3-Br，5-NO_2）

§ 6.5　稠环芳烃

分子中含有两个或两个以上苯环，它们通过共用两个碳原子互相稠合，这样的芳烃称为稠环芳烃。例如：

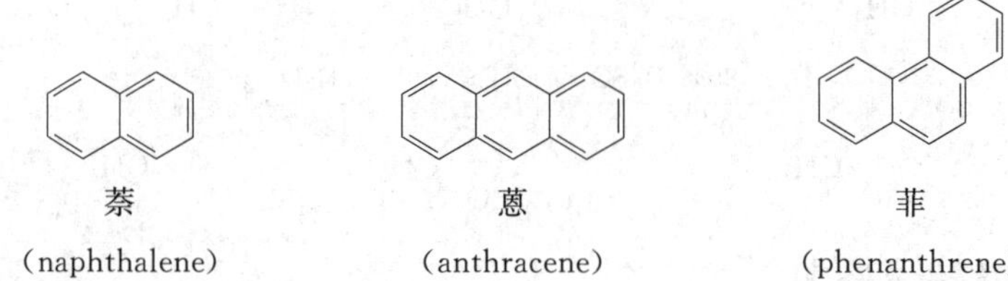

萘 (naphthalene)　　蒽 (anthracene)　　菲 (phenanthrene)

一、萘

1. 萘的结构

萘是最简单的稠环芳烃，分子式为 $C_{10}H_8$，由两个苯环稠合而成。与苯相似，萘环具有平面结构。每个碳原子都是以 sp^2 杂化轨道与相邻的原子形成三个 σ 键。剩下的十个 p 轨道互相平行且垂直于 σ 键所在的平面，在侧面相互重叠形成闭合的共轭体系，因此萘分子比较稳定。但是在萘分子中，π 电子云并没有完全平均化，萘的离域能为 251.2 kJ · mol^{-1}，比两个单独的苯环的离域能之和低，因此萘的芳香性比苯差。同时，萘分子碳碳键长也发生了平均化，但又与苯不同，其碳碳键长并不完全相等。现代物理方法测得的数据为：

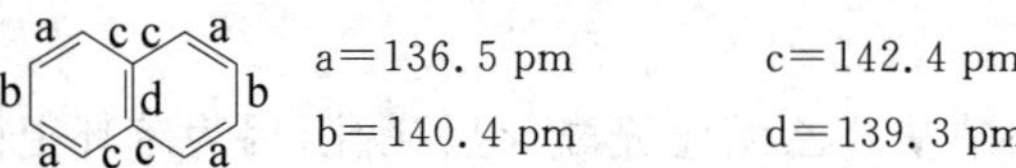

萘的分子模型

萘及其他稠环芳烃的构造式的表达方法与苯相似：

萘分子 1、4、5、8 四个位置是等同的，叫作 α-位；2，3，6，7 四个位置是等同的，叫作 β-位。

萘的一取代物只有两种，两个取代基相同的二元取代物有 10 种，不同的有 14 种。萘的衍生物的命名举例如下：

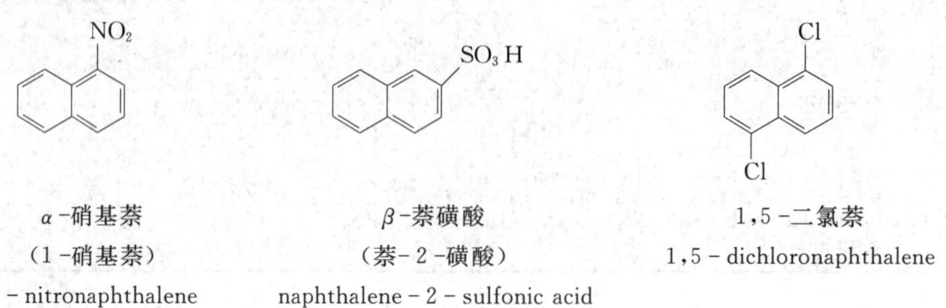

α-硝基萘（1-硝基萘）1-nitronaphthalene　　β-萘磺酸（萘-2-磺酸）naphthalene-2-sulfonic acid　　1,5-二氯萘 1,5-dichloronaphthalene

2. 萘的性质

萘是白色片状晶体，熔点 80.5 ℃，沸点 218 ℃，容易升华。

(1) 亲电取代反应

萘容易起亲电取代反应，取代基主要进入 α-位：

萘

$\xrightarrow[C_6H_6]{Cl_2}$ 1-氯萘　92%

$\xrightarrow[30\ ℃\sim40\ ℃]{Br_2}$ 1-溴萘　75%

$\xrightarrow[H_2SO_4,\ 25\ ℃]{HNO_3}$ 1-硝基萘　94%

$\xrightarrow[AlCl_3]{CH_3COCl}$ 1-乙酰基萘　75%

$\xrightarrow{H_2SO_4}$ $\xrightarrow{<80\ ℃}$ α-萘磺酸（萘-1-磺酸）

$\xrightarrow{H_2SO_4}$ $\xrightarrow{160\ ℃}$ β-萘磺酸（萘-2-磺酸）

萘的亲电取代反应比苯容易。萘的氯化可以用苯作溶剂；萘的溴化不需要催化剂；用混酸硝化在室温就可进行。

萘的磺化在较低温度时，主要产物为萘-1-磺酸，在较高温度时为萘-2-磺酸，并且萘-1-磺酸加热到较高温度可以转变成萘-2-磺酸。这是由于磺化反应是可逆的，萘的1-位比2-位活泼，在较低温度产物由速度控制（动力学控制），因而萘-1-磺酸为主。又由于磺酸基体积较大，并与8-位氢邻近，空间位阻使萘-1-磺酸的热力学稳定性比萘-2-磺酸差，因而温度升高，产物由平衡控制（热力学控制），生成较稳定的萘-2-磺酸。

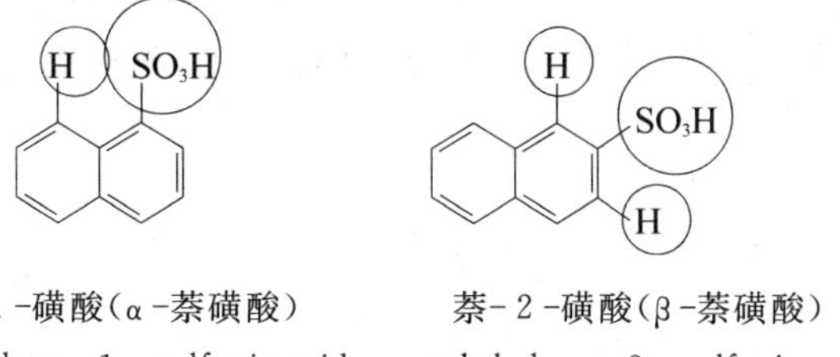

萘-1-磺酸（α-萘磺酸）　naphthalene-1-sulfonic acid

萘-2-磺酸（β-萘磺酸）　naphthalene-2-sulfonic acid

（2）还原反应和氧化反应

萘的芳香性比苯差，萘比苯容易起加成反应。例如：用金属钠和乙醇就可以使萘还原为1,4-二氢萘，加热回流下可转变成较稳定的1,2-二氢萘。用戊醇代替乙醇以提高反应温度，可使萘还原为四氢萘：

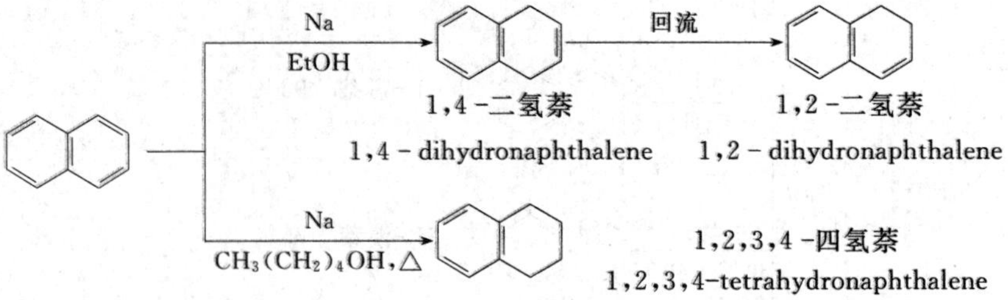
Na
EtOH
回流
1,4-二氢萘
1,4-dihydronaphthalene
1,2-二氢萘
1,2-dihydronaphthalene
Na
$CH_3(CH_2)_4OH$,△
1,2,3,4-四氢萘
1,2,3,4-tetrahydronaphthalene

萘比苯容易被氧化。例如：

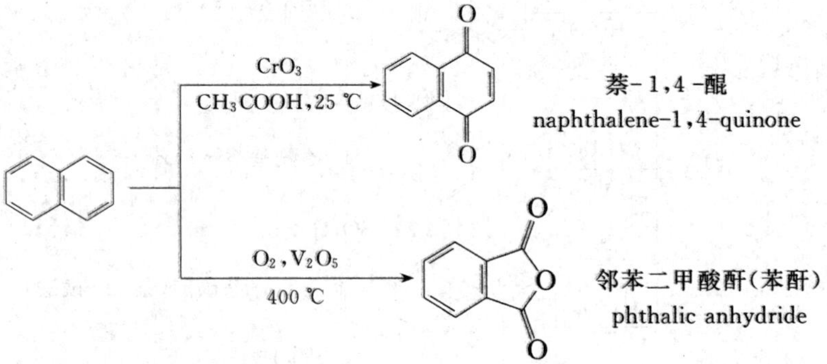
CrO_3
CH_3COOH,25 ℃
O
O
萘-1,4-醌
naphthalene-1,4-quinone
O_2,V_2O_5
400 ℃
O
O
O
邻苯二甲酸酐(苯酐)
phthalic anhydride

萘环一般比其侧链更容易氧化，因而用氧化侧链的方法不能得到萘甲酸。例如：

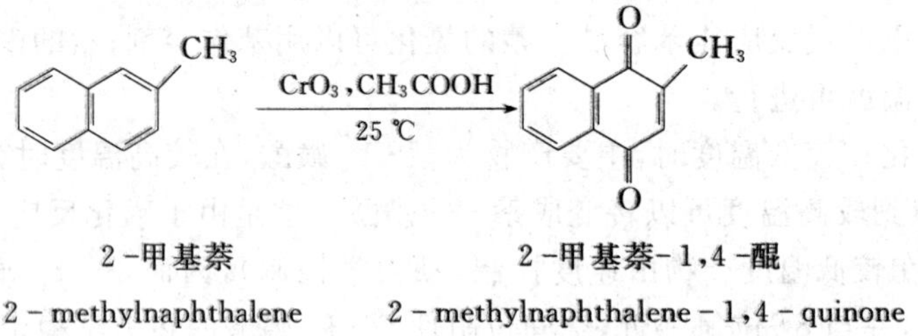
CH_3
CrO_3,CH_3COOH
25 ℃
O
CH_3
O
2-甲基萘
2-methylnaphthalene
2-甲基萘-1,4-醌
2-methylnaphthalene-1,4-quinone

二、蒽和菲

蒽和菲都是三个苯环稠合而成的。蒽分子中三个苯环排成一条直线，而菲分子中为折曲线。

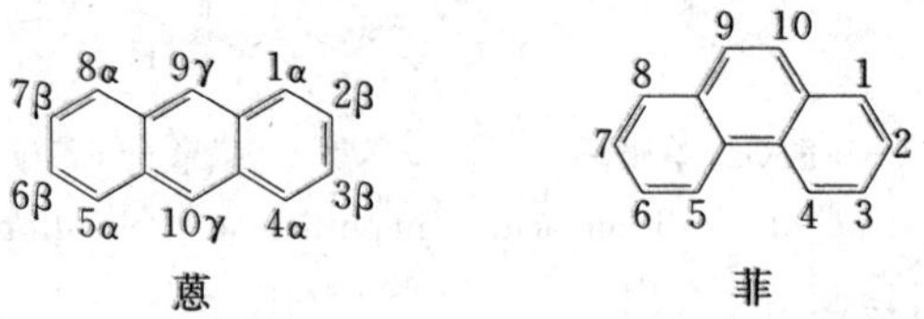
8α 9γ 1α
7β 2β
6β 3β
5α 10γ 4α
蒽
9 10
8 1
7 2
6 5 4 3
菲

蒽和菲的结构与萘相似，分子中所有的原子共平面，形成闭合的共轭体系。在蒽分子中，1、4、5、8 四个位置等同，称为 α-位，2、3、6、7 四个位置等同，称为 β-位，9、10 位置等同，称为 γ-位。

蒽和菲溶于有机溶剂的溶液，都具有蓝色荧光。

蒽和菲的离域能分别为 349 $kJ \cdot mol^{-1}$ 和 382 $kJ \cdot mol^{-1}$，因此蒽和菲的芳性都比苯及萘差，其取代、氧化和还原反应都发生在 9、10 位上。

菲 $\xrightarrow[H_2SO_4]{K_2Cr_2O_7}$ 菲-9,10-醌 phenanthrene-9,10-quinone

菲 $\xrightarrow[CH_3(CH_2)_4OH]{Na}$ 9,10-二氢菲 9,10-dihydrophenanthrene

菲 $\xrightarrow{Br_2/Fe}$ 9-溴菲 9-bromophenanthrene

蒽 $\xrightarrow[CH_3COOH]{HNO_3}$ 9-硝基蒽 9-nitroanthracene

蒽 $\xrightarrow{H_2,\ Cu/Cr}$ 9,10-二氢蒽 9,10-dihydroanthracene

蒽 $\xrightarrow[H_2SO_4]{K_2Cr_2O_7}$ 蒽-9,10-醌 anthracene-9,10-quinone

工业上以 V_2O_5 为催化剂，在一定压力下，用空气或氧气氧化生产蒽酮。

三、其他稠环芳烃

一些多环稠环芳烃的结构和名称如下：

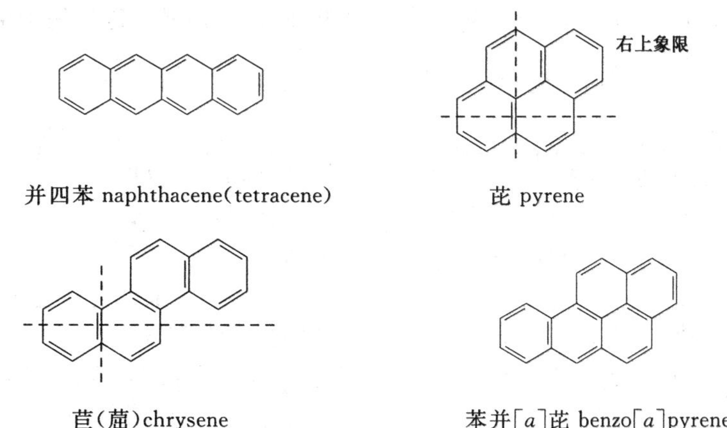

并四苯 naphthacene(tetracene)　芘 pyrene

苣(䓛)chrysene　苯并[a]芘 benzo[a]pyrene

多环稠环芳烃结构的画法为：将尽可能多的环排列在一水平线上，并将尽可能多的环列在右上象限。

目前已确认，许多多环芳烃有致癌作用，例如苯并[a]芘进入人体后能被氧化成活泼的环氧化物，后者与细胞中的DNA（脱氧核糖核酸）结合，引起细胞变异。因此苯并[*a*]芘是强烈的致癌物质。煤、石油、木材、烟草等不完全燃烧时都产生这种致癌烃。在环境监测项目中，空气中的苯并[*a*]芘的含量是监控的重要指标之一。

富勒烯（fullerene）和石墨烯（graphene）分别是球状和平面型的超大共轭 π 体系的稠环烃。由于它们的独特结构和优良性能，已受到人们的广泛重视。

§6.6 休克尔规律和非苯芳烃

- 富勒烯
- 石墨烯

一、休克尔（Hückel）规律

苯的结构已说明苯环是环状平面共轭体系，因而在物理性质上具有反磁环流效应，苯环氢的核磁共振信号在低场出现（见第十一章）。在化学性质上苯环有特殊的稳定性，易于起取代反应，难以起加成反应。这些特性称为芳香性，简称芳性（aromaticity）。芳性是芳香族化合物的共有特性。

从构造式表面形式看，环丁二烯和环辛四烯与苯相似，都是环状共轭体系，但环丁二烯和环辛四烯没有苯那种芳香性，相反比相应的开链化合物更活泼，环丁二烯只有在低温下才能存在，环辛四烯具有典型的烯烃性质。因此形式上的环状共轭体系不能作为化合物是否具有芳香性的依据。

为了揭示化合物芳香性的本质，1931 年休克尔（Hückel E.）用简化的分子轨道法计算了通式为 C_nH_n 的单环多烯的 π 轨道能级（图 6.8）。这些分子轨道的能级恰好可以用内接于半径为 2 的圆，顶角朝下的正多边形来表示。每一个顶角的位置相当于一个分子轨道的能级，圆心的位置相当于未成键的原子轨道即 p 轨道的能级（非键轨道能级）。例如当 $n=6$ 时，在圆心以下的三个顶角相当于三个成键轨道，在圆心以上的三个顶角相当于三个反键轨道。休克尔认为电子充满所有的成键轨道时，体系具有类似于惰性气体的电子构型，因而比较稳定，而 $4n+2$ 个电子恰好充满全部成键轨道。因此，休克尔指出：单环平面共轭多烯体系中含有 $4n+2(n=0,1,2,3\cdots)$ 个电子时，化合物就具有芳香性，这就是休克尔规律。

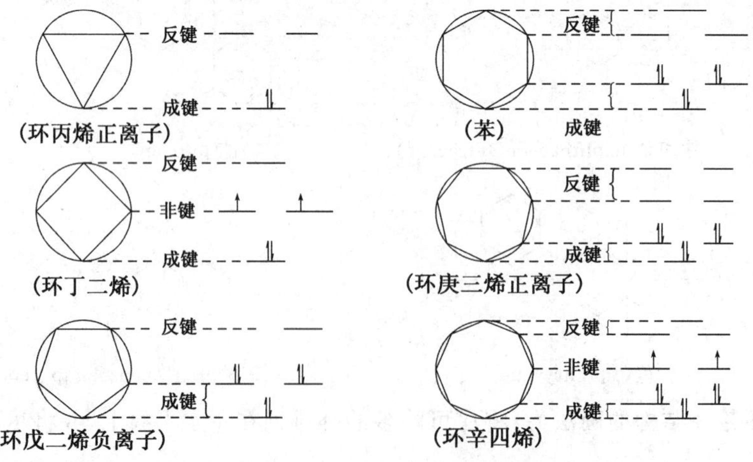

图 6.8 单环共轭烯烃或离子的 π 分子轨道和基态电子构型

苯是单环平面共轭多烯体系，具有 6 个 π 电子，符合休克尔规律($n=1,4n+2=6$)，因而具有芳香性。环丁二烯和环辛四烯分别含有 4 个和 8 个 π 电子，其中两个电子分别处于两个非键轨道上，因而不稳定，都没有芳香性。

萘、蒽和菲等稠环芳烃，处在周边上的碳原子构成的环也可以看作单环共轭多烯，并且所有碳原子都共平面，π 电子数等于 $4n+2$，符合休克尔规律，因而具有芳香性。

二、非苯芳烃

不含苯环，但具有一定程度芳性的烃叫作非苯芳烃。

1. 环戊二烯负离子和环庚三烯正离子

奇数碳的环烃，如果是中性分子，必定有一个 sp^3 杂化碳原子，不可能构成环状共轭体系，但当它们转化成正离子或负离子时，就可以成为环状共轭体系。

环戊二烯有明显的酸性，与强碱作用可生成较稳定的环戊二烯负离子的盐：

环戊二烯 (cyclopentadiene) + $(CH_3)_3COK$ ⟶ 环戊二烯负离子 (cyclopentadienyl anion, $K^{\oplus}$ 盐) + $(CH_3)_3COH$

	环戊二烯 cyclopentadiene	叔丁醇钾	环戊二烯负离子 cyclopentadienyl anion	叔丁醇
pK_a	16.0			19.2

环戊二烯负离子是五个碳原子和六个 p 电子组成的单环平面共轭体系，在基态时六个电子正好充满三个成键轨道，符合休克尔规律($n=1,4n+2=6$)，因而具有芳香性。必须指出，环戊二烯负离子并不完全具有像苯那样的芳香性，例如它不能起亲电取代反应，因为硫酸、硝酸会使它又变成环戊二烯。

环庚三烯与溴作用生成二溴化物，后者在加热时失去溴化氢生成环庚三烯正离子的盐：

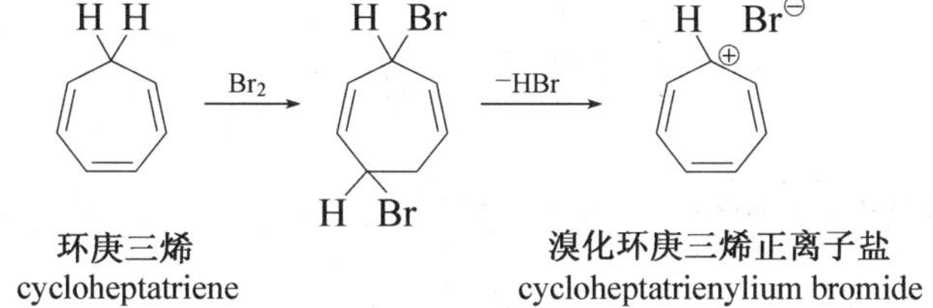

环庚三烯　cycloheptatriene　　溴化环庚三烯正离子盐　cycloheptatrienylium bromide

环庚三烯正离子具有六个 π 电子，正好充满三个成键轨道(图 6.9)，符合休克尔规律，因而具有芳香性。

在环庚三烯正离子和环戊二烯负离子中，正电荷或负电荷并不局限于某一个碳原子上，而是平均分布在环状共轭体系的各个碳原子上，因此它们可用下面的结构式表示：

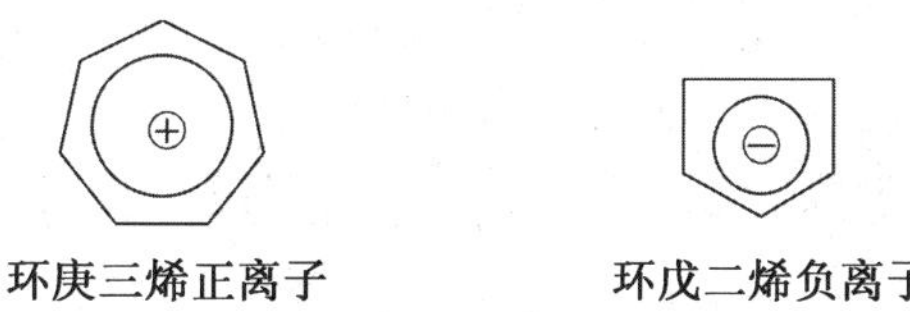

环庚三烯正离子　　环戊二烯负离子

2. 轮烯

通常把 $n \geqslant 6$ 的单环共轭多烯 C_nH_n 称为轮烯(annulene)。轮烯的命名只要把成环碳原子的数目写在方括号中，放在母体轮烯名之前。例如：

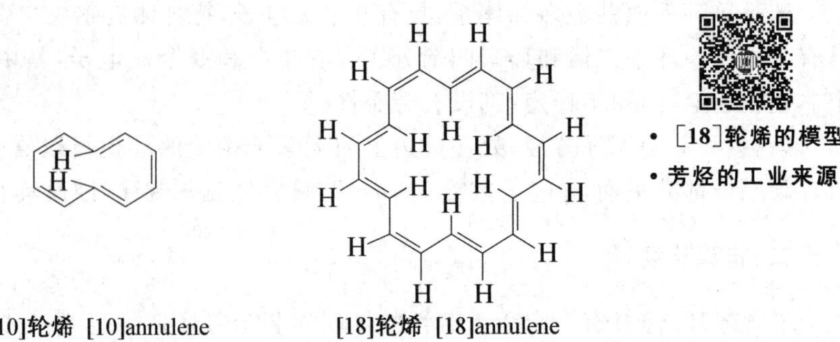

[10]轮烯 [10]annulene　　[18]轮烯 [18]annulene

[18]轮烯为结晶固体，加热到 230 ℃仍不分解。其分子中所有的原子共平面，含有 18 个π电子，符合休克尔规律($n=4, 4n+2=18$)，因而具有芳香性。

[16]轮烯和[24]轮烯的π电子数目不符合休克尔规律，因而无芳香性。

[10]轮烯虽然有 10 个π电子，符合 $4n+2$，但分子中环内空间太小，由于环内氢原子的排斥，使碳原子不能共平面，因而无芳香性。

问题 6.10　判断下列化合物是否具有芳性。

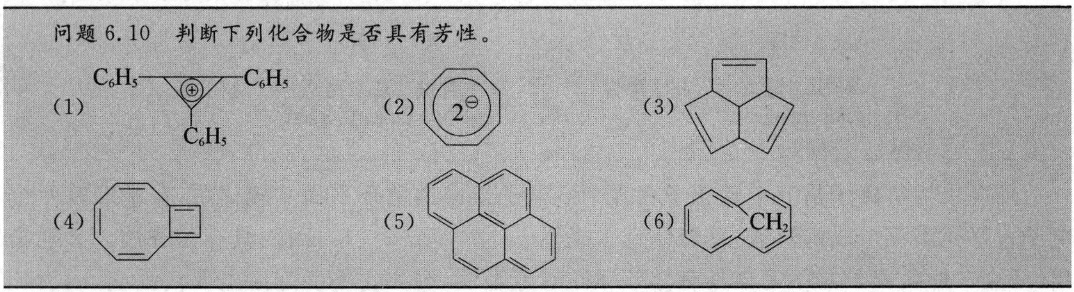

芳烃是医药、农药、染料和合成塑料、合成纤维等工业的基本原料，需求量很大，芳烃的主要工业来源是煤焦油的分馏和石油的芳构化。

习　题

6.1　用系统命名法(中文和英文)命名下列芳烃。

6.2　写出下列反应的主要产物。

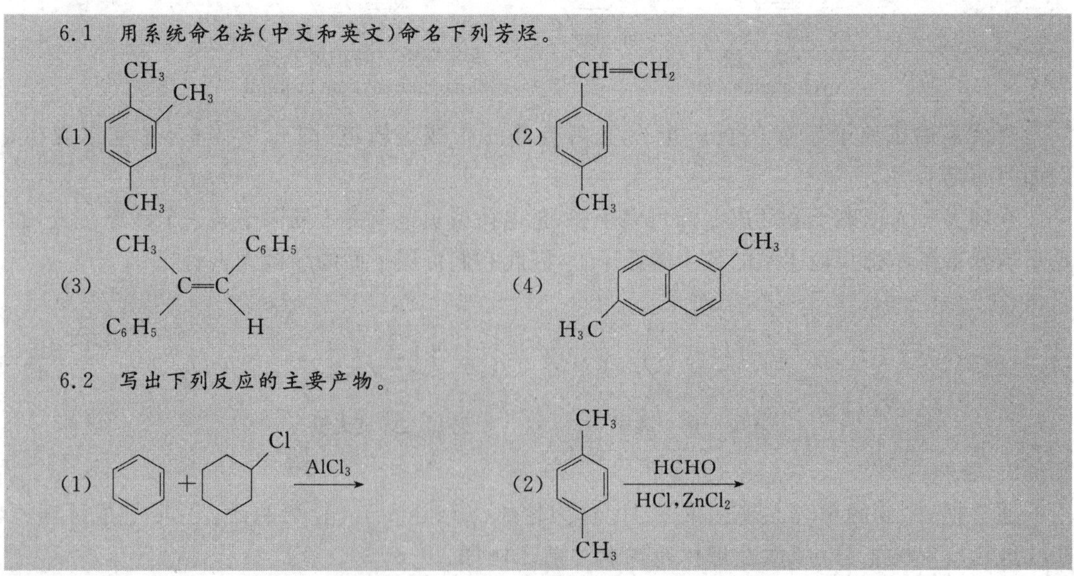

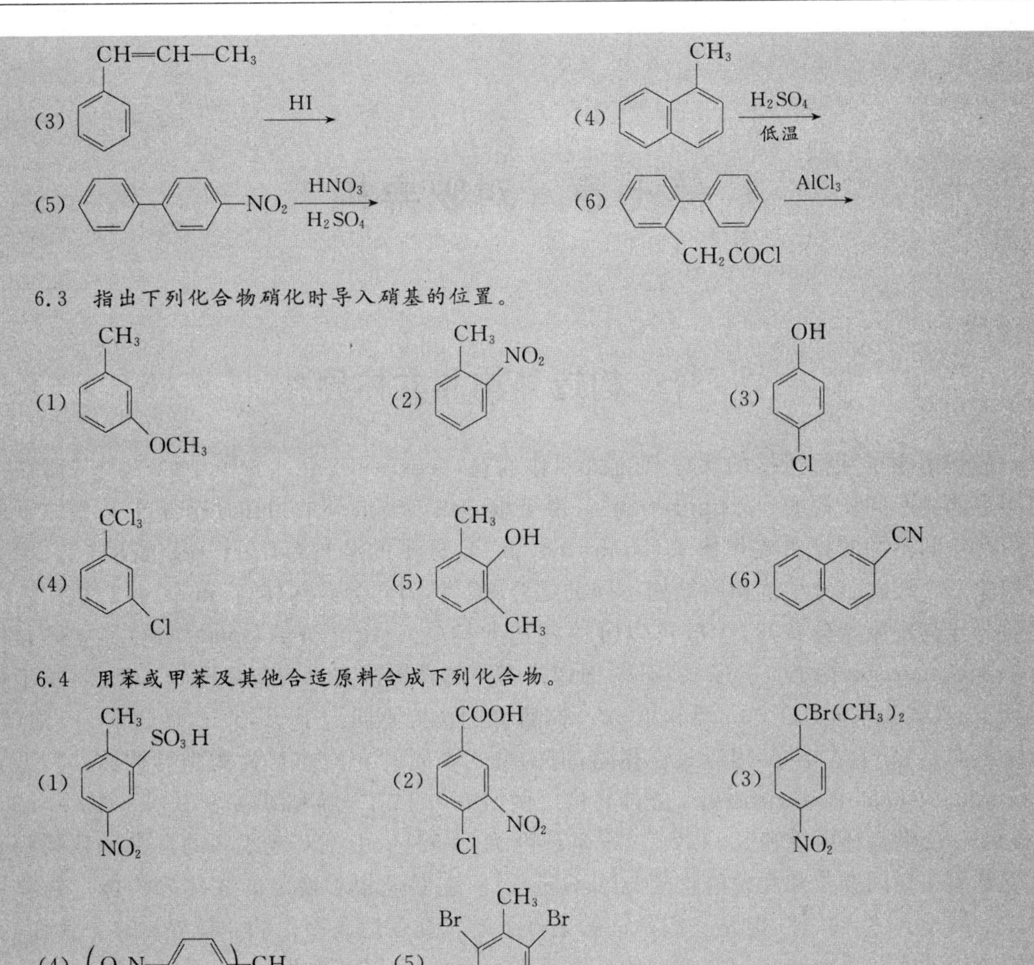

6.3　指出下列化合物硝化时导入硝基的位置。

6.4　用苯或甲苯及其他合适原料合成下列化合物。

6.5　苯乙烯在硫酸水溶液中得到80%产率的二聚产物，试写出其反应机理。

6.6　1 mol 1-苯基丁-1,3-二烯与1 mol Br_2 反应，只得到3,4-二溴-1-苯基-丁-1-烯。试说明其原因。

6.7　A、B和C三种芳香烃，分子式都是 C_9H_{12}。当用 $K_2Cr_2O_7$ 的酸性溶液氧化时，A生成一元羧酸，B生成二元羧酸，而C生成三元羧酸。A、B和C分别进行硝化时，A和B分别生成两种主要的一硝基产物，而C只生成一种硝基化合物。写出A、B和C的构造式。

6.8　工业上用乙苯经催化脱氢（Fe_2O_3，580 ℃）生产苯乙烯，苯乙烯聚合可得到聚苯乙烯。聚苯乙烯具有良好的绝缘性和耐热耐寒性，是光学器材、绝缘设备和建筑保温材料。写出生产聚苯乙烯的化学反应式。

6.9　蒽的芳性比苯、萘和菲差，具有共轭二烯类似的化学性质。写出蒽和顺丁烯二酸酐反应式。

第七章　对映异构

§7.1　构造异构和立体异构

分子中原子互相连接的次序和方式叫作构造(constitution)。分子中原子或基团在空间固定的排布叫作构型(configuration)。由于单键的旋转或环的扭曲使分子中某些原子或基团在空间不同的排布叫作构象(conformation)。分子的结构(structure)包括构造、构型和构象三个层次。分子式相同结构不同的化合物互称为同分异构体(isomer)。有机化合物的同分异构现象十分普遍,一般可以分为构造异构(constitutional isomerism)和立体异构(stereoisomerism)两类。分子式相同,构造式不同的异构体互为构造异构体。例如,正丁烷和异丁烷(碳架不同),丁-1-烯和丁-2-烯(官能团位置不同),丁-1,3-二烯和丁-1-炔(官能团不同)。分子式相同,构造式也相同,但构型式不同的异构体互为构型异构体。构型异构(configurational isomerism)属于立体异构。例如 *cis*-丁-2-烯和 *trans*-丁-2-烯(§3.2),顺-1,2-二甲基环丙烷和反-1,2-二甲基环丙烷(§5.1),由于双键或环的存在导致某些原子或基团在空间顺位和反位的排列方式不同,因而它们是相对稳定的立体异构体。构象异构体也属于立体异构体,但是它们是一般条件下迅速互变达到平衡的立体异构体。例如,丁烷的顺交叉式和反交叉式构象(§2.4),甲基环己烷的 *e*-甲基构象和 *a*-甲基构象(§5.4)。

本章介绍另外一种立体异构现象——对映异构(enantiomerism),对映异构属于构型异构。大部分与生物相关的化合物及生命活动与对映异构现象有关,因此对映异构是极其重要的立体异构。

自然界的手性

§7.2　手性和对映异构

我们的左手和右手是互为实物与镜像的关系,相似但不能重合。物体的这种性质叫作手性(chirality)(图1)。任何一个实体与它的镜像不能重合,如同正常人的左、右手那样互为镜像,这类实体是"手性的(chiral)"。若实体与它的镜像重合,则这类实体是"无手性的(achiral)"。

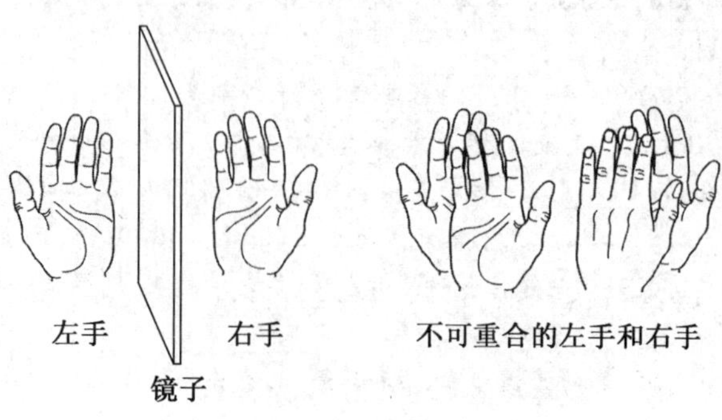

图 7.1　左手和右手互为实物与镜像

不仅是宏观物体,许多有机化合物的分子也具有手性。例如 2-溴丁烷。

将丁烷在光照下溴化，溴可以取代亚甲基上两个氢原子中的任何一个氢原子得到 2 -溴丁烷。

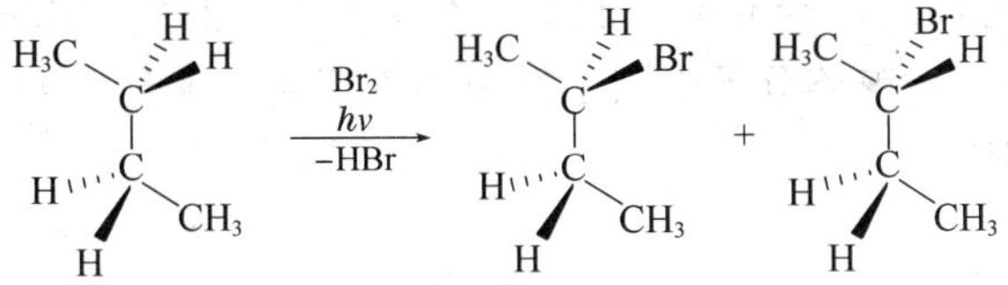

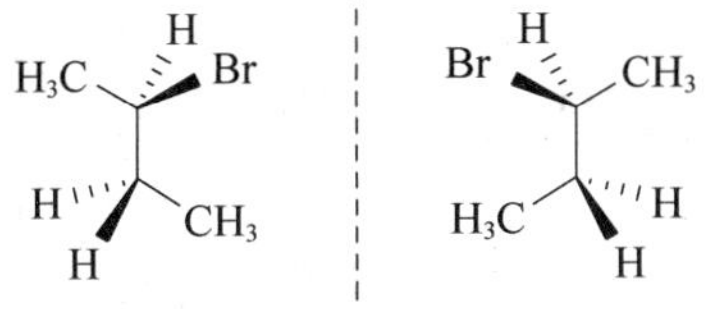

镜面

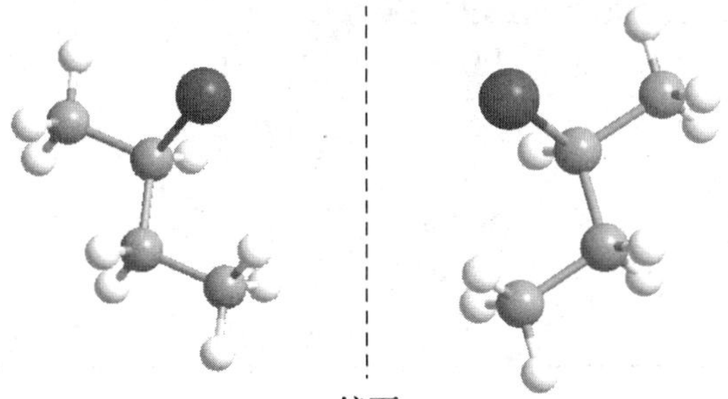

镜面

考察反应产物的分子模型可以发现，生成的两种 2 -溴丁烷并不是同一种分子。它们的构造相同，但无论怎样放置，它们都不能重合，它们互为镜像，正如左手和右手的关系一样。因此 2 -溴丁烷是手性分子。2 -溴丁烷的两种分子模型互为镜像而不能重合，构造相同而构型不同，这样的立体异构现象叫作对映异构(enantiomerism)。两种 2 -溴丁烷互为对映异构体(enantiomer)，对映异构体简称为对映体。

与手性分子 2 -溴丁烷不同，2 -溴乙烷与其镜像可以完全重合，所以 2 -溴乙烷是非手性(achiral)分子。

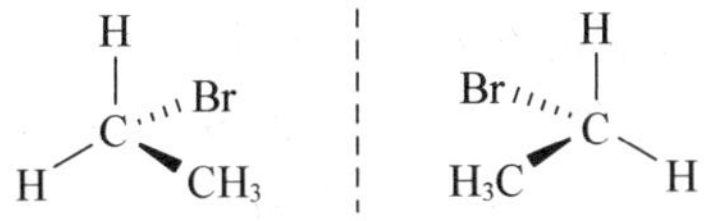

镜面

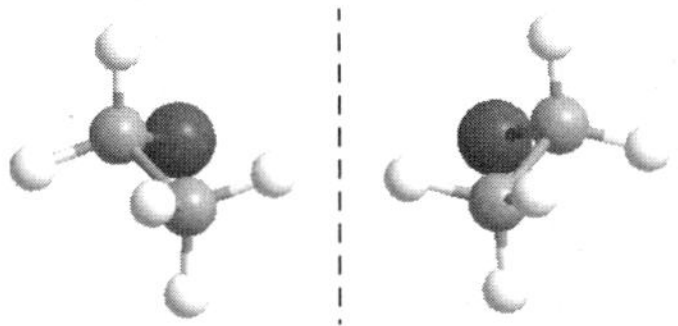

镜面

进一步考察 2 -溴丁烷分子的模型，可以看到与中心碳原子连接的四个原子或原子团(乙基、甲基、溴原子和氢原子)各不相同且位于四面体的四个顶点，这样就导致它们在碳原子周围有两种固定的不同排列方式，即有两种构型。这种碳原子被称为手性碳原子(chiral carbon)。除了碳原子外，氮原子、磷原子、硅原子等连有四个不相同的原子或基团时，它们也不能和其镜像重合，甚至当金刚烷的四个桥头连有不同取代基时也不能和其镜像重合，因而它们都是手性分子。由此可见，这种手性是由四个不同基团或原子围绕某一中心形成的，这种中心称为手性中心(chiral center)。具有一个手性中心的分子总是手性的，手性分子都有一对对映体，交换一个对映体分子中与手性中心直接相连的任意两个原子或基团就形成它的另一个对映异构体。

CH_2CH_3, $^*C$, H, H_3C, Br　　$CH_2CH_2CH_3$, $^*N^+$, CH_2CH_3, H_3C, $CH(CH_3)_2$　　CH_3, H, *, COOH, Br

* 手性中心

问题 7.1　用星号(*)标出下列化合物的手性中心。

(1) $CH_3CH_2CHCH_2CH_2CH_3$（CH 上连 CH_3）　(2) $CH_3CH_2CHCH_3$（CH 上连 Cl）　(3) $CH_3CHCOOH$（CH 上连 NH_2）

(4) $C_6H_5CHDCH_3$　(5) $H_3C—\overset{\oplus}{P}—C_6H_5$（P 上连 CH_2CH_3 与 $CH_2C_6H_5$）　(6)

§7.3　比旋度和旋光纯度

对映异构体分子中原子相互连接的次序和方式相同，它们的键是等同的，能量也是相同的，因而两种对映异构体的物理性质如沸点、熔点和密度等是相同的。如何区分两种对映体及测定它们的含量组成，比较简便的方法是用旋光仪测定其旋光度。

一、旋光度

使普通光通过尼科尔(Nicol)棱镜或人造偏振片可以获得只在一个平面上振动的平面偏振光(简称偏光)。当偏光通过手性物质(液体或者溶液)时，偏光的振动平面会旋转一定的角度 α(图 7.2)，偏转的角度 α 叫作旋光度(optical rotation)。能使平面偏振光偏转的性质叫作旋光性(optical activity)。

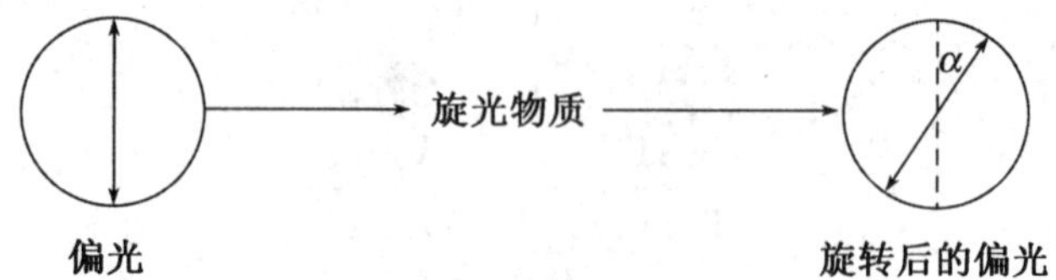

图 7.2　通过旋光物质后的偏光

若对映异构体的一个异构体使偏光平面顺时针方向偏转，则另一个对映体就使偏光平面按逆时针方向偏转相同的角度，前者叫作右旋体，后者叫作左旋体。旋光方向分别用(＋)(右旋)和(-)(左旋)表示。例如(＋)-葡萄糖表示右旋葡萄糖，(-)-果糖表示左旋果糖。

非手性物质，如水、乙醇、丙酮等不能使偏光平面偏转，它们的旋光度为零。

二、比旋度(比旋光度)

定量测量手性物质的旋光度的仪器是旋光仪(polarimeter)(图 7.3)。从光源发出一定波长的光,通过一个固定的尼科尔棱镜后变成偏光,通过盛有手性样品的盛液管后,偏光的振动平面偏转了一定的角度 α,要将第二个可转动的尼科尔棱镜旋转相应的角度后,偏光才能完全通过。从目镜中可读出刻度盘上的 α 数值,这就是所测样品的旋光度。

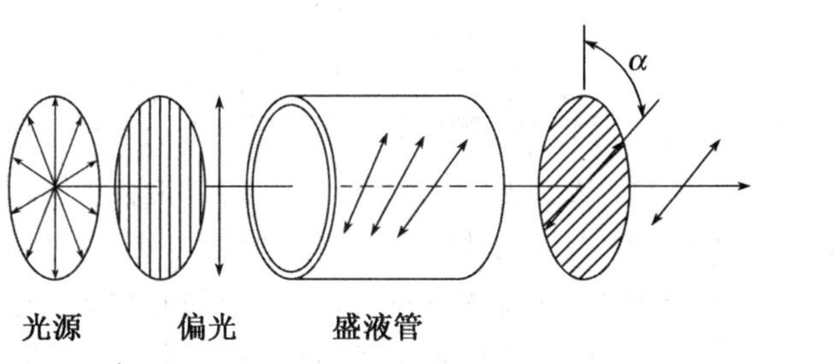

图 7.3　旋光仪的原理

旋光仪的构造及旋光度的测定

物质旋光度的大小随所测样品的浓度、盛液管的长度、温度、光波的波长以及溶剂的性质等改变。但在一定的条件下,不同手性物质的旋光度各为常数,通常用比旋度[α](specific rotation)表示,其定义为:

$$[\alpha]_{\lambda}^{t}=\alpha/(c\times l)$$

式中,c 为样品的浓度,单位为每毫升溶液中样品的克数;l 为盛液管的长度,单位为 1 分米(10 厘米);t 为测定时的摄氏温度;λ 为光源的波长,通常采用钠光灯,λ 为 589.3 nm,用 D 表示。如所测定的样品不是溶液,而是样品纯液体,则用该液体的密度 d 更换式中的浓度 c。例如:在 20 ℃,用钠光灯为光源,在 10 厘米长的盛液管内装有浓度为 5 克/100 毫升的果糖水溶液,测得旋光度为−4.64°,则果糖的比旋度为[1]:

$$[\alpha]_{D}^{20}=-4.64°/(0.05\times 1)=-92.8°(H_2O)$$

问题 7.2　由手册查得葡萄糖水溶液的比旋度为$[\alpha]_{D}^{20}=+52.5°(H_2O)$,在同样条件下测得一未知浓度的葡萄糖水溶液的旋光度为+3.4°,求其浓度。

问题 7.3　某化合物的氯仿溶液的旋光度为+10°,如果把溶液稀释一倍,其旋光度是多少?

手性化合物的比旋度就像它的沸点、熔点和密度一样,是它的一个特征物理常数。一对对映异构体左旋体和右旋体的比旋度数值相等,方向相反。例如:

CH_2CH_3, H, Br, CH_3	CH_2CH_3, H, H_3C, Br	
(−)-2-溴丁烷	(+)-2-溴丁烷	(±)-2-溴丁烷
(−)-2-bromobutane	(+)-2-bromobutane	(±)-2-bromobutane
$[\alpha]_{D}^{25}=-23.1°$	$[\alpha]_{D}^{25}=+23.1°$	$[\alpha]_{D}^{25}=0°$

[1] 比旋度$[\alpha]_{\lambda}^{t}$的单位是$°\cdot g^{-1}\cdot cm^{2}$。为了方便,习惯上用度(°)表示。它是指液体物质在管长为 1 dm(10 cm),密度为 $1\ g\cdot cm^{-3}$,温度为 t,波长为 λ 时的旋光度。

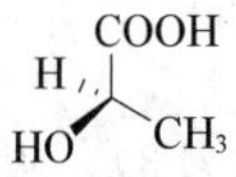

(一)-乳酸
(一)- lactic acid
$[\alpha]_D^{15}=+3.8°(H_2O)$

(十)-乳酸
(十)- lactic acid
$[\alpha]_D^{15}=-3.8°(H_2O)$

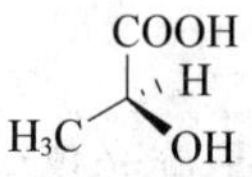

(±)-乳酸
(±)- lactic acid
$[\alpha]_D^{15}=0°(H_2O)$

三、外消旋体

若将等量的左旋体和右旋体混合，例如等量的(一)-2-溴丁烷和(十)-2-溴丁烷进行混合，其旋光能力互相抵消，其比旋度为零。这样的混合物叫作外消旋体(racemic mixture)，以(±)表示，如(±)-2-溴丁烷。

自然界中存在着两种乳酸，一种是从肌肉运动产生的有机物中分离得到的右旋体，即(十)-乳酸，$[\alpha]_D^{15}=+3.8°(H_2O)$，另一种是从糖发酵液中分离得到的左旋体，即(一)-乳酸，$[\alpha]_D^{15}=-3.8°(H_2O)$。两种乳酸的比旋度数值相等但符号相反，它们的熔点都是53 ℃。从酸牛奶中分离得到的乳酸是(±)-乳酸，它是(十)-乳酸和(一)-乳酸的等量混合物，无旋光性，熔点为16.8 ℃。

四、旋光纯度和对映过量值

1. 旋光纯度

一个旋光纯的手性化合物是指含有100%的单一对映体，而不含有它的另一对映体及其他的杂质；一个外消旋体的旋光纯度为0。在实际工作中，例如合成手性化合物时，往往不是得到100%旋光纯度的单一对映体或完全的外消旋体，而是得到对映体的混合物。测定对映体混合物的比旋度，可以计算得到该混合物的旋光纯度(optical purity，简写作op)。

$$\mathrm{op}=\frac{\text{观测样品的比旋度}}{\text{纯对映体的比旋度}}\times 100\%$$

旋光纯度(op)是被测样品的比旋度和纯对映体的比旋度的比值。例如丁-2-酮经催化加氢得到丁-2-醇对映体的混合物，测得反应混合物的比旋度为+9.72°。已知纯的(十)-丁-2-醇和(一)-丁-2-醇的比旋度分别为+13.5°和-13.5°。该混合物的旋光纯度为 $\mathrm{op}=\frac{9.72}{13.5}\times 100\%=72.0\%$。则在该混合物中(十)-丁-2-醇占86%，(一)-丁-2-醇占14%。

2. 对映过量值

对映过量值(enantiomeric excess，简写作ee)是指一对对映体的混合物中，含量多的一种对映体超过含量少的对映体的量占两个对映体总量的百分数。

$$\mathrm{ee}=\frac{\text{含量多的对映体的量}-\text{含量少的对映体的量}}{\text{对映体总的量}}\times 100\%$$

上例中，(十)-丁-2-醇占86%，(一)-丁-2-醇占14%，对映体总量是100%，所以 $\mathrm{ee}=\frac{86-14}{100}=72\%=\mathrm{op}$。因此，对映过量值和旋光纯度的数值是相等的，旋光纯度和对映过量值术语常可交换使用。

问题 7.4　旋光纯度为 75%的(+)-2-溴丁烷的比旋度是多少？该样品中(+)-2-溴丁烷和(−)-2-溴丁烷的百分比各是多少？

§7.4　对映异构体构型的标识与命名

一、对映体构型的表示方法

1. 透视式

对映异构体构型的表示方法可采用立体的三维空间关系的透视式(perspective formula)，例如乳酸的一对对映体的透视式为：

COOH　　COOH
H　C　OH　　HO　C　H
CH_3　　H_3C

透视式表示方法的优点是直观，但书写麻烦，因而常用费歇尔投影式(Fischer projection formula)表示。

2. 费歇尔投影式

将分子的四面体球棍模型按一定规则在纸面上投影就得到费歇尔投影式。其投影规则是：手性碳原子为投影中心并位于纸平面上，以横线相连的两个原子或原子团在纸平面的前方，以竖线相连的两个原子或原子团在纸平面的后方。例如：乳酸对映体的投影如图 7.4 所示，式中横竖两线的交点代表手性碳原子。

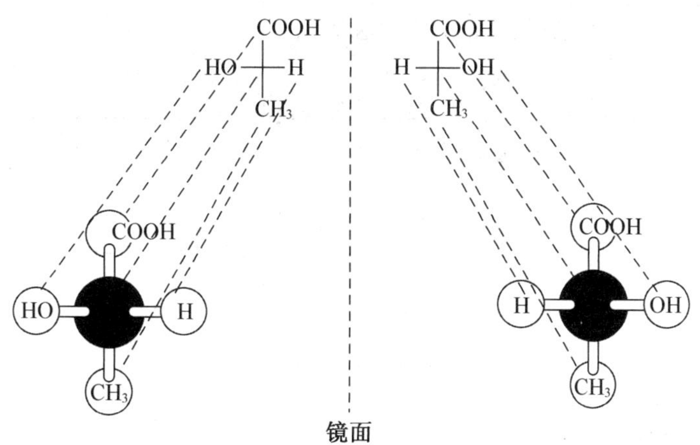

图 7.4　乳酸对映体的投影式

费歇尔投影式在纸平面上旋转 180°后，得到的新的投影式与原来的投影式代表同一化合物。例如：

$$\begin{array}{c} COOH \\ H\!-\!\!\!+\!\!\!-\!OH \\ CH_3 \end{array} \quad \equiv \quad \begin{array}{c} CH_3 \\ HO\!-\!\!\!+\!\!\!-\!H \\ COOH \end{array} \quad \text{构型不变}$$

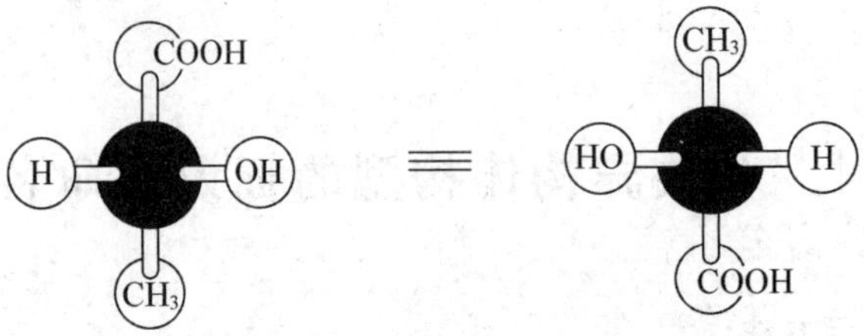

在费歇尔投影式中，与同一个手性碳原子相连接的任意三个基团依次改变位置，得到的新的投影式与原来的投影式也代表同一化合物。例如：

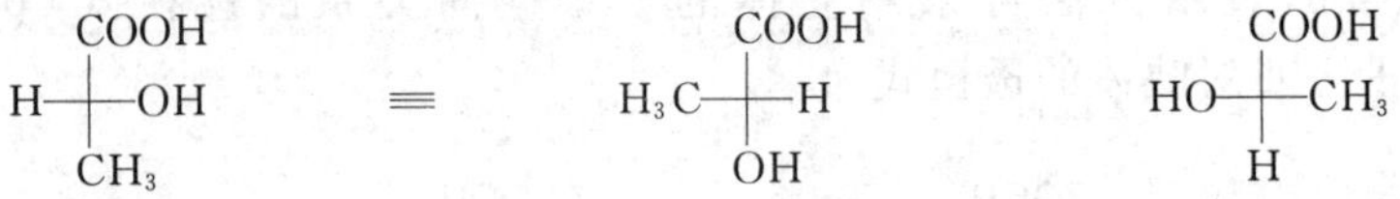

$$\begin{array}{c} COOH \\ H\!-\!\!\!+\!\!\!-\!OH \\ CH_3 \end{array} \quad \equiv \quad \begin{array}{c} COOH \\ H_3C\!-\!\!\!+\!\!\!-\!H \\ OH \end{array} \quad \begin{array}{c} COOH \\ HO\!-\!\!\!+\!\!\!-\!CH_3 \\ H \end{array} \quad \text{构型不变}$$

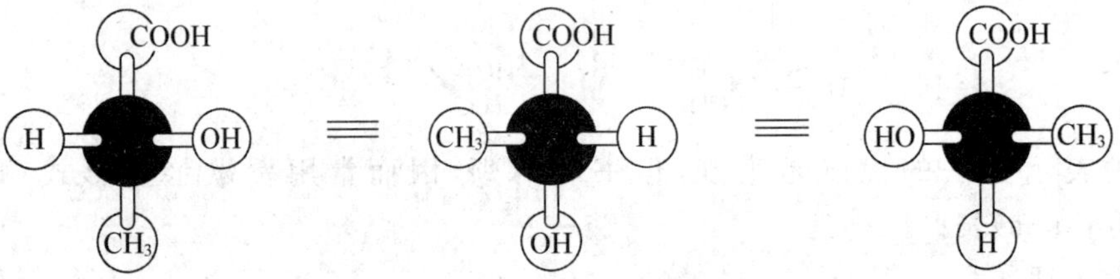

但是若将费歇尔投影式在纸面上旋转 90°或交换与同一个手性碳原子连接的任意两个基团的位置，新的投影式与原来的投影式的构型不同。

问题 7.5　下列构型式哪些是相同的？哪些是对映体？

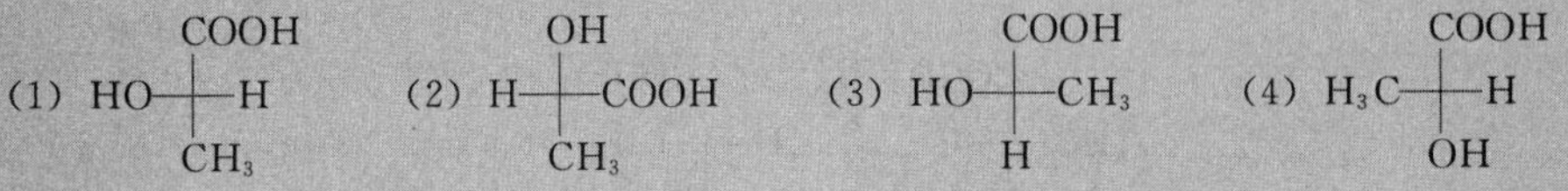

$$(1)\ \begin{array}{c} COOH \\ HO\!-\!\!\!+\!\!\!-\!H \\ CH_3 \end{array} \qquad (2)\ \begin{array}{c} OH \\ H\!-\!\!\!+\!\!\!-\!COOH \\ CH_3 \end{array} \qquad (3)\ \begin{array}{c} COOH \\ HO\!-\!\!\!+\!\!\!-\!CH_3 \\ H \end{array} \qquad (4)\ \begin{array}{c} COOH \\ H_3C\!-\!\!\!+\!\!\!-\!H \\ OH \end{array}$$

书写费歇尔投影式时，一般将最长的碳链垂直投影在纸面上，并将氧化程度最高的基团放在上端。例如：

$$\begin{array}{c} COOH \\ H\!-\!\!\!+\!\!\!-\!OH \\ CH_2OH \end{array} \qquad \begin{array}{c} COOH \\ HO\!-\!\!\!+\!\!\!-\!H \\ CH_2OH \end{array}$$

甘油酸的对映体

二、构型标识方法

1. *D*/*L* 法

对映异构体如乳酸有左旋体和右旋体，其旋光方向和比旋度可由旋光仪测出。但是左旋体和右旋体对应于哪一种构型，在 1951 年前是无法确定的。因此费歇尔人为地规定右旋甘油醛的构型为 *D* 型，左旋甘油醛的构型为 *L* 型：

CHO H—┼—OH CH_2OH	CHO HO—┼—H CH_2OH
D-(+)-甘油醛	*L*-(−)-甘油醛
D-(+)- glyceraldehyde	*D*-(−)- glyceraldehyde

其他的旋光化合物的构型以甘油醛为标准比较得到。凡是由 *D*-甘油醛通过化学反应得到的化合物或可转变为 *D*-甘油醛的化合物，只要在转变过程中原来的手性碳原子构型不变，其构型即为 *D* 型。同样，与 *L*-甘油醛相关的即为 *L* 型。例如：

CHO H—┼—OH CH_2OH	$\xrightarrow{[O]}$	COOH H—┼—OH CH_2OH	$\xrightarrow{[H]}$	COOH H—┼—OH CH_3
D-(+)-甘油醛		*D*-(−)-甘油酸		*D*-(−)-乳酸
D-(+)- glyceraldehyde		*D*-(−)- glyceric acid		*D*-(−)- lactic acid

D-(+)-甘油醛经温和氧化得到甘油酸，后者经还原得到乳酸，由于反应中未涉及手性碳原子的构型，因而生成的甘油酸和乳酸也是 *D* 型的。这种以人为规定的甘油醛构型为标准而确定的化合物构型叫作相对构型(relative configuration)。

必须指出，*D* 和 *L* 是构型的标记符号，(+)、(−)表示旋光的方向，后者只能由旋光仪测得，两者无任何对应关系。

问题 7.6　*L*-(−)-甘油醛经温和氧化得到相应的右旋的甘油酸，它的名称应是：
(a) *D*-(+)-甘油酸　(b) *L*-(+)-甘油酸　(c) *D*-(−)-甘油酸　(d) *L*-(−)-甘油酸

1951 年，彼育德(Bijvoet J. M.)等用 X-衍射法测得右旋酒石酸铷钠的绝对构型，与以甘油醛为标准确定的相对构型恰巧一致，因此之前以甘油醛为标准确定的相对构型也就是它的绝对构型(absolute configuration)。

D/*L* 法有一定的局限性。1979 年，IUPAC 建议采用 *R*/*S* 法。

2. *R*/*S* 法

将与手性碳原子相连接的原子或原子团按照顺序规则排列，较优(高位)基团在前，如 a>b>c>d(>意为优先于)，观察者从最低位基团 d 对面观察。若 a→b→c 是按顺时针方向排列的，则构型为 *R*；若 a→b→c 是按逆时针方向排列的，则构型为 *S*(图 7.5)。

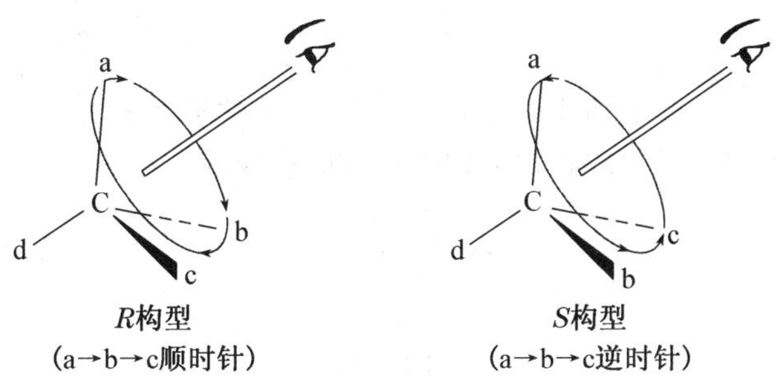

*R*构型　(a→b→c顺时针)　*S*构型　(a→b→c逆时针)

图 7.5　确定 *R* 和 *S* 构型的方法

命名一个手性中心的化合物时，将按顺序规则确定的手性中心构型用斜体字母加上括号置于化合物名称前作为立体词头(stereodescriptor)。

例如：

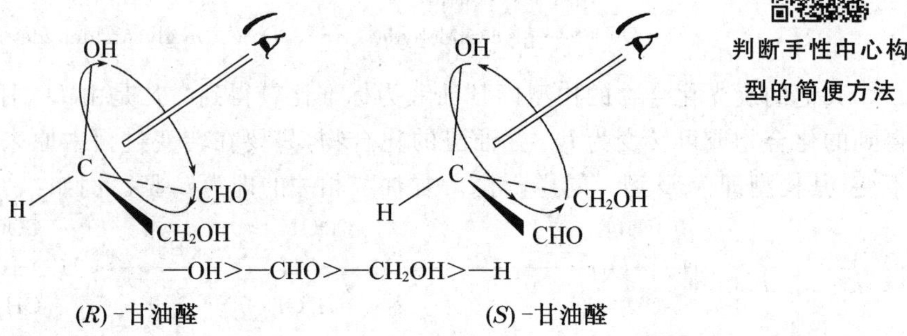

(*R*)-甘油醛　　(*S*)-甘油醛

标记费歇尔投影式的构型时，若最低位基团 d 在竖线上，a→b→c 是顺时针方向排列的，则构型为 *R*，a→b→c 为逆时针方向排列的，则构型为 *S*。

*R*构型　　*S*构型

若最低位基团 d 在横线上，a→b→c 是顺时针方向排列的，则构型为 *S*，a→b→c 是逆时针方向排列的，则构型为 *R*。

a
d—+—c
b

*R*构型

a
d—+—b
c

*S*构型

例如，下列三式都表示(*R*)-丁-2-醇的构型式。

OH, C, H, C_2H_5, CH_3　≡　OH / H_3C—+—C_2H_5 / H　≡　C_2H_5 / H—+—OH / CH_3

(*R*)-丁-2-醇　(*R*)-butan-2-ol

命名含有多个手性碳原子的化合物时，应将每个手性碳原子的构型依次标出，并把手性碳原子的编号和构型符号一起放在化合物名称前的括号内。例如：

CH_3
H—+—Cl　2*S*
Cl—+—H　3*S*
CH_2CH_3

(2*S*,3*S*)-2,3-二氯戊烷　(2*S*,3*S*)-2,3-dichloropentane

应当注意，*R*、*S* 和 *D*、*L* 以及旋光方向，三者没有任何对应关系。在书写对映体的名称时，构型符号和旋光方向都要写出来。例如：(*R*)-(+)-甘油醛，(*R*)-(−)-乳酸，外消旋体则写作(±)-乳酸或(*RS*)-乳酸。

R/*S* 标记法已获得广泛应用，但并没有完全代替 *D*/*L* 标记法。在氨基酸和糖类的构型标识中，一般仍采用 *D*/*L* 法。

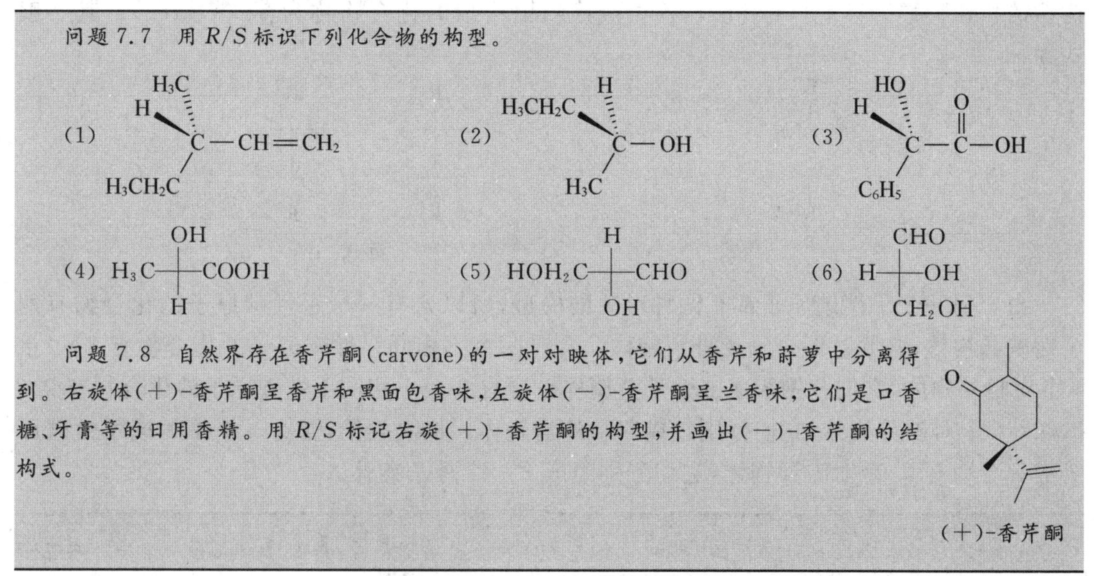

问题 7.7　用 *R*/*S* 标识下列化合物的构型。

问题 7.8　自然界存在香芹酮(carvone)的一对对映体，它们从香芹和莳萝中分离得到。右旋体(+)-香芹酮呈香芹和黑面包香味，左旋体(−)-香芹酮呈兰香味，它们是口香糖、牙膏等的日用香精。用 *R*/*S* 标记右旋(+)-香芹酮的构型，并画出(−)-香芹酮的结构式。

(+)-香芹酮

§7.5　含两个手性碳原子的化合物的构型异构

一、含有两个不相同的手性碳原子的化合物

两个不相同的手性碳原子可分别用 A 和 B 来表示。手性碳原子 A 有两种相对映的构型，即 A(*R*)和 A(*S*)。同样，手性碳原子 B 也有两种构型，B(*R*)和 B(*S*)。用下面的组合方式可推导出 A－B 型化合物有 4 种构型异构体：

A(*R*)	A(*R*)	A(*S*)	A(*S*)
|	|	|	|
B(*R*)	B(*S*)	B(*R*)	B(*S*)

例如 2,3,4-三羟基丁醛 $HOCH_2$—CH(OH)—CH(OH)—CHO 分子中有两个不相同的手性碳原子，具有 4 种构型异构体：

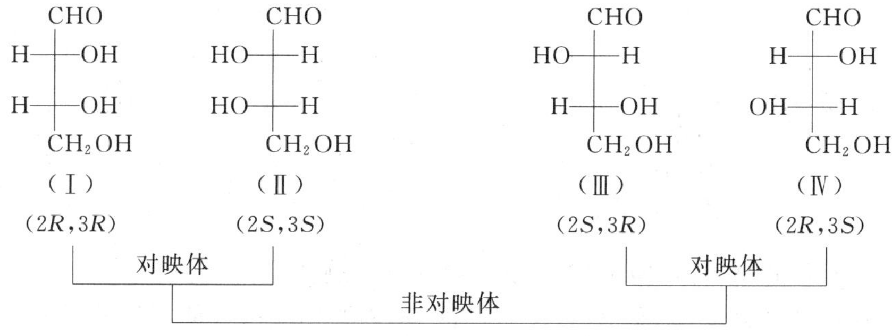

其中,(Ⅰ)和(Ⅱ)、(Ⅲ)和(Ⅳ)分别互为对映体,并各组成一个外消旋体。(Ⅰ)和(Ⅲ)、(Ⅰ)和(Ⅳ)、(Ⅱ)和(Ⅲ)、(Ⅱ)和(Ⅳ)都互为非对映体(diastereomer)。非对映体是不存在互为实物与镜像关系的构型异构体。

在糖类化合物中,(Ⅰ)和(Ⅱ)叫作赤鲜糖,(Ⅲ)和(Ⅳ)叫作苏阿糖。一般将类似赤鲜糖构型的化合物称为赤式(erythro),将类似苏阿糖构型的化合物称为苏式(threo)。其一般式为:

R
b—┼—a
c—┼—a
R′

R
a—┼—b
a—┼—c
R

赤式

R
a—┼—b
c—┼—a
R′

R
b—┼—a
a—┼—c
R′

苏式

由于每一个手性碳原子都有两种对映的构型,所以含有一个手性碳原子的化合物有两个对映异构体,其等量混合物为外消旋体。含有两个不相同手性碳原子的化合物有 2×2=4 个对映异构体,它们分别组成二个外消旋体。含有 3 个不相同手性碳原子的化合物有 2×2×2=8 个对映异构体,它们分别组成四个外消旋体。依次类推,含有 n 个不相同手性碳原子的化合物有 2^n 个对映异构体,它们分别组成 2^{n-1} 个外消旋体。

问题 7.9 写出 2-氯-3-羟基丁二酸的立体异构体的费歇尔投影式,用 R/S 标记每一个手性碳原子的构型。并说明哪些互为对映体,哪些互为非对映体,哪些属于赤式,哪些属于苏式。

二、含有两个相同的手性碳原子的化合物

2,3-二羟基丁二酸(酒石酸,tartaric acid,HOOC—CH(OH)—CH(OH)—COOH)分子中有两个手性碳原子,但每个手性碳原子上连接的基团相同,都是—H、—OH、—COOH及—CH(OH)COOH,因而是两个相同的手性碳原子,是 A—A 型化合物。酒石酸的构型异构体的构型为:

COOH
H—┼—OH
HO—┼—H
COOH
(Ⅰ)
左旋体
(2S,3S)-(−)-酒石酸

COOH
HO—┼—H
H—┼—OH
COOH
(Ⅱ)
右旋体
(2R,3R)-(+)-酒石酸

(±)-酒石酸
外消旋体

COOH
H—┼—OH
H—┼—OH
COOH
(Ⅲ)
内消旋体
(2R,3S)-酒石酸

≡

COOH
HO—┼—H
HO—┼—H
COOH
(Ⅳ)
(2S,3R)-酒石酸

其中,(Ⅰ)和(Ⅱ)是对映体,其等量混合物为外消旋体。

将(Ⅳ)在纸平面上旋转 180°后,(Ⅳ)与(Ⅲ)完全重叠,因此(Ⅲ)和(Ⅳ)是同一化合物,

即不是手性分子。由于分子中两个相同的手性碳原子构型相反，旋光能力互相抵消，因此(Ⅲ)无旋光性，这种化合物叫作内消旋体(meso isomer)。由此可见，有两个或两个以上手性碳原子的化合物不一定具有手性。

这样，酒石酸只有3种构型异构体：左旋酒石酸、右旋酒石酸、内消旋酒石酸。内消旋酒石酸与左旋体和右旋体分别互为非对映体。

对映异构现象的发现

问题7.10　写出2,3-二溴丁烷$CH_3CHBrCHBrCH_3$构型异构体的费歇尔投影式并说明哪些是对映体，哪些是内消旋体，哪些属于赤式，哪些属于苏式。

§7.6　分子的对称性与手性

手性是分子存在对映异构体的必要和充分条件。判断一个化合物是否具有手性，除了考察该化合物与其镜像的关系外，常用且简便的方法是研究分子的对称性。

一、分子的对称性

1. 对称面(σ)

假如有一个平面能把一个分子切成两部分，一部分正好是另一部分的镜像，这个平面就是这个分子的对称面(symmetric plane)。如图7.6所示，Ca_2bc型化合物的分子有一个对称面，即b、c和a-a边的中点d所在的平面σ。例如2-氯丙烷就属于这种类型。

如果分子中所有的原子都在同一平面内，如乙烯、苯等，这个平面也是分子的对称面。

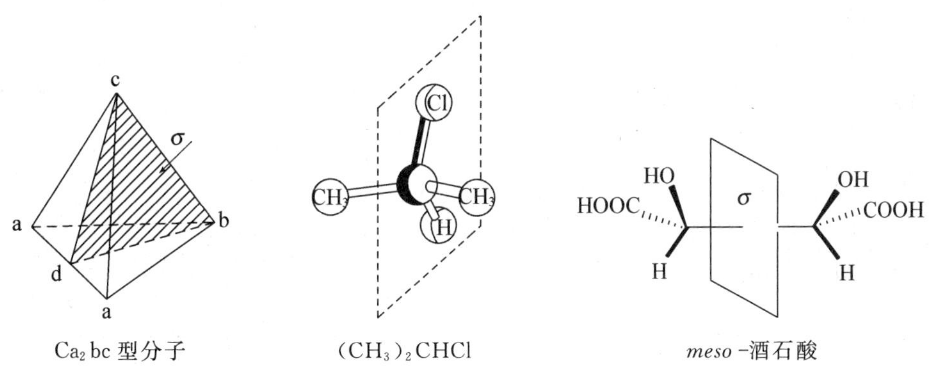

图7.6　有对称面的分子

如果分子有一个对称面，把镜子放在对称面的位置，所得镜像正好与原来的分子相重叠，因此有对称面的分子没有手性。2-氯丙烷和*meso*-酒石酸分子中有对称面，所以没有手性。

问题7.11　写出1,3-二甲基-2,4-二苯基环丁烷的顺反异构体(五种)，并指出哪些异构体有对称面。

2. 对称中心(i)

假如分子中有一点 i,从分子中任何一个原子或原子团为出发点向 i 点连线,再延长此直线,若能在等距离处遇到相同的原子或原子团,则 i 就是该分子的对称中心(symmetric center)。例如:

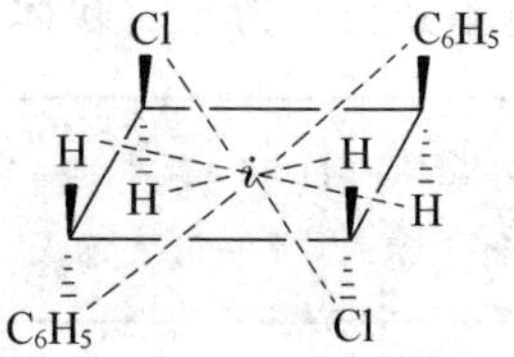

如果在包含对称中心的环平面的位置放一面镜子,可以看到每个环碳原子在镜面上下的两个取代基互换一下就得到它的镜像(图 7.7)。如果以通过对称中心并垂直于环平面的直线为轴旋转 180°,得到的构型正好是它的镜像。由此可见有对称中心的分子能与其镜像重叠,所以没有手性。

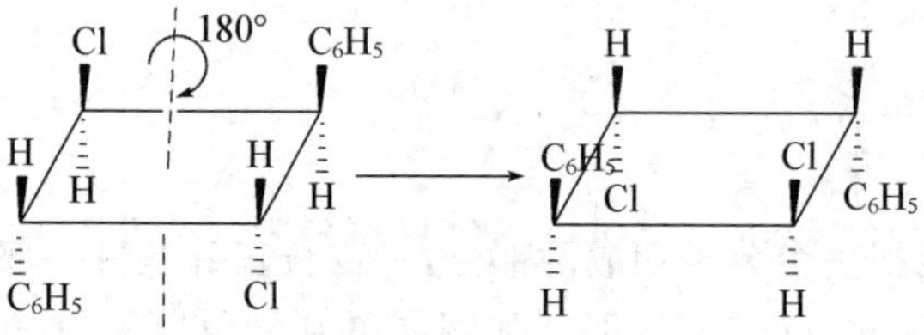

图 7.7 有对称中心的分子和它的镜像

一般说来(除极少数例外),一个分子既无对称面,也无对称中心,该分子就具有手性,就有对映异构体。

问题 7.12 写出下列化合物的费歇尔投影式并用 R/S 标记手性中心的构型。如有非手性分子,指出对称因素。

(1) 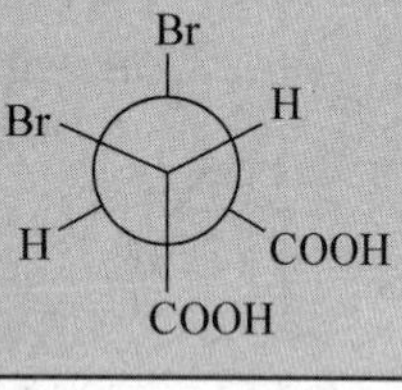 (2) 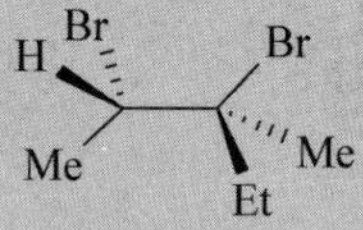 (3)

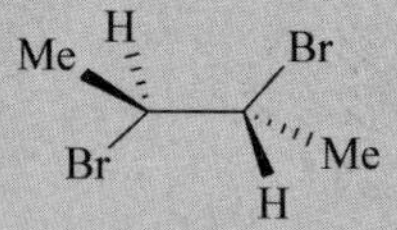

二、手性与构象

内消旋酒石酸的重叠式构象和三种交叉式构象的纽曼投影式如下:

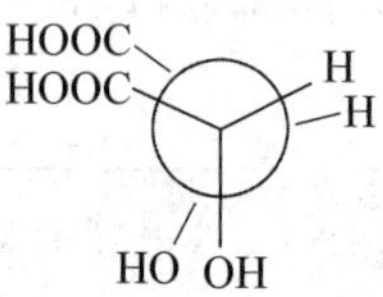

(Ⅰ) 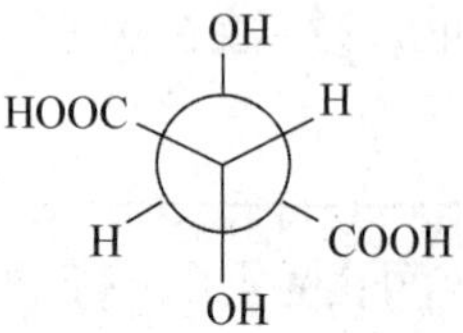 (Ⅱ) 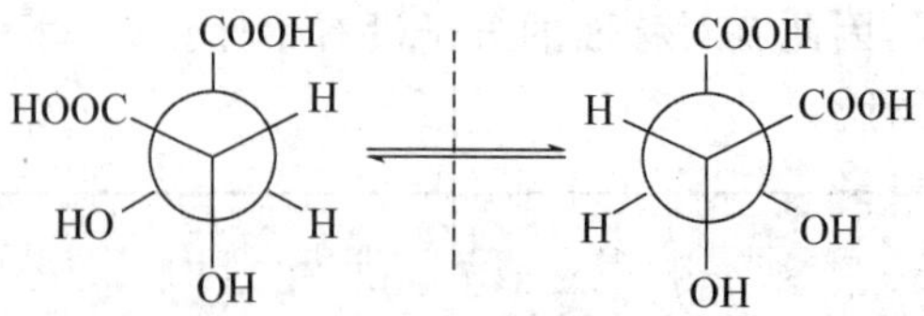 (Ⅲ) (Ⅳ)

(Ⅰ)和(Ⅱ)式中分别有一个对称面和对称中心,因而没有手性。(Ⅲ)和(Ⅳ)没有对称面，也没有对称中心，是有手性的，但（Ⅲ）和（Ⅳ）式是对映的，其内能相同，在构象平衡中所占份额也相同。与（Ⅲ）和（Ⅳ）式相似的其他有手性的构象也总是成对出现，在平衡中所占份额也相同，它们对偏光的影响互相抵消。因此可以认为只要分子的任何一种构象有对称面或对称中心，该分子就没有手性。

三、含手性轴的化合物的对映异构

常见的手性轴化合物有丙二烯类和联苯类衍生物。

1. 丙二烯类衍生物

在丙二烯（allene）分子中，C_2 为 sp 杂化，C_1 和 C_3 为 sp^2 杂化，因而形成的两个 π 键互相垂直，两端碳原子上的氢原子分别在互相垂直的两个平面上（图 7.8a）。

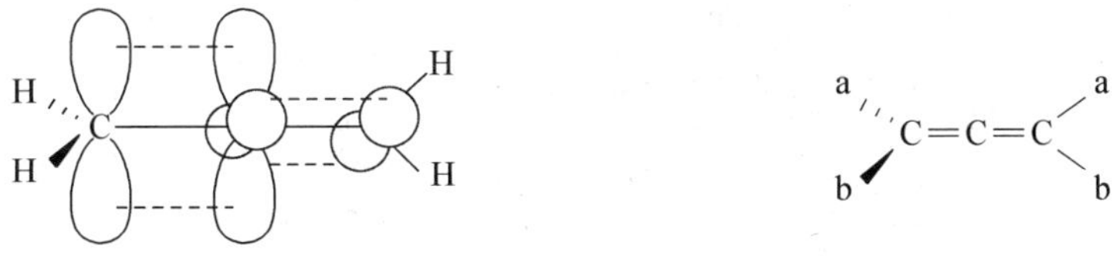

(a) 丙二烯的分子轨道模型　　(b) 具有手性的丙二烯型化合物

图 7.8　丙二烯型化合物的结构

如果丙二烯两端碳原子上分别连接不同的原子或基团 a、b，由于它们位于互相垂直的两个平面上（图 7.8b），分子中既没有对称面也没有对称中心，因而具有手性。互相垂直的两个平面的相交线，即三个碳原子的连线就是丙二烯型分子的手性轴（chiral axis）。例如，人工合成的第一个手性的丙二烯型化合物的对映体为：

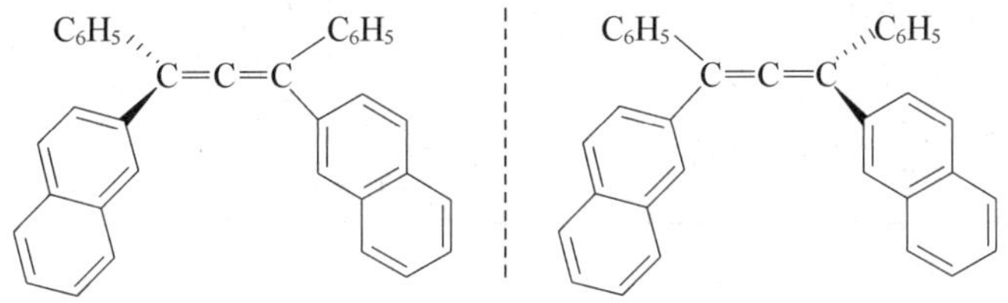

用环状结构代替丙二烯型手性化合物中的一个或两个双键得到的化合物也具有手性。例如：

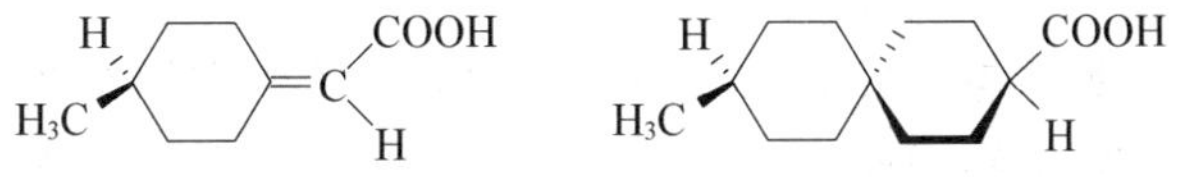

2. 联苯类衍生物

在联苯（biphenyl）分子中，两个苯环可绕中间的 C—C 单键旋转。如果在苯环的邻位有范德华半径较大的原子或基团，如—I、—Br、—NO_2、—COOH 等时，苯环绕单键的旋转就受到阻碍，两个苯环不会在同一平面上，而会呈一定的角度。两个苯环之间的 C—C 单键的延长线是联苯类分子的手性轴。分子既无对称面也无对称中心，因而分子具有手性。例如下面的化合物已拆分成两个对映体：

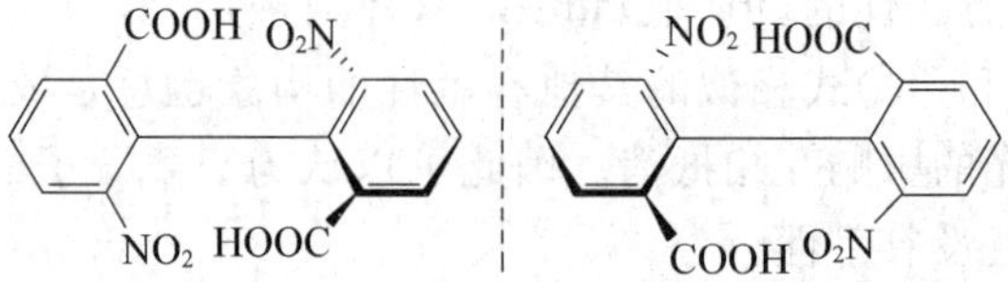

COOH　O_2N　NO₂ HOOC　NO_2 HOOC COOH O_2N

2,2′-二苯基膦基-1,1′-联萘的C—C单键旋转受阻，导致分子既无对称面也无对称中心，因而具有手性。两个对映体(S)-BINAP和(R)-BINAP用作过渡金属的手性双膦配体，它们的配合物是不对称合成中重要的手性催化剂。手性轴分子的构型也用R-或S-标识。标识方法见《有机化合物命名原则》P287-288。

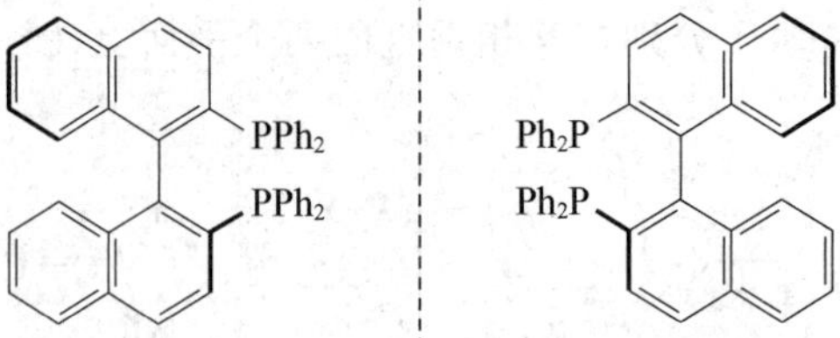

PPh_2 PPh_2 Ph_2P Ph_2P

(S)-BINAP　(R)-BINAP

问题7.13　判断下列化合物是否有手性。

(1) 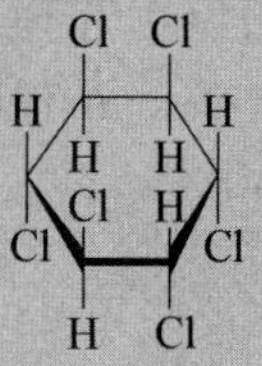　(2) 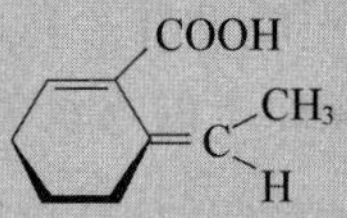　(3) 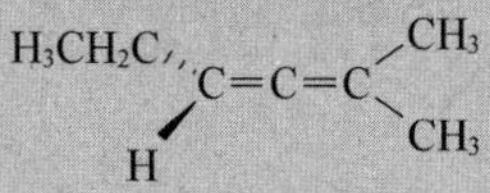　(4)

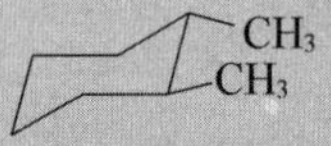

§7.7　非对映异构体

对映异构体是互为实物与镜像关系并不能互相重合的构型异构体。而非对映异构体是没有实物与镜像关系的构型异构体。双键和环状化合物的顺反异构体和两个或两个以上手性中心的化合物的构型异构体一般有非对映异构体。

一、含碳碳双键的非对映异构体

H_3C　H　H_3C　CH_3

H　CH_3　没有镜像关系　H　H

trans-丁-2-烯　*cis*-丁-2-烯

cis-丁-2-烯和 *trans*-丁-2-烯是顺反异构体，它们没有互为镜像的关系。所以它们不是对映异构体。它们是非对映异构体。交换双键同一碳原子上的两个基团，就形成另一个非对映异构体。

二、环状化合物的非对映异构体

cis-1,4-二甲基环己烷　{没有镜像关系}　*trans*-1,4-二甲基环己烷

cis-1,4-二甲基环己烷和 *trans*-1,4-二甲基环己烷是顺反异构体。两者都有通过1,4-位碳原子并垂直于环的分子内对称面，因而是非手性分子。它们相互没有镜像关系，所以它们是非对映异构体。交换同一碳原子上的两个原子或基团（H 和 CH_3）就形成另一个非对映异构体。

cis-1,3-二甲基环戊烷和 *trans*-1,3-二甲基环戊烷是顺反异构体。它们没有互为镜像的关系，所以它们也是非对映异构体，交换同一个碳原子上的 CH_3 和 H 原子，就形成另一个非对映异构体。*trans*-1,3-二甲基环戊烷分子中没有对称中心和对称面，因而是手性分子，有一对对映体。*cis*-1,3-二甲基环戊烷分子中有对称面，因而是非手性分子，它是内消旋化合物。

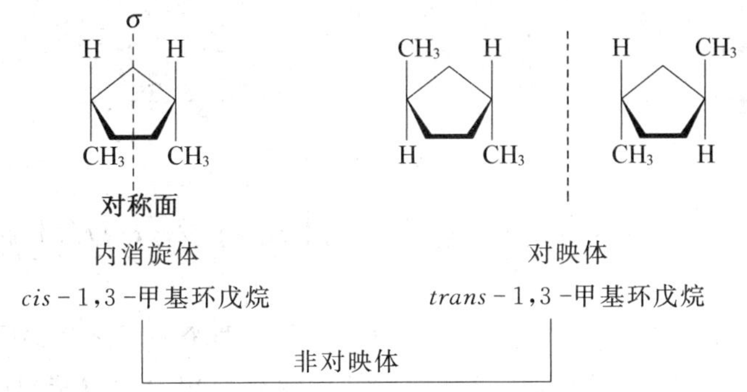

在§7.5中已看到含两个或两个以上手性中心的分子的非对映异构。在具有两个不相同手性碳原子的2,3,4-三羟基丁醛的例子中，交换同一个手性碳原子上的两个原子或原子团（H 和 OH）都形成另一个构型异构体。

三、立体异构体的分类

从以上讨论可以看到，丁-2-烯和1,4-二甲基环己烷是非手性分子，分子中没有手性碳原子或手性中心，导致产生立体异构的集中点是双键碳原子或环和取代基的连接点，有时把这些产生立体异构的集中点称作立体异构源中心（stereogenic centers）。立体异构源中心的概念可以扩大到1,3-二甲基环戊烷和2,3,4-三羟基丁醛等有手性中心甚至手性轴的化合物。交换任何立体异构源中心的两个原子或取代基，都形成另一个构型异构体。

构型异构体可以分类为对映异构体和非对映异构体。

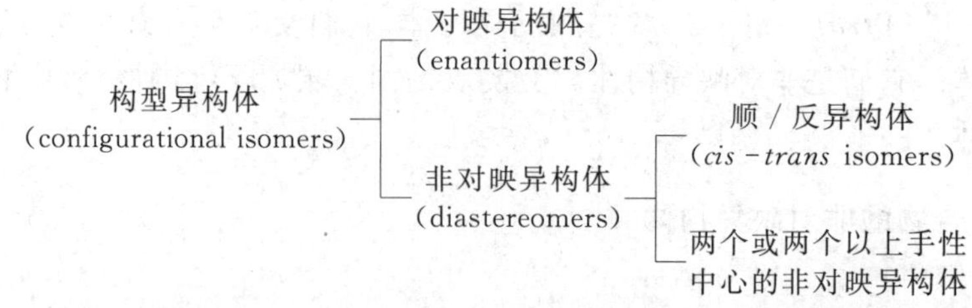

问题 7.14 指出下列各种化合物的关系。

(1) (2*R*,3*S*)-2,3-二溴己烷,(2*S*,3*R*)-2,3-二溴己烷

(2) (2*R*,3*S*)-2,3-二溴己烷,(2*R*,3*R*)-2,3-二溴己烷

(3)

(4)

(5)

(6)

§7.8 对映异构体和非对映异构体的性质

两个对映体是互为实物与镜像的关系,其分子中任何两个原子之间的距离都相同,因而分子的内能也相同。对映体的性质在非手性条件下没有差别,在手性条件下则可能不同。加热汽化或熔化,在非手性溶剂(如水、丙酮)中的溶解等都是非手性条件,因此对映体的沸点、熔点,在水中或普通有机溶剂中的溶解度等都相同。偏光是手性条件,因而对映体的比旋度不同。外消旋体是对映体的等摩尔混合物,它与组成它的对映体往往有不同的物理性质。酒石酸的物理性质见表 7.1。

表 7.1 酒石酸的物理性质

酒石酸	熔点(℃)	α_D^{25}(20% H_2O)	溶解度(克/100 克 H_2O)	密度(克/毫升,20 ℃)	pK_{a1}	pK_{a2}
(+)-酸	170	+12°	139	1.760	2.93	4.23
(−)-酸	170	−12°	139	1.760	2.93	4.23
(±)-酸	206	0°	20.6	1.680	2.96	4.24
meso-酸	140	0°	125	1.667	3.11	4.80

问题 7.15　设＋A 与－A 为对映体，填充下表的空白处。

化合物	熔点(℃)	α_D^{25}(乙腈)	溶解度(克/100 克丙酮)	密度(克/毫升，20 ℃)
＋A	106			1.140
－A		－43°	94.5	
±A	145		126.7	1.080

在通常条件下，对映体的化学性质相同，但与手性试剂作用或在手性溶剂中及手性催化剂存在下反应，其反应速度不同。由于生命体系的手性环境，手性化合物的一对对映体或非对映体常表现出不同的生理和药理作用。例如治疗帕金森氏综合征的药物 *L*－多巴(*L*－dopa)在体内可以被脱羧酶催化脱羧，产生活性药物多巴胺(dopamine)，而 *D*－多巴不能被催化脱羧。如服用外消旋的多巴，*D*－多巴则会在体内积累，对健康造成危害。青霉胺(penicillamine)的 *D*－异构体可治疗 Wilkinson 症和胆管硬化症，但其 *L*－异构体却会导致视力衰退，且有致癌的潜在危险。沙利度胺(thalidomide)又称为反应停，其 *R*－异构体有止吐和镇静作用，而 *S*－异构体则有强烈的致畸作用。20 世纪 60 年代，在欧洲，孕妇服用了外消旋的沙利度胺，导致婴儿畸形的悲剧。由于立体异构体的生理活性差异和潜在的危害，许多国家在 20 世纪九十年代颁布了手性药物管理条例，单一立体异构体是手性药物的基本要求。

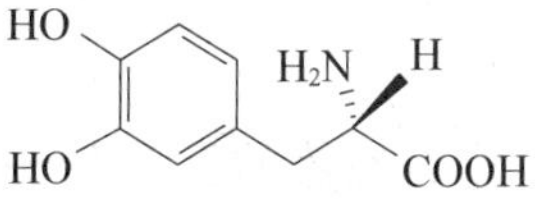

L-多巴(*L*-dopa) 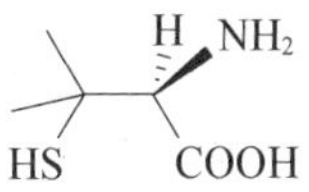　　*D*-青霉胺(*D*-penicillamine)

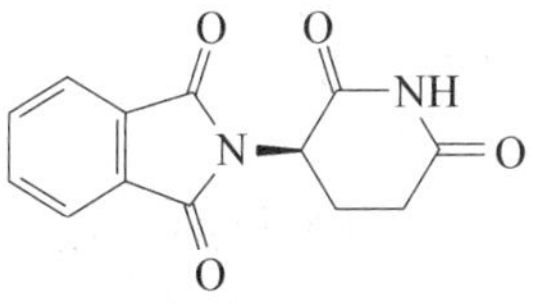

(*R*)-异构体 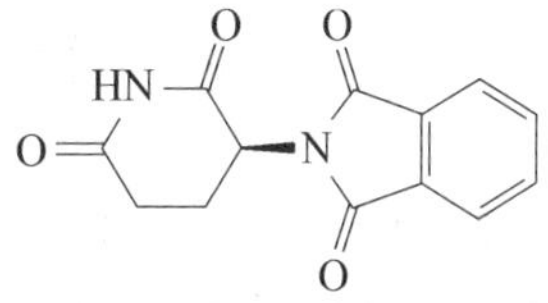　　(*S*)-异构体

沙利度胺(thalidomide)

非对映体分子中某些原子或基团之间的距离不相同，分子的内能也不同，因而，非对映体的物理性质一般不相同，同一化学反应的反应速率也常不相同。例如表 7.1 中内消旋酒石酸分别与右旋酒石酸和左旋酒石酸是非对映异构体，它们的熔点相差 30 ℃，在水中的溶解度和 pK_a 值都有较大的差异，因此可以用蒸馏、重结晶、色谱技术等常规方法分离非对映异构体。非对映异构体也常表现出不同的生理和药理性质。例如丁烯二酸 HOOC—CH＝CH—COOH，(*Z*)-丁-2-烯二酸((*Z*)-but-2-enedioic acid，mp 138 ℃)有毒性，而(*E*)-丁-2-烯二酸((*E*)-but-2-enedioic acid，mp 287 ℃)参与动物和植物体内的新陈代谢过程，是生命活动中的重要中间产物。

§7.9 外消旋体的拆分

在通常条件下，由非手性化合物制备手性化合物时，一般得到外消旋体。例如丙酸溴化时，得到等摩尔的左旋体和右旋体的混合物。这是因为反应中生成的碳自由基具有 sp^2 杂化的平面结构，溴自由基可从平面的两边进攻，机会均等，因而生成外消旋体。

$$Br-Br \xrightarrow{h\nu} Br\cdot + Br\cdot$$

$$Br\cdot + H-CH(COOH)CH_3 \longrightarrow \cdot CH(COOH)CH_3 + Br-H$$

HOOC H / CH₃ 平面自由基 —(a, $Br-Br$)→ HOOC, H, Br, H_3C；—(b, $Br-Br$)→ COOH, H, Br, CH_3

将外消旋体分离为左旋体和右旋体的过程叫作外消旋体的拆分(resolution)。由于对映体的物理性质熔点、沸点、溶解度等均相同，所以不能用蒸馏、重结晶等一般方法分离它们，需要采用特殊的方法。

外消旋体的拆分方法主要有化学法、生物法和晶种结晶法。

1. 化学法

化学拆分法一般是把对映体转变成非对映体，由于非对映体的沸点、熔点、溶解度等物理性质不相同，因而可以用一般的方法分离，分离后的非对映体再通过适当方法转变成原来的左旋体和右旋体。例如如要拆分外消旋的酸(±)-A，则可选择一个手性的碱作为拆分剂(resolving agent)，如(+)-B，它们相互反应可以生成两个非对映体的盐。

利用它们在溶剂中的溶解度的不同，用重结晶的方法可以使它们分离。将分离得到的两种非对映体盐，分别酸化即可得左旋体(−)-A和右旋体(+)-A。常用的拆分剂为旋光纯的天然产物。例如拆分外消旋酸的拆分剂常为旋光纯的手性生物碱，如(−)-番木鳖碱、(−)-奎宁、(−)-马钱子碱等。拆分外消旋碱的拆分剂为天然的旋光纯的手性酸，如(−)-苹果酸、(+)-酒石酸等。

2. 生物法

酶是手性物质，与对映异构体的作用有高度的选择性，利用酶作为拆分剂常具有良好的拆分效果。例如外消旋苯丙氨酸的拆分：先将苯丙氨酸乙酰化生成(±)-*N*-乙酰基苯丙氨酸，然后用乙酰水解酶水解。由于乙酰水解酶只能使(+)-*N*-乙酰基苯丙氨酸水解，所以酶水解产物为(+)-苯丙氨酸与(−)-*N*-乙酰苯丙氨酸的混合物，两者的性质有较大差别，很容易用一般方法分离，得到(＋)-苯丙氨酸。将(－)-*N*-乙酰基苯丙氨酸碱性水解移去乙酰基可得到(－)-苯丙氨酸。

$$\underset{(\pm)\text{-苯丙氨酸}}{C_6H_5-CH_2\underset{NH_2}{\underset{|}{C}}HCOOH} \xrightarrow[\text{乙酰化}]{(CH_3CO)_2O} \underset{(\pm)\text{-}N\text{-乙酰基苯丙氨酸}}{C_6H_5-CH_2\underset{NHCOCH_3}{\underset{|}{C}}HCOOH} \xrightarrow{\text{乙酰水解酶}} \begin{matrix}(+)\text{-苯丙氨酸}\\+\\(-)\text{-}N\text{-乙酰基苯丙氨酸}\end{matrix}$$

$$(-)\text{-}N\text{-乙酰基苯丙氨酸} \xrightarrow{\text{水解}} (-)\text{-苯丙氨酸} + \text{乙酸}$$

3. 晶种结晶法

这种方法是在外消旋体(如±A)的饱和溶液中加入左旋体或右旋体的晶种，这时会析出一部分与所加晶种相同的异构体(如＋A)，过滤后的滤液中就含有较多的另一种异构体(－A)。然后再加入外消旋体(±A)，就会析出一部分另一种异构体(－A)，如此反复操作。这种方法只需要开始时加入少量纯的一种异构体的晶种，就可以把外消旋体拆分，经济实用。在氯霉素的工业生产中，就是利用这种晶种结晶法拆分的。

经拆分后的化合物的旋光纯度可以用旋光仪测定比旋度计算得到。但是，这方法需要已知被测对映体的比旋度[α]值，因而有一定的局限性。

测定对映体组成的最有效的方法是采用手性色谱柱的气相色谱(GC)或高效液相色谱(HPLC)方法。它的基础是手性固定柱(手性柱)的手性物质对对映体的快速和可逆的非对映性的相互作用，由于对对映体的作用能力的差异而导致对映体在色谱体系中分离，因而对映体各自以不同的速度被洗脱。

对映体的组成也可以用核磁共振法测定。这种方法必须使用手性位移试剂或手性衍生化试剂。基本原理是被测定的手性化合物和手性位移试剂的非对映性相互作用，使被测对映体化合物像非对映体一样在核磁共振谱图上表现出来。应用手性衍生化试剂的方法是将对映体转化为相应的非对映体衍生物，然后用核磁共振仪测定。

§7.10　立体专一性反应

丁-2-烯与卤素的亲电加成可以得到2,3-二卤代丁烷，例如丁-2-烯与溴的加成：

$$CH_3CH{=}CHCH_3 + Br_2 \longrightarrow CH_3\underset{Br}{\underset{|}{\overset{*}{C}}}H-\underset{Br}{\underset{|}{\overset{*}{C}}}HCH_3$$

2,3-二溴丁烷有一对对映体和一个内消旋体，加成产物的构型取决于反应物丁-2-烯的构型。

烯烃与溴的亲电加成反应，由于首先生成环状溴正离子，因而溴负离子只能从环的背后进攻。因此，(*E*)-丁-2-烯与溴加成，所得产物为赤式内消旋体。而(*Z*)-丁-2-烯与溴加成，所得产物为苏式外消旋体。

(*E*)-丁-2-烯 $\xrightarrow{Br_2}$

赤式,内消旋体

(*Z*)-丁-2-烯 $\xrightarrow{Br_2}$

苏式,外消旋体

像(*E*)-丁-2-烯和(*Z*)-丁-2-烯与溴的加成那样,由一种构型异构反应物经反应得到某一种特定的构型异构体产物的反应称为立体专一性反应(stereospecific reactions)。

问题 7.16 烯烃被稀、冷高锰酸钾溶液氧化为邻位二醇的反应是顺式加成。试写出下列反应的构型异构产物:

(1) $\xrightarrow{KMnO_4(稀,冷)}$

(2) $\xrightarrow{KMnO_4(稀,冷)}$

问题 7.17 环己烯与溴的四氯化碳溶液作用生成几种构型异构体?它们有无手性?

§7.11 不对称合成

一般条件下,由一种非手性化合物制备手性化合物时,常得到外消旋体,要想得到左旋体或右旋体,必须进行拆分。对映异构体的拆分往往十分艰难,同时拆分得到的两个对映异构体,其中一个常成为废弃物。因而不需拆分直接得到单一对映体产物的反应逐渐受到青睐。有两种合成方法可获得手性产物。一种是以自然界形成的天然手性化合物为起始原料,如天然氨基酸(第十四章)、碳水化合物(第十六章)、萜类化合物和甾族化合物(第十七章)等。在反应中只要不影响手性中心的构型,即可转变成带手性的合成元(chiron),继而合成新的手性化合物。因此利用天然产物的"手性元"合成是获得旋光纯的手性化合物重要方法。例如 *D*-(+)-甘露醇的四个羟基经缩酮保护(§10.2)后用高碘酸氧化(§9.2)断裂邻二醇的碳-碳键(C_2—C_5)，接着酸性水解，反应中没有涉及 C_2 和 C_5 手性碳，所以可得到两分子 D-(+)-甘油醛。D-(+)-甘油醛是合成手性药物的重要中间体。

D-(+)-甘露醇 $\xrightarrow[\text{TsOH}]{CH_3COCH_3}$ （二丙酮缩合物） $\xrightarrow[(2)\ H_3O^{\oplus}]{(1)\ NaIO_4}$ 2 D-(+)-甘油醛

另一种获得不等量的对映体或非对映体的合成方法是不对称合成(asymmetric synthesis)。不对称合成要在手性条件下进行，如应用手性反应物、手性催化剂及手性试剂等。

野依良治(Noyori R.)和诺尔斯(Knowels W. S.)用手性轴的联萘双膦配体(S)-BINAP(见§7.6(三))代替魏尔金生(Wilkinson)均相催化剂中的三苯基膦配体，得到的手性双膦钌配合物((S)-BINAP-Ru($OCOCH_3$)$_2$)催化剂用于碳碳双键的催化氢化反应，可得到高旋光纯的产物。应用该手性催化剂的立体选择性催化氢化反应，已成功合成了抗风湿药萘普生和治疗帕金森综合征药 L-多巴等单一对映体药物，并实现了工业化。例如：

$\xrightarrow[\text{MeOH}]{(S)\text{-BINAP-Ru}(OCOCH_3)_2(0.5\ mol\%)}$

萘普生　ee 97.0%

由于诺尔斯(Knowles W. S.)和野依良治(Noyori R.)对手性过渡金属配合物催化立体选择性氢化反应的开创性工作，他们和另外一位对立体选择性氧化反应做出重要贡献的化学家夏普莱斯(Sharpless K. B.)共同获得了2001年诺贝尔化学奖。

如果反应生成的两种立体异构产物为对映异构体，并且其中一种对映体的量多于另一种，这种反应叫做对映选择性反应(enantioselective reaction)。用对映体过量百分数(ee)衡量对映选择性。

酶作为手性催化剂在不对称合成中的立体专一性是惊人的。例如，(E)-丁-2-烯二酸在富马酸酶的存在下加水得(S)-2-羟基丁二酸(苹果酸)。

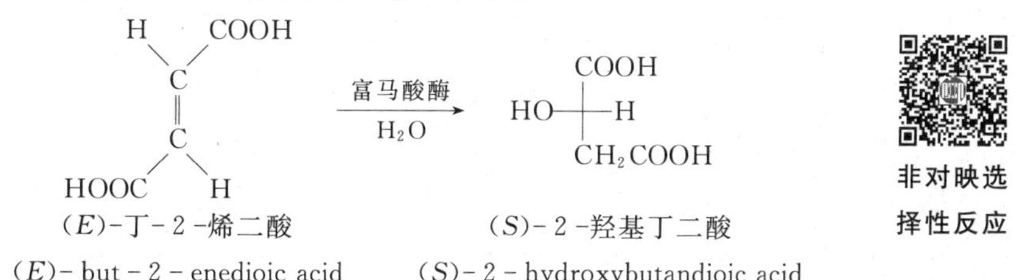

(E)-丁-2-烯二酸　　(S)-2-羟基丁二酸

(E)-but-2-enedioic acid　　(S)-2-hydroxybutandioic acid

习 题

7.1 解释下列名词和符号。

构造、构型、构象、手性、对映异构、对映体、非对映体、外消旋体、内消旋体、手性中心、手性轴、立体异构源中心、旋光纯度、比旋度、*R*、*S*、*D*、*L*、(+)、(-)、(±)、*meso*、ee、op。

7.2 用 *R*/*S* 标识下列手性药物的手性中心的构型。

(1) 卡托普利(captopril)

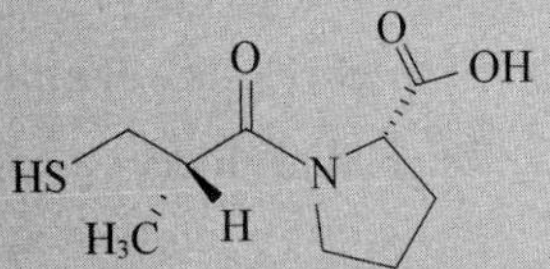

(2) 舍曲林(sertraline)

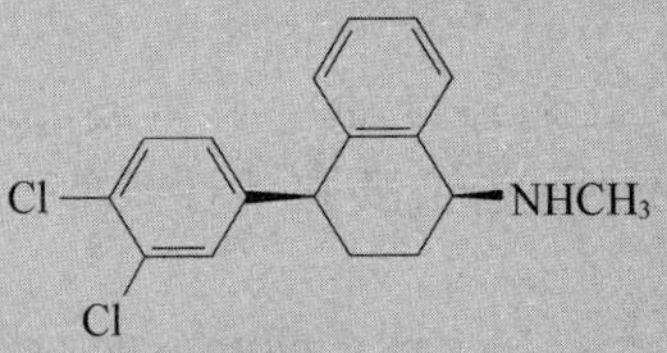

(3) 布洛芬(ibuprofen)

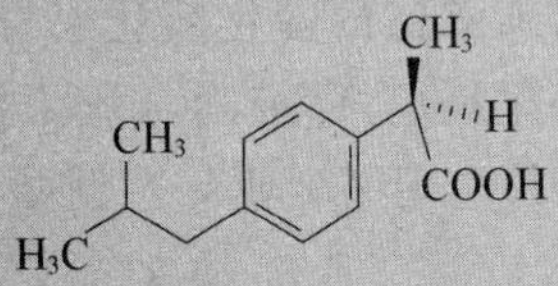

(4) 巴氯芬(baclofen)

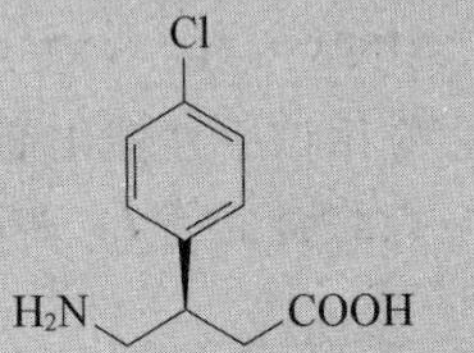

(5) 利萘唑胺(linezolid)

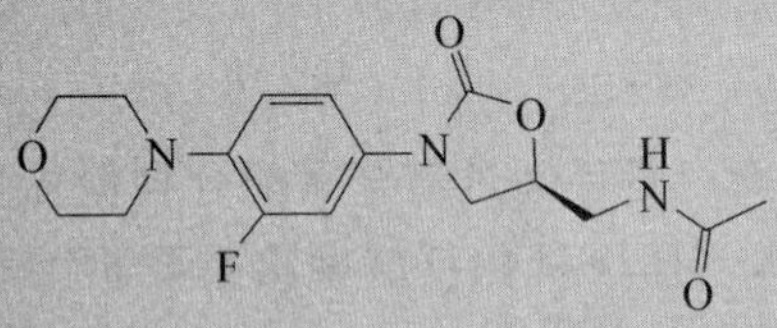

(6) 左氧氟沙星(levofloxacin)

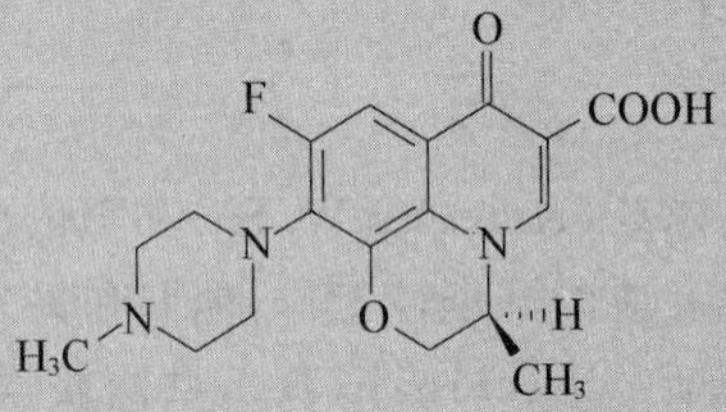

7.3 写出下列化合物的费歇尔投影式。

(1) (*L*)-2-氨基丙酸

(2) (2*R*,3*S*)-3-溴-2-氯己烷

(3) (*R*)-3-溴丁-1-烯

(4) (2*Z*,4*S*,5*E*)-4-甲基辛-2,5-二烯

(注:化合物中有烯键和手性中心时,将所有立体词头按位次递增混合排列在化合物的名称前的括号中)

7.4 将下列纽曼投影式改写成费歇尔投影式和透视式。

(1)

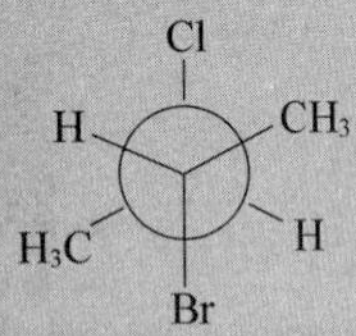

(2)

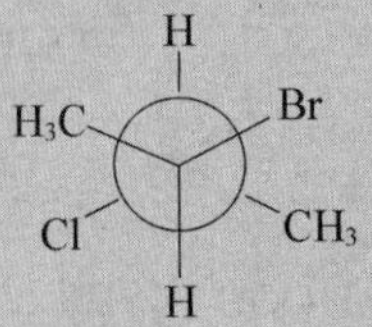

(3)

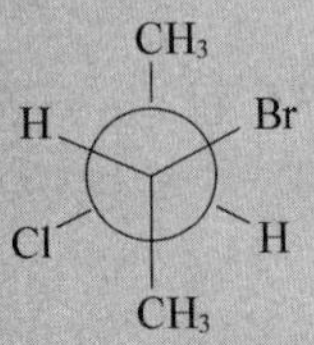

(4)

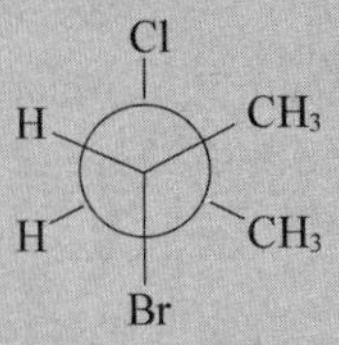

7.5 写出甲基环戊烷可能的一氯代产物的构型式,指出哪些是对映体,哪些是非对映体,哪些没有手性。

7.6　写出1,3-二氯环己烷的构型异构体的构型式及相应的稳定的构象。

7.7　顺反异构体的生理活性也往往存在很大差别。(E)-己烯雌酚(diethylstilbestrol)具有甾体激素性质，有很强的生理活性，可以供药用，而(Z)-己烯雌酚生理活性很小，无药用价值。试写出它们的系统名称。

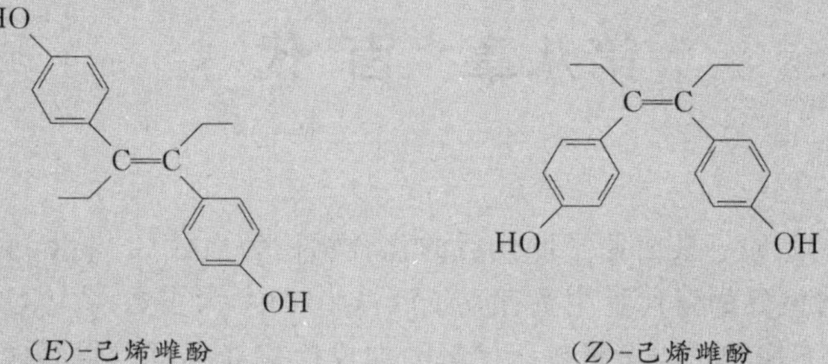

(E)-己烯雌酚　　　　(Z)-己烯雌酚

7.8　写出下列化合物所有的构型异构体。

(1) H_3C / HO / $CH(CH_3)_2$　薄荷醇(menthol)

(2) HO, OH, HO—, —OH, HO, OH　六羟基环己烷

(3) $C_6H_5CH(OH)CH(NHCH_3)CH_3$　麻黄素(ephedrine)

(4) $CH_3(CH_2)_5CH(OH)CH_2CH{=}CH(CH_2)_7COOH$　蓖麻酸(ricinoleic acid)

(5) $CH_3CH{=}C{=}C(COOH)CH_2CH(CH_3)CH_2CH_3$

7.9　(＋)-反式菊酸酯存在于除虫菊的花冠中，是一种天然的杀虫剂。根据它的结构目前已发展出多种广谱、低毒的拟除虫菊酯杀虫剂，其结构保留了环丙烷单元及其构型，例如炔呋菊酯、二氯苯醚菊酯等。试写出它们的其他立体异构体，并标识手性中心的构型。

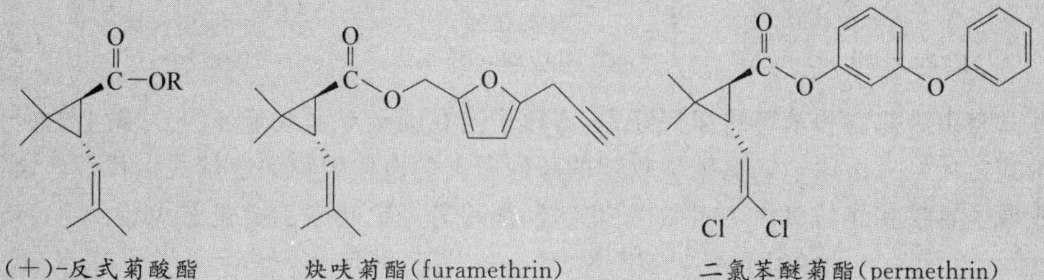

(＋)-反式菊酸酯　　炔呋菊酯(furamethrin)　　二氯苯醚菊酯(permethrin)

7.10　化合物A、B和C分子式均为C_6H_{12}。当催化加氢时都可吸收一分子氢生成3-甲基戊烷。A具有顺反异构而B和C不存在顺反异构。A、B分别与HBr加成主要得到同一化合物D，D不是手性分子，而C与HBr加成得到外消旋体E。根据以上事实写出A、B、C、D、E的结构式。

7.11　用稀冷的高锰酸钾溶液与(Z)-丁-2-烯反应，得到熔点为32 ℃的邻二醇，与(E)-丁-2-烯反应，得到熔点为19 ℃的邻二醇。两个邻二醇均无旋光性。若将熔点19 ℃的邻二醇进行拆分，可得到比旋光度相等旋光方向相反的一对对映体。试推测熔点为19 ℃和32 ℃的邻二醇各是什么构型。

7.12　将环氧化合物水解可得到邻二醇。写出(Z)-丁-2-烯和(E)-丁-2-烯分别环氧化后水解的立体异构产物。

7.13　谷氨酸单钠盐，俗称味精，结构式为$HOOCCH(NH_2)CH_2CH_2COONa$。$[\alpha]_D^{25}=+24°$。(1) 画出味精的$S$-构型对映体。(2) 如果购得味精的$[\alpha]_D^{25}=+16°$，它的旋光纯是多少？

7.14　天然肾上腺素$[\alpha]_D^{25}=-50°$，作为药用。它的对映体有毒性。现有含有1克肾上腺素的20毫升溶液，在旋光仪(10 cm旋光管)中测得的旋光度为$-2.5°$。试判断该肾上腺素药品的临床使用是否安全。

第八章　卤代烃

烃类分子中的氢原子被卤原子取代后的化合物称为卤代烃(halohydrocarbon),一般用通式 RX 表示。自然界的卤代烃主要存在于海洋生物中,大多数卤代烃是人工合成的产物。烃类的卤化反应、不饱和烃与卤素或卤代氢的加成反应等都可以得到卤代烃。卤代烃的应用非常广泛,在有机化合物中占有重要的位置。

卤代烃的制法

§8.1　卤代烃的分类、命名和结构

一、卤代烃的分类

根据卤素的不同,卤代烃可分为氟代烃(RF)、氯代烃(RCl)、溴代烃(RBr)和碘代烃(RI);根据卤原子数目多少可分为一卤代烃和多卤代烃;在脂肪族卤代烃中,卤原子所连碳原子为伯碳、仲碳和叔碳的卤代烃分别称为一级卤代烃(伯卤代烃)、二级卤代烃(仲卤代烃)和三级卤代烃(叔卤代烃)。

RCH_2X	R_2CHX	R_3CX
伯卤代烃 primary alkyl halide	仲卤代烃 secondary alkyl halide	叔卤代烃 tertiary alkyl halide

在含有碳碳双键和苯环的卤代烃中,卤原子连在碳碳双键或苯环的 α-碳上的卤代烃称为烯丙式卤代烃。卤原子连在碳碳双键的碳原子上的卤代烃称为乙烯式卤代烃。卤原子与芳环碳原子直接相连的卤代烃叫做卤代芳烃,卤代芳烃也属于乙烯式卤代烃。

$RCH{=}CH{-}CH_2X$	$RCH{=}CH{-}X$
$C_6H_5CH_2X$	C_6H_5X
烯丙式卤代烃 allylic halide, benzylic halide	乙烯式卤代烃 vinylic halide, phenylic halide

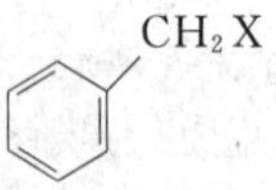

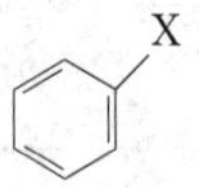

二、卤代烃的命名

卤代烃的系统命名一般采用官能团类别命名法(functional class name)和取代命名法(substitutive name)。

1. *官能团类别命名法*

一卤代烃的官能团类别命名法是由与卤原子相连的烃基后随类别名"氟化物""氯化物""溴化物"或"碘化物"而构成,通常"化物"二字省略。英文写成分开的单词。例如:

$CH_3CH_2CH_2CH_2Cl$	$CH_3—I$	$(CH_3)_3C—Cl$
(正)丁基氯	甲基碘	叔丁基氯
n - butyl chloride	methyl iodide	*tert* - butyl chloride
$C_6H_5CH_2Cl$	$CH_2=CHCH_2Cl$	
苄(基)氯	烯丙基氯	
benzyl chloride	allyl chloride	

官能团类别命名法只适用于一些简单的卤代烃。某些多卤代烃常使用俗名。例如：

$CHCl_3$	CHI_3	$CHBr_3$
氯仿	碘仿	溴仿
chloroform	iodoform	bromoform

2. 取代命名法

选择最长的碳链作为主链，把卤素和支链都当作取代基，并按最低位次组原则确定它们的编号。若卤素和烃基有相同的编号时，使英文字母顺序在前的基团的编号较小。当取代基种类较多时，应将取代基按英文字母顺序排列。例如：

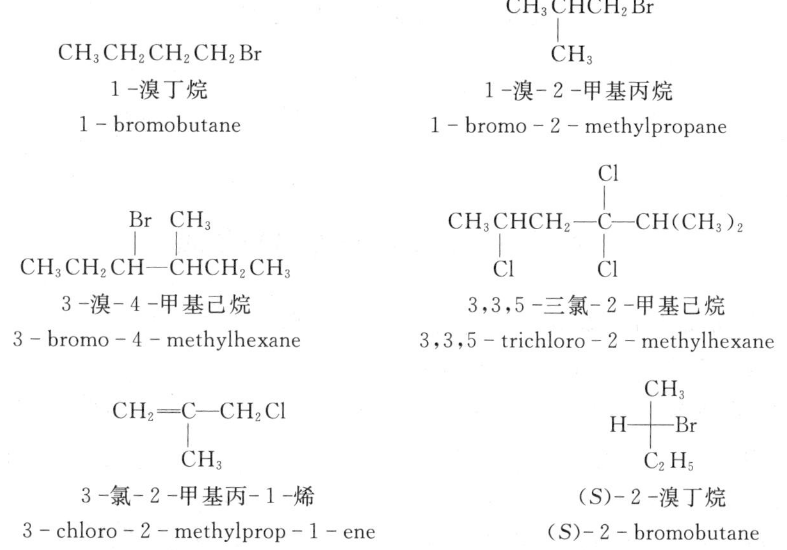

1 -溴丁烷　1 - bromobutane

1 -溴- 2 -甲基丙烷　1 - bromo - 2 - methylpropane

3 -溴- 4 -甲基己烷　3 - bromo - 4 - methylhexane

3,3,5 -三氯- 2 -甲基己烷　3,3,5 - trichloro - 2 - methylhexane

3 -氯- 2 -甲基丙- 1 -烯　3 - chloro - 2 - methylprop - 1 - ene

(S)- 2 -溴丁烷　(S)- 2 - bromobutane

问题 8.1　用系统命名法(中文和英文)命名下列化合物。

(1) Br、H、H_3C、C_2H_5、H、Cl

(2) $CH(CH_3)_2$、H—|—Cl、CH_2CH_3

(3) CH_2CH_3、H、C、I、$CH=CH_2$

(4) CH_3、Cl、Cl

三、卤代烃的结构

卤代烷的碳卤键是由碳原子的 sp^3 杂化轨道和卤素的只含有一个电子的 p 轨道重叠而形成的 σ 键，由于卤素的电负性较大，使成键的一对电子偏向于卤素原子一边，因而碳卤键具有极性。卤素的电负性越大，键的极性也越大。由实验所测得的卤代烷的偶极矩大小证明了这一点。例如：

卤代烷	CH_3CH_2Cl	CH_3CH_2Br	CH_3CH_2I
偶极矩	2.05 D	2.03 D	1.91 D

在乙烯式卤代烃中，由于卤原子上未共用电子对占据的 p 轨道可以和碳碳双键或芳环碳原子上的 p 轨道在侧面重叠组成 p,π-共轭体系，使卤素原子上电子云部分分散到碳碳双键或芳环上（图 8.1），因而乙烯式卤代烃的碳卤键的键长和偶极矩比卤代烷小。

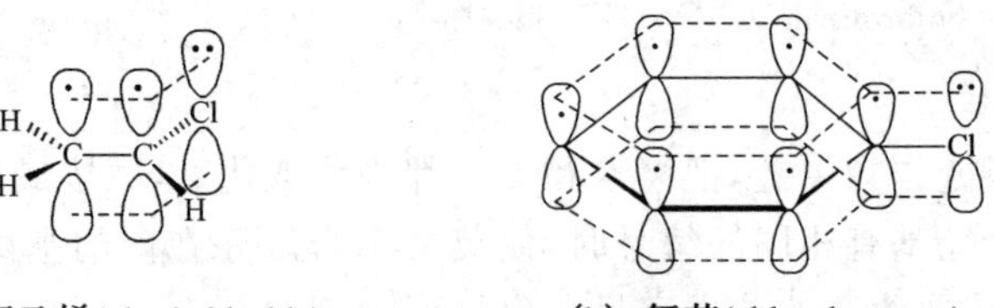

(a) 氯乙烯(vinyl chloride)　(b) 氯苯(chlorobenzene)

图 8.1　乙烯式卤代烃的结构

例如：

	$CH_2{=}CH{-}Cl$	$CH_3CH_2{-}Cl$
键长(C—Cl)	172 pm	178 pm
偶极矩	1.45 D	2.05 D

§8.2　卤代烃的物理性质

除了 C_4 以下的氟代烷、氯甲烷、氯乙烷、氯乙烯和溴甲烷在室温下是气体外，大多数卤代烃为液体，高级卤代烃为固体。直链一卤代烷的沸点随碳原子数目的增加而有规律地升高。在烃基相同而卤原子不同的卤代烃中，碘代烷沸点最高，氟代烷沸点最低（图 8.2）。

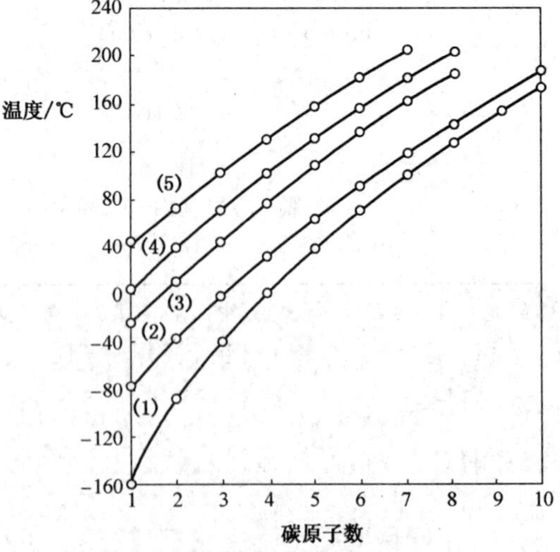

图 8.2　一卤代烷的沸点

(1) 直链烷烃；(2) 1-氟代烷；(3) 1-氯代烷；(4) 1-溴代烷；(5) 1-碘代烷

一氟代烃、一氯代烃都比水轻，而溴代烃、碘代烃和多卤代烃都比水重。卤代烃不溶于水，而能与烃类以任意比例混溶，并能溶解许多有机化合物。因此二氯甲烷、氯仿、四氯化碳等卤代烃是常用的有机溶剂。例如它们可以用作从动植物组织中提取脂肪类物质的萃取溶剂。

无色的碘代烃久置后因光解产生游离

的 I_2 而转变为红棕色，因此碘代烃应放置在棕色瓶中避光保存。卤代烃在铜丝上灼烧，会产生绿色火焰，这是鉴定含卤有机化合物的简便方法。

§8.3 卤代烃的化学性质

一、亲核取代反应

卤原子是卤代烃的官能团。碳卤键是极性共价键（$\overset{\delta^+}{-C}-\overset{\delta^-}{X}$），带部分正电荷的碳原子是卤代烃反应过程中的反应活性中心。在带有负电荷或带有未共用电子对的试剂（亲核试剂，nucleophile）的电场影响下，碳卤键极性增大，亲核试剂就会进攻带部分正电荷的中心碳原子，并提供未共用电子对与中心碳原子成键，而卤原子带着碳卤键的一对价电子离开中心碳原子，从而发生取代反应。由亲核试剂进攻带部分正电荷的碳原子引起的取代反应叫作亲核取代反应（nucleophilic substitution，简写作 S_N），其通式为：

$$Nu^{\ominus}: + R-X \longrightarrow R-Nu + X:^{\ominus}$$

Nu: 代表亲核试剂（nucleophile），X 称为离去基团（leaving group，简写作 L）。R—X 在反应中接受试剂的进攻，一般称作底物（substrate）。

许多亲核试剂是负离子，如 $HO^{\ominus}$、$RO^{\ominus}$、$HS^{\ominus}$、$CN^{\ominus}$ 等。

$$\underset{\text{}}{RX} + \underset{氢氧化钠}{NaOH} \longrightarrow \underset{醇}{ROH} + NaX$$

$$RX + \underset{醇钠}{R'ONa} \longrightarrow \underset{醚}{ROR'} + NaX$$

$$RX + \underset{氰化钠}{NaCN} \longrightarrow \underset{腈}{RCN} + NaX$$

$$RX + \underset{硫氢化钠}{NaSH} \longrightarrow \underset{硫醇}{RSH} + NaX$$

有些亲核试剂是具有未共用电子对（unshared electron pairs）的分子，如 H_2O、$R'OH$、NH_3、RNH_2 等。例如：

$$RX + H_2O \longrightarrow \underset{醇}{ROH} + HX$$

$$RX + R'OH \longrightarrow \underset{醚}{ROR'} + HX$$

$$RX + NH_3 \longrightarrow \underset{胺}{RNH_2} + HX$$

在上面的反应中，水和醇不但作为亲核试剂，而且也是反应的溶剂。

$I^{\ominus}$ 也可以作为亲核试剂与氯代烃或溴代烃起亲核取代反应：

$$RCl + NaI \xrightarrow{CH_3COCH_3} RI + NaCl\downarrow$$

$$RBr + NaI \xrightarrow{CH_3COCH_3} RI + NaBr\downarrow$$

由于碘化钠能溶于丙酮，而氯化钠和溴化钠则不溶解，它们从反应溶液中沉淀出来，因而能把氯代烃或溴代烃转变成碘代烃。

问题 8.2　写出下列反应的主要产物。

(1) $CH_3CH_2CH_2CH_2CH_2Cl \xrightarrow[H_2O\ \triangle]{NaOH}$　　(2) $CH_3CH_2CH_2Br \xrightarrow[NaI]{CH_3COCH_3}$

(3) $C_6H_5CH_2Cl \xrightarrow[H_2O\ \triangle]{NaCN}$　　(4) $CH_3CH_2Br + (CH_3)_3COK \longrightarrow$

二、消去反应

一卤代烷与强碱(如乙醇钠的乙醇溶液)共热消去卤化氢而生成烯烃:

$$\underset{\beta}{\overset{H}{-\overset{|}{\underset{|}{C}}}}-\underset{\alpha}{\overset{|}{\underset{|}{C}}}-X + CH_3CH_2ONa \xrightarrow[\triangle]{乙醇} \rangle C{=}C\langle + CH_3CH_2OH + NaX$$

这种类型的反应称为消去反应(elimination reaction,简写作 E)。由于反应中消去的氢原子是β-碳上的氢原子,因而通常也称为β-消去反应。一般条件下,叔卤代烷最易进行消去反应而伯卤代烷最难。

仲或叔卤代烷有几个β-氢原子可以被消去,因而能得到不同的产物。1875 年俄国化学家查依采夫(Saytzeff)根据大量的实验事实指出:在卤代烃的β-消去反应中主要产物是双键碳原子上烃基最多的烯烃,即得到最稳定的烯烃。这个经验规律叫作查依采夫规律。

例如:

$$CH_3\underset{H}{CH}\underset{Br}{CH}\underset{H}{CH_2} \xrightarrow[\triangle]{KOH, C_2H_5OH} \underset{81\%}{CH_3CH{=}CHCH_3} + \underset{19\%}{CH_3CH_2CH{=}CH_2}$$

问题 8.3　写出下列卤代烃发生消去反应的主要产物。

(1) $CH_3-\overset{CH_3}{\overset{|}{CH}}-\underset{Br}{\underset{|}{CH}}CH_3$　　(2) $CH_3CH_2-\overset{CH_3}{\overset{|}{\underset{Cl}{\underset{|}{C}}}}-CH_2CH_3$　　(3) 1-氯-2-甲基环己烷(结构式)

三、与金属反应

卤代烃可与锂、镁、铝等金属反应,生成具有 C—M(M 代表金属原子)极性键的有机金属化合物(organometallic compound)。卤代烃与金属镁在无水溶剂(常用无水乙醚或无水四氢呋喃)中反应生成有机镁化合物(RMgX)(organomagnesium compound)。

$$RX + Mg \xrightarrow{无水乙醚} RMgX$$

例如碘甲烷与金属镁反应生成碘化甲基镁(CH_3MgI, methyl magnesium iodide)。

这个反应是法国著名化学家格利雅(Grignard V.)发现的,因而 RMgX 被称为 Grignard 试剂(格利雅试剂,简称格氏试剂)。Grignard 由于发明了格利雅试剂和格利雅反应，荣获 1912 年诺贝尔化学奖。格氏试剂由于 C—Mg 键的极性很强，所以非常活泼，能与醛酮、羧酸衍生物反应生成醇（§9.3），能与二氧化碳作用生成多一个碳原子的羧酸（§12.3）。格氏试剂(Grignard reagent)与许多含活性氢的物质如水、醇、羧酸、氨等作用立即分解生成烃。因此，制备格氏试剂时必须隔绝空气，并使用无水溶剂。

$$\mathrm{RMgX + H{-}Y \longrightarrow RH + Mg\begin{matrix} \diagup Y \\ \diagdown X \end{matrix}} \quad (\mathrm{Y = {-}OH, {-}X, {-}OR, {-}NH_2, {-}C{\equiv}CR})$$

卤代烃与金属锂在无水溶剂中反应生成有机锂化合物（RLi）（organolithium compound）。

$$\mathrm{RBr + 2Li \xrightarrow{无水乙醚} RLi + LiBr}$$

有机锂试剂比格氏试剂更活泼，可以起格氏试剂能发生的所有反应。格氏试剂和有机锂试剂是有机合成中非常有用的试剂。

§8.4　亲核取代反应的机理

卤代烃的取代反应有一个共同的特点，它们都是由负离子或具有未共用电子对(unshared electron pairs)的中性分子(亲核试剂)进攻 C—X 键中带部分正电荷的碳原子所引起的。但是，在研究卤代烃的碱性水解反应速度与浓度之间的关系时，人们发现，虽然都属于亲核取代反应，但出现了两种不同的情况。有的卤代烃的水解反应速度只与卤代烃的浓度有关，与碱的浓度无关。而另一些卤代烃的水解速度与卤代烃和碱的浓度都有关系。英国化学家 Ingold C. K. 和 Hugnes E. D. 等人系统地研究了它们的反应动力学、立体化学(stereochemistry)以及各种因素对反应的影响，提出了两种反应机理即 S_N2 和 S_N1。这两种机理已被人们普遍接受。

一、S_N2 机理

按 S_N2 机理进行的反应是一步反应，亲核试剂的进攻与离去基团的离去是同步进行的，在反应过程中没有活性中间体生成，只形成一个过渡状态，可用通式表示为：

$$\mathrm{Nu{:}^{\ominus} + RX \longrightarrow [\overset{\delta^-}{Nu}\cdots R\cdots\overset{\delta^-}{X}]^{\neq} \longrightarrow RNu + {:}X^{\ominus}}$$

动力学研究证明，该反应的反应速率与卤代烃和亲核试剂浓度的乘积成正比，是一个二级反应。

$$v = k_2[\mathrm{RX}][\mathrm{Nu{:}^{\ominus}}]$$

k_2 表示二级反应(second-order reaction)速率常数。

在决定反应速度的步骤中有卤代烃和亲核试剂两者参加。因此称之为双分子亲核取代反应(bimolecular nucleophilic substitution，简写作 S_N2)。

在 S_N2 反应中，进攻试剂是从离去基团的背面进攻中心碳原子(这样从能量上看最为有利)。当亲核试剂与碳原子接近时，C—Nu 之间的化学键逐渐形成，而 C—X 之间的化学键逐渐变弱，当中心碳原子与亲核试剂及离去基团都部分键合时，三者几乎处于同一直线上，形成反应的过渡态，此时中心碳原子由 sp^3 杂化状态转变成了 sp^2 杂化状态。当亲核试剂继续接近碳原子并与碳原子完全键合时，离去基团完全离去，由过渡态转变为产物。

图 8.3 是 CH_3Br 在 NaOH 溶液中反应生成甲醇的能线图，可以看到，反应过程中的能量是不断变化的。$OH^{\ominus}$ 从背后接近中心碳原子，必须克服三个氢原子的阻力，同时三个 C—H 键的偏转使键角发生变化，因而体系的能量升高。达到过渡态时，能量也达到最高点。随着溴离子的进一步离去和 C—O 键的进一步形成，体系的能量逐渐降低，最后形成产物。

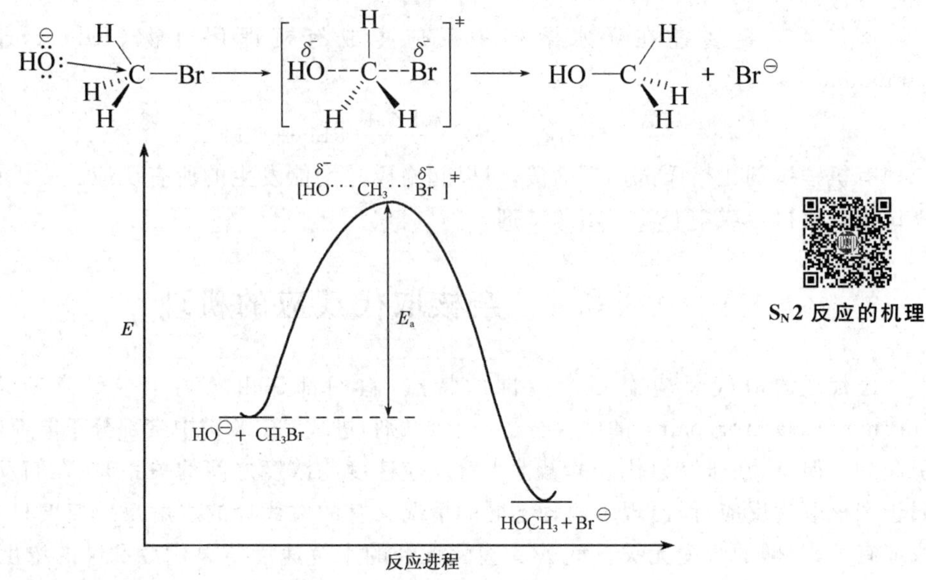

图 8.3 S_N2 反应的能线图

按 S_N2 机理进行的反应，由于亲核试剂从离去基团的背面进攻中心碳原子，因而若中心碳原子是手性碳原子时，中心碳原子的构型将发生翻转，这种现象称为瓦尔登转化(Walden inversion)。例如：

$$I^{\ominus} + CH_3(CH_2)_5CH(CH_3)-Br\ (S) \longrightarrow \left[\overset{\delta^-}{I}\cdots C\cdots \overset{\delta^-}{Br}\right]^{\ddagger} \longrightarrow I-CH(CH_3)(CH_2)_5CH_3\ (R)$$

测定反应物和产物的旋光度可以证实上述机理。例如：

$$H-\underset{CH_3}{\overset{C_6H_{13}}{C}}-Br \xrightarrow[S_N2]{NaOH(H_2O)} HO-\underset{CH_3}{\overset{C_6H_{13}}{C}}-H$$

$$[\alpha]_D^{20}=-34.6^{\circ} \qquad\qquad [\alpha]_D^{20}=+9.9^{\circ}$$

事实上，S_N2 机理正是在这些充分的立体化学证据的基础上提出来的。

从以上的讨论，可归纳出 S_N2 反应机理的特点为：① 反应是一步完成的，旧键的断裂和新键的形成是同时进行的；② 反应速度与底物及亲核试剂的浓度都有关，是双分子反应；③ 反应过程中发生 Walden 转化。

二、S_N1 机理

按 S_N1 机理进行的反应是两步反应。离去基团的离去先于亲核试剂的进攻。离去基团离去后形成碳正离子（carbocation）活性中间体（reactive intermediate），然后亲核试剂进攻碳正离子形成产物。可用通式表示为：

$$R—X \xrightarrow{慢} R^{\oplus} + :X^{\ominus}$$

$$R^{\oplus} + Nu:^{\ominus} \xrightarrow{快} RNu$$

两步反应中，第一步反应涉及共价键的破裂，是反应速度的决定步骤。碳正离子一旦形成立即与亲核试剂结合，速度极快。因此，整个反应速度为：

$$v = k_1[RX]$$

k_1 表示一级反应（first-order reaction）速率常数。

由此可见，整个反应的速度只与卤代烃的浓度有关，而与亲核试剂的浓度无关，因此叫作单分子亲核取代反应（unimolecular nucleophilic substitution，简写作 S_N1）。例如，叔丁基溴在浓度极低的氢氧化钠水溶液中水解生成叔丁醇，反应速度与叔丁基溴的浓度成正比，而与氢氧根离子的浓度无关。不加氢氧化钠，反应速度也没有显著变化。因此反应是分步进行的，叔丁基溴先电离成叔丁基碳正离子和溴负离子，然后叔丁基碳正离子迅速与氢氧根离子结合，生成叔丁醇。

$$(CH_3)_3C—Br \xrightarrow{慢} (CH_3)_3C^{\oplus} + :\ddot{Br}:^{\ominus}$$

$$(CH_3)_3C^{\oplus} + :\ddot{O}H^{\ominus} \xrightarrow{快} (CH_3)_3C—OH$$

如不加氢氧化钠，则碳正离子与水分子结合，脱去一个质子后也成为叔丁醇：

$$(CH_3)_3C^{\oplus} + H_2\ddot{O} \xrightarrow{快} (CH_3)_3C—\overset{\oplus}{O}H_2$$

$$(CH_3)_3C—\overset{\oplus}{O}H—H \xrightarrow{快} (CH_3)_3C—OH + H^{\oplus}$$

S_N1 反应的机理

图 8.4 是叔丁基溴水解反应的能线图。可以看到，生成叔丁基碳正离子的第一步的活化能比第二步高得多，因而第一步是控制整个反应的速度决定步骤。

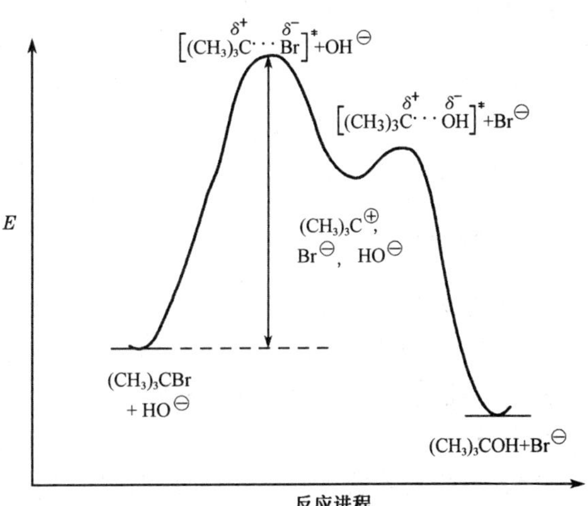

图 8.4 叔丁基溴水解反应的能线图

在 S_N1 反应中，首先生成碳正离子中间体。碳正离子的中心碳原子是 sp^2 杂化，与中心碳原子相连的三个 σ 键在同一平面内，没有电子占据的 p 轨道垂直于这个平面。因此，亲核试剂可以从平面两侧进攻碳正离子。若中心碳原子是手性碳原子，则可以得到“构型保持"(retention of configuration)和"构型翻转"(inversion of configuration)的两种构型的产物。若亲核试剂从两侧进攻的机会均等，则得到外消旋体。

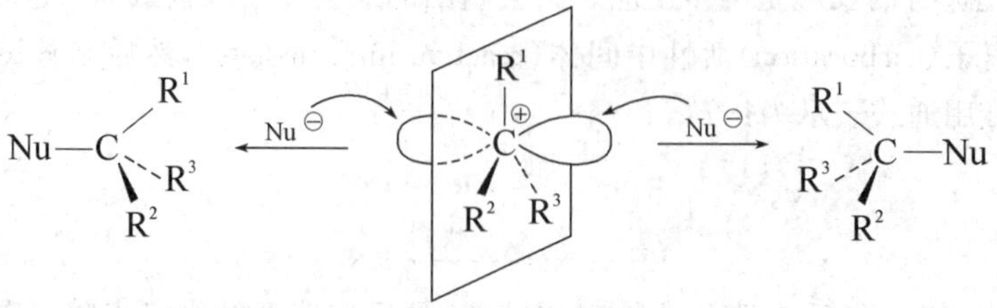

图 8.5 S_N1 反应的立体化学

事实上，一些反应的结果是构型翻转产物与构型保持产物的量几乎相等。但在某些情况下，构型翻转产物占多数，这可能是因为亲核试剂进攻时，离去基团尚未完全离去，从背面进攻的机会较多，因此构型翻转产物所占份额较大。

S_N1 反应机理的另一个证据是常生成重排产物，S_N2 反应一般是没有重排产物生成的。例如：

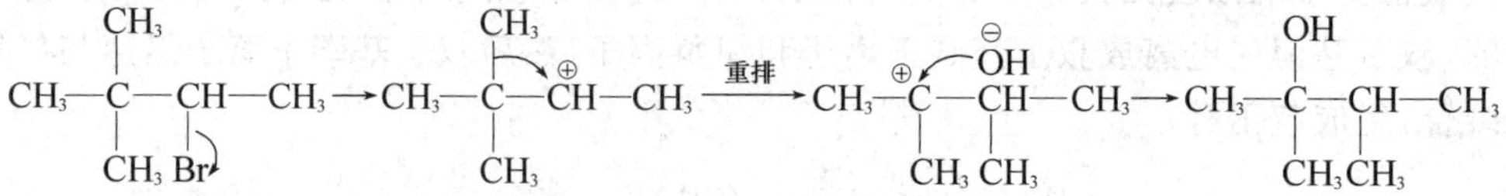

$$CH_3-\underset{CH_3}{\overset{CH_3}{C}}-\underset{Br}{CH}-CH_3 \longrightarrow CH_3-\underset{CH_3}{\overset{CH_3}{C}}-\overset{\oplus}{C}H-CH_3 \xrightarrow{\text{重排}} CH_3-\overset{\oplus}{\underset{CH_3}{C}}-\underset{CH_3}{CH}-CH_3 \xrightarrow{\overset{\ominus}{O}H} CH_3-\underset{CH_3}{\overset{OH}{C}}-\underset{CH_3}{CH}-CH_3$$

重排的推动力是生成更稳定的碳正离子。

问题 8.4 1-溴-2,2-二甲基丙烷在乙醇钠/乙醇溶液中加热，得到 2-乙氧基-2-甲基丁烷和消去产物 2-甲基丁-2-烯。

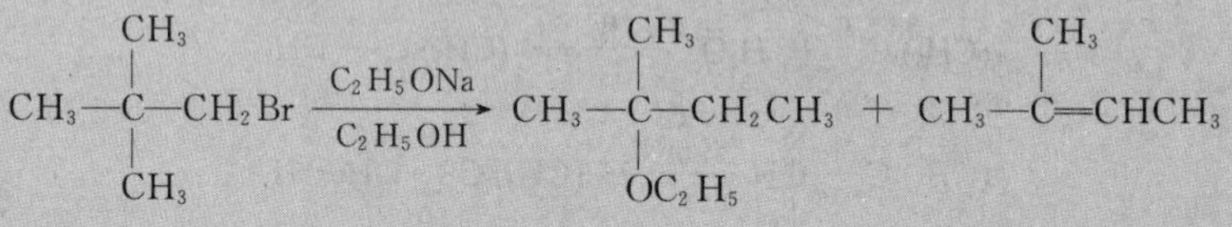

$$CH_3-\underset{CH_3}{\overset{CH_3}{C}}-CH_2Br \xrightarrow[C_2H_5OH]{C_2H_5ONa} CH_3-\underset{OC_2H_5}{\overset{CH_3}{C}}-CH_2CH_3 + CH_3-\overset{CH_3}{C}=CHCH_3$$

试用反应机理解释。

综上所述，S_N1 反应机理的特点是：① 反应分两步完成，先断裂旧键，生成碳正离子活性中间体；② 反应速度只与底物的浓度有关，与亲核试剂的浓度无关，它是单分子反应；③ 一般生成构型保持和构型翻转两种构型的产物；④ 常有重排产物生成。

三、影响反应速度的因素

1. 烃基结构的影响

对于离去基相同而烃基结构不同的底物，影响其亲核取代反应的速度的主要因素是中心碳原子上烃基的电子效应和空间效应。

对于 S_N1 反应，决定反应速度的一步是碳正离子的生成。因此，凡有利于碳正离子的形成，能使碳正离子稳定的因素均可加速反应。从电子效应方面看，碳正离子中心碳原子上的烷基愈多，碳正离子就愈稳定。从空间效应方面看，当中心碳原子上连有较多的烷基时，由于比较拥挤，彼此之间的排斥力较强，而碳正离子是一个平面三角形结构，三个取代基成

120°夹角，彼此相距最远，因而卤离子的离去有利于空间拥挤的消除。空间效应作用的结果与电子效应相同，因此不同类型烃基的饱和碳原子上的 S_N1 反应的活性次序为：

$$叔卤代烃>仲卤代烃>伯卤代烃>CH_3X$$

实验结果证实了上述推断的正确性。例如，结构不同的溴代烷在甲酸溶液中按 S_N1 机理进行水解反应时的相对速率为：

$$RBr + H_2O \xrightarrow[S_N1]{甲酸} ROH + HBr$$

R— =	$(CH_3)_3C—$	$(CH_3)_2CH—$	$CH_3CH_2—$	$CH_3—$
相对速度	10^8	45	1.7	1.0

硝酸银的乙醇溶液与卤代烃作用是按 S_N1 机理进行的。根据 AgX 沉淀生成的速度可以定性检验不同类型的卤代烃。

$$RX + AgNO_3 \xrightarrow{EtOH} RONO_2 + AgX\downarrow$$

对于 S_N2 反应，由于亲核试剂从离去基团的背后进攻，因而中心碳原子上烷基越多，对亲核试剂的进攻造成的空间位阻(steric hindrance)就越大，反应也就越慢。因此，各种类型的卤代烃发生 S_N2 反应时，伯、仲、叔卤代烃的反应活性正好与发生 S_N1 反应时相反，即 CH_3X>伯卤代烃>仲卤代烃>叔卤代烃。

例如，溴代烷在碘化钠的丙酮溶液中按 S_N2 机理反应进行，实验测得各种溴代烷的相对速度为：

$$R—Br + I^{\ominus} \xrightarrow[S_N2]{丙酮} RI + Br^{\ominus}$$

R— =	$CH_3—$	$CH_3CH_2—$	$(CH_3)_2CH—$	$(CH_3)_3C—$
相对速度	150	1.0	0.01	0.001

在烯丙式卤代烃中，卤素的 α-碳原子上连有双键或苯环。在 S_N1 反应中，碳卤键异裂后生成烯丙基或苄基碳正离子，由于碳正离子的中心碳原子上空的 p 轨道与相邻的双键或苯环形成 p,π-共轭体系，使正电荷得到分散(图 8.6)，因此烯丙式卤代烃的 S_N1 反应十分容易进行。

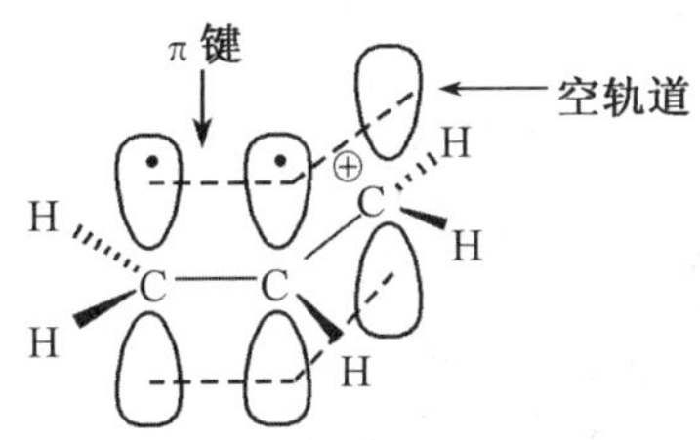

图 8.6　烯丙基碳正离子中的 p,π-共轭

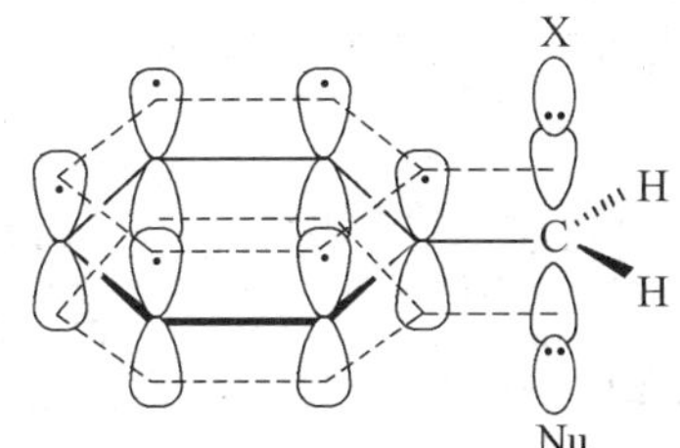

图 8.7　苄卤在 S_N2 反应中的过渡态

在烯丙式卤代烃的 S_N2 反应的过渡态中，sp^2 杂化状态的中心碳原子上的 p 轨道能与相邻的 π 轨道重叠，使过渡态更稳定(图 8.7)，S_N2 反应所需的活化能也相应降低。

因此，烯丙式卤代烃能以极快的速度发生 S_N1 和 S_N2 反应。例如苄氯与 $AgNO_3$ - EtOH 溶液(S_N1 反应)或 NaI - CH_3COCH_3 溶液(S_N2 反应)在室温下立即作用分别产生氯化银或氯化钠的沉淀。

$$C_6H_5CH_2Cl \begin{cases} \xrightarrow{AgNO_3,\ EtOH} C_6H_5CH_2ONO_2 + AgCl\downarrow \\ \xrightarrow{NaI,\ CH_3COCH_3} C_6H_5CH_2I + NaCl\downarrow \end{cases}$$

在乙烯式卤代烃中，卤素直接与双键或苯环的碳原子相连，卤素的 p 轨道与相邻的双键或苯环发生 p,π-共轭(图 8.1)，使卤素 p 轨道中的一对电子离域，因而碳卤键具有部分双键的性质，键能较高，卤素离子不易离开。因此，乙烯式卤代烃不易发生亲核取代反应。例如氯苯只有在高温高压条件下，才能在氢氧化钠溶液中发生水解反应，生成苯酚。

2. 离去基团的影响

卤代烃的亲核取代反应都必须断裂 C—X 键。C—X 键越弱，$X^{\ominus}$ 越容易离去，反应速度就越大。离去基团离去的难易主要取决于 $X^{\ominus}$ 的稳定性。$X^{\ominus}$ 的稳定性愈高，即碱性愈弱，$X^{\ominus}$ 愈容易离去。由于 $I^{\ominus}$、$Br^{\ominus}$ 和 $Cl^{\ominus}$ 分别是氢碘酸、氢溴酸、盐酸的共轭碱，其碱性强弱顺序为 $Cl^{\ominus} > Br^{\ominus} > I^{\ominus}$，因此烃基相同而卤素种类不同的卤代烃在亲核取代反应中的活性次序为：RI＞RBr＞RCl。

除卤素外，硫酸酯、磺酸酯和对甲苯磺酸酯的酸根的负电荷可以离域在整个酸根上，形成比较稳定的负离子，因而这些酸根是良好的离去基团。例如硫酸二甲酯和酚钠作用可生成苯甲醚：

$$\underset{\text{酚氧基负离子}}{\underset{\text{phenoxide}}{C_6H_5O^{\ominus}}} + \underset{\text{硫酸二甲酯}}{\underset{\text{dimethyl sulfate}}{CH_3—OSO_2OCH_3}} \longrightarrow \underset{\text{苯甲醚}}{\underset{\text{methyl phenyl ether}}{C_6H_5OCH_3}} + {}^{\ominus}OSO_2OCH_3$$

$OH^{\ominus}$、$RO^{\ominus}$、$H_2N^{\ominus}$、$RNH^{\ominus}$、$CN^{\ominus}$ 等碱性较强，都不是好的离去基团，例如卤离子不易取代醇中的羟基。但在体系中加强酸，使醇羟基质子化，转变为较易离去的中性水分子，反应便可迅速进行。

离去基团对 S_N1 和 S_N2 反应都有影响，但对 S_N1 反应影响更大一些。若反应物(例如仲卤代烷)可能起 S_N1 或 S_N2 反应，则离去基团的离去倾向越大，反应越容易按 S_N1 机理进行。

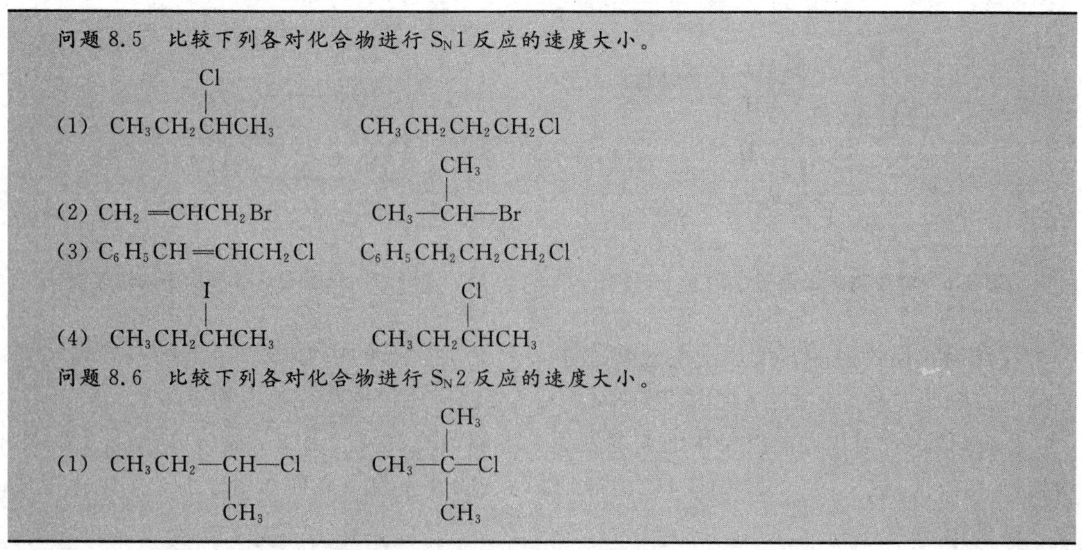

问题 8.5 比较下列各对化合物进行 S_N1 反应的速度大小。

(1) $CH_3CH_2CH(Cl)CH_3$　　$CH_3CH_2CH_2CH_2Cl$

(2) $CH_2{=}CHCH_2Br$　　$CH_3—CH(CH_3)—Br$

(3) $C_6H_5CH{=}CHCH_2Cl$　　$C_6H_5CH_2CH_2CH_2Cl$

(4) $CH_3CH_2CH(I)CH_3$　　$CH_3CH_2CH(Cl)CH_3$

问题 8.6 比较下列各对化合物进行 S_N2 反应的速度大小。

(1) $CH_3CH_2—CH(CH_3)—Cl$　　$CH_3—C(CH_3)_2—Cl$

(2) $CH_3-\underset{}{\overset{CH_3}{\overset{|}{C}H}}-CH_2Cl$　　$CH_3CH_2CH_2CH_2Cl$

(3) $CH_3CH_2CH_2Br$　　$CH_3CH_2CH_2I$

(4) $(CH_3)_2CHCH_2Br$　　$(CH_3)_3C-CH_2Br$

3. 亲核试剂的影响

亲核试剂的种类很多，其亲核能力各不相同。亲核试剂的亲核性与碱性的强弱并不完全一致。这是因为碱性一般是指一个试剂对质子的亲合能力，亲核性是指一个试剂对带部分正电荷的碳原子的亲合能力，亲核性强的试剂不但要具有强的给电子能力，而且还应具有较大的可极化性。因此对于同族元素而言，原子半径大的原子碱性降低但亲核能力增强。其他情况下，试剂的碱性与亲核性的强弱是一致的。

$$\underset{\substack{\text{碱性减小}\\\text{亲核性增大}}}{\xrightarrow{F^{\ominus}\quad Cl^{\ominus}\quad Br^{\ominus}\quad I^{\ominus}}}\qquad\underset{\substack{\text{碱性减小}\\\text{亲核性增大}}}{\xrightarrow{RO^{\ominus}\qquad RS^{\ominus}}}$$

在亲核原子相同的亲核试剂中，碱性大的试剂亲核性也大，例如 $RO^{\ominus} > RCOO^{\ominus}$。$H_2O$、$ROH$、$RCO_2H$ 和 NH_3 的亲核性分别比它们的共轭碱(conjugate base) $HO^{\ominus}$、$RO^{\ominus}$、$RCOO^{\ominus}$ 和 $NH_2^{\ominus}$ 弱。例如溴乙烷和乙醇钠在乙醇溶液中回流几分钟就大部分变成乙醚：

$$\underset{\substack{\text{溴乙烷}\\\text{bromoethane}}}{CH_3CH_2Br} + \underset{\substack{\text{乙醇钠}\\\text{sodium ethoxide}}}{CH_3CH_2ONa} \xrightarrow[\triangle]{CH_3CH_2OH} \underset{\substack{\text{乙醚}\\\text{diethyl ether}}}{CH_3CH_2OCH_2CH_3} + NaBr$$

如不加乙醇钠，在纯乙醇中回流 4 昼夜，也只有 50% 的溴乙烷转变成乙醚，可见乙氧基负离子的亲核性比乙醇强得多。

对于 S_N1 反应，决定反应速度的步骤是碳正离子的生成，亲核试剂没有参加这步反应，因此，亲核试剂亲核性的强弱对反应影响不大。而对于 S_N2 反应，亲核试剂参加了速度决定步骤的反应。因此，试剂的亲核性越强，反应速度越快。

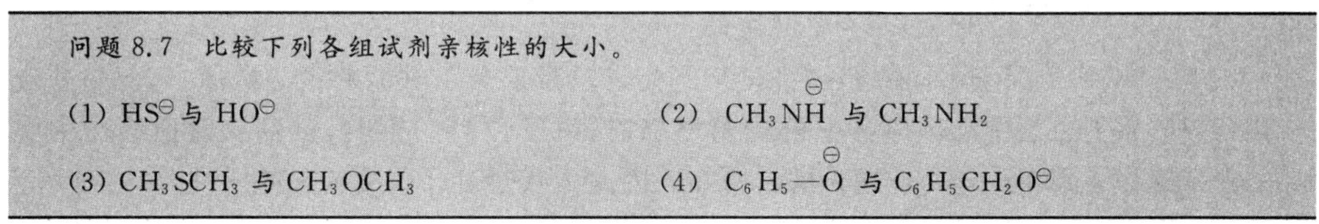

问题 8.7　比较下列各组试剂亲核性的大小。

(1) $HS^{\ominus}$ 与 $HO^{\ominus}$　　(2) $CH_3\overset{\ominus}{N}H$ 与 CH_3NH_2

(3) CH_3SCH_3 与 CH_3OCH_3　　(4) $C_6H_5-\overset{\ominus}{O}$ 与 $C_6H_5CH_2O^{\ominus}$

溶剂对亲核取代反应的速率也有重要的影响。电负性原子(O、N)上没有氢连接的溶剂例如 *N*,*N*-二甲基甲酰胺(*N*,*N*-dimethyl formamide, DMF)、二甲亚砜(dimethyl sulfoxide, DMSO)等叫作极性非质子性溶剂(polar aprotic solvent)。它们能够溶解离子化合物并溶剂化试剂的阳离子，提高阴离子的亲核能力，因此它们能提高 S_N2 反应的速度。

§8.5　消去反应的机理

一、消去反应的机理

消去反应的机理与亲核取代反应的机理很相似，也有单分子机理和双分子机理，分别用E1和E2表示。

E1机理的反应分两步进行：第一步是卤代烃离解成碳正离子和卤素负离子，这是整个反应的速度决定步骤；第二步则是碱(B:$^{\ominus}$)夺取β-碳上的一个氢，形成烯烃。

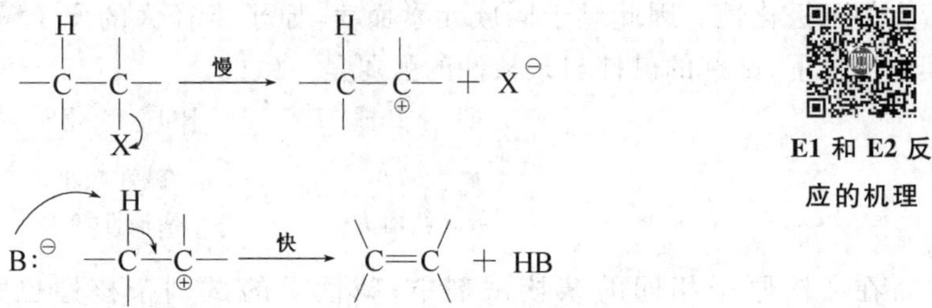

E1和E2反应的机理

由于E1反应和S_N1反应的第一步都是反应速度的决定步骤，都生成活性中间体碳正离子，因而E1反应速度也只与底物的浓度有关，反应中也常有重排产物生成，并且E1反应也表现出同S_N1反应类似的底物结构与反应活性关系，即叔卤代烃＞仲卤代烃＞伯卤代烃。

E2反应和S_N2反应类似，也是一步完成的，反应中没有活性中间体生成，只形成一个过渡态，C—X与C—H键的断裂和π键的形成是同时进行的。因此E2反应的速度与卤代烃和碱的浓度都有关，是双分子反应。

$$B:^{\ominus} + H-\overset{|}{\underset{|}{C}}-\overset{|}{\underset{|}{C}}-X \longrightarrow \left[\overset{\delta^-}{B}\cdots H\cdots\overset{|}{C}\overset{\cdots}{=}\overset{|}{C}\cdots X^{\delta^-} \right]^{\neq} \longrightarrow \;>C=C<\; + HB + X^{\ominus}$$

E2反应和S_N2反应不同的是碱性试剂不是进攻带部分正电荷的中心碳原子，而是进攻β-碳上的氢原子。当中心碳原子上的烃基增加时，由于位阻的影响，试剂从背面进攻中心碳原子的能力降低，而进攻β-氢的机会增加。因此卤代烃在E2反应中的活性与S_N2反应相反。

E2反应活性增加 →

CH_3X　　RCH_2X　　R_2CHX　　R_3CX

S_N2反应活性减小 →

在E2反应的过渡态中，π键已部分形成，因而H—C—C—X四个原子在同一平面上。实验事实证明：将要被消去的H和X一般处于反式构象，因而多数情况下为反式消去(anti elimination)。例如：

$$\begin{array}{c} C_6H_5 \\ H-\!\!\!-\!\!\!-Br \\ Br-\!\!\!-\!\!\!-H \\ C_6H_5 \end{array} \equiv \text{(Newman projection: front } C_6H_5\text{, H, H; back Br, Br, } C_6H_5) \xrightarrow[C_2H_5OH]{C_2H_5ONa} \begin{array}{c} C_6H_5 \quad H \\ C{=}C \\ Br \quad C_6H_5 \end{array}$$

1,2-二溴-1,2-二苯基乙烷
1,2-dibromo-1,2-diphenylethane

(*Z*)-1-溴-1,2-二苯基乙烯
(*Z*)-1-bromo-1,2-diphenylethene

$$\begin{array}{c} C_6H_5 \\ H-\!\!\!-\!\!\!-Br \\ H-\!\!\!-\!\!\!-Br \\ C_6H_5 \end{array} \equiv \text{(Newman projection: front H, H, } C_6H_5\text{; back Br, Br, } C_6H_5) \xrightarrow[C_2H_5OH]{C_2H_5ONa} \begin{array}{c} C_6H_5 \quad H \\ C{=}C \\ C_6H_5 \quad Br \end{array}$$

(*meso*)-1,2-二溴-1,2-二苯基乙烷
(*meso*)-1,2-dibromo-1,2-diphenylethane

(*E*)-1-溴-1,2-二苯基乙烯
(*E*)-1-bromo-1,2-diphenylethene

二、消去反应与亲核取代反应的竞争

消去反应与亲核取代反应是并存而竞争的反应。它们由同一试剂的进攻引起，若进攻底物的中心碳原子则引起亲核取代反应，若进攻 β-H 则引起消去反应。例如：

$$(CH_3)_3C{-}Br + CH_3CH_2OH \xrightarrow{25\ ℃} (CH_3)_3COCH_2CH_3 + (CH_3)_2C{=}CH_2$$

叔丁基溴 *tert*-butyl bromide；叔丁基乙基醚 *tert*-butyl ethyl ether 81%；异丁烯 isobutene 19%

$$CH_3-\overset{CH_3}{\underset{CH_3}{C}}-Br \xrightarrow{\text{慢}} CH_3-\overset{CH_3}{\underset{CH_3}{C}}{}^{\oplus} + Br^{\ominus}$$

$$CH_3-\overset{CH_3}{\underset{CH_3}{C}}{}^{\oplus} + H\ddot{\underset{..}{O}}C_2H_5 \xrightarrow{\text{快}} CH_3-\overset{CH_3}{\underset{CH_3}{C}}-\overset{\oplus}{\underset{H}{O}}C_2H_5 \xrightarrow{-H^{\oplus}} CH_3-\overset{CH_3}{\underset{CH_3}{C}}-OC_2H_5 \qquad S_N1$$

$$CH_3-\overset{CH_2-H}{\underset{CH_3}{C}}{}^{\oplus} + H\ddot{\underset{..}{O}}C_2H_5 \longrightarrow CH_3-\overset{CH_2}{\underset{CH_3}{\overset{\|}{C}}} + CH_3CH_2\overset{\oplus}{O}H_2 \xrightarrow{-H^{\oplus}} C_2H_5OH \qquad E1$$

反应的第一步叔丁基溴离解形成叔丁基碳正离子。乙醇中的氧原子提供一对电子与碳正离子的中心碳原子结合成氧鎓盐，然后脱去质子形成醚，这是 S_N1 反应。如果乙醇的氧原子作为碱进攻 β-H，叔丁基碳正离子消去一个质子变成异丁烯，这是 E1 反应。又例如：

$$(CH_3)_2CHBr + CH_3CH_2ONa \xrightarrow[\triangle]{CH_3CH_2OH} CH_2{=}CHCH_3 + (CH_3)_2CHOCH_2CH_3$$

异丙基溴 isopropyl bromide；丙烯 propylene 80%；乙基异丙基醚 ethyl isopropyl ether 20%

$$CH_3CH_2\overset{\ominus}{O}: + H-CH_2-CH(CH_3)-Br \xrightarrow{S_N2} \left[CH_3CH_2\overset{\delta^-}{O}\cdots \underset{CH_3}{\overset{CH_3}{CH}}\cdots \overset{\delta^-}{Br} \right]^{\neq} \longrightarrow CH_3CH_2OCH(CH_3)_2$$

$$\xrightarrow{E2} \left[CH_3CH_2\overset{\delta^-}{O}\cdots H\cdots CH_2 \cdots CH(-CH_3)\cdots Br^{\delta^-} \right]^{\neq} \longrightarrow CH_2{=}CH-CH_3$$

总的来说,亲核取代与消去反应可以同时发生,并且单分子和双分子两种机理又相互竞争。究竟哪种反应占优势,除了与底物的结构有关外,还与反应条件(试剂的亲核性和碱性、溶剂的极性、反应温度等)有关。一般说来,强碱性试剂、弱极性溶剂、较高的反应温度有利于消去反应。

问题 8.8 解释下列反应的结果。

$$(CH_3)_3C-Cl + KOH \xrightarrow[25\ ℃]{80\%\ C_2H_5OH} \underset{56\%}{(CH_3)_3C-OH} + \underset{27\%}{(CH_3)_3C-OC_2H_5} + \underset{17\%}{CH_3-\overset{CH_3}{C}{=}CH_2}$$

§8.6 氟代烃

烃类的直接氟化制备氟代烃,反应时会放出大量的热,使碳碳键断裂,因而一般采取用氟取代氯化烃或溴化烃中的卤原子的方法制备氟代烃。例如:

$$C_6H_5CCl_3 \xrightarrow{SbF_3, HF} C_6H_5CF_3 + 3HCl$$

三氟甲基苯

trifluoromethylbenzene

$$CHCl_3 \xrightarrow{SbF_3, HF} CHClF_2 + 2HCl$$

一氯二氟甲烷

一氯二氟甲烷受热分解可得到四氟乙烯(tetrafluoroethylene, TFE):

$$2CHClF_2 \xrightarrow{200\ ℃} CF_2{=}CF_2 + 2HCl$$

四氟乙烯的沸点为-76.3 ℃。在过硫酸铵催化下聚合成聚四氟乙烯:

$$n\,CF_2{=}CF_2 \xrightarrow{(NH_4)_2S_2O_8} \left[-CF_2-CF_2- \right]_n$$

聚四氟乙烯的商品名为特氟隆(Teflon),它是全氟高聚物,具有优良的耐热和耐寒性能,可在-270 ℃~+300 ℃温度范围内使用。机械强度高,绝缘性能好,化学稳定性极佳,与浓硫酸、浓碱甚至"王水"等都不起反应,因此特氟隆具有许多特殊用途,有"塑料王"之称。

含氟的醚类化合物化学性质稳定，易挥发，毒性小，在临床上用作吸入性麻醉药。例如恩氟烷（CHF_2OCF_2CHClF），异氟烷（$CHF_2OCHClCF_3$），七氟烷（$CH_2FOCH(CF_3)_2$），地氟烷（$CHF_2OCHFCF_3$）等。

由于氟原子电负性很强，对分子中电子云的分布有较大的影响，但氟原子半径小，类似于氢原子，因而氟原子有时作为“蒙骗基团”导入药物中，如抗癌药 5－氟尿嘧啶。有些含氟药物比相应的不含氟药物具有更好的药理性质，如环丙沙星、氧氟沙星、诺氟沙星（氟哌酸）等喹诺酮类抗菌药物。近二十年来，含氟药物迅速发展，已成为一类有价值的临床用药。

5－氟尿嘧啶（5－fluorouracil）
（抗癌药）

环丙沙星（ciprofloxacin）
（广谱抗菌药）

含氟和含氯的一个或两个碳原子的多卤代烃称为氟利昂（Freon）。氟利昂曾广泛用作冰箱、空调的制冷剂。由于氟利昂受日光照射分解生成的自由基会破坏高空的臭氧层，目前全球已限制使用氟利昂。

分子中含有多个氯原子的多氯代烃，曾经广泛用作杀虫剂、除草剂和工业及生活用品，由于发现它们毒性大并难以降解，对环境和健康产生有害的影响。因此一些多氯代烃已被禁止生产和使用。

• 氟利昂和臭氧层被破坏的危害
• 多氯代烃和环境污染

习　　题

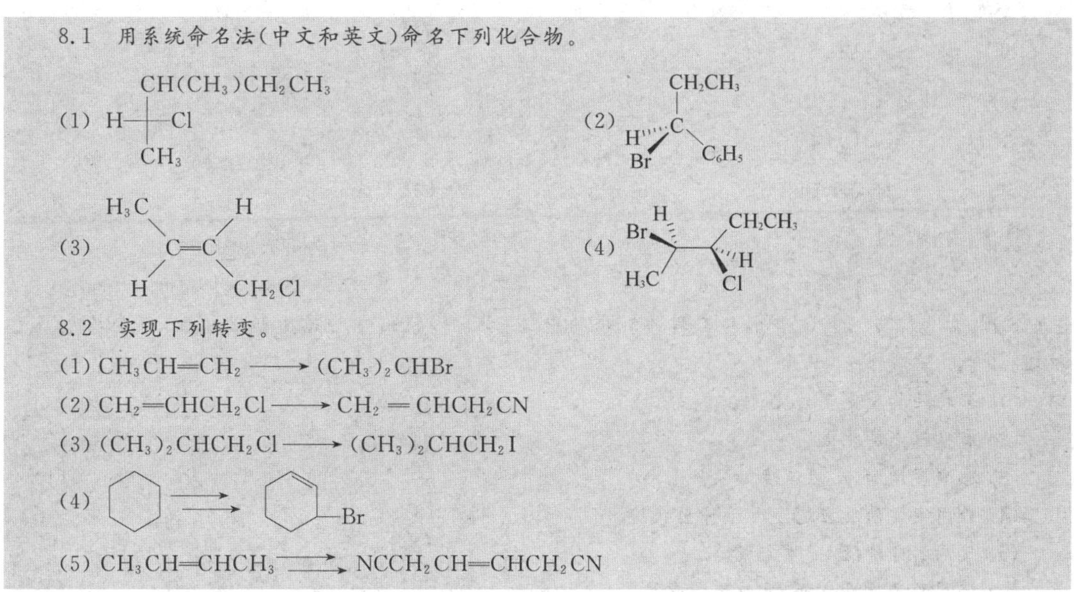

8.1 用系统命名法（中文和英文）命名下列化合物。

(1) Fischer projection: top $CH(CH_3)CH_2CH_3$, left H, right Cl, bottom CH_3

(2) C with CH_2CH_3, H, Br, C_6H_5

(3) H_3C(H)C=C(H)CH_2Cl

(4) Br, H, H_3C on one carbon; CH_2CH_3, H, Cl on the other

8.2 实现下列转变。

(1) $CH_3CH{=}CH_2 \longrightarrow (CH_3)_2CHBr$

(2) $CH_2{=}CHCH_2Cl \longrightarrow CH_2{=}CHCH_2CN$

(3) $(CH_3)_2CHCH_2Cl \longrightarrow (CH_3)_2CHCH_2I$

(4) 环己烷 $\longrightarrow$ 3－溴环己烯（—Br）

(5) $CH_3CH{=}CHCH_3 \longrightarrow NCCH_2CH{=}CHCH_2CN$

(6) 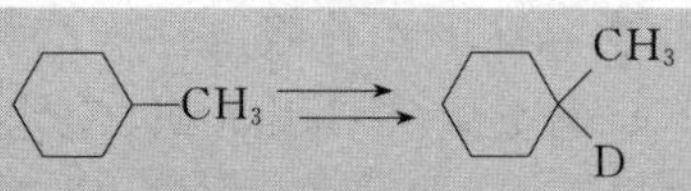 环己基$-CH_3$ $\xrightarrow{\quad}$ 1-甲基-1-氘代环己烷（CH_3、D 在同一碳上）

8.3 写出下列反应的主要产物。

(1) $C_6H_5CH_2CHBrCH_2CH_3 + KOH(EtOH) \xrightarrow{\triangle}$

(2)  环己基$-Br + NaSCH_2CH_3 \longrightarrow$

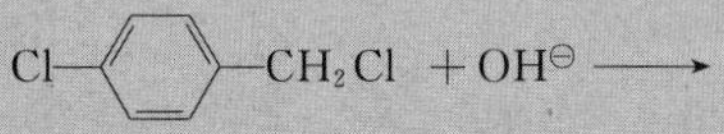

(3) $Cl-C_6H_4-CH_2Cl$（对位） $+ OH^{\ominus} \longrightarrow$

(4) 四氢吡喃-4-基$-Br + CH_3CH_2CH_2ONa \longrightarrow$

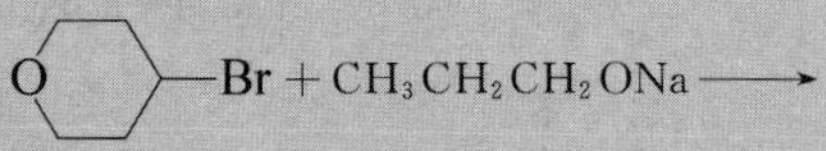

(5) $ICH_2CH_2CH_2I + NaOH \longrightarrow$

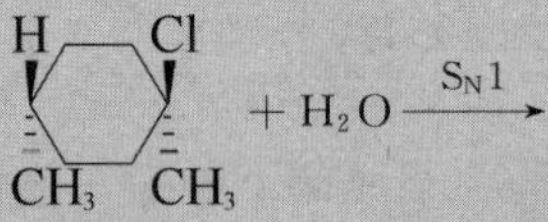

8.4 写出下列反应的主要产物。

(1) 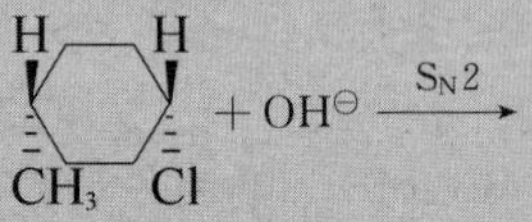 环己烷（H、H；CH_3、Cl） $+ OH^{\ominus} \xrightarrow{S_N2}$

(2) 环己烷（H、Cl；CH_3、CH_3） $+ H_2O \xrightarrow{S_N1}$

(3) H、Br、C_2H_5、CH_3 取代的手性碳 $\xrightarrow[S_N2]{OH^{\ominus}}$

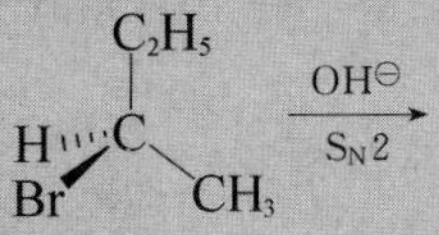

(4) 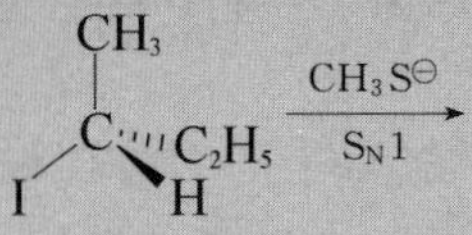 CH_3、I、C_2H_5、H 取代的手性碳 $\xrightarrow[S_N1]{CH_3S^{\ominus}}$

8.5 将下列各组化合物按对 $AgNO_3-C_2H_5OH$ 和 $NaI-CH_3COCH_3$ 的反应活性大小次序排列。

(1) (a) $BrCH_2CH=CH_2$ (b) $BrCH=CH_2$

(c) $BrCH_2CH_2CH_2CH_3$ (d) $CH_3CH_2CHBrCH_3$

(2) (a) 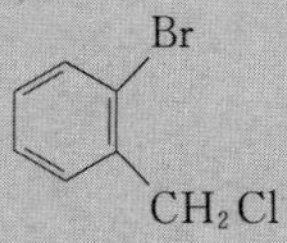 1-溴-2-(氯甲基)苯（Br；CH_2Cl） (b) 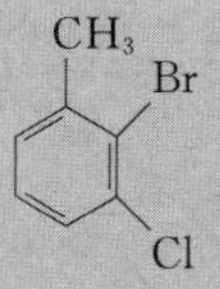 2-溴-1-氯-3-甲基苯（CH_3；Br；Cl）

(c) 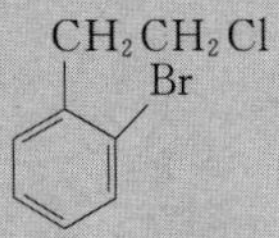 1-溴-2-(2-氯乙基)苯（CH_2CH_2Cl；Br） (d) 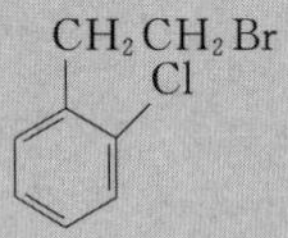 1-(2-溴乙基)-2-氯苯（CH_2CH_2Br；Cl）

8.6 卤代烷与 NaOH 在水和乙醇的混合物中进行反应，指出哪些属于 S_N2 机理，哪些属于 S_N1 机理。

(1) 产物的构型完全转化。

(2) 有重排产物生成。

(3) 碱浓度增加，反应速度加快。

(4) 叔卤代烷的反应速度大于仲卤代烷。

(5) 反应不分阶段，一步完成。

(6) 试剂的亲核性愈强，反应速度愈快。

8.7　分子式为 C_3H_7Br 的化合物 A 与 KOH 的乙醇溶液反应得到 B，B 与浓 $KMnO_4$ 溶液反应得 CH_3COOH 和 CO_2，B 与 HBr 作用得到 A 的异构体 C，写出 A、B、C 的结构式和各步反应式。

8.8　化合物 A 具有旋光性，能与 Br_2/CCl_4 反应生成三溴化物 B，B 亦具有旋光性，A 在热碱的醇溶液中生成化合物 C，C 能与丙烯醛反应生成 D，试写出 A、B、C 的结构式和各步反应式。

CHO

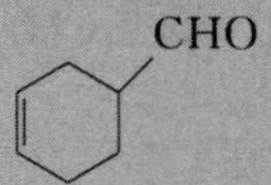

(D)

8.9　分子式为 $C_7H_{11}Br$ 的化合物 A，构型为 R，在过氧化物存在下，A 和溴化氢反应生成异构体 B($C_7H_{12}Br_2$)和 C($C_7H_{12}Br_2$)。B 具有旋光性，C 没有旋光性。用 1 mol 叔丁醇钾处理 B，则又生成 A，用 1 mol 叔丁醇钾处理 C 得到 A 和它的对映体。用叔丁醇钾处理 A 得到 D(C_7H_{10})，D 经臭氧化还原水解可得 2 mol 甲醛和 1 mol 环戊-1，3-二酮。试推测 A、B、C 和 D 的构型式或构造式。

第九章 醇、酚、醚

醇、酚和醚都是重要的有机含氧化合物，它们都可以看作是水分子中的氢原子被烃基取代的衍生物。醇和酚分子中都含有羟基—OH(hydroxy group)。

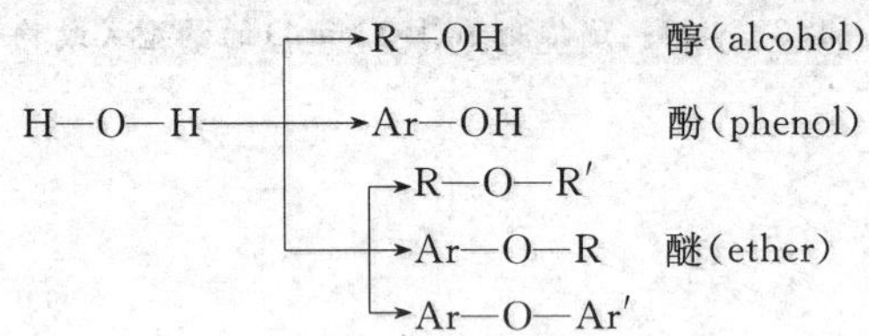

§9.1 醇的分类、结构、命名和物理性质

一、醇的分类

根据羟基所连饱和碳原子的种类，醇可以分为伯醇(一级醇)、仲醇(二级醇)和叔醇(三级醇)。

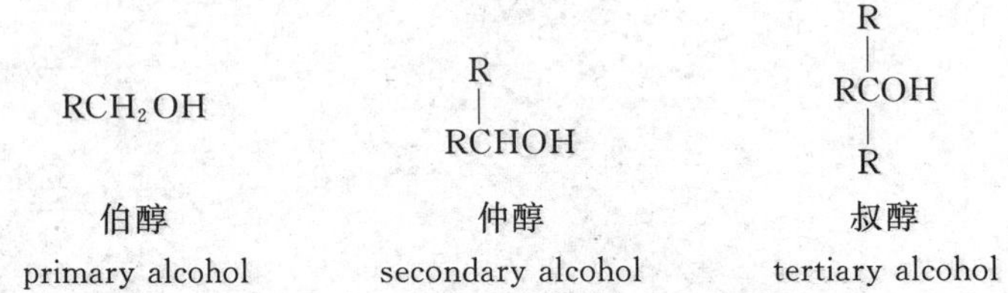

根据分子中烃基的饱和程度不同可以分为饱和醇和不饱和醇。在不饱和醇中，羟基和碳碳双键或芳环相隔一个碳原子的醇叫作烯丙式醇。例如：

$CH_2{=}CH{-}CH_2OH$	$C_6H_5{-}CH_2{-}OH$
烯丙醇	苄醇
allyl alcohol	benzyl alcohol

羟基连在双键碳原子上的醇叫作烯醇(enol)，烯醇不稳定，互变异构成羰基化合物。

$$RCH{=}CH{-}OH \rightleftharpoons RCH_2CH{=}O$$

$$RCH{=}\underset{\displaystyle R'}{\underset{|}{C}}{-}OH \rightleftharpoons RCH_2\underset{\displaystyle R'}{\underset{|}{C}}{=}O$$

根据分子中羟基的数目可以分为一元醇、二元醇和多元醇。在多元醇分子中，羟基一般连在不同的碳原子上，两个或三个羟基连在同一碳原子上的化合物不稳定，容易失去水生成醛、酮和羧酸。

$$\mathrm{R{-}\underset{\displaystyle H}{\overset{\displaystyle OH}{C}}{-}O{-}H \xrightarrow{-H_2O} R{-}\underset{\displaystyle H}{C}{=}O} \quad \text{醛 aldehyde}$$

$$\mathrm{R{-}\underset{\displaystyle R'}{\overset{\displaystyle OH}{C}}{-}O{-}H \xrightarrow{-H_2O} R{-}\underset{\displaystyle R'}{C}{=}O} \quad \text{酮 ketone}$$

$$\mathrm{R{-}\underset{\displaystyle OH}{\overset{\displaystyle OH}{C}}{-}O{-}H \xrightarrow{-H_2O} R{-}\underset{\displaystyle OH}{C}{=}O} \quad \text{羧酸 carboxylic acid}$$

二、醇的结构

一般认为醇分子中的氧原子为 sp^3 杂化。其中两个 sp^3 杂化轨道分别含有一个电子，与碳原子的 sp^3 杂化轨道和氢原子的 1s 轨道重叠。另外两个 sp^3 杂化轨道分别含有一对未共用电子对。交叉式构象为它们的优势构象。甲醇分子的键长和键角数据为：

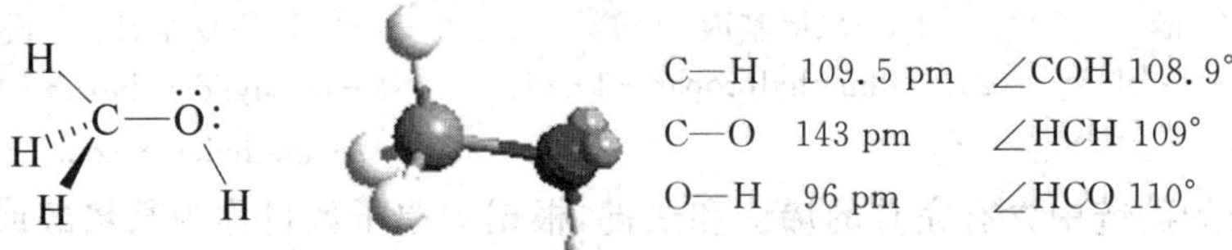

甲醇的偶极矩为 1.7 D，与水的偶极矩(1.8 D)相近。

三、醇的命名

系统命名按名称的构词方法可分成取代名(substitutive name)、官能团类别名(functional class name)、并合名(fusion name)、置换名(replacement name)、缀合名(conjunctive name)和加合名(additive name)等。其中取代名是最主要的一类系统名，是表示母体结构骨架原子上或特性基团(官能团)上一个或多个氢被其他原子或基团取代而形成的化合物名称。其次官能团类别名是早期有机化学较多采用的命名，现多改用取代名，但对一些简单的化合物仍继续采用官能团类别名。官能团类别名是母体结构名称(或母体结构衍生名称如烃基等)加上该化合物的类别名称。(《有机化合物命名原则》P23－P26)

醇的系统命名采用取代命名和官能团类别命名。

1. 官能团类别命名法

官能团类别命名是按照羟基所连接的烃基来命名，仅在醇(alcohol)字前面加上烃基的名称。英文名称写成分开的两个单词。例如：

$CH_3CH_2CH_2OH$	$(CH_3)_2CHOH$	$(CH_3)_3OH$
(正)丙醇	异丙醇	叔丁醇
n-propyl alcohol	isopropyl alcohol	*tert*-butyl alcohol

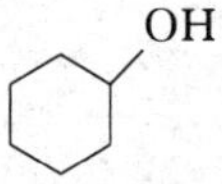

OH

环己醇

cyclohexyl alcohol

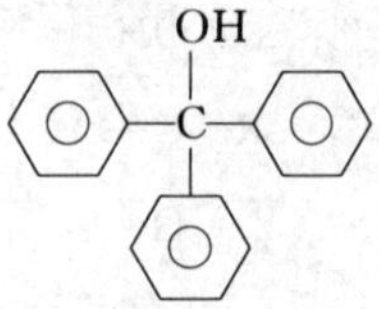

OH

三苯甲醇

triphenylmethyl alcohol (trityl alcohol)

这种方法仅适用于一些简单醇的命名。

2. 取代命名法

一元醇的取代命名的原则是：选择含连接羟基的碳原子的最长碳链为主链，按照主链的碳原子数目确定母体氢化物的名称。从离羟基最近的链端开始编号，把羟基所在碳原子的位次写在醇(英文后缀-ol)字之前，并在母体氢化物名称之前加上取代基的位次和名称。中文命名中“烷”字省略。英文命名时烷烃的后缀“ane”的“e”省略。如有多个取代基则按英文字母顺序排列。例如：

$$CH_3—\overset{H}{\underset{OH}{C}}—CH_2CH_3$$

丁-2-醇

butan-2-ol

$$CH_3—\overset{CH_3}{\underset{CH_3}{C}}—CH_2OH$$

2,2-二甲基丙-1-醇

2,2-dimethylpropan-1-ol

$$\underset{6}{CH_3}\ \underset{5}{CH_2}\ \underset{4}{CH_2}\ \underset{3}{CH_2}—\overset{CH_2}{\overset{\|}{\underset{2}{C}}}—\underset{1}{CH_2}—OH$$

2-甲亚基己-1-醇

2-methylidenehexan-1-ol

(2-methylenehexan-1-ol)

如果最长的碳链中含有完整的烯键和炔键，根据碳原子数目称为某烯醇或某炔醇，表示羟基位次的数字放在醇(-ol)字的前面，表示重键位次的数字放在烯(-en)或炔(-yn)字的前面。(英文烯和炔的后缀-ene和-yne的“e”省略)。例如：

$$CH_2{=}CH—\underset{CH_3}{CH}CH_2CH_2OH$$

3-甲基戊-4-烯-1-醇

3-methylpent-4-en-1-ol

$$CH_3C{\equiv}CCH_2OH$$

丁-2-炔-1-醇

but-2-yn-1-ol

多元醇按照其含有的羟基数目命名为二醇(-diol)、三醇(-triol)等。

必须注意，在英文命名中，为了便于发音，如官能团后缀为元音字母(如-ol)开头时，要删去母体氢化物的后缀(如-ane、-ene、-yne等)的末尾字母e。如官能团后缀为辅音(如-diol、-triol等)开头，则要保留母体氢化物的后缀的末尾字母e。

例如：

$$\underset{4}{CH_3}\overset{OH}{\underset{3}{CH}}\underset{2}{CH_2}\underset{1}{CH_2}OH$$

丁-1,3-二醇

butane-1,3-diol

$$HOCH_2—C{\equiv}C—CH_2OH$$

丁-2-炔-1,4-二醇

but-2-yne-1,4-diol

$$\underset{\text{CH}_3}{\overset{6}{}}\text{—}\overset{5}{\text{CH}_2}\text{—}\overset{4}{\underset{\text{OH}}{\text{CH}}}\text{—}\overset{3}{\overset{\text{OH}}{\text{CH}}}\text{—}\overset{2}{\underset{\text{OH}}{\text{CH}}}\text{—}\overset{1}{\text{CH}_3}$$

(2S,3S,4R)-己-2,3,4-三醇

(2S,3S,4R)- hexane-2,3,4-triol

某些常见的多元醇的俗名保留使用。

$\underset{\text{HO}}{\text{CH}_2}\text{—}\underset{\text{OH}}{\text{CH}_2}$	$\underset{\text{HO}}{\text{CH}_2}\text{—}\underset{\text{OH}}{\text{CH}}\text{—}\underset{\text{OH}}{\text{CH}_2}$	$C(CH_2OH)_4$
乙二醇	甘油	季戊四醇
ethylene glycol	glycerol	pentaerythritol

问题 9.1 用系统命名法(中文和英文)命名下列化合物。

(1) $CH_3\underset{}{\overset{\text{OH}}{\text{CH}}}CH_2\underset{\text{CH}_3}{\text{CH}}CH_3$

(2) $CH_3\underset{\text{CH}_3}{\text{CH}}CH{=}CH\underset{\text{OH}}{\text{CH}}CH_3$

(3) $(CH_3)_3CCH_2CH_2OH$

(4) $CH_3\underset{\text{OH}}{\text{CH}}\overset{\text{OH}}{\text{CH}}CH_2OH$

四、醇的物理性质

甲醇是最简单的醇,为无色液体,易燃,沸点 64.7 ℃,与水互溶。现在工业上生产甲醇是由一氧化碳和氢气在高温、高压、催化剂存在下直接合成。甲醇有毒,即使少量的甲醇也会损害有机体,饮用 10 mL 甲醇能使人失明,36 mL 可致死。其原因是甲醇在体内氧化成甲醛,后者毒化视网膜,甲醇的进一步氧化产物甲酸可导致酸中毒。

乙醇是酒的主要成分,因此俗称酒精。工业乙醇通过乙烯水合得到。食用乙醇通过富含淀粉和糖类的谷物水果在酶催化下发酵制备。乙醇为无色液体,与水互溶。乙醇沸点 78.3 ℃,具有特殊气味,易燃,火焰呈淡蓝色。乙醇与甲醇不同,它能与水形成共沸混合物(azeotropic mixture),用蒸馏的方法只能得到 95.57%的乙醇,加入氧化钙或分子筛除去水分后再蒸馏,这样制得的乙醇含量为 99.5%。工业上常用苯除去乙醇中所含的水分,将苯与工业酒精一起蒸馏,于 64.3 ℃蒸出苯、乙醇和水的三元共沸物,然后于 67.8 ℃蒸出苯与乙醇的二元共沸物,最后剩下的是无水乙醇。

表 9.1 某些一元醇的物理常数

化合物	英文名称	沸点/℃ (0.1 MPa)	熔点/℃	溶解度 (g/100 g H_2O)
甲醇	methanol(methyl alcohol)	64.7	−97.7	∞
乙醇	ethanol(ethyl alcohol)	78.3	−11.41	∞
丙-1-醇	propan-1-ol(n-propyl alcohol)	97.2	−126.4	∞
异丙醇	propan-2-ol(isopropyl alcohol)	82.3	−88.0	∞

(续表)

化合物	英文名称	沸点/℃ (0.1 MPa)	熔点/℃	溶解度 (g/100 g H_2O)
丁-1-醇	butan-1-ol(*n*-butyl alcohol)	117.7	−88.6	7.5
仲丁醇	butan-2-ol(*sec*-butyl alcohol)	99.6	−114.7	12.5
异丁醇	2-methylpropan-1-ol(isobutyl alcohol)	107.7	−108.0	10.0
叔丁醇	2-methylpropan-2-ol(*tert*-butyl alcohol)	82.4	25.8	∞
戊-1-醇	pentan-1-ol(*n*-pentyl alcohol)	133.0	−78.2	2.2
己-1-醇	hexan-1-ol(*n*-hexyl alcohol)	158.1	−46.7	0.7
十二-1-醇	dodecan-1-ol(*n*-dodecyl alcohol)	259.0	26.0	—
十八-1-醇	octadecan-1-ol(*n*-octadecyl alcohol)	332.0	59.1	—
烯丙醇	prop-2-en-1-ol(allyl alcohol)	97.1	−129.0	∞
苄醇	phenylmethanol(benzyl alcohol)	205.5	−15.3	0.08
环己醇	cyclohexanol(cyclohexyl alcohol)	161.1	25.2	3.8

含四个碳原子以下的一元醇为带酒味的液体，含五至十一个碳原子的醇为有不愉快气味的油状液体，含十二个碳原子以上的醇为无味的蜡状物。

和水一样，醇分子中的氢氧键是高度极化的，一个分子的羟基上带部分负电荷的氧(氢键的接受体)和另一分子羟基上带部分正电荷的氢(氢键的给予体)通过静电引力互相吸引生成氢键(hydrogen bond)。因此，醇在液态时，以多分子的缔合状态存在，要使液体变成蒸气，除要克服分子之间的范德华作用力外，还需要断裂氢键(氢键的键能约 25～30 kJ · mol^{-1})，这样醇的沸点比分子量相当的烷烃高得多。

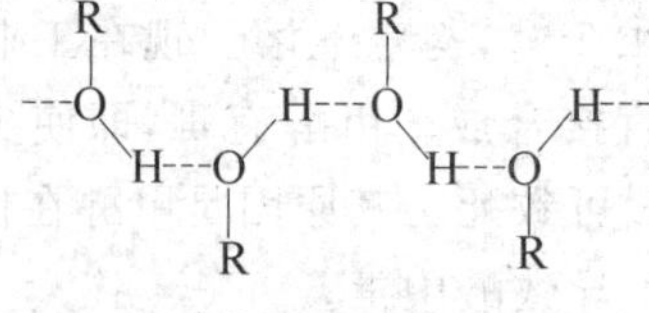

醇分子间的缔合

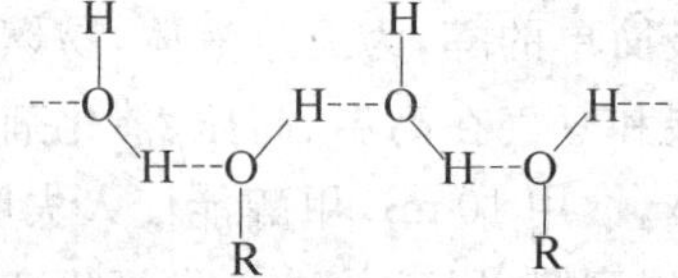

醇分子与水分子间的缔合

随着碳原子数目的增加，羟基在分子中所占的比例减小，而烃基对羟基缔合的阻碍作用增加，表现出与烃类相接近的性质。因此直链一元伯醇的沸点随相对分子量的增加与相应的直链烷烃的沸点愈来愈接近(图 9.1)。

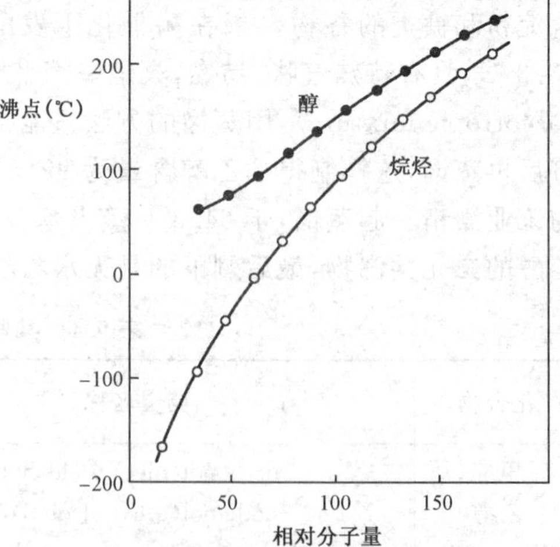

图 9.1 直链伯醇的沸点(℃)与直链烷烃的沸点(℃)

醇分子的羟基与水分子间也可以通过氢键缔合，使低级醇(甲醇、乙醇、丙醇、异丙醇)能以任意比例与水混溶。随着烃基的增大，烃基的位阻作用阻碍羟基与水分子间缔合，因而随相对分子量增加，醇在水中的溶解度越来越小，高级烷醇不溶于水。

二元醇或多元醇分子中羟基的数目增多，能形成氢键的位置增多，使沸点升高，在水中的溶解度增加。例如乙二醇和丙三醇(甘油)的沸点分别为 197 ℃和 290 ℃,并能完全与水互溶。

低级醇能和一些无机盐类($MgCl_2$、$CaCl_2$ 等)形成结晶状的分子化合物,例如 $MgCl_2 \cdot 6CH_3OH$,$CaCl_2 \cdot 3C_2H_5OH$ 等。因此这些盐类不能用于干燥醇类,但可以用来除去混合物中的少量的低级醇。

在同数碳原子醇的构造异构体中,直链伯醇的沸点最高,带有支链的醇,沸点较低,支链愈多沸点愈低。例如丁醇、异丁醇、仲丁醇和叔丁醇的沸点分别为 117.7 ℃、107.9 ℃、99.5 ℃和 82.5 ℃。

§9.2　醇的化学性质

醇的化学反应主要发生在羟基及与羟基相连的碳原子上,主要包括 O—H 键和 C—O 键的断裂以及 C—H 键的氧化。

R—C(R′(H))(H)—O—H

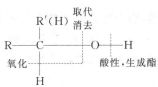

取代、消去(C—O 键断裂);酸性,生成酯(O—H 键断裂);氧化(C—H 键)

一、醇的酸性

醇分子中含有极化的 O—H 键,可电离生成烷氧基负离子(alkoxide ion)和质子:

$$R—O—H \rightleftharpoons R—O^{\ominus} + H^{\oplus}$$

由于烷基的给电子诱导效应,烷氧基负离子的稳定性比 $OH^{\ominus}$ 低,所以醇的酸性比水小。当醇分子中 α-碳原子的烷基增多时,烷基的给电子诱导效应使相应的烷氧基负离子的稳定性更低,因而不同类型醇的酸性大小次序为:伯醇>仲醇>叔醇。当醇分子中 α-碳原子上的氢原子被吸电子基团取代时,由于烷氧基负离子的稳定性增加,因而醇的酸性增强(表 9.2)。

表 9.2　醇的酸性

醇	pK_a	醇	pK_a
H_2O	15.7	$ClCH_2CH_2OH$	14.3
CH_3CH_2OH	15.9	Cl_3CCH_2OH	12.4
$(CH_3)_2CHOH$	18.0	F_3CCH_2OH	12.2
$(CH_3)_3COH$	19.2	$F_3CCH_2CH_2OH$	14.6

醇和水相似,能与活泼金属作用放出氢气。例如:

$$CH_3CH_2OH + Na \xrightarrow{25\ ℃} CH_3CH_2ONa + 1/2H_2\uparrow$$

乙醇　ethanol　　乙醇钠　sodium ethoxide

$$(CH_3)_3COH + K \xrightarrow{回流} (CH_3)_3COK + 1/2H_2\uparrow$$

叔丁醇　*tert*-butyl alcohol　　叔丁醇钾　potassium *tert*-butoxide

醇的酸性比水弱，活泼金属与醇的反应不如水那样猛烈，不同类型醇的活性顺序为：伯醇＞仲醇＞叔醇。

醇钠(sodium alkoxide)是醇的共轭碱，因而它是一种强碱，碱性比氢氧化钠强。有机合成中常用醇钠作强碱性试剂和亲核试剂。醇钠易被水解，生成醇和氢氧化钠。

$$\text{R—ONa} + \text{H—OH} \rightleftharpoons \text{R—OH} + \text{NaOH}$$

pK_a 15.7 15.9

上述反应平衡偏向于右边。尽管如此，工业上生产乙醇钠还是使醇与氢氧化钠作用，不断将水除去，使平衡向生成醇钠的方向移动。

问题 9.2 化合物的酸性越强，其共轭碱的碱性越弱。将下列试剂按碱性从大到小排列。

(1) NaOH (2) C_2H_5ONa (3) $CH\equiv CNa$ (4) $NaNH_2$ (5) $(CH_3)_3CONa$

二、取代反应

由于$OH^{\ominus}$是很差的离去基团，因而醇羟基不能直接被亲核试剂取代。一般应先使醇与强酸作用变成氧鎓(oxidanium)[1]盐或将醇转变成磺酸酯等，即将一种极差的离去基团($OH^{\ominus}$)转变成良好的离去基团(水和磺酸基阴离子等)。

1. 与氢卤酸的反应

醇与氢卤酸反应生成卤代烃，这是制备卤代烃的重要方法。

$$\text{ROH} + \text{HX} \longrightarrow \text{RX} + H_2O$$

伯醇与氢卤酸的反应一般是 S_N2 反应。醇羟基被质子化形成质子化的醇(protonated alcohol)，羟基转变为良好的离去基(中性水分子)。

$$\text{RCH}_2\text{—}\ddot{\text{O}}\text{H} + \text{H}^{\oplus} \rightleftharpoons \text{RCH}_2\text{—}\overset{\oplus}{\text{O}}\text{H}_2$$

$$\text{X:}^{\ominus} + \underset{\text{R}}{\underset{|}{\text{CH}_2}}\text{—}\overset{\oplus}{\text{O}}\text{H}_2 \longrightarrow \underset{\text{R}}{\underset{|}{\text{CH}_2}}\text{—X} + H_2O$$

叔醇与氢卤酸的反应一般是 S_N1 反应：

$$\text{R—}\underset{R''}{\overset{R'}{\text{C}}}\text{—}\ddot{\text{O}}\text{H} + \text{H}^{\oplus} \rightleftharpoons \text{R—}\underset{R''}{\overset{R'}{\text{C}}}\text{—}\overset{\oplus}{\text{O}}\text{H}_2$$

$$\text{R—}\underset{R''}{\overset{R'}{\text{C}}}\text{—}\overset{\oplus}{\text{O}}\text{H}_2 \longrightarrow \text{R—}\underset{R''}{\overset{R'}{\text{C}}}{}^{\oplus}$$

$$\text{R—}\underset{R''}{\overset{R'}{\text{C}}}{}^{\oplus} + \ddot{\text{X}}^{\ominus} \longrightarrow \text{R—}\underset{R''}{\overset{R'}{\text{C}}}\text{—X}$$

[1] 《有机化合物命名原则》P264 中建议保留“氧鎓(离子)”的使用，但其他正离子均不再使用“鎓”字命名。

仲醇与氢卤酸的反应可能为 S_N1 或 S_N2 反应。

在 S_N1 反应过程中，常发生重排反应(rearrangement)生成更稳定的碳正离子：

$$(CH_3)_2CH\overset{OH}{\overset{|}{C}}HCH_3 \xrightleftharpoons{H^{\oplus}} (CH_3)_2CH\overset{\overset{\oplus}{O}H_2}{\overset{|}{C}}HCH_3 \rightleftharpoons (CH_3)_2\overset{H}{\overset{|}{C}}-\overset{\oplus}{C}HCH_3$$

$$\rightleftharpoons (CH_3)_2\overset{\oplus}{C}-CH_2CH_3 \xrightarrow{Br^{\ominus}} (CH_3)_2\underset{Br}{\underset{|}{C}}CH_2CH_3 \quad 64\%$$

不同的氢卤酸与醇反应的活性次序是 HI>HBr>HCl。由于 HCl 的活性最小，当它与伯醇或仲醇反应时，需要无水氯化锌催化才能得到氯代烃。氯化锌是路易斯酸，它可以接受醇羟基氧原子的电子对，使 C—O 键进一步极化，促进反应的进行。

$$RCH_2OH + ZnCl_2 \rightleftharpoons RCH_2\underset{H}{\underset{|}{O}}:ZnCl_2$$

$$\overset{\ominus}{Cl}: + \overset{R}{\overset{|}{C}}H_2-\underset{H}{\underset{|}{O}}:ZnCl_2 \longrightarrow RCH_2Cl + [HO-ZnCl_2]^{\ominus} \xrightarrow{H^{\oplus}} ZnCl_2 + H_2O$$

浓盐酸与氯化锌所配成的试剂叫作卢卡斯(Lucas)试剂。由于 C_6 以下的醇都能溶于卢卡斯试剂，而相应的氯代烃则不溶解。因此可以根据出现浑浊的时间和分层的情况来判别醇的类型。在室温下叔醇和烯丙式醇反应很快，立即分层；仲醇反应较慢，一般数分钟后出现浑浊。伯醇要在加热时才发生反应。

问题 9.3 将下列化合物按与卢卡斯试剂反应的活性大小次序排列。

(1) 戊-2-烯-1-醇 (2) 戊-1-醇

(3) 戊-3-醇 (4) 2-甲基戊-2-醇

2. 与三卤化磷和氯化亚砜的反应

醇与三卤化磷(或 $P+X_2$)反应生成卤代烃。例如：

$$3(CH_3)_2CHOH + PBr_3 \longrightarrow \underset{75\%}{3(CH_3)_2CHBr} + H_3PO_3$$

反应中先生成亚磷酸酯，后者质子化后形成良好的离去基团，然后被卤素负离子取代起 S_N2 反应。

$$3RCH_2OH + PBr_3 \longrightarrow \underset{\text{亚磷酸酯}}{(RCH_2O)_3P} + 3HBr$$

$$RCH_2OP(OCH_2R)_2 \xrightarrow{HBr} RH_2C-\underset{H}{\underset{|}{\overset{\oplus}{O}}}-P(OCH_2R)_2$$

$$Br:^{\ominus} + \underset{R}{\underset{|}{C}}H_2-\underset{H}{\underset{|}{\overset{\oplus}{O}}}-P(OCH_2R)_2 \longrightarrow RCH_2Br + HOP(OCH_2R)_2$$

氯化亚砜(thionyl chloride)(亚硫酰氯)与醇反应也可制得氯代烷。由于该反应的产物中有二氧化硫和氯化氢两种气体，反应速度快，反应条件温和，产率高，并且不生成其他副产物。

$$ROH + SOCl_2 \xrightarrow{\triangle} RCl + SO_2\uparrow + HCl\uparrow$$

反应实际上是先生成氯代亚硫酸酯，氯代亚硫酸根是良好的离去基团，后者被 $Cl^{\ominus}$ 亲核取代反应生成氯代烃。

$$RCH_2OH + SOCl_2 \xrightarrow{-HCl} R{-}CH_2O{-}S(=O){-}Cl$$

$$\ddot{Cl}^{\ominus}\ \ R{-}CH_2{-}O{-}S(=O){-}Cl \longrightarrow RCH_2Cl + Cl^{\ominus} + SO_2$$

3. 磺酸酯的亲核取代反应

伯醇和仲醇与苯磺酰氯或对甲苯磺酰氯(TsCl)在叔胺(R_3N)存在下可转化成良好的离去基磺酸酯，可以被 $I^{\ominus}$、$Br^{\ominus}$、$Cl^{\ominus}$、$RO^{\ominus}$ 等亲核试剂亲核取代。例如：

环己醇 cyclohexanol + 苯磺酰氯 benzenesulfonyl chloride $\xrightarrow{(Et)_3N}$ 苯磺酸环己酯 cyclohexyl benzenesulfonate

$\xrightarrow[CH_3COCH_3]{NaI}$ 环己基碘 cyclohexyl iodide + 苯磺酸钠 ($SO_3^{\ominus}\ Na^{\oplus}$)

苯磺酸酯的亲核取代反应一般按 S_N2 机理进行。

问题 9.4 完成下列反应。

(1) 环己醇 $\xrightarrow[\text{吡啶}]{PBr_3}$

(2) 1-甲基环戊醇 (CH_3, OH) $\xrightarrow{HCl(\text{浓})}$

(3) $CH_3(CH_2)_6CH_2OH \xrightarrow{SOCl_2}$

(4) $CH_3CH_2CH_2CH_2OH \xrightarrow[\text{② } NH_3\cdot H_2O]{\text{① } C_6H_5SO_2Cl}$

三、消去反应

醇在硫酸、对甲苯磺酸等强酸催化下脱水生成烯烃。例如：

环己醇 cyclohexanol $\xrightarrow[100\ ℃]{H_2SO_4}$ 环己烯 cyclohexene

醇分子内的脱水反应一般按 E1 机理进行，H_2O 是离去基团，不同类型的醇的反应活性为：叔醇＞仲醇＞伯醇。

醇分子内脱水的区域选择性符合查依采夫规律，即主要产物是碳碳双键上烃基最多的烯烃。例如：

$$CH_3CH_2\underset{\ddot{O}H}{\underset{|}{C}}HCH_3 \xrightarrow{H^{\oplus}} CH_3CH_2\underset{\overset{\oplus}{O}H_2}{\underset{|}{C}}HCH_3 \xrightarrow{-H_2O} CH_3\text{—}\underset{H}{\underset{|}{C}H}\text{—}\overset{\oplus}{C}H\text{—}\underset{H}{\underset{|}{C}H_2}$$

$$\xrightarrow{a} CH_3CH{=}CHCH_3 \quad 71\% \quad （主要产物）$$

$$\xrightarrow{b} CH_3CH_2CH{=}CH_2 \quad 29\%$$

由于醇分子内脱水反应的活性中间体是碳正离子，因而常伴有重排反应发生。但如用路易斯酸 Al_2O_3 为催化剂，在较高温度脱水，则可避免重排产物的生成。例如：

$$CH_3(CH_2)_4CH_2\underset{OH}{\underset{|}{C}}HCH_3 \xrightarrow[350\ ^\circ C]{Al_2O_3} CH_3(CH_2)_4CH{=}CHCH_3 \quad 80\%$$

问题 9.5　解释下列反应结果。

1-甲基-1-(羟甲基)环戊烷（CH_3，CH_2OH）$\xrightarrow{HBr}$ 1-溴-1-甲基环己烷（CH_3，Br）＋ 1-甲基环己烯（CH_3）

四、氧化反应

醇分子中与羟基相连的碳原子（α-碳原子）上若有氢原子，则可被氧化。伯醇可以被氧化成醛、羧酸，仲醇可以被氧化成酮，叔醇的 α-碳原子上没有氢原子，一般情况下不被氧化。

$$R\text{—}\underset{H}{\overset{H}{C}}\text{—}OH \xrightarrow{[O]} \left[R\text{—}\underset{H}{\overset{O\text{—}H}{C}}\text{—}OH \right] \xrightarrow{-H_2O} R\text{—}\underset{H}{C}{=}O \xrightarrow{[O]} R\text{—}\underset{OH}{C}{=}O$$

$$R\text{—}\underset{R'}{\overset{H}{C}}\text{—}OH \xrightarrow{[O]} \left[R\text{—}\underset{R'}{\overset{O\text{—}H}{C}}\text{—}OH \right] \xrightarrow{-H_2O} R\text{—}\underset{R'}{C}{=}O$$

高锰酸钾氧化伯醇、仲醇生成相应的酮和羧酸。例如：

$$CH_3CH_2CH_2CH_2\underset{CH_2CH_3}{\underset{|}{C}}HCH_2OH \xrightarrow[②\ H_3O^{\oplus}]{①\ KMnO_4} CH_3CH_2CH_2CH_2\underset{CH_2CH_3}{\underset{|}{C}}HCOOH \quad 74\%$$

2-乙基己-1-醇　　2-乙基己酸

2-ethylhexan-1-ol　　2-ethylhexanoic acid

重铬酸钠(钾)与硫酸的混合溶液氧化伯醇先生成醛，醛容易继续被氧化为羧酸。重铬酸根中铬从正六价被还原到正三价，颜色从红橙色转变成绿色。呼吸式酒后分析器就是根据这反应和颜色变化设计的。由于醛比醇的沸点低，选择合适的反应温度可使反应中生成的醛被蒸馏出来而不被继续氧化。这个方法仅限于制备沸点不高于 100 ℃的醛。例如：

$$\underset{\substack{\text{丁-1-醇}\\ \text{butan-1-ol}\\ \text{bp 117.7 ℃}}}{CH_3CH_2CH_2CH_2OH} \xrightarrow[H_2SO_4,H_2O]{Na_2Cr_2O_7} \underset{\substack{\text{丁醛 52\%}\\ \text{butanal}\\ \text{bp 75.7 ℃}}}{CH_3CH_2CH_2CHO}$$

呼吸式酒后分析器的原理

仲醇在相同条件下氧化成酮，酮在此条件下不会被继续氧化。因此，这是制备酮的一种好方法。例如：

$$\underset{\substack{\text{辛-2-醇}\\ \text{octan-2-ol}}}{CH_3(CH_2)_5CH(OH)CH_3} \xrightarrow[H_2SO_4,\triangle]{Na_2Cr_2O_7} \underset{\substack{\text{辛-2-酮 94\%}\\ \text{octan-2-one}}}{CH_3(CH_2)_5C(=O)CH_3}$$

三氧化铬是铬酸的酸酐，将浓硫酸加入重铬酸钠饱和水溶液，滤出红色晶体干燥后即得铬酐。三氧化铬溶于稀硫酸的溶液($CrO_3-H_2SO_4$)称作琼斯(Jones)试剂。将吡啶加入三氧化铬的盐酸溶液中，形成橙黄色的氯铬酸吡啶盐晶体（PCC，pyridinium chlorochromate)。琼斯试剂和 PCC 是选择性氧化剂。它们氧化不饱和醇为相应的不饱和醛酮，不饱和键不受影响。例如：

$$\underset{\substack{\text{辛-2-炔-1-醇}\\ \text{oct-2-yn-1-ol}}}{CH_3(CH_2)_4C\equiv CCH_2OH} \xrightarrow{PCC} \underset{\substack{\text{辛-2-炔醛 75\%}\\ \text{oct-2-ynal}}}{CH_3(CH_2)_4C\equiv CCHO}$$

用 Jones 试剂氧化伯醇或仲醇时，产生蓝绿色的亚铬酸盐的沉淀，现象明显，易于观察，因而常用这一反应来检验伯醇和仲醇，但醛和酚等易氧化物质也对该试剂显正结果。

问题 9.6 写出下列的主要产物。

(1) $CH_3CH(CH_3)CH(OH)CH_2CH(CH_3)CH_3 \xrightarrow[H_2SO_4,\triangle]{Na_2Cr_2O_7}$

(2) $CH_3C(=O)\text{-}C_6H_4\text{-}CHO \xrightarrow[CH_3COOH]{Na_2Cr_2O_7}$

(3) 环己-2-烯醇（环己烯基—OH） $\xrightarrow[H_2O]{CrO_3,H_2SO_4}$

将伯醇或仲醇的蒸气和适量的空气或氧气在 300～350 ℃通过铜、铜铬或氧化锌等催化剂，它们能脱氢生成醛或酮，产生的氢气和氧气结合成水。例如：

$$CH_3CH_2CH_2CH_2OH \xrightarrow[350\ ℃]{Cu-Cr,O_2} \underset{62\%}{CH_3CH_2CH_2CHO} + H_2O$$

$$\text{环戊醇} \xrightarrow[350℃]{Cu,\ O_2} \text{环戊酮}\quad 90\%$$

五、邻二醇的反应

多元醇可以起与一元醇类似的反应，多元醇的羟基可以部分或全部参加反应。两个羟基位于相邻碳原子上的二元醇叫作邻二醇(vicinal diol),邻二醇可以发生一些特殊的反应。

1. 与高碘酸的作用

高碘酸可以使邻二醇中连有两个羟基的碳原子间的键断裂,将邻二醇氧化为两分子羰基化合物。

$$\mathrm{R{-}\underset{OH}{\underset{|}{CH}}{-}\underset{OH}{\underset{|}{CH}}{-}R' \xrightarrow{HIO_4} R{-}\underset{O}{\underset{\|}{C}}{-}H + H{-}\underset{O}{\underset{\|}{C}}{-}R'}$$

α-羟基醛或α-羟基酮也可以被高碘酸氧化,反应物分子中的羰基(C=O)被氧化为羧酸或二氧化碳。

$$\mathrm{R{-}\underset{O}{\underset{\|}{C}}{-}\underset{OH}{\underset{|}{CH}}{-}R' \xrightarrow{HIO_4} R{-}\underset{O}{\underset{\|}{C}}{-}OH + H{-}\underset{O}{\underset{\|}{C}}{-}R'}$$

$$\mathrm{R{-}\underset{OH}{\underset{|}{CH}}{-}\underset{OH}{\underset{|}{CH}}{-}CHO \xrightarrow{2HIO_4} R{-}\underset{O}{\underset{\|}{C}}{-}H + H{-}\underset{O}{\underset{\|}{C}}{-}OH + H{-}\underset{O}{\underset{\|}{C}}{-}OH}$$

$$\mathrm{R{-}\underset{OH}{\underset{|}{CH}}{-}\underset{O}{\underset{\|}{C}}{-}CH_2OH \xrightarrow{2HIO_4} R{-}\underset{O}{\underset{\|}{C}}{-}H + CO_2 + H{-}\underset{O}{\underset{\|}{C}}{-}H}$$

反应中的高碘酸被还原为碘酸,因此可以用硝酸银与其反应生成碘酸银白色沉淀。这个反应可作为邻位二醇等化合物的定性鉴定反应。

2. 邻二醇的重排反应

邻二叔醇在酸性条件下发生分子内脱水,同时伴随着碳架的重排,由于这类反应最初是从片呐醇重排为片呐酮发现的,因此称之为片呐醇重排(pinacol rearrangement)。

$$\mathrm{(CH_3)_2\underset{OH}{\underset{|}{C}}{-}\underset{OH}{\underset{|}{C}}(CH_3)_2 \xrightarrow{H^{\oplus}} CH_3\underset{O}{\underset{\|}{C}}{-}C(CH_3)_3}$$

片呐醇(pinacol)　　　片呐酮(pinacolone)

这个反应是碳正离子的重排反应:

$$\mathrm{CH_3{-}\overset{CH_3}{\overset{|}{\underset{OH}{\underset{|}{C}}}}{-}\overset{CH_3}{\overset{|}{\underset{OH}{\underset{|}{C}}}}{-}CH_3 \underset{}{\overset{H^{\oplus}}{\rightleftharpoons}} CH_3{-}\overset{CH_3}{\overset{|}{\underset{OH}{\underset{|}{C}}}}{-}\overset{CH_3}{\overset{|}{\underset{\overset{\oplus}{O}H_2}{\underset{|}{C}}}}{-}CH_3 \overset{-H_2O}{\rightleftharpoons}}$$

$$\mathrm{CH_3{-}\overset{CH_3}{\overset{|}{\underset{:OH}{\underset{|}{C}}}}{-}\overset{CH_3}{\overset{|}{\overset{\oplus}{C}}}{-}CH_3 \rightleftharpoons CH_3{-}\underset{\overset{\oplus}{O}H}{\underset{\|}{C}}{-}\overset{CH_3}{\overset{|}{\underset{CH_3}{\underset{|}{C}}}}{-}CH_3 \overset{-H^{\oplus}}{\rightleftharpoons} CH_3{-}\underset{O}{\underset{\|}{C}}{-}\overset{CH_3}{\overset{|}{\underset{CH_3}{\underset{|}{C}}}}{-}CH_3}$$

其他邻二醇也发生类似的反应,当脱水能生成两种不同的碳正离子时,总是先生成较稳定的碳正离子。例如:

$$\mathrm{CH_3{-}\overset{CH_3}{\overset{|}{\underset{OH}{\underset{|}{C}}}}{-}\overset{C_6H_5}{\overset{|}{\underset{OH}{\underset{|}{C}}}}{-}C_6H_5 \xrightarrow{H^{\oplus}} CH_3{-}\overset{O}{\overset{\|}{C}}{-}\overset{CH_3}{\overset{|}{\underset{C_6H_5}{\underset{|}{C}}}}{-}C_6H_5}$$

问题 9.7 写出下列反应的产物。

(1) 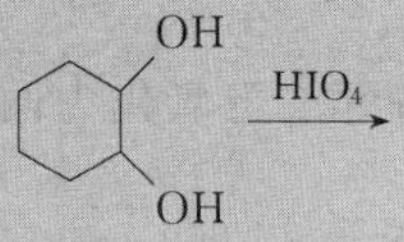 环己-1,2-二醇 $\xrightarrow{HIO_4}$　(2) 降冰片烷-2-醇(2-CH_2OH) $\xrightarrow{HIO_4}$

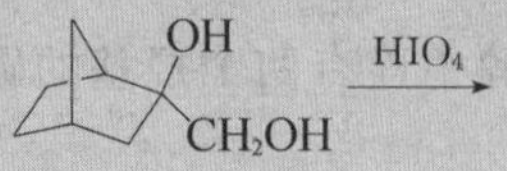

(3) 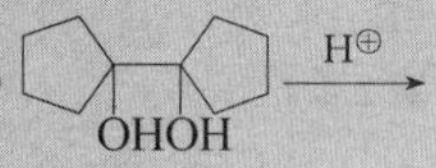 1,1'-二羟基联环戊基(OHOH) $\xrightarrow{H^{\oplus}}$

§9.3 一元醇的制法

醇的制备方法除了烯烃的水合和碳水化合物的发酵外，还有卤代烃的水解、羰基化合物的还原和从格氏试剂合成等方法。

一、卤代烃水解

卤代烃与氢氧化钠水溶液回流，卤代烃发生亲核取代反应而生成醇(第八章)。例如：

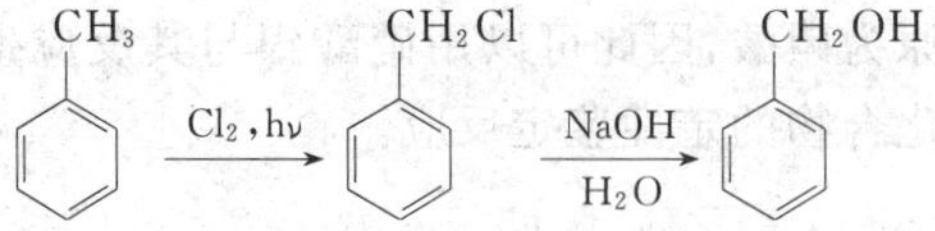

$$C_6H_5CH_3 \xrightarrow{Cl_2,h\nu} C_6H_5CH_2Cl \xrightarrow[H_2O]{NaOH} C_6H_5CH_2OH$$

二、羰基化合物的还原

从醛、羧酸和羧酸酯还原可得到伯醇，酮经还原可得到仲醇(第十章，第十二章)。

$$\left.\begin{matrix} RCHO \\ RCOOH \\ RCOOR' \\ RCOR' \end{matrix}\right\} \xrightarrow{[H]} \left\{\begin{matrix} RCH_2OH \\ RCH_2OH \\ RCH_2OH+R'OH \\ RCH(OH)R' \end{matrix}\right.$$

三、从格利雅(Grignard)试剂合成

Grignard 试剂与羰基化合物可发生加成反应，产物经水解而得到醇。通常将 Grignard 试剂与醛、酮、酯的加成反应叫作 Grignard 反应。

Grignard 试剂与甲醛反应后可得到伯醇，与其他的醛反应可得到仲醇，与酮反应可得到叔醇。

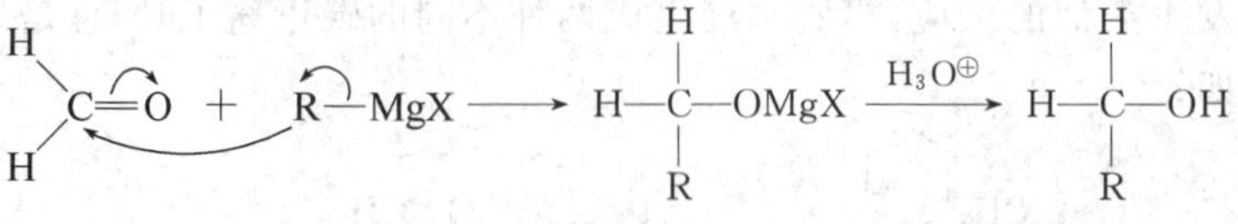

$$H_2C{=}O + R{-}MgX \longrightarrow H{-}\underset{R}{\overset{H}{C}}{-}OMgX \xrightarrow{H_3O^{\oplus}} H{-}\underset{R}{\overset{H}{C}}{-}OH \quad \text{伯醇}$$

$$RHC{=}O + R'{-}MgX \longrightarrow R{-}\underset{R'}{\overset{H}{C}}{-}OMgX \xrightarrow{H_3O^{\oplus}} R{-}\underset{R'}{\overset{H}{C}}{-}OH \quad \text{仲醇}$$

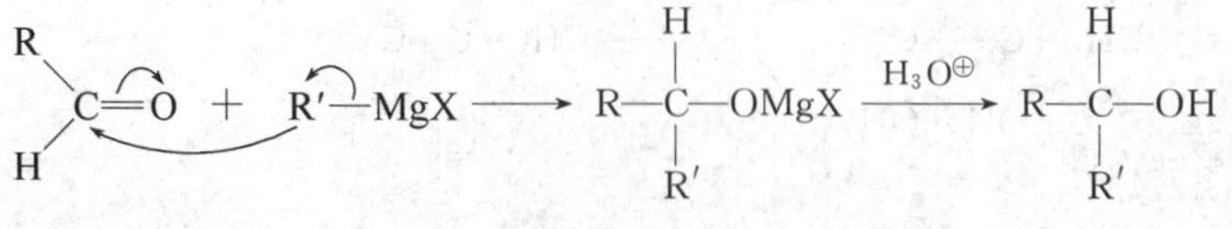

$$\begin{matrix} R' \\ \end{matrix}\!\!\!\!>C{=}O + R''{-}MgX \longrightarrow R{-}\overset{R''}{\underset{R'}{C}}{-}OMgX \xrightarrow{H_3O^{\oplus}} R{-}\overset{R''}{\underset{R'}{C}}{-}OH \quad 叔醇$$

Grignard 试剂与羧酸酯的加成分两步进行，第一步加成得到醛、酮。因醛、酮比羧酸酯更易反应，所以很快与另一分子 Grignard 试剂加成，然后经水解而得到叔醇。

$$R'{-}\overset{O}{\overset{\|}{C}}{-}OR'' + R{-}MgX \longrightarrow \left[R{-}\overset{O{-}MgX}{\underset{R'}{C}}{-}OR''\right] \longrightarrow$$

$$R'{-}\overset{O}{\overset{\|}{C}}{-}R + R{-}MgX \longrightarrow R'{-}\overset{R}{\underset{R}{C}}{-}OMgX \xrightarrow{H_3O^{\oplus}} R'{-}\overset{OH}{\underset{R}{C}}{-}R$$

除羰基化合物外，环氧乙烷也易与 Grignard 试剂反应，得到比 Grignard 试剂中的烃基多两个碳原子的伯醇。

$$XMg{-}R + \underset{\diagdown O \diagup}{CH_2{-}CH_2} \longrightarrow RCH_2CH_2OMgX \xrightarrow{H_3O^{\oplus}} RCH_2CH_2OH$$

有机锂试剂(RLi)与醛、酮、环氧化合物等的反应与 Grignard 试剂类似。

问题 9.8　用 Grignard 试剂合成下列醇。

(1) $C_6H_5CH_2CH_2OH$　　(2) $C_6H_5CH_2CH_2CH_2OH$

(3) $CH_3\underset{OH}{\underset{|}{C}}HCH_2CH_2CH_3$　　(4) $C_6H_5{-}\overset{CH_3}{\underset{OH}{C}}{-}CH_2CH_3$

§9.4　酚的结构、命名、物理性质、来源和应用

羟基直接与芳环相连的化合物叫作酚(phenol)，通式为 ArOH。根据酚羟基的数目，酚可分为一元酚、二元酚和三元酚等，含有两个以上的酚羟基的酚统称为多元酚。

一、酚的结构

酚羟基的氧原子是 sp^2 杂化，氧原子的两对未共用电子对分别占据一个 sp^2 杂化轨道和未参与杂化的 p 轨道，p 轨道和苯环的 π 轨道在侧面重叠，形成 p,π-共轭体系，氧原子上的 p 电子云向苯环转移，因而导致苯酚的偶极矩的方向与醇相反。

$CH_3{-}OH$（偶极矩方向 ⟶，指向 OH）　　$C_6H_5{-}OH$（偶极矩方向 ⟵，指向苯环）

甲醇　1.7 D　　苯酚　1.6 D

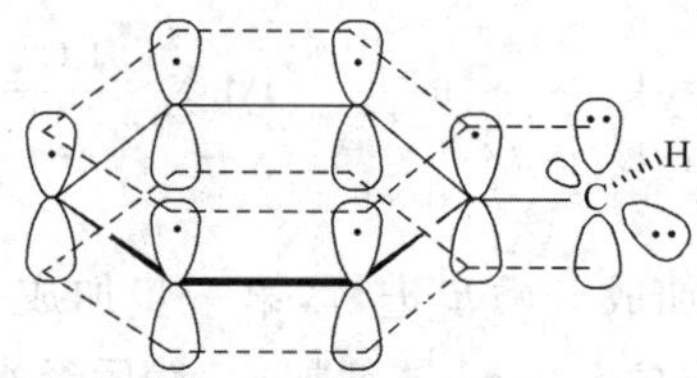

图 9.2 苯酚的结构

二、酚的命名

酚的英文后缀和醇相同，都是-ol。把酚和二酚的后缀(-ol 和-diol)分别加在芳烃名称后就构成简单的酚的名称。苯酚(phenol)是最简单的酚的俗名，它也可以作为这类化合物的名称的后缀。例如：

OH

苯酚
phenol

OH CH_3

2 -甲基苯酚(邻甲苯酚)
2 - methylphenol(*o*-cresol)

OH OH

苯-1,2 -二酚(焦儿茶酚、邻苯二酚)
benzene - 1,2 - diol(catechol)

OH OH

苯-1,3 -二酚(雷琐酚)
benzene - 1,3 - diol
(resorcinol)

OH

萘-2 -酚(2 -萘酚)
naphthalen - 2 - ol
(2 - naphthol)

OH

蒽-9 -酚(9 -蒽酚)
anthrancen - 9 - ol
(9 - anthrol)

括号中的名称为中、英文俗名。

较复杂的酚的命名首先必须确定主官能团(主特性基团)，其他的官能团当作取代基。前者要用后缀名称表示，后者要用前缀名称表示。常见的官能团的中、英文前缀和后缀名称见附录二。下列官能团中，先出现的为主官能团(附录三)：—COOH(羧基)羧酸、—SO_3H(磺酸基)磺酸、酸酐、—COOR(烃氧羰基)酯、—COX(卤羰基)酰卤、—$CONH_2$(氨基羰基)酰胺、—CN(氰基)腈、—CHO(甲酰基)醛、—C ═O(═O，氧亚基)酮、—OH(羟基)醇、酚、—NH_2(氨基)胺。在取代命名操作中，—OR(烃氧基)、—X(卤素)、—NO_2(硝基)、—NO(亚硝基)只能作为取代基用前缀名称表示。若酚羟基是主官能团，则在酚字前面加上芳环的名称，以此为母体，再在前面加上取代基的位次和名称。例如：

OH Cl

2 -氯苯酚
2 - chlorophenol

OH O_2N NO_2 NO_2

2,4,6 -三硝基苯酚(苦味酸)
2,4,6 - trinitrophenol(picric acid)

若酚羟基不是主官能团，则作为取代基(羟基，hydroxy)命名。例如：

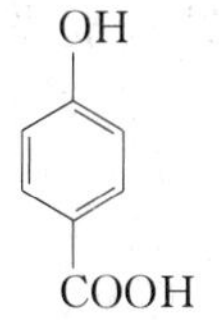

对羟基苯甲酸
p-hydroxybenzoic acid

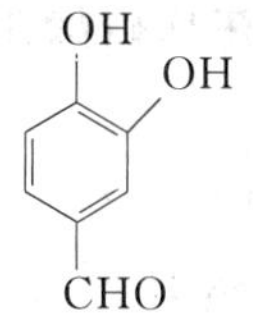

3,4-二羟基苯甲醛
3,4-dihydroxybenzaldehyde

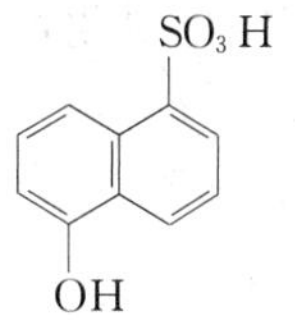

5-羟基萘-1-磺酸
5-hydroxynaphthalene-1-sulfonic acid

三、酚的物理性质

酚在常温下多为结晶固体，仅有少数烷基酚为高沸点的液体。由于酚含有羟基，能在分子间形成氢键，它的熔点、沸点都比相对分子量相近的芳烃高。酚与水也能形成分子间氢键，因而苯酚及其低级同系物在水中有一定的溶解度。酚类一般是无色的，但往往被空气中的氧气氧化而略带红色。酚能溶于乙醇、乙醚、甲苯等有机溶剂中。常见酚的物理常数见表 9.3。

表 9.3　酚的物理常数

化合物	英文名称	熔点/℃	沸点/℃ (0.1 MPa)	溶解度 (g/100 g H_2O)	pK_a (25 ℃)
苯酚	phenol	43.0	181.8	8.2	10.00
邻甲基苯酚	*o*-cresol	30.9	191.0	2.5	10.20
间甲基苯酚	*m*-cresol	11.3	203.0	0.5	10.17
对甲基苯酚	*p*-cresol	34.8	202.0	1.8	10.01
邻氯苯酚	*o*-chlorophenol	7.0	175.0	2.8	9.71
间氯苯酚	*m*-chlorophenol	32.0	219.0	2.6	9.02
对氯苯酚	*p*-chlorophenol	42.0	214.0	2.7	9.31
邻硝基苯酚	*o*-nitrophenol	46.0	216.0	0.2	7.21
间硝基苯酚	*m*-nitrophenol	97.0	—	1.3	8.0
对硝基苯酚	*p*-nitrophenol	115.0	279.0	1.6	7.15
萘-1-酚	naphthalen-1-ol	96.0	279.0	—	9.31
萘-2-酚	naphthalen-2-ol	122.0	285.0	0.1	9.55
邻苯二酚	pyrocatechol	105.0	246.0	45.1	9.4
间苯二酚	resorcinol	110.0	276.0	147.3	9.4
对苯二酚	hydroquinone	170.0	285.0	6.0	10.0

四、酚的制法

苯酚和甲基苯酚存在于煤焦油分馏所得的酚油中，用烧碱和硫酸处理后经分馏可得到工业苯酚和甲基苯酚。但是实际使用的大部分苯酚和其他酚类都是人工合成的。以苯酚为例，工业上合成酚的方法有以下几种：

1. 异丙苯氧化法

异丙苯用空气氧化可得过氧化物，过氧化物在稀硫酸中水解得苯酚和另一重要的化工原料丙酮。

$$C_6H_5CH(CH_3)_2 \xrightarrow[100\ ℃ \sim 120\ ℃]{O_2} C_6H_5C(CH_3)_2OOH \xrightarrow[60\ ℃]{H_3O^{\oplus}} C_6H_5OH + CH_3COCH_3$$

本法对设备要求较高，但工艺先进，同时可得苯酚和丙酮两个重要化工原料。

2. 磺化碱熔法

$$C_6H_6 \xrightarrow[80\ ℃]{H_2SO_4(浓)} C_6H_5SO_3H + H_2O$$

$$C_6H_5SO_3H \xrightarrow{Na_2SO_3} C_6H_5SO_3Na \xrightarrow[320\ ℃ \sim 350\ ℃]{NaOH} C_6H_5ONa \xrightarrow{H_2SO_4} C_6H_5OH$$

苯磺酸钠 sodium benzenesulfonate；苯酚钠 sodium phenoxide

苯与浓硫酸的磺化反应，一般用过量的苯使一部分苯磺化，另一部分蒸发掉，同时带走反应中生成的水。苯磺酸用亚硫酸钠中和为钠盐，再与 NaOH 共熔而生成酚钠，酚钠酸化后可得苯酚。本法产率较高，但操作麻烦，设备腐蚀严重，生产上不能连续化。

3. 氯苯水解法

氯苯水解可制得苯酚，氯苯的水解实际是芳环上的亲核取代反应，因此反应不容易进行，需要高温、高压或特殊催化剂的催化。

$$C_6H_5Cl \xrightarrow[Cu,20\ MPa]{OH^{\ominus},360\ ℃} C_6H_5OH$$

4. 芳基重氮盐水解法

芳胺重氮化反应形成的重氮盐水解可制备酚(第十四章)。

五、抗氧化剂

酚及其衍生物广泛存在于自然界。例如，从丁香花、麝香草中分别分离得到丁香酚和麝香草酚(百里酚)，它们用作香料和杀菌剂。从辣椒中萃取得到的辣椒素(辣椒碱)也是酚的衍生物，辣椒碱软膏具有止痒镇痛作用。从来自葡萄和莓果提取物的白藜芦醇(芪三酚)和来自绿茶提取物的茶多酚都是多酚衍生物，它们都有抑制体内有害自由基对机体伤害的作用。因此多食饮茶叶、葡萄、枸杞、蓝莓、番茄等有助于防病抗衰老。

丁香酚

5 - allyl - 2 - methoxyphenol

5 -烯丙基- 2 -甲氧基苯酚

麝香草酚

2 - isopropyl - 5 - methylphenol

2 -异丙基- 5 -甲基苯酚

辣椒碱　((6*E*)- *N* -(4 -羟基- 3 -甲氧基苄基)- 8 -甲基壬- 6 -烯酰胺)

(6*E*)- *N* -(4 - hydroxy - 3 - methoxybenzyl)- 8 - methylnon - 6 - enamide

白藜芦醇(芪三酚)

(*E*)- 5 -(4 -羟基苯乙烯基)苯- 1,3 -二酚

(*E*)- 5 -(4 - hydroxystyryl) benzene - 1,3 - diol

没食子酸- 3 -表没食子儿茶素酯

(来自绿茶提取物)

生物体系内提供了天然存在的抗氧化剂抑制清除体内的自由基，保护细胞膜类脂、核酸、蛋白质等免受氧化破坏。体内最重要的抗氧剂是维生素 E。

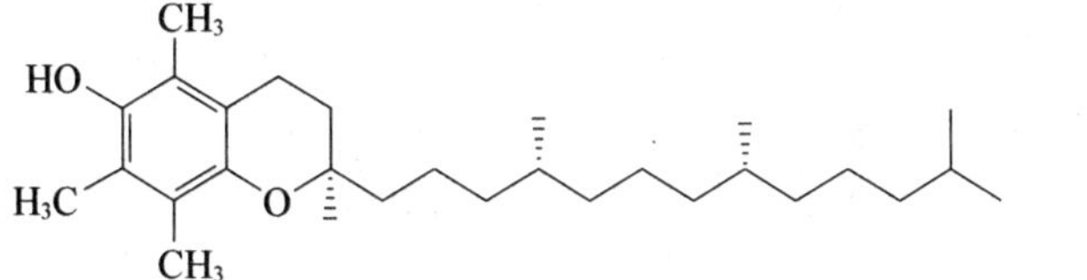

维生素 E

维生素 E(α -生育酚)

根据维生素 E 的结构特点，设计合成维生素 E 类似物，它们是具有立体障碍的位阻酚。例如 2 -叔丁基- 4 -甲氧基苯酚(BHA)和 2,6 -二叔丁基- 4 -甲基苯酚(BHT)，它们和维生素 E 一样能还原氧自由基和终止氧化过程。因此它们是人工合成抗氧化剂，已广泛用于食品工业。例如奶油中加入 BHA，能使它的贮藏期从几个月延长至几年。BHA 和 BHT 等抗氧剂也用于塑料橡胶等工业制品的防老化。

2 -叔丁基- 4 -甲氧基苯酚

2 - *tert* - butyl - 4 - methoxyphenol

2,6 -二叔丁基- 4 -甲基苯酚

2,6 - di - *tert* - butyl - 4 - methylphenol

§9.5 酚的化学性质

一、酚的酸性

苯酚的 pK_a 为 10.0，其酸性比醇强但比碳酸（pK_a=6.38）弱。苯酚能溶于氢氧化钠水溶液而变为苯酚钠，但苯酚不能溶解于碳酸氢钠溶液中。

$$C_6H_5OH + NaOH \longrightarrow C_6H_5ONa + H_2O$$

在苯酚钠溶液中通入 CO_2 能析出苯酚：

$$C_6H_5ONa + CO_2 + H_2O \longrightarrow C_6H_5OH + NaHCO_3$$

为什么苯酚的酸性比醇强？这是因为在苯酚的共轭碱苯氧基负离子中，氧原子的 p 轨道（有一对未共用电子对）和苯环共轭，使负电荷分散到苯环上，稳定性比相应的环己基氧负离子高得多，因而酸碱平衡的位置偏向于共轭碱一边的程度比环己醇大得多。

$$C_6H_{11}O{-}H + H_2O \rightleftharpoons C_6H_{11}O^{\ominus} + H_3O^{\oplus}$$

环己醇 cyclohexanol　　环己基氧负离子 cyclohexoxide anion

$$C_6H_5O{-}H + H_2O \rightleftharpoons C_6H_5O^{\ominus} + H_3O^{\oplus}$$

苯酚 phenol　　酚氧负离子 phenolate anion

当苯酚的苯环上连有吸电子基团时，如硝基，可使取代酚共轭碱的稳定性进一步提高，因而酸性增强。反之当苯环上连有给电子基团时，如甲基，使酚的酸性减弱。一些取代酚的 pK_a 值列于表 9.3 中。

问题 9.9　解释下列实验事实。

(1) 对甲氧基苯酚的 pK_a 为 10.21，而对硝基苯酚的 pK_a 为 7.15。

(2) 2,4,6-三硝基苯酚（苦味酸）的 pK_a 为 0.25，能溶于碳酸氢钠溶液中。

二、与三氯化铁的显色反应

大多数酚都能与三氯化铁溶液作用，生成带颜色的配合物，不同的酚形成的配合物的颜色不同。例如苯酚、间苯二酚遇三氯化铁溶液显紫色，邻苯二酚和对苯二酚显绿色。

$$6C_6H_5OH + FeCl_3 \longrightarrow H_3[Fe(OC_6H_5)_6] + 3HCl$$

不仅是酚，凡具有烯醇式结构的化合物大都能使三氯化铁溶液显色。因此，这个反应可用来鉴定酚或烯醇式结构的存在。

三、氧化反应

酚比醇更容易氧化，空气中的氧就能使酚氧化，这就是苯酚与空气接触颜色变红的原因。酚的氧化产物主要是醌(quinone)。

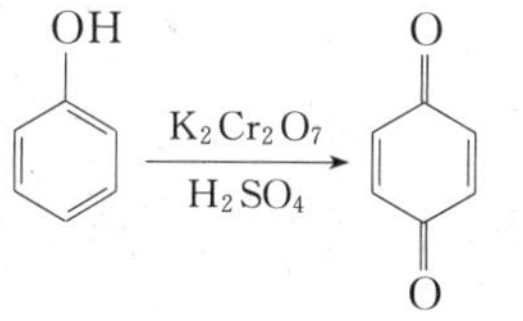

$$\text{C}_6\text{H}_5\text{OH} \xrightarrow[H_2SO_4]{K_2Cr_2O_7} \text{对苯醌(黄色晶体)}$$

多元酚更易被氧化，一般用弱氧化剂如 Ag_2O、$AgBr$、H_2O_2 就可使它们氧化。由于邻苯二酚或对苯二酚能将感光后的 AgBr 还原为金属银，所以曾用作照相中的显影剂。

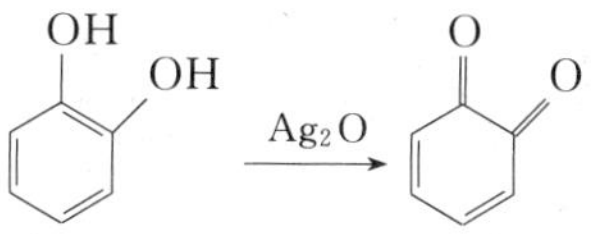

$$\text{邻苯二酚 (pyrocatechol)} \xrightarrow{Ag_2O} \text{邻苯醌(红色晶体) (1,2 - benzoquinone)}$$

等物质的量的对苯二酚和对苯醌生成分子间配合物——醌氢醌。它是一种暗绿色晶体，熔点 171 ℃。

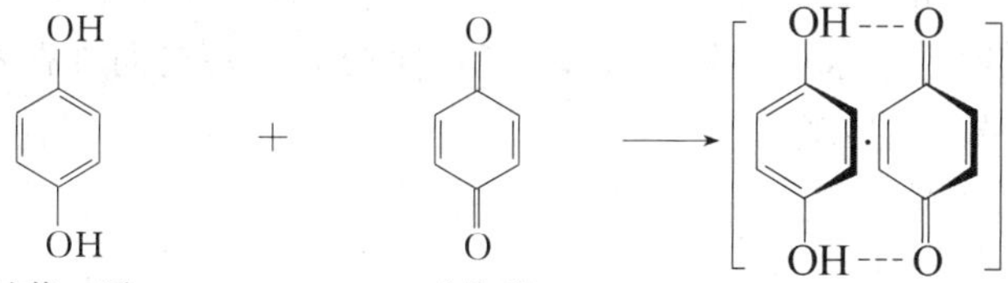

$$\text{对苯二酚 benzene - 1,4 - diol (hydroquinone)} + \text{对苯醌 1,4-benzoquinone} \longrightarrow \text{醌氢醌}$$

在醌氢醌晶体中，对苯二酚分子层和对苯醌分子层相间平行排列。对苯二酚是富电子的电子给予体，对苯醌是缺电子的电子接受体，因而它们组成一种传荷配合物(charge transfer complex)，传荷配合物一般有很深的颜色。

四、芳环上的取代反应

羟基是使苯环活化的第一类定位基，酚的亲电取代反应比苯更容易进行。

1. 卤化

苯酚的氯化不需用溶剂和催化剂，产物是对氯苯酚和邻氯苯酚的混合物。

苯酚在低温下，在非极性溶剂中与溴反应可得一溴代酚。苯酚与溴水作用则立即生成白色 2,4,6 -三溴苯酚沉淀。

$$\text{C}_6\text{H}_5\text{OH} \xrightarrow{Br_2} \begin{cases} \xrightarrow[0\ ℃]{CCl_4} \text{邻溴苯酚 (33\%)} + \text{对溴苯酚 (67\%)} \\ \xrightarrow[25\ ℃]{H_2O} \text{2,4,6-三溴苯酚} \downarrow \ (100\%) \end{cases}$$

苯酚与溴水的反应非常灵敏，它是鉴别酚的一个特征反应。

2. 硝化

苯酚在室温下与稀硝酸作用，生成一取代产物的混合物。

$$\text{C}_6\text{H}_5\text{OH} \xrightarrow[25\ ℃]{HNO_3(20\%)} \text{对硝基苯酚 (40\%)} + \text{邻硝基苯酚 (15\%)}$$

由于邻硝基苯酚硝基上的氧可与邻位羟基上的氢通过六元环螯合形成分子内的氢键(intramolecular hydrogen bonding)。对硝基苯酚分子中的羟基和硝基相距甚远，不能形成分子内氢键，而是形成分子间氢键(intermolecular hydrogen bonding)。因此，邻硝基苯酚的沸点比对硝基苯酚低，在水中溶解度较小，挥发性较大。将它们进行水蒸气蒸馏，只有邻硝基苯酚和水一起被蒸馏出来。

沸点 216 ℃

邻硝基苯酚的分子内氢键

$$\cdots HO-C_6H_4-\overset{\oplus}{N}(=O)-O^{\ominus}\cdots HO-C_6H_4-\overset{\oplus}{N}(=O)-O^{\ominus}\cdots$$

沸点 279 ℃

对硝基苯酚的分子间氢键

3. 磺化

浓硫酸可使苯酚磺化，磺化产物与反应温度有关。低温下磺化主要得邻羟基苯磺酸，高温下磺化主要得对羟基苯磺酸。

$$\text{C}_6\text{H}_5\text{OH} \xrightarrow{H_2SO_4} \begin{cases} \xrightarrow{25\ ℃} \text{邻羟基苯磺酸 } (o\text{-}HOC_6H_4SO_3H) & \text{(动力学控制产物)} \\ \xrightarrow{100\ ℃} \text{对羟基苯磺酸 } (p\text{-}HOC_6H_4SO_3H) & \text{(热力学控制产物)} \end{cases}$$

4. 芳环的烃化和酰化

酚的芳环上能进行烷基化反应和酰化反应，酰化反应产率较高，但反应需使用较多的 $AlCl_3$ 催化剂。例如：

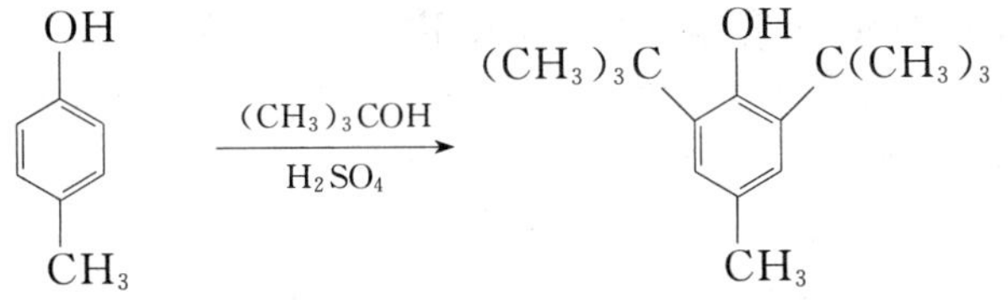

$\xrightarrow[H_2SO_4]{(CH_3)_3COH}$ 85%

4-甲基苯酚 4-methylphenol

2,6-二叔丁基-4-甲基苯酚(BHT 抗氧剂) 2,6-di-*tert*-butyl-4-methylphenol

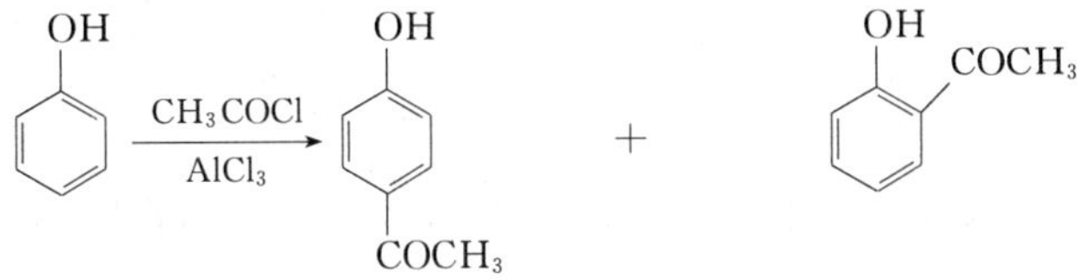

$\xrightarrow[AlCl_3]{CH_3COCl}$ +

4-羟基苯乙酮 74% 4-hydroxyacetophenone

2-羟基苯乙酮 16% 2-hydroxyacetophenone

酚酮也可用酚的酯在 $AlCl_3$ 催化下重排得到。这一反应叫作弗利斯(Fries)重排。例如：

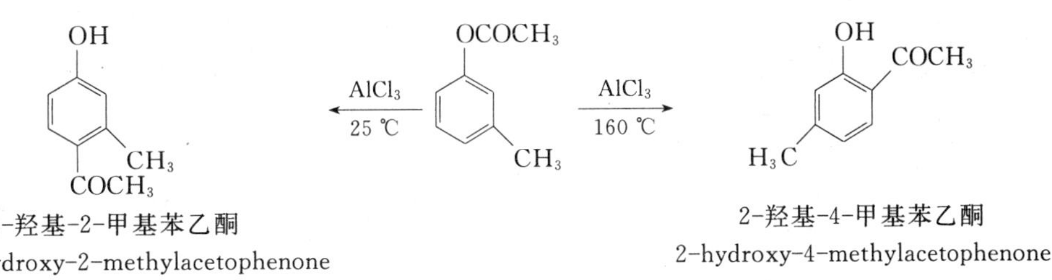

4-羟基-2-甲基苯乙酮 4-hydroxy-2-methylacetophenone

2-羟基-4-甲基苯乙酮 2-hydroxy-4-methylacetophenone

5. 赖默-梯曼(Reimer-Tiemann)反应

酚、氯仿和氢氧化钠水溶液共热，可以在酚羟基的邻位导入甲酰基。例如：

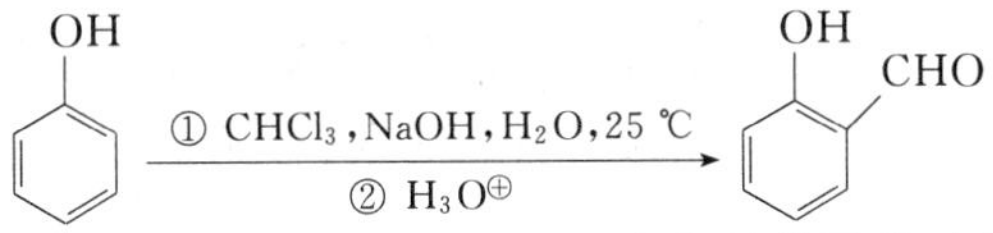

$\xrightarrow[②\ H_3O^{\oplus}]{①\ CHCl_3, NaOH, H_2O, 25\ ℃}$

苯酚 phenol

邻羟基苯甲醛(水杨醛) *o*-hydroxybenzaldehyde

问题 9.10 写出下列反应的主要产物。

(1) 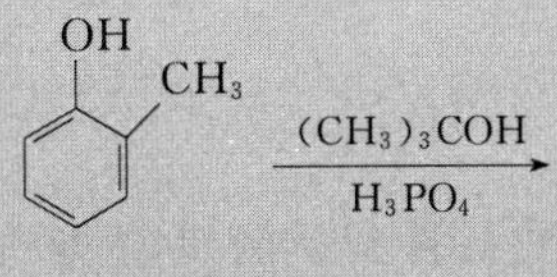 $\xrightarrow[H_3PO_4]{(CH_3)_3COH}$

(2) $\xrightarrow[AlCl_3]{CH_3CH_2COCl}$

(3) $\xrightarrow[②\ H_3O^{\oplus}]{①\ CHCl_3, NaOH}$

(4) $OCOC_6H_5$ $\xrightarrow[\triangle]{AlCl_3}$

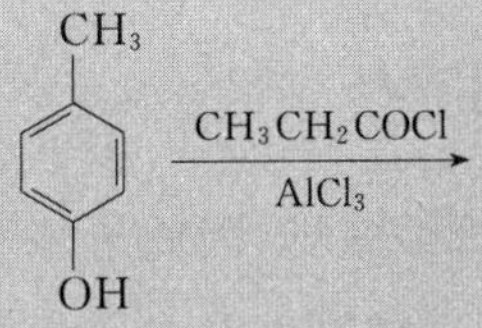

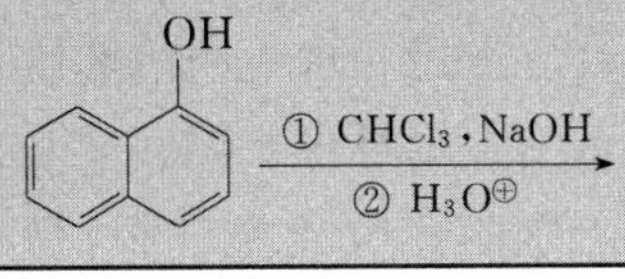

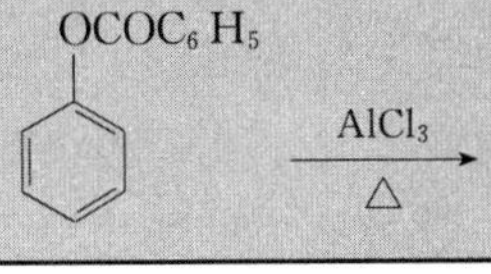

§9.6 醚

脂肪醚中醚键的氧原子为 sp^3 杂化，两对未共用电子对分别占据两个 sp^3 杂化轨道，另外两个 sp^3 杂化轨道分别与两个烃基碳的 sp^3 杂化轨道形成 σ 键。C—O—C 的键角为 111°左右，例如二甲醚的 C—O—C 键角为 111.7°。

H_3C O H_3C

一、醚的命名

醚的通式为 R—O—R、Ar—O—R 或 Ar—O—Ar。两个烃基相同的醚叫作对称醚，两个烃基不同的醚叫作混合醚。对称醚的官能团类别命名法是根据氧原子连有的烃基的名称来命名，称为(二)某醚，二字有时可以省略。混合醚的官能团类别命名法是先写出两个烃基的名称，烃基按英文字母顺序排列，然后再在后面加一个醚(ether)字。英文命名采用分开的单词。例如：

$C_2H_5—O—C_2H_5$
(二)乙醚
diethyl ether

$C_6H_5—O—C_6H_5$
二苯醚
diphenyl ether

$CH_3—O—C(CH_3)_3$
叔丁基甲基醚
tert-butyl methyl ether

$C_6H_5—OCH_3$
甲基苯基醚(茴香醚)
methyl phenyl ether (anisole)

$CH_2═CH—CH_2—O—CH_2CH_3$
烯丙基乙基醚
allyl ethyl ether

结构复杂的醚，可按取代命名法命名，将烃氧基作为取代基加在母体氢化物的前面。(常见的烃氧基的简约名称和醇、酚、醚的俗名见附录四)例如：

$CH_3CH_2CH(OCH_3)CH_2CH_3$
3-甲氧基戊烷
3-methoxypentane

$CH_3O—C_6H_4—CHO$
对甲氧基苯甲醛
p-methoxybenzaldehyde

$CH_3OCH_2—CH_2OCH_3$
1,2-二甲氧基乙烷
1,2-dimethoxyethane

二、醚的物理性质

醚的分子间不能形成氢键，因此与醇和酚相比，醚的沸点要低得多。例如，甲醚为气体，乙醚的沸点仅 34.5 ℃。但醚氧原子上有未共用电子对，可以作为氢键受体与水分子形成氢键，因此低级醚在水中有一定溶解度。甲醚能与水混溶，乙醚在 100 g 水中的溶解度为 10 g (25 ℃)，高级醚不溶于水。乙二醇二甲醚($CH_3OCH_2CH_2OCH_3$)能与水互溶。

由于乙醚沸点低，比水轻(密度为 0.714 g·mL^{-1})，乙醚的蒸气比空气重，是空气的

2.5 倍，因而乙醚极易着火，与空气混合到一定比例能爆炸。因此，使用乙醚时应没有明火。

问题 9.11　用中文和英文命名下列化合物。

(1) 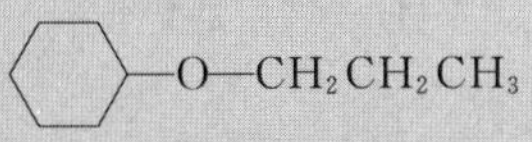 环己基—$O—CH_2CH_2CH_3$

(2) 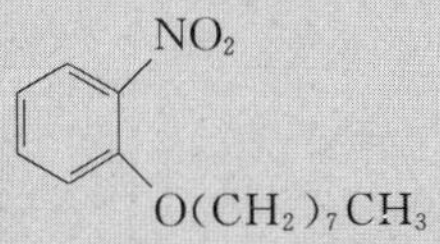 邻位 NO_2 与 $O(CH_2)_7CH_3$ 取代的苯

(3) $CH_3CH_2CHOCH_2CH_3$（CH 上连 CH_3）

(4) $CH_3CHCH_2CH_2OH$（CH 上连 OCH_3）

三、醚的反应

醚是一类相当不活泼的化合物，碱、氧化剂和还原剂都不能破坏醚键。因此，醚可以用金属钠来干燥。许多有机反应可用醚作溶剂。

1. 形成氧𬭩盐

醚分子中的氧原子上有未共用电子对，可以作为电子给予体，接受强酸中的质子生成氧𬭩(oxidanium)盐，氧𬭩离子也叫作氧正离子(oxonium)。

$$R—O—R + HCl \rightleftharpoons R—\overset{H}{\overset{|}{O^{\oplus}}}—R + Cl^{\ominus}$$

$$R—O—R + H_2SO_4 \rightleftharpoons R—\overset{H}{\overset{|}{O^{\oplus}}}—R + HSO_4^{\ominus}$$

将乙醚与浓硫酸混合，由于形成氧𬭩盐，乙醚溶解于硫酸同时放出大量的热。氧𬭩盐是一种强酸弱碱盐，仅在浓酸中能稳定存在，将氧𬭩盐的酸溶液用水稀释，又可析出醚。

醚也可以利用氧原子的未共用电子对与缺电子化合物如 BF_3、$AlCl_3$、RMgX 等形成路易斯复合物。

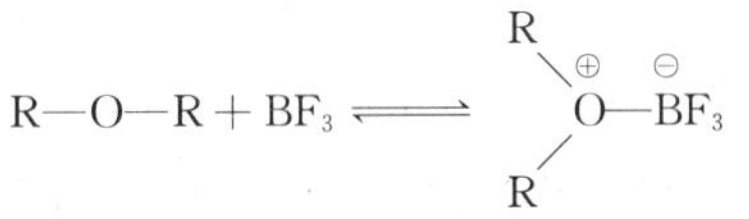

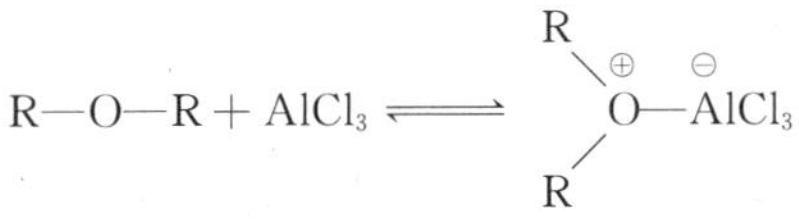

$$R—O—R + BF_3 \rightleftharpoons R_2\overset{\oplus}{O}—\overset{\ominus}{B}F_3$$

$$R—O—R + AlCl_3 \rightleftharpoons R_2\overset{\oplus}{O}—\overset{\ominus}{Al}Cl_3$$

2. 醚键的断裂

醚形成氧𬭩盐后，增加了 C—O 键的极性，在加热的条件下，强酸能使醚键断裂，其中氢碘酸是最有效的强酸。混合醚与氢碘酸反应时，一般是较小的烃基先生成碘代烷。芳基烷基醚与氢碘酸反应时，总是得到酚和卤代烷，但氢碘酸不能使二芳基醚(如二苯醚)的醚键断裂。

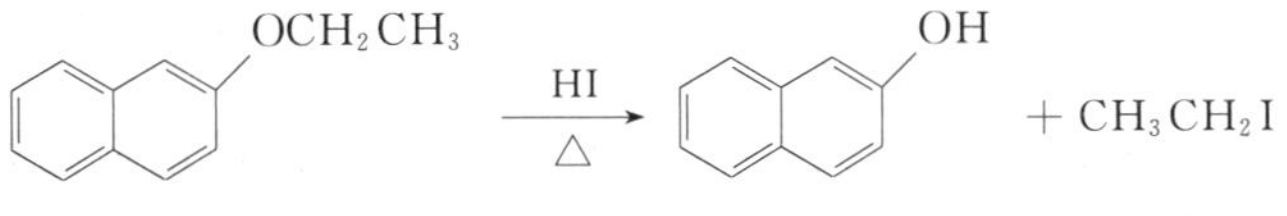

$$\text{2-萘基}—OCH_2CH_3 \xrightarrow[\triangle]{HI} \text{2-萘基}—OH + CH_3CH_2I$$

如果将上述反应中生成的碘乙烷蒸馏到硝酸银的乙醇溶液中，用重量分析法测定生成

的碘化银，即可计算出分子中乙氧基的含量。

苄基烃基醚在钯或铂催化剂存在下易氢解，氢解时苄基与氧原子之间的键断裂生成甲苯。

$$C_6H_5-O-CH_2-C_6H_5 \xrightarrow[Pd/C]{H_2} C_6H_5OH + C_6H_5CH_3$$

在有机合成中，常用苄醚作为羟基的保护基，在完成其他反应后用氢解的方法脱去苄基。苄基与 N 原子相连时也可氢解脱苄。

3. *克莱森重排*(Claisen rearrangement)*和考普重排*(Cope rearragement)

烯丙基芳醚在高温下会发生重排，烯丙基迁移到邻位碳原子上，这个反应称为克莱森(Claisen)重排反应。

$$C_6H_5-O-\overset{\alpha}{C}H_2\overset{\beta}{C}H=\overset{\gamma}{C}HCH_3 \xrightarrow{200\ ℃} o\text{-}HO-C_6H_4-\overset{\gamma}{C}H(CH_3)\overset{\beta}{C}H=\overset{\alpha}{C}H_2$$

在克莱森重排反应中，烯丙基总是以 γ-碳原子与苯环的邻位相连。

烯丙基乙烯基醚也可以起克莱森重排反应。例如：

$$CH_2=CHCH_2-O-CH=CH_2 \xrightarrow{\triangle} CH_2=CH-CH_2-CH_2-CH=O$$

烯丙基乙烯基醚 allyl vinyl ether　　戊-4-烯醛 pent-4-enal

用亚甲基代替烯丙基乙烯基醚分子中的氧原子后的二烯烃也可以发生类似的重排，这一重排叫作考普(Cope)重排。

$$CH_3CH=CH-C(COOC_2H_5)_2-CH_2-CH=CH_2 \xrightarrow{\triangle} CH_3CH(CH_2-CH=CH_2)-CH=C(COOC_2H_5)_2$$

克莱森重排和考普重排是具有环状过渡态的协同反应，旧的 σ 键的断裂与新的 σ 键的生成和 π 键的移动是同时进行的。

$$C_6H_5-O-CH_2CH=CH_2 \longrightarrow [\text{环状过渡态}]^{\ddagger} \longrightarrow \text{6-烯丙基环己-2,4-二烯酮}(CH_2CH=CH_2) \longrightarrow o\text{-}HO-C_6H_4-CH_2CH=CH_2$$

$$CH_2=CH-CH_2-CH_2-CH=CH_2 \longrightarrow [\text{环状过渡态}]^{\ddagger} \longrightarrow CH_2=CH-CH_2-CH_2-CH=CH_2$$

两个邻位都被占据的烯丙基芳醚在高温下发生重排，烯丙基迁移到对位，并且烯丙基以 α-碳原子与酚羟基的对位相连。

问题 9.12　写出下列反应产物。

(1) 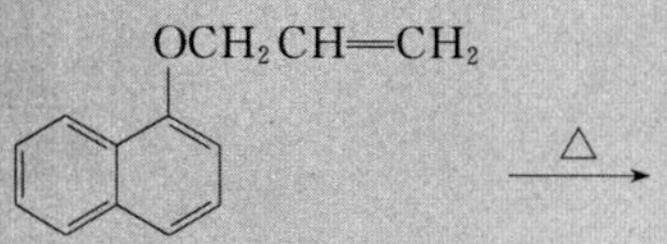 α-萘基烯丙基醚（萘环 1 位连 $OCH_2CH{=}CH_2$）$\xrightarrow{\triangle}$

(2) $CH_3-C(OCH_2CH{=}CH_2){=}CH_2 \xrightarrow{\triangle}$

(3) 2,6-二甲基苯基醚（苯环连 $O-CH_2C(CH_3){=}CH_2$，两邻位各连 CH_3）$\xrightarrow{\triangle}$

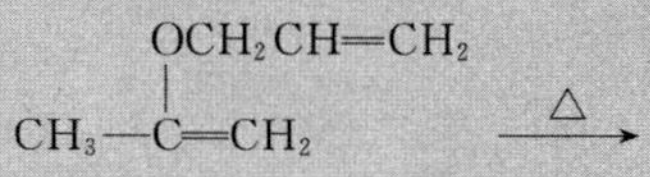

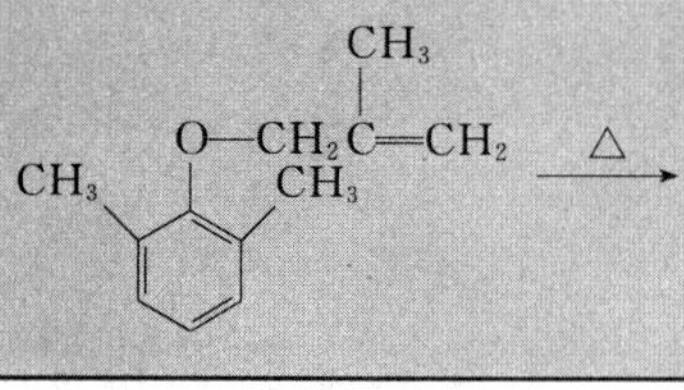

四、醚的自动氧化和过氧化物

醚氧原子相连的碳原子上有氢原子的烷基醚在空气中会慢慢生成过氧化物。乙醚、四氢呋喃和异丙醚等长期放置都容易生成过氧化物。

例如：

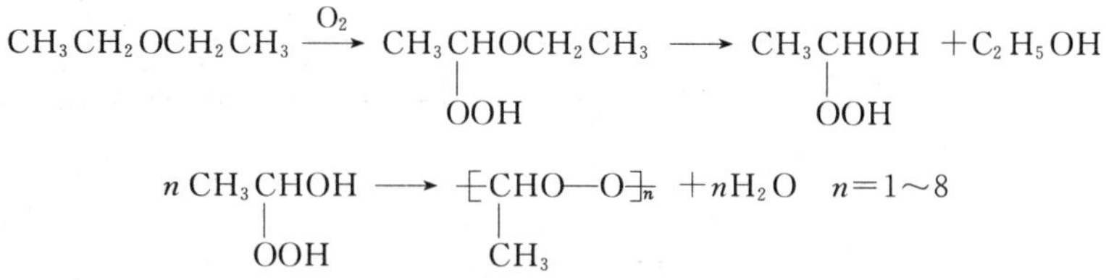

$$CH_3CH_2OCH_2CH_3 \xrightarrow{O_2} CH_3\underset{\displaystyle OOH}{\underset{|}{C}}HOCH_2CH_3 \longrightarrow CH_3\underset{\displaystyle OOH}{\underset{|}{C}}HOH + C_2H_5OH$$

$$n\,CH_3\underset{\displaystyle OOH}{\underset{|}{C}}HOH \longrightarrow \left[\underset{\displaystyle CH_3}{\underset{|}{C}}HO-O\right]_n + nH_2O \quad n=1\sim8$$

过氧化物分子中的 O—O 键离解能较低(140～160 kJ·mol^{-1})，因而过氧化物不稳定，受热易分解，往往发生爆炸。因此醚类溶剂应尽量避免在空气中长期暴露。在使用之前，特别是蒸馏之前必须用淀粉-碘化钾试纸检查有无过氧化物存在。如果有过氧化物存在，应加适当的还原剂(如硫酸亚铁)除去其中的过氧化物。

有机过氧化物可以看作过氧化氢的衍生物，其通式为 R—O—O—R′，R 和 R′可以是氢、烷基、酰基，两者可以相同也可以不同。例如叔丁基过氧化氢($(CH_3)_3C-O-OH$)，二叔丁基过氧化物($(CH_3)_3C-O-O-C(CH_3)_3$)，过氧苯甲酰(PhCOO—OCOPh)。有机过氧化物常由过氧化氢或过硫酸钾等氧化醇或羧酸得到。有机过氧化物受热时分子中 O—O 发生均裂生成自由基，因此在工业上有机过氧化物用作烯烃聚合的自由基引发剂。

天然产物中也有过氧化合物存在。例如，青蒿素(artemisinin)是存在于青蒿等中药中含过氧桥的倍半萜内酯。20 世纪 60 年代末，中国科学家屠呦呦受传统经典中医方的启发，用乙醚冷浸萃取的方法，从青蒿中分离得到青蒿素，无色针状晶体，熔点 156～157 ℃，$[\alpha]_D^{25}=66.3°(c=1.6, CHCl_3)$。青蒿素应用于治疗疟疾，拯救了数百万人的性命。

青蒿素分子中的过氧基团被认为是抗疟的关键药效基团。在疟原虫体内，过氧桥均裂产生自由基，自由基与疟原虫蛋白结合而杀灭疟原虫。屠呦呦获得了 2015 年诺贝尔生理学或医学奖。

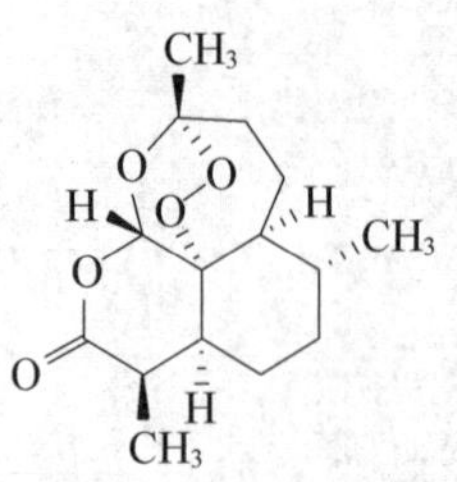

青蒿素(artemisinin)

青蒿素的发现

五、醚的制法

1. 醇的双分子脱水

在酸催化下两分子醇分子间脱水生成醚，反应必须控制合适的温度，温度太高时产物为烯烃。

$$2C_2H_5OH \xrightarrow{H_2SO_4} \begin{cases} \xrightarrow{140\ ℃} C_2H_5OC_2H_5 \\ \xrightarrow{170\ ℃} 2CH_2{=}CH_2 \end{cases}$$

醇的双分子脱水是按 S_N2 机理进行的，酸的作用是使一分子醇的羟基质子化转变成好的离去基团 H_2O。

$$R—\ddot{O}—H \xrightleftharpoons{H^{\oplus}} R—\overset{H}{\underset{\oplus}{O}}—H$$

$$R—\underset{H}{\ddot{O}}: + R—\overset{\oplus}{O}H_2 \xrightarrow{-H_2O} R—\underset{H}{\overset{\oplus}{O}}—R \xrightleftharpoons{-H^{\oplus}} R—O—R$$

这个反应主要用于由低级伯醇制备相应的对称醚。仲醇也能起这个反应，但产量较低。叔醇在强酸作用下只得到烯烃。

2. 威廉逊(Williamson)合成法

应用醇钠或酚钠与卤代烃的亲核取代反应制备醚的方法称为威廉逊(Williamson)合成法。威廉逊合成法既可以制备对称醚，也可以制备混合醚。例如：

$$\underset{\substack{丁醇钠 \\ \text{sodium butanolate}}}{CH_3CH_2CH_2CH_2ONa} + \underset{\substack{碘乙烷 \\ \text{iodoethane}}}{CH_3CH_2I} \longrightarrow \underset{\substack{丁基乙基醚\quad 70\% \\ \text{butyl ethyl ether}}}{CH_3CH_2CH_2CH_2OCH_2CH_3} + NaI$$

$$\underset{\substack{苄溴 \\ \text{benzyl bromide}}}{C_6H_5CH_2Br} + \underset{\substack{苯酚 \\ \text{phenol}}}{C_6H_5OH} \xrightarrow[H_2O]{NaOH} \underset{\substack{苄基苯基醚\quad 80\% \\ \text{benzyl phenyl ether}}}{C_6H_5CH_2OC_6H_5}$$

仲卤代烃或叔卤代烃在强碱作用下易发生消去反应，因而不能用威廉逊合成法合成。

由于卤代芳烃分子中卤素不易被取代，因而要在铜粉或亚铜盐催化下才能得到二芳基醚。例如：

$$C_6H_5—Br + NaO—C_6H_5 \xrightarrow[210\ ℃]{Cu} \underset{二苯醚\quad 67\%}{C_6H_5—O—C_6H_5}$$

除了卤代烃外，磺酸酯和硫酸酯也常用于威廉逊合成法中。例如：

$$\text{naphthalen-2-ol} + (CH_3O)_2SO_2 \xrightarrow[H_2O]{NaOH} \text{methyl naphth-2-yl ether}\ 73\%$$

萘-2-酚 naphthalen-2-ol　　硫酸二甲酯 dimethyl sulfate　　甲基萘-2-基醚 methyl naphth-2-yl ether　73%

3. 醇与烯烃的亲电加成

$$(H_3C)_2C{=}CH_2 + CH_3OH \xrightarrow{H^{\oplus}} H_3C{-}C(CH_3)_2{-}O{-}CH_3$$

异丁烯 isobutene　　甲醇 methanol　　叔丁基甲基醚 *tert*-butyl methyl ether

在大孔磺酸型树脂催化下，甲醇与异丁烯起亲电加成反应生成叔丁基甲基醚。叔丁基甲基醚代替四乙基铅，作为汽油添加剂提高汽油辛烷值。叔丁基甲基醚的沸点 55.2 ℃，比乙醚高，因此叔丁基甲基醚常代替乙醚作为萃取剂和溶剂。

问题 9.13　合成叔丁基乙基醚可能有下列两种合成路线，指出何者是正确的路线？为什么？

(1) $CH_3CH_2Br + (CH_3)_3CONa \longrightarrow CH_3CH_2OC(CH_3)_3$

(2) $CH_3CH_2ONa + (CH_3)_3C{-}Cl \longrightarrow CH_3CH_2OC(CH_3)_3$

§9.7　环　　醚

醚键（—O—）在脂肪族碳环内的化合物叫作环醚。常见的环醚有三元环的环氧化合物，五元和六元环的环醚以及大环多醚（冠醚）。

一、五元和六元环醚

饱和五元和六元环的环醚的命名一般作为杂环化合物的氢化物来命名。"噁"表示"氧杂"，"噻"表示"硫杂"。例如：

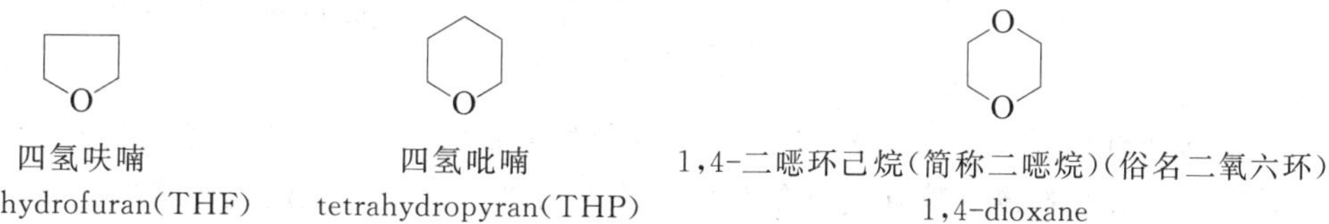

四氢呋喃 tetrahydrofuran(THF)　　四氢吡喃 tetrahydropyran(THP)　　1,4-二噁环己烷（简称二噁烷）（俗名二氧六环） 1,4-dioxane

五元和六元环醚虽然至少有四个碳原子，但它们的氧原子突出在环外，容易作为氢键的受体和水生成氢键，因此四氢呋喃、四氢吡喃和 1,4 -二噁烷与水互溶。

$$\text{THF}\ O\cdots H{-}O{-}H$$

五元和六元环醚的构象类似于相应的环烷烃、氧原子相当于一个亚甲基。例如四氢吡喃稳定的构象和环己烷类似，也是椅式构象。

环己烷　　　　四氢吡喃

五元和六元环醚的化学性质与一般的醚相似。它们一般由二元醇的分子内脱水得到。例如：

OHHO $\xrightarrow{H^{\oplus}}$ $\ddot{O}H$ $\overset{\oplus}{O}H_2$ $\xrightarrow{-H_2O}$ $\overset{\oplus}{O}$ H $\xrightarrow{-H^{\oplus}}$ O

二、三元环醚

三元环醚俗称为环氧化合物。简单的环氧化合物看作烯烃的氧化物(oxide)，常用官能团类别法命名。较复杂的环氧化物用取代命名法。取代基英文前缀为 epoxy-，中文为“环氧”或“氧桥”。例如：

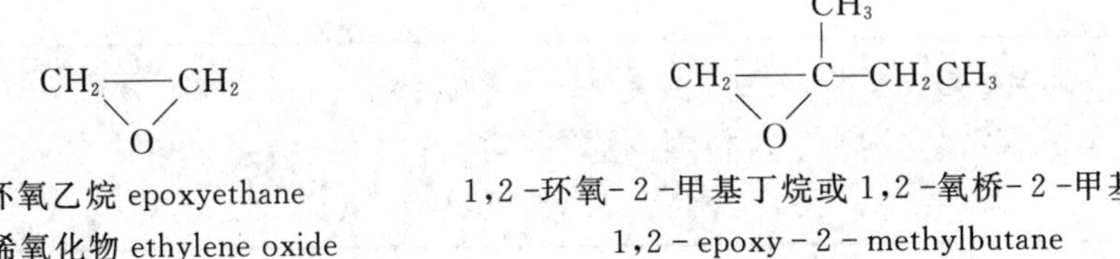

环氧乙烷 epoxyethane　　1,2-环氧-2-甲基丁烷或1,2-氧桥-2-甲基丁烷

乙烯氧化物 ethylene oxide　　1,2-epoxy-2-methylbutane

1. 环氧化合物的开环反应

环氧化合物(epoxide)分子中由于存在张力很大的三元氧环，因而化学性质十分活泼，在酸或碱的催化下，易与亲核试剂进行开环反应，生成各种不同的产物。例如：

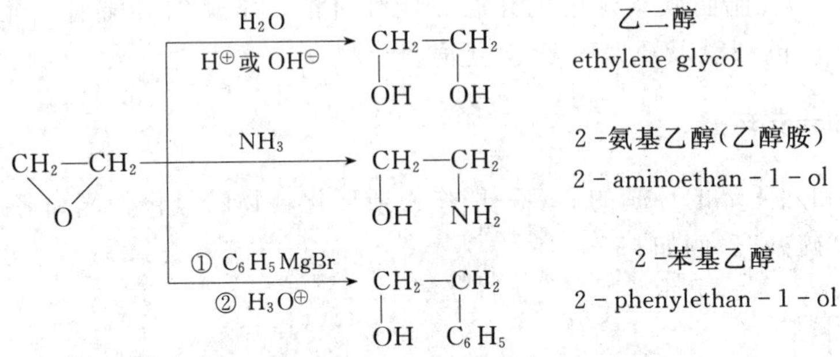

过量的环氧乙烷(ethylene oxide)可以和反应生成物的羟基和氨基等亲核基团继续反应。

长链脂肪醇和长链烷基取代酚在碱性条件下与多个环氧乙烷反应生成聚醚(polyether)。后者分子中既有疏水基(长链烷基)又有亲水基(多个—CH_2CH_2O—基)，因而它们都是非离子型表面活性剂(surfactant)，可用作洗涤剂、湿润剂和乳化剂等。例如：

$$CH_3(CH_2)_{10}CH_2OH + n\ \underset{\diagdown O \diagup}{CH_2—CH_2} \xrightarrow{OH^{\ominus}} CH_3(CH_2)_{10}CH_2(OCH_2CH_2)_nOH$$

十二醇(月桂醇)　　环氧乙烷　　十二烷氧基聚(-1,2-乙叉基氧叉基)乙醇

dodecan-1-ol　　ethylene oxide　　dodecyloxypoly(-1,2-ethyleneoxy)ethanol

环氧乙烷的两个碳原子是等同的，亲核试剂无论进攻哪一个碳原子都得到同一个产物。

在不对称的环氧化合物中，两个碳原子是不等同的，因而可以得到不同的产物。一般来说，环氧化合物在碱催化下的开环反应按 S_N2 机理进行，因而亲核试剂优先进攻取代基较少(空间位阻较小)的环氧基碳原子。例如：

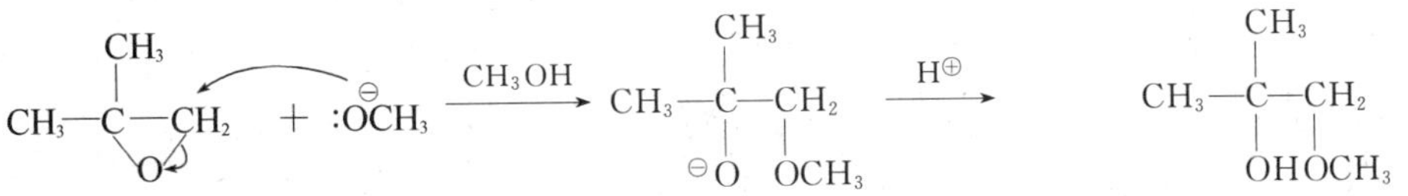

$$CH_3-\underset{\diagdown O \diagup}{\overset{CH_3}{\overset{|}{C}}-CH_2} + :\overset{\ominus}{O}CH_3 \xrightarrow{CH_3OH} CH_3-\underset{^{\ominus}O}{\overset{CH_3}{C}}-\underset{OCH_3}{CH_2} \xrightarrow{H^{\oplus}} CH_3-\underset{OH}{\overset{CH_3}{C}}-\underset{OCH_3}{CH_2}$$

1,2-环氧-2-甲基丙烷　1,2-epoxy-2-methylpropane

1-甲氧基-2-甲基丙-2-醇　1-methoxy-2-methylpropan-2-ol

在环氧化合物的开环反应中，无论是酸催化还是碱催化，都存在环氧原子的立体障碍，亲核试剂只能从环氧原子的背面进攻，因而得到反式产物。例如：

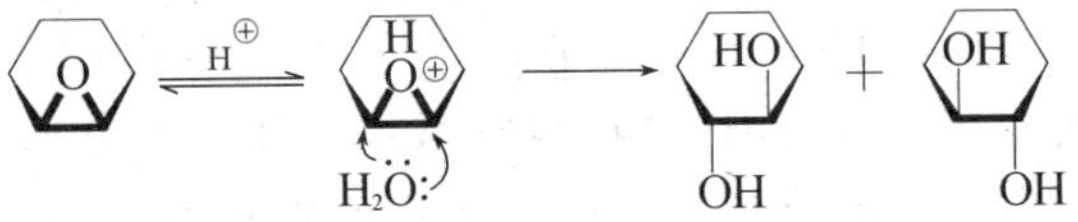

1,2-环氧环己烷 $\underset{}{\overset{H^{\oplus}}{\rightleftharpoons}}$ (质子化环氧，$H_2\ddot{O}$: 背面进攻) $\longrightarrow$ 反式二醇 + 反式二醇

1,2-环氧环己烷　1,2-epoxycyclohexane

反环己-1,2-二醇　*trans*-cyclohexane-1,2-diol

问题 9.14　写出下列反应的产物。

(1) 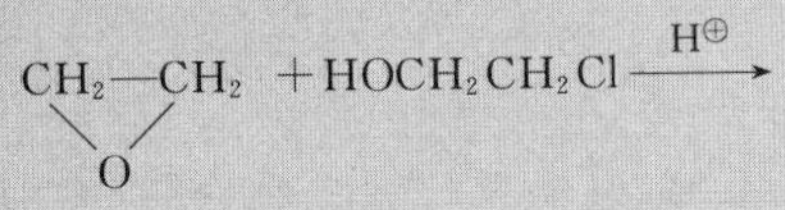 $\underset{\diagdown O \diagup}{CH_2-CH_2} + HOCH_2CH_2Cl \xrightarrow{H^{\oplus}}$

(2) $\underset{H}{\overset{C_6H_5}{C}}\overset{O}{—}\underset{C_6H_5}{\overset{H}{CH}} \xrightarrow{H_3O^{\oplus}}$

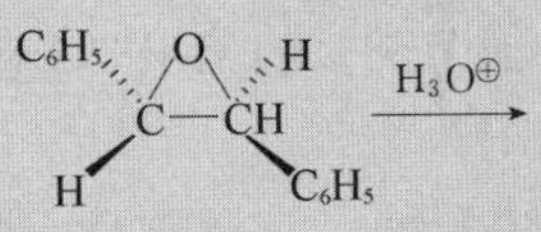

(3) 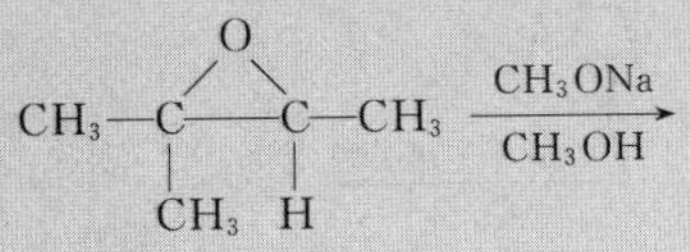 $CH_3-\underset{CH_3}{C}\overset{O}{—}\underset{H}{C}-CH_3 \xrightarrow[CH_3OH]{CH_3ONa}$

2. 环氧化合物的制备

环氧化合物一般在过氧酸或 Ag 催化下空气氧化烯烃得到(第三章)，也可以用 α-卤代醇的分子内亲核取代反应制备。例如：

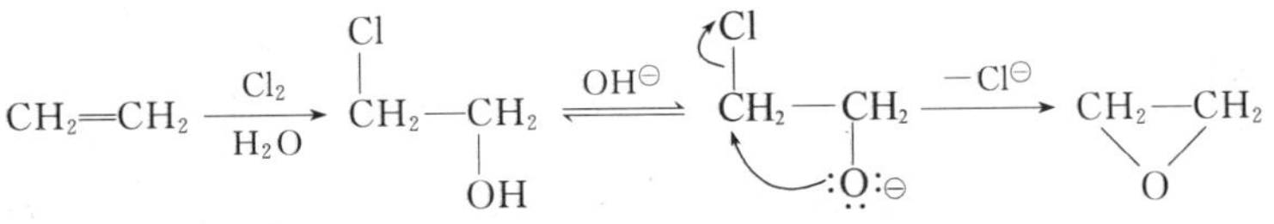

$$CH_2{=}CH_2 \xrightarrow[H_2O]{Cl_2} \underset{}{\overset{Cl}{CH_2}}-\underset{OH}{CH_2} \overset{OH^{\ominus}}{\rightleftharpoons} \overset{Cl}{CH_2}-\underset{:\ddot{O}:^{\ominus}}{CH_2} \xrightarrow{-Cl^{\ominus}} \underset{\diagdown O \diagup}{CH_2-CH_2}$$

环氧基也可通过与环氧氯丙烷(3-氯-1,2-环氧丙烷)反应导入。例如：

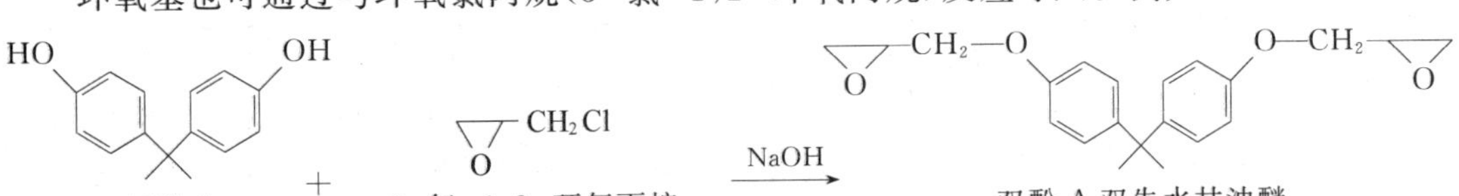

双酚 A + 3-氯-1,2-环氧丙烷 $\xrightarrow{NaOH}$ 双酚 A 双失水甘油醚

双酚 A　bisphenol A

3-氯-1,2-环氧丙烷　3-chloro-1,2-epoxypropane

反应机理是酚氧负离子进攻环氧基开环，然后分子内闭环。

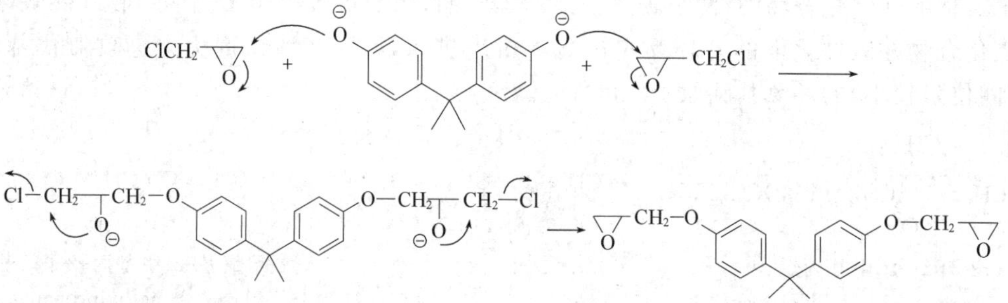

双酚A双失水甘油醚在碱或酸催化下开环聚合生成环氧树脂。环氧树脂可用作黏合剂,涂料等。

环氧化合物的合成方法的重大发展是美国化学家夏普莱斯(Sharpless K. B.)于1980年发现的烯丙式醇的不对称环氧化反应(asymmetric epoxidation)。在(+)-或(-)-酒石酸二乙酯(DET)或酒石酸二异丙酯(DIPT)和四异丙基氧钛 Ti(OPr-i)$_4$ 形成的钛配合物催化下,以过氧叔丁醇为氧化剂,烯丙式仲醇或烯丙式伯醇被立体选择性环氧化,生成高产率高ee值的环氧化合物。产物的构型取决于反应中使用的手性配体酒石酸酯的构型,可以按下式预测。若使用(-)-酒石酸酯,则氧化剂从烯平面上方进攻发生环氧化;若使用(+)-酒石酸酯,则在烯平面下方进攻发生环氧化。这一反应称作夏普莱斯不对称环氧化反应。由于夏普莱斯的开创性工作,他和另外两位有机化学家诺尔斯(Knowles W. S.)及野依良治(Noyori R.)共同荣获2001年诺贝尔化学奖。

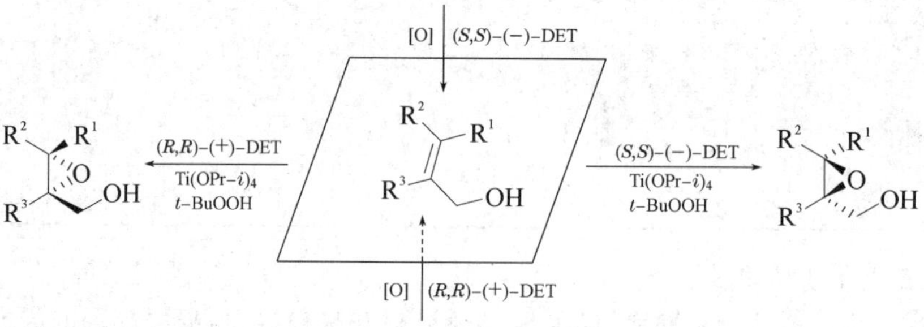

例如:

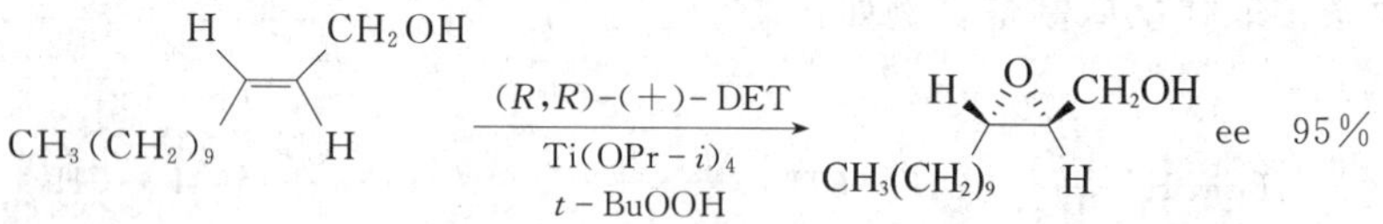

ee 95%

夏普莱斯不对称环氧化反应生成的环氧化物与亲核试剂反应开环可以得到相应的含两个手性中心的化合物。

问题9.15 写出下列反应的产物。

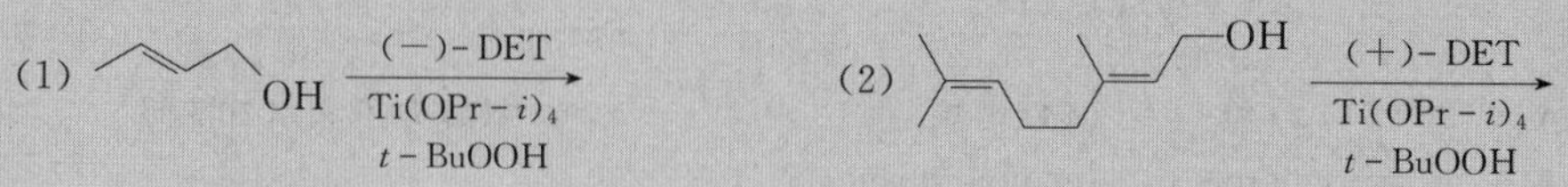

(1)

(2)

在生物合成和代谢过程中，也有环氧化合物生成。例如角鲨烯的烯键环氧化然后开环的反应是生物体合成胆固醇的重要反应步骤。苯并[a]芘的致癌机理也与环氧化物形成和开环有关。

苯并[a]芘的致癌机理

三、冠醚

大环多醚是乙-1,2-叉基和氧原子交替相间的大环化合物，它们的构象类似大环脂环烃。最简单的冠醚的分子模型类似王冠，因而称为冠醚(crown ether)。

冠醚及制备冠醚的原料是含多个氧原子的环状或链状化合物，它们的系统命名可以把它们看作氧原子(或其他杂原子)替代母体氢化物分子中碳原子的化合物。命名时在母体氢化物前面写出氧原子的位次和数目及氧杂(oxa)。

冠醚的系统命名比较复杂，使用不便，因而根据 Pedersen C. J. 的建议冠醚常使用习惯名。习惯命名的原则是在“冠”字前面用阿拉伯数字标出主环中原子的总数，在“冠”的后面标出氧原子的数目。例如：

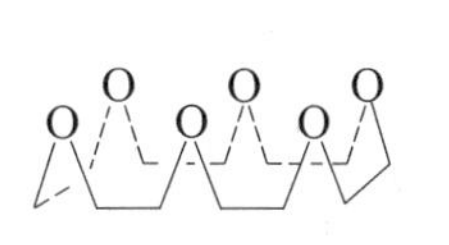

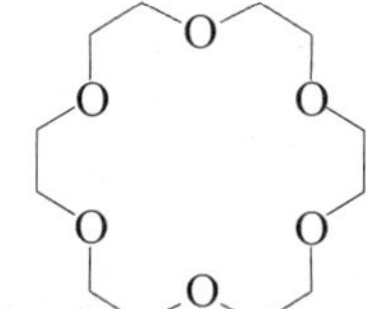

18-冠-6(18-crown-6)
(1,4,7,10,13,16-六氧杂环十八烷)
1,4,7,10,13,16-hexaoxacyclooctadecane
mp 39～40 ℃

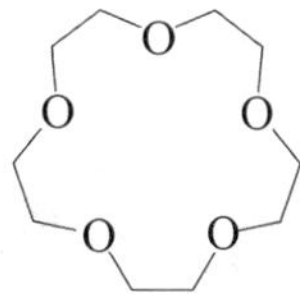

15-冠-5(15-crown-5)
1,4,7,10,13-五氧杂环十五烷
1,4,7,10,13-pentaoxacyclopentadecane
液体

冠醚主要用威廉逊合成法制备。例如：

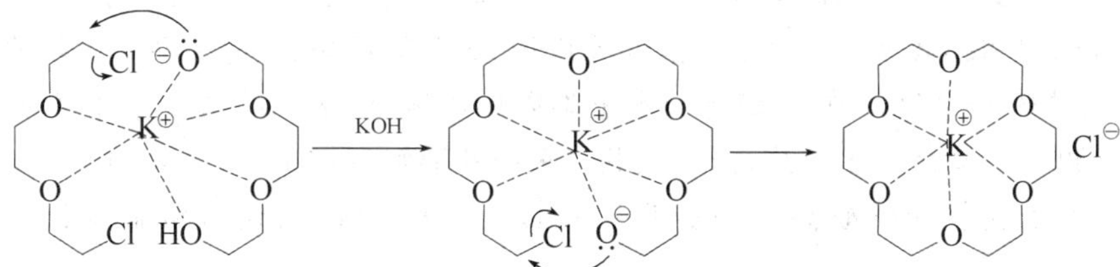

反应中 $K^{\oplus}$ 起模板作用。首先两个反应物发生 S_N2 反应，然后 6 个氧原子与 $K^{\oplus}$ 配位，使反应物另一端的—$O^{\ominus}$ 和氯原子互相接近，再次发生 S_N2 反应生成 18-冠-6 与 KCl 的配合物，通过解络得到 18-冠-6。

冠醚的空穴直径不同，合成中所用的模板离子也不同。$K^{\oplus}$ 直径为 266 pm，18-冠-6 空穴直径为 260～320 pm，大小匹配(图 9.3)。$Na^{\oplus}$ 直径为 180 pm，15-冠-5 空穴直径为 170～220 pm，因此合成 15-冠-5 时要用 NaOH，$Na^{\oplus}$ 作为模板。

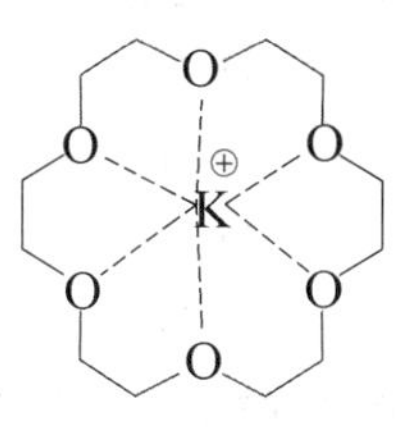

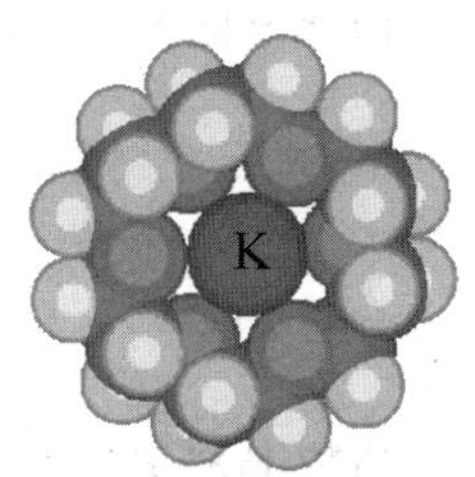

图 9.3　18-冠-6 和 $K^{\oplus}$ 的配位模型

冠醚的独特性质是能按其空穴的大小选择

性配位各种碱金属离子。用S或N原子代替冠醚环中的一个、二个甚至全部氧原子得到的硫杂或氮杂冠醚，能选择性配位过渡金属离子。

Pedersen C. J. 、Cram D. J. 和 Lehn J-M. 因对冠醚的发现和冠醚化学的发展的重大贡献而共同获得1987年诺贝尔化学奖。

§9.8 硫醇、硫酚和硫醚

相应于醇、酚和醚的含硫化合物是硫醇(thiol)、硫酚(thiophenol)和硫醚(sulfide)，命名和醇、酚和醚的命名相似。

ROH 醇	ArOH 酚	R—O—R′醚
RSH 硫醇	ArSH 硫酚	R—S—R′硫醚

例如：CH_3SH 甲硫醇 methanethiol　C_6H_5SH 苯硫酚 benzenethiol　$CH_3CH_2SCH_2CH_3$ 乙硫醚 diethyl sulfide

—SH 基叫作巯(读音 qiu)基(sulfanyl)。

$HS—CH_2CH_2COOH$
3-巯基丙酸
3-sulfanylpropanoic acid

(苯环，邻位 OH、SH)
2-巯基苯酚
2-sulfanylphenol

正如醇、酚和醚可以看作是水的烃基衍生物一样，硫醇、硫酚和硫醚也可以看作是硫化氢的烃基衍生物。

一、硫醇、硫酚和硫醚的物理性质

由于硫的电负性比氧小得多，因而巯基之间形成氢键的能力比醇羟基小，硫醇和硫酚的沸点比相应的醇和酚低得多。例如乙醇的沸点为78.5 ℃，而乙硫醇为37 ℃；苯酚的沸点为181.8 ℃，而苯硫酚为70.5 ℃。硫醇与水也难以形成氢键，因而硫醇在水中的溶解度比相应的醇小。例如乙醇可与水互溶，而乙硫醇在水中的溶解度仅1.5 g/100 mL。

硫醚的沸点比相应的醚高。硫醚不溶于水。低级的硫醇、硫酚和硫醚都有极难闻的气味。

二、硫醇、硫酚和硫醚的化学性质

1. 硫醇和硫酚的酸性

硫化氢的酸性比水强，硫醇和硫酚的酸性也比相应的醇和酚强。

	H_2O	CH_3CH_2OH	C_6H_5OH
pK_a	15.7	15.9	10.0
	H_2S	CH_3CH_2SH	C_6H_5SH
pK_a	7.0	10.6	7.8

硫醇能溶于氢氧化钠的乙醇溶液生成盐，通入二氧化碳又重新变成硫醇。硫酚的酸性比碳酸强，可溶解于碳酸氢钠溶液中。例如：

$$CH_3CH_2SH + NaOH \xrightarrow{C_2H_5OH} CH_3CH_2SNa + H_2O$$

$$CH_3CH_2SNa + CO_2 + H_2O \longrightarrow CH_3CH_2SH + NaHCO_3$$

$$C_6H_5SH + NaHCO_3 \longrightarrow C_6H_5SNa + CO_2 + H_2O$$

硫醇和硫酚的重金属盐如汞、铅、铜等盐类，都不溶于水。

$$2RSH + HgO \longrightarrow (RS)_2Hg\downarrow + H_2O$$

许多重金属离子能引起人畜中毒，原因是重金属离子与机体内的某些酶的巯基结合，使酶丧失正常的生理功能。若向机体内注射含巯基的化合物，如二巯基丙醇（2，3 - disulfalnylpropan - 1 - ol），能夺取与酶的巯基结合的重金属离子，形成稳定的盐从尿中排出，从而达到解毒的目的。例如：

$$\begin{matrix} CH_2{-}SH \\ | \\ CH{-}SH \\ | \\ CH_2{-}OH \end{matrix} + Hg^{2\oplus} \longrightarrow \begin{matrix} CH_2{-}S \\ | \\ CH{-}S \\ | \\ CH_2{-}OH \end{matrix}\!\!\rangle Hg$$

2. 硫醇、硫酚和硫醚的氧化

硫醇和硫酚都容易被弱氧化剂（如碘的碱性溶液）氧化生成二硫化物（disulfide），后者又可被还原为硫醇或硫酚：

$$\underset{\substack{\text{硫醇} \\ \text{thiol}}}{R{-}SH} \underset{[H]}{\overset{[O]}{\rightleftharpoons}} \underset{\substack{\text{二硫化物} \\ \text{disulfide}}}{R{-}S{-}S{-}R}$$

这种氧化还原过程在生物体内十分重要。例如硫辛酸与二氢硫辛酸之间的相互转化：

$$\underset{\substack{\text{硫辛酸} \\ \text{lipoic acid}}}{\text{(1,2-dithiolan-3-yl)}(CH_2)_4COOH} \underset{[O]}{\overset{[H]}{\rightleftharpoons}} \underset{\substack{\text{二氢硫辛酸} \\ \text{dihydrolipoic acid}}}{HSCH_2CH_2CH(SH)(CH_2)_4COOH}$$

硫醇和硫酚都可以被强氧化剂（硝酸、高锰酸钾等）氧化生成亚磺酸（sulfinic acid）和磺酸（sulfonic acid）。

$$R{-}SH \xrightarrow{[O]} \underset{\substack{\text{亚磺酸} \\ \text{sulfinic acid}}}{R{-}\overset{\overset{O}{\|}}{S}{-}OH} \xrightarrow{[O]} \underset{\substack{\text{磺酸} \\ \text{sulfonic acid}}}{R{-}\underset{\underset{O}{\|}}{\overset{\overset{O}{\|}}{S}}{-}OH}$$

硫醚也容易被氧化，产物为亚砜（sulfoxide）和砜（sulfone）。例如：

$$\underset{\substack{\text{二甲硫醚} \\ \text{dimethyl sulfide}}}{CH_3{-}S{-}CH_3} \xrightarrow{H_2O_2} \underset{\substack{\text{二甲亚砜} \\ \text{dimethyl sulfoxide}}}{CH_3{-}\overset{\overset{O}{\|}}{S}{-}CH_3} \xrightarrow{H_2O_2} \underset{\substack{\text{二甲砜} \\ \text{dimethyl sulfone}}}{CH_3{-}\underset{\underset{O}{\|}}{\overset{\overset{O}{\|}}{S}}{-}CH_3}$$

二甲亚砜(DMSO)为无色液体,沸点 189 ℃,能与水互溶,偶极矩为 3.9 D,介电常数为 45。二甲亚砜是常用的非质子性极性溶剂,能溶解许多无机盐和有机化合物。

含硫的亚砜基化合物存在于蒜和葱类植物中。从压榨大蒜洋葱制取的蒜素含有烯丙基亚砜衍生物。

大蒜洋葱和含硫化合物

3. 硫醇、硫酚和硫醚作为亲核试剂

硫原子的亲核性比氧原子强,因而硫醇和硫酚的盐和硫醚都是良好的亲核试剂。

$$RSNa + R'X \longrightarrow RSR'$$
$$ArSNa + R'X \longrightarrow ArSR'$$

硫醚与卤代烃作用生成硫盐(sulfanium salts),后者用氢氧化银处理得到氢氧化三烃基硫盐,它是一种强碱。

$$R_2S: + R-X \longrightarrow R_3S^{\oplus}X^{\ominus} \xrightarrow[H_2O]{Ag_2O} R_3S^{\oplus}OH^{\ominus}$$

硫醚　卤代烃　卤化三烃基硫盐　氢氧化三烃基硫盐

问题 9.16 将下列化合物按酸性强弱次序排列。

(环己硫醇 SH)　(苯硫酚 SH)　(环己醇 OH)　(苯磺酸 SO_3H)

问题 9.17 写出下列反应的主要产物。

(1) $CH_3CH_2CH_2SH + CH_3I \xrightarrow{NaOH}$　(2) $CH_3CH_2CH_2SH \xrightarrow{HNO_3}$

(3) $\begin{matrix} S-CH_2CH(NH_2)COOH \\ | \\ S-CH_2CH(NH_2)COOH \end{matrix} \xrightarrow{[H]}$　(4) 四氢噻吩 $\xrightarrow[\triangle]{H_2O_2}$

三、硫醇、硫酚和硫醚的制法

卤代烷与硫氢化钠起 S_N2 反应可以得到硫醇。例如:

$$CH_3(CH_2)_6CH_2I + NaSH \xrightarrow{CH_3CH_2OH} CH_3(CH_2)_6CH_2SH$$

卤代烷与硫脲反应后水解也可以得到硫醇:

$$H_2N-\overset{\overset{\large S:}{\|}}{C}-NH_2 + CH_3(CH_2)_{10}CH_2-Br \longrightarrow CH_3(CH_2)_{10}CH_2-S-\underset{NH_2}{\underset{|}{C}}=\overset{\oplus}{N}H_2\,Br^{\ominus} \xrightarrow[H_2O]{NaOH} CH_3(CH_2)_{10}CH_2SH$$

硫脲 thiourea　1-溴十二烷 1-bromododecane　十二-1-硫醇 dodecane-1-thiol

用锌加硫酸还原苯磺酰氯可以得到苯硫酚:

$$C_6H_5SO_2Cl \xrightarrow[H_2SO_4]{Zn} C_6H_5SH$$

苯磺酰氯 benzenesulfonyl chloride　苯硫酚 benzenethiol

运用与醚的威廉逊合成相似的方法可以制备硫醚：

$$RSNa + R'X \longrightarrow RSR' + NaX$$

习 题

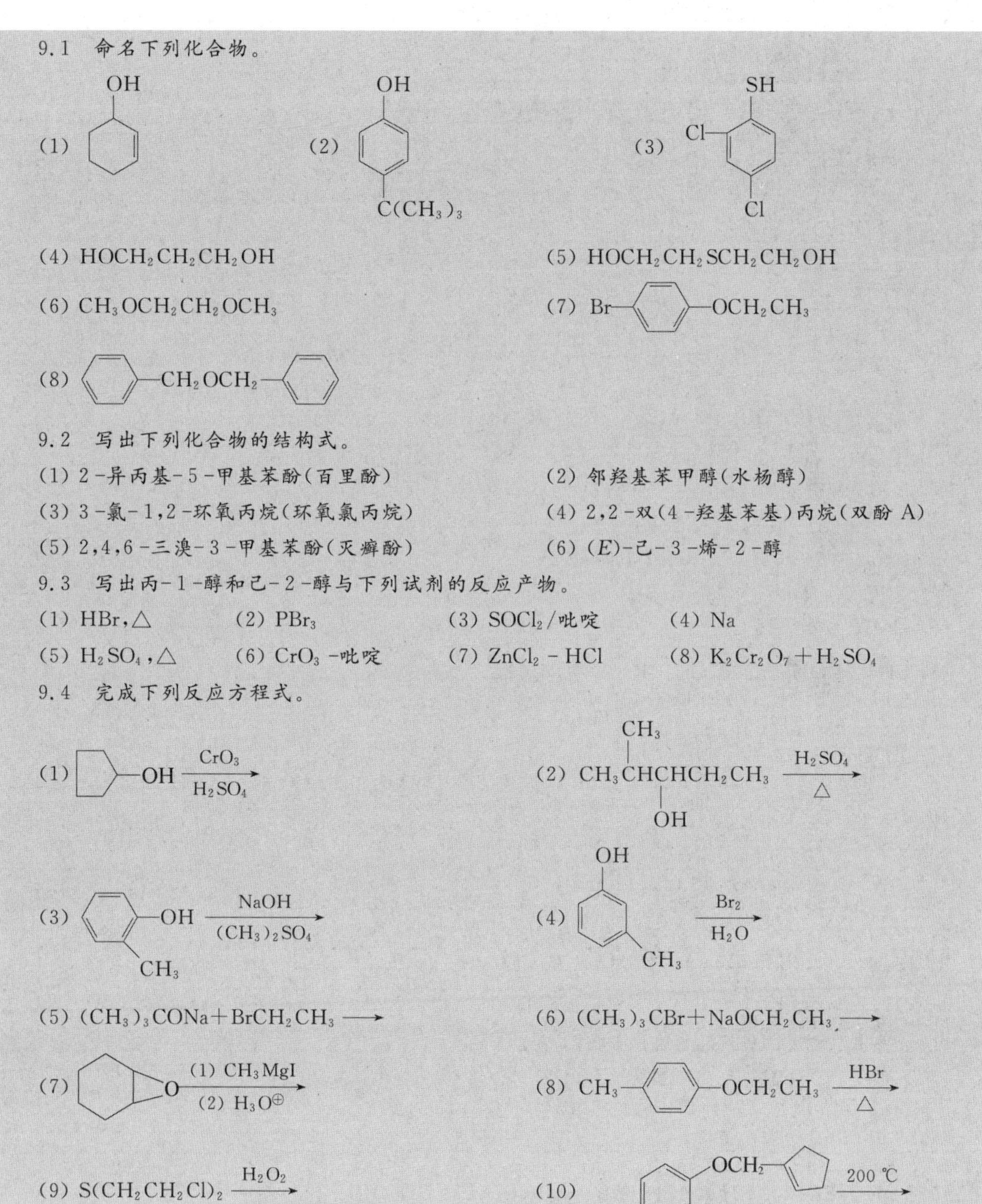

9.1 命名下列化合物。

(1) 环己-2-烯醇结构（OH）　(2) 对位 $C(CH_3)_3$ 取代苯酚结构（OH）　(3) SH、Cl、Cl 取代苯环结构

(4) $HOCH_2CH_2CH_2OH$　(5) $HOCH_2CH_2SCH_2CH_2OH$

(6) $CH_3OCH_2CH_2OCH_3$　(7) Br—⟨苯环⟩—OCH_2CH_3

(8) ⟨苯环⟩—CH_2OCH_2—⟨苯环⟩

9.2 写出下列化合物的结构式。

(1) 2-异丙基-5-甲基苯酚(百里酚)　(2) 邻羟基苯甲醇(水杨醇)

(3) 3-氯-1,2-环氧丙烷(环氧氯丙烷)　(4) 2,2-双(4-羟基苯基)丙烷(双酚 A)

(5) 2,4,6-三溴-3-甲基苯酚(灭癣酚)　(6) (*E*)-己-3-烯-2-醇

9.3 写出丙-1-醇和己-2-醇与下列试剂的反应产物。

(1) HBr,△　(2) PBr_3　(3) $SOCl_2$/吡啶　(4) Na

(5) H_2SO_4,△　(6) CrO_3-吡啶　(7) $ZnCl_2$ - HCl　(8) $K_2Cr_2O_7 + H_2SO_4$

9.4 完成下列反应方程式。

(1) ⟨环戊基⟩—OH $\xrightarrow[H_2SO_4]{CrO_3}$

(2) $CH_3CH(OH)CH(CH_3)CH_2CH_3 \xrightarrow[\triangle]{H_2SO_4}$

(3) ⟨邻甲基苯酚⟩—OH $\xrightarrow[(CH_3)_2SO_4]{NaOH}$

(4) ⟨间甲基苯酚⟩ $\xrightarrow[H_2O]{Br_2}$

(5) $(CH_3)_3CONa + BrCH_2CH_3 \longrightarrow$

(6) $(CH_3)_3CBr + NaOCH_2CH_3 \longrightarrow$

(7) ⟨环氧环己烷⟩ $\xrightarrow[(2)\ H_3O^{\oplus}]{(1)\ CH_3MgI}$

(8) CH_3—⟨苯环⟩—$OCH_2CH_3 \xrightarrow[\triangle]{HBr}$

(9) $S(CH_2CH_2Cl)_2 \xrightarrow{H_2O_2}$

(10) ⟨对甲基苯基⟩—OCH_2—⟨环戊烯基⟩ $\xrightarrow{200\ ℃}$

9.5 实现下列转变。

(1) 萘 $\longrightarrow$ 2-甲氧基萘（OCH_3）

(2) 1-羟甲基环己醇（OH，CH_2OH） $\longrightarrow$ 环己醇（OH）

(3) $CH_2=CH_2 \longrightarrow ClCH_2CH_2OCH_2CH_2OCH_2CH_2Cl$

(4) $C_6H_5CH_3 \longrightarrow C_6H_5CH_2\underset{\underset{O}{\|}}{S}CH_2C_6H_5$

(5) 甲苯（CH_3） $\longrightarrow$ 2,6-二叔丁基-4-甲基苯酚（OH，$(CH_3)_3C$，$C(CH_3)_3$，CH_3）

(6) 邻甲氧基苯酚（OCH_3，OH） $\longrightarrow$ 邻甲氧基苯基醚（OCH_3，$OCH_2CH(OH)CH_2OH$）

(7) 1-苯基环己醇（OH，C_6H_5） $\longrightarrow$ 环己烷-1,2-二醇（C_6H_5，OH，H，OH）

(8) $CH_3CH_2OH \longrightarrow CH_3CH=\underset{\underset{CH_3}{|}}{C}-CH_2CH_3$

(9) 苯酚（OH） $\longrightarrow$ 双（2,4,6-三溴苯氧基）乙烷（$O-CH_2-CH_2-O$，Br，Br，Br，Br，Br，Br）

(10) $C_6H_5COCH_3 \longrightarrow C_6H_5-\overset{\overset{CH_3}{|}}{\underset{\underset{OCH_2CH_3}{|}}{C}}-CH_2CH_3$

9.6 用化学方法区别下列各组化合物。

(1) 苯酚（OH）　环己醇（OH）　甲氧基环己烷（OCH_3）　环己-2-烯醇（OH）

(2) $(CH_3)_3COH$　$CH_3\underset{\underset{OH}{|}}{C}HCH_2CH_3$　$CH_3CH_2CH_2CH_2OH$

$CH_3CH=CHCH_2OH$　$CH_3\underset{\underset{OH}{|}}{C}H-\underset{\underset{OH}{|}}{C}HCH_3$

9.7　化合物 A(C_8H_9OBr)，能溶于冷的 H_2SO_4 溶液，不与稀冷的 $KMnO_4$ 溶液反应，也不与 Br_2-CCl_4 反应，A 与硝酸银的醇溶液反应有淡黄色沉淀生成。A 与热的 $KMnO_4$ 溶液反应得到 B($C_8H_8O_3$)，B 与氢溴酸共热得到 C，C 与邻羟基苯甲酸熔点相同，推测 A、B、C 的结构并写出各步反应式。

9.8　松柏醇 A 分子式为 $C_{10}H_{12}O_3$，溶于 NaOH 水溶液，但不溶于 $NaHCO_3$ 水溶液中。A 与苯甲酰氯作用生成 B，分子式为 $C_{24}H_{20}O_5$。A 与氢碘酸溶液共热得到挥发性的碘甲烷。用硫酸二甲酯在碱性条件下和 A 反应生成化合物 C，分子式为 $C_{11}H_{14}O_3$。C 不溶于 NaOH 水溶液中，但可与金属钠反应，也能使溴的四氯化碳溶液褪色，使高锰酸钾碱性溶液产生二氧化锰沉淀。A 经臭氧化后用锌粉还原水解得到 4-羟基-3-甲氧基苯甲醛。写出 A、B 和 C 的构造式和有关化学反应式。

9.9　写出下列反应的机理。

(1) 2-羟基-1,1-二甲基环己烷(OH、H、CH_3、CH_3) $\xrightarrow[\triangle]{H^{\oplus}}$ 1,2-二甲基环己烯(CH_3, CH_3) + 亚环戊基=$C(CH_3)_2$

(2) $C_6H_5OCH_2CH{=}CH_2$ $\xrightarrow{\triangle}$ $\xrightarrow{H^{\oplus}}$ 2-甲基-2,3-二氢苯并呋喃(O, CH_3)

9.10　2-环丁基丙-2-醇在硫酸催化下生成硫醚。写出反应机理。

环丁基—$C(CH_3)_2$—OH + CH_3SH $\xrightarrow{H_2SO_4}$ 1-(H_3C)-1-(CH_3)-2-SCH_3 环戊烷

第十章　醛 和 酮

醛(aldehyde)和酮(ketone)都是含有羰基(C═O，carbonyl group)的化合物。羰基与一个烃基和一个氢原子相连接的化合物叫作醛，其通式为 RCH═O，简写作 RCHO。羰基和两个烃基相连接的化合物叫作酮，其通式为 RCOR′。相同碳原子数的饱和一元醛、酮是构造异构体，它们的通式为 $C_nH_{2n}O$，含有一个不饱和度。

§10.1　醛和酮的结构、命名和物理性质

一、醛、酮的结构

羰基是醛、酮的官能团。羰基碳原子为 sp^2 杂化，其三个 σ 键共平面，键角接近 120°。羰基碳原子和氧原子上的 p 轨道在侧面互相重叠形成 π 键，氧原子上还有两对未共用电子对(图 10.1)。

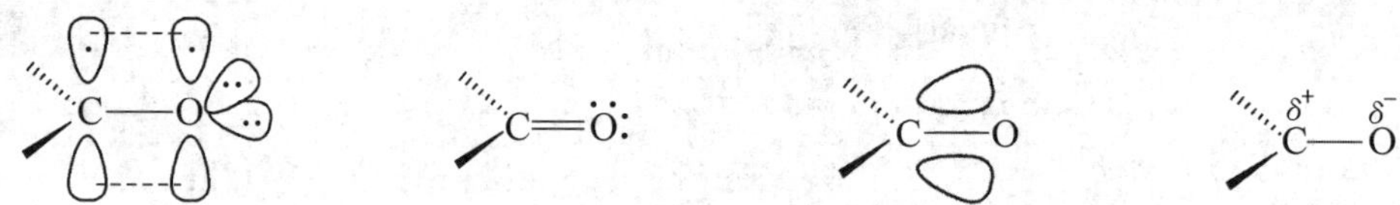

图 10.1　羰基的结构　　　　**图 10.2　羰基 π 电子云的分布**

由于氧原子的电负性比碳大，氧原子周围的电子云密度比碳原子周围的电子云密度大(图 10.2)，所以羰基是一个极性官能团。

羰基的结构可用共振式表示为：

$$\left[\ \gt C{=}\ddot{O}{:} \longleftrightarrow \gt \overset{\oplus}{C}{-}\ddot{\underset{\cdot\cdot}{O}}{:}^{\ominus}\ \right]$$

二、醛、酮的命名

根据分子中烃基的不同可以将醛、酮分为脂肪族醛酮和芳香族醛酮；根据分子中烃基的饱和程度可以分为饱和醛酮和不饱和醛酮；根据分子中羰基的数目可以分为一元醛酮、二元醛酮和多元醛酮。

1. 官能团类别法

相应于有俗名的羧酸(见§12.1和附录五)的醛类命名时，将后缀“酸”改成“醛”即可，英文则将羧酸的后缀“-ic acid 或 oic acid”改成“-aldehyde”即可。例如：

HCHO	CH_3CHO	CH_2=CHCHO	C_6H_5CHO
甲醛	乙醛	丙烯醛	苯甲醛
formaldehyde	acetaldehyde	acrylaldehyde	benzaldehyde

如果—CHO 直接连接在脂环上，命名时在母体氢化物名称后加后缀甲醛（carbaldehyde）。中文命名时"烷"字也可省略。例如：

—CHO

环己（烷）甲醛

cyclohexanecarbaldehyde

官能团类别命名法命名酮时，将连接在羰基上的两个烃基名称按英文字母顺序排列，后面加上类别名酮（ketone）。注意这里酮（ketone）的含义是指"C=O"，为避免混淆，《命名原则》建议在此场合将酮（ketone）改称为"甲酮"（试用）。英文名称写成分开的两个单词。例如：

$CH_3—CH_2—C(=O)—CH_3$	—$COCH_3$	O ‖ —C—
乙基甲基酮	甲基苯基酮	二苯（基）酮
（乙基甲基甲酮）	（甲基苯基甲酮）	（二苯（基）甲酮）
ethyl methyl ketone	methyl phenyl ketone	diphenyl ketone

甲基苯基（甲）酮的俗名为苯乙酮（acetophenone）。

2．取代命名法

在脂肪族一元醛酮的命名法中，要选择含羰基的最长碳链为主链，从醛基的一端或从离酮基最近的一端开始编号。在母体氢化物名称（末尾字母 e 省略）后面加上后缀醛（-al）和酮（-one），在酮的命名法中要注明羰基的位置。例如：

$(CH_3)_2CHCHO$	$CH_3CH_2CH_2COCH_3$
2-甲基丙醛	戊-2-酮
2-methylpropanal	pentan-2-one

命名不饱和醛酮时必须注明不饱和键的位置。例如：

CH_3CH=CHCHO	CH_2=$CHCH_2COCH_3$	PhCH=CHCHO
丁-2-烯醛（巴豆醛）	戊-4-烯-2-酮	3-苯基丙烯醛（肉桂醛）
but-2-enal	pent-4-en-2-one	3-phenylpropenal
（crotonaldehyde）		（cinnamaldehyde）

脂环酮的羰基在环内，称为环某酮。例如：

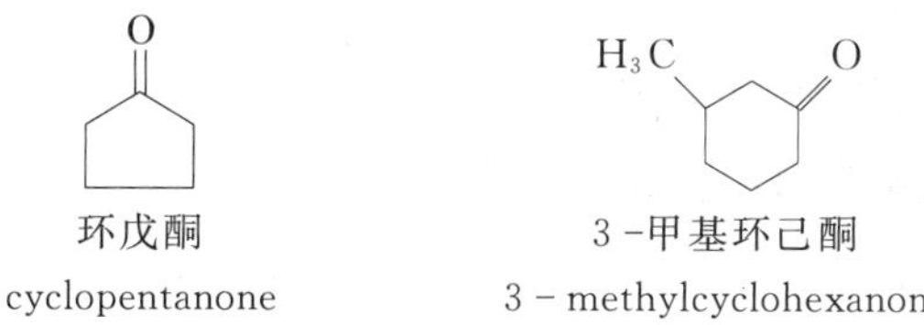

环戊酮	3-甲基环己酮
cyclopentanone	3-methylcyclohexanone

多元醛酮的命名要用汉字数字标出羰基的数目（如二醛（-dial）二酮（-dione）等），用英文命名时母体氢化物的末尾字母 e 不可省略。

OHC—C≡C—CHO

丁-2-炔二醛

but-2-ynedial

3-烯丙基戊-2,4-二酮

3-allylpentane-2,4-dione

在上例中，酮羰基是主官能团，要选择含主官能团最多的碳链作为主链。

当分子中有其他高位优先基团作为主特性基团（主官能团）时，醛基是以前缀甲酰基（formyl-）作为取代基，而酮基则是以前缀氧亚基（oxo-）作为取代基，必须注意氧亚基表示其结构中的“O＝”，不包含碳原子。例如：

$CH_3-C(=O)-CH_2-CH_2-C(=O)-H$

4-氧亚基戊醛

4-oxopentanal

(S)-3-甲酰基-5-羟基戊酸

(S)-3-formyl-5-hydroxypentanoic acid

上面的例子中，醛基是主官能团，酮作为碳链上的取代基，氧亚基（oxo-）放在母体名称之前。羧基和醛基、羟基相比，前者是主官能团，所以醛基（—CHO）作为取代基甲酰基（formyl-），和其他取代基按英文字母顺序排列在母体名称之前。

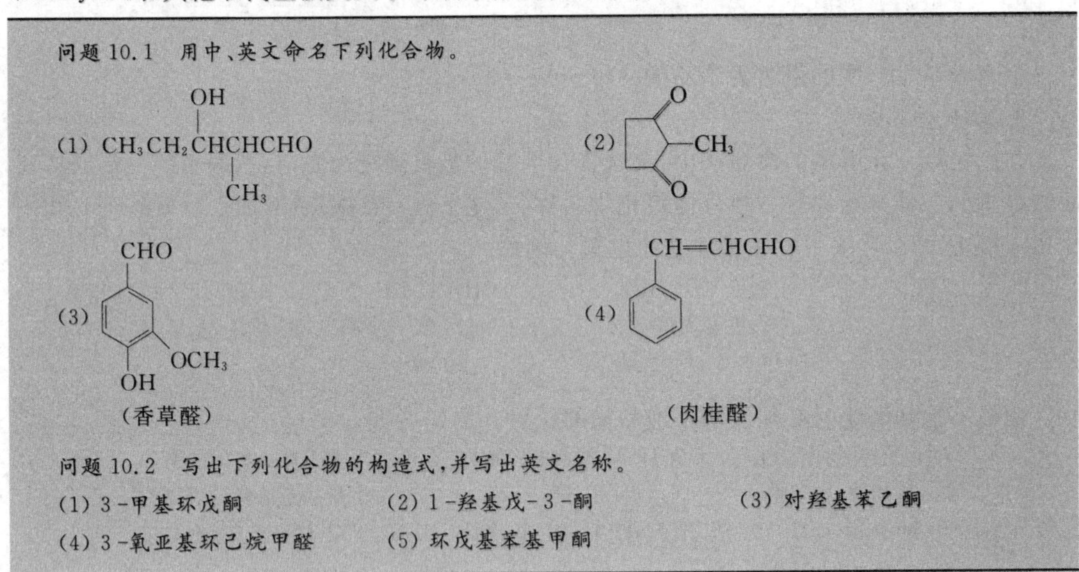

问题 10.1 用中、英文命名下列化合物。

(1) $CH_3CH_2CH(OH)CH(CH_3)CHO$

(2)

(3)

（香草醛）

(4) CH═CHCHO

（肉桂醛）

问题 10.2 写出下列化合物的构造式，并写出英文名称。

(1) 3-甲基环戊酮 (2) 1-羟基戊-3-酮 (3) 对羟基苯乙酮

(4) 3-氧亚基环己烷甲醛 (5) 环戊基苯基甲酮

三、醛、酮的物理性质

甲醛在室温下为气体，其他的醛、酮为液体或固体。

由于羰基的极性，醛、酮具有较大的偶极矩。例如：

$H_2C=O$ 2.27 D　　$H_3C(H)C=O$ 2.72 D　　$(H_3C)_2C=O$ 2.85 D

醛、酮分子之间不能生成氢键，所以其沸点比相应的醇低得多，但由于它们的偶极矩较大，偶极间的静电引力使它们的沸点比相对分子量相当的烃或醚高。

醛、酮分子中羰基的氧原子上有未共用电子对，可以与水生成氢键，因此，低级醛、酮（甲醛、乙醛、丙酮）能与水互溶。其他的醛、酮在水中的溶解度随相对分子量增加而减小，六个碳以上的醛、酮基本上不溶于水。醛酮都溶于有机溶剂。一些一元醛、酮的物理常数见表 10.1。

表 10.1　一元醛酮的物理性质

化合物	英文名称	熔点/℃	沸点/℃ (0.1 MPa)	溶解度 (g/100 g H_2O)
甲醛	formaldehyde	−92.0	−21.0	很大
乙醛	acetaldehyde	−123.5	20.2	∞
丙醛	propanal(propionaldehyde)	−81.0	49.5	20.0
丁醛	butanal(*n* - butyraldehyde)	−99.0	75.7	4.0
戊醛	pentanal(*n* - valeraldehyde)	−92.0	103.4	小
苯甲醛	benzaldehyde	−26.0	178.0	0.3
丙酮	propanone(acetone)	−94.8	56.2	∞
丁-2-酮	butan - 2 - one(ethyl methyl ketone)	−86.9	79.6	37.0
戊-2-酮	pentan - 2 - one(methyl propyl ketone)	−77.8	102.0	小
戊-3-酮	pentan - 3 - one(diethyl ketone)	−39.9	102.0	4.7
环戊酮	cyclopentanone	−51.3	130.7	43.3
环己酮	cyclohexanone	−45.0	155.0	—
苯乙酮	methyl phenyl ketone(acetophenone)	21.0	202.0	—

§10.2　醛、酮的亲核加成反应

一、醛、酮的亲核加成反应的活性

羰基是不饱和基团，容易起加成反应，但与烯烃的亲电加成不同。当在醛、酮的羰基上起加成反应时，首先是亲核试剂中带负电荷的部分或有未共用电子对的原子进攻带正电荷的羰基碳原子，碳氧 π 键异裂，一对 π 电子转向氧原子，羰基碳原子从 sp^2 杂化转变为 sp^3 杂化，然后试剂中亲电部分与氧负离子结合，生成产物。

$$Nu:^{\ominus} + \overset{\delta^+}{C}=\overset{\delta^-}{O} \underset{}{\overset{慢}{\rightleftharpoons}} Nu-C-\ddot{O}:^{\ominus}$$

$$Nu-C-\ddot{O}:^{\ominus} + E^{\oplus} \overset{快}{\rightleftharpoons} Nu-C-OE$$

决定反应速度的是亲核试剂进攻羰基碳的一步，所以叫作亲核加成反应（nucleophilic

addition)。

醛、酮亲核加成反应的难易主要取决于羰基碳原子上正电荷的多少以及所连接的烃基的空间位阻的大小。脂肪族酮有两个给电子的烷基,使酮羰基碳原子上的正电荷比相应的只有一个烷基的醛羰基碳原子上的正电荷要少,同时酮的两个烷基对亲核试剂进攻羰基碳原子的空间位阻比醛的一个烷基要大,因而醛比酮容易起亲核加成反应。在芳香族醛、酮分子中,由于羰基碳原子直接和芳环相连,羰基和芳环共轭,使羰基碳原子上的正电荷部分分散到芳环上,同时芳环一般有较大的体积,空间位阻较大,因而脂肪族醛、酮比芳香族醛、酮容易起亲核加成反应。

甲基比任何烃基的体积都小,因而脂肪族甲基酮的亲核加成活性大于其余的酮。

问题 10.3 试从电子效应和空间位阻效应解释下列醛、酮亲核加成反应的难易次序。

$C_6H_5COC_6H_5 < C_6H_5COCH_3 < CH_3COCH_3 < C_6H_5CHO < CH_3CHO < HCHO$

二、与碳亲核试剂的加成

1. 与氢氰酸的加成

醛或酮与氢氰酸作用,得到 α-羟基腈(氰醇,cyanohydrin)。

$$\mathrm{R{-}\overset{\overset{\large H}{|}}{C}{=}O + H{-}CN \rightleftharpoons R{-}\underset{\underset{\large CN}{|}}{\overset{\overset{\large H}{|}}{C}}{-}OH}$$

$$\mathrm{R{-}\overset{\overset{\large R'}{|}}{C}{=}O + H{-}CN \rightleftharpoons R{-}\underset{\underset{\large CN}{|}}{\overset{\overset{\large R'}{|}}{C}}{-}OH}$$

由于氢氰酸毒性较大且易挥发,不便于操作,实际工作中一般先将氰化钠或氰化钾的水溶液与醛酮混合,再滴加硫酸或盐酸,使生成的 HCN 立即与醛、酮反应。例如:

$$\mathrm{H_2C{=}O \xrightarrow[\text{② } H_2SO_4,\,H_2O]{\text{① KCN}} HO{-}CH_2{-}CN} \quad \alpha\text{-羟基乙腈}$$

醛、脂肪族甲基酮和 8 个碳原子以下的环酮都能与 HCN 发生反应。

α-羟基腈经水解可制备 α-羟基酸,后者可进一步失水变成 α,β-不饱和酸。例如丙酮与氢氰酸的加成产物用盐酸水解可得到 α-羟基酸。若用浓硫酸水解,则同时脱水可得到不饱和酸。若用浓硫酸和甲醇,则可得到不饱和酯。

$$CH_3COCH_3 \xrightarrow{HCN} CH_3-\underset{CN}{\overset{CH_3}{C}}-OH$$

2-羟基-2-甲基丙腈
2-hydroxy-2-methylpropanenitrile

$$\xrightarrow{HCl} CH_3-\underset{OH}{\overset{CH_3}{C}}-COOH$$

2-羟基-2-甲基丙酸
2-hydroxy-2-methylpropanoic acid

$$\xrightarrow[H_2O,\triangle]{H_2SO_4} CH_2=\overset{CH_3}{C}-COOH$$

2-甲基丙-2-烯酸
2-methylprop-2-enoic acid

$$\xrightarrow[CH_3OH,\triangle]{H_2SO_4} CH_2=\overset{CH_3}{C}-COOCH_3$$

2-甲基丙-2-烯酸甲酯
methyl 2-methylprop-2-enoate

甲基丙烯酸甲酯经聚合可得到透明的有机玻璃。

反应体系的pH值对醛酮与HCN的反应速度有很大的影响。例如:丙酮与氢氰酸在无酸碱存在下反应,3～4 h内只有50%的丙酮反应。若加入少量无机酸,则需几周时间才能建立平衡。但若加入少量碱,反应则瞬间即可完成。由于HCN是一个弱酸,加无机酸时抑制了HCN离解出$CN^{\ominus}$,而加碱时增加了$CN^{\ominus}$的浓度。这说明亲核加成反应的速度与$CN^{\ominus}$的浓度有关,进攻羰基碳原子的试剂不是HCN而是$CN^{\ominus}$。

$$HCN + OH^{\ominus} \xrightleftharpoons{快} CN^{\ominus} + H_2O$$

$$\overset{\ominus}{NC:} + \;>C=O \xrightleftharpoons{慢} -\underset{CN}{C}-O^{\ominus}$$

$$-\underset{CN}{C}-\ddot{O}:^{\ominus} + H-OH \xrightleftharpoons{快} -\underset{CN}{C}-OH + OH^{\ominus}$$

第一步和第三步是质子转移反应,速度极快,因而第二步是反应速度决定步骤。

问题10.4 写出下面反应的产物。

$$CH_3CHO + CH_3\underset{OH}{\overset{CN}{C}}CH_2CH_3 \xrightarrow{Na_2CO_3}$$

2. 与格氏试剂加成

在格氏试剂分子中,由于Mg的电正性,使与其相连的碳原子带部分负电荷,极易与羰基化合物起亲核加成反应。

$$>C=O + R-MgX \xrightarrow{无水乙醚} -\underset{R}{C}-OMgX \xrightarrow{H_3O^{\oplus}} -\underset{R}{C}-OH + Mg^{2\oplus} + X^{\ominus}$$

加成产物经水解可得到各种类型的醇(§9.3)。有机锂试剂(RLi)和醛、酮的亲核加成反应与格氏试剂类似。

三、与硫亲核试剂的加成

醛、酮可与亚硫酸氢钠饱和溶液反应,得到α-羟基磺酸钠。在这个反应中,亚硫酸氢钠分子中的具有未共用电子对的硫原子进攻羰基碳原子起亲核加成反应。

$$\mathrm{HO-\overset{O}{\underset{\|}{S}}\!:(-O^{\ominus}Na^{\oplus})} + \;\rangle C{=}O \rightleftharpoons -\underset{SO_3H}{\overset{|}{C}}-O^{\ominus}Na^{\oplus} \longrightarrow -\underset{SO_3^{\ominus}Na^{\oplus}}{\overset{|}{C}}-OH$$

醛、脂肪族甲基酮和 C_8 以下的环酮都能与 $NaHSO_3$ 起亲核加成反应。

α-羟基磺酸钠为白色固体，不溶于饱和亚硫酸氢钠溶液，因而很容易将其分离。若将分离得到的固体产物与稀酸或稀碱共热，则又可得到原来的醛酮。

$$\mathrm{R-\underset{SO_3Na}{\overset{H(R')}{C}}-OH} \xrightarrow[H_2O]{HCl} \mathrm{R-\overset{H(R')}{C}{=}O} + NaCl + SO_2 + H_2O$$

$$\mathrm{R-\underset{SO_3Na}{\overset{H(R')}{C}}-OH} \xrightarrow[H_2O]{\frac{1}{2}Na_2CO_3} \mathrm{R-\overset{H(R')}{C}{=}O} + Na_2SO_3 + \frac{1}{2}CO_2 + \frac{1}{2}H_2O$$

利用这个性质可以分离或提纯醛和某些酮。

> 问题 10.5　3-氧亚基十二醛与亚硫酸氢钠的加成产物是一种抗菌消炎药（鱼腥草素），写出化学反应式。
>
> 问题 10.6　己醛（沸点 131 ℃）中含有一些戊醇（沸点 136 ℃），两者沸点相近，如何提纯己醛？

四、与氧亲核试剂的加成

醇是较弱的亲核试剂，但在干燥的氯化氢或对甲苯磺酸（TsOH）催化下能与醛、酮发生亲核加成反应，生成半缩醛（hemiacetal）或半缩酮（hemiketal）。

$$\mathrm{R-\underset{H}{C}{=}O} + HOR' \xrightleftharpoons{HCl(g)} \mathrm{R-\underset{H}{\overset{OR'}{C}}-OH} \quad \text{半缩醛}$$

$$\mathrm{R-\underset{R}{C}{=}O} + HOR' \xrightleftharpoons{HCl(g)} \mathrm{R-\underset{R}{\overset{OR'}{C}}-OH} \quad \text{半缩酮}$$

大多数半缩醛（酮）不稳定，一般难以分离得到。但是 δ 或 γ-羟基醛（酮）易自动起分子内亲核加成反应并主要以稳定的环状半缩醛（酮）形式存在。碳水化合物分子中含有这种六元或五元环状半缩醛（酮）结构（第十六章）。

$$\mathrm{HO(CH_2)_4CHO} \rightleftharpoons \text{2-羟基四氢吡喃}$$
6%　　94%

$$\mathrm{HO(CH_2)_3CHO} \rightleftharpoons \text{2-羟基四氢呋喃}$$
11%　　89%

半缩醛（酮）能与醇继续反应生成缩醛（acetal）和缩酮（ketal）。

$$R-\underset{H}{\overset{OR'}{C}}-OH + R'OH \xrightleftharpoons{HCl(g)} R-\underset{H}{\overset{OR'}{C}}-OR' + H_2O$$

整个反应的机理为：羰基的氧原子接受一个质子形成氧𬭩盐，使羰基碳原子上的电子云密度进一步降低，然后亲核试剂醇对羰基亲核加成，失去质子生成半缩醛。半缩醛的羟基氧原子接受一个质子形成新的氧𬭩盐，失去水生成碳正离子(或烯醚正离子)，后者与亲核试剂醇结合，失去质子生成缩醛。

$$R-\underset{R}{C}=\ddot{O} \xrightleftharpoons{H^{\oplus}} R-\underset{R}{C}=\overset{\oplus}{O}H \; (R'-\ddot{O}H) \rightleftharpoons R-\underset{H}{\overset{H-\overset{\oplus}{O}R'}{C}}-OH \xrightleftharpoons{-H^{\oplus}} R-\underset{H}{\overset{OR'}{C}}-\ddot{O}H \xrightleftharpoons{H^{\oplus}}$$

$$R-\underset{H}{\overset{OR'}{C}}-\overset{\oplus}{O}H_2 \xrightleftharpoons{-H_2O} \left[R-\overset{\ddot{O}R'}{\overset{\oplus}{C}}-H \longleftrightarrow R-\overset{\overset{\oplus}{O}R'}{\overset{\|}{C}}-H\right] \; (R'-\ddot{O}H) \rightleftharpoons R-\underset{H}{\overset{OR'}{C}}-\underset{H}{\overset{\oplus}{O}}R' \xrightleftharpoons{-H^{\oplus}} R-\underset{H}{\overset{OR'}{C}}-OR'$$

对相对分子量较大的醛，在反应体系中加入甲苯蒸馏以带出生成的水，可促进平衡向生成缩醛的方向移动。

缩酮的形成较为困难，酮与简单醇的反应产率很低，但邻位二醇能与酮顺利反应生成环状缩酮。

$$\text{环己酮} + HOCH_2CH_2OH \xrightarrow[C_6H_5CH_3]{TsOH} \text{环己酮乙叉基缩酮} + H_2O$$

环己酮 cyclohexanone　乙二醇 ethylene glycol　环己酮乙叉基缩酮 cyclohexanone ethylene ketal

硫醇的亲核能力比相应的醇强，因而在室温下酮与硫醇就能转变为硫代缩酮。例如：

$$CH_3-\overset{O}{\overset{\|}{C}}-CH_3 + HSCH_2CH_2SH \xrightarrow{HCl(g)} \text{丙酮乙叉基硫缩酮} + H_2O$$

丙酮 acetone　乙-1,2-二硫醇 ethane-1,2-dithiol　丙酮乙叉基硫缩酮 acetone ethylene thioketal

缩醛(酮)对碱及氧化剂等稳定，而在酸性条件下可水解生成原来的醛(酮)。

$$\text{R, R'(H)-缩醛(酮)} + H_2O \xrightarrow{H^{\oplus}} \overset{R}{\underset{R'(H)}{C}}=O + HOCH_2CH_2OH$$

因此在有机合成中，常用缩醛(酮)来保护羰基。例如丁烯醛分子中的醛基和烯键都易被氧化，因而先把醛转变成缩醛，待烯键氧化后，再用稀酸水解除去保护基，恢复醛基。例如：

$$CH_3CH=CHCHO \xrightarrow[TsOH]{HOCH_2CH_2OH} CH_3CH=CH-\text{(1,3-二氧戊环-2-基)} \xrightarrow{KMnO_4(\text{稀,冷})}$$

$$CH_3-\underset{OH}{CH}-\underset{OH}{CH}-\text{(1,3-二氧戊环-2-基)} \xrightarrow{H_3O^{\oplus}} CH_3\underset{OH}{CH}-\underset{OH}{CH}-CHO$$

问题 10.7 写出形成下列半缩醛(酮)和缩醛(酮)的醛、酮及醇的结构式。

(1) (2)

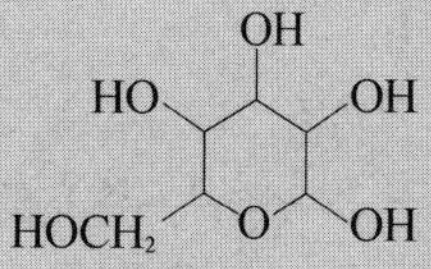

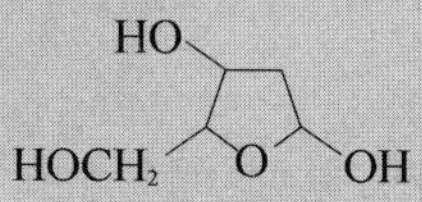

(3) 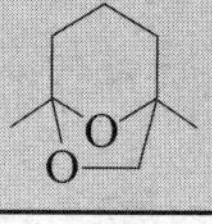 (4)

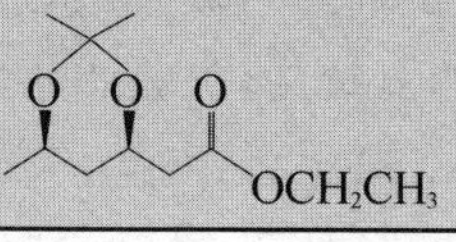

五、与氮亲核试剂的加成

由于氮原子上有未共用电子对,具有亲核性,因而许多含氮化合物,如氨及氨的衍生物都能与醛酮的羰基发生亲核加成反应,但加成产物一般不稳定,很容易失水,生成含有C=N键的化合物,这是一种亲核加成-消去反应。

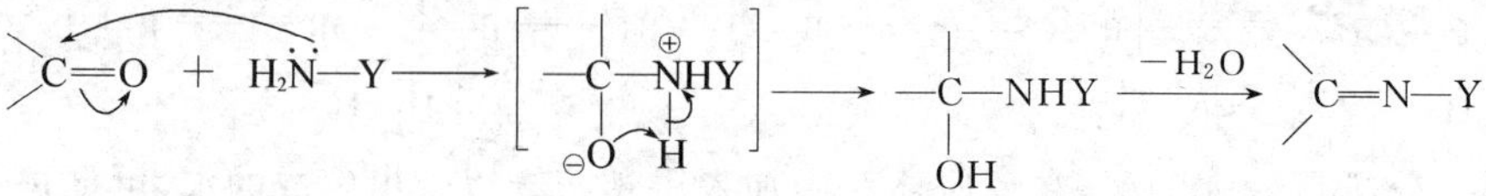

$$\rangle C{=}O + H_2\ddot{N}{-}Y \longrightarrow \left[-\overset{|}{\underset{\ominus O}{C}}-\overset{\oplus}{N}HY \ (H) \right] \longrightarrow -\overset{|}{\underset{OH}{C}}-NHY \xrightarrow{-H_2O} \rangle C{=}N{-}Y$$

通式 $\rangle C{=}O \quad H_2N{-}Y \xrightarrow{-H_2O} \rangle C{=}N{-}Y$

$\rangle C{=}O$ 与下列试剂:

$H_2N{-}H \longrightarrow \rangle C{=}N{-}H$

氨 亚胺(imine)

$H_2N{-}R \longrightarrow \rangle C{=}N{-}R$

伯胺 西佛碱(Schiff base)

$H_2N{-}OH \longrightarrow \rangle C{=}N{-}OH$

羟胺 (hydroxyamine) 肟(oxime)

$H_2N{-}NH_2 \longrightarrow \rangle C{=}N{-}NH_2$

肼(hydrazine) 腙(hydrazone)

$H_2N{-}NH{-}C_6H_5 \longrightarrow \rangle C{=}N{-}NH{-}C_6H_5$

苯肼(phenylhydrazine) 苯腙(phenylhydrazone)

$H_2N{-}NH{-}C_6H_3(NO_2)_2 \longrightarrow \rangle C{=}N{-}NH{-}C_6H_3(NO_2)_2$ (O_2N 位于 2 位,NO_2 位于 4 位)

2,4-二硝基苯肼 (2,4-dinitrophenylhydrazine) 2,4-二硝基苯腙 (2,4-dinitrophenylhydrazone)

$H_2N{-}NH{-}CONH_2 \longrightarrow \rangle C{=}N{-}NH{-}CONH_2$

氨基脲 (aminourea) 缩氨脲(semicarbazone)

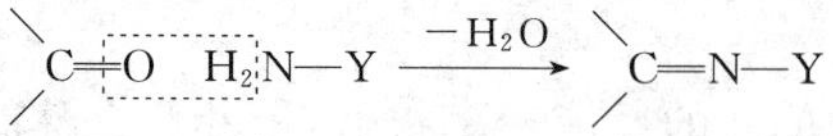

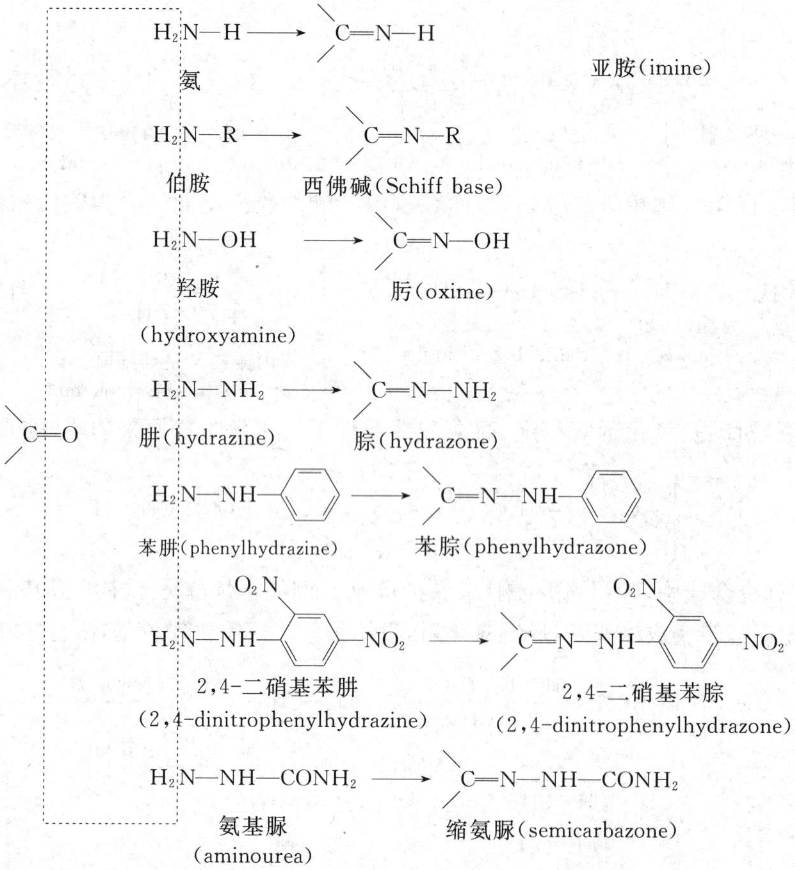

肟、腙和缩氨脲一般是结晶固体，具有特定的熔点，可以用于醛、酮的鉴定。因此，羟氨、肼、氨基脲称为羰基鉴定试剂，其中 2,4-二硝基苯肼试剂最为常用，生成的 2,4-二硝基苯腙为黄色或红棕色晶体，从反应溶液中析出，易于观察。例如：

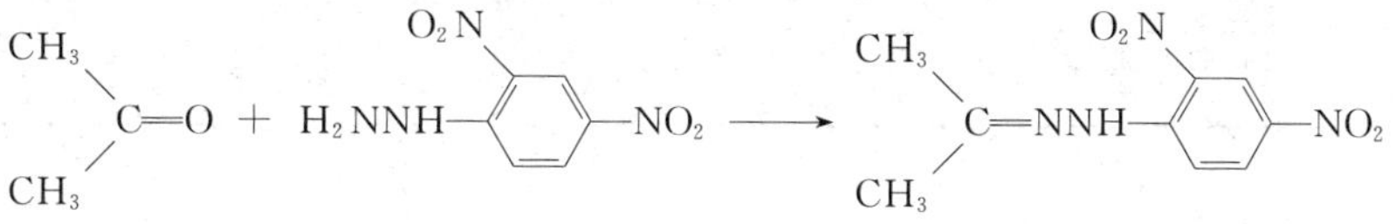

$$(CH_3)_2C{=}O + H_2NNH{-}C_6H_3(NO_2)_2 \longrightarrow (CH_3)_2C{=}NNH{-}C_6H_3(NO_2)_2$$

黄色晶体　mp 126 ℃

至少含有一个 α-H 的醛或酮与仲胺(RR′NH)在酸性催化剂(如对甲苯磺酸，TsOH)存在下脱水生成烯胺(enamine)。由于环状仲胺与醛、酮生成的烯胺较稳定，因而常用环状仲胺四氢吡咯和六氢吡啶(哌啶 piperidine)(见第十四章)。

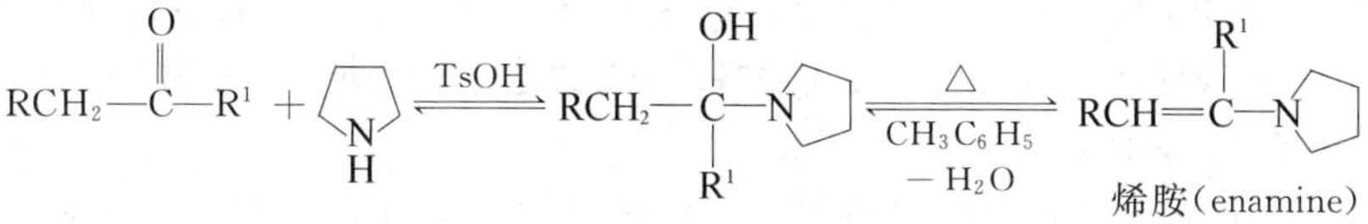

$$RCH_2{-}\overset{O}{\overset{\|}{C}}{-}R^1 + \text{四氢吡咯} \xrightleftharpoons{TsOH} RCH_2{-}C(OH)(R^1){-}N\text{(吡咯烷基)} \xrightleftharpoons[\text{CH}_3\text{C}_6\text{H}_5,\ -H_2O]{\triangle} RCH{=}C(R^1){-}N\text{(吡咯烷基)}$$

醛或酮　四氢吡咯 (tetrahydropyrrole)　烯胺(enamine)

反应是可逆的，用甲苯共沸带出生成的水，可以使反应完全。烯胺是 α,β-不饱和胺，由于氮原子上的未共用电子对占据的轨道和双键共轭，β-碳原子上带有部分负电荷。烯胺的共振式如下：

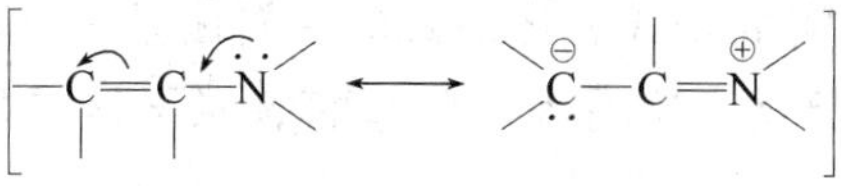

$$\left[\ {-}C{=}C{-}\ddot{N}\!< \ \longleftrightarrow\ >\!\overset{\ominus}{\ddot{C}}{-}C{=}\overset{\oplus}{N}\!<\ \right]$$

因此烯胺可以作为亲核试剂起各种亲核反应。由于烯胺在酸性条件容易被水解恢复羰基结构，所以烯胺与伯、仲卤代烃(或磺酸酯)起亲核取代反应后水解得到 α-烃基醛、酮。这是醛、酮烃化的重要方法。

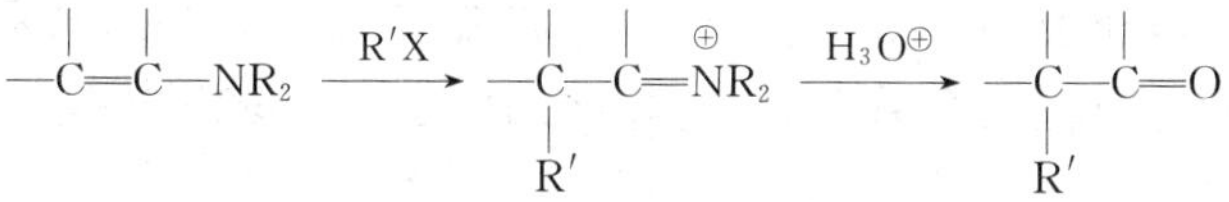

$${-}C{=}C{-}NR_2 \xrightarrow{R'X} {-}C(R'){-}C{=}\overset{\oplus}{N}R_2 \xrightarrow{H_3O^{\oplus}} {-}C(R'){-}C{=}O$$

例如：

$$\text{2-四氢萘酮} \xrightarrow[TsOH]{\text{四氢吡咯(NH)}} \text{烯胺} \xrightarrow{PhCH_2Cl} \text{1-}CH_2Ph\text{-亚胺盐}\ (N^{\oplus}\ Cl^{\ominus}) \xrightarrow{H_3O^{\oplus}} \text{1-}CH_2Ph\text{-2-四氢萘酮}\quad 85\%$$

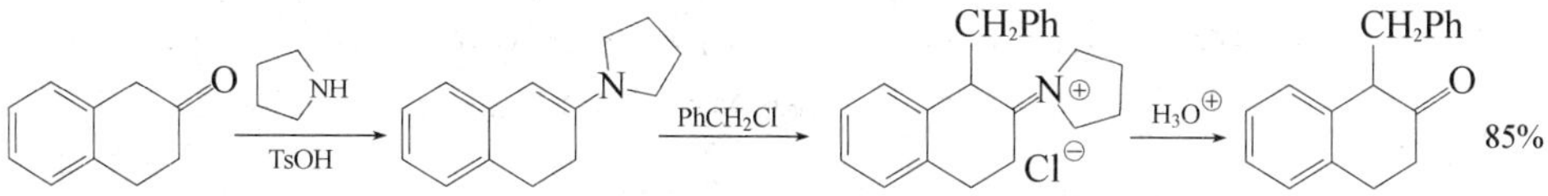

问题 10.8　完成下列化学反应式。

(1) 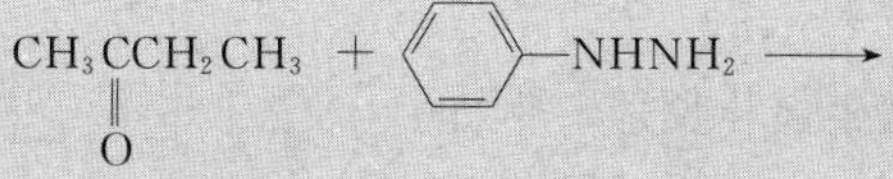 $CH_3\overset{\overset{\displaystyle O}{\|}}{C}CH_2CH_3 + C_6H_5{-}NHNH_2 \longrightarrow$

(2) $CH_3O{-}C_6H_4{-}CHO + O_2N{-}C_6H_3(NO_2){-}NHNH_2 \longrightarrow$

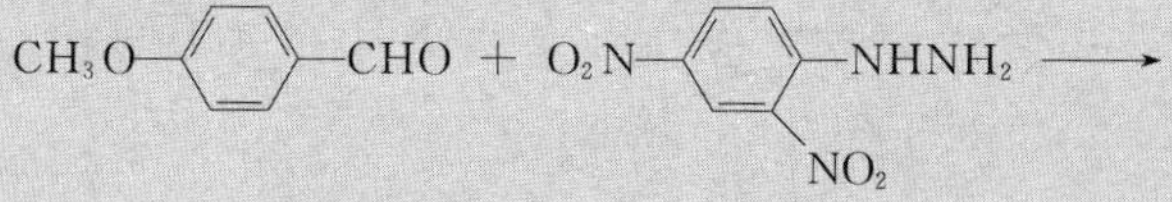

(3) $C_6H_5CHO + CH_3CH_2CH_2CH_2NH_2 \longrightarrow$

(4) 环己酮 $\xrightarrow[\text{② } BrCH_2COCH_3]{\text{① 四氢吡咯(NH), TsOH}}$ $\xrightarrow{H_3O^{\oplus}}$

§10.3 醛、酮的α-H相关的反应

一、α-氢的活性

在醛、酮分子中，与羰基相连的碳原子称为α-碳，α-碳上连有的氢原子称为α-氢。由于羰基的影响，α-氢较活泼，具有一定的酸性。例如乙烷的 pK_a 值约为 50，而丙酮、环己酮和苯乙酮的 pK_a 值分别为 20.0、17.0 和 16.0。

醛、酮的α-H 的活性表现在它可以以 $H^{\oplus}$ 的形式离解并转移到羰基的氧原子上形成烯醇式。

$$\underset{\text{酮式(keto-form)}}{R-\overset{O}{\overset{\|}{C}}-\overset{H}{\overset{|}{C}}HR'} \rightleftharpoons \underset{\text{烯醇式(enol-form)}}{R-\overset{OH}{\overset{|}{C}}=CHR'}$$

酮式和烯醇式是构造异构体，它们可以通过其共轭碱互变，这种异构现象称为互变异构(tautomerism)。在一般醛、酮的酮式和烯醇式的平衡体系中，酮式占绝对优势。

酸可以促使醛、酮的烯醇化。这是因为羰基的氧原子接受质子后增加了羰基的吸电子效应，使α-H 更容易离解。

$$H^{\oplus} + R-\overset{O}{\overset{\|}{C}}-\overset{H}{\overset{|}{C}}HR' \rightleftharpoons R-\overset{\overset{\oplus}{O}H}{\overset{\|}{C}}-\overset{H}{\overset{|}{C}}HR' \rightleftharpoons R-\overset{OH}{\overset{|}{C}}=CHR' + H^{\oplus}$$

碱可以夺取醛、酮分子中的α-H 产生碳负离子(carbanion)或烯醇负离子(enolate anion)。由于负电荷分散在三个原子的共轭体系中，因而比较稳定。

$$R-\overset{O}{\overset{\|}{C}}-\overset{H}{\overset{|}{C}}HR' + :OH^{\ominus} \rightleftharpoons \left[\underset{\text{碳负离子}}{R-\overset{O}{\overset{\|}{C}}-\overset{\ominus}{\ddot{C}}HR'} \longleftrightarrow \underset{\text{烯醇负离子}}{R-\overset{:\ddot{O}:^{\ominus}}{\overset{|}{C}}=CHR'}\right] + H_2O$$

二、卤化和卤仿反应

1. 卤化反应

在酸或碱的催化下，醛、酮的α-位易于发生卤化反应。例如：

$$Br-C_6H_4-COCH_3 + Br_2 \xrightarrow{CH_3COOH} \underset{75\%}{Br-C_6H_4-COCH_2Br} + HBr$$

酸催化的卤化反应是通过烯醇式进行的：

$$R-\overset{\overset{:\ddot{O}-H}{|}}{C}=CHR' + X-X \rightleftharpoons R-\overset{\overset{\oplus}{OH}}{\overset{\|}{C}}-\underset{\underset{X}{|}}{CHR'} + X^{\ominus}$$

$$R-\overset{\overset{\oplus}{OH}}{\overset{\|}{C}}-\underset{\underset{X}{|}}{CHR'} \xrightleftharpoons{-H^{\oplus}} R-\overset{O}{\overset{\|}{C}}-\underset{\underset{X}{|}}{CHR'}$$

碱催化的卤化反应是通过烯醇负离子进行的：

$$R-\overset{\overset{:\ddot{O}:^{\ominus}}{|}}{C}=CHR' + X-X \rightleftharpoons R-\overset{O}{\overset{\|}{C}}-\underset{\underset{X}{|}}{CHR'} + X^{\ominus}$$

因此，醛、酮在酸或碱催化下的卤化反应实际是卤素对碳碳双键的亲电加成反应。

2. *卤仿反应*

乙醛、甲基酮都可以起卤仿反应(haloform reaction)。例如：

卤仿反应的机理

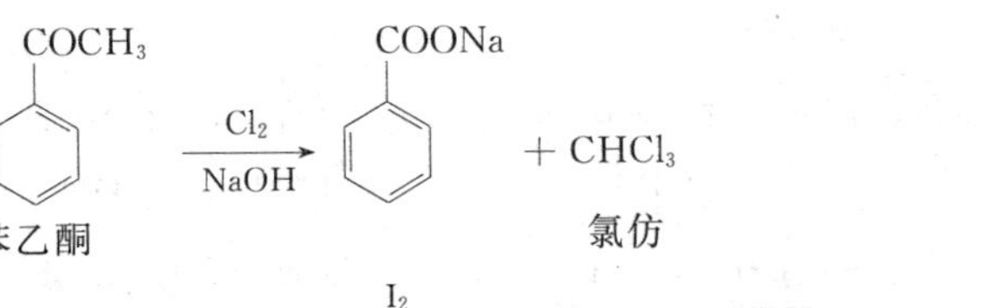

$$CH_3COCH_3 \xrightarrow[NaOH]{I_2} CH_3COONa + CHI_3$$

丙酮　　　　碘仿

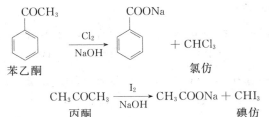

卤素在碱溶液中能产生次卤酸盐(次卤酸盐可用来代替 X_2 + NaOH)，它能把伯醇和仲醇氧化成相应的醛和酮，因此乙醇和具有 $CH_3CH(OH)R$ 结构的醇也能起卤仿反应。

碘仿是不溶于水的黄色固体，容易辨识，因此碘仿反应常用于检验乙醛、甲基酮及相关的醇。

> 问题 10.9　下列化合物中，哪些能发生卤仿反应？
> C_6H_5CHO　$CH_3COCH_2CH_3$　$C_6H_5COCH_3$　$CH_3CH(OH)CH_2CH_3$
> $CH_3CH_2CH_2OH$　CH_3CHO　$CH_3COCH_2CH_2COCH_3$　$CH_3COCH_2COOC_2H_5$

三、羟醛缩合

含 α-氢的醛在稀碱存在下相互作用生成 β-羟基醛的反应叫作羟醛缩合反应(aldol reaction)。

$$2RCH_2CHO \xrightarrow{OH^{\ominus}} RCH_2\overset{\overset{OH}{|}}{CH}\underset{\underset{R}{|}}{CH}CHO$$

例如：

$$2CH_3CHO \xrightarrow[5\,℃]{NaOH,H_2O} CH_3\underset{}{C}H(OH)CH_2CHO$$

3-羟基丁醛 50%
3-hydroxybutanal

$$2CH_3CH_2CH_2CHO \xrightarrow[80\,℃]{NaOH,H_2O} CH_3CH_2CH_2CH(OH)CH(CH_2CH_3)CHO$$

2-乙基-3-羟基己醛 75%
2-ethyl-3-hydroxyhexanal

β-羟基醛很容易脱水,加热时得到α,β-不饱和醛。

$$RCH_2CH(OH)CH(R)CHO \xrightarrow{\triangle} RCH_2CH{=}C(R)CHO + H_2O$$

在羟醛缩合反应中,一分子醛在碱作用下失去α-氢形成烯醇负离子,它作为亲核试剂进攻另一分子醛的羰基碳原子进行亲核加成反应:

$$H\ddot{O}:^{\ominus} + H{-}CH_2{-}\overset{O}{\overset{\|}{C}}{-}H \rightleftharpoons \left[CH_2{=}\overset{:\ddot{O}:^{\ominus}}{\overset{|}{C}}{-}H \longleftrightarrow {}^{\ominus}:CH_2{-}\overset{O}{\overset{\|}{C}}{-}H\right] + H_2O$$

$$CH_3{-}\overset{O}{\overset{\|}{C}}{-}H + CH_2{=}\overset{:\ddot{O}:^{\ominus}}{\overset{|}{C}}{-}H \rightleftharpoons CH_3\overset{O^{\ominus}}{\overset{|}{C}H}{-}CH_2{-}\overset{O}{\overset{\|}{C}}{-}H$$

$$H{-}O{-}H + CH_3\overset{:\ddot{O}:^{\ominus}}{\overset{|}{C}H}CH_2\overset{O}{\overset{\|}{C}}H \rightleftharpoons CH_3\overset{OH}{\overset{|}{C}H}CH_2\overset{O}{\overset{\|}{C}}H + OH^{\ominus}$$

稀酸也能催化羟醛缩合反应,这时一分子醛的烯醇式作为亲核试剂与另一分子醛的质子化的羰基起亲核加成反应。

含有α-氢的酮也能发生上述反应。但酮发生亲核加成的活性比醛小,因而反应产率较低。例如,室温下使丙酮在碱性条件下缩合,平衡时只能得到5%左右的缩合产物。

$$2CH_3COCH_3 \underset{}{\overset{Ba(OH)_2}{\rightleftharpoons}} (CH_3)_2\overset{OH}{\overset{|}{C}}CH_2\overset{O}{\overset{\|}{C}}CH_3$$

丙酮 acetone

4-羟基-4-甲基戊-2-酮
4-hydroxy-4-methylpentan-2-one

如果采用特殊的工艺,使未反应的丙酮与产物分离后再参与反应,也可使大部分丙酮转化为4-羟基-4-甲基戊-2-酮。

具有α-氢的两种不同的醛、酮分子间的羟醛缩合常生成多种缩合产物。但当两种醛、酮中有一种没有α-氢时,则可得到产率较高的定向缩合产物。例如:

$$HCHO + CH_3CH_2CHO \xrightarrow[H_2O]{Na_2CO_3} CH_3{-}C(CH_2OH)_2{-}CHO \quad 64\%$$

芳醛与脂肪族醛、酮缩合时,由于芳醛没有α-氢,总是由芳醛提供羰基与具有α-氢的脂肪醛、酮缩合,产物受芳环的影响容易脱水,因此常得到α,β-不饱和醛、酮。例如:

$$C_6H_5CHO + CH_3CHO \xrightarrow{NaOH, H_2O} C_6H_5CH{=}CHCHO$$

苯甲醛　乙醛　肉桂醛　90%

benzaldehyde　acetaldehyde　cinnamaldehyde

羟醛缩合是使碳链增长的重要方法之一，在有机合成和生物合成反应中都有重要的意义。

问题 10.10　写出下列反应的主要产物。

(1) $CH_3CH_2CHO \xrightarrow{NaOH, H_2O}$

(2) $CH_3COCH_2CH_2CH_2CH_2COCH_3 \xrightarrow{NaOH, H_2O}$

§10.4　醛、酮的氧化还原反应

一、氧化反应

1. 强氧化剂

醛羰基碳原子上连有一个氢原子，因而醛很容易被氧化为同数碳原子的羧酸。酮不容易被氧化，高锰酸钾、重铬酸钾等强氧化剂可使醛迅速氧化，但对酮没有影响。例如：

$$CH_3\overset{\overset{O}{\|}}{C}(CH_2)_4CHO \xrightarrow[H_2SO_4]{KMnO_4, H_2O} CH_3\overset{\overset{O}{\|}}{C}(CH_2)_4COOH$$

6-氧亚基庚醛　6-氧亚基庚酸

6-oxoheptanal　6-oxoheptanoic acid

酮在强烈氧化的条件下，碳链在羰基的两侧断裂，生成羧酸的混合物。

$$CH_3COCH_2CH_3 \xrightarrow[\triangle]{HNO_3} CH_3CH_2COOH + CH_3COOH + CO_2 + H_2O$$

环酮的氧化可得单一的产物，例如环己酮氧化得到己二酸。

$$\text{环己酮} \xrightarrow[\triangle]{HNO_3} HOOCCH_2CH_2CH_2CH_2COOH$$

2. 弱氧化剂

氧化银及其他弱氧化剂，都能使醛氧化成羧酸。托伦(Tollens)试剂(硝酸银的氨水溶液)在氧化醛成羧酸时，银离子被还原成金属银沉积于容器壁上。因此，这个反应称为银镜反应。

$$RCHO + 2Ag(NH_3)_2OH \longrightarrow RCOONH_4 + 2Ag\downarrow + 3NH_3 + H_2O$$

酮在相同条件下不起反应，因此可用托伦试剂区别醛和酮。

斐林(Fehling)试剂是硫酸铜、氢氧化钠和酒石酸钠钾的混合液，呈深蓝色，它使脂肪族醛氧化成羧酸，而铜离子被还原成红色的氧化亚铜。

$$RCHO + Cu^{2\oplus} \xrightarrow{OH^{\ominus}} RCOO^{\ominus} + Cu_2O\downarrow$$

酮和芳醛都不与斐林试剂反应，因此用斐林试剂既可区别酮和脂肪醛，又可区别脂肪醛和芳醛。

3. 用过氧酸(peroxic acid)氧化

酮与过氧酸如过氧乙酸(CH_3CO_3H)(peroxyacetic acid)、三氟过氧乙酸(F_3CCO_3H)、过氧苯甲酸($C_6H_5CO_3H$)(peroxybenzoic acid)、间氯过氧苯甲酸(m-CPBA)等作用,在羰基和与之相连的烃基之间插入一个氧原子转变成酯。这一反应称作拜耳-魏立格(Baeyer-Villiger)氧化。例如:

$$C_6H_5-\overset{O}{\overset{\|}{C}}-C_6H_5 \xrightarrow{C_6H_5CO_3H} C_6H_5-\overset{O}{\overset{\|}{C}}-O-C_6H_5$$

Baeyer-Villiger 氧化的反应机理:首先过氧酸与质子化的酮羰基进行亲核加成,然后 O—O 键异裂,与此同时酮羰基上的一个烃基带着一对电子向电正性氧原子迁移形成酯。

$$R_2C=\ddot{O}: + H-O-O-\overset{O}{\overset{\|}{C}}-C_6H_5 \rightleftharpoons R_2C=\overset{\oplus}{O}H + :\overset{\ominus}{\ddot{O}}-O-\overset{O}{\overset{\|}{C}}-C_6H_5$$

$$\longrightarrow R-\underset{:OH}{\overset{R}{C}}-\overset{\delta^+}{O}-O-\overset{O}{\overset{\|}{C}}-C_6H_5 \xrightarrow{\text{重排}} R-\underset{\oplus OH}{\overset{\|}{C}}-O-R + \overset{\ominus}{O}-\overset{O}{\overset{\|}{C}}-C_6H_5$$

$$\longrightarrow R-\overset{O}{\overset{\|}{C}}-O-R + C_6H_5-\overset{O}{\overset{\|}{C}}-O-H$$

Baeyer-Villiger 氧化实际上是一个重排反应,因此也称为 Baeyer-Villiger 重排反应。不对称酮起 Baeyer-Villiger 重排时,迁移基团的亲核性愈大,迁移的倾向性也愈大。烃基迁移的大致次序为:

$$p\text{-}CH_3OPh- > Ph- > R_3C- > R_2CH- > RCH_2- > CH_3- > H-$$

例如(箭头表示氧原子的插入位置):

$$CH_3-\overset{O}{\overset{\|}{C}}\underset{\uparrow}{-}C(CH_3)_3 \xrightarrow{CF_3CO_3H} CH_3-\overset{O}{\overset{\|}{C}}-O-C(CH_3)_3$$

$$C_6H_5\underset{\uparrow}{-}\overset{O}{\overset{\|}{C}}-CH_2CH_3 \xrightarrow{C_6H_5CO_3H} C_6H_5-O-\overset{O}{\overset{\|}{C}}-CH_2CH_3$$

$$C_6H_5\underset{\uparrow}{-}\overset{O}{\overset{\|}{C}}-C_6H_4-NO_2\text{-}p \xrightarrow{CH_3CO_3H} C_6H_5-O-\overset{O}{\overset{\|}{C}}-C_6H_4-NO_2\text{-}p$$

芳醛也可以起类似于 Baeyer-Villiger 重排的反应。这一反应称为 Dakin 反应。例如:

$$\text{4-}CH_3O\text{-2-Cl-}C_6H_3CHO \xrightarrow{m\text{-CPBA}} \text{4-}CH_3O\text{-2-Cl-}C_6H_3OCHO \xrightarrow[\text{② HCl}]{\text{① NaOH/}H_2O} \text{4-}CH_3O\text{-2-Cl-}C_6H_3OH$$

问题 10.11　写出下列反应的产物。

(1) 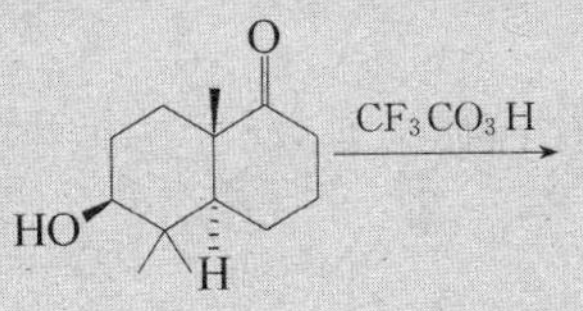 （十氢萘酮结构，HO，甲基）$\xrightarrow{CF_3CO_3H}$　　(2) 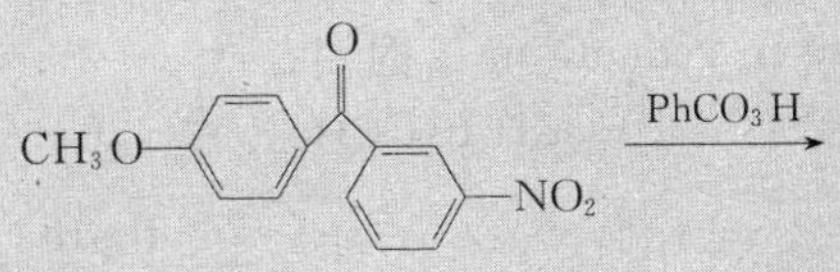 CH_3O—（苯环）—CO—（苯环）—NO_2 $\xrightarrow{PhCO_3H}$

二、还原反应

醛、酮的羰基在不同的条件下可还原成羟基或亚甲基。

1. 还原为羟基

(1) 催化加氢

催化加氢可将醛、酮还原为相应的伯醇或仲醇，铂、钯、镍等是常用的催化剂。催化加氢一般没有选择性，除将羰基还原外，其他易于加氢的官能团也同时被还原。例如：

$$CH_3CH{=}CHCHO \xrightarrow[Ni]{H_2} CH_3CH_2CH_2CH_2OH$$

(2) 金属还原剂

金属和酸或金属和碱可将醛或酮还原成相应的伯醇或仲醇。

$$RCHO \xrightarrow{Fe,HCl} RCH_2OH$$

$$R_2CO \xrightarrow{Zn,NaOH} R_2CHOH$$

(3) 金属氢化物还原剂

常用的金属氢化物还原剂是硼氢化钠（$NaBH_4$）(sodium borohydride) 和氢化铝锂（$LiAlH_4$），它们提供的氢负离子（$H^{\ominus}$）作为亲核试剂加到羰基碳原子上，金属基团则与羰基氧原子结合，生成的加成产物经水解可得到相应的醇。由于一分子硼氢化钠或氢化铝锂都能提供四个 $H^{\ominus}$，因而能还原四个羰基。例如：

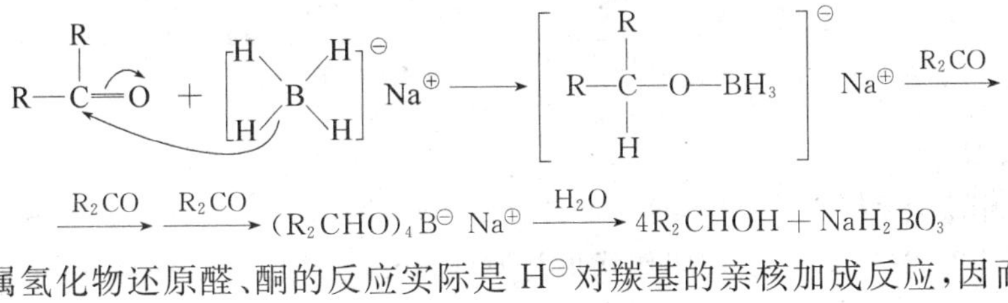

$$R_2C{=}O + [BH_4]^{\ominus}Na^{\oplus} \longrightarrow [R_2CH{-}O{-}BH_3]^{\ominus}Na^{\oplus} \xrightarrow{R_2CO} \xrightarrow{R_2CO} \xrightarrow{R_2CO} (R_2CHO)_4B^{\ominus}Na^{\oplus} \xrightarrow{H_2O} 4R_2CHOH + NaH_2BO_3$$

由于金属氢化物还原醛、酮的反应实际是 $H^{\ominus}$ 对羰基的亲核加成反应，因而它们不还原碳碳双键和叁键。例如：

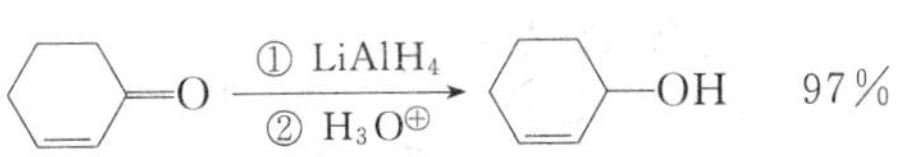

$$\text{环己-3-烯酮} \xrightarrow[②\ H_3O^{\oplus}]{①\ LiAlH_4} \text{环己-3-烯醇（—OH）}\quad 97\%$$

$$CH_2{=}CH{-}CH{=}CH{-}CHO \xrightarrow[②\ H_3O^{\oplus}]{①\ NaBH_4} CH_2{=}CH{-}CH{=}CH{-}CH_2OH\quad 85\%$$

$LiAlH_4$ 遇水或醇激烈作用，因而还原反应必须在无水溶剂如无水四氢呋喃中进行。$NaBH_4$ 还原反应可以在水或醇溶液中进行，使用安全方便，但 $NaBH_4$ 的还原能力没有 $LiAlH_4$ 强，一般只能还原醛酮。而 $LiAlH_4$ 除了能还原醛、酮外，还能还原酯、酰胺、腈、羧酸等。

2. 还原为亚甲基或甲基

锌汞齐和浓盐酸可使醛、酮的羰基还原为甲基或亚甲基。这一方法叫作克莱门森还原法(Clemmensen reduction)。例如：

$$C_6H_5COCH_2CH_2CH_3 \xrightarrow{Zn-Hg,HCl} C_6H_5CH_2CH_2CH_2CH_3 \quad 88\%$$

克莱门森还原仅适用于对酸稳定的醛、酮。

对酸不稳定而对碱稳定的醛、酮，可用沃尔夫-吉日聂尔还原(Wolff-Kishner)和黄鸣龙改进法。Wolff-Kishner 采用的方法是将醛、酮与无水肼反应生成腙，在高温、高压下使腙分解放出 N_2 而生成烷烃。我国化学家黄鸣龙改进了这个方法，将醛或酮、氢氧化钠和水合肼置于一种高沸点的溶剂(如一缩二乙二醇 $(HOCH_2CH_2)_2O$，b. p. 245 ℃)中加热，使醛、酮转变成腙，然后蒸出过量的肼和水，加热数小时使腙分解，这样反应可在常压下进行，反应时间也由原来的 50～100 h 缩短为 3～5 h。例如：

$$C_6H_5COCH_2CH_3 \xrightarrow[(HOCH_2CH_2)_2O]{NH_2NH_2,NaOH} C_6H_5CH_2CH_2CH_3 \quad 82\%$$

问题 10.12 如何从苯合成正丁苯？

3. 双分子还原反应

酮与镁、镁汞齐或铝汞齐等在非质子溶剂(如甲苯、环己烷)中反应后水解，主要得到双分子还原产物邻位二醇。例如：

$$2(CH_3)_2C{=}O \xrightarrow[\text{环己烷}]{Mg} Mg^{2\oplus}\begin{matrix}\overset{\ominus}{O}-C(CH_3)_2\\ |\\ \overset{\ominus}{O}-C(CH_3)_2\end{matrix} \xrightarrow{H_3O^{\oplus}} \begin{matrix}HO-C(CH_3)_2\\ |\\ HO-C(CH_3)_2\end{matrix} \quad 50\%$$

$$2\ \text{环戊酮} \xrightarrow[\text{② } H_3O^{\oplus}]{\text{① Mg, 环己烷}} \text{1,1'-二羟基联环戊基 (OHOH)} \quad 48\%$$

4. 歧化反应

在浓碱作用下，没有 α-氢的醛能发生自身氧化还原反应，一分子醛被氧化成羧酸，另一分子醛被还原为醇，这个歧化反应叫作坎尼扎罗(Cannizzaro)反应。例如：

$$2HCHO \xrightarrow{50\%\ NaOH} CH_3OH + HCOONa$$

$$2O_2N-C_6H_4-CHO \xrightarrow{50\%\ NaOH} O_2N-C_6H_4-CH_2OH + O_2N-C_6H_4-COONa$$

一般说来，两种没有 α-H 的不同醛的混合物起坎尼扎罗反应将得到四种产物的混合物。但当其中一个醛为甲醛时，反应结果总是甲醛被氧化成羧酸，而另一种醛被还原成醇。例如：

$$CH_3O-C_6H_4-CHO + HCHO \xrightarrow{50\%\ NaOH} CH_3O-C_6H_4-CH_2OH + HCOONa \quad 90\%$$

问题 10.13 试用甲醛和乙醛(物质的量之比为 4∶1)合成季戊四醇 $(HOCH_2)_4C$。

§10.5 α,β-不饱和醛、酮和醌

一、α,β-不饱和醛、酮

α,β-不饱和醛、酮(α,β- unsaturated aldehyde/ketone)具有烯键和羰基两种官能团的化学性质。例如可以和卤素起亲电加成反应,和羰基试剂起亲核加成反应。

$$C_6H_5-CH{=}CH-COCH_3 \xrightarrow{Br_2/CCl_4} C_6H_5-\underset{Br}{\underset{|}{CH}}-\underset{Br}{\underset{|}{CH}}-COCH_3$$

$$CH_3CH{=}CH-CHO \xrightarrow{C_6H_5NHNH_2} CH_3CH{=}CHCH{=}NNHC_6H_5$$

由于烯键和羰基组成共轭体系,α,β-不饱和醛、酮还有下列化学特性:

1. 亲电加成反应

α,β-不饱和醛、酮与不对称亲电试剂(如 HCl)加成时,试剂中负的部分加在β-碳原子上。例如:

$$CH_2{=}CH-CHO \xrightarrow[-10\ ℃]{HCl} \underset{Cl}{\underset{|}{CH_2}}-\underset{H}{\underset{|}{CH}}-CHO$$

其反应机理类似于共轭二烯的 1,4-加成,不同的是生成的烯醇式迅速互变异构成酮式。

$$CH_2{=}CH-CH{=}O + H-Cl \longrightarrow [CH_2{=}CH-\overset{\oplus}{C}H-OH \longleftrightarrow \overset{\oplus}{C}H_2-CH{=}CH-OH]$$

$$\xrightarrow{Cl^{\ominus}} \underset{Cl}{\underset{|}{CH_2}}-CH{=}CH-OH \xrightarrow{互变异构} \underset{Cl}{\underset{|}{CH_2}}-CH_2-CH{=}O$$

2. 亲核加成反应

在α,β-不饱和醛酮分子中,羰基碳原子的缺电子性质可以几乎不减弱地传递到共轭链末端碳原子上,因此亲核试剂和α,β-不饱和醛酮作用时,既可以进攻羰基碳原子,也可以进攻β-碳原子,生成 1,2-和 1,4-加成产物。

$$-\overset{4|\beta}{C}{=}\overset{3|\alpha}{C}-\overset{2|}{C}{=}\overset{1}{O} \quad (\text{b}\ Nu^{\ominus}\ \text{a})$$

$$\xrightarrow{a} -\overset{|}{C}{=}\overset{|}{C}-\underset{Nu}{\underset{|}{\overset{|}{C}}}-O^{\ominus} \xrightarrow{H^{\oplus}} -\overset{|}{C}{=}\overset{|}{C}-\underset{Nu}{\underset{|}{\overset{|}{C}}}-OH$$

$$\xrightarrow{b} -\underset{Nu}{\underset{|}{\overset{|}{C}}}-\overset{|}{C}{=}\overset{|}{C}-O^{\ominus} \xrightarrow{H^{\oplus}} -\underset{Nu}{\underset{|}{\overset{|}{C}}}-\overset{|}{C}{=}\overset{|}{C}-OH \longrightarrow -\underset{Nu}{\underset{|}{\overset{|}{C}}}-\underset{H}{\underset{|}{\overset{|}{C}}}-\overset{|}{C}{=}O$$

α,β-不饱和醛、酮与弱亲核试剂(如氢氰酸)加成,一般得到 1,4-加成产物。与格氏试剂反应常得到 1,2-和 1,4-加成产物的混合物。例如:

$$C_6H_5-CH{=}CH-\underset{O}{\underset{\|}{C}}-C_6H_5 \xrightarrow[CH_3COOH]{NaCN} C_6H_5-\underset{CN}{\underset{|}{CH}}-CH_2-\underset{O}{\underset{\|}{C}}-C_6H_5$$

$$CH_3CH{=}CHCHO \xrightarrow[\text{② } H_3O^{\oplus}]{\text{① } CH_3CH_2MgBr} \underset{\text{1,2-加成 70\%}}{CH_3CH{=}CH{-}\underset{OH}{\underset{|}{C}H}{-}CH_2CH_3} + \underset{\text{1,4-加成 30\%}}{CH_3\underset{CH_2CH_3}{\underset{|}{C}H}CH_2CHO}$$

有机锂试剂(RLi)与α,β-不饱和醛、酮的亲核加成反应，一般得到1,2-加成产物。

3. 插烯作用

羰基对α-氢的活化作用也可以通过共轭链传递。例如丁-2-烯醛分子中的甲基的性质和乙醛分子中甲基相似，在碱的作用下可以形成烯醇盐，和另一分子醛、酮起羟醛缩合反应。例如：

$$C_6H_5{-}CHO + CH_3CH{=}CHCHO \xrightarrow[H_2O]{NaOH} C_6H_5{-}CH{=}CH{-}CH{=}CH{-}CHO$$

这一反应可以看作是在共轭不饱和醛酮分子中插入一个或多个—CH ═CH—基，这种现象叫作插烯作用(vinylogy)。

自然界生物的视觉器官中的视黄醛是一种共轭多烯醛。视觉的产生是通过烯键异构化，醛基和蛋白质的氨基残基亲核加成缩合成亚胺和亚胺的水解等反应实现的。

视觉中的化学

二、醌

醌(quinone)是一类环状共轭不饱和二酮化合物，例如对苯醌、邻苯醌、萘-1,4-醌和蒽-9,10-醌等。醌可以由芳香族化合物氧化得到(见§6.5和§9.5)，但醌不是芳香族化合物。例如：

醌是有颜色的结晶固体，对苯醌为黄色，邻苯醌为红色。由于醌的鲜艳的颜色，蒽醌衍生物是一类重要的染料(蒽醌染料)。例如茜红是从茜草根中分离得到的红色染料。分散红是人工合成的用于织物染色的红色染料。许多醌的衍生物存在于动植物体内，具有重要的生理功能。例如大黄素和大黄酸是中药大黄的有效成分，维生素 K_1 和 K_2 存在绿色蔬菜中，具有促进凝血的功能，是人类不可缺少的维生素。

O OH OH（结构式）
茜红

O NH₂ O-Ph OH O（结构式）
分散红

OH O OH HO CH₃ O（结构式）
大黄素

OH O OH COOH O（结构式）
大黄酸

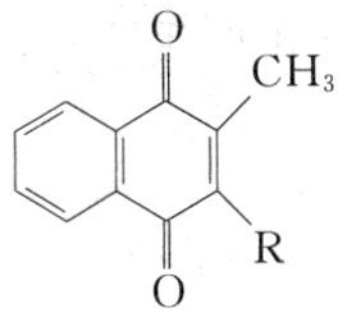

$R = CH_2CH{=}C(CH_3)—CH_2—(CH_2CH_2CH(CH_3)CH_2)_3H$　维生素 K_1

$R = (CH_2CH{=}C(CH_3)—CH_2)_3CH_2CH{=}C(CH_3)—CH_3$　维生素 K_2

> 问题 10.14　用系统命名法命名茜红和大黄素。

醌的化学性质与 α,β-不饱和酮相似。

1. 亲核加成

醌能和亲核试剂起亲核加成反应。例如，对苯醌能与羟胺反应生成肟。2-甲基萘-1,4-醌与亚硫酸氢钠作用生成的 1,4-加成产物比天然的维生素 K_1 和 K_2 有更强的凝血功能，它被称为维生素 K_3。

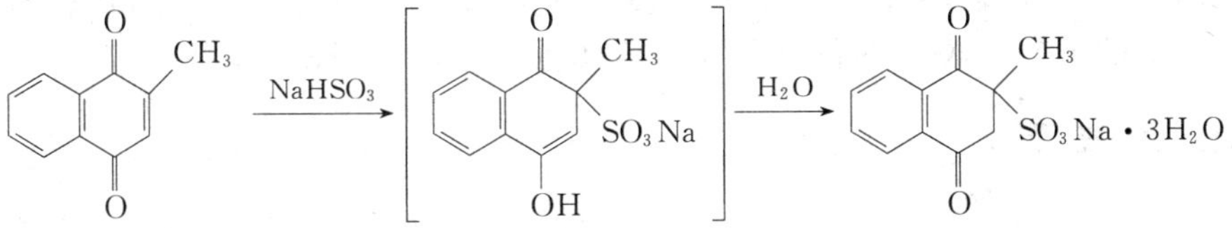
CH3
NaHSO3
CH3
SO3Na
OH
H2O
CH3
SO3Na · 3H2O

2-甲基萘-1,4-醌　　维生素 K_3

2. 亲电加成

醌的碳碳双键也能和亲电试剂起亲电加成反应。例如，对苯醌在醋酸溶液中与 Br_2 反应生成四溴化合物，后者失去溴化氢得到溴代苯醌。

3. Diels-Alder 反应

醌可以作为亲二烯体参与 Diels-Alder 反应。例如：

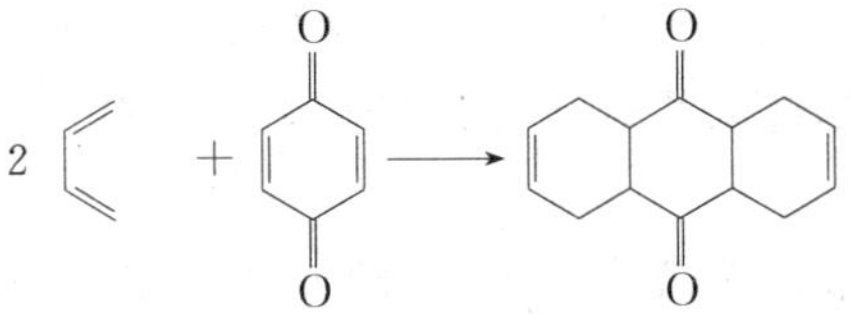

4. 醌的还原

在亚硫酸水溶液中，醌可以被还原成相应的酚，后者也易被弱氧化剂氧化为醌。

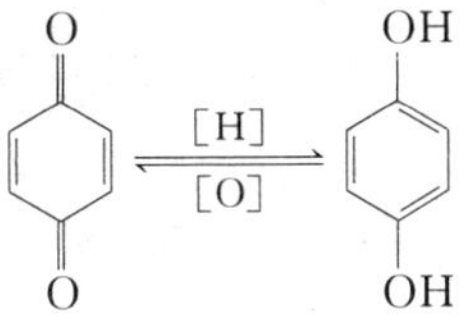
[H]
[O]
OH
OH

醌的还原分两步进行，中间经过一个负离子自由基中间体：

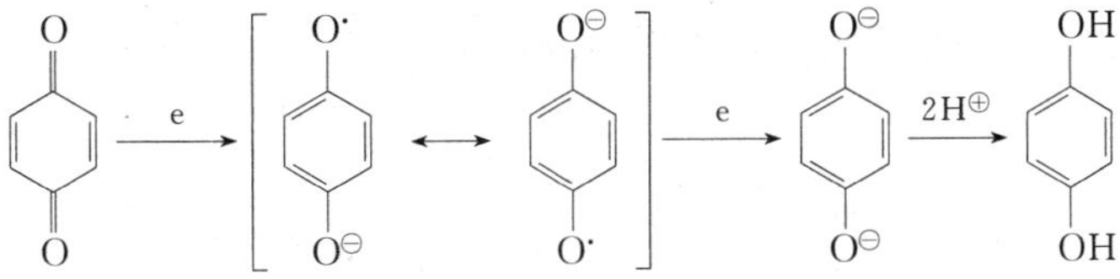
e
e
2H⊕
OH
OH

生物体线粒体内的辅酶 Q 存在对苯醌型和对苯二酚型两种结构，前者为氧化型，后者为还原型。辅酶 Q 就是依赖于这两者之间的电子得失，在呼吸循环中起电子传递作用。

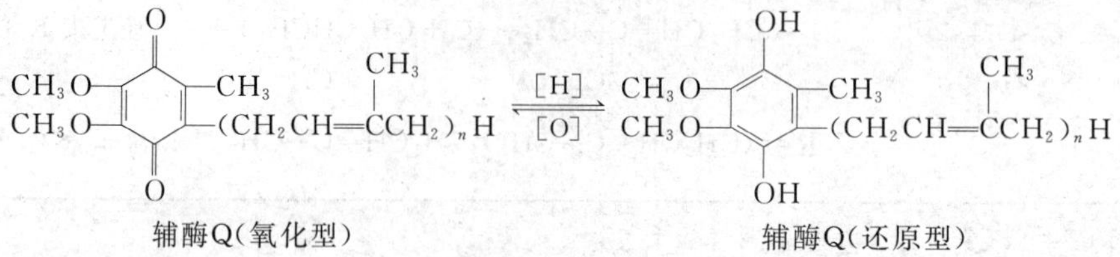

$$\text{辅酶Q(氧化型)} \underset{[O]}{\overset{[H]}{\rightleftharpoons}} \text{辅酶Q(还原型)}$$

辅酶Q(氧化型)：2,3-二甲氧基-5-甲基-6-$(CH_2CH{=}C(CH_3)CH_2)_nH$-1,4-苯醌；辅酶Q(还原型)：相应的对苯二酚（两个 OH）

§10.6 醛、酮的制备和重要的醛、酮

一、醛、酮的制备

醇的氧化(§9.2)、烯烃的臭氧化(§3.4)、炔烃的水合(§4.2)、邻二醇的高碘酸氧化(§9.2)、芳烃的 Friedel-Crafts 酰化(§6.3)等反应都可以制备醛酮。

二、重要的醛、酮

1. 甲醛

甲醛在工业上由甲醇氧化制备，将甲醇蒸气和空气的混合物在 600～630 ℃下通过银催化剂，生成的甲醛和未作用的甲醇用水吸收。含甲醛 40％的水溶液叫作“福尔马林”(formalin)。福尔马林可用作保存解剖标本的防腐剂，它也是一种有效的消毒剂，曾用于外科工具的消毒，现已用更好的消毒剂戊二醛代替。

甲醛在常温下为气体，对眼鼻和喉的黏膜有强烈的刺激作用。低浓度甲醛可引起慢性呼吸道疾病，高浓度甲醛对神经系统、免疫系统、肝脏等都有毒害。长期接触甲醛会引发口腔、鼻咽等消化道癌症。甲醛已被世界卫生组织确定为致癌物。以脲醛树脂为胶粘剂的室内装饰材料中有残留甲醛，因此采用低甲醛含量和不含甲醛的装饰材料是降低室内空气中甲醛含量的根本措施。

甲醛虽然容易液化，但液体甲醛容易聚合，即使在低温下也是如此，因此甲醛通常是以水溶液(含甲醛 37％～40％)、醇溶液或多聚甲醛的形式储存和运输。多聚甲醛为甲醛的链状聚合物，即 $HO(CH_2O)_nH$，工业上是减压浓缩甲醛的水溶液而得到的。多聚甲醛为白色固体，多聚甲醛在酸性条件下加热时解聚成甲醛气体。

将甲醛水溶液与氨一起蒸发，生成环六亚甲基四胺，俗名乌洛托品(Urotropine)，用作医药工业和有机合成的原料。

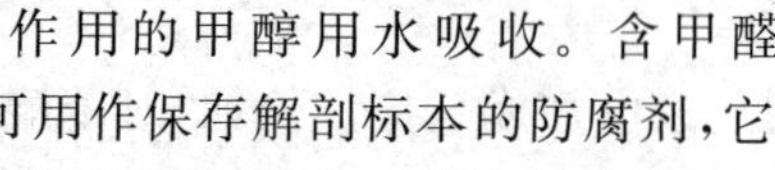

$$6HCHO + 4NH_3 \xrightarrow{-6H_2O} (CH_2)_6N_4 \quad \text{乌洛托品}$$

甲醛在碱或酸催化下与苯酚作用生成酚醛树脂：

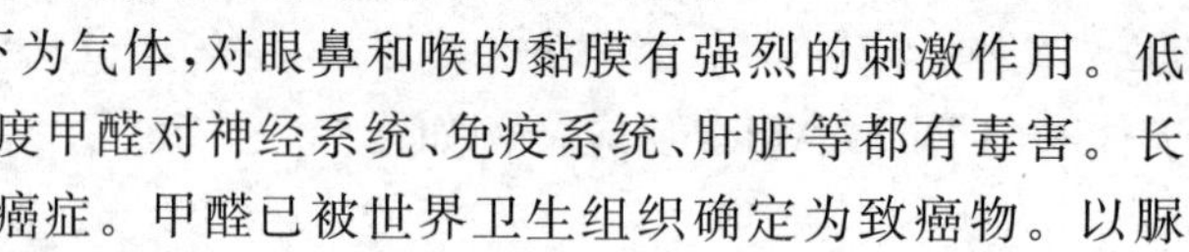

$$C_6H_5OH + HCHO \xrightarrow{NaOH} p\text{-}HOC_6H_4CH_2OH + o\text{-}HOC_6H_4CH_2OH$$

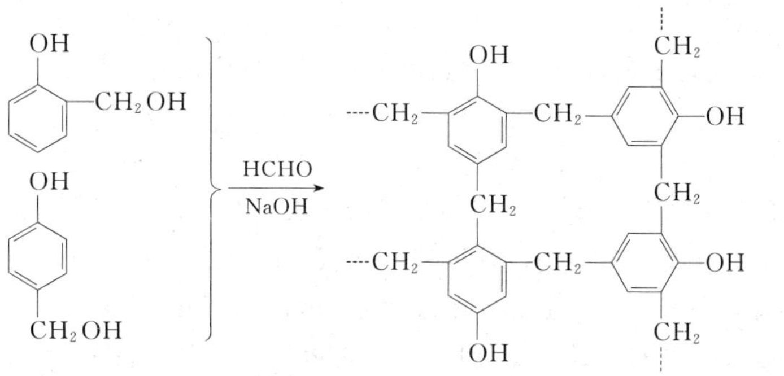

酚醛树脂俗名电木，具有良好的绝缘、耐温、耐腐蚀、抗老化等性能，广泛用于电气、电子、建筑等工业。

2. 苯甲醛

苯甲醛是无色液体，沸点 170 ℃。苯甲醛以糖苷的形式存在于杏仁、桃核等果实中，具有苦杏仁气味，故俗称苦杏仁油。工业上苯甲醛由甲苯氧化或 α,α-二氯甲苯水解得到。苯甲醛是医药、染料、香料等工业的重要原料。

苯甲醛是芳醛的典型代表，具有一般醛的化学性质。此外，二分子苯甲醛在氰离子($CN^{\ominus}$)的催化下，可缩合生成苯偶姻(benzoin)：

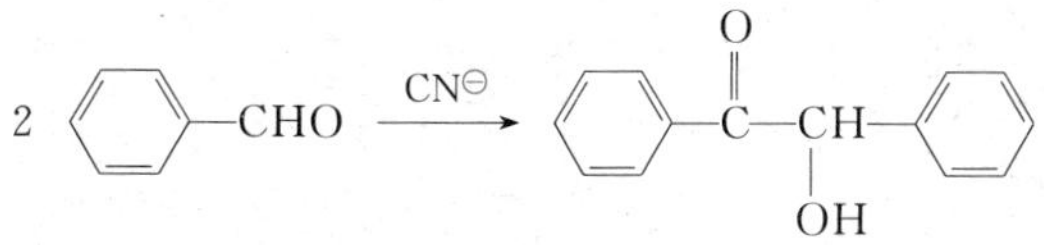

苯甲醛 benzaldehyde

2-羟基-1,2-二苯基乙-1-酮 2-hydroxy-1,2-diphenylethan-1-one (苯偶姻，benzion)

苯偶姻也称作安息香，因而这类反应称为安息香缩合(benzoin condensation)，大多数芳香醛都可以起安息香缩合反应。安息香缩合的反应机理为：

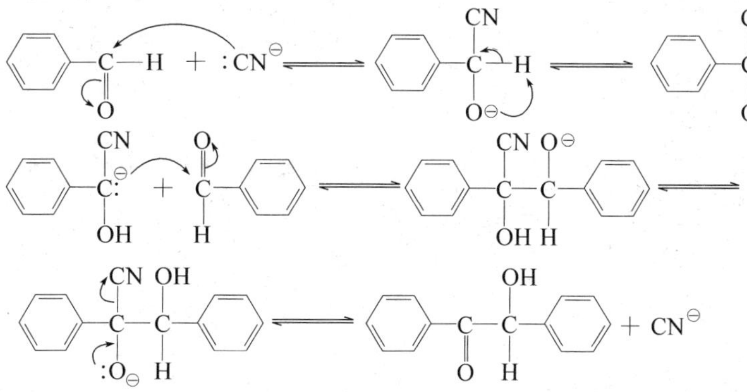

反应中，氰离子与一分子苯甲醛的羰基亲核加成，由于氰基的吸电子作用，使原来醛基上的氢作为质子离去，转移到氧原子上，形成碳负离子。后者作为亲核试剂与另一分子的醛基亲核加成，形成 C—C 键。最后氰离子作为离去基团离开，生成苯偶姻。

生物体内也有类似于安息香缩合的反应，不过催化剂不是氰离子，而是含有噻唑环的酶

(§15.3)。

活性中间体的结构特点

碳正离子、碳负离子和自由基是有机反应中的活性中间体，其结构特点总结在二维码材料中。

3. 丙酮

丙酮为无色液体，沸点56.2 ℃。丙酮可与水、乙醇、乙醚和苯等以任意比例混溶。丙酮是良好的有机溶剂，也是医药工业、人造纤维和其他有机工业的重要原料。工业上丙酮由异丙醇去氢得到。由异丙苯氧化制苯酚时也得到丙酮。

正常人的血浆中丙酮含量极低，但当糖代谢紊乱如患糖尿病时，脂肪加速分解会产生过量的丙酮。丙酮是酮体的主要成分之一。

习　题

10.1 用中、英文命名下列化合物。

(1) $CH_3CH{=}CHCOCH_2CH_2OH$

(2) $CH_3COCH_2CH(CH_3)CHO$

(3) CH_3CH_2(H)C=C(H)CHO

(4) O, $-CH_3$

(5) CHO, H_3C, H, HO

(6) O, $-OCH_3$, $-OCH_3$, CH_3, O

10.2 写出下列化合物的结构式。

(1) 对甲苯乙酮

(2) 5-甲基萘-2-甲醛

(3) 1,2-二羟基-9,10-蒽醌

(4) 肉桂醛

(5) 4-甲基戊-3-烯-2-酮

(6) (*E*)-3,7-二甲基辛-2,6-二烯醛(香叶醛)

10.3 分别写出丁醛和戊-2-酮与下列各试剂的反应产物。

(1) $NaCN+H_2SO_4$

(2) $NaBH_4$

(3) $C_6H_5NHNH_2$

(4) ① $CH_3CH_2CH_2MgBr$；② $H_3O^{\oplus}$

(5) Zn-Hg,HCl

(6) $NaHSO_3$

(7) H_2NNH_2,KOH,$(HOCH_2CH_2)_2O$

(8) $KMnO_4$,H_2O

(9) $Ag(NH_3)_2NO_3$

(10) ① PhLi；② H_2O

10.4 写出下列反应的产物。

(1) $C_6H_5COCHO \xrightarrow{HCN}$

(2) $C_6H_5CHO+CH_3CH_2CH_2CHO \xrightarrow[② \triangle]{① NaOH,H_2O}$

(3) $HO(CH_2)_4CHO \xrightarrow{HCl}$

(4) $CH_3COCH_2CH_2CHO \xrightarrow{NaOH,H_2O}$

(5) 环戊基—CHO + 苯基—NHNH$_2$ ⟶

(6) 苯甲醛（C$_6$H$_5$CHO） + HOCH$_2$CH$_2$OH $\xrightarrow{TsOH}$

(7) $CH_3CH(CH_3)CH_2C(=O)CH_2CH(CH_3)CH_3$ $\xrightarrow[(HOCH_2CH_2)_2O,\triangle]{H_2NNH_2,NaOH}$

(8) 降冰片-2-酮 $\xrightarrow{CF_3CO_3H}$ (9) 双环烯酮 $\xrightarrow[② H_3O^{\oplus}]{① LiAlH_4}$

(10) 维生素A（…OH） $\xrightarrow{PCC}$ 维生素A醛(视黄醛)

维生素A

10.5　完成下列转变。

(1) 苯 ⟹ 苯基—$CH_2CH_2CH_3$

(2) $CH_3CH_2CH_2CH_2Br$ ⟹ $CH_3CH_2CH_2CH(OH)—CH(CH_2CH_3)CH_2OH$

(3) H_3C—C$_6$H$_4$—CHO ⟹ HOOC—C$_6$H$_4$—CHO

(4) 八氢萘（双环烯） ⟹ 双环（七元环酮并五元环）烯酮

(5) 环戊酮（环戊基=O） ⟹ 环戊基—$CH_2CH_2CH_2CH_3$

(6) CH_3CHO ⟹ 2,4-二甲基-1,3-二氧六环（—CH_3，CH_3）

10.6　用化学方法鉴别下列各组化合物。

(1) 丙醛、丙酮、正丙醇和异丙醇

(2) 戊醛、戊-2-酮、戊-3-酮和环戊酮

(3) 苯甲醛、苯甲醇、己醛和苯乙酮

10.7　用合适原料合成下列化合物。

(1) $(CH_3)_2CHCH_2CH=C(CH_2OH)CH(CH_3)_2$

(2) $CH_2—OCH_2(CH_2)_{16}CH_3$
$CH—OH$
$CH_2—OH$　（鲨肝醇）

(3) 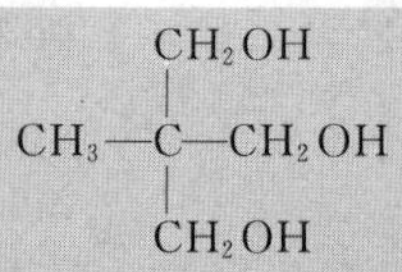 $CH_3-\underset{CH_2OH}{\overset{CH_2OH}{C}}-CH_2OH$　　(4) 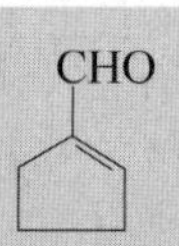 1-环戊烯甲醛（环戊烯环上连有 CHO）

10.8　在碱性条件下某芳醛和丙酮反应生成分子式为 $C_{12}H_{14}O_2$ 的化合物 A，A 能发生碘仿反应生成分子式为 $C_{11}H_{12}O_3$ 的化合物 B，B 催化加氢生成 C，B 和 C 经氧化都能生成分子式为 $C_9H_{10}O_3$ 的 D，D 与 HBr 反应得邻羟基苯甲酸，写出 A、B、C、D 的结构式和有关反应式。

10.9　某化合物 A，与 2,4-二硝基苯肼反应得橘红色固体，但不与 Tollens 试剂反应。A 经硼氢化钠还原可得一非手性化合物 B，B 经浓硫酸脱水仅得到戊-2-烯一种产物。试写出 A 和 B 的构造式和有关反应方程式。

10.10　写出下列反应的机理。

(1) $2CH_3CH_2CHO \xrightarrow{OH^{\ominus}} CH_3CH_2CH(OH)CH(CH_3)CHO$

(2) 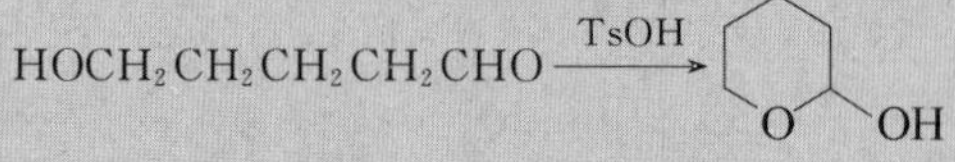 $HOCH_2CH_2CH_2CH_2CHO \xrightarrow{TsOH}$ 2-羟基四氢吡喃（六元环，含 O，O 邻位碳上连 OH）

(3) $C_6H_5COCH_3 \xrightarrow[H^{\oplus}]{Br_2} C_6H_5COCH_2Br$

(4) 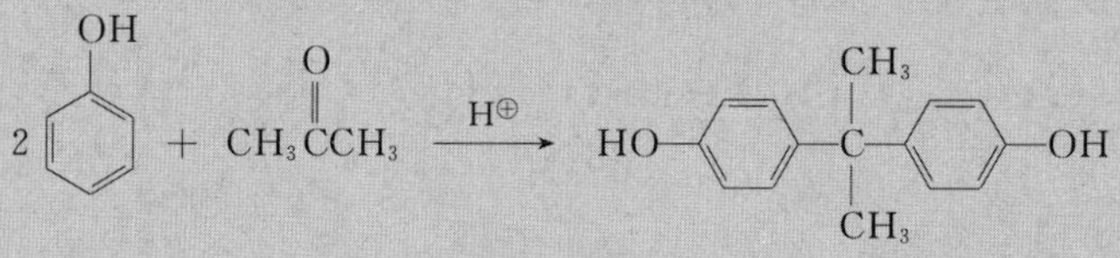 $2\,C_6H_5OH + CH_3\overset{O}{\overset{\|}{C}}CH_3 \xrightarrow{H^{\oplus}} HO-C_6H_4-C(CH_3)_2-C_6H_4-OH$

（双酚 A）

第十一章　测定有机化合物结构的物理方法

近代物理方法，包括红外光谱、紫外-可见光谱、核磁共振谱及质谱等，是测定有机化合物结构的重要手段，这些方法的优点是快速、用量少、准确性高，因而大大促进了对复杂有机化合物的研究。

§11.1　电磁波谱的基本概念

电磁辐射是光量子波，具有波动性和粒子性。对于波动性，波长和频率的关系为

$$\nu = c/\lambda$$

式中：ν 为电磁波的振动频率；λ 为波长；c 为光速（$2.997\,8\times10^{10}$ cm · s^{-1}）。波长的常用单位为微米（μm）和纳米（nm）。1 nm$=1\times10^{-7}$ cm$=1\times10^{-3}$ μm。频率的单位为赫兹（Hz）和兆赫（MHz，1 MHz$=1\times10^{6}$ Hz），也常用波长的倒数（$1/\lambda$），即波数（$\tilde{\nu}$）表示，单位为 cm^{-1}（厘米$^{-1}$）。

根据波长或频率的不同，可将电磁波谱分为若干个区域（图 11.1）。

	紫外-可见光谱			红外光谱			核磁共振	
	远紫外	紫外	可见	近红外	红外	远红外	微波	无线电波
波长（nm）	100	200	400	800	2 500	25 000	5.0×10^{8}	5.0×10^{9}
（μm）					2.5	25		
波数（cm^{-1}）					4 000	400		
频率（MHz）							600	60

图 11.1　电磁波谱示意图

由于电磁波的粒子性，光量子具有能量（E），其表达式为 $E=h\nu=h\cdot c/\lambda$。h 为普朗克（Planck）常数（6.626×10^{-34} J · s）。波长越短，波数越大，频率越高，光量子的能量越高。

有机分子吸收了一定波长的电磁波便获得了某种量子化的能量，从而导致分子中相应能级的跃迁，产生特征性的光谱。

例如分子吸收了紫外-可见光，能引起价电子跃迁到较高能级，产生紫外-可见光谱。分子吸收了红外光，能引起分子中键的振动能级的跃迁，产生红外光谱。分子吸收了无线电波，能引起分子中某些原子核的自旋跃迁，产生核磁共振谱。

§11.2　红外光谱

红外光谱

一、红外光谱的基本原理

用连续波长的红外光为光源照射样品，分子发生键振动能级的跃迁，所测得的吸收光谱

叫作红外光谱（Infrared Spectra，简称 IR）。通常的红外光谱的波数是 4 000 cm^{-1} ～ 400 cm^{-1}。

1. 分子的振动类型

(1) 伸缩振动(ν)

原子沿着键轴伸长或缩短的振动称为伸缩振动，其特点是只有键长的变化而无键角的改变。伸缩振动因振动的偶合又分为对称伸缩振动和不对称伸缩振动(图 11.2)。

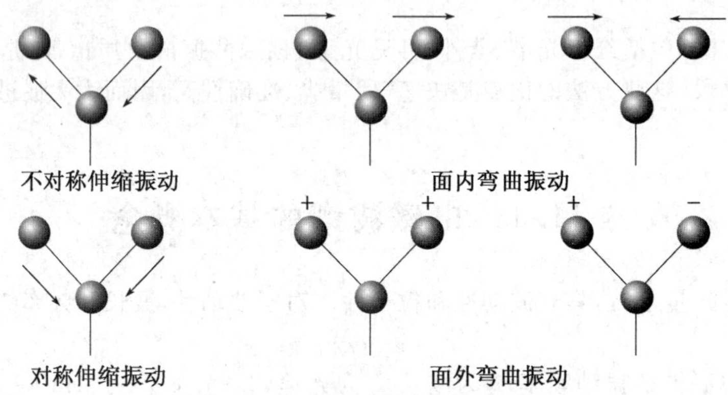

图 11.2 分子振动类型的示意图

（图中："＋"号表示原子向纸面前方运动，"－"号表示原子向纸面后方运动）

(2) 弯曲振动(δ)

相邻化学键的原子离开键轴方向而上下左右的振动称为弯曲振动，其特点是只有键角的变化而无键长的改变。弯曲振动又分为面内弯曲和面外弯曲振动(图 11.2)。

2. 振动能级和产生红外光谱的条件

分子的振动也是量子化的，它具有一定的振动能级，其能量为 $E=(n+0.5)h\nu_0$，其中 $n=0$、1、2……。ν_0 为基本频率。两个能级之间的能量差 $\Delta E=h\nu_0$，图 11.3 为双原子分子的振动能级示意图。

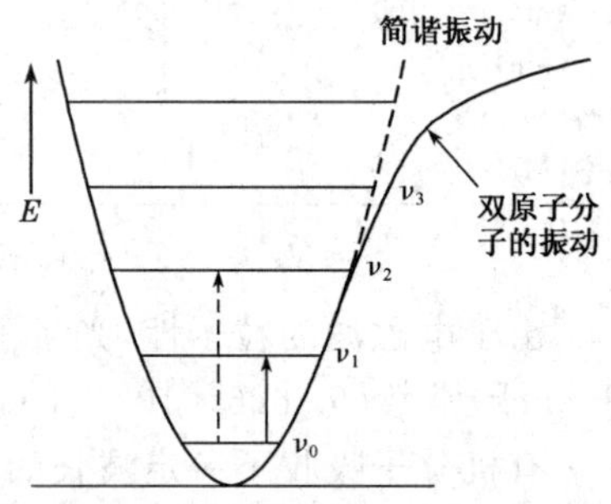

图 11.3 双原子分子的振动能级示意图

红外光谱中的吸收带是由于分子吸收一定频率的红外光，发生振动能级的跃迁而产生的，但并不是所有的振动能级之间的跃迁都能在红外光谱中产生吸收带。首先振动能级的跃迁一般只在相邻的两个能级之间发生，同时由于通常条件下大多数分子处于最低振动能级，即振动基态，因而当吸收的红外光的频率(ν)等于分子振动的基本频率 ν_0 时，分子从振动基态跃迁到第一激发态(ν_1)，这叫作振动的基本跃迁，基本跃迁在红外光谱上出现的吸收峰叫作基频峰。

其次，红外光的能量从外界到有机分子的转移是通过分子偶极矩的变化来实现的，因而只有伴随偶极矩变化的振动才能吸收红外光产生红外光谱。例如，乙炔和对称的取代乙炔(RC≡CR)分子中的 C≡C 键，它的对称伸缩振动不改变偶极矩，所以红外光谱图上没有相应的吸收峰。

3. 影响振动频率的因素

有机分子中的各个化学键可以近似地看作双原子分子，双原子分子化学键的振动又可近似地按谐振运动来处理，所以键的振动频率与振动原子的质量及键的强度即键的力常数有关，它们之间的关系为

$$\nu=\frac{1}{2\pi}\sqrt{\frac{k}{\mu}}$$

因为 $\tilde{\nu}=\frac{\nu}{c}$，代入得

$$\tilde{\nu}=\frac{1}{2\pi c}\sqrt{\frac{k}{\mu}}=1\,303\sqrt{\frac{k}{\mu}}$$

折合质量

$$\mu=\frac{m_1\cdot m_2}{m_1+m_2}$$

式中：m_1、m_2 为组成化学键的两个原子的质量；k 为键的力常数，单位为 $N\cdot cm^{-1}$（牛顿·厘米$^{-1}$）。从上式可以看到：

(1) 原子的原子量越小，振动频率或波数越高。组成 O—H，N—H，C—H 等键的原子中一个是原子量较小的氢，它们的折合质量 μ 比别的单键，如 C—O，C—N，C—C 等小得多，而单键的力常数 k 都在 4～6 $N\cdot cm^{-1}$之间，所以 O—H，N—H，C—H 等键的伸缩振动吸收峰在红外光谱图的高波数区域出现。

(2) 键的力常数越大，振动频率或波数越高。键的力常数的大小与键能有关，键能越大，键的力常数 k 值越大。C≡C、C═C、C—C 的力常数 k 值分别为 12～18 $N\cdot cm^{-1}$，8～12 $N\cdot cm^{-1}$和 4～6 $N\cdot cm^{-1}$，所以在红外光谱图上，C≡C 的伸缩振动吸收峰出现在较高波数区域（2 100～2 260 cm^{-1}），C═C 键次之（1 620～1 680 cm^{-1}），C—C 最低（700～1 200 cm^{-1}）。

弯曲振动不改变键长，它的力常数较小（$k<1$），所以它们产生的吸收峰在低波数区域出现。

二、红外光谱的表示方法

图 11.4 是正己烷的红外光谱图。红外光谱图的横坐标为频率（常用波数表示，cm^{-1}）

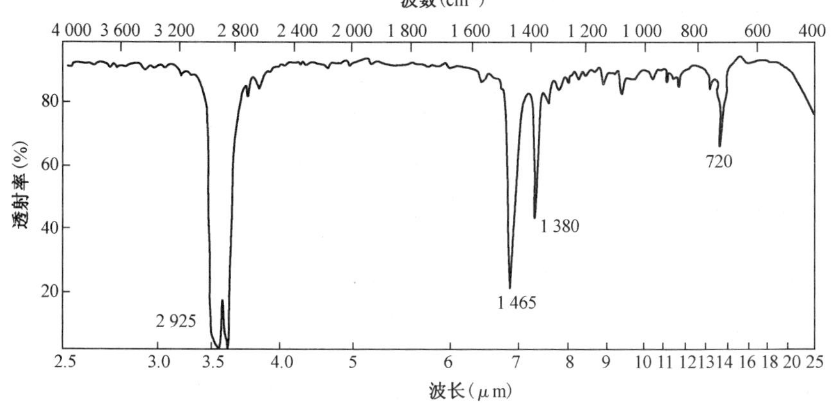

图 11.4　正己烷的红外光谱图

或波长（μm），横坐标表示吸收峰的位置。纵坐标为百分透射率或吸光度，它们表示吸收峰的强度。百分透过率（$T\%$）的定义为

$$T\%=\frac{I}{I_0}\times 100$$

吸光度的定义为

$$A=\lg\frac{I_0}{I}$$

式中：I_0 为入射光的强度；I 为透射光的强度。

有机化合物固体样品的红外光谱一般用溴化钾压片法测定。将固体样品与 KBr 粉末混合，在玛瑙研钵中研磨混匀后在压片机上压成透明薄片进行测定。也可用石蜡油法，将在玛瑙研钵中研细的样品转移到滴有石蜡油的两块氯化钠盐块间，压匀压紧后进行测定。液体样品的测定方法一般是将样品直接滴在一块氯化钠盐块上，然后用另一块氯化钠盐块压匀后测定。

三、基团的特征吸收频率

1. 官能团区

红外光谱图中的吸收峰是由键的振动引起的，同一类型的化学键的振动频率非常相近，总是出现在某一固定范围内，因此有机化合物中的各类官能团和一些基团具有特征的吸收峰。表 11.1 为某些基团的特征吸收频率和相对强度。

表 11.1　一些基团的特征吸收频率

基　团	波　数(cm^{-1})	强　度
A. 烷基		
C—H(伸缩)	2 853～2 962	(m,s)
$—CH(CH_3)_2$	1 370～1 380	(s,s)
$—C(CH_3)_3$	1 365～1 380	(s,m)
B. 烯烃基		
C—H(伸缩)	3 010～3 095	(m)
C═C(伸缩)	1 620～1 680	(v)
C. 炔烃基		
≡C—H(伸缩)	～3 300	(s)
C≡C(伸缩)	2 100～2 260	(v)
D. 芳基		
Ar—H(伸缩)	～3 030	(v)
芳环中 C—C(伸缩)	1 500～1 600	(s)
Ar—H (弯曲)		
一取代	700～750	(s,s)
邻二取代	～750	(s)
间二取代	700～780～910	(s,s,m)
对二取代	～810	(s)

（续表）

基　团	波　数(cm^{-1})	强　度
E. 羟基(O—H,伸缩)		
O—H(醇、酚)	3 200～3 600	(宽,s)
O—H(羧酸)	2 500～3 600	(宽,s)
F. 羰基(醛、酮、羧酸及衍生物)		
C═O（伸缩）	1 650～1 810	(s)
G. 氨基		
N—H(伸缩)	3 300～3 500	(m)
H. 氰基		
C≡N（伸缩）	2 200～2 600	(m)

表中,s=强,m=中,v=不定。

在红外光谱图中,1 350～4 000 cm^{-1}范围称为官能团区(functional group region)。有机化合物中主要官能团的伸缩振动吸收峰都在官能团区出现,并且彼此之间极少重叠。因此,根据官能团区的吸收峰的位置,可以推测未知化合物中所含的官能团。例如在2 100～2 600 cm^{-1}处没有吸收峰,就可以肯定该化合物不含有炔键和氰基。如有吸收峰,则它可能含有C≡C或C≡N。

2. 指纹区

在红外光谱图中,1 350～650 cm^{-1}范围称为指纹区(finger-print region)。在指纹区内,吸收峰十分密集,它们是由各种弯曲振动及C—X(X=C、N、O等)单键的伸缩振动产生,各个化合物在结构上的微小差异都会在此范围的谱图上反映出来,如同人的指纹那样复杂而具特征,因而称为指纹区。如未知物的红外光谱中的指纹区与已知化合物的标准图谱完全相同,就可以认定它们是同一化合物。

在指纹区中,650～910 cm^{-1}范围称为苯环取代区。苯环取代基的数目和位置在此区域内有所反映(表11.1)。

萨特勒(Sadtler)光谱集收集了近十万种常见有机化合物的标准红外光谱图,并有化合物名称、分子式、官能团等多种索引,因此可作为已知化合物的标准图谱核对。萨特勒光谱集同时也出版了紫外-可见光谱、核磁共振氢谱、核磁共振碳谱的标准图谱。

目前使用的红外光谱仪由于采用傅里叶变换(Fourier transform),仪器的灵敏度大大提高。并且由于和计算机联用,可将光谱储存在计算机内,因而可以做被测样品的光谱和计算机内储存的标准样品光谱的差谱,即将两谱相减,若所得近于一条直线,即表明被测样品和该标准光谱代表的化合物是同一种化合物。

3. 影响官能团吸收频率的因素

(1) 电子效应的影响

电子效应(诱导效应和共轭效应)对官能团的吸收频率有较大影响,尤其对羰基的伸缩振动频率的影响最大。主要几类饱和脂肪族羰基化合物的羰基振动吸收频率(cm^{-1})为

1 810、1 760	1 800	1 735	1 725	1 715	1 710	1 690
酸酐	酰氯	酯	醛	酮	羧酸	酰胺

脂肪族酮羰基振动吸收频率为 1 715 cm^{-1}(图 11.5)，氯原子取代酮羰基一侧的烷基后(酰氯)的羰基振动吸收频率升高至 1 800 cm^{-1}左右。这是因为在酰氯分子中，氯原子的吸电子诱导效应大于给电子的共轭效应，使羰基的双键性增加，从而使羰基的键力常数增大。而酰胺的羰基振动吸收频率一般不大于 1 690 cm^{-1}。这是因为在酰胺分子中，氮原子与羰基共轭，并且给电子共轭效应大于吸电子诱导效应。从酰胺的共振式看出，羰基的双键性降低，因此羰基的键力常数减小，振动吸收频率移向低波数方向。

$$\left[R-\overset{\overset{O}{\|}}{C}-\ddot{N}R'_2 \longleftrightarrow R-\overset{\overset{:\ddot{O}:^{\ominus}}{|}}{C}=\overset{\oplus}{N}R'_2 \right]$$

如果羰基与烯键共轭，由于 π 电子离域，降低了羰基的双键性，导致振动吸收频率降低。例如 α，β-不饱和酮和芳酮的羰基的红外吸收频率分别为 1 675 cm^{-1}和 1 690 cm^{-1}，这些数值均低于脂肪族酮羰基振动吸收频率 1 715 cm^{-1}。

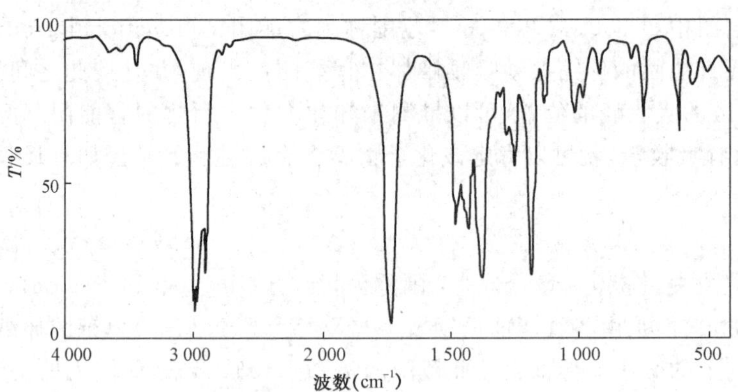

图 11.5　己-2-酮的红外光谱

(2) 氢键的影响

无论是分子内氢键还是分子间氢键，都使参与形成氢键的化学键的键力常数降低，因此振动吸收频率移向低波数方向。游离的醇羟基的 O—H 键的振动吸收峰在 3 600 cm^{-1}。醇

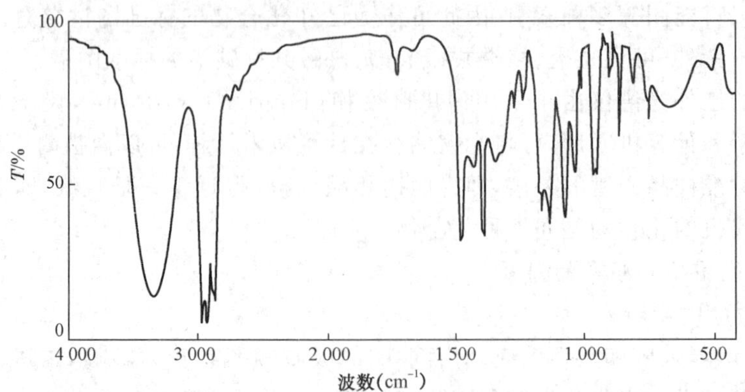

图 11.6　己-2-醇的红外光谱

通过羟基分子间缔合后，产生O—H键的3 400～3 200 cm^{-1}振动吸收宽峰(图11.6)。胺类化合物中的氨基(—NH_2或—NHR)也能形成氢键，缔合后的N—H的振动吸收峰也向低波数方向移动(3 500～3 300 cm^{-1})。羧酸的官能团羧基(—COOH)能形成强烈的氢键，使其振动吸收频率移至3 000 cm^{-1}附近并延伸到约2 500 cm^{-1}，形成一个宽谱带，这是羧酸红外光谱的明显特征。

此外，脂环族化合物的环张力对环上有关官能团的吸收频率也有重要影响。当环张力增大时，吸收频率移向高波数。

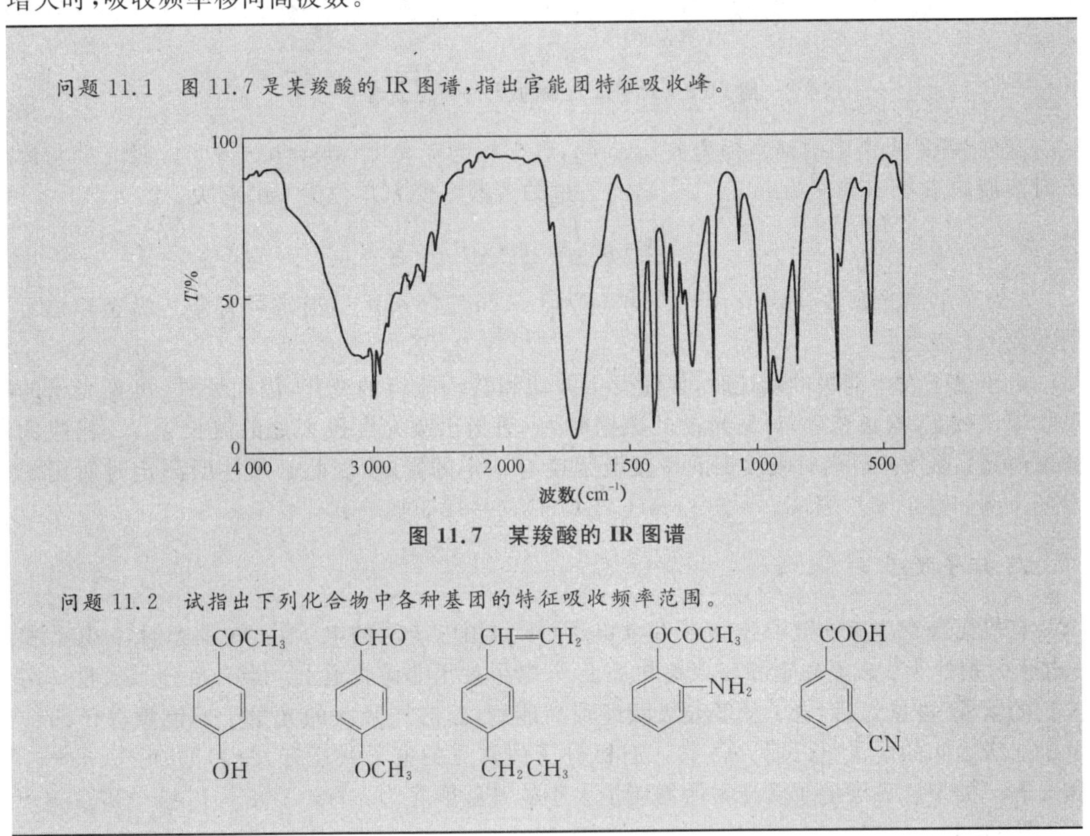

问题11.1 图11.7是某羧酸的IR图谱，指出官能团特征吸收峰。

图11.7 某羧酸的IR图谱

问题11.2 试指出下列化合物中各种基团的特征吸收频率范围。

§11.3 紫外-可见光谱

紫外-可见光谱

与红外光相比，紫外光的波长短，频率高，因而具有较高的能量。有机分子吸收紫外光后，发生价电子从低能级到高能级的跃迁，所测得的吸收光谱叫作紫外光谱。一般的紫外光谱仪所用的波长范围为200～800 nm，即包括可见光区，因而也叫作紫外-可见光谱(Ultraviolet-Visible Spectra，简称UV)。

一、紫外-可见光谱的表示方法

图11.8是对甲苯乙酮的紫外光谱图。

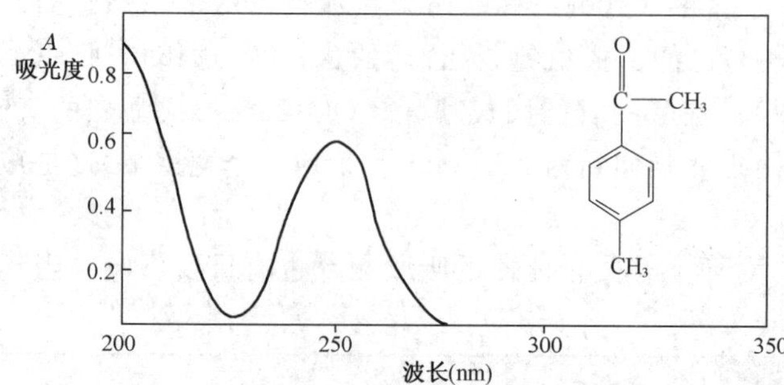

$\lambda_{max}=252$ nm(CH_3OH)
$c=1\times10^{-4}$ mol·L^{-1}
$k=12\ 300$

图 11.8　对甲苯乙酮的紫外-可见光谱图

紫外-可见光谱图的横坐标为波长(nm),纵坐标为吸光度(absorbance)A。吸光度与测定时溶液的浓度 c(单位为 mol·L^{-1}),光通过的溶液厚度 l(单位为 cm)有关:

$$A=\lg\frac{I_0}{I}=k\cdot c\cdot l$$

k 为摩尔消光系数(absorptivity)(单位为 L·cm^{-1}·mol^{-1},通常可省略),纵坐标也可用 k 或 $\lg k$ 表示。

由于电子发生能级的跃迁时,伴随发生振动和转动能级的变化,因而紫外-可见光谱的吸收带比较宽,报道紫外-可见光谱的数据时,一般指出吸光度极大处的波长 λ_{max} 及相应的摩尔消光系数 k。溶剂对吸收带的位置及强度有一定的影响,因此必须注明测定时所用的溶剂。例如对甲苯乙酮,$\lambda_{max}=252$ nm(CH_3OH),$k=12\ 300$。

二、电子跃迁

有机化合物中有 σ 电子、π 电子和 n 电子(未共用电子对的电子)。在基态时,σ 电子和 π 电子分别处于 σ 成键轨道和 π 成键轨道上,n 电子处于非键轨道上。当有机分子吸收一定波长的紫外-可见光后,电子从低能级跃迁到高能级,这时所吸收的光量子的能量等于两个电子能级之间的能量差($\Delta E=h\cdot\nu$)。有机分子中常见的电子跃迁有 $\sigma\rightarrow\sigma^*$、$n\rightarrow\sigma^*$、$n\rightarrow\pi^*$ 和 $\pi\rightarrow\pi^*$ 类型。各类电子跃迁时所需能量大小的一般顺序为:$\sigma\rightarrow\sigma^*>n\rightarrow\sigma^*>\pi\rightarrow\pi^*>n\rightarrow\pi^*$(图 11.9)。

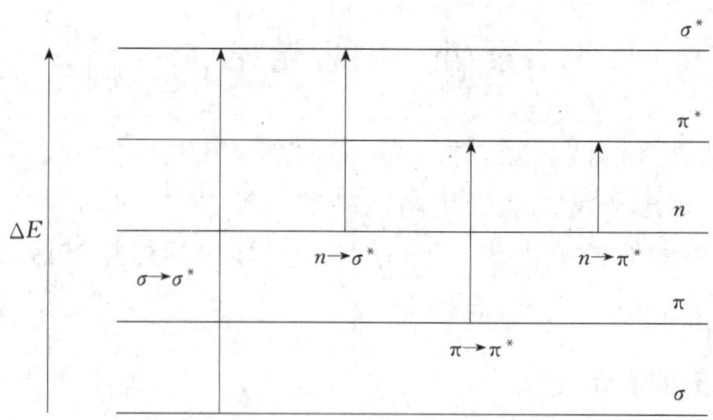

图 11.9　各类电子跃迁所需能量大小示意图

1. $\sigma\rightarrow\sigma^*$ 跃迁

有机分子中的 σ 电子结合得较牢固,成键轨道(σ)和反键轨道(σ^*)的能量差很大,要使

σ 电子跃迁需要较高的能量，通常需要波长为 150 nm 以下的光。因此，只含有 σ 键的化合物，例如烷烃，在紫外-可见光区没有吸收。

2. $n\rightarrow\sigma^*$ 跃迁

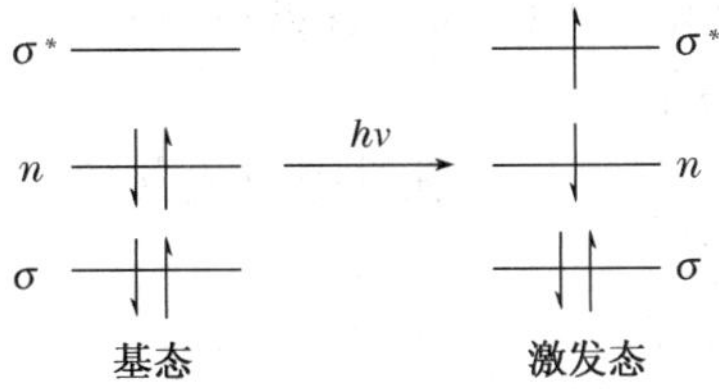

醇羟基的氧原子上有未共用电子对，它们占据非键轨道（n 轨道），其能级比 σ 轨道高，吸收光能可以使 n 电子跃迁到 σ^* 反键轨道（$n\rightarrow\sigma^*$）。但 $n\rightarrow\sigma^*$ 跃迁需要 200 nm 以下的光，在紫外-可见区也没有吸收，例如甲醇的最大吸收波长为 $\lambda_{max}=183$ nm，$k=500$。

3. $\pi\rightarrow\pi^*$ 跃迁

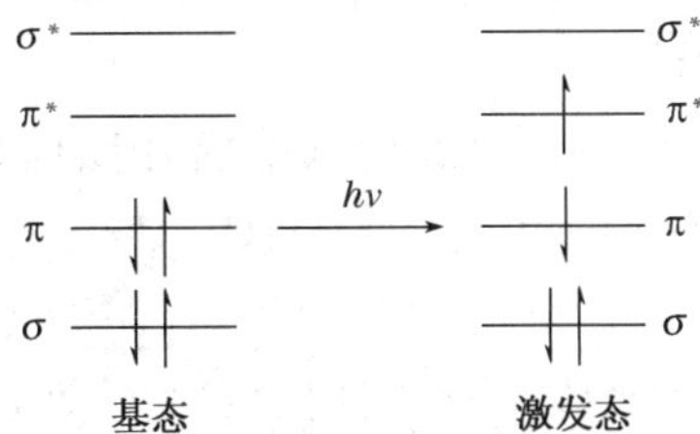

烯烃分子中的 π 轨道的能级比 σ 轨道高，而 π^* 反键轨道的能级比 σ^* 反键轨道低，吸收光能可以使 π 电子跃迁到 π^* 反键轨道（$\pi\rightarrow\pi^*$）。但孤立的烯键的烯烃的吸收带也在 200 nm以下，例如乙烯的最大吸收波长为 $\lambda_{max}=165$ nm（蒸气），$k=15\,000$。

共轭二烯烃，如丁-1,3-二烯，分子中的最高已占轨道（π_2）和最低未占轨道（π_3^*）的能量差比孤立双键的 π 和 π^* 轨道的能量差要小，使 π 电子从 π_2 跃迁到 π_3^* 所需能量较小，因此，丁-1,3-二烯在紫外光区有吸收，最大吸收波长为 $\lambda_{max}=217$ nm（己烷），$k=12\,300$。

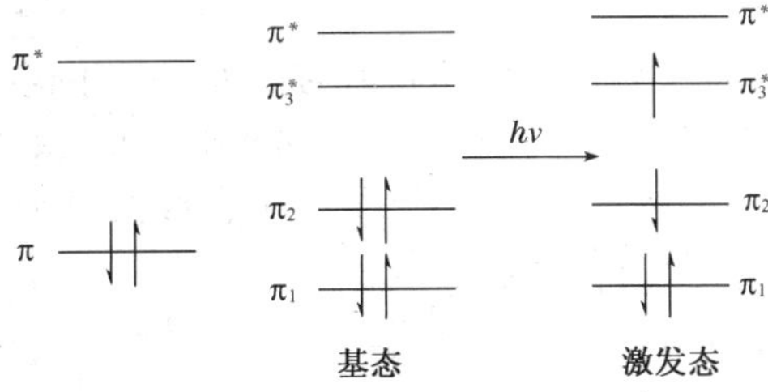

共轭双键的数目增加，吸收带进一步向长波方向移动。例如：

$$CH_2{=}CH{-}CH{=}CH{-}CH{=}CH_2$$

己-1,3,5-三烯　$\lambda_{max}=265$ nm（己烷）　$k=35\,000$

β-胡萝卜素　$\lambda_{max}=497$ nm（己烷）　$k=130\,000$

4. $n \to \pi^*$ 跃迁

羰基化合物，例如丙酮，其羰基氧原子上有未共用电子对，吸收光能时，电子可能发生如下跃迁：$\sigma \to \sigma^*$，$n \to \sigma^*$，$\pi \to \pi^*$（$\lambda_{max}=190$ nm，$k=1\,000$），$n \to \pi^*$（$\lambda_{max}=279$ nm，$k=22$）。其中 $n \to \pi^*$ 跃迁产生的吸收带在 200 nm 以上，所以在紫外-可见光谱图上，在 275～297 nm 有弱的吸收带，一般可以认为是醛或酮。

在 α,β-不饱和醛酮中，碳碳双键与碳氧双键组成共轭体系，其吸收带也向增加波长的方向移动。例如：

$CH_3CH{=}O$	$n \to \pi^*$	$\lambda_{max}=293$ nm	$k=17$
乙醛	$\pi \to \pi^*$	$\lambda_{max}=170$ nm	$k=10\,000$
$CH_3CH{=}CHCH{=}O$	$n \to \pi^*$	$\lambda_{max}=320$ nm	$k=19$
丁-2-烯醛	$\pi \to \pi^*$	$\lambda_{max}=218$ nm	$k=18\,000$

在上述四类跃迁中，以共轭的 $\pi \to \pi^*$ 跃迁和 $n \to \pi^*$ 跃迁最常见，也最具有实际意义。前者的最大吸收波长短，摩尔消光系数大。后者的最大吸收波长长，摩尔消光系数小。根据这一特点可以确认吸收峰的跃迁类型。

在光谱术语中，把能够吸收紫外-可见光的孤立官能团叫作发色团（chromophore）。发色团是具有 $\pi \to \pi^*$ 或 $n \to \pi^*$ 跃迁的基团，如 C≡C、C═C、C═N、C═O、N═N、NO_2、NO 等。

有些官能团在紫外-可见区无吸收带，但它们与发色团连接在一起时能使吸收带向长波方向移动，并使吸收的程度增加，这种官能团叫作助色团（auxochrome）。助色团是含有未共用电子对的杂原子的饱和基团。常见的助色团有—OH、—OR、—NH_2、—NHR、—X 等。例如：

苯 PhH	$\lambda_{max}=256$ nm（CH_3OH）	$k=200$
苯酚 PhOH	$\lambda_{max}=270$ nm（CH_3OH）	$k=1\,450$
苯胺 $PhNH_2$	$\lambda_{max}=280$ nm（CH_3OH）	$k=1\,430$

三、紫外-可见光谱的应用

在有机化合物的结构测定中，紫外-可见光谱与红外光谱不同，它一般不能用来鉴别具体的官能团，而能用来推测分子中是否存在发色团和共轭体系，只要分子中含有相同的发色团和共轭结构，就有十分相似的紫外-可见光谱图。例如根据图 11.10 的紫外光谱图，可以肯定化合物(a)分子中含 α,β-不饱和酮共轭体系。

烯键的顺反异构体的紫外-可见光谱有显著的差异，通常反式异构体的 λ_{max} 和摩尔消光系数 k 值大于顺式异构体。图 11.11 是顺、反二苯乙烯的紫外光谱。

在反式异构体中，烯键和苯环在同一平面内，形成稳定的共轭体系，因而 λ_{max} 和 k 值较大（$\lambda_{max}=296$ nm，$k=29\,000$）。在顺式异构体中，由于立体障碍，苯环偏离烯键所在的平面，共轭程度减小，因而 λ_{max} 和 k 值也较小（$\lambda_{max}=280$ nm，$k=10\,500$）。其他的一些顺反异构体的紫外-可见光谱也有类似的现象，因此紫外-可见光谱可以用来测定某些顺反异构体的构型。

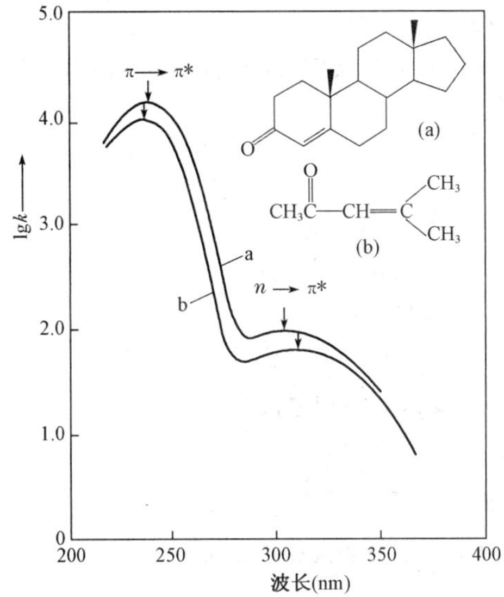

图 11.10　胆甾-4-烯-3-酮(a)和4-甲基戊-3-烯-2-酮(b)的紫外光谱

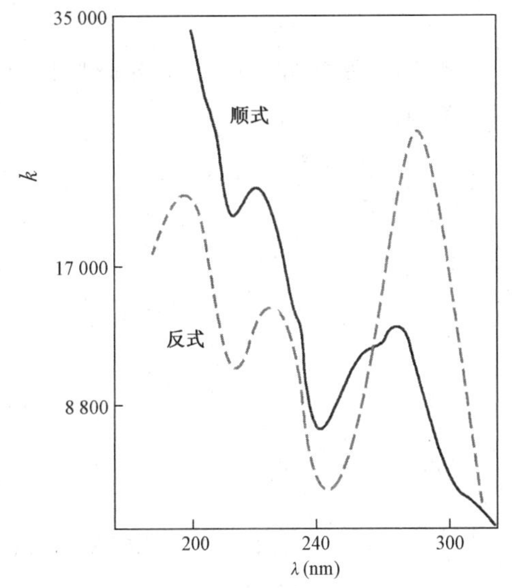

图 11.11　顺、反二苯乙烯的紫外光谱

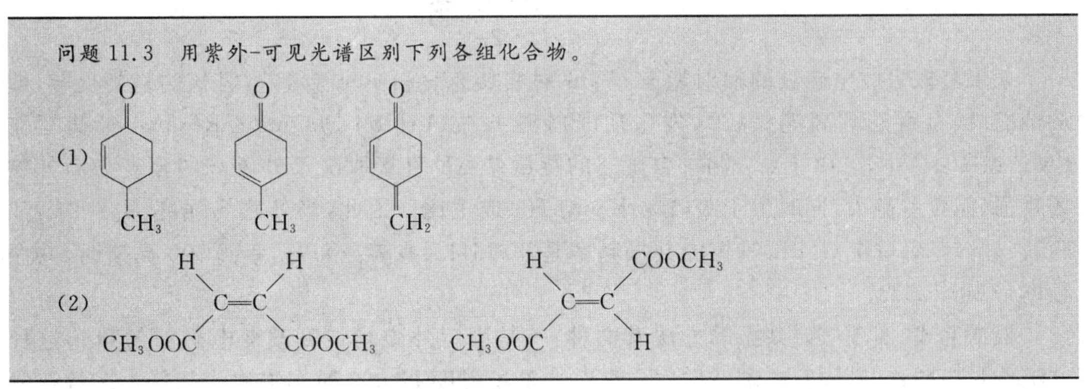

问题 11.3　用紫外-可见光谱区别下列各组化合物。

§11.4　核磁共振谱

核磁共振谱

一、基本原理

像电子一样，一些原子核也有自旋现象，并且自旋的同时也产生磁矩，但是并不是所有原子核都有自旋现象。${}^{12}_{6}C$、${}^{16}_{8}O$、${}^{32}_{16}S$ 等原子核的质量与原子序数均为偶数，其自旋量子数(I)为零，因而无自旋现象。${}^{1}_{1}H$、${}^{13}_{6}C$、${}^{19}_{9}F$、${}^{31}_{15}P$ 等原子核的质量数或原子序数中有奇数，其自旋量子数(I)不等于零，因而有自旋现象。

氢核(${}^{1}_{1}H$)的自旋量子数为 1/2，因而有两种自旋态($2I+1=2$)。两种自旋态的能量和出现的概率都相等。但是在强大的外加磁场(H_0)中，两种自旋态的能量不再相等。氢核的自旋磁矩与 H_0 同向平行的自旋态($m_s=+1/2$，用 α 表示)的能级低于与 H_0 反向平行的自旋态($m_s=-1/2$，用 β 表示)(见图 11.12)。两个能级之差为 ΔE，与外加磁场强度 H_0 成正比。

$$\Delta E=\gamma h H_0/2\pi$$

式中：h 为普朗克常数；γ 为磁旋比（magnetogyric ratio），是磁核的特征常数；H_0 为外加磁场的强度。

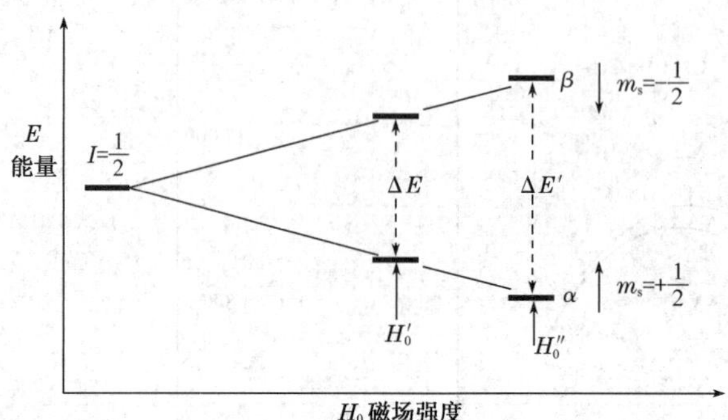

图 11.12 氢核在外磁场中的取向、ΔE 与外磁场强度成正比

如果提供一定频率的电磁波，其辐射能量与能级差 ΔE 相匹配，此时就发生核磁共振（Nuclear Magnetic Resonance，简写作 NMR）：

$$h\nu=\Delta E=\gamma h H_0/2\pi$$

$$\nu=\gamma H_0/2\pi$$

如果氢核吸收电磁波的辐射能量等于两种自旋态 α 和 β 的能量差，氢核的自旋反转，即从低能级（α）跃迁到高能级（β），发生质子核磁共振（Proton Magnetic Resonance 简写作 PMR 或 ^{1}H NMR）。由于 α、β 两种自旋态的能量差 ΔE 直接取决于外磁场的强度 H_0，外磁场越强，能量差越大，同时由于吸收频率 ν 与 H_0 成正比。因此，当外磁场强度 $H_0=21\ 150$ 高斯（guass，简写作 G）时，氢核的共振频率是 90 MHz（兆赫兹）；$H_0=70\ 500$ 高斯时，共振频率是 300 MHz。

根据上式，实现核磁共振的方法有两种：一是固定外磁场强度改变电磁波射频 ν，这种方法称为扫频；二是固定电磁波射频 ν 改变外磁场强度 H_0，这种方法称为扫场。多数核磁共振仪按后一种方法设计（见图 11.13）。装有溶解几毫克样品的 0.3～0.5 mL 氘代溶剂的核磁样品管（细长的圆柱形玻璃管）插在磁铁两极之间。磁铁的磁场强度相当大（如 70 500 高斯）。射频发生器产生固定频率（如 300 MHz）的电磁波照射样品。在扫描发生器的线圈

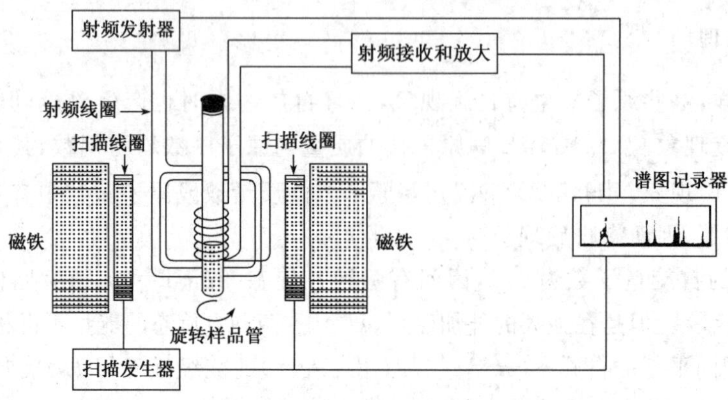

图 11.13 核磁共振仪示意图

中通直流电，产生连续精确变化的微小的磁场。当外加总磁场强度达到一定值时恰与照射频率相匹配，样品中某一类型的氢核便发生能级跃迁。检测器接收到共振信号，经放大器放大后，由记录器记录下来就得核磁共振谱。

二、化学位移

1. 屏蔽效应

所有的氢核的 γ 值都是相同的，若使用固定射频频率的核磁共振仪，似乎应在同一磁场强度下发生共振。如果是这样，核磁共振对测定有机化合物的分子结构就毫无用处。但实际上却不是这样。例如，对溴乙烷样品进行扫场，首先出现的是 CH_2 讯号，其次是 CH_3，这是因为在有机化合物中，氢核被价电子包围，这些电子在外加磁场垂直的平面上绕核旋转并产生感应磁场，其方向与外加磁场方向相反，所以氢核所实际感受到的磁场强度将比外加磁场略弱一些(图 11.14)。因此，外加磁场的强度要略为增强，才能使氢核发生自旋能级跃迁。原子核周围的电子对核的这种影响叫作屏蔽效应(shielding effect)。

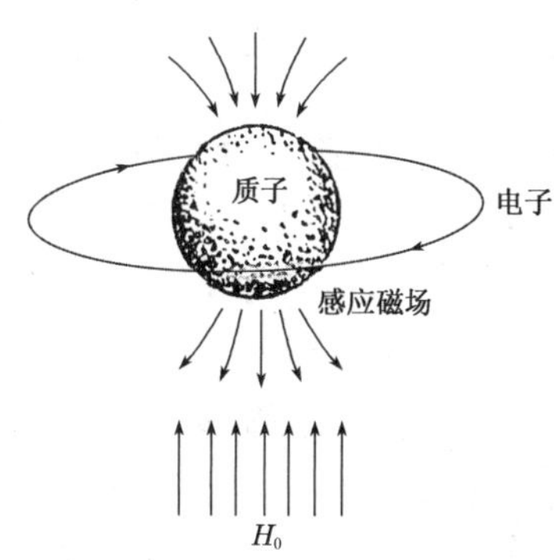

图 11.14　电子对氢核的屏蔽效应

显然，有机化合物中不同类型的氢核周围电子云密度不同，其屏蔽效应的大小也不一样，因而不同类型的氢核将在不同磁场强度下发生共振，在核磁共振谱的不同位置上出现吸收峰，这种由屏蔽效应引起的共振时磁场强度的移动称为化学位移(chemical shift)。

2. 化学位移的表示方法

化学位移一般用符号 δ 表示，由于有机化合物中各种类型氢核的化学位移的差异为百万分之十左右，在几百兆赫的仪器上，难以测得精确数值。因此一般采用相对值表示化学位移，即把屏蔽效应很强的四甲基硅烷(tetramethylsilane)($Si(CH_3)_4$，简写作 TMS)作为标准物质，将其化学位移值定为零，一般有机化合物氢核的化学位移值通常在 TMS 的左侧，化学位移的定义为

$$\delta(\text{ppm})=\frac{\nu_{样品}-\nu_{TMS}(\text{Hz})}{\nu_0(\text{MHz})}\times 10^6$$

式中：$\nu_{样品}$ 为样品信号频率；ν_{TMS} 为 TMS 信号频率；ν_0 为仪器的电磁波频率。例如，使用 300 MHz 仪器，氯仿中氢核与 TMS 的频率差为 2 178 Hz，其化学位移值 δ 为

$$\delta=\frac{2\ 718\ \text{Hz}-0\ \text{Hz}}{300\times 10^6\ \text{Hz}}\times 10^6=7.26\ \text{ppm}$$

如用 Hz 表示化学位移时，必须说明核磁共振仪所用的频率。对于 100 MHz 的仪器，1 ppm[1]相当于 100 Hz，而对于 300 MHz 的仪器，1 ppm 则相当于 300 Hz。因此，用 300 MHz 的核磁共振仪测定的氯仿 ^{1}H NMR 谱中，氢核的共振信号在 2 178 Hz 处(图 11.15)，可见，用 ppm 单位表示化学位移与仪器的频率无关。

---

〔1〕 ppm 在国内为非法定计量单位(1 ppm$=10^{-6}$)。为了和国际化学界的常用习惯一致，本书核磁共振的化学位移保留 ppm 的用法。

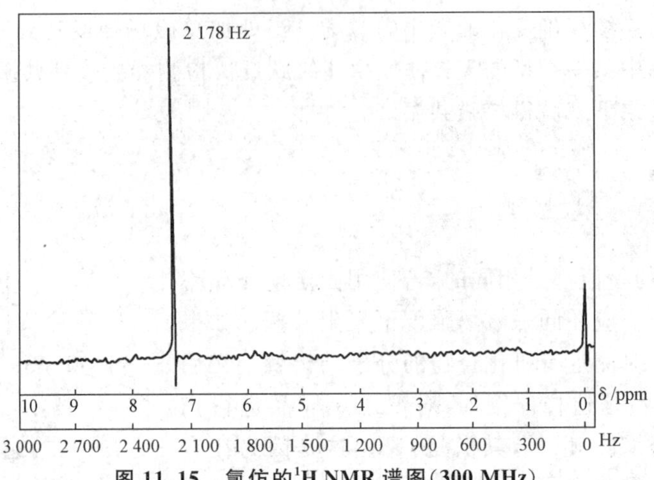

图 11.15 氯仿的[1]H NMR 谱图(300 MHz)

有机化合物中的氢核受到的屏蔽效应增强,吸收峰移向高场,δ 减小。反之,吸收峰移向低场,δ 值增大(图 11.16)。

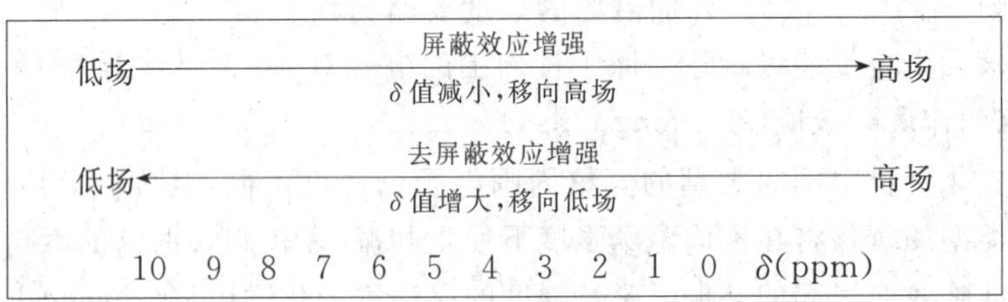

图 11.16 屏蔽效应对化学位移的影响

问题 11.4 由 500 MHz 核磁共振仪测定得到某化合物的两类质子的化学位移 δ 值分别 2.0 ppm 和 5.8 ppm,试用 Hz 表示之。

3. 影响化学位移的因素

(1) 电负性

吸电子基团降低氢核周围的电子云密度,屏蔽效应减小,化学位移 δ 值增大,给电子基团增加氢核周围的电子云密度,屏蔽效应增强,化学位移 δ 值减小。例如:

	F >	Cl >	Br >	I
电负性	4.0	3.2	3.0	2.7
	CH_3F	CH_3Cl	CH_3Br	CH_3I
δ(ppm)	4.26	3.06	2.68	2.15

同时化学位移 δ 值随着氢核与吸电子基团距离的增大而减小。例如:

	$\mathbf{CH_3}Br$		$\mathbf{CH_3}CH_2Br$		$\mathbf{CH_3}CH_2CH_2Br$		$\mathbf{CH_3}(CH_2)_3Br$
δ(ppm)	2.68	>	1.65	>	1.04	>	0.90

(2) 各向异性效应

有机化合物中的某些基团的电子云分布不呈球形对称时,它对邻近不同位置的氢核的屏蔽效应不同,这种现象称为各向异性效应(anisotropic effect)。例如,苯环中的 π 电子在外加磁场作用下产生环流,产生的感应磁场的方向在苯环平面内与外加磁场方向相反,即环内是屏蔽区，而环上氢核周围的感应磁场方向与外加磁场方向相同，因而是去屏蔽区，其氢核在较低磁场共振，δ 值在 7 ppm 左右，如图 11.17(a)。

烯键和羰基与苯环相似，双键两端为去屏蔽区，其他方向为屏蔽区，如图 11.17(b)。因此醛基的氢核在低场共振，δ 值为 9～10 ppm。与烯键直接相连的氢核也在较低磁场共振，δ 值在 4.5～6.5 ppm。

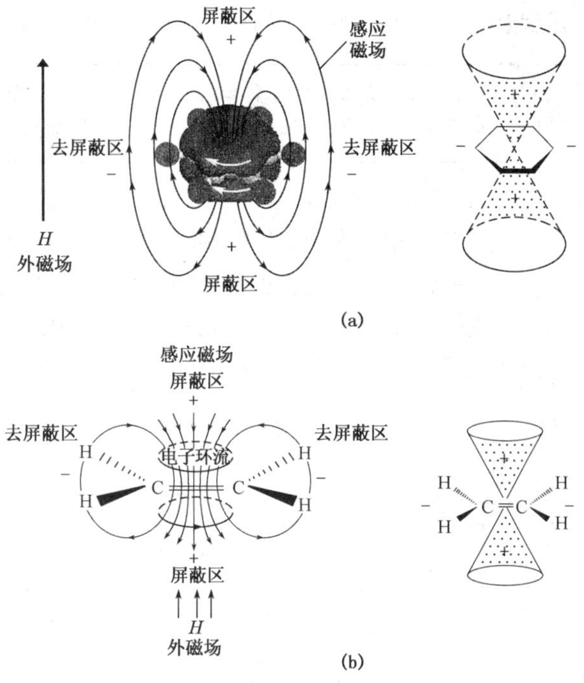

图 11.17 苯和乙烯的各向异性效应

碳碳单键的 σ 电子云也具有各向异性效应，但比 π 电子云要弱得多。碳碳单键的去屏蔽区就是以碳碳单键为轴的圆锥体(图 11.18)，因而当甲烷上的氢逐个被烷基取代后，剩下的氢受到越来越强的去屏蔽作用(deshielding effect)。尽管烷基的斥电子诱导效应使它周围的电子云密度增加，但各向异性效应(anisotropic effect)引起的去屏蔽作用能占支配地位，因此共振信号向低场移动。例如：

	CH_4	RCH_3	R_2CH_2	R_3CH
δ(ppm)	0.2	0.8～1.0	1.2～1.5	1.4～1.7

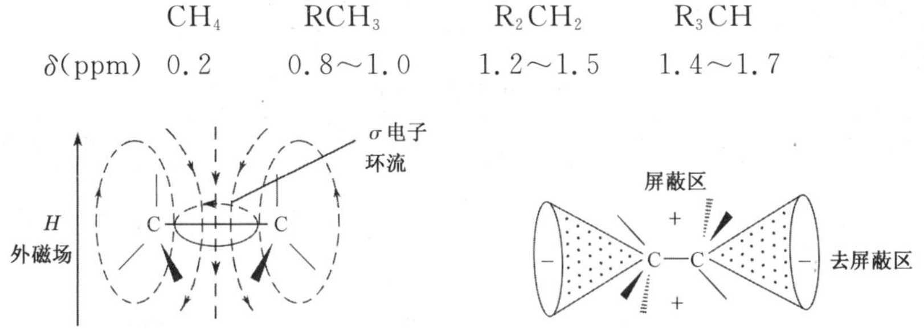

图 11.18 碳碳单键的屏蔽效应

(3) 氢键效应

羟基、氨基、羧基上的氢一般称为活泼氢，它们容易形成氢键。活泼氢形成氢键后，受 O、N 等原子上未共用电子对的各向异性作用的影响，屏蔽效应显著减弱，因此氢核在较低磁场共振，化学位移 δ 值增大。形成氢键的程度越大，氢键质子的化学位移越大。样品的浓度、溶剂对形成氢键的程度有重要影响。因此活性氢的化学位移在较大的范围内变化，例如醇羟基和胺中氨基上的氢的 δ 值在 0.5～5.5 ppm 之间变化，酚羟基上的氢在 4.0～9.0 ppm之间变化。

活泼氢也容易发生分子间的快速交换。因此在进行核磁共振氢谱测定时，常用重水交换实验来鉴定被测样品分子中有无活泼氢。即在氘代溶剂溶解的样品溶液中滴加几滴重水，振摇后测定。此时—OH、—NH_2、—COOH 等的活泼氢被重水的重氢交换，相应的共振峰强度衰减或消失，并在 4.7 ppm 处出现 HOD 的单峰。由此可辨认出活泼氢的共振峰。

问题 11.5　[18]轮烯的环外氢核的 δ 值为 8.2 ppm，环内氢核的 δ 值为 −1.9 ppm，试解释其原因。

问题 11.6　醛基氢核的吸收峰出现在低场，其 δ 值范围为 9～10 ppm，为什么？

4. 各类氢核的化学位移

在有机化合物分子中，两个相同的原子处在相同的化学环境时称为化学等价(chemical equivalence)，化学等价的质子具有相同化学位移。例如苯、二氯甲烷、丙酮分子中的氢核都分别处于同一化学环境中，因而分别有相同的化学位移值。溴乙烷分子中有两组化学环境不相同的质子，因而有两组化学位移不同的吸收峰(图 11.19)。

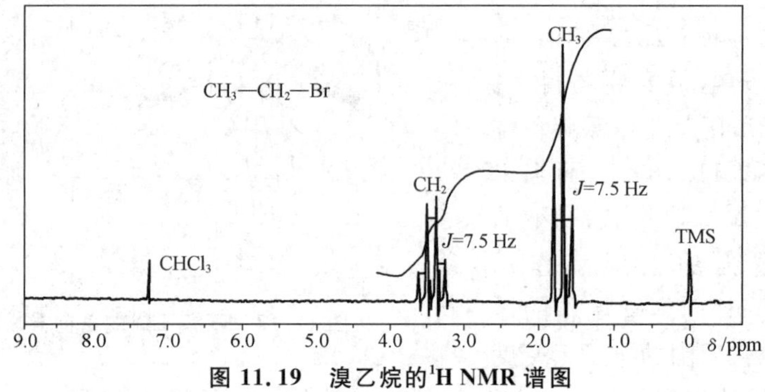

图 11.19　溴乙烷的¹H NMR 谱图

化学位移值能区分各类化学环境不同的质子，对阐明有机化合物的分子结构有十分重要的意义。表 11.2 列出不同化学环境的质子的化学位移。

表 11.2　不同类型的质子的化学位移[a]

质子类型	化学位移(ppm)	
RCH_3	0.8～1.0	烷烃的氢
R_2CH_2	1.2～1.5	烷烃的氢
R_3CH	1.4～1.7	烷烃的氢
—C=C—C—H	1.6～2.6	邻近不饱和官能团的氢
O=C—C—H	2.1～2.5	邻近不饱和官能团的氢
Ar—C—H	2.3～2.8	邻近不饱和官能团的氢
—C≡C—H	2.5	炔氢
—C=C—H	4.5～6.5	烯键的氢
Ar—H	6.5～8.5	芳环的氢
R—C(=O)—H	9～10	醛基的氢
R_2N—C—H	2.2～2.9	邻近电负性原子的氢
RO—C—H	3.3～4.0	邻近电负性原子的氢
Cl—C—H	3.1～4.1	邻近电负性原子的氢
Br—C—H	2.7～4.1	邻近电负性原子的氢
R—N—H	0.5～5.5	活泼氢
R—O—H	0.5～5.5	活泼氢
Ar—O—H	4.0～9.0	活泼氢
R—C(=O)—OH	10～13	活泼氢

[a] 以 TMS 为标准

三、氢原子数目

在^{1}H NMR 谱图中有几组峰，则表示样品中有几类化学不等价的质子，每一组峰的积分面积与质子的数目成正比，根据各组峰的面积之比，可以推测各类质子的数目之比。

峰面积由核磁共振仪上的自动积分器测定，得到的各峰的相对面积显示在相应峰的下面或者用阶梯式积分曲线表示在谱图上，积分面积之比或者每个阶梯的高度之比表示不同化学位移的质子数之比。例如溴乙烷的^{1}H NMR 谱图中(图 11.19)，有两组吸收峰，由积分曲线的阶梯高度得到其峰面积之比为 2∶3，它们分别表明分子中—CH_2—、—CH_3 上的氢原子数目为 2 和 3。

问题 11.7　化合物$(CH_3)_2C(OH)CH_2COCH_3$ 的分子中有几类化学不等价质子？估计各类质子的化学位移。

四、自旋偶合和自旋裂分

在溴乙烷的^{1}H NMR 谱图(图 11.19)中，亚甲基和甲基上的氢核的吸收峰都不是单峰，而是四重峰和三重峰，这是由于相邻化学不等价质子之间互相影响的结果。

分别用 H_a 和 H_b 代表溴乙烷分子甲基和亚甲基上的质子，H_a 和 H_b 各有两种自旋态 α 和 β。两个 H_b 的自旋有三种组合方式：① 两个 H_b 都处于 α 自旋态；② 一个 H_b 为 α 自旋态，另一个 H_b 为 β 自旋态；③ 两个 H_b 都处于 β 自旋态。第一种组合等于在 H_a 周围增加了两个小磁场，其方向与外加磁场相同。假如在没有 H_b 存在的情况下，H_a 应当在外加磁场等于 H 时发生自旋能级的跃迁，由于 H_b 的存在，H_a 周围感受到的磁场强度略大于外加磁场，因此，在扫描时，外加磁场强度比 H 略小时，即发生能级的跃迁。第二种组合相当于在 H_a 周围增加了两个方向相反、强度相等的两组小磁场，对 H_a 周围的磁场强度等于没有影响，因此，H_a 能级的跃迁仍在外加磁场达到 H 时发生。第三种组合相当于增加了与外加磁场方向相反的两个小磁场，H_a 周围感受到的磁场强度略小于外加磁场，因此，只有外加磁场的强度比 H 略大时，H_a 才发生自旋能级的跃迁。显而易见，对溴乙烷样品扫描时，甲基上的质子就分裂成三重峰，其面积之比为 1∶2∶1。根据同样的推理，亚甲基上的质子 H_b 在甲基上三个质子 H_a 的影响下分裂为四重峰，其面积之比为 1∶3∶3∶1(图 11.20)。

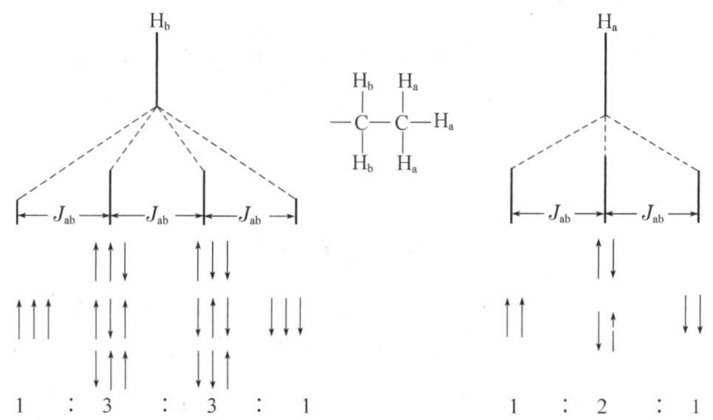

图 11.20　溴乙烷的甲基和亚甲基质子的自旋偶合和自旋裂分

有机化合物分子中位置邻近的质子之间自旋的相互影响称为自旋-自旋偶合(spin-spin coupling),简称自旋偶合。由自旋偶合引起核磁共振峰的分裂的现象称为自旋-自旋裂分(spin-spin splitting),简称自旋裂分。若 n 是相邻的质子的数目,裂分峰数目则为($n+1$)。例如溴乙烷中甲基的相邻亚甲基有两个质子($n=2$),因而甲基上质子的吸收峰分裂为三重峰($n+1=2+1=3$)。必须注意,化学位移相同的质子之间不发生自旋裂分,例如乙烷的 ^{1}H NMR 谱图上只有一个单峰。

自旋偶合引起的自旋裂分的相邻的两峰之间的距离(频率差)称为偶合常数(coupling constant),用字母 J 表示,单位为赫兹(Hz)。偶合常数的大小与核磁共振仪所用的频率无关。溴乙烷分子中甲基与亚甲基上质子之间的偶合常数为 7.5 Hz。常见的自旋偶合是相邻原子上所连的氢之间的自旋偶合,但是被 π 键隔开或苯环的邻、间和对位的质子也会发生自旋偶合。在同一碳原子上的质子,化学位移一般是等同的,不发生自旋偶合,但当它们所处的空间位置不相同时,它们的化学位移也就不相同,它们便会彼此偶合而产生裂分。常见类型质子的偶合常数如下:

—C(Ha)—C(Hb)—　$J_{ab}=6\sim8$ Hz

C=C (Ha, Hb 顺式)　$J_{ab}=6\sim12$ Hz

苯环 (Ha, Hb, Hc, Hd)　$J_{ab}=6\sim12$ Hz　$J_{ac}=1\sim3$ Hz　$J_{ad}=0\sim1$ Hz

C=C (Ha, Hb 反式)　$J_{ab}=12\sim18$ Hz

R(H)C=C(Hb)(Ha)　$J_{ab}=0.5\sim3$ Hz

必须注意,手性碳原子旁边的亚甲基上的两个氢,烯键一端有两个不同取代基的末端烯键上的两个氢的化学环境是不相同的,它们是化学不等价质子,因而有不同的化学位移,它们也互相偶合。

问题 11.8　在用 300 MHz 核磁共振仪测定的对甲氧基苯甲醛的 ^{1}H NMR 谱图上,芳环区域有互相偶合的两组双峰,化学位移 δ 值分别为 7.85 ppm、7.84 ppm 和 7.01 ppm、6.99 ppm。它们的偶合常数是多少赫兹(Hz)?

五、^{1}H NMR 谱图的解析

^{1}H NMR 谱图的解析一般包括下列步骤:

(1) 根据样品的分子式,求出化合物的不饱和度。

(2) 标识氘代溶剂中的非氘代杂质和水峰。核磁共振测定中使用的氘代溶剂的氘代度一般只有 99.5%左右,且常含有微量水分。因此在解析核磁共振谱时应注意辨认残留的未氘代的溶剂峰和水峰。由于氢键等的影响,不同溶剂中的杂质水峰的化学位移有差异。同时要注意要彻底除去被测样品中在重结晶、洗涤、柱层析等操作时残留的溶剂。表 11.3 列

出了一些常用氘代溶剂和水峰在 ^{1}H NMR 中的化学位移和在 ^{13}C NMR 中的化学位移。

表 11.3　常用氘代溶剂峰的化学位移(ppm)

氘代溶剂	δ_H [a]	δ_{HOD} [b]	δ_C [c]
氘代氯仿	7.26	1.55	77.23
氘代丙酮	2.05	2.80	20.0,206.68
氘代乙腈	1.94	2.09	29.92,118.69
氘代苯	7.16	0.4	128.93
氘代二甲亚砜	2.50	3.31	39.51
氘代甲醇	3.31,4.87	4.90	49.15
氘代吡啶	7.21,7.58,8.73	4.91	123.87,135.91,150.35
氘代四氢呋喃	1.73,3.58	2.4～2.5	25.37,67.57
重水	4.80		

[a] δ_H 是残留的未氘代溶剂在 ^{1}H NMR 中的化学位移；[b] δ_{HOD} 是未完全氘代的水的化学位移；[c] δ_C 是氘代溶剂在 ^{13}C NMR 中的化学位移。

(3) 根据积分曲线高度或峰面积求出各组信号峰代表的氢原子数目。

(4) 从化学位移 δ 值推测各组信号峰是哪种类型的氢。加 D_2O 后消失的信号峰是—OH、—NH_2、—COOH 等的活泼氢的信号峰。

(5) 从峰的裂分数目和相同的 J 值找出相互偶合的信号峰，确定相连接的碳原子上的氢核数及相互关联的结构片段。

(6) 综合以上各步的判断确定样品的结构，必要时可结合其他光谱或化学定性鉴定反应提供的信息予以确认。

(7) 如被测样品为已知化合物，则可查找标准图谱进行核对。

【例题】 某烃分子式为 C_8H_{10}，其 ^{1}H NMR 谱图(TMS 为内标，$CDCl_3$ 为溶剂)如图 11.21 所示，试推测其构造式。

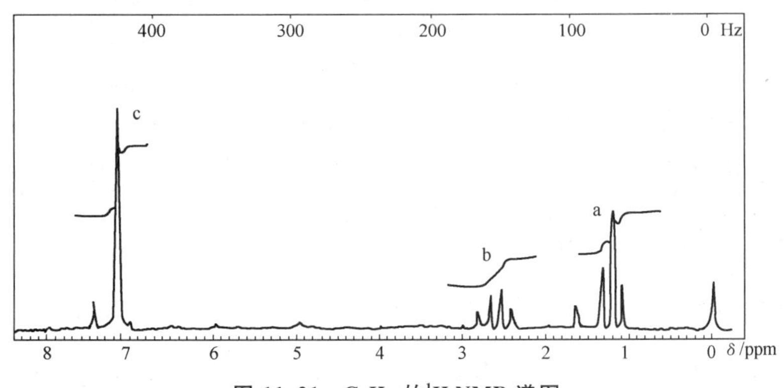

图 11.21　C_8H_{10} 的 ^{1}H NMR 谱图

根据分子式，计算化合物的不饱和度(degree of unsaturation)。这里的不饱和度是指分子中环和 π 键的总数。

$$不饱和度=n_4+\frac{1}{2}n_3-\frac{1}{2}n_1+1$$

n_1、n_3 和 n_4 分别为化合物中一价、三价、四价原子的数目。

$$不饱和度=8+\frac{0}{2}-\frac{10}{2}+1=4$$

不饱和度为4，可能含有苯环。^{1}H NMR 谱图中，$\delta=7.26$ ppm 的峰为溶剂峰，1.5 ppm 左右的一个小峰为水峰。图中出现的三组吸收峰 a、b、c 表明有三种类型的氢。c 峰（$\delta=7.15$ ppm）为苯环氢的共振峰，a 峰（$\delta=1.25$ ppm）、b 峰（$\delta=2.6$ ppm）分别裂分为三重峰和四重峰，按（$n+1$）规律，应为乙基，a 为甲基，b 为亚甲基。根据积分曲线，氢原子的比例为 a∶b∶c=3∶2∶5。因此 C_8H_{10} 应为乙苯。

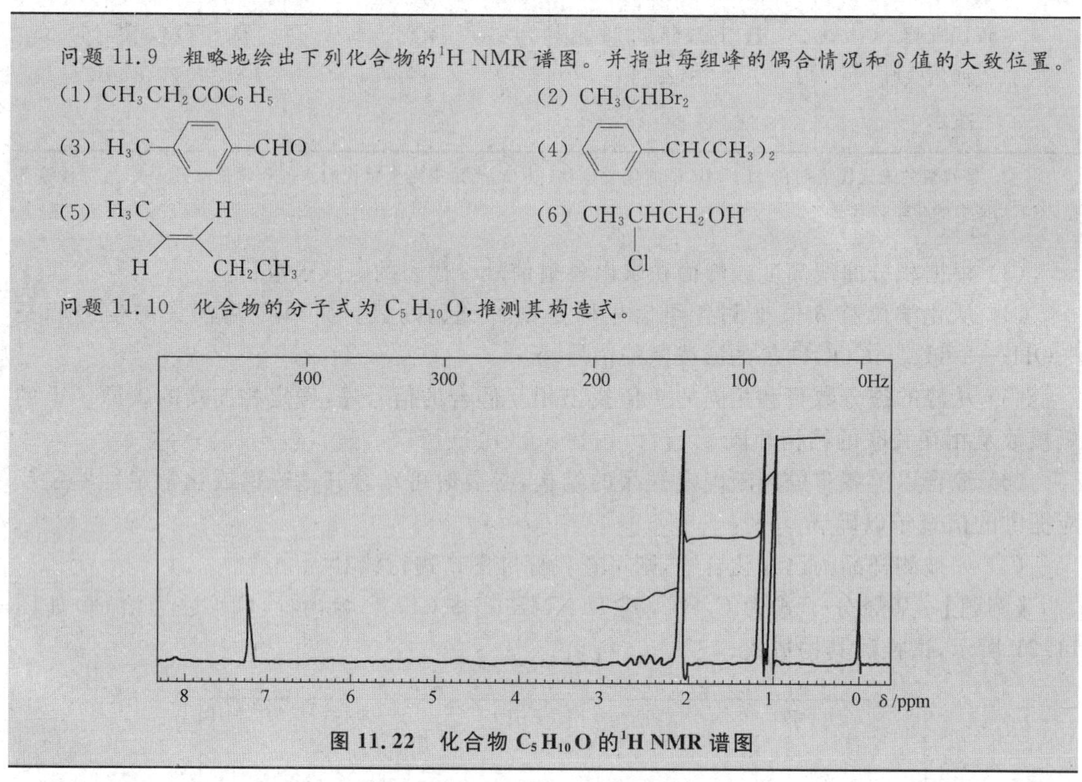

问题 11.9 粗略地绘出下列化合物的^{1}H NMR 谱图。并指出每组峰的偶合情况和 δ 值的大致位置。

(1) $CH_3CH_2COC_6H_5$　　(2) CH_3CHBr_2

(3) H_3C—C₆H₄—CHO　　(4) C₆H₅—$CH(CH_3)_2$

(5) H_3C(H)C=C(H)CH_2CH_3　　(6) CH_3CHCH_2OH（Cl 连于 CH 上）

问题 11.10 化合物的分子式为 $C_5H_{10}O$，推测其构造式。

图 11.22 化合物 $C_5H_{10}O$ 的^{1}H NMR 谱图

根据^{1}H NMR 原理开发的核磁共振成像（Magnetic Resonance Imaging，简写作 MRI）已成为医学中临床诊断的重要手段之一。由于病态细胞中水的质子在从 β 自旋态"驰豫"回到 α 自旋态的时间不同于健康细胞中水的质子，先进的计算机技术可将这信息反映在检查部位的组织和器官横切面的二维图像中，并集合成一个三维图像供临床诊断使用。

六、^{13}C 核磁共振谱

核磁共振成像

天然丰度很大的^{12}C 同位素，由于其核自旋量子数为零，因而没有核磁共振信号。^{13}C 与^{1}H的自旋量子数相同，因而^{13}C 有核磁共振信号。其基本原理与^{1}H相同。但是^{13}C 的天然丰度仅 1.08%，灵敏度很小，并且^{13}C 与直接相连的氢核及邻近的氢核都会发生偶合作用，使得^{13}C 信号变得十分复杂且淹没在噪声之中。自从发现了质子去偶技术和将脉冲傅里叶变换技术应用于核磁共振仪后，^{13}C NMR 谱图变得清晰可辨，因而已成为测定有机化合物结构的有效工具。

通过质子宽带去偶(broad-band proton decoupling)可以完全消除^{13}C 与氢的偶合，使^{13}C NMR谱可以区别有机化合物中的不等价^{13}C 核。质子宽带去偶^{13}C NMR 谱就是通常所说的^{13}C NMR 谱。图 11.23 是丁-2-醇的质子去偶^{13}C NMR 谱图，四个单峰代表四种不等同的碳核。在^{13}C NMR 谱图中，信号强度与碳原子数目之间没有定量关系，因而谱图上没有积分曲线。

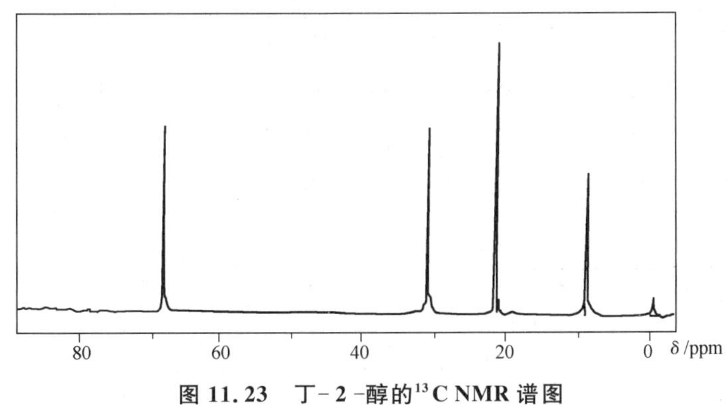

图 11.23　丁-2-醇的^{13}C NMR 谱图

^{13}C NMR 谱的化学位移的范围很大，一般为 0～230 ppm，因而^{13}C 信号峰不像^{1}H信号峰那样容易重叠。在^{13}C NMR 中，其化学位移是以 TMS 的碳核为标准的。常见的各种^{13}C 核化学位移值见表 11.4。

表 11.4　^{13}C 的化学位移(ppm)

碳类型	化学位移	碳类型	化学位移
RCH_3	0～35	RCH_2NH_2	50～65
R_2CH_3	15～40	RCH_2Br	20～45
R_3CH	25～50	RCH_2Cl	50～50
R_4C	30～45	RCH_2OR	50～90
>C=C<	100～150	RCH_2OH	50～90
—C≡C—	65～95	>C=O	170～220
芳环的碳	110～175		

由表 11.4 可见，羰基碳的化学位移在最低场，其次是芳环和不饱和键的碳原子，饱和碳原子的信号在高场一边，与杂原子相连的碳原子的化学位移一般向低场移动。

氘代溶剂中的碳原子都有相应的共振峰(表 11.3)，解析^{13}C NMR 谱时要注意辨认。

结构比较复杂的化合物中碳原子数目增多，使质子去偶^{13}C NMR 谱图上谱线相应增多，有时难以确定它们的归属。傅里叶变换脉冲序列技术提供的 DEPT(distortionless enhanced polarization transfer)^{13}C NMR 谱解决了这一问题，它可以区别分子中的 CH_3、CH_2、CH 和季碳的碳。例如图 11.24 是苧烯的 DEPT ^{13}C NMR 谱。它包括三个谱图：

① 第一个谱图(a)是苎烯的正规的质子宽带去偶 ^{13}C NMR 谱，10 个峰显示有 10 个不等同的碳，其中 4 个峰在较低场(108～150 ppm)，是烯键的碳信号峰；6 个在高场(20～40 ppm)，是烷基碳的信号峰。② 第二个谱图(b)是采用脉冲序列 DEPT－90°时的苎烯的 ^{13}C NMR 谱，仅显示与一个 H 相连的碳(CH)的信号(C2 和 C4)。③ 第三个谱图(c)是采用脉冲序列 DEPT－135°时的苎烯的 ^{13}C NMR 谱，负向的四个峰是 CH_2 的碳信号峰(C3、C5、C6、C9)。正向的四个峰分别是 CH(C2 和 C4)和 CH_3(C7 和 C10)的碳信号峰。在(c)谱中，季碳原子不产生信号峰。对照(a)和(c)谱，可以在(a)谱中确认分子中季碳(C1 和 C8)的信号峰。

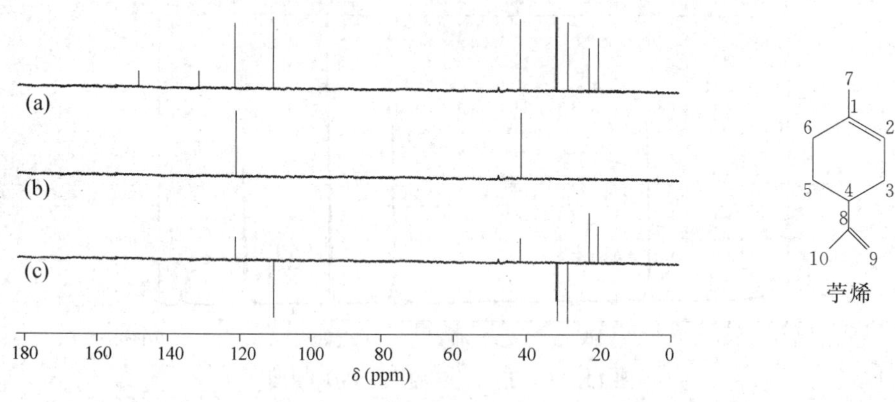

图 11.24　苎烯的 DEPT ^{13}C NMR 谱

根据 ^{1}H NMR 谱可以推测质子在碳架上的位置，而从 ^{13}C NMR 谱可以得到碳架结构本身的信息，因此 ^{13}C NMR 和 ^{1}H NMR 在有机化合物结构测定中是相辅相成的。由于各种脉冲序列组合技术的发展，DEPT ^{13}C NMR 谱已成为实验室常规的方法，同时常见的一维谱已发展为 ^{1}H—^{1}H 和 ^{13}C—^{1}H 相关的二维谱，对复杂有机化合物尤其生物大分子的结构解析提供了有效的工具。

问题 11.11　对氨基苯甲酸乙酯的 ^{13}C NMR 的化学位移值(δ, ppm)为 14.37、60.25、113.71、119.97、131.49、150.75、166.68。

H_2N—⟨苯环⟩—C(=O)—OCH_2CH_3　对氨基苯甲酸乙酯

(1) 试指出羰基碳、甲基和乙基碳的化学位移值。

(2) 对氨基苯甲酸乙酯的 DEPT－90° ^{13}C NMR 谱中，显示哪些碳的信号峰？

(3) 对氨基苯甲酸乙酯的 DEPT－135° ^{13}C NMR 谱中，负向的峰是哪个碳的信号峰？

(4) 如何确定与氨基和羰基直接相连的苯环碳(季碳)的吸收峰的化学位移？

§11.5　质　谱

一、基本原理

质谱(Mass Spectrum,简称 MS)是样品被破坏后所得到的正电荷碎片按质荷比大小排列而得到的谱,因此质谱不是吸收光谱。

图 11.25 是质谱仪的示意图。在质谱仪中,有机化合物样品汽化后进入离子源室。样品分子(M)在高真空下受到高能电子束(常为 70eV)的轰击(electron impact,简称 EI),失去一个电子变成分子离子(molecular ion):

$$\underset{\text{分子}}{\mathrm{M}} \xrightarrow{\mathrm{e}} \underset{\text{分子离子}}{\mathrm{M}^{\ddagger}} + \underset{\text{电子}}{2\mathrm{e}}$$

"·"表示未成对的一个电子,"+"表示正离子,分子离子实际上是自由基型正离子。

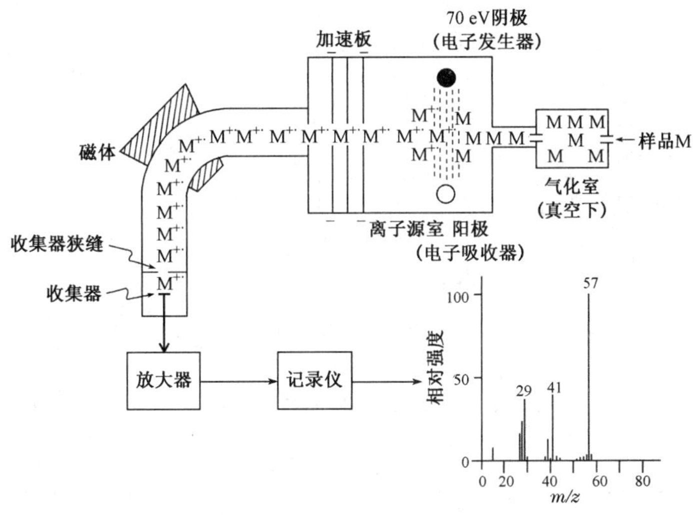

图 11.25　质谱仪的示意图

处于激发态的分子离子可进一步裂解成许多碎片,碎片可以是正离子、自由基型正离子、自由基及中性分子。例如:

$$\underset{\text{丁-2-酮}}{(\mathrm{CH_3})(\mathrm{CH_3CH_2})\mathrm{C{=}\ddot{O}\!:}} + \mathrm{e} \longrightarrow \underset{\text{分子离子}}{(\mathrm{CH_3})(\mathrm{CH_3CH_2})\mathrm{C{=}\dot{\ddot{O}}^{+}}} + 2\mathrm{e} \qquad m/z = 72$$

$$(\mathrm{CH_3})(\mathrm{CH_3CH_2})\mathrm{C{=}\ddot{O}^{+}} \longrightarrow \underset{m/z=43}{\mathrm{CH_3{-}C{\equiv}\ddot{O}^{+}}} + \mathrm{CH_3CH_2}\cdot$$

$$\text{CH}_3\text{CH}_2(\text{CH}_3)\text{C}{=}\ddot{\text{O}}^{+\cdot} \longrightarrow \text{CH}_3\text{CH}_2\text{—C}{\equiv}\ddot{\text{O}}^{+} + \text{CH}_3\cdot$$

$m/z=37$

生成的正离子流先受到电场的加速，然后在强磁场的作用下，沿着弧形轨道前进。质荷比 m/z（质量和所带单位正电荷数的比值）大的正离子，其轨道弯曲程度小；质荷比小的正离子，其轨道弯曲程度大。因而不同质荷比的正离子就被分离开来，正如白光通过棱镜分成各种单色光一样。

进行扫描时，可以不断改变磁场强度，使不同质荷比的正离子依次通过狭缝到达收集器，然后转化为电信号，并被记录成谱图。不带电荷或带负电荷的碎片不能到达收集器。

二、质谱的表示方法

质谱可以用柱状图和表式两种方式表示。图 11.26 和表 11.5 分别是电子轰击(EI)法的低分辨质谱仪测得的丁酮的质谱柱状图和表式质谱数据。

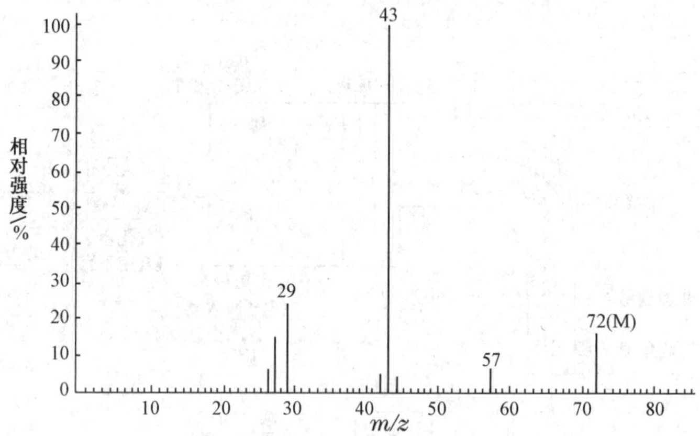

图 11.26 丁-2-酮的质谱图

表 11.5 丁-2-酮的质谱数据表

m/z	相对强度(%)	m/z	相对强度(%)
15	5.2	42	5.2
26	5.0	43	100(B)
27	15.7	44	2.5
28	2.9	57	6.1
29	24.5	72	17.0(M)
39	2.2	73	0.9(M+1)

图中横坐标为质荷比 m/z，由于大多数碎片只带单位正电荷($z=1$)，因而 m/z 就是碎片的质量。纵坐标为正离子的相对强度(intensity)，以强度最大的正离子为 100%(基峰，base peak，简写作 B)。例如在丁-2-酮的质谱图中，质荷比 m/z 为 43 的峰为基峰。

三、质谱峰的种类

1. 分子离子峰

由分子离子产生的峰称为分子离子峰，一般用 $M^{+\cdot}$ 表示，也常略写为 M^+ 或 M。分子离子峰的 m/z 值一般是该分子的相对分子量。例如丁酮的分子离子峰的质荷比为 72，则丁酮的相对分子量为 72。必须注意在低分辨质谱中，计算相对分子量或质荷比时，碳的相对原子量应取 12 而不是相对原子量表上的 12.011，氢的相对原子量应取 1 而不是 1.007 9，等等。

分子离子峰位于质谱图中 m/z 最高的一端，但是有些有机分子（尤其是高熔点难挥发的化合物）用电子轰击（EI）法时的分子离子峰很弱甚至不出现分子离子峰。为了得到分子离子峰，可采用一些软电离方法。常用的软电离方法有快原子轰击（fast atom bombardment，简称 FAB）法、基质辅助激光解吸电离法（matrix-assisted laser desorption ionization，简称 MALDI）、电喷雾离子化法（electrospray ionization，简称 ESI）等。快原子轰击法是利用快速中性原子轰击样品（常用甘油为基质）使分子电离，此方法对难挥发和热不稳定化合物十分有效。MALDI 法是用激光束快速加热样品（常用对激光有强吸收的 2,5-二羟基苯甲酸、烟酸等为基质），使样品分子在极短时间内离解为气相离子。因此 MALDI 法可使难电离的样品电离，并获得分子离子峰。

使用电喷雾离子化法的质谱称为电喷雾质谱（ESI - MS）。在电喷雾质谱的测定中，一般将样品配制成溶液，常用的溶剂是甲醇、乙醇、乙腈、丙酮、DMF、水等及它们的混合溶剂。用高静电场使从毛细管流出的样品溶液形成带电喷雾，然后生成气相离子。如喷口处为正高压，则生成的喷雾带正电荷，即喷雾中正离子过量，这些正离子通常是质子化的分子 $[M+H]^+$ 或者为碱金属的加合物 $[M+Na]^+$。如反转电场，即喷口处为负高压，则生成的喷雾带负电荷，即喷雾中负离子过量，这些负离子通常是失去质子的分子 $[M-H]^-$。因此电喷雾质谱可以得到正极和负极扫描的两张质谱图。电喷雾质谱可得到分子离子峰，碎片峰一般很少。电喷雾质谱特别适用于易失去质子或接受质子的化合物如羧酸、酚、胺等的测定。

2. 同位素峰

质谱图中在分子离子峰的右边还有质荷比大于分子离子、丰度较小的（M+1）、（M+2）等峰，这是由于同位素存在所引起的，叫作同位素峰（isotopic peak）。例如丁酮的分子离子中若有一个碳原子为 ^{13}C，它的质荷比应为 73，即（M+1）峰，由于 ^{13}C 的天然丰度为 1.08%，因而其相对丰度为分子离子峰的 4.7%左右。表 11.6 是有机化合物中常见元素的同位素及其自然丰度（natural abundance）。

表 11.6　有机化合物中常见元素的同位素及其丰度

元　素	丰　　度(%)					
碳	^{12}C	100	^{13}C	1.08		
氢	^{1}H	100	^{2}H	1.016		
氮	^{14}N	100	^{15}N	0.38		
氧	^{16}O	100	^{17}O	0.04	^{18}O	0.20
氟	^{19}F	100				

（续表）

元素	丰度(%)					
硫	^{32}S	100	^{33}S	0.78	^{34}S	4.40
氯	^{35}Cl	100	^{37}Cl	32.5		
溴	^{79}Br	100	^{81}Br	98.0		
碘	^{127}I	100				

氯元素中丰度最大的是^{35}Cl，^{37}Cl为^{35}Cl的32.5%。因此一氯化物(M+2)峰的丰度为分子离子峰的1/3左右。

溴元素中丰度最大的是^{79}Br，^{81}Br的丰度约为^{79}Br的98.0%。因此一溴化物的(M+2)峰的丰度差不多与分子离子峰相等。例如，从图12.27的质谱图中看到，M∶(M+2)峰的强度之比约为1∶1，不难判断样品分子中含有溴原子。

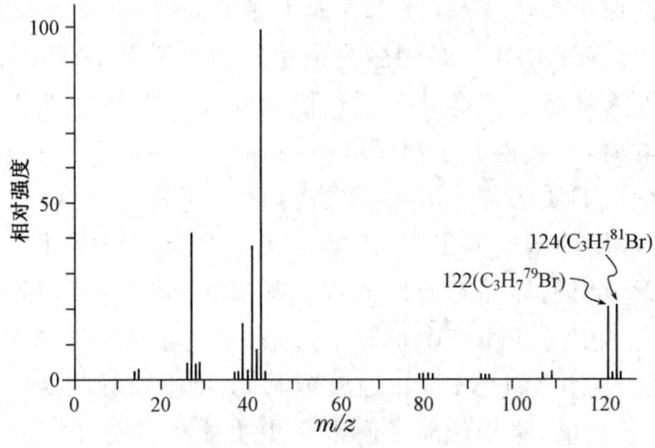

图 12.27 一溴丙烷的质谱图

3. 碎片峰

各类有机化合物的分子离子裂解成碎片是遵循一定的规律的。根据碎片峰的质荷比可以推测化合物的结构。许多有机化合物的质谱已经测定，将未知样品的谱图与标准谱图对照也可以确认样品是哪一种化合物。

四、分子式的确定

质谱最重要的应用是确定未知化合物的相对分子量。知道化合物的相对分子量和分子的经验式就可以确定未知化合物的分子式。

经验式(empirical formula)表示化合物中各种元素的原子的最小整数比，可由各元素的含量算出。C、H、O、N等元素的含量一般由元素自动分析仪测定得到。例如：元素分析测定得到一化合物的元素含量为C，60.00%；H，13.40%；O，26.60%。

$$\text{C}\quad \frac{60.00}{12.01}=5.00 \qquad \frac{5.00}{1.66}=3$$

$$\text{H}\quad \frac{13.40}{1.008}=13.29 \qquad \frac{13.29}{1.66}=8$$

$$\text{O}\quad \frac{26.60}{16.00}=1.66 \qquad \frac{1.66}{1.66}=1$$

计算得到 C、H、O 原子的最小整数之比为 3∶8∶1，因此经验式为 C_3H_8O。若该化合物的质谱的分子离子峰的质荷比 $m/z=60$，则化合物的分子式可确定为 C_3H_8O。

五、高分辨质谱

高分辨质谱仪可使质荷比的值精确到 4～6 位小数。例如在低分辨质谱中测得分子式为 C_7H_{14}、$C_6H_{10}O$、$C_5H_6O_2$ 和 $C_5H_{10}N_2$ 的分子离子峰的质荷比（m/z）都是 98，无法区分这四种物质。然而如果用精确的相对原子量计算这四个分子式，得到的相应精确质量的差别是明显的。

C_7H_{14}	$C_6H_{10}O$	$C_5H_6O_2$	$C_5H_{10}N_2$
98.109 6	98.073 2	98.036 8	98.0845

高分辨质谱仪可使质荷比的值精确到 4～6 位小数。若用高分辨质谱仪测得的 m/z 值为 98.073 1，则根据此精确相对分子量可以推定该化合物的分子式是 $C_6H_{10}O$。

质谱的取样量极少，1×10^{-9} g 样品就可以获得精确的相对分子量和大量的结构信息。并且目前的质谱可以和其他分析仪器联用，例如和气相色谱或液相色谱联用的气-质（GC－MS）和液-质（HPLC－MS）仪已成为分析鉴定有机化合物和微量生物活性物质的有效手段。

确定一个较复杂有机化合物结构，常需要联合运用 NMR、IR、MS、UV 图谱进行综合分析，有时也要辅以某些化学分析。

习　题

11.1　根据下列光谱数据推测有机化合物的结构。

(1) $C_{10}H_{14}$，^{1}H NMR，δ(ppm)：1.3(s，9H)，7.3～7.5(m，5H)。s 表示单峰，m 表示多重峰。

(2) C_8H_{10}，^{1}H NMR，δ(ppm)：1.2(t，3H)，2.6(q，2H)，7.1(m，5H)。t 表示三重峰，q 表示四重峰。

(3) $C_4H_6Cl_4$，^{1}H NMR，δ(ppm)：3.9(d，4H)，4.6(t，2H)。d 表示双峰。

(4) C_3H_6O，IR(cm^{-1})，1 715；^{1}H NMR，δ(ppm)：2.15(s，6H)。

(5) $C_5H_{10}O$，^{1}H NMR，δ(ppm)：1.02(d，6H)，2.13(s，3H)，2.22(七重峰，1H)。

(6) MS(m/z)：77(B，100)，156(M，25.23)，158(M+2，24.0)。

(7) MS(m/z)：260(M)；IR(cm^{-1})：3 600，1 600，1 500；^{1}H NMR，δ(ppm)：2.8(s，1H)，7.3(m，15H)。

(8) MS(m/z)：134(M)；^{1}H NMR，δ(ppm)：1.1(t，6H)，2.5(q，4H)，7.0(s，4H)。

11.2　某化合物分子离子峰的 m/z 为 102，能使溴的四氯化碳溶液褪色，与硝酸银氨溶液生成白色沉淀。^{1}H NMR，δ(ppm)：7.4(m，5H)，3.1(s，1H)。写出该化合物的构造式。

11.3　化合物 A 和 B 是构造异构体，其分子式都是 $C_9H_{10}O$。A 不起碘仿反应，B 能起碘仿反应。光谱数据为：A 的红外光谱图上在 1 690 cm^{-1} 处有强吸收峰，^{1}H NMR，δ(ppm)：1.2(t，3H)，3.0(q，2H)，7.7(m，5H)。B 的红外光谱图上在 1 705 cm^{-1} 有强吸收峰；^{1}H NMR，δ(ppm)：2.0(s，3H)，3.5(s，2H)，7.1(m，5H)。试推测化合物 A 和 B 的构造式。

11.4　某化合物 A($C_{10}H_{14}O$)，与 Br_2/H_2O 作用生成 B($C_{10}H_{12}Br_2O$)。A 的 IR 图中 3 600～3 200 cm^{-1} 有宽吸收峰，在 830 cm^{-1} 有强吸收峰。^{1}H NMR，δ(ppm)：7.0(m，4H)，4.9(s，1H)，1.3(s，9H)。试推测化合物 A 和 B 的构造式。

11.5 某化合物的分子离子峰的 m/z 值为 108，UV 谱的 240～260 nm 处有吸收带。IR 光谱显示在 3 400 cm^{-1} 和 1 600 cm^{-1} 有较强的吸收峰。^{1}H NMR，δ(ppm)：7.1(s，5H)，5.1(s，1H)，4.3(s，2H)。试推出该化合物的构造式。

11.6 从地衣蒸馏得到的油状物，经分离得到一液体化合物，元素分析证明只含有 C、H、O 三种元素，质谱表明分子离子峰的 m/z 值为 152。紫外光谱图上最大吸收波长为 $\lambda_{max}=236$ nm($\lg k=4.5$)。红外光谱图上在 3 100～3 600 cm^{-1} 范围无吸收峰，在 1 630 cm^{-1}，1 670 cm^{-1} 有吸收峰。^{1}H NMR，δ(ppm)：1.28(s，6H)，1.90(s，3H)，2.12(s，3H)，4.90～6.21(m，4H)。试推测该化合物的构造式。

11.7 一未知化合物的元素分析结果为 C，68.13%；H，13.72%；O，18.15%。它的光谱数据如下：MS(m/z)：88(M^{+})。^{1}H NMR，δ(ppm)：0.9(d，6H)，1.1(d，3H)，1.6(m，1H)，2.6(s，1H)，3.5(m，1H)。IR(cm^{-1})：3 310～3 500。该未知化合物与碘和氢氧化钠溶液反应，可得到碘仿。推测该未知化合物的结构。

第十二章　羧酸及其衍生物

分子中含有羧基（$-\overset{\overset{\displaystyle O}{\|}}{C}-OH$，简写作—COOH或—$CO_2H$，carboxy group）的化合物叫作羧酸（carboxylic acid）。羧基是羧酸的官能团，除甲酸（HCOOH）外，羧酸可看作是烃分子中的氢原子被羧基取代的产物。

羧酸及其衍生物广泛存在于自然界，是生命活动的重要物质。许多羧酸及其衍生物本身就是重要的临床药物、香料和日用化学品等。同时它们也是医药工业和其他有机化学工业的原料或中间体。

§12.1　羧酸的结构、命名和物理性质

一、羧酸的结构

羧基是羧酸的官能团。羧基的碳原子是 sp^2 杂化，三个 sp^2 杂化轨道分别与两个氧原子和一个氢原子或烃基碳原子形成 σ 键，键角约为 120°。羧基碳原子上余下的 p 轨道与氧原子上的 p 轨道平行并在侧面重叠，形成碳氧 π 键。羟基氧原子上具有未共用电子对的 p 轨道与碳氧双键共轭（p，π-共轭）。由于这种共轭，使得羟基氧原子的电子云向羰基移动，结果一方面使羰基碳原子的电正性减弱，不利于亲核试剂的进攻；另一方面使羟基氧原子上的电子云密度降低，使氢原子较易离解。

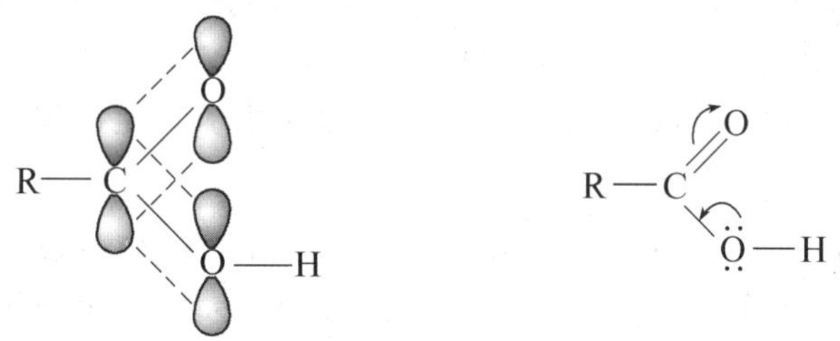

图 12.1　羧基的结构

二、羧酸的命名

根据与羧基相连的烃基的种类，可将羧酸分为芳香族羧酸和脂肪族羧酸、饱和羧酸和不饱和羧酸；根据羧基数目的不同，又可分为一元羧酸、二元羧酸和多元羧酸。

羧酸的系统命名原则与醛类似，即选择含有羧基的最长碳链为主链，从羧基的碳原子开

始编号，用阿拉伯数字表示取代基的位次。羧酸的命名也可使用希腊字母来编号，从羧基相邻碳原子起，分别用 α、β、γ 等字母表示，末端碳原子用 ω 表示。希腊字母编号也可以用于醛、酮的命名中。用英文命名时，英文后缀为- oic acid。一些羧酸常使用俗名(表 12.1 和附录五)。下列实例中，括号内的名称是俗名。

$$\overset{\omega}{CH_3}\cdots\underset{5}{\overset{\delta}{CH_2}}-\underset{4}{\overset{\gamma}{CH_2}}-\underset{3}{\overset{\beta}{CH_2}}-\underset{2}{\overset{\alpha}{CH_2}}-\underset{1}{COOH}$$

例如：

$CH_3CH_2CH_2COOH$
丁酸 butanoic acid
(酪酸 butyric acid)

$(CH_3)_2CHCH_2COOH$
3-甲基丁酸　3-methylbutanoic acid
(β-甲基丁酸　β-methylbutyric acid)
(异戊酸　isovaleric acid)

$CH_3CH_2-CH(OH)-COOH$
2-羟基丁酸　2-hydroxybutanoic acid
(α-羟基丁酸　α-hydroxybutyric acid)

$ClCH_2(CH_2)_4COOH$
6-氯己酸　6-chlorohexanoic acid
(ω-氯己酸　ω-chlorocaproic acid)

脂肪族二元羧酸的系统命名原则是选择含有两个羧基的碳链为主链，根据碳原子的数目叫作某二酸(- dioic acid)。例如：

$HOOC-COOH$
乙二酸 ethanedioic acid
(草酸　oxalic acid)

$HOOC-CH_2-CH(CH_3)-COOH$
2-甲基丁二酸　2-methylbutanedioic acid
(α-甲基丁二酸　α-methylsuccinic acid)

当羧基与环状母体氢化物相连时，直接在母体名称后加甲酸(carboxylic acid)。[1] 例如：

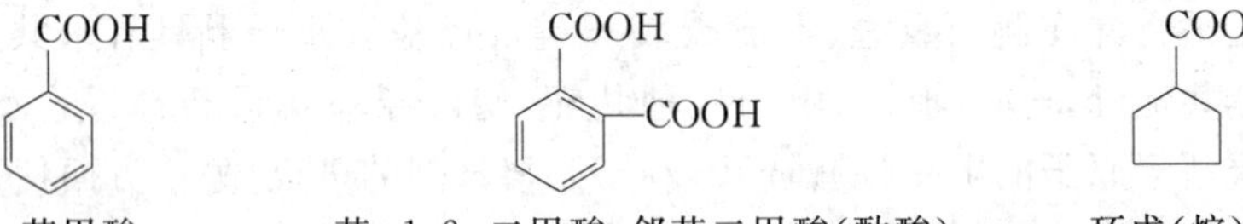

苯甲酸
benzenecarboxylic acid
(benzoic acid)

苯-1,2-二甲酸，邻苯二甲酸(酞酸)
benzene-1,2-dicarboxylic acid
(*o*-phthalic acid)

环戊(烷)甲酸
cyclopentanecarboxylic acid

命名不饱和羧酸时，按主链碳原子的数目称为某烯酸。当主链碳原子数目大于 10 时，称为某碳烯酸。例如：

$CH_2=CH-CH_2-COOH$
丁-3-烯酸　but-3-enoic acid

$C_6H_5CH=CH-COOH$
3-苯基丙烯酸　3-phenylpropenoic acid
(肉桂酸 cinnamylic acid)

$CH_3(CH_2)_4CH=CH-CH_2-CH=CH(CH_2)_7COOH$

(9*Z*,12*Z*)-十八碳-9,12-二烯酸(亚油酸)
(9*Z*,12*Z*)-octadeca-9,12-dienoic acid(linoleic acid)

---

[1] 母体氢化物为环烷烃时，中文命名时"烷"字也可以省略。

羧酸分子中去掉羟基后的 $R-\overset{O}{\overset{\|}{C}}-$(RCO) 基叫作酰基(acyl group)，酰基根据相应的羧酸来命名。将原羧酸名的"酸"字改为酰基，英文命名时将后缀"-oic acid"或"-ic acid"分别改为"oyl"或"yl"。后缀"甲酸(-carboxylic acid)"改为"甲酰基(-carbonyl)"。例如：乙酰基(acetyl)、丁酰基(butanoyl)、苯甲酰基(benzoyl)、环戊烷甲酰基(cyclopentanecarbonyl)。

问题 12.1　用中、英文命名下列化合物。

(1) $CH_3CH_2(H)C{=}C(H)COOH$（CH_3CH_2 与 H 在双键同侧，H 与 COOH 在双键同侧）

(2) $CH_3CH_2-C(COOH)(H)(OH)$（楔形键 OH，虚线键 H）

(3) 间羟基苯甲酸：HO—C_6H_4—$\overset{O}{\overset{\|}{C}}$—OH

(4) $CH_3\overset{O}{\overset{\|}{C}}CH_2CH_2CH_2\overset{O}{\overset{\|}{C}}OH$

(5) $HO\overset{O}{\overset{\|}{C}}CH_2\overset{OH}{\overset{|}{C}H}CH_2CH_2\overset{O}{\overset{\|}{C}}OH$

(6) 环己基—CH_2COOH

三、羧酸的物理性质

常见的一元羧酸的物理常数见表 12.1

表 12.1　常见一元羧酸的物理常数

化合物	英文名称 系统名(俗名)	熔点/℃	沸点/℃ (0.1 MPa)	溶解度 (g/100 gH_2O)	pK_a (25 ℃)
甲酸 (蚁酸)	methanoic acid (formic acid)	8.4	100.7	∞	3.76
乙酸 (醋酸)	ethanoic acid (acetic acid)	16.6	117.9	∞	4.75
丙酸 (初油酸)	propanoic acid (propionic acid)	−20.8	141.0	∞	4.87
丁酸 (酪酸)	butanoic acid (butyric acid)	−4.3	163.5	∞	4.81
2-甲基丙酸 (异丁酸)	2-methylpropanoic acid (isobutyric acid)	−46.1	153.2	22.8	4.84
戊酸 (缬草酸)	pentanoic acid (valeric acid)	−33.8	186.0	～5	4.82
己酸 (羊油酸)	hexanoic acid (caproic acid)	−2.0	205.0	0.96	4.83
十二酸 (月桂酸)	dodecanoic acid (lauric acid)	43.2		不溶	4.19
苯甲酸	benzoic acid	122.4	249.0	0.34	4.20
乙二酸 (草酸)	ethanedioic acid (oxalic acid)	189.0		8.6	1.27(pK_{a1}) 4.27(pK_{a2})

（续表）

化合物	英文名称 系统名(俗名)	熔点/℃	沸点/℃ (0.1 MPa)	溶解度 (g/100 gH_2O)	pKa (25 ℃)
丁二酸 (琥珀酸)	butanedioic acid (succinic acid)	185.0		5.8	4.21(pK_{a1}) 5.64(pK_{a2})

在室温下，甲酸、乙酸和丙酸是具有刺激性酸味的液体，丁酸至壬酸是具有不愉快气味的油状液体，C_{10}以上的直链饱和一元羧酸为无味的蜡状固体。二元羧酸和芳香族羧酸为结晶固体。

羧酸与水分子之间能形成氢键，因而甲酸至丁酸能与水互溶。随着碳原子数的增加，羧酸在水中的溶解度逐渐减小，C_{10}以上的一元羧酸不溶于水，但一元脂肪酸都可溶于乙醚、乙醇等有机溶剂。低级的二元羧酸如乙二酸（草酸）、丙二酸（缩苹果酸）等可溶于水而不溶于乙醚，但水溶性也随碳链的增加而降低。

直链饱和一元羧酸的沸点比相对分子量相近的醇高。例如甲酸和乙醇的相对分子量都是 46，沸点分别是 100.7 ℃和 78.5 ℃，乙酸和丙醇的相对分子量都是 60，沸点分别为 117.9 ℃和 97.2 ℃。这是由于羧酸分子间能形成比醇分子间更强的氢键的缘故。实验测得相对分子量较小的羧酸甲酸、乙酸等即使在气态时也以二聚体的形式存在。

R—C(=O)—O—H···O=C(—R)—O—H···O (cyclic dimer: O···H—O, O—H···O)

直链饱和一元羧酸的熔点随碳原子数目增加呈锯齿状上升，含偶数碳原子羧酸的熔点高于前后相邻奇数碳原子羧酸的熔点（图 12.2）。这是由于偶数碳原子羧酸的对称性较高，在晶格中排列得更加紧密的缘故。

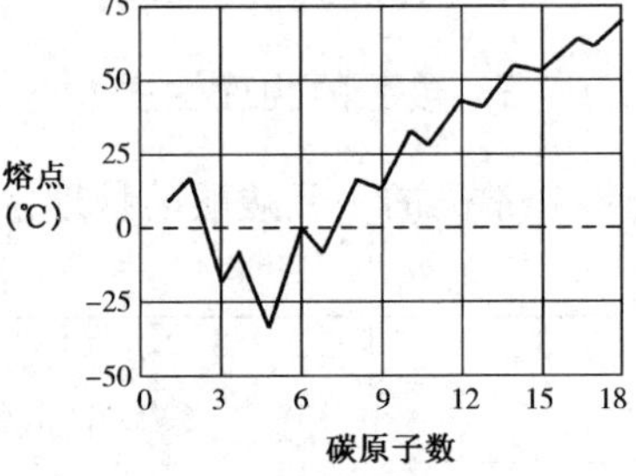

图 12.2 脂肪族直链饱和一元羧酸的熔点

§12.2 羧酸的化学性质

一、酸性

由于 p,π-共轭效应的影响，羧基中羟基上的氢易于离解。在羧酸的水溶液中存在着下列电离平衡：

$$RCOOH + H_2O \xrightleftharpoons{K_a} RCOO^{\ominus} + H_3O^{\oplus}$$

$$K_a = \frac{[RCOO^{\ominus}][H_3O^{\oplus}]}{[RCOOH]} \qquad pK_a = -\lg K_a$$

K_a 或 pK_a 值的大小反映羧酸酸性的强弱，K_a 值越大或 pK_a 值越小，酸性越强。一些一元羧酸的 pK_a 值见表 12.1。

电子衍射实验证明，羧酸根负离子中的两个 C—O 键是完全等同的，其键长为 126 pm 左右。因此羧酸根的结构式可用共振式表示为

$$\left[R-\overset{\ddot{O}:}{\underset{\ddot{O}:^{\ominus}}{C}} \longleftrightarrow R-\overset{:\ddot{O}^{\ominus}}{\underset{\ddot{O}:}{C}} \right] \qquad R-C\overset{O}{\underset{O}{\,}}{}^{\ominus}$$

由于负电荷分散在共轭体系中，羧酸根负离子与相应的烷氧基负离子相比有大得多的稳定性，因此羧酸的酸性比醇强得多。但羧酸仍是一种弱酸，一元饱和脂肪族羧酸的 pK_a 值一般在 3～5 之间。

羧酸可与金属氧化物、氢氧化物作用生成盐。

$$RCOOH + NaOH \longrightarrow RCOONa + H_2O$$
$$2RCOOH + MgO \longrightarrow 2(RCOO)_2Mg + H_2O$$

利用羧酸和碱的中和反应，可以定量测定羧酸的含量和羧基的数目。

羧酸的酸性比碳酸强，因而羧酸能与碳酸盐或碳酸氢盐作用形成羧酸盐并放出二氧化碳。

$$2RCOOH + Na_2CO_3 \longrightarrow 2RCOONa + CO_2 + H_2O$$

用强酸如盐酸酸化羧酸盐可使羧酸游离出来。由于羧酸的碱金属盐都溶于水，因而可利用这个性质使羧酸与其他不溶于水的中性有机物分离。一般的酚不溶于 $NaHCO_3$ 溶液，因而可以利用羧酸与 $NaHCO_3$ 生成水溶性羧酸钠盐而与酚分离。

由于羧酸钠和钾盐的水溶性，制药工业常把含有羧基的药物变成盐，使不溶于水的药物变成水溶性的。例如青霉素 G 分子中含有羧基，一般将它制成钠盐或钾盐供临床注射。

二、羧酸衍生物的生成

羧基中的羰基可以和一些亲核试剂起亲核加成-消去反应（nucleophilic addition-elimination），反应的实际结果相当于羧基中的羟基被亲核基团取代，生成羧酸衍生物。因此这类反应也称为酰基碳上的亲核取代反应（acyl nucleophilic substitution）。例如，羧基中的羟基被卤素取代生成酰卤；被酰氧基取代生成酸酐；被烃氧基取代生成酯；被氨基取代生成酰胺。

$$R-\overset{O}{\overset{\|}{C}}-OH \longrightarrow R-\overset{O}{\overset{\|}{C}}-Nu \quad (Nu=X, OCOR', OR', NH_2)$$

1. 生成酰卤

酰卤是高度活泼的羧酸衍生物，有机合成中常用酰卤作为酰化剂（acylation agent）。将羧酸转变为酰卤常用的试剂是三氯化磷、五氯化磷和亚硫酰氯（氯化亚砜）等。

$$3R\overset{O}{\overset{\|}{C}}OH + PCl_3 \longrightarrow 3R\overset{O}{\overset{\|}{C}}Cl + P(OH)_3$$

$$R\overset{O}{\overset{\|}{C}}OH + PCl_5 \longrightarrow R\overset{O}{\overset{\|}{C}}Cl + POCl_3 + HCl$$

$$R\overset{O}{\overset{\|}{C}}OH + SOCl_2 \longrightarrow R\overset{O}{\overset{\|}{C}}Cl + SO_2 + HCl$$

一般使用亚硫酰氯比较方便，因为产物中除酰氯以外都是气体，易于分离。

2. 生成酸酐

除甲酸外，两分子羧酸可脱水形成酸酐。脱水反应一般在较高的温度下进行，有时可加入适当的脱水剂五氧化二磷或乙酸酐等，促进反应的进程。例如：

$$C_6H_5COOH \xrightarrow[H_3PO_4,\ \triangle]{(CH_3CO)_2O} C_6H_5-\overset{O}{\overset{\|}{C}}-O-\overset{O}{\overset{\|}{C}}-C_6H_5$$

苯甲酸 benzoic acid　　苯甲酸酐 benzoic anhydride

生成酸酐的反应机理是一分子羧酸对另一分子羧酸的亲核加成-消去反应。

$$R-\overset{\overset{\oplus}{O}H}{\overset{\|}{C}}-OH + HO-\overset{O}{\overset{\|}{C}}-R \rightleftharpoons R-\underset{OH}{\overset{OH}{C}}-\overset{H}{\underset{\oplus}{O}}-\overset{O}{\overset{\|}{C}}-R \rightleftharpoons R-\underset{\overset{\oplus}{O}H_2}{\overset{OH}{C}}-O-\overset{O}{\overset{\|}{C}}-R$$

$$\xrightleftharpoons{-H_2O} R-\overset{\overset{\oplus}{O}H}{\overset{\|}{C}}-O-\overset{O}{\overset{\|}{C}}-R \xrightleftharpoons{-H^{\oplus}} R-\overset{O}{\overset{\|}{C}}-O-\overset{O}{\overset{\|}{C}}-R$$

问题 12.2　写出下列反应的产物。

(1) $C_6H_5CH_2CH_2COOH \xrightarrow{SOCl_2}$

(2) $CH_3CH_2CH_2COOH \xrightarrow{PCl_3}$

(3) $CH_3CH_2COOH \xrightarrow{P_2O_5}$

3. 生成酯

羧酸和醇在强酸（如硫酸、对甲苯磺酸等）催化下分子间脱水生成酯，这个反应叫作酯化反应（esterification）。

酯化反应是可逆反应。例如用 1 mol 乙酸与 1 mol 乙醇进行酯化反应，达到平衡时生成 0.667 mol 的乙酸乙酯和水。为了提高产率，一般采用的方法是增加某一种反应物的用量，或不断从体系中移去某一种产物。实际上有时两种方法同时使用。通常增加便宜易得的原料的用量，同时加甲苯与水共沸，不断移去反应中生成的水。如果酯的沸点较低，也可以将酯蒸出来，促进平衡向生成酯的方向移动。

实验证明，羧酸酯化时生成的水分子中的氧原子一般是来自羧酸的羟基。例如，用同位素标记的甲醇与苯甲酸反应，其结果是同位素标记的氧原子留在酯分子中。

$$C_6H_5\overset{O}{\overset{\|}{C}}-OH + H-{}^{18}OCH_3 \xrightleftharpoons{H^{\oplus}} C_6H_5\overset{O}{\overset{\|}{C}}-{}^{18}OCH_3 + H_2O$$

羧酸和硫醇作用脱去水而不是硫化氢：

$$R-\overset{O}{\overset{\|}{C}}-OH + H-SR' \xrightleftharpoons{H^{\oplus}} R-\overset{O}{\overset{\|}{C}}-SR' + H_2O$$

一般认为酯化反应的机理是醇与羧酸的亲核加成-消去反应。

$$CH_3-\overset{\overset{\ddot{O}:}{\|}}{C}-OH \xrightleftharpoons{H^{\oplus}} CH_3-\overset{\overset{\overset{\oplus}{O}H}{\|}}{\underset{OH}{C}} \xrightleftharpoons{H\ddot{O}C_2H_5} CH_3-\underset{OH}{\overset{OH}{C}}-\underset{H}{\overset{\oplus}{O}}-C_2H_5 \rightleftharpoons$$

$$CH_3-\underset{\underset{\oplus}{OH_2}}{\overset{\ddot{O}H}{C}}-OC_2H_5 \xrightleftharpoons{-H_2O} CH_3-\overset{\overset{\overset{\oplus}{O}H}{\|}}{C}-OC_2H_5 \xrightleftharpoons{-H^{\oplus}} CH_3-\overset{\overset{O}{\|}}{C}-OC_2H_5$$

反应中 $H^{\oplus}$ 促使酯化反应加速进行。一方面 $H^{\oplus}$ 使羧基的羰基氧原子质子化(protonation)，增加羰基碳原子的电正性，有利于醇羟基氧的亲核进攻形成新的碳氧键。另一方面，$H^{\oplus}$ 与四面体中间体(tetrahedral intermediate)的羟基作用生成氧鎓盐，使羟基(—OH)变成良好的离去基 H_2O，促进中间体转变成产物。

在整个酯化反应过程中，醇对质子化的羰基亲核加成的一步是反应速率决定步骤，因此当羧酸和醇的 α-碳原子上烃基增加时，由于空间位阻，酯化反应的速度降低。

问题 12.3　写出下列反应的产物。

(1) $ClCH_2COOH + CH_3CH_2OH \xrightarrow{H_2SO_4}$

(2) $CH_3CH{=}CHCOOH + CH_3OH \xrightarrow{H_2SO_4}$

(3) $CH_3COOH + HO-\overset{CH_3}{\underset{CH_3(CH_2)_5}{C}}\cdots H \xrightarrow{H_2SO_4}$

问题 12.4　按与 CH_3CH_2OH 酯化反应速度的快慢顺序排列下列羧酸。

$CH_3COOH, CH_3CH_2COOH, (CH_3)_2CHCOOH, (CH_3)_3CCOOH$

4. 生成酰胺

羧酸与氨反应得到羧酸的铵盐，将羧酸的铵盐加热可使其脱水得到酰胺。这个反应是可逆反应，设法除去反应中生成的水，可获得较高的产率。例如：

$$CH_3COOH + NH_3 \longrightarrow CH_3COONH_4 \xrightarrow{100\ ℃} CH_3CONH_2 + H_2O$$

工业上应用这个反应合成聚酰胺(polyamide)纤维：

$$nHOOC(CH_2)_4COOH + nH_2N(CH_2)_6NH_2 \xrightarrow[\text{压力}]{270\ ℃} HO\!\left[CO(CH_2)_4CONH(CH_2)_6NH\right]_n\!H + (n-1)H_2O$$

己二酸	己二胺	尼龙-66
hexanedioic acid (adipic acid)	hexane-1,6-diamine	nylon-66

三、羧酸的还原

羧酸是许多有机物氧化的最终产物，性质稳定，催化加氢和一般的还原剂都不能使羧酸还原。但用氢化锂铝可以顺利地将羧酸还原成伯醇。例如：

$$RCOOH \xrightarrow[\text{②}H_3O^{\oplus}]{\text{①}LiAlH_4} RCH_2OH$$

$$C_6H_5CH{=}CHCOOH \xrightarrow[②H_3O^{\oplus}]{①LiAlH_4} C_6H_5CH{=}CHCH_2OH$$

硼烷(BH_3)的四氢呋喃(THF)或二甲硫醚(dimethyl sulfide, DMS)溶液也易将羧酸、醛酮还原为醇,并且在同样条件下不还原硝基、酯基等。

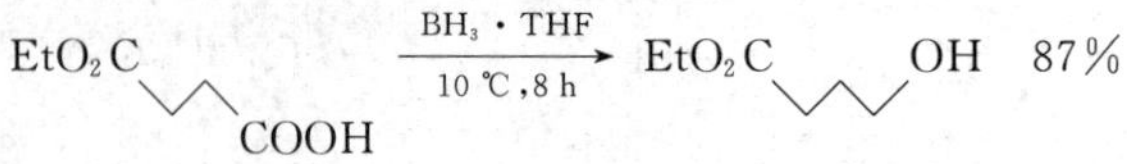

$$EtO_2C\text{-}CH_2CH_2\text{-}COOH \xrightarrow[10\ ℃,8\ h]{BH_3\cdot THF} EtO_2C\text{-}CH_2CH_2CH_2\text{-}OH \quad 87\%$$

四、α-卤代反应

脂肪族羧酸中的α-氢在光照和红磷的催化下能被卤素取代。例如:

$$CH_3(CH_2)_3CH_2COOH + Cl_2 \xrightarrow[h\nu]{P} CH_3(CH_2)_3CHClCOOH$$

问题 12.5 写出下列反应的产物。

(1) $CH_3CH_2CH_2COOH \xrightarrow[\triangle]{NH_3}$

(2) 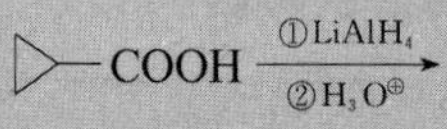 环丙基—COOH $\xrightarrow[②H_3O^{\oplus}]{①LiAlH_4}$

(3) 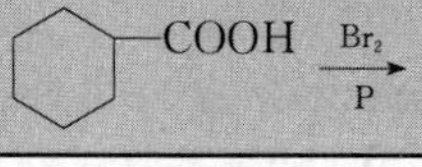 环己基—COOH $\xrightarrow[P]{Br_2}$

五、二元羧酸受热的反应

二元羧酸受热易脱水、脱羧,生成产物的结构取决于两个羧基的相对位置。无水草酸在加热时脱羧生成甲酸。

$$\text{HOOC—COOH} \xrightarrow{\triangle} HCOOH + CO_2$$

丙二酸及烃基取代的丙二酸加热到熔点以上时脱羧生成乙酸或取代乙酸:

$$CH_2(COOH)_2 \xrightarrow{\triangle} CH_3COOH + CO_2$$

丁二酸和戊二酸在单独加热或与乙酐共热时,脱水生成环酐:

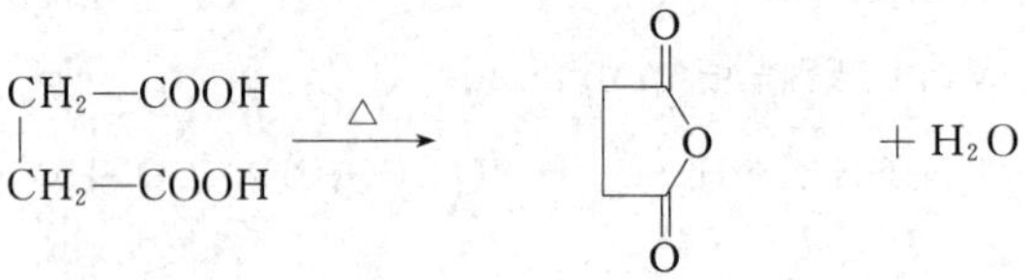

$$\begin{matrix}CH_2\text{—}COOH\\|\\CH_2\text{—}COOH\end{matrix} \xrightarrow{\triangle} \text{丁二酸酐(环状)} + H_2O$$

丁二酸 butanedioic acid　　丁二酸酐 butanedioic anhydride

$$CH_2(CH_2COOH)_2 \xrightarrow{\triangle} \text{戊二酸酐(环状)} + H_2O$$

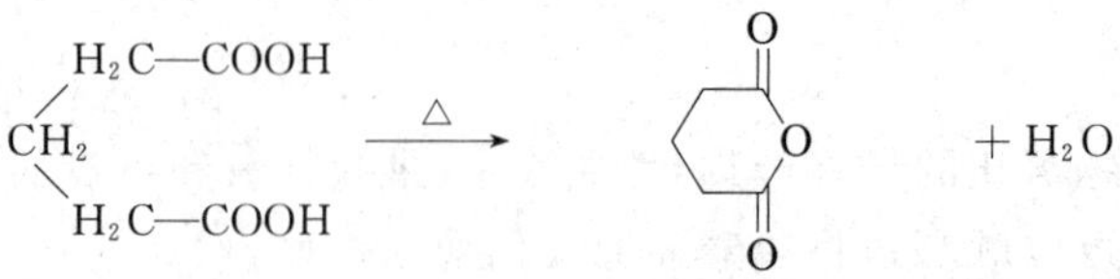

戊二酸 pentanedioic acid　　戊二酸酐 pentanedioic anhydride

己二酸和庚二酸受热时同时发生脱水和脱羧，生成较为稳定的五元环或六元环酮。

$$\begin{array}{l}CH_2—CH_2—COOH\\|\\CH_2—CH_2—COOH\end{array}\xrightarrow{\triangle}\text{环戊酮}(=O)+H_2O+CO_2$$

$$CH_2\begin{array}{l}\diagup CH_2—CH_2—COOH\\ \diagdown CH_2—CH_2—COOH\end{array}\xrightarrow{\triangle}\text{环己酮}(=O)+H_2O+CO_2$$

庚二酸以上的二元酸，高温时发生分子间的脱水反应，形成高分子链状聚酐。

问题 12.6　写出下列反应的产物。

(1) $CH_3CH(COOH)_2 \xrightarrow{\triangle}$

(2) $\begin{array}{l}CH_3—C—COOH\\ \quad\ \ \|\\CH_3—C—COOH\end{array}\xrightarrow{\triangle}$

(3) 邻苯二乙酸（苯环上邻位 $—CH_2COOH$、$—CH_2COOH$）$\xrightarrow{\triangle}$

§12.3　羧酸的制法

羧酸广泛存在于自然界，高级脂肪酸主要由动植物的油脂水解得到，其他的羧酸一般以石油为原料制备。

制备羧酸的反应在有关章节中已有讨论，现总结如下：

一、氧化法

醛和伯醇可被氧化为碳原子数相同的羧酸。例如：

$$\underset{\displaystyle\quad\ \ |\atop\displaystyle\quad\ \ CH_2CH_3}{CH_3CH_2CH_2CH_2CHCH_2OH}\xrightarrow[\text{② }H_3O^{\oplus}]{\text{① }KMnO_4,OH^{\ominus}}\underset{\displaystyle\quad\ \ |\atop\displaystyle\quad\ \ CH_2CH_3}{CH_3CH_2CH_2CH_2CHCOOH}\qquad 75\%$$

甲基酮可通过卤仿反应氧化成少一个碳原子的羧酸(第十章)。烷基苯的氧化常用于芳香族羧酸的合成(第六章)。烯烃的氧化也是制备羧酸的重要方法(第三章)。

二、水解法

腈水解是广泛使用的制备羧酸的方法，水解可在酸性或碱性条件下进行。

$$RCN+2H_2O\xrightarrow[\triangle]{H^{\oplus}\text{ 或 }OH^{\ominus}}RCOOH+NH_3$$

例如：

$$C_6H_5CH_2CN\xrightarrow[\triangle]{H_2SO_4,H_2O}C_6H_5CH_2COOH\qquad 78\%$$

由于腈可由卤代烃与 $CN^{\ominus}$ 起亲核取代反应得到，因此，从卤代烃出发通过腈水解可以合成比卤代烃多一个碳原子的羧酸。

此外，三个卤原子位于同一碳原子上的多卤代烃的水解也能生成羧酸。例如：

$$\text{3,5-}Cl_2C_6H_3CCl_3 \xrightarrow{H_2SO_4,\ H_2O} \text{3,5-}Cl_2C_6H_3COOH \quad 90\%$$

三、由格利雅试剂制备

格利雅试剂与二氧化碳作用，经水解生成羧酸：

$$RMgX + CO_2 \longrightarrow R\overset{O}{\overset{\|}{C}}OMgX \xrightarrow{H_3O^{\oplus}} RCOOH$$

实际操作时可将二氧化碳气体通入格利雅试剂的溶液中，保持反应温度在－10～10 ℃左右，也可将格利雅试剂倒在干冰上。例如：

$$CH_3CH_2\underset{CH_3}{\underset{|}{C}}HCl \xrightarrow[(C_2H_5)_2O]{Mg} CH_3CH_2\underset{CH_3}{\underset{|}{C}}HMgCl \xrightarrow{CO_2} CH_3CH_2\underset{CH_3}{\underset{|}{C}}H\overset{O}{\overset{\|}{C}}OMgCl$$

$$\xrightarrow{H_3O^{\oplus}} CH_3CH_2\underset{CH_3}{\underset{|}{C}}HCOOH \quad 77\%$$

问题 12.7 写出化合物 A～F 的结构式。

(1) $CH_3-C_6H_4-Br \xrightarrow[(C_2H_5)_2O]{Mg} A \xrightarrow{CO_2} B \xrightarrow{H_3O^{\oplus}} C$

(2) $(CH_3)_2CHCH_2CH_2OH \xrightarrow[\text{② } H_3O^{\oplus}]{\text{① } KMnO_4,\ OH^{\ominus}} D$

(3) $BrCH_2CH_2Br \xrightarrow{NaCN} E \xrightarrow{H_3O^{\oplus}} F$

§12.4 羧酸衍生物的命名和物理性质

羧酸衍生物主要包括酰卤(acyl halide)、酸酐(anhydride)、酯(ester)和酰胺(amide)。

一、羧酸衍生物的命名

酰卤和酰胺按照相应的酰基命名，酸酐根据形成酐的羧酸命名，酯则按照形成酯的羧酸和醇来命名。例如：

$$CH_3CH_2-\overset{O}{\overset{\|}{C}}-Cl \qquad CH_3CH_2CH_2-\overset{O}{\overset{\|}{C}}-Br \qquad CH_3-\overset{O}{\overset{\|}{C}}-O-\overset{O}{\overset{\|}{C}}-CH_3$$

丙酰氯	丁酰溴	乙(酸)酐
propanoyl chloride	butanoyl bromide	ethanoic anhydride
(propionyl chloride)	(butyryl bromide)	(acetic anhydride)

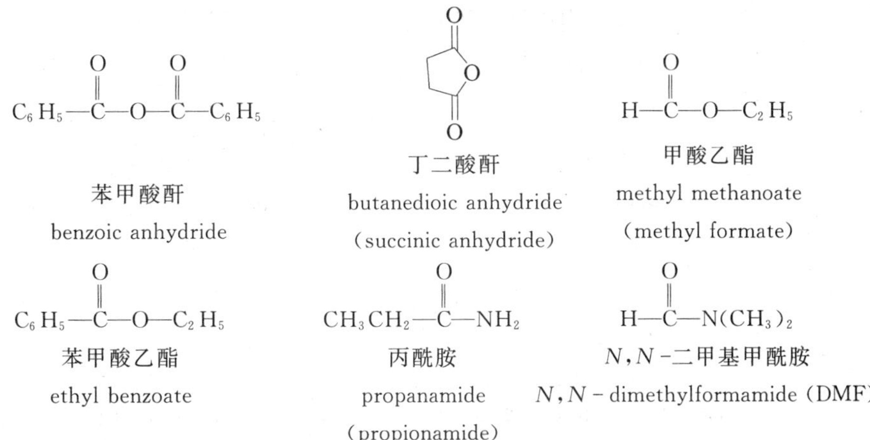

不对称(混合)酸酐的命名将形成酐的两个羧酸的名称按英文字母顺序排列。例如乙丙酸酐(acetic propionic anhydride)。

问题 12.8　写出下列化合物的结构式。

(1) 丙酸异丁酯　　(2) 邻苯二甲酸二丁酯

(3) *N*,*N*-二乙基乙酰胺　　(4) 邻苯二甲酸酐(苯酐)

(5) 乙酰苯胺　　(6) 乙酸环己基甲酸酐

命名含有多官能团的羧酸衍生物时，要先确定主官能团(见第九章)并写出主官能团为母体的名称，然后把其他官能团作为取代基，并按英文字母顺序排列，连同它们在母体碳架上的位次写在母体名称之前。常见羧酸衍生物功能基作为取代基的名称如下：

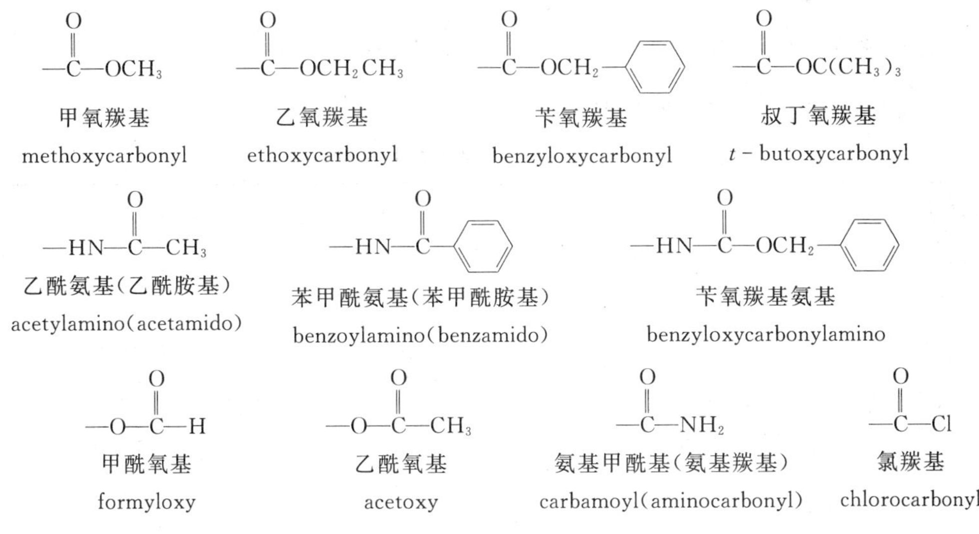

例如：

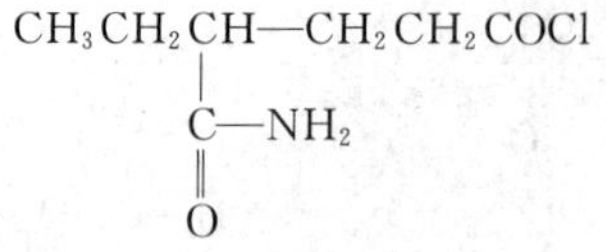

$CH_3CH_2CH(CONH_2)CH_2CH_2COCl$

4-氨基甲酰基己酰氯

4-carbamoylhexanoyl chloride

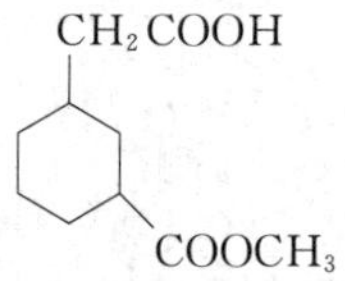

(3-(CH_2COOH)环己基甲酸甲酯结构)

2-((3-甲氧羰基)环己基)乙酸

2-((3-methoxycarbonyl)cyclohexyl)acetic acid

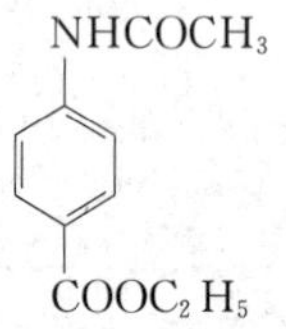

p-$CH_3CONHC_6H_4COOC_2H_5$

对乙酰氨基苯甲酸乙酯

ethyl p-acetylaminobenzoate

(ethyl p-acetamidobenzoate)

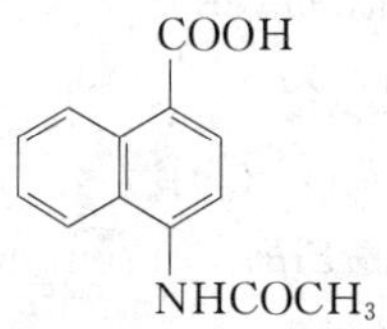

(萘环：1-COOH，4-$NHCOCH_3$)

4-乙酰氨基萘-1-甲酸

4-acetylaminonaphthalene-1-carboxylic acid

(4-acetamido-1-naphthoic acid)

问题 12.9 命名下列化合物。

(1) 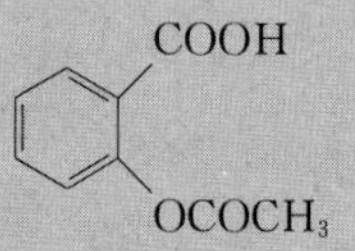 邻位取代苯：COOH，$OCOCH_3$

(2) $CH_3(HOOC)C{=}C(CH_3)CONH_2$

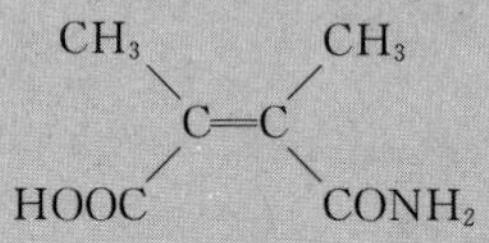

(3) 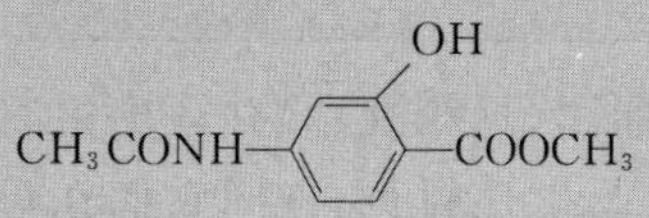 CH_3CONH—C_6H_3(OH)—$COOCH_3$

(4) 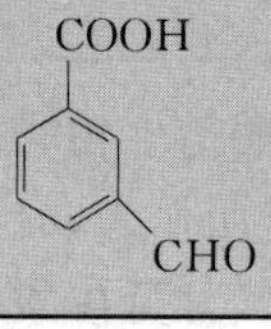 间位取代苯：COOH，CHO

二、羧酸衍生物的物理性质

一些羧酸衍生物的物理性质见表 12.2。

表 12.2 一些常见羧酸衍生物的物理常数

化合物	英文名	熔点(℃)	沸点(℃)
乙酰氯	acetyl chloride	−112	51
丙酰氯	propanoyl choride	−94	80
丁酰氯	butanoyl chloride	−89	102
苯甲酰氯	benzoyl chloride	−1	197
乙酐	acetic anhydride	−73	140
丁二酸酐	butanedioic anhydride	119.6	261
苯甲酸酐	benzoic anhydride	42	360
甲酸甲酯	methyl formate	−100	32
甲酸乙酯	ethyl formate	−80	54

（续表）

化合物	英文名	熔点(℃)	沸点(℃)
乙酸乙酯	ethyl acetate	−83	77
苯甲酸乙酯	ethyl benzoate	−34	213
甲酰胺	formamide	2.5	200
乙酰胺	acetamide	81	222
N,*N*-二甲基甲酰胺	*N*,*N*-dimethylformamide		153
苯甲酰胺	benzamide	130	290
乙腈	acetonitrile		81
苯甲腈	benzonitrile	−10	70

C_{14}以下的直链酰氯、甲酯和乙酯在室温下为液体。壬酸酐以上的酸酐在室温下是固体。

甲酯、乙酯和酰氯的沸点比相应的羧酸低，酸酐和酰胺的沸点比相应的羧酸高。除甲酰胺外，其他的酰胺($RCONH_2$)在室温下都是固体。

具有氢键给予体(N—H)和氢键受体(C═O)的酰胺可以通过氢键互相缔合：

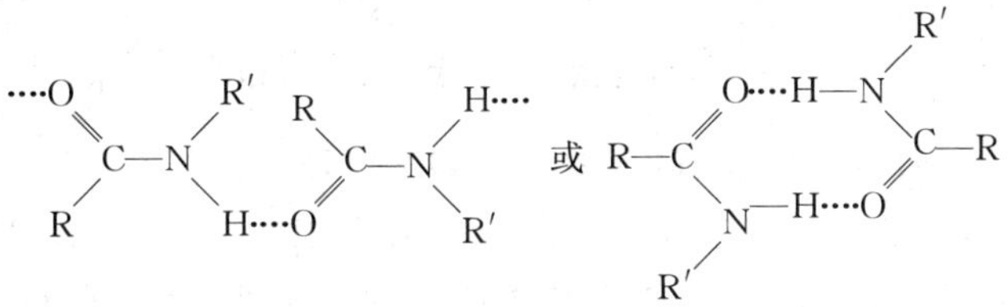

$$\cdots O{=}C(R){-}N(R'){-}H\cdots O{=}C(R){-}N(R'){-}H\cdots \quad 或 \quad R{-}C(=O\cdots H{-}N(R'){-})\,;\ {-}N(R'){-}H\cdots O{=}C(R){-}\ (环状二聚体)$$

在 *N*-取代酰胺分子中，由于氮原子上一个氢原子被烃基取代，使缔合程度减小，沸点降低。*N*,*N*-二取代酰胺分子中没有 N—H 键，不能通过氢键缔合，因而沸点进一步降低。例如甲酰胺、*N*-甲基甲酰胺和 *N*,*N*-二甲基甲酰胺的沸点分别为 210.5 ℃、185 ℃和 153 ℃。

羧酸衍生物能溶于一般有机溶剂。酯一般不溶于水。低级的酰卤和酸酐极易被水解，因而通常应避免与水接触。酰胺能与水分子缔合，因而低级酰胺能溶于水，如甲酰胺、*N*-甲基甲酰胺、*N*,*N*-二甲基甲酰胺能与水互溶。*N*,*N*-二甲基甲酰胺(DMF)是常用的非质子性极性溶剂，能溶解许多无机盐和有机化合物。

低级的酰氯和酸酐都有刺激性气味。酯常有愉快的水果香味，例如乙酸异戊酯有香蕉香味，丙酸异丙酯有梅子味，因此酯类是重要的香料。

§12.5　羧酸衍生物的反应

羧酸衍生物酰卤、酸酐、酯和酰胺分子中都有一个酰基，与酰基碳相连基团的第一个原子都有未共用电子对。

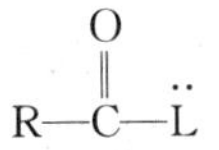

$$R-\overset{\overset{\displaystyle O}{\|}}{C}-\ddot{L} \qquad L = -X、-OCOR'、-OR'、-NH_2$$

由于羧酸衍生物的结构相似，因而它们具有类似的化学反应。

一、亲核加成-消去反应

1. 亲核加成-消去反应的机理和羧酸衍生物的反应活性

羧酸衍生物在酸或碱催化下与亲核试剂如 H_2O、ROH、NH_3 作用，L 基可以被羟基、烃氧基和氨基取代，生成羧酸、酯和酰胺等产物。这些反应都是按亲核加成-消去机理(addition-elimination mechanism)进行的：

$$R-\overset{\overset{O}{\|}}{C}-L + :Nu^{\ominus} \xrightleftharpoons{慢} R-\overset{\overset{O^{\ominus}}{|}}{\underset{\underset{Nu}{|}}{C}}-L \quad 亲核加成$$

四面体中间体

$$R-\overset{\overset{:\ddot{O}:^{\ominus}}{|}}{\underset{\underset{Nu}{|}}{C}}-L \xrightleftharpoons{快} R-\overset{\overset{O}{\|}}{C}-Nu + L:^{\ominus} \quad 消去$$

由于亲核加成一步是整个反应的速度决定步骤，因而底物的活性主要取决于羰基碳原子的电正性的大小。

$$R-\overset{\overset{O}{\|}}{C}\leftarrow\ddot{X} \qquad R-\overset{\overset{O}{\|}}{C}\leftarrow\ddot{O}COR' \qquad R-\overset{\overset{O}{\|}}{C}\leftarrow\ddot{O}R' \qquad R-\overset{\overset{O}{\|}}{C}\leftarrow\ddot{N}H_2$$

吸电子诱导效应(－I)：$-X>-OCOR'>-OR>NH_2$

给电子共轭效应(＋C)：$-X<-OCOR'<-OR<NH_2$

－I 效应增强和＋C 效应减弱都使羰基碳原子的电正性增大，有利于亲核加成反应的进行。因此羧酸衍生物的亲核加成-消去反应的活性次序为：酰卤＞酸酐＞酯＞酰胺。

酸或碱都可以催化羧酸衍生物的亲核加成-消去反应。酸催化的原理是使羧酸衍生物的羰基首先质子化，增加羰基碳原子的电正性，促进亲核加成的进行。碱催化的原理是提高亲核试剂的亲核能力或增加亲核试剂的有效浓度。

2. 水解

羧酸衍生物水解(hydrolysis)后都生成羧酸：

$$\left.\begin{array}{l} R-\overset{\overset{O}{\|}}{C}-Cl \\ R-\overset{\overset{O}{\|}}{C}-O-COR' \\ R-\overset{\overset{O}{\|}}{C}-OR' \\ R-\overset{\overset{O}{\|}}{C}-NH_2 \end{array}\right. \quad H-OH \longrightarrow \begin{array}{l} R-\overset{\overset{O}{\|}}{C}-OH + HCl \\ R-\overset{\overset{O}{\|}}{C}-OH + R'-\overset{\overset{O}{\|}}{C}-OH \\ R-\overset{\overset{O}{\|}}{C}-OH + HOR' \\ R-\overset{\overset{O}{\|}}{C}-OH + NH_3 \end{array}$$

酰氯和酸酐在室温下就能与水反应，酰氯反应激烈，酸酐反应较温和。

酯的水解一般要在酸或碱催化下进行，无催化剂时反应很慢。酸催化水解反应实际上是酯化反应的逆过程。

碱催化酯水解的机理如下：

$$CH_3-\overset{O}{\overset{\|}{C}}-OC_2H_5 + HO^{\ominus} \rightleftharpoons CH_3-\underset{OH}{\overset{O^{\ominus}}{C}}-OC_2H_5 \rightleftharpoons CH_3-\overset{O}{\overset{\|}{C}}-OH + C_2H_5O^{\ominus} \xrightarrow{NaOH} CH_3COONa$$

酰胺在酸或碱存在下长时间加热，水解生成一分子羧酸和一分子胺。内酰胺（lactam）水解生成 ω-氨基羧酸。例如，己内酰胺水解可得到合成纤维尼龙-6 的原料 ω-氨基己酸。

$$\text{己内酰胺} \xrightarrow[\text{② } H^{\oplus}]{\text{① } OH^{\ominus},\triangle} H_2NCH_2CH_2CH_2CH_2CH_2COOH$$

己内酰胺　　　　ω-氨基己酸

caprolactam　　　　6-aminohexanoic acid

己内酰胺也可以直接开环聚合得到尼龙-6（绵纶）。

$$n\ \text{己内酰胺} \longrightarrow \left[\overset{O}{\overset{\|}{C}}-(CH_2)_5-NH\right]_n$$

3. 醇解

羧酸衍生物醇解（alcoholysis）后都生成酯。

$$R-\overset{O}{\overset{\|}{C}}-Cl + H-OR' \longrightarrow R-\overset{O}{\overset{\|}{C}}-OR' + HCl$$

$$R-\overset{O}{\overset{\|}{C}}-O-COR + H-OR' \longrightarrow R-\overset{O}{\overset{\|}{C}}-OR' + R-\overset{O}{\overset{\|}{C}}-OH$$

$$R-\overset{O}{\overset{\|}{C}}-OR + H-OR' \longrightarrow R-\overset{O}{\overset{\|}{C}}-OR' + HOR$$

$$R-\overset{O}{\overset{\|}{C}}-NH_2 + H-OR' \longrightarrow R-\overset{O}{\overset{\|}{C}}-OR' + NH_3$$

酰氯十分活泼，醇解反应一般在室温下就迅速进行，因此酰氯的醇解是合成酯的重要方法之一。例如：

$$C_6H_5-OH + CH_3-\overset{O}{\overset{\|}{C}}-Cl \xrightarrow{N(CH_2CH_3)_3} CH_3-\overset{O}{\overset{\|}{C}}-O-C_6H_5 \quad 85\%$$

羧酸与醇的直接酯化是一个平衡反应，反应不易进行得完全，将羧酸转化为酰氯后再与醇反应，虽然经过两步，但结果往往比直接酯化好。例如：

$$(CH_3)_3C\overset{O}{\overset{\|}{C}}OH \xrightarrow{SOCl_2} (CH_3)_3C\overset{O}{\overset{\|}{C}}Cl \xrightarrow[\text{吡啶}]{C_6H_5OH} (CH_3)_3C\overset{O}{\overset{\|}{C}}OC_6H_5 \quad 80\%$$

酸酐的醇解反应也很容易进行。酸和碱可以使醇解的速度加快。例如：

$$(CH_3CO)_2O + (CH_3)_2CHOH \xrightarrow{H_2SO_4} CH_3COOCH(CH_3)_2 + CH_3COOH$$

86%

酯醇解反应的结果得到一个新的酯和一个新的醇，这个反应称为酯交换反应

(transesterification)。酯交换反应是可逆反应，增加某一种反应物的用量，或不断从体系中移去某一种产物可促进平衡向生成产物的方向移动。例如：

$$CH_2{=}CHCOOCH_3 + CH_2CH_2CH_2CH_2OH \xrightarrow{TsOH} CH_2{=}CHCOOCH_2CH_2CH_2CH_3 + CH_3OH$$

工业上生产的聚酯(polyester)涤纶(terylent)的原料对苯二甲酸二乙二醇酯也是用酯交换的方法合成的。

$$p\text{-}C_6H_4(COOCH_3)_2 + 2HOCH_2CH_2OH \xrightarrow[180\ ℃]{(CH_3COO)_2Zn} p\text{-}C_6H_4(COOCH_2CH_2OH)_2 + 2CH_3OH$$

对苯二甲酸二甲酯 乙二醇 对苯二甲酸二(2-羟基乙基)酯

dimethyl benzene - 1,4 - dicarboxylate bis(2 - hydroxyethyl) benzene - 1,4 - carboxylate

(dimethyl terephthalate) (bis(2 - hydroxyethyl)terephthalate)

在生物体内，也有与酯交换类似的反应。例如：

$$CH_3—\overset{\overset{O}{\|}}{C}—S—CoA + HOCH_2CH_2\overset{\oplus}{N}(CH_3)_3\overset{\ominus}{O}H \longrightarrow$$

乙酰辅酶 A 胆碱

acetyl coenzyme A choline

(硫代羧酸酯) (含有醇羟基)

$$CH_3—\overset{\overset{O}{\|}}{C}—OCH_2CH_2\overset{\oplus}{N}(CH_3)_3OH^{\ominus} + HS—CoA$$

乙酰胆碱 辅酶 A

acetylcholine coenzyme A

(新的酯) (新的醇)

酰胺与醇在酸性催化剂、较高温度和一定的压力下也可以转变成酯。例如：

$$H_2N—\overset{\overset{O}{\|}}{C}—NH_2 + CH_3OH \xrightarrow[2\ MPa]{聚磷酸} H_2N—\overset{\overset{O}{\|}}{C}—OCH_3 \qquad 85\%$$

尿素 氨基甲酸甲酯

urea methyl carbamate

4. 氨解

酰卤、酸酐和酯氨解(ammonolysis)都生成酰胺。氨解反应比水解和醇解更容易进行，这是由于氨的亲核性比水和醇更强的缘故。

$$R—\overset{\overset{O}{\|}}{C}—Cl + H—NH_2 \longrightarrow R—\overset{\overset{O}{\|}}{C}—NH_2 + HCl$$

$$R—\overset{\overset{O}{\|}}{C}—O—COR + H—NH_2 \longrightarrow R—\overset{\overset{O}{\|}}{C}—NH_2 + R—\overset{\overset{O}{\|}}{C}—OH$$

$$R—\overset{\overset{O}{\|}}{C}—OR' + H—NH_2 \longrightarrow R—\overset{\overset{O}{\|}}{C}—NH_2 + HOR'$$

酰氯和酸酐的氨解反应比较激烈。酯的氨解比较温和，反应在室温下可顺利进行。例如：

$$CH_3-\overset{\overset{O}{\|}}{C}-OC_2H_5 + NH_3 \cdot H_2O \xrightarrow{20\ ℃} CH_3-\overset{\overset{O}{\|}}{C}-NH_2 + CH_3CH_2OH$$

酰卤和酸酐也能发生氨解。这类反应在工业上有广泛的应用。例如：乙酰氯与对乙氧基苯胺反应合成药物非那西汀。

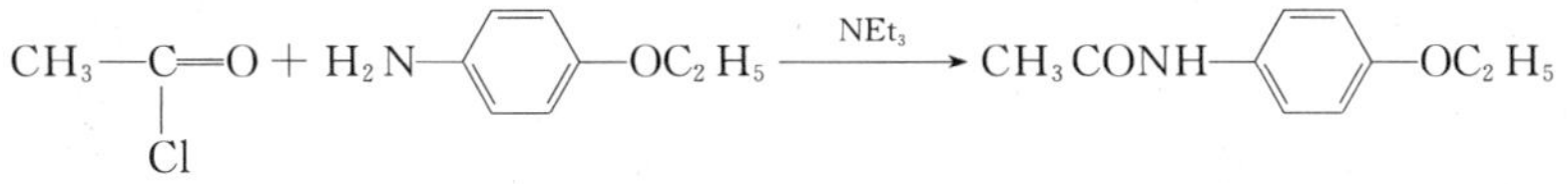

$$CH_3-\underset{\underset{Cl}{|}}{C}=O + H_2N-C_6H_4-OC_2H_5 \xrightarrow{NEt_3} CH_3CONH-C_6H_4-OC_2H_5$$

二元酸酐与二元胺起氨解反应后脱水生成聚酰亚胺(polyimide)。聚酰亚胺是一类耐高温、耐低温、耐腐蚀、易成膜的聚合物材料，广泛用于航空航天、电子和通讯材料等工业中。

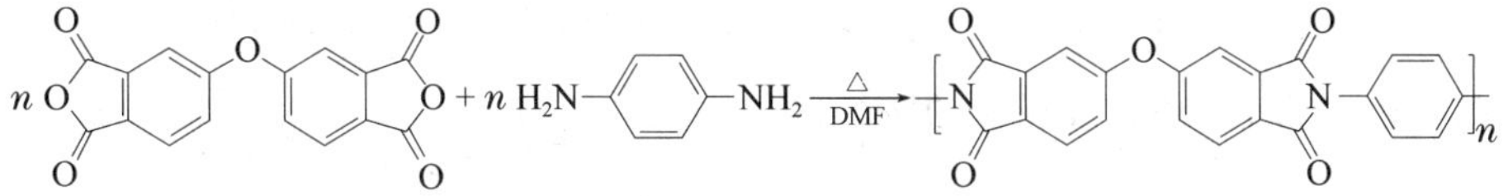

$$n\ \text{(二酐)} + n\ H_2N-C_6H_4-NH_2 \xrightarrow[DMF]{\triangle} \text{[聚酰亚胺]}_n$$

二酐　　二胺　　聚酰亚胺

问题 12.10　写出下列反应的产物。

(1) $CH_3COOCH_3 + H_2{}^{18}O \xrightarrow{H^{\oplus}}$

(2) 邻苯二甲酸酐 $+ CH_3CH_2CH_2CH_2OH \xrightarrow{H^{\oplus}}$

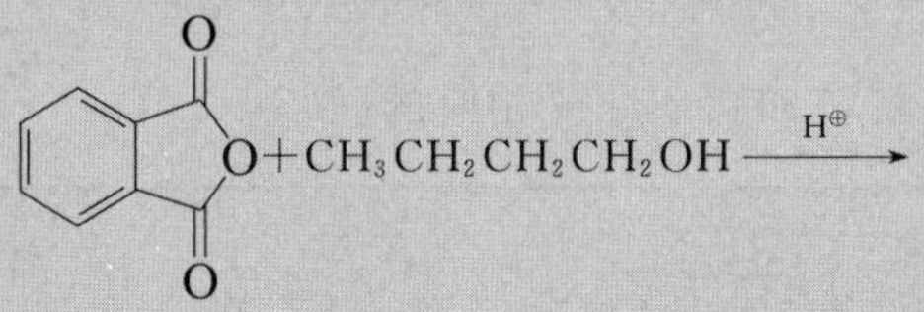

(3) 环戊基—COOH $\xrightarrow{SOCl_2} \xrightarrow{(CH_3)_2NH}$

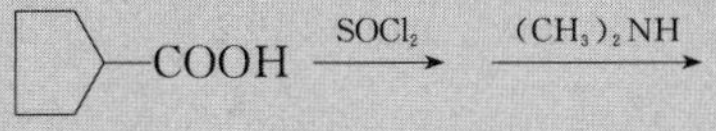

(4) $CH_3OOC-C_6H_4-COOCH_3$（对位） $+ CH_3CH_2CH_2CH_2\underset{\underset{CH_2CH_3}{|}}{CH}CH_2OH \xrightarrow{H^{\oplus}}$

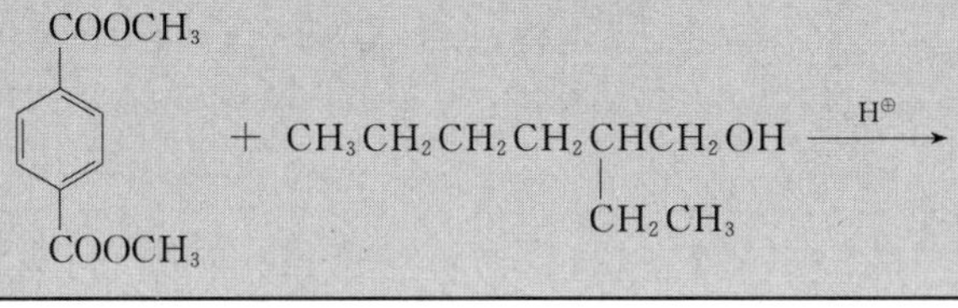

二、羧酸衍生物的还原

羧酸衍生物比羧酸容易还原。其中酰氯最容易被还原，用活性较小的催化剂(Lindlar催化剂)催化酰氯的氢解反应，可使酰氯转化为醛。例如：

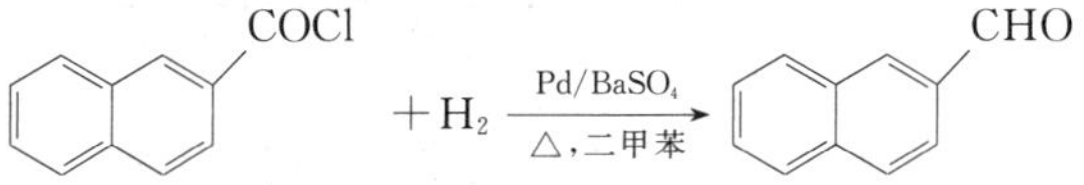

$$C_{10}H_7COCl + H_2 \xrightarrow[\triangle,\text{二甲苯}]{Pd/BaSO_4} C_{10}H_7CHO$$

2-萘甲酰氯　2-naphthoyl chloride

2-萘甲醛　80%　2-naphthaldehyde

这个反应称为罗逊蒙德(Rosenmund)还原。

酯的还原常用 $Na+CH_3CH_2OH$ 为还原剂，产物是两种醇的混合物。例如：

$$CH_3(CH_2)_4COOC_2H_5 \xrightarrow[CH_3CH_2OH]{Na} CH_3(CH_2)_4CH_2OH + C_2H_5OH$$

85%

氢化铝锂强还原剂可使各种羧酸衍生物都还原。例如：

$$C_6H_5COCl \xrightarrow[②\ H_3O^{\oplus}]{①\ LiAlH_4} C_6H_5CH_2OH$$

苯甲酰氯 benzoyl chloride　　苄醇 72% benzyl alcohol

$$C_6H_5—\overset{O}{\overset{\|}{C}}—OCH_2CH_3 \xrightarrow[②\ H_3O^{\oplus}]{①\ LiAlH_4} C_6H_5CH_2OH + CH_3CH_2OH$$

苯甲酸乙酯 ethyl benzoate　　苄醇 90% benzyl alcohol　　乙醇 ethanol

酰胺可被 $LiAlH_4$ 还原成相应的胺。例如：

$$C_6H_5—N(CH_3)—\overset{O}{\overset{\|}{C}}—CH_3 \xrightarrow[②\ H_3O^{\oplus}]{①\ LiAlH_4} C_6H_5—N(CH_3)CH_2CH_3$$

N-甲基-*N*-苯基乙酰胺 *N*-methyl-*N*-phenylacetamide　　*N*-乙基-*N*-甲基苯胺 *N*-ethyl-*N*-methylaniline

硼烷的四氢呋喃或二甲硫醚溶液也可将酰胺和腈还原成相应的胺。

问题 12.11　写出下列反应的产物。

(1) N-苯基戊二酰亚胺 $\xrightarrow[②\ H_3O^{\oplus}]{①\ LiAlH_4}$

(2) $CH_3CH═CHCH_2CH_2COOCH_3 \xrightarrow[②\ H_3O^{\oplus}]{①\ LiAlH_4}$

(3) δ-戊内酯 $\xrightarrow{Na, C_2H_5OH}$

(4) $O_2N-C_6H_4-CH_2CH(NH_2)C(=O)-NH-C(=O)-NH-CH_2C(=O)-NH-CH_2COOH \xrightarrow{BH_3 \cdot THF}$

§12.6　酰胺的特殊性质

一、酸碱性

酰胺可以看作是氨的酰基衍生物。氨是碱性物质，但酰胺是中性化合物，这是因为在酰胺分子中 N 原子上的未共用电子对占据的 p 轨道和羰基共轭，使氮原子上的电子云密度降低，减弱了它接受质子的能力。

环酐起氨解反应可开环得到单酰胺酸的铵盐，后者加热转变成酰亚胺。例如：

邻苯二甲酸酐 + $NH_3 \cdot H_2O$ ⟶ (邻-$CONH_2$, $COONH_4$ 苯) $\xrightarrow{\triangle}$ 邻苯二甲酰亚胺

邻苯二甲酸酐
phthalic anhydride

邻苯二甲酰亚胺
phthalimide

在酰亚胺分子中，氮原子直接与两个羰基碳相连，氮原子上的电子云密度大大降低，使N—H 键的极性增强，表现出明显的酸性。例如邻苯二甲酰亚胺的 pK_a 值为 7.4。酰亚胺与强碱作用（如 NaOH 和 KOH）可生成相应的盐。例如：

邻苯二甲酰亚胺(NH) + KOH ⟶ 邻苯二甲酰亚胺($N^{\ominus}K^{\oplus}$) + H_2O

邻苯二甲酰亚胺负离子是一种亲核试剂，与卤代烃作用可在氮原子上导入一个烷基，肼解后可得到纯的伯胺（RNH_2）。这一反应叫作加布里（Gabriel）反应。例如：

邻苯二甲酰亚胺钾($N^{\ominus}K^{\oplus}$) $\xrightarrow{RX}$ N—R 邻苯二甲酰亚胺 $\xrightarrow{NH_2NH_2}$ 邻苯二甲酰肼(NH—NH) + R—NH_2

二、霍夫曼（Hofmann）重排

酰胺与氯或溴在碱溶液中反应，生成少一个碳原子的伯胺，称为霍夫曼重排。

$$RCONH_2 + 4OH^{\ominus} + Br_2 \longrightarrow RNH_2 + 2Br^{\ominus} + CO_3^{2\ominus} + 2H_2O$$

例如：

$$CH_3(CH_2)_7CONH_2 \xrightarrow{Cl_2,NaOH} CH_3(CH_2)_7NH_2$$

壬酰胺
nonanamide

辛-1-胺　94%
octan-1-amine

间溴苯甲酰胺 $\xrightarrow{Br_2,NaOH}$ 间溴苯胺

间溴苯甲酰胺
m-bromobenzamide

间溴苯胺　87%
m-bromoaniline

丁二酰亚胺 $\xrightarrow{Br_2,NaOH}$ CH_2NH_2—CH_2COOH

丁二酰亚胺
succinimide

3-氨基丙酸　45%
3-aminopropanoic acid

问题 12.12 写出下列反应的主要产物。

(1) 环戊基$-CONH_2 \xrightarrow{Br_2, NaOH}$

(2) 邻苯二甲酰亚胺 $\xrightarrow{Br_2, NaOH}$

霍夫曼重排是氮原子上的缺电子重排反应：

$$RCONH_2 + OH^{\ominus} \rightleftharpoons RCONH^{\ominus} + H_2O \quad ①$$

$$RCONH^{\ominus} + Br_2 \rightleftharpoons RCONHBr + Br^{\ominus} \quad ②$$

$$RCONHBr + OH^{\ominus} \rightleftharpoons RCON^{\ominus}Br + H_2O \quad ③$$

$$R-\overset{O}{\overset{\|}{C}}-\overset{\ominus}{N}-Br \rightleftharpoons R-\overset{O}{\overset{\|}{C}}-\ddot{N}: + Br^{\ominus} \quad ④$$

氮烯

$$R-\overset{O}{\overset{\|}{C}}-\ddot{N} \xrightarrow{\text{重排}} R-N=C=O \quad ⑤$$

异氰酸酯

isocyanate

$$R-N=C=O + H_2O \longrightarrow R-NH_2 + CO_2 \quad ⑥$$

酰胺分子中氮原子上氢的酸性与水相近，在碱性溶液中一部分酰胺转变成负离子（①式）。酰胺负离子与溴或氯反应立即生成 *N*-溴代或氯代酰胺（②式）。*N*-卤代酰胺的酸性比酰胺强，立即与碱作用，生成相应的负离子（③式），后者进而失去卤素离子，转变成氮烯(nitrene)（④式）。氮烯中氮原子只有 6 个价电子，很不稳定，立即发生重排，与羰基相连的烃基带着一对价电子转移到氮原子上，生成异氰酸酯（⑤式）。异氰酸酯加水、脱羧得到伯胺（⑥式）。

三、脱水反应

酰胺与强脱水剂（如 P_2O_5、$POCl_3$ 等）共热，可脱水生成腈(nitrile)，这是制备腈的重要方法之一。例如：

$$CH_3(CH_2)_4CONH_2 \xrightarrow[\triangle]{P_2O_5} CH_3(CH_2)_4CN + H_2O$$

己酰胺 hexanamide　　己腈 hexanenitrile

腈分子中的氰基是高度极化的，因而腈具有较大的偶极矩和较高沸点，例如乙腈的偶极矩为 4.03 D，沸点为 81.6 ℃。乙腈能与水互溶，是一种常用的非质子极性溶剂。

§12.7　重要的羧酸和碳酸酯

一、甲酸

甲酸又称蚁酸，无色液体，沸点100.5 ℃，熔点8.4 ℃，与水互溶。自然界里蚁类、蜂类及毛虫等的分泌物中都存在甲酸。在荨麻、松叶及某些果实中也发现有甲酸存在。

从结构上看，甲酸既含有羧基，又含有醛基，因此甲酸除具有一般羧酸的性质外，还具有醛的性质。例如甲酸能起银镜反应，具有很强的还原性。

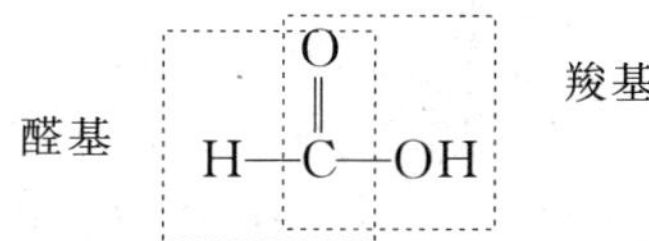

甲酸是重要的化工原料，也是纺织工业中的印染还原剂，医药上的消毒剂和防腐剂。

二、乙酸

乙酸又称醋酸，是食醋的主要成分。纯乙酸是无色有刺激性气味的液体，沸点118 ℃，熔点16.6 ℃，纯乙酸在16 ℃以下能结成似冰状的固体，因此常称为冰醋酸。

工业生产乙酸采用甲醇羰基合成法，即由甲醇和一氧化碳在铑或钌的配合物催化和一定的温度压力下合成。

$$CH_3OH + CO \xrightarrow[20\ MPa,250\ ℃]{Rh配合物} CH_3COOH$$

木材干馏或谷物发酵也能得到乙酸。乙酸用于制造乙酐、乙酸酯、醋酸纤维等，也是医药工业和其他有机化学工业不可缺少的原料。

三、乙二酸

乙二酸俗名草酸，含两分子结晶水，加热至100 ℃时失去结晶水而得无水草酸。草酸易溶于水，不溶于乙醚等有机溶剂。

草酸是酸性最强的饱和二元羧酸。它除具有一般羧酸的性质外，还具有还原性，能还原高锰酸钾。因此，分析化学上常用草酸钠来标定高锰酸钾溶液的浓度。高价的铁盐可被草酸还原成易溶于水的低价铁盐，因此，可用草酸除去铁锈或蓝墨水的污迹。

草酸以盐的形式广泛存在于植物的细胞壁中。工业上以甲酸钠为原料合成草酸。用硝酸氧化淀粉也可以得到草酸。

四、碳酸酯

碳酸分子中的两个羟基被氯、氨基、烷氧基取代，分别形成光气（phosgene）、尿素（urea）和碳酸酯（carbonate）。

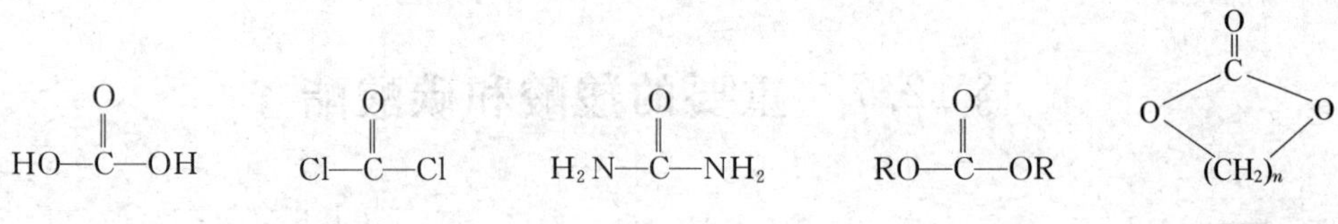

$$HO-\overset{\overset{O}{\|}}{C}-OH \quad Cl-\overset{\overset{O}{\|}}{C}-Cl \quad H_2N-\overset{\overset{O}{\|}}{C}-NH_2 \quad RO-\overset{\overset{O}{\|}}{C}-OR$$

碳酸　　光气　　尿素　　碳酸酯　　环碳酸酯 （O=C 与两个 O 及 $(CH_2)_n$ 成环）

光气是碳酸的二酰氯，化学性质活泼，是有机合成的重要原料，但光气剧毒，操作不便，它在有机合成中的作用正逐渐被碳酸酯代替。

最重要的碳酸酯是碳酸二甲酯(dimethyl carbonate)、碳酸二乙酯(diethyl carbonate)和碳酸二苯酯(diphenyl carbonate)。碳酸二甲酯和碳酸二乙酯用氧化羰基化合成方法合成。例如：

$$2CH_3OH+CO \xrightarrow[130\ ℃,3.0\ MPa]{CuCl_2,O_2} H_3CO-\overset{\overset{O}{\|}}{C}-OCH_3$$

碳酸二甲酯和碳酸二乙酯无毒，是绿色化工原料。它们可代替剧毒的光气，用作甲(乙)氧羰基化试剂。例如用碳酸二甲酯与胺类化合物反应，生成氨基甲酸酯，后者热分解成聚氨酯的原料异氰酸酯。例如：

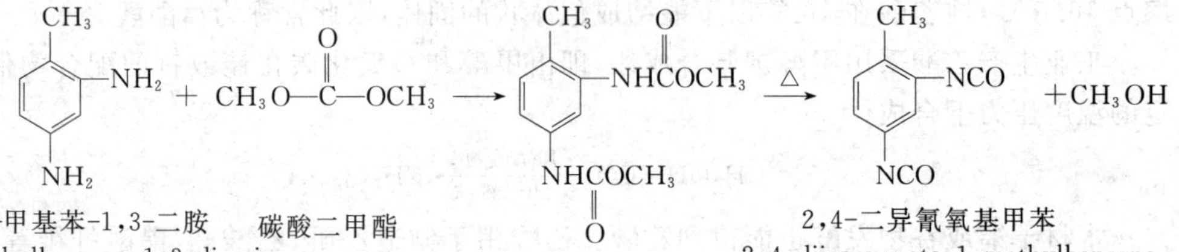

$$\text{4-甲基苯-1,3-二胺} + CH_3O-\overset{\overset{O}{\|}}{C}-OCH_3 \longrightarrow \text{2,4-二}(NHCOOCH_3)\text{甲苯} \xrightarrow{\triangle} \text{2,4-二}(NCO)\text{甲苯} + CH_3OH$$

4-甲基苯-1,3-二胺　4-methylbenzene-1,3-diamine　　碳酸二甲酯　　2,4-二异氰氧基甲苯　2,4-diisocyanato-1-methylbenzene

碳酸二甲酯和碳酸二乙酯也可以代替有毒的硫酸二甲酯和硫酸二乙酯进行甲基化和乙基化反应。例如：

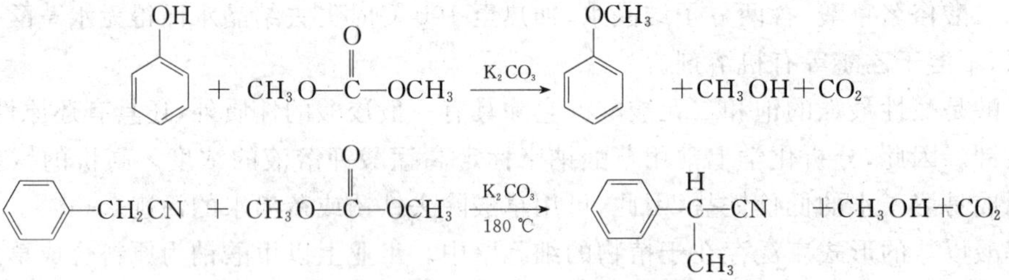

$$C_6H_5OH + CH_3O-\overset{\overset{O}{\|}}{C}-OCH_3 \xrightarrow{K_2CO_3} C_6H_5OCH_3 + CH_3OH + CO_2$$

$$C_6H_5CH_2CN + CH_3O-\overset{\overset{O}{\|}}{C}-OCH_3 \xrightarrow[180\ ℃]{K_2CO_3} C_6H_5-\underset{\underset{CH_3}{|}}{\overset{\overset{H}{|}}{C}}-CN + CH_3OH + CO_2$$

苯乙腈　2-phenylacetonitrile　　碳酸二甲酯　dimethyl carbonate　　2-苯基丙腈　2-phenylpropanenitrile

碳酸二苯酯由碳酸二甲酯和苯酚的酯交换反应制备。

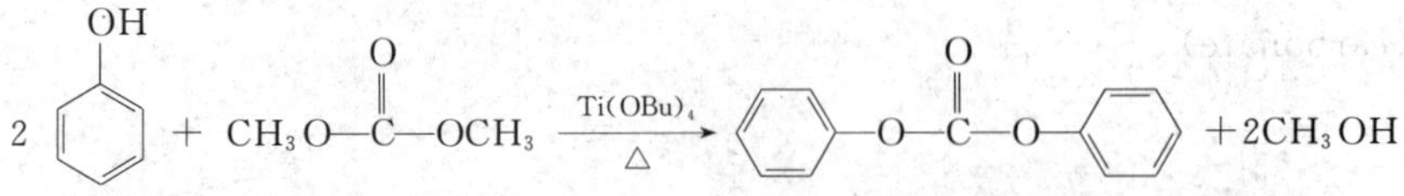

$$2\,C_6H_5OH + CH_3O-\overset{\overset{O}{\|}}{C}-OCH_3 \xrightarrow[\triangle]{Ti(OBu)_4} C_6H_5-O-\overset{\overset{O}{\|}}{C}-O-C_6H_5 + 2CH_3OH$$

苯酚　phenol　　碳酸二甲酯　dimethyl carbonate　　碳酸二苯酯　diphenyl carbonate

碳酸二苯酯和双酚 A 缩聚可制备聚碳酸酯(polycarbonate，PC)。

$$(n+1)\ \mathrm{C_6H_5{-}O{-}\overset{\overset{O}{\|}}{C}{-}O{-}C_6H_5} + n\ \mathrm{HO{-}C_6H_4{-}C(CH_3)_2{-}C_6H_4{-}OH} \xrightarrow{Na_2CO_3}$$

碳酸二苯酯　双酚A

$$\mathrm{C_6H_5{-}O{-}\left[\overset{\overset{O}{\|}}{C}{-}O{-}C_6H_4{-}C(CH_3)_2{-}C_6H_4{-}O\right]_n{-}\overset{\overset{O}{\|}}{C}{-}O{-}C_6H_5} + 2n\ \mathrm{C_6H_5OH}$$

聚碳酸酯(PC)　苯酚

合成聚碳酸酯过程中的甲醇和苯酚可循环使用，没有废物的排放。

最重要的环碳酸酯是(环)碳酸乙-1,2-叉基酯(ethane-1,2-diyl carbonate)，即碳酸亚乙基酯(ethylene carbonate)和(环)碳酸丙-1,3-叉基酯(propane-1,3-diyl carbonate)。环碳酸酯也可以用按命名杂环化合物的方法命名(§15.1)。它们可通过乙二醇和丙-1,3-二醇与碳酸二乙酯(或碳酸二甲酯)的酯交换反应制备。例如：

$$\mathrm{CH_3CH_2O{-}\overset{\overset{O}{\|}}{C}{-}OCH_2CH_3} + \mathrm{HOCH_2CH_2CH_2OH} \xrightarrow{Na_2CO_3} \text{(环状碳酸酯)} + \mathrm{CH_3CH_2OH}$$

碳酸二乙酯 diethyl carbonate　丙-1,3-二醇 propane-1,3-diol　碳酸丙-1,3-叉基酯 propane-1,3-diyl carbonate (1,3-二氧杂环己烷-2-酮　1,3-dioxan-2-one)

在合适的催化剂和一定的温度压力下，也可以使二氧化碳与环氧乙烷(或环氧丙烷)或二氧化碳与乙二醇(或丙-1,3-二醇)作用合成环碳酸酯。例如：

$$\text{环氧乙烷} + CO_2 \longrightarrow \text{碳酸乙-1,2-叉基酯}$$

$$\mathrm{HOCH_2CH_2OH} + CO_2 \longrightarrow \text{碳酸乙-1,2-叉基酯} + H_2O$$

乙二醇 ethylene glycol　碳酸乙-1,2-叉基酯 ethane-1,2-diyl carbonate (1,3-二氧杂环戊烷-2-酮　1,3-dioxolan-2-one)

这些反应都没有废弃物的排放。环碳酸酯作为无毒绿色环保的化学试剂已广泛用于有机合成。例如碳酸乙-1,2-叉基酯可代替易爆的环氧乙烷、有毒的2-氯乙醇和2-溴乙醇，用作羟乙基化试剂。例如：

$$\text{1,1'-联萘-2,2'-二酚(-OH, -OH)} + \text{碳酸乙-1,2-叉基酯} \xrightarrow[CH_3Ph]{K_2CO_3} \text{1,1'-联萘-2,2'-二(-OCH}_2\text{CH}_2\text{OH)} + CO_2$$

环碳酸酯在催化剂作用下可以开环聚合成聚碳酸酯。例如：

$$n\ \text{(六元环碳酸酯)} \xrightarrow{CF_3SO_3CH_3} \left[\!-O-\overset{\displaystyle O}{\overset{\|}{C}}-O-CH_2CH_2CH_2-\!\right]_n$$

聚碳酸酯无毒，有良好的生物相容性，可生物降解，因而用作医用高分子材料。同时聚碳酸酯树脂具有良好的透明度、延展性、成膜性、耐热耐寒性，所以可用作光学镜片、光膜和光盘等基材。

问题 12.13　写出下列反应的产物。

(1) $C_6H_5CH_2COOCH_2CH_3 + CH_3CH_2O-\overset{O}{\overset{\|}{C}}-OCH_2CH_3 \xrightarrow{CH_3CH_2ONa}$

(2) 环己酮 $+ H_3CO-\overset{O}{\overset{\|}{C}}-OCH_3 \xrightarrow{CH_3CH_2ONa}$

(3) $C_6H_5-C_6H_4-OH$ + 碳酸乙烯酯 $\xrightarrow{K_2CO_3}$

(4) $H_2N-C_6H_4-CH_2-C_6H_4-NH_2 + CH_3O-\overset{O}{\overset{\|}{C}}-OCH_3 \longrightarrow$

许多羧酸及其衍物有重要的生物活性，例如青霉素和头孢菌素（见二维码阅读材料）是临床上常用的抗菌药物。

青霉素和头孢菌素

§12.8　磺酸及其衍生物

硫酸、亚硫酸分子中一个羟基被烃基取代的衍生物分别叫作磺酸(sulfonic acid)和亚磺酸(sulfinic acid)，而烃基取代硫酸和亚硫酸分子中的氢所形成的衍生物分别叫做硫酸酯和亚硫酸酯。

$HO-\overset{O}{\overset{\|}{S}}-OH$	$R-\overset{O}{\overset{\|}{S}}-OH$	$RO-\overset{O}{\overset{\|}{S}}-OH$	$RO-\overset{O}{\overset{\|}{S}}-OR$
亚硫酸	亚磺酸	亚硫酸氢酯	亚硫酸酯
$HO-S(=O)_2-OH$	$R-S(=O)_2-OH$	$RO-S(=O)_2-OH$	$RO-S(=O)_2-OR$
硫酸	磺酸	硫酸氢酯	硫酸酯

它们都是含硫的高价氧化物，以磺酸及其衍生物为最重要。

一、磺酸的物理性质

磺酸是与硫酸相当的强酸，有极强的吸湿性，不溶于一般的有机溶剂而易溶于水。磺酸与金属的氢氧化物生成稳定的盐。磺酸的钙盐、镁盐和银盐都容易溶解于水。

二、磺酸的化学性质

1. 羟基被取代的反应

羧酸中的羟基被卤素、氨基、烷氧基取代生成酰卤、酰胺、酯。磺酸中的羟基也可以被这些基团取代,生成磺酰卤、磺酰胺、磺酸酯等衍生物。例如:

$$C_6H_5SO_3H + PCl_5 \xrightarrow{180\ ℃} C_6H_5SO_2Cl + POCl_3 + HCl$$

苯磺酸 benzenesulfonic acid　　苯磺酰氯 benzenesulfonyl chloride

磺酰氯与羧酸的酰氯相似,可以起水解、醇解和氨解等反应。例如:

$$C_6H_5SO_2Cl + NH_3 \xrightarrow{H_2O} C_6H_5SO_2NH_2$$

苯磺酰氯 benzenesulfonyl chloride　　苯磺酰胺 benzenesulfonamide

$$C_6H_5SO_2Cl + CH_3CH_2CH_2CH_2OH \xrightarrow{吡啶} C_6H_5\text{—}SO_2OCH_2CH_2CH_2CH_3$$

苯磺酸丁酯 butyl benzenesulfonate

芳香族磺酰氯也常用氯磺酰化(chlorosulfonation)反应来制备:

$$C_6H_6 + ClSO_3H \longrightarrow C_6H_5SO_2Cl$$

氯磺酸 chlorosulfonic acid　　苯磺酰氯

2. 磺酸基被取代的反应

芳香族磺酸与水共热,磺酸基可被氢取代,这是磺化反应的逆反应。利用这一特性可以合成一些一般方法难以得到的化合物。例如:

$$C_6H_5OH \xrightarrow{H_2SO_4} \text{2,4-}(HO_3S)_2C_6H_3OH \xrightarrow{Br_2} \text{6-Br-2,4-}(HO_3S)_2C_6H_2OH \xrightarrow[100\ ℃]{H_2O} \text{2-}BrC_6H_4OH$$

芳香族磺酸钠盐碱融,磺酸基被羟基取代。例如:

$$\text{C}_6\text{H}_5\text{COOH} \xrightarrow[\triangle]{H_2SO_4(SO_3)} 3\text{-}HO_3S\text{-}C_6H_4\text{-}COOH \xrightarrow[\text{② HCl}]{\text{① NaOH, 250 ℃}} 3\text{-}HO\text{-}C_6H_4\text{-}COOH$$

苯甲酸　　　3-磺酸基苯甲酸　　　间羟基苯甲酸

3-sulfobenzoic acid

芳香族磺酸由芳香族化合物的磺化制备。烷基磺酸可由硫醇氧化得到，也可由醛、酮与亚硫酸氢钠加成或卤代烷与亚硫酸盐反应得到。例如：

$$HO-\overset{O}{\overset{\|}{\underset{..}{S}}}-\overset{\ominus}{O}Na + (CH_3)_2CH-CH_2-Br \longrightarrow (CH_3)_2CHCH_2SO_3^{\ominus}Na^{\oplus}$$

问题 12.14　糖精是它的钠盐糖精钠，溶于水，甜度是蔗糖的 500 倍左右。糖精的化学名是邻苯甲酰磺酰亚胺钠，工业上由甲苯为原料合成。写出合成糖精各步反应中间体（A～D）的结构式。

$$C_6H_5CH_3 \xrightarrow{ClSO_3H} A \xrightarrow{NH_3\cdot H_2O} B \xrightarrow[\text{② } H_3O^{\oplus}]{\text{① } KMnO_4} C \xrightarrow{-H_2O} D \xrightarrow{NaOH} \text{（糖精钠：邻苯甲酰磺酰亚胺钠 } \overset{\ominus}{N}\ Na^{\oplus}\text{）}$$

磺酸及其衍生物有许多重要的用途，例如表面活性剂、离子交换树脂、磺胺和磺酰脲类药物等。

- 磺酸型阳离子交换树脂
- 磺胺抗菌药和磺酰脲降糖药物

习　题

12.1　命名下列化合物。

(1) $HOCH_2CH_2CH_2COONa$

(2) 3-甲基丁二酸酐（环状结构：CH_3 取代的五元环酸酐，含两个 C=O 与环 O）

(3) $CH_3CH_2CH_2CH(Cl)COCl$

(4) $CH_3CH_2COCH(CH_3)COOCH_3$

(5) $CH_3CO\text{-}C_6H_4\text{-}CONH_2$（对位）

(6) $CH_3CH_2CH_2CON(CH_3)_2$

(7) 5-甲基-2-吡咯烷酮结构（五元环，含 C=O、NH、CH_3）

(8) 1,4-二羟基萘-2,3-二甲酸二乙酯结构（OH、$COOC_2H_5$、$COOC_2H_5$、OH）（茜草双酯）

(9) $C_6H_4(COOH)(OCOCH_3)$（邻位）　乙酰水杨酸（阿斯匹林，aspirin）

(10) $(CH_3)_2CHCH_2-C_6H_4-C(CH_3)_2-COOH$（对位）（布洛芬，ibuprofen）

12.2　写出下列化合物的构造式或构型式。

(1) 肉桂酸乙酯

(2) (2*E*,4*E*)-己-2,4-二烯酸（山梨酸，无色晶体，熔点 133～135 ℃，其钾盐作为药物、食品和饮料的防腐剂）

(3) 十一碳-10-烯酸（淡黄色液体，沸点 275 ℃，具有抗真菌作用，其锌盐为癣药的主要成分）

(4) (*Z*)-2-甲基丁-2-烯酸（当归酸，熔点 45 ℃，存在于中药当归中）

(5) *N*,*N*-二甲基甲酰胺（DMF，与水互溶，重要的非质子性极性溶剂）

(6) 邻苯二甲酸二丁酯（常用的增塑剂）

12.3　完成下列反应方程式。

(1) $C_6H_4(CH_2COOH)(COOH)$（邻位） $\xrightarrow[\triangle]{(CH_3CO)_2O}$

(2) $CH_3CO-C_6H_4-CH_2COOCOCH_3$（对位） $\xrightarrow{H_3O^{\oplus}}$

(3) $HOOC(CH_2)_4COOH \xrightarrow[\text{② } C_6H_5NH_2]{\text{① } SOCl_2}$

(4) 丁二酸酐 $\xrightarrow[H^{\oplus}]{CH_3CH_2OH}$

(5) $CH_3CH_2CH(COOH)_2 \xrightarrow{\triangle}$

(6) 1,2-二氢萘 $\xrightarrow[H_2SO_4]{Na_2Cr_2O_7}$

(7) 4,5,6,7-四氢茚-2-甲酸（环上 COOH） $\xrightarrow[(2)\ H_3O^{\oplus}]{(1)\ LiAlH_4}$

(8) $C_6H_4(COOH)(CH_2OH)$（邻位） $\xrightarrow{H^{\oplus}}$

(9)

$$\begin{array}{l} CH_2-O-COR \\ | \\ CH-O-COR \\ | \\ CH_2-O-COR \end{array} \xrightarrow[H^{\oplus}]{CH_3OH}$$

(10) $H_2N(CH_2)_3COOH$（环状画法） $\xrightarrow[\text{② } NaHCO_3]{\text{① } CH_3OH,\ H^{\oplus}}$

12.4　完成下列转化。

(1) $C_6H_5CH_3 \longrightarrow\longrightarrow C_6H_5CH_2OCOCH_3$

(2) 亚甲基环己烷 $(C_6H_{10}{=}CH_2) \longrightarrow\longrightarrow C_6H_{11}CH_2COOH$

(3) $CH_3(CH_2)_3CH{=}CHCOOC_2H_5$（*E*，H 与 H 反式） $\longrightarrow\longrightarrow CH_3(CH_2)_3CH{=}CHCHO$（*E*）

(4) $C_6H_5CHO \longrightarrow\longrightarrow C_6H_5CH(OH)COOH$

(5) 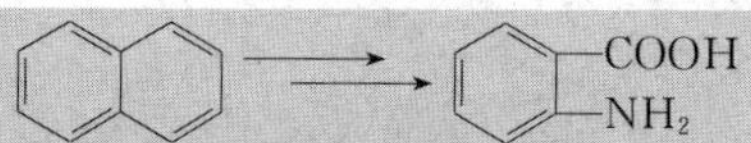 萘 ⟶⟶ 邻氨基苯甲酸（$-COOH$，$-NH_2$）

(6) 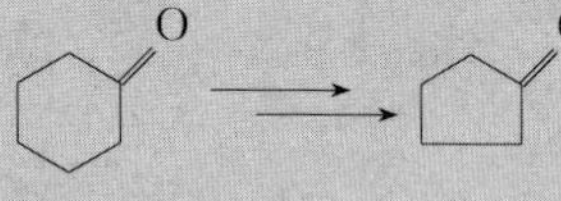 环己酮 ⟶⟶ 环戊酮

(7) 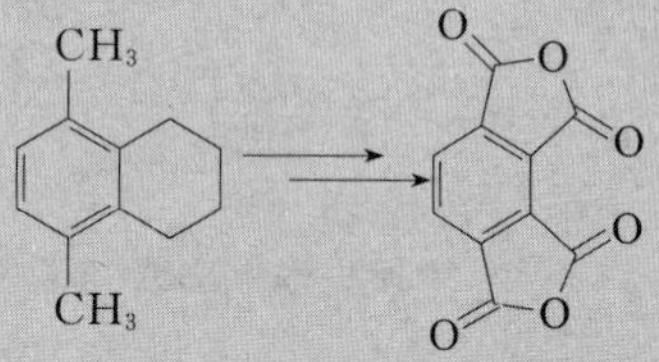 5,8-二甲基-1,2,3,4-四氢萘（CH_3，CH_3） ⟶⟶ 苯四甲酸二酐

(8) $CH_3COOH \longrightarrow\longrightarrow CH_2(COOC_2H_5)_2$

12.5　推测下列化合物的构造式。

(1) $C_3H_4O_4$，^1H NMR，δ_H(ppm)：3.2(s，2H)，12.1(s，宽，2H)。

(2) C_4H_7N，^1H NMR，δ_H(ppm)：1.3(d，6H)，2.7(m，1H)；IR(cm^{-1})：2 260。

(3) $C_8H_{14}O_4$，^1H NMR，δ_H(ppm)：1.2(t，6H)，2.5(s，4H)，4.1(q，4H)；IR(cm^{-1})：1 750。

(4) $C_{12}H_{14}O_4$，^1H NMR，δ_H(ppm)：1.4(t)，4.4(q)，8.1(s)；积分曲线高度之比为3∶2∶2；IR(cm^{-1})：1 720，1 605，1 500，840。

12.6　写出 A～P 的结构式。

(1) 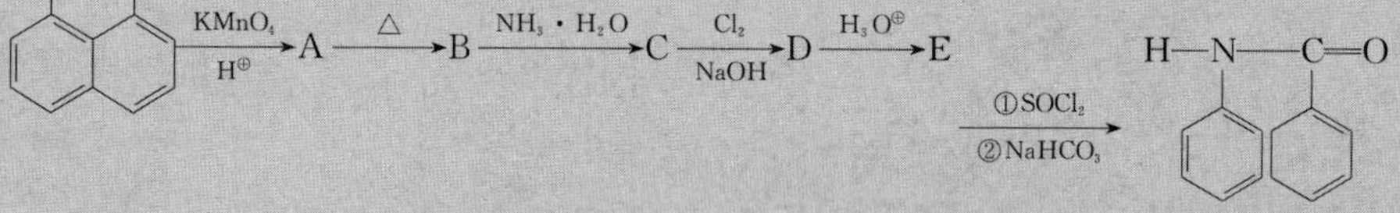 苊 $\xrightarrow[H^{\oplus}]{KMnO_4}$ A $\xrightarrow{\triangle}$ B $\xrightarrow{NH_3 \cdot H_2O}$ C $\xrightarrow[NaOH]{Cl_2}$ D $\xrightarrow{H_3O^{\oplus}}$ E $\xrightarrow[②NaHCO_3]{①SOCl_2}$ H—N—C=O（N、C 上各连一个苯环）

(2) $CH_3COCl \xrightarrow{C_6H_5NH_2} F \xrightarrow{ClSO_3H} G \xrightarrow{NH_3 \cdot H_2O} H \xrightarrow{H_3O^{\oplus}} H_2N-C_6H_4-SO_2NH_2$

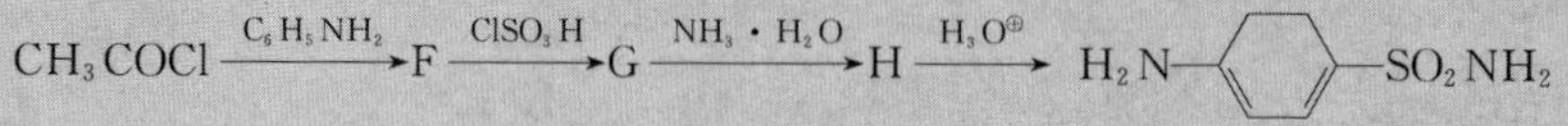

12.7　化合物 A 的分子式为 $C_5H_6O_3$，与乙醇反应，生成两种互为异构体的化合物 B 和 C。B 和 C 分别与亚硫酰氯反应后再与乙醇反应，则得到相同的化合物 D。写出 A、B、C、D 的构造式。

12.8　化合物 A，分子式为 $C_7H_6O_3$，能溶于氢氧化钠和碳酸氢钠溶液；A 与三氯化铁能发生颜色反应，与醋酐作用生成化合物 B，分子式为 $C_9H_8O_4$；A 与甲醇作用生成有香气的物质 C，分子式为 $C_8H_8O_3$。将 C 硝化，可得到两种一硝基产物。试推测 A、B 和 C 的构造式。

12.9　化合物 A 和 B 都有水果香味，分子式为 $C_4H_6O_2$，都不溶于氢氧化钠溶液。当与氢氧化钠溶液共热时，A 生成一种羧酸盐和乙醛，B 生成甲醇和化合物 C。C 酸化后得到化合物 D。D 能使溴的四氯化碳溶液褪色。写出化合物 A、B、C 和 D 的构造式及有关化学反应式。

12.10　化合物 A($CH_3CO^{18}OCH_2CH_3$)和 B($CH_3CO^{18}OC(CH_3)_3$)在酸催化下水解，A 的水解产物乙酸分子中没有^{18}O，而 B 的水解产物乙酸分子中含有^{18}O。写出 A 和 B 酸催化水解的反应机理。

12.11　推测下列反应的机理。

(1) 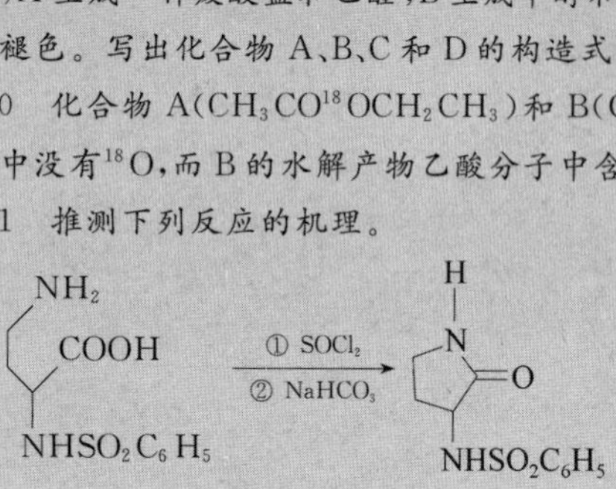 $H_2N-CH_2CH_2-CH(NHSO_2C_6H_5)-COOH \xrightarrow[② NaHCO_3]{① SOCl_2}$ 3-($NHSO_2C_6H_5$)-2-吡咯烷酮（N—H，C=O）

(2) $COOCH_3$ $\xrightarrow{H^{\oplus}}$ O

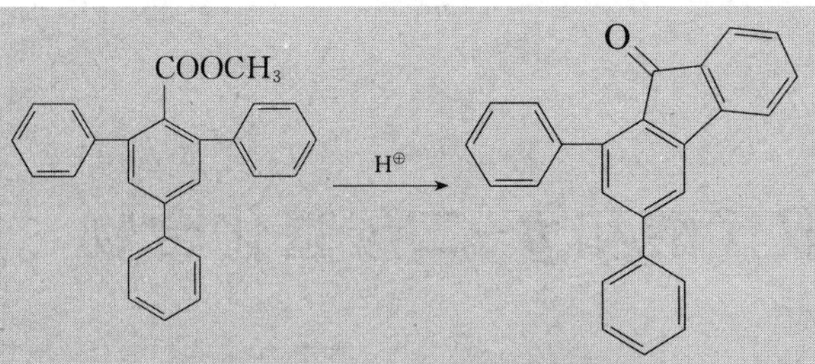

12.12　化合物 A 的分子式为 $C_4H_8Br_2$，与氰化钠反应生成化合物 B，B 的分子式为 $C_6H_8N_2$。B 酸性水解生成 C，C 与乙酐共热生成 D 和乙酸。D 的 IR 光谱在 1 820 cm^{-1} 和 1 755 cm^{-1} 处有强吸收峰，^1H NMR 谱上有三组峰，δ_H(ppm)：1.0(d,3H)，2.8(d,4H)，2.0(m,1H)。试推测 A、B、C、D 的构造式。

12.13　推测化合物 A、B、C、D、E 和 F 的构造式。

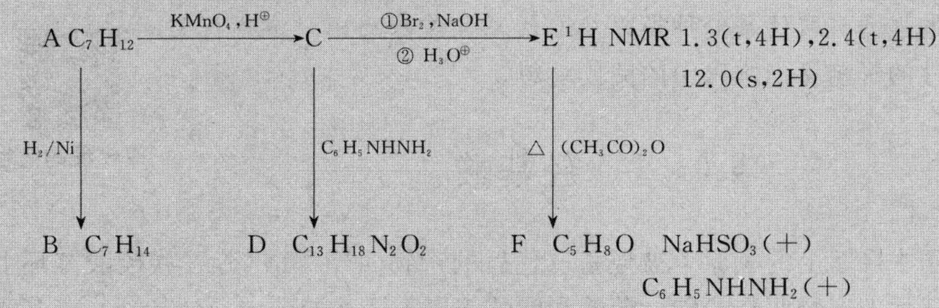

第十三章　取代酸和β-二羰基化合物

羧酸分子中烃基上的氢原子被其他原子或基团取代的衍生物叫作取代酸(substituted acid)。按照取代基团的不同,取代酸可分为卤代酸、羟基酸、羰基酸等。它们是有机化学和生命活动中十分重要的物质。

取代酸的酸性的强弱与取代基的种类以及取代基和羧基的相对位置有关。取代酸的结构对酸性的影响见二维码中的阅读材料。

取代酸的酸性

§13.1　羟基酸

脂肪族羧酸分子中烃基上的氢原子被羟基取代后的产物叫作醇酸,芳香族羧酸芳环上的氢原子被羟基取代后的产物叫作酚酸。醇酸和酚酸都属于羟基酸(hydroxy acid),羟基酸广泛存在于动植物体内,有些是生物体生命活动的产物。

一、醇酸的命名和物理性质

醇酸(alcoholic acid)的系统命名是以羧酸为母体,羟基作为取代基来命名。由于醇酸在自然界广泛存在,因而通常根据其来源使用俗名。

$CH_3CH(OH)COOH$

2-羟基丙酸　2-hydroxypropanoic acid

(乳酸 lactic acid)

$HOOCCH_2CH(OH)COOH$

2-羟基丁二酸　2-hydroxybutanedioic acid

(苹果酸 malic acid)

$HOOC—CH(OH)—CH(OH)—COOH$

2,3-二羟基丁二酸

2,3-dihydroxybutanedioic acid

(酒石酸 tartaric acid)

$HO—C(COOH)(CH_2COOH)_2$

2-羟基丙烷-1,2,3-三甲酸

2-hydroxypropane-1,2,3-tricarboxylic acid

(柠檬酸 citric acid)

醇酸多为结晶或糖浆状液体,其熔点、沸点及在水中的溶解度均比相应的羧酸高。很多醇酸具有旋光活性。由于低级醇酸易溶于水,因而有利于它们在其生物体内的运输,这对糖类物质在生物体内的代谢是十分重要的。

二、醇酸的制法

1. 卤代酸水解

α-卤代酸或其他一些卤代酸水解都能制得相应的醇酸。

$$\underset{\displaystyle X}{CH_3\underset{|}{C}HCOOH} \xrightarrow{NaOH/H_2O} \underset{\displaystyle OH}{CH_3\underset{|}{C}HCOONa} \xrightarrow{H^{\oplus}} \underset{\displaystyle OH}{CH_3\underset{|}{C}HCOOH}$$

β-卤代酸在水解条件下容易发生消去反应，因此β-羟基酸通过其他方法制备。

2. 氰醇水解

$$C_6H_5—\overset{\displaystyle OH}{\overset{|}{C}}HCN \xrightarrow[100\ ℃]{浓\ HCl} C_6H_5—\overset{\displaystyle OH}{\overset{|}{C}}HCOOH$$

氰醇可由醛(酮)与氢氰酸加成而得，因此氰醇水解提供了由醛酮合成醇酸的方法。

3. 列弗尔马茨基(Reformatsky)反应

醛或酮与α-卤代酸酯的混合物在惰性溶剂中与锌粉反应，产物水解后得到β-羟基酸酯。

$$R—\overset{\displaystyle O}{\overset{\|}{C}}—H + XCH_2COOC_2H_5 \xrightarrow[②H_2O]{①Zn} R\overset{\displaystyle OH}{\overset{|}{C}}HCH_2COOC_2H_5$$

$$R—\overset{\displaystyle O}{\overset{\|}{C}}—R' + XCH_2COOC_2H_5 \xrightarrow[②H_2O]{①Zn} R\underset{\displaystyle R'}{\underset{|}{\overset{\displaystyle OH}{\overset{|}{C}}}}—CH_2COOC_2H_5$$

例如：

$$BrCH_2COOC_2H_5 + C_6H_5COCH_3 \xrightarrow[②H_2O]{①Zn} C_6H_5\underset{\displaystyle CH_3}{\underset{|}{\overset{\displaystyle OH}{\overset{|}{C}}}}CH_2COOC_2H_5$$

问题 13.1　判断苹果酸、柠檬酸有无旋光性。写出具有旋光性的化合物的对映异构体的构型式并用系统命名法命名。

问题 13.2　完成下列转变。

(1) $CH_3CH_2CH_2COOH \longrightarrow CH_3CH_2\underset{\displaystyle OH}{\underset{|}{C}}HCOOH$

(2) 环戊酮 ⟶ 1-羟基环戊基乙酸乙酯（环戊烷C1上连 OH 和 $CH_2COOC_2H_5$）

(3) 环戊酮 ⟶ 1-羟基环戊烷甲酸（环戊烷C1上连 OH 和 COOH）

三、醇酸的反应

醇酸具有醇羟基和羧基的典型反应，例如羟基可以发生酯化、成醚等反应，羧基可以成盐和转变成酰卤、酯、酰胺等衍生物。由于羟基和羧基的相互影响，醇酸还具有一些特殊性质，这种特殊性质因羟基与羧基的相对位置不同也有差异。

1. 氧化反应

α-羟基酸中的羟基比醇的羟基容易被氧化，生成物为α-羰基酸。例如：Tollens 试剂不氧化醇羟基，但它能把α-羟基酸氧化为α-羰基酸，后者能被进一步氧化并失去 CO_2。例如：

$$\underset{\text{乳酸 lactic acid}}{CH_3\underset{\displaystyle OH}{\underset{|}{C}}HCOOH} \xrightarrow{Ag(NH_3)_2OH} \underset{\text{丙酮酸 pyruvic acid}}{CH_3\underset{\displaystyle O}{\underset{\|}{C}}COOH} \xrightarrow{Ag(NH_3)_2OH} CH_3COOH + CO_2$$

其他的醇酸能被稀高锰酸钾等氧化剂氧化为相应的羰基酸。

$$\underset{\substack{\beta\text{-羟基丁酸} \\ \beta\text{-hydroxybutyric acid}}}{CH_3\underset{\displaystyle OH}{\underset{|}{C}}HCH_2COOH} \xrightarrow{\text{稀 } KMnO_4} \underset{\substack{\text{3-氧亚基丁酸} \\ \text{3-oxobutanoic acid}}}{CH_3\underset{\displaystyle O}{\underset{\|}{C}}CH_2COOH}$$

（乙酰乙酸 acetoacetic acid）

2. 脱水反应

醇酸受热，容易发生脱水反应。随羟基和羧基相对位置的不同，可得到不同的脱水产物。α-羟基酸受热或用脱水剂处理时，醇酸分子间发生交叉脱水生成六元环的交酯(lactide)：

$$2\,R\text{—}CH(OH)\text{—}COOH \xrightarrow[-2H_2O]{\triangle} \text{交酯（R 取代的六元环二酯）}$$

例如乳酸脱水生成丙交酯。

β-羟基酸中的α-氢由于同时受羧基和羟基的影响，比较活泼，所以在受热时，容易和相邻碳原子上的羟基失水而成α,β-不饱和酸。

$$R\underset{\displaystyle OH}{\underset{|}{C}}HCH_2COOH \xrightarrow{\triangle} RCH{=}CHCOOH + H_2O$$

在同样情况下，γ-或δ-羟基酸发生分子内的酯化生成内酯(lactone)。

$$R\text{—}\underset{\displaystyle O\text{—}H}{\underset{|}{CH}}\text{—}CH_2CH_2\overset{\displaystyle O}{\overset{\|}{C}}\text{—}OH \xrightarrow{\triangle} \text{丁-4-内酯} + H_2O$$

丁-4-内酯 butano-4-lactone
(γ-丁内酯 γ-butyrolactone)

$$R\text{—}\underset{\displaystyle O\text{—}H}{\underset{|}{CH}}\text{—}CH_2CH_2CH_2\overset{\displaystyle O}{\overset{\|}{C}}\text{—}OH \xrightarrow{\triangle} \text{戊-5-内酯} + H_2O$$

戊-5-内酯 pentano-5-lactone
(δ-戊内酯 δ-valerolactone)

如在高度稀释的溶液中，高级醇酸也能在分子内脱水(酯化)生成大环内酯。例如：

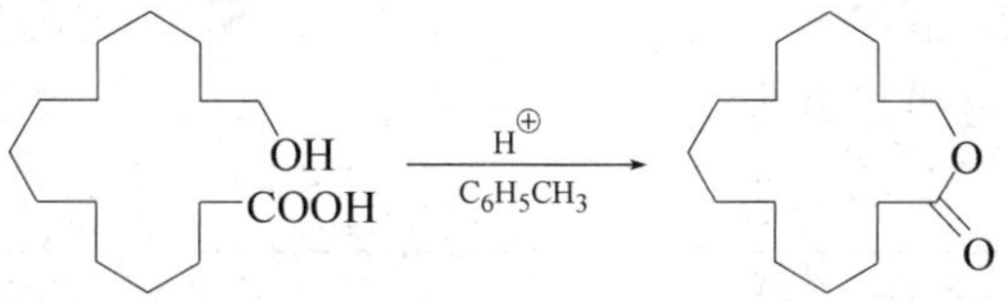

15-羟基十五烷酸(0.007mol·L⁻¹) 15-hydroxypentadecanoic acid $\xrightarrow[C_6H_5CH_3]{H^{\oplus}}$ 100%

内酯类化合物存在于新鲜水果中，是水果香味的成分，例如γ-戊基丁内酯具有椰子香味，γ-庚基丁内酯具有桃子香味，因而一些内酯化合物是饮料、糖果和食品的调味剂。

内酯结构也是许多合成药物、中药及抗生素的有效成分。例如从假密环菌中提取得到并已人工合成的治疗胆囊炎的药物亮菌甲素，具有抗菌消炎作用的穿心莲的主要成分穿心莲内酯分别含有δ和γ-内酯结构。红霉素A、麦迪霉素分别含有十四元和十六元大环内酯结构。

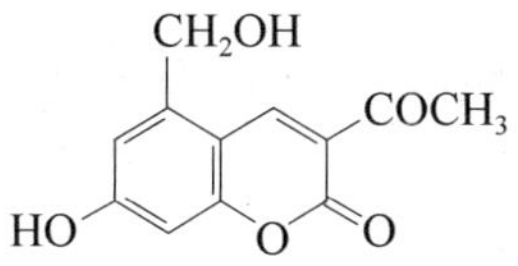

亮菌甲素(armillarisin A) 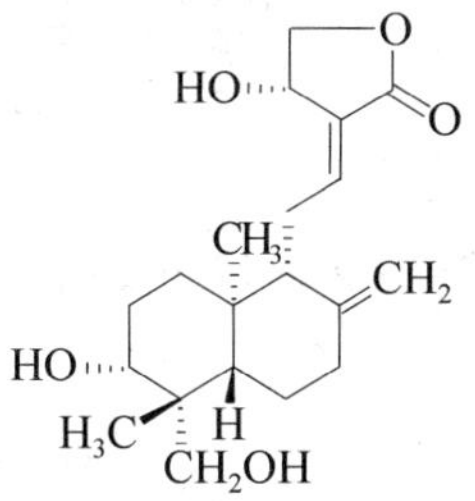　　穿心莲内酯(andrographolide)　　亮菌

内酯化合物具有酯的一般性质，可以发生水解、醇解和氨解等反应。具有内酯结构的药物一般要在中性溶液中保存和使用，偏酸或偏碱时常因内酯水解开环而失效。

3．聚合

羟基和羧基相距五个碳原子以上的羟基酸，在质子酸或路易斯酸催化下并不断除去反应中的水，分子间脱水生成聚酯。

$$m\mathrm{HOCH_2(CH_2)_nCOOH} \xrightarrow[\triangle]{\mathrm{Zn(OAc)_2}} \mathrm{H[OCH_2(CH_2)_nCO]_mOH} + (m-1)\mathrm{H_2O}$$

$n \geqslant 5$

羟基酸形成的内酯或交酯在催化剂作用下，可开环聚合。例如：

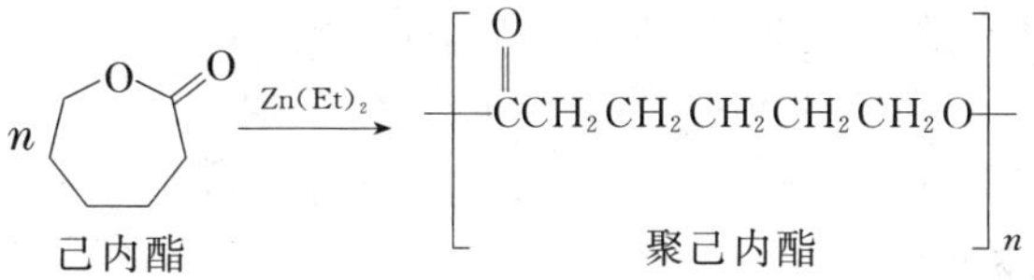

$$n\ \text{己内酯} \xrightarrow{\mathrm{Zn(Et)_2}} \left[\overset{\overset{\displaystyle O}{\|}}{\mathrm{C}}\mathrm{CH_2CH_2CH_2CH_2CH_2O}\right]_n$$

己内酯
caprolactone

聚己内酯
polycaprolactone (PCL)

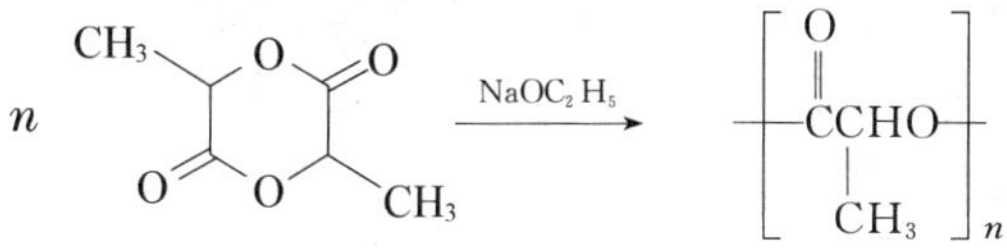

$$n\ \text{丙交酯} \xrightarrow{\mathrm{NaOC_2H_5}} \left[\overset{\overset{\displaystyle O}{\|}}{\mathrm{C}}\underset{\underset{\displaystyle CH_3}{|}}{\mathrm{CH}}\mathrm{O}\right]_n$$

丙交酯
lactide

聚丙交酯(聚乳酸)
polylactic acid(PLA)

聚乳酸(PLA)和聚己内酯(PCL)无毒,生物相容性好,可以生物降解,最终降解产物是二氧化碳和水,对环境无污染。因此聚乳酸和聚己内酯用于制造医疗用品,如药物缓释包膜、外科手术缝线、骨钉等。近来也用作人体器官的3D打印材料,帮助临床诊断。聚乳酸和聚己内酯也广泛用于食品工业,用作食品包装膜和器具等。

问题 13.3 写出下列反应的主要产物。

(1) CH_3—(五元环,环内 O)=O + $H_2O \xrightarrow{OH^{\ominus}}$

(2) CH_3—(五元环,环内 O)=O + $H_2O \xrightarrow{H^{\oplus}}$

(3) $CH_3\underset{\large OH}{\underset{|}{C}}HCOOH \xrightarrow{\triangle}$

(4) $CH_3CH_2CH_2\underset{\large OH}{\underset{|}{C}}HCH_2COOH \xrightarrow[\triangle]{H^{\oplus}}$

---

4. 分解反应

α-羟基酸与浓硫酸一起加热可分解为醛或酮、一氧化碳和水,若与稀硫酸共热,则分解为醛或酮及甲酸。

$$R\underset{\large OH}{\underset{|}{C}}HCOOH \xrightarrow[\triangle]{浓\ H_2SO_4} RCHO + CO + H_2O$$

$$R\underset{\large OH}{\underset{|}{C}}HCOOH \xrightarrow[\triangle]{稀\ H_2SO_4} RCHO + HCOOH$$

问题 13.4 写出下列反应的主要产物。

(1) $(CH_3)_2\underset{\large OH}{\underset{|}{C}}COOH \xrightarrow{\triangle}$

(2) $(CH_3)_2\underset{\large OH}{\underset{|}{C}}COOH \xrightarrow[\triangle]{稀\ H_2SO_4}$

(3) $(CH_3)_2\underset{\large OH}{\underset{|}{C}}COOH \xrightarrow[\triangle]{浓\ H_2SO_4}$

人体内的糖类等物质在代谢过程中,也产生羟基酸。后者在酶的催化下,也发生类似上述氧化、脱水和分解等反应。

一些羟基酸、酚酸存在于植物体内,同时具有重要的生物活性,它们的盐或酯是重要的药物、食品添加剂或药物中间体,例如苹果酸、酒石酸、柠檬酸、水杨酸等。

- 苹果酸、酒石酸和柠檬酸
- 阿司匹林
- 降血脂和胆固醇的他汀类药物

(3*R*,5*R*)-3,5-二羟基-3-甲基戊酸(简称羟甲戊酸)及其内酯是体内合成胆固醇的中间体,如果能抑制产生羟甲戊酸的酶的活性，就可以降低血液中胆固醇及相关的低密度脂蛋白(LDL)的含量。世界上最畅销的降血脂他汀类药物就是基于这一生化机理。

§13.2　羰基酸

碳链上含有羰基的羧酸称作羰基酸，羰基酸包括醛酸和酮酸(keto acid)。其中以α和β-酮酸较为重要，它们是人体内糖、脂肪和蛋白质的代谢产物。

羰基酸的命名与羟基酸相似，以羧酸为母体，编号从距离羰基最近的羧基开始，用阿拉伯数字或希腊字母表示羰基的位置。羰基酸常用俗名。例如：

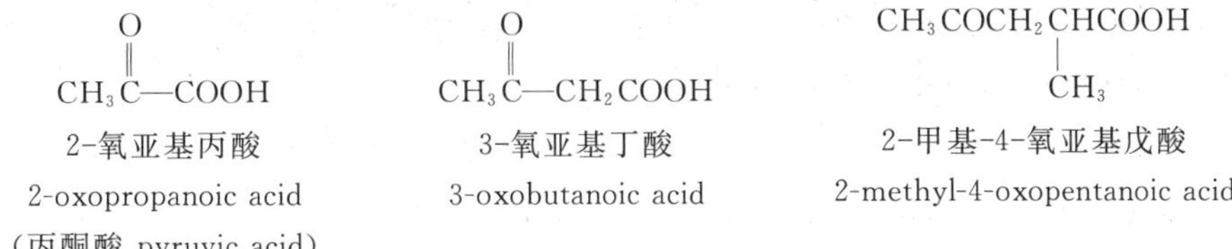

一、羰基酸的性质

羰基酸分子中羰基的吸电子诱导效应使酸性增强，这种影响随羰基与羧基之间距离的增加而减小。

	$CH_3COCOOH$,	CH_3COCH_2COOH,	$CH_3COCH_2CH_2COOH$,	$CH_3COCH_2CH_2CH_2COOH$
pK_a	2.49	3.51	4.63	4.66

α-酮酸与稀硫酸共热，发生脱羧反应生成醛：

$$R-COCOOH \xrightarrow[\triangle]{\text{稀 } H_2SO_4} RCHO + CO_2\uparrow$$

α-酮酸与浓硫酸共热，则失去CO，生成羧酸：

$$R-COCOOH \xrightarrow[\triangle]{\text{浓 } H_2SO_4} R-COOH + CO\uparrow$$

β-酮酸受热易脱羧：

$$R-COCH_2COOH \xrightarrow{\triangle} R-COCH_3 + CO_2\uparrow$$

脱羧反应通过分子内氢键环状过渡状态进行：

$$R-C(=O\cdots H)-CH_2-C(=O)-O \longrightarrow \left[\begin{matrix} R-C(OH)=CH_2 \\ +CO_2 \end{matrix}\right] \longrightarrow R-C(=O)-CH_3$$

生物体内α-酮酸与α-氨基酸，在转氨酶的作用下可以互相转化，产生新的α-酮酸和α-氨基酸，这叫作转氨基反应。

二、重要的羰基酸

1. 丙酮酸($CH_3COCOOH$)

丙酮酸(pyruvic acid)是无色刺激性的液体，沸点165℃(分解)，能溶于水。丙酮酸是人体内糖、脂肪、蛋白质代谢过程中的中间产物，在酶催化下能转化成α-氨基酸或柠檬酸等。

2. α-氧亚基戊二酸($HOOCCOCH_2CH_2COOH$)

α-氧亚基戊二酸的熔点为 109～110 ℃,能溶于水、乙醇。它是动物体内柠檬酸的降解产物。α-氧亚基戊二酸和丙氨酸在转氨酶催化下,生成谷氨酸和丙酮酸:

$$\underset{\substack{\alpha\text{-氧亚基戊二酸}\\ \alpha\text{-oxopentanedioic acid}}}{\begin{array}{c}COOH\\ |\\ C{=}O\\ |\\ CH_2CH_2COOH\end{array}} + \underset{\substack{\alpha\text{-丙氨酸}\\ \alpha\text{-aminopropanoic acid}}}{\begin{array}{c}COOH\\ |\\ H_2N{-}C{-}H\\ |\\ CH_3\end{array}} \xrightarrow{\text{谷丙转氨酶}} \underset{\substack{\text{谷氨酸}\\ \text{glutamic acid}}}{\begin{array}{c}COOH\\ |\\ H_2N{-}C{-}H\\ |\\ CH_2CH_2COOH\end{array}} + \underset{\substack{\text{丙酮酸}\\ \text{pyruvic acid}}}{\begin{array}{c}COOH\\ |\\ C{=}O\\ |\\ CH_3\end{array}}$$

临床上测定血清中谷丙转氨酶的活性,就是根据上述反应产生的丙酮酸与 2,4-二硝基苯肼作用后生成的红棕色腙的比色分析确定的。

$$\underset{\text{丙酮酸}}{\begin{array}{c}COOH\\ |\\ C{=}O\\ |\\ CH_3\end{array}} + \underset{\text{2,4-二硝基苯肼}}{H_2NHN{-}C_6H_3(NO_2)_2} \longrightarrow \underset{\text{丙酮酸腙}}{\begin{array}{c}COOH\\ |\\ C{=}NHN{-}C_6H_3(NO_2)_2\\ |\\ CH_3\end{array}}$$

3. 3-氧亚基丁酸(CH_3COCH_2COOH)

3-氧亚基丁酸俗名为乙酰乙酸(acetoacetic acid),是人体内脂肪代谢的中间产物,在脱羧酶作用下脱羧生成丙酮,在还原酶作用下生成 3-羟基丁酸。

$$\underset{\text{乙酰乙酸}}{CH_3COCH_2COOH} \begin{cases} \xrightarrow{\text{脱羧酶}} \underset{\text{丙酮}}{CH_3COCH_3} + CO_2 \\ \xrightarrow{\text{还原酶}} \underset{\text{3-羟基丁酸}}{CH_3CH(OH)CH_2COOH} \end{cases}$$

3-氧亚基丁酸、3-羟基丁酸和丙酮在医药上总称为酮体(ketone body)。酮体是脂肪酸在人体内不能被完全氧化成二氧化碳和水的中间产物,大量存在于糖尿病患者的尿和血液中。晚期糖尿病患者,由于血液中酮体含量升高,血液的酸性增强,会引起患者酸中毒而昏迷以致死亡。

喹诺酮抗菌药

喹诺酮化合物是重要的羰基酸,它们是临床上重要的抗菌药物。

§13.3 β-酮酸酯

β-酮酸在室温以上易失羧,但 β-酮酸酯是稳定的。β-酮酸酯分子中羰基和酯基之间的甲叉基(中文俗名亚甲基),受两个吸电子基团的影响有较高的反应活性,因而称为活性亚甲基(active methylene)。活性亚甲基上可以起烃化和酰化反应,从而转变成为多种类型的化合物。

一、克莱森缩合

最简单的β-酮酸酯是3-氧亚基丁酸乙酯(ethyl 3-oxobutanoate),即乙酰乙酸乙酯(ethyl acetoacetate),是具有清香气味的无色透明液体,沸点181 ℃,微溶于水,易溶于乙醚、丙酮等有机溶剂。乙酰乙酸乙酯是由两分子乙酸乙酯在乙醇钠作用下分子间缩合后酸化得到的:

$$\underset{\substack{\text{乙酸乙酯}\\ \text{ethyl acetate}}}{2CH_3\overset{O}{\overset{\|}{C}}OEt} \xrightarrow[\text{②} H_3O^{\oplus}]{\text{①NaOEt, EtOH}} \underset{\substack{\text{乙酰乙酸乙酯 75\%}\\ \text{ethyl acetoacetate}}}{CH_3\overset{O}{\overset{\|}{C}}CH_2\overset{O}{\overset{\|}{C}}OEt} + EtOH$$

这个反应叫作克莱森缩合(Claisen condensation)反应。其他具有α-H的羧酸酯也可以起这个反应。从形式上看,反应是由一分子酯提供α-H,另一分子酯提供烷氧基,消去一分子醇后得到的产物。

$$\underset{\substack{\text{丙酸乙酯}\\ \text{ethyl propanoate}}}{CH_3CH_2\overset{O}{\overset{\|}{C}}-OEt + H-\underset{CH_3}{\underset{|}{CH}}-\overset{O}{\overset{\|}{C}}-OEt} \xrightarrow[\text{②} H_3O^{\oplus}]{\text{①NaOEt, EtOH}} \underset{\substack{\text{2-甲基-3-氧亚基戊酸乙酯 81\%}\\ \text{ethyl 2-methyl-3-oxopentanoate}}}{CH_3CH_2\overset{O}{\overset{\|}{C}}-\underset{CH_3}{\underset{|}{CH}}-\overset{O}{\overset{\|}{C}}OEt}$$

一种酯具有α-H,另一种酯没有α-H,它们的等摩尔的量的混合物也可以起克莱森缩合反应。例如:

$$\underset{\substack{\text{甲酸乙酯}\\ \text{ethyl formate}}}{H\overset{O}{\overset{\|}{C}}-OEt} + \underset{\substack{\text{乙酸乙酯}\\ \text{ethyl acetate}}}{H-CH_2-\overset{O}{\overset{\|}{C}}-OEt} \xrightarrow[\text{②} H_3O^{\oplus}]{\text{① NaOEt, EtOH}} \underset{\substack{\text{3-氧亚基丙酸乙酯 79\%}\\ \text{ethyl 3-oxopropanoate}}}{H\overset{O}{\overset{\|}{C}}-CH_2\overset{O}{\overset{\|}{C}}OEt}$$

酯和具有α-H的醛酮也可以起克莱森缩合反应。例如:

$$CH_3COOEt + \text{(1-四氢萘酮)} \xrightarrow[\text{②} H_3O^{\oplus}]{\text{① NaOEt, EtOH}} \text{(2-乙酰基-1-四氢萘酮, } COCH_3\text{)} \quad 84\%$$

在碱性催化剂影响下,醛、酮和酯都会起自缩合反应。为了防止这种自缩合,一般将反应物醛、酮和酯混合溶液在搅拌下滴加到含有碱催化剂的溶液中。

问题13.5　狄克曼缩合(Dieckmann condensation)是指二元羧酸酯进行的分子内的克莱森缩合反应。选择合适原料合成下列化合物。

(1) 2-氧亚基环戊烷甲酸乙酯(环戊酮,α位连 $CO_2C_2H_5$)　　(2) 2-氧亚基环己烷甲酸乙酯(环己酮,α位连 $CO_2C_2H_5$)

问题 13.6 试合成下列化合物。

(1) $C_6H_5-\overset{O}{\overset{\|}{C}}CH_2\overset{O}{\overset{\|}{C}}OC_2H_5$ (2) $C_6H_5-\overset{O}{\overset{\|}{C}}-\underset{CH_3}{\underset{|}{CH}}-\overset{O}{\overset{\|}{C}}OC_2H_5$

(3) $CH_3CH_2O\overset{O}{\overset{\|}{C}}-\overset{O}{\overset{\|}{C}}-CH_2\overset{O}{\overset{\|}{C}}OCH_2CH_3$

克莱森缩合反应的机理：酯分子中的 α - H 受羰基的影响，有微弱的酸性($pK_a \approx 24.5$)，在强碱醇钠作用下，生成 α -碳负离子(carbanion)或烯醇盐(enolate)。碳负离子作为亲核试剂进攻另一酯分子的羰基，起亲核加成-消去反应。

$$EtO^{\ominus} + H-CH_2\overset{O}{\overset{\|}{C}}-OEt \rightleftharpoons \left[{}^{\ominus}\!:CH_2-\overset{O}{\overset{\|}{C}}-OEt \longleftrightarrow CH_2=\overset{:\ddot{O}:^{\ominus}}{\overset{|}{C}}-OEt \right] + EtOH$$

乙酸乙酯　　碳负离子　　烯醇盐　　乙醇

$$CH_3-\underset{OEt}{\underset{|}{\overset{O}{\overset{\|}{C}}}} + {}^{\ominus}\!:CH_2COEt \rightleftharpoons CH_3-\underset{OEt}{\underset{|}{\overset{:\ddot{O}:^{\ominus}}{\overset{|}{C}}}}-CH_2\overset{O}{\overset{\|}{C}}OEt$$

四面体中间体

$$CH_3-\underset{OEt}{\underset{|}{\overset{:\ddot{O}:^{\ominus}}{\overset{|}{C}}}}-CH_2\overset{O}{\overset{\|}{C}}OEt \rightleftharpoons CH_3\overset{O}{\overset{\|}{C}}CH_2\overset{O}{\overset{\|}{C}}OEt + EtO^{\ominus}$$

乙酰乙酸乙酯

乙酰乙酸乙酯的活性亚甲基有较强的酸性($pK_a = 10.7$)，乙醇钠能使之完全成为烯醇盐，使下面的平衡偏向右边：

$$CH_3\overset{O}{\overset{\|}{C}}CH_2\overset{O}{\overset{\|}{C}}OEt + EtO^{\ominus} \rightleftharpoons \left[CH_3-\overset{O}{\overset{\|}{C}}-\overset{\ominus}{\ddot{C}}H-\overset{O}{\overset{\|}{C}}OEt \longleftrightarrow CH_3\overset{O^{\ominus}}{\overset{|}{C}}=CH\overset{O}{\overset{\|}{C}}OEt \right] + EtOH$$

反应后用乙酸酸化，即得到乙酰乙酸乙酯。

$$CH_3\overset{O^{\ominus}}{\overset{|}{C}}=CH\overset{O}{\overset{\|}{C}}OEt + CH_3COOH \longrightarrow CH_3\overset{O}{\overset{\|}{C}}CH_2\overset{O}{\overset{\|}{C}}OEt + CH_3COO^{\ominus}$$

烯醇盐　　乙酰乙酸乙酯

在生物体内也有类似于克莱森缩合的反应。

正确书写有机反应机理是学习有机化学的重要内容。常见有机反应的机理总结在二维码阅读材料中。

常见反应机理总结

二、β-酮酸酯与烯醇酯的互变异构

乙酰乙酸乙酯具有甲基酮的典型反应，能与羟胺和苯肼分别生成肟和苯腙，与亚硫酸氢钠起亲核加成反应，同时也能发生碘仿反应。乙酰乙酸乙酯又具有典型的烯醇的性质，能与金属钠作用放出氢气，使溴的四氯化碳溶液褪色，使三氯化铁溶液显色。实验证明，乙酰乙酸乙酯实际是酮式和其烯醇式的平衡混合物。

$$\underset{92.5\%}{CH_3\overset{\displaystyle O}{\overset{\|}{C}}CH_2\overset{\displaystyle O}{\overset{\|}{C}}OC_2H_5} \rightleftharpoons \underset{7.5\%}{CH_3\overset{\displaystyle OH}{\overset{|}{C}}{=}CH\overset{\displaystyle O}{\overset{\|}{C}}OC_2H_5}$$

室温

这种同分异构体之间互相转化的动态平衡现象叫作互变异构现象(tautomerism),互变异构现象广泛存在于生物体组织分子中。

在室温下,乙酰乙酸乙酯的酮式和烯醇式互变速度很快,它们的分离需要特殊的条件。分离得到的纯粹的酮式和烯醇式沸点分别为 41 ℃/266.64 Pa 和 33 ℃/266.64 Pa。

一般醛、酮的酮式和烯醇式互变异构平衡常数非常小,烯醇式极不稳定,因而主要以酮式存在。例如丙酮中的烯醇式含量只有 $1.5\times10^{-4}\%$,一般的方法都无法检验出来。乙酰乙酸乙酯的烯醇式在互变异构平衡中以一定的比例存在,其主要原因为:① 分子中活性亚甲基受羰基和酯基的双重影响,亚甲基的酸性增强,其氢原子易以质子形式转移到羰基氧原子上转变成烯醇式;② 乙酰乙酸乙酯的烯醇式是一个共轭体系,体系能量较低,烯醇式稳定性增加;③ 烯醇式中羟基上的氢与酯基中的羰基氧原子形成分子内氢键,使烯醇式的稳定性进一步提高。

$$CH_3-\overset{\displaystyle O}{\overset{\|}{C}}-\overset{\displaystyle H}{\overset{|}{C}}H-\overset{\displaystyle O}{\overset{\|}{C}}OEt \rightleftharpoons \left[CH_3-\overset{\displaystyle O}{\overset{\|}{C}}-\overset{\ominus}{\ddot{C}}H-\overset{\displaystyle O}{\overset{\|}{C}}OEt \longleftrightarrow CH_3\overset{\displaystyle :\ddot{O}:^{\ominus}}{\overset{|}{C}}{=}CH\overset{\displaystyle O}{\overset{\|}{C}}OEt\right] + H^{\oplus}$$

$$\rightleftharpoons CH_3-\overset{\displaystyle OH}{\overset{|}{C}}{=}CH-\overset{\displaystyle O}{\overset{\|}{C}}-OEt \rightleftharpoons CH_3-C(-O\cdots H\cdots O=)C-OEt\ (\text{六元环},\ =CH-)$$

烯醇式,共轭体系　　　　**分子内氢键,六元螯环**

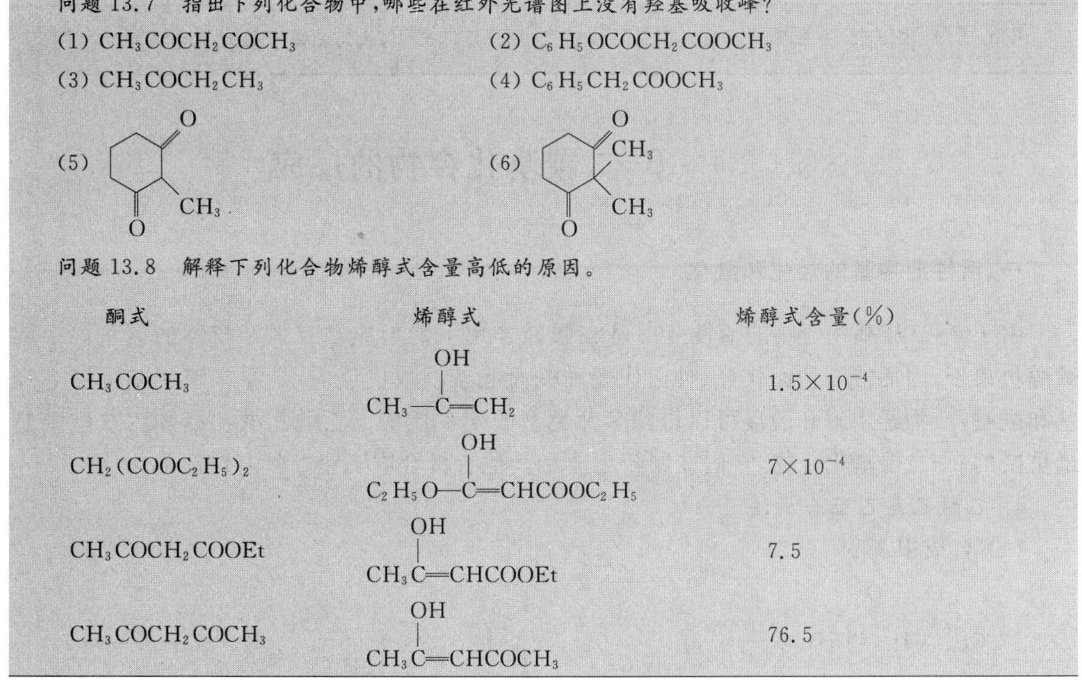

问题 13.7　指出下列化合物中,哪些在红外光谱图上没有羟基吸收峰?

(1) $CH_3COCH_2COCH_3$　　(2) $C_6H_5OCOCH_2COOCH_3$

(3) $CH_3COCH_2CH_3$　　(4) $C_6H_5CH_2COOCH_3$

(5) 2-甲基-1,3-环己二酮(结构式,含 O、O、CH_3)　　(6) 2,2-二甲基-1,3-环己二酮(结构式,含 O、O、CH_3、CH_3)

问题 13.8　解释下列化合物烯醇式含量高低的原因。

酮式	烯醇式	烯醇式含量(%)
CH_3COCH_3	$CH_3-\overset{OH}{\overset{\mid}{C}}{=}CH_2$	1.5×10^{-4}
$CH_2(COOC_2H_5)_2$	$C_2H_5O-\overset{OH}{\overset{\mid}{C}}{=}CHCOOC_2H_5$	7×10^{-4}
CH_3COCH_2COOEt	$CH_3\overset{OH}{\overset{\mid}{C}}{=}CHCOOEt$	7.5
$CH_3COCH_2COCH_3$	$CH_3\overset{OH}{\overset{\mid}{C}}{=}CHCOCH_3$	76.5

酮式	烯醇式	烯醇式含量(%)
$C_6H_5COCH_2COCH_3$	$C_6H_5C(OH){=}CHCOCH_3$	90.0
$C_6H_5COCH_2COC_6H_5$	$C_6H_5C(OH){=}CHCOC_6H_5$	96.0

三、β-酮酸酯的水解

β-酮酸酯的亚甲基由于受相邻两个羰基的影响，亚甲基与相邻羰基的碳碳键容易发生断裂，在不同浓度碱的作用下可发生两种不同的水解：成酮水解和成酸水解。

$$\underset{\text{成酮水解}}{RCO{-}CH_2 \,\vdots\, {-}CO{-}OEt} \qquad \underset{\text{成酸水解}}{RCO \,\vdots\, {-}CH_2{-}CO{-}OEt}$$

乙酰乙酸乙酯与5% NaOH水溶液混合即发生水解，酸化后加热脱羧得到丙酮(成酮水解)：

$$\underset{\text{乙酰乙酸乙酯}}{CH_3COCH_2COOEt} \xrightarrow[\text{②}H_3O^{\oplus}]{\text{①5\% NaOH}} \underset{\text{乙酰乙酸}}{CH_3COCH_2CO_2H} \xrightarrow[-CO_2]{\triangle} \underset{\text{丙酮}}{CH_3COCH_3}$$

乙酰乙酸乙酯与40% NaOH水溶液共热，然后酸化，则得到乙酸(成酸水解)：

$$\underset{\text{乙酰乙酸乙酯}}{CH_3COCH_2COOEt} \xrightarrow[\text{②}H_3O^{\oplus}]{\text{①40\% NaOH},\triangle} \underset{\text{乙酸}}{CH_3COOH}$$

问题13.9 乙酰乙酸乙酯的成酸水解是克莱森酯缩合的逆反应，试写出其反应过程。

§13.4 β-二羰基化合物的反应

一、活性亚甲基的烃化和酰化

由于β-二羰基化合物的活性亚甲基在强碱作用下能形成具有强亲核性的碳负离子或烯醇负离子，因而能与伯卤代烃、仲卤代烃和酰卤起亲核取代反应，结果在亚甲基上引入烃基和酰基，产物经水解和脱羧可以得到多种类型的酮和羧酸。乙酰乙酸乙酯和丙二酸酯是最重要的β-二羰基化合物，它们在制药工业和其他有机合成工业上具有广泛的用途。

1. 乙酰乙酸乙酯合成法

(1) 合成甲基酮

$$CH_3\overset{O}{\overset{\|}{C}}CH_2\overset{O}{\overset{\|}{C}}OC_2H_5 \xrightarrow[C_2H_5OH]{C_2H_5ONa} \left[H_3C{-}\overset{O}{\overset{\|}{C}}{-}\overset{\ominus}{\ddot{C}}H{-}\overset{O}{\overset{\|}{C}}OEt \longleftrightarrow CH_3\overset{O^{\ominus}}{\overset{|}{C}}{=}CH\overset{O}{\overset{\|}{C}}OEt \right] \xrightarrow{RX}$$

$$CH_3\overset{O}{\overset{\|}{C}}\underset{R}{\underset{|}{C}}H\overset{O}{\overset{\|}{C}}OC_2H_5 \xrightarrow[②H_3O^{\oplus},\triangle]{①5\%NaOH} CH_3\overset{O}{\overset{\|}{C}}CH_2R$$

将烃基取代的乙酰乙酸乙酯再烃化，经水解和脱羧，可得二取代丙酮。

$$CH_3CO\overset{R}{\overset{|}{C}}HCOOC_2H_5 \xrightarrow[②R'X]{①EtONa} CH_3CO\overset{R}{\overset{|}{\underset{R'}{\underset{|}{C}}}}COOC_2H_5 \xrightarrow[②H_3O^{\oplus},\triangle]{①5\%NaOH} CH_3CO\overset{R}{\overset{|}{\underset{R'}{\underset{|}{C}}}}H$$

(2) 合成γ-二酮

$$CH_3COCH_2COOC_2H_5 \xrightarrow[②ClCH_2COCH_3]{①EtONa} CH_3\overset{O}{\overset{\|}{C}}\underset{CH_2COCH_3}{\underset{|}{C}}H\overset{O}{\overset{\|}{C}}OC_2H_5 \xrightarrow[②H_3O^{\oplus},\triangle]{①5\%NaOH} CH_3\overset{O}{\overset{\|}{C}}CH_2CH_2\overset{O}{\overset{\|}{C}}CH_3$$

(3) 合成γ-酮酸

$$CH_3COCH_2COOC_2H_5 \xrightarrow[②BrCH_2COOC_2H_5]{①EtONa} CH_3\overset{O}{\overset{\|}{C}}\underset{CH_2COOC_2H_5}{\underset{|}{C}}H\overset{O}{\overset{\|}{C}}OC_2H_5 \xrightarrow[②H_3O^{\oplus},\triangle]{①5\%NaOH} CH_3\overset{O}{\overset{\|}{C}}CH_2CH_2\overset{O}{\overset{\|}{C}}OH$$

(4) 合成β-二酮

乙酰乙酸乙酯经酰化，成酮水解可得到β-二酮：

$$CH_3COCH_2COOC_2H_5 \xrightarrow[②C_6H_5COCl]{①EtONa} CH_3CO\underset{COC_6H_5}{\underset{|}{C}}HCOOC_2H_5 \xrightarrow[②H_3O^{\oplus},\triangle]{①5\%NaOH} CH_3COCH_2COC_6H_5$$

其他的β-酮酸酯也可以发生类似的反应。例如：

$$\text{2-乙氧羰基环戊酮 (COOEt)} \xrightarrow[②\ CH_3CH_2CH_2Br]{①\ EtONa,EtOH} \text{2-丙基-2-乙氧羰基环戊酮 (COOEt)} \xrightarrow[②\ H_3O^{\oplus},\triangle]{①\ 5\%NaOH} \text{2-丙基环戊酮}$$

2. 丙二酸酯合成法

丙二酸二乙酯是由氯乙酸为原料经过氰基取代和酯化得到的二元羧酸酯。

$$ClCH_2COOH \xrightarrow{NaCN} NCCH_2COOH \xrightarrow[H^{\oplus}]{C_2H_5OH} CH_2(COOC_2H_5)_2$$

氯乙酸	氰乙酸	丙二酸二乙酯
chloroacetic acid	cyanoacetic acid	diethyl malonate

丙二酸二乙酯分子中的亚甲基受相邻两个酯基的吸电子诱导效应影响，也有较大的酸性($pK_a=13.3$)。因此丙二酸酯在强碱存在下也可发生烃化，产物经水解和脱羧后生成羧酸。

(1) 合成一元羧酸

$$CH_2(COOC_2H_5)_2 \xrightarrow[EtOH]{EtONa} Na^{\oplus}\overset{\ominus}{C}H(COOC_2H_5)_2 \xrightarrow{n-C_4H_9Br} n-C_4H_9CH(COOC_2H_5)_2$$

$$\xrightarrow[②H^{\oplus},\triangle]{①NaOH,H_2O} n-C_4H_9CH_2COOH$$

如用 2 mol 的碱和卤代烃,可以一次导入两个相同的烃基。

$$CH_2(COOC_2H_5)_2 \xrightarrow[②\ 2C_2H_5Br]{①\ 2EtONa} (CH_3CH_2)_2C(COOC_2H_5)_2 \xrightarrow[②H^{\oplus},\triangle]{①NaOH,H_2O} (CH_3CH_2)_2CHCOOH$$

(2) 合成二元羧酸

用卤代酸酯代替卤代烃使丙二酸酯烃化,产物经水解和脱羧可得二元羧酸。

$$2CH_2(COOC_2H_5)_2 \xrightarrow[②ClCH_2CO_2C_2H_5]{①C_2H_5ONa} (CO_2C_2H_5)_2CH—CH_2CO_2C_2H_5 \xrightarrow[②H^{\oplus},\triangle]{①NaOH,H_2O} HOOCCH_2CH_2COOH$$

用二卤代烷反应,控制原料比例,也可以得到二元羧酸。例如:

$$CH_2(COOC_2H_5)_2 \xrightarrow[②BrCH_2CH_2Br]{①C_2H_5ONa} \begin{array}{l}CH_2CH(COOC_2H_5)_2\\ |\\ CH_2CH(COOC_2H_5)_2\end{array} \xrightarrow[②H^{\oplus},\triangle]{①NaOH,H_2O} \begin{array}{l}CH_2CH_2COOH\\ |\\ CH_2CH_2COOH\end{array}$$

问题 13.10 由乙酰乙酸乙酯合成下列化合物。

(1) $CH_3COCH_2CH_2CH_2COOH$ (2) $CH_3COCH_2CH_2C_6H_5$

问题 13.11 由丙二酸酯合成下列化合物。

(1) (键线式结构,含 COOH) (2) (键线式结构,含 COOH)

二、迈克尔(Michael)加成反应

碳负离子(烯醇盐)与 α,β-不饱和羰基化合物的加成反应称为迈克尔(Michael)加成反应。乙酰乙酸乙酯、丙二酸二乙酯在碱性催化剂存在下都能与 α,β-不饱和羰基化合物或 α,β-不饱和腈等起迈克尔加成反应,产物为 1,5-二羰基化合物。例如:

$$CH_3COCH{=}CH_2 + CH_2(COOC_2H_5)_2 \xrightarrow[C_2H_5OH]{KOH} CH_3COCH_2CH_2CH(CO_2C_2H_5)_2$$

丁-3-烯-2-酮 but-3-en-2-one;丙二酸二乙酯 diethyl malonate;2-(3-氧亚基丁基)丙二酸二乙酯 diethyl 2-(3-oxobutyl)malonate

$$\xrightarrow[②H^{\oplus},\triangle]{①KOH,H_2O} CH_3COCH_2CH_2CH_2CO_2H$$

5-氧亚基己酸

5-oxohexanoic acid

$$\text{环己-2-烯酮} + CH_3COCH_2CO_2C_2H_5 \xrightarrow{C_2H_5ONa} \text{3-氧亚基环己基}—CH(COCH_3)—CO_2C_2H_5$$

环己-2-烯酮 cyclohex-2-enone

3-氧亚基-2-(3-氧亚基环己基)丁酸乙酯 ethyl 3-oxo-2-(3-oxocyclohexyl)butanoate

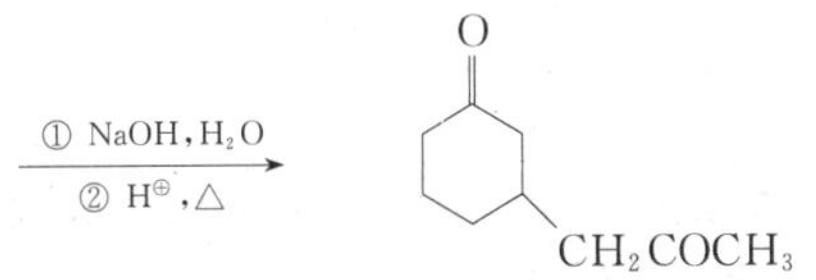

$\xrightarrow[\text{② }H^{\oplus},\triangle]{\text{① NaOH},H_2O}$ （3-位带 CH_2COCH_3 的环己酮）

3-(2-氧亚基丙基)环己酮

3-(2-oxopropyl)cyclohexanone

容易生成烯醇盐的其他活性亚甲基的化合物也可以起迈克尔加成反应。例如：

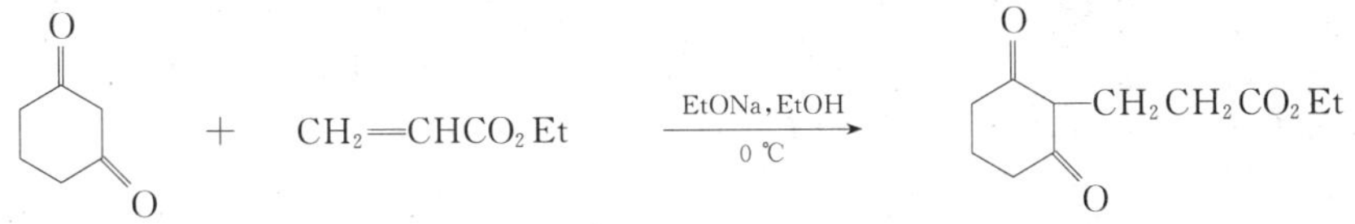

己-1,3-二酮 + $CH_2{=}CHCO_2Et$ $\xrightarrow[0\ ℃]{EtONa,EtOH}$ （2-位带 $CH_2CH_2CO_2Et$ 的环己-1,3-二酮）

己-1,3-二酮 cyclohexane-1,3-dione　　丙烯酸乙酯 ethyl acrylate　　3-(2,6-二氧亚基环己基)丙酸乙酯 ethyl 3-(2,6-dioxocyclohexyl)propanoate

迈克尔加成反应的机理为

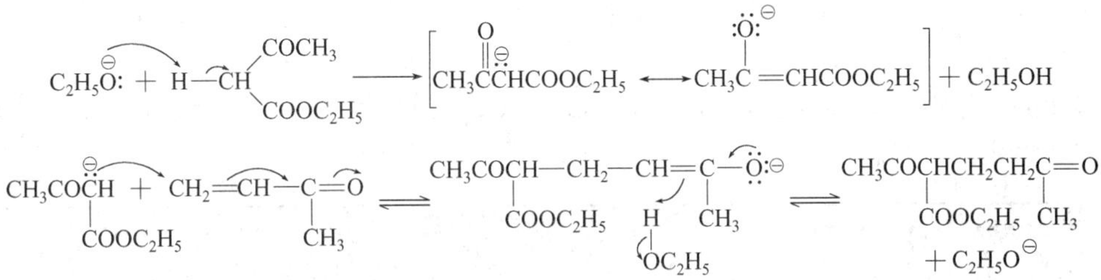

$$C_2H_5\overset{\ominus}{O}: + H-CH(COCH_3)(COOC_2H_5) \longrightarrow \left[CH_3\overset{O}{\overset{\|}{C}}\overset{\ominus}{C}HCOOC_2H_5 \longleftrightarrow CH_3\overset{:\ddot{O}:^{\ominus}}{\overset{|}{C}}{=}CHCOOC_2H_5\right] + C_2H_5OH$$

$$CH_3CO\overset{\ominus}{C}H(COOC_2H_5) + CH_2{=}CH-\underset{CH_3}{\underset{|}{C}}{=}O \rightleftharpoons CH_3CO\underset{COOC_2H_5}{\underset{|}{C}H}-CH_2-CH{=}\underset{CH_3}{\underset{|}{C}}-\ddot{O}:^{\ominus} \ (H-OC_2H_5) \rightleftharpoons CH_3CO\underset{COOC_2H_5}{\underset{|}{C}H}CH_2CH_2\underset{CH_3}{\underset{|}{C}}{=}O + C_2H_5O^{\ominus}$$

从形式上看，迈克尔加成反应是含活性亚甲基的化合物对α，β-不饱和羰基化合物的1，4-加成，生成的烯醇盐中间体互变异构成酮式化合物。

迈克尔加成反应应用范围很广，在合成药物中有重要用途。

烯胺(enamine)与α，β-不饱和羰基化合物也可以起迈克尔加成反应，水解后得到1，5-二羰基化合物。例如：

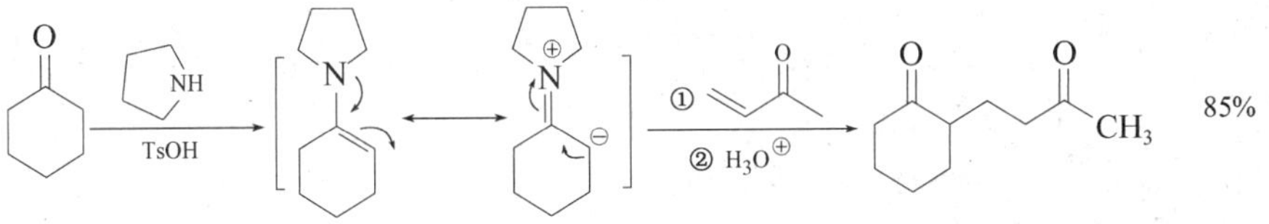

环己酮 $\xrightarrow[TsOH]{\text{四氢吡咯 (NH)}}$ [1-(环己-1-烯基)吡咯烷 ⟷ 亚胺正离子/碳负离子] $\xrightarrow[\text{② }H_3O^{\oplus}]{\text{① 丁-3-烯-2-酮}}$ 2-(3-氧亚基丁基)环己酮（CH_3）　85%

> 问题 13.12　写出下列反应的产物。
>
> (1) $CH_3COCH_2COCH_3 + CH_2{=}CHCN \xrightarrow[\text{②}H_3O^{\oplus}]{\text{①}KOH,HOEt}$
>
> (2) $CH_3COCH_2NO_2 + CH_2{=}CHCOOCH_3 \xrightarrow{(CH_3CH_2)_3N}$
>
> (3) 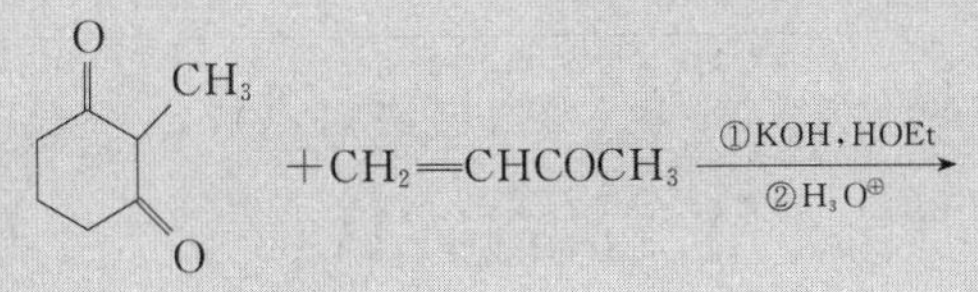 2-甲基环己-1,3-二酮（CH_3） $+ CH_2{=}CHCOCH_3 \xrightarrow[\text{②}H_3O^{\oplus}]{\text{①}KOH,HOEt}$

三、诺文格尔(Knoevenagel)缩合反应

丙二酸二乙酯或其他活性亚甲基化合物在弱碱性(常用有机碱六氢吡啶即哌啶)催化剂存在下和醛酮共热脱水生成 α,β-不饱和羰基化合物。这一反应称为诺文格尔(Knoevenagel)缩合反应。诺文格尔反应是可逆的,但除去反应中生成的水,可以使反应进行到底。例如:

$$(CH_3)_2CHCH_2CHO+CH_2(COOC_2H_5)_2 \xrightarrow[\text{甲苯},\triangle]{\text{六氢吡啶}} (CH_3)_2CHCH_2CH{=}C(COOC_2H_5)_2+H_2O \quad 78\%$$

$$CH_3CH_2CH(CH_3)CHO + CH_3COCH_2COOC_2H_5 \xrightarrow[\text{甲苯},\triangle]{\text{六氢吡啶}}$$

$$\underset{83\%}{CH_3CH_2CH(CH_3)CH{=}C(COCH_3)(COOC_2H_5)} + H_2O$$

用丙二酸为原料,反应中同时脱水和失羧得到 α,β-不饱和酸。例如:

$$CH_3(CH_2)_5CHO + CH_2(COOH)_2 \xrightarrow[\triangle]{\text{吡啶}} CH_3(CH_2)_5CH{=}CHCOOH \quad 85\%$$

其他的亚甲基化合物如氰乙酸乙酯($NCCH_2COOEt$)、丙二腈($CH_2(CN)_2$)、β-二酮等也起诺文格尔缩合反应。

问题 13.13 写出下列反应的产物。

(1) 3,5,5-三甲基环己-2-烯酮 + $CH_2(CN)_2$ $\xrightarrow[\text{甲苯},\triangle]{\text{六氢吡啶}}$

(2) 环己-1,3-二酮 $+NCCH_2COOC_2H_5 \xrightarrow[\text{甲苯},\triangle]{\text{六氢吡啶}}$

(3) C_6H_5—CHO + 噻唑烷-2,4-二酮 $\xrightarrow[\text{甲苯},\triangle]{\text{六氢吡啶}}$

习　题

13.1 用中、英文命名下列化合物。

(1) $CH_3CH_2COCH_2COOH$

(2) $CH_3COCH(CH_3)COOC_2H_5$

(3) $C_6H_5CH_2COCH_2COOC_2H_5$

(4) 环己基—$CH(COOC_2H_5)_2$

(5) 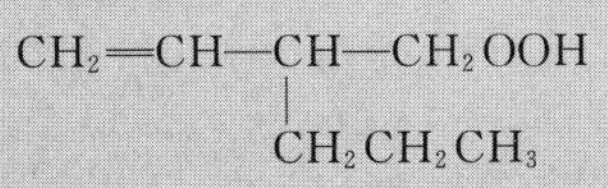 $CH_2{=}CH{-}CH(CH_2CH_2CH_3){-}CH_2OOH$

(6) 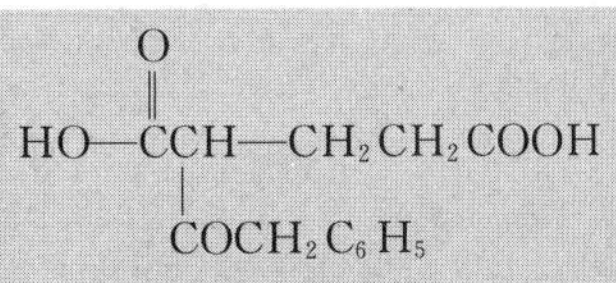 $HO{-}\overset{O}{\overset{\|}{C}}CH(COCH_2C_6H_5){-}CH_2CH_2COOH$

13.2　写出下列化合物的结构式。

(1) 苹果酸　(2) 柠檬酸　(3) 水杨酸苯酯　(4) 草酸二乙酯

(5) (2S,3R)-2-羟基-3-苯基丁酸　(6) 对乙酰基苯甲酸

13.3　写出下列反应的主要产物。

(1) 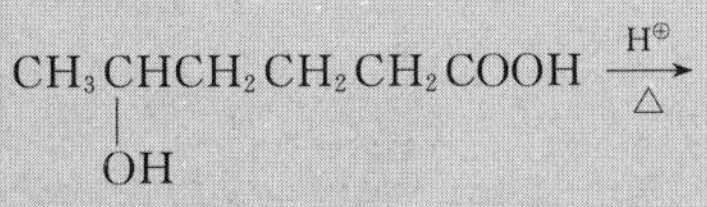 $CH_3CH(OH)CH_2CH_2CH_2COOH \xrightarrow[\triangle]{H^{\oplus}}$

(2) 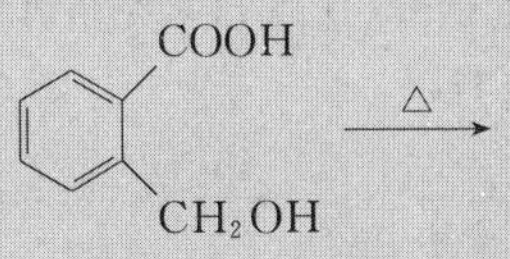 邻-(羟甲基)苯甲酸（苯环上 COOH 与 CH_2OH 处于邻位）$\xrightarrow{\triangle}$

(3) 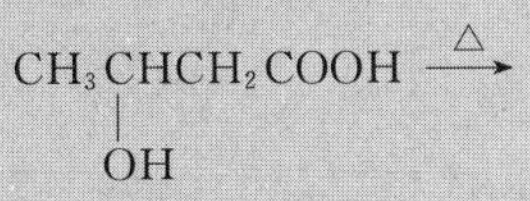 $CH_3CH(OH)CH_2COOH \xrightarrow{\triangle}$

(4) 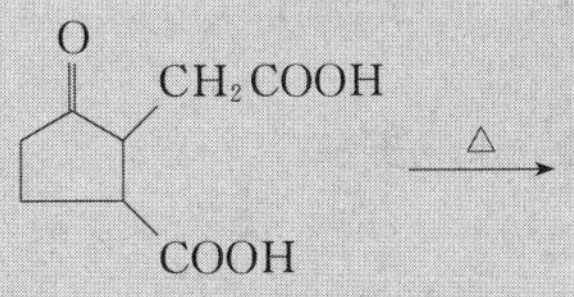 2-(羧甲基)-3-羧基环戊酮（环戊酮上带 CH_2COOH 与 COOH）$\xrightarrow{\triangle}$

(5) $C_6H_5COOC_2H_5 + C_6H_5CH_2COOC_2H_5 \xrightarrow[\text{② } H^{\oplus}]{\text{① } C_2H_5ONa}$

(6) $CH_3CH_2CH_2CH_2COOC_2H_5 \xrightarrow[\text{② } H^{\oplus}]{\text{① } C_2H_5ONa}$

13.4　有α-H的酮和没有α-H的酯也可以起克莱森缩合反应。试写出下列反应的产物。

(1) 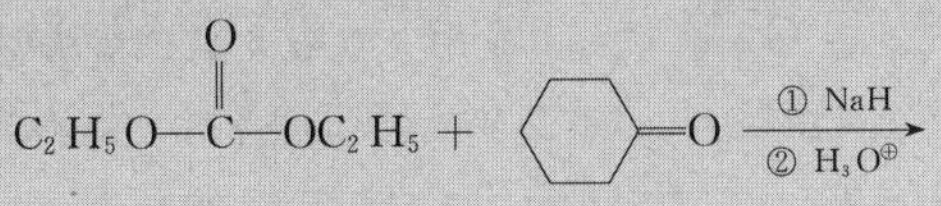 $C_2H_5O{-}\overset{O}{\overset{\|}{C}}{-}OC_2H_5$ + 环己酮 $\xrightarrow[\text{② } H_3O^{\oplus}]{\text{① NaH}}$

(2) $C_6H_5COOC_2H_5 + CH_3COCH_3 \xrightarrow[\text{② } H_3O^{\oplus}]{\text{① } C_2H_5ONa}$

13.5　实现下列转变。

(1) 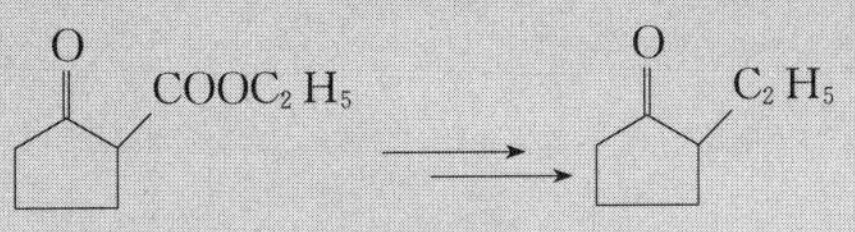 2-(乙氧羰基)环戊酮（$COOC_2H_5$）$\longrightarrow\longrightarrow$ 2-乙基环戊酮（C_2H_5）

(2) $CH_3COOC_2H_5 \longrightarrow\longrightarrow CH_3COCH_2CH_2CH_2CH_2COCH_3$

(3) 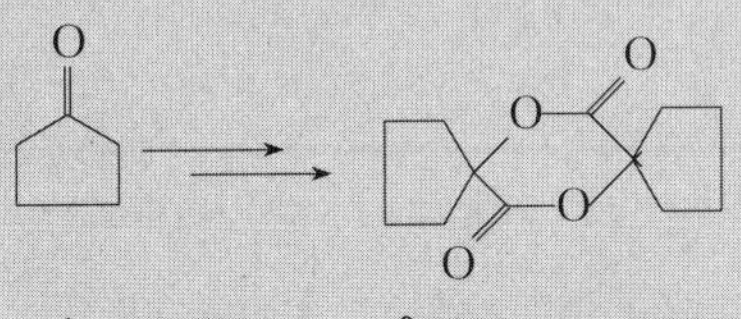 环戊酮 $\longrightarrow\longrightarrow$ 双螺环交酯（两个环戊烷螺接于1,4-二氧六环-2,5-二酮）

(4) 苯 $\longrightarrow\longrightarrow$ $C_6H_5{-}C(CH_3){=}CHCOOC_2H_5$

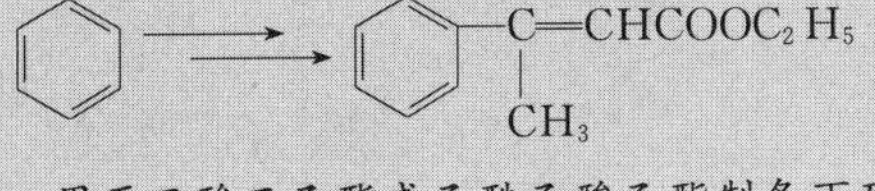

13.6　用丙二酸二乙酯或乙酰乙酸乙酯制备下列化合物。

(1) 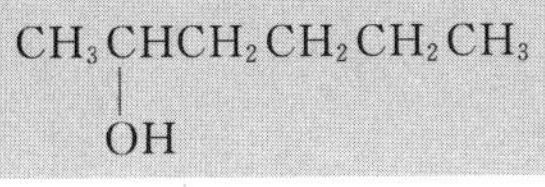 $CH_3CH(OH)CH_2CH_2CH_2CH_3$

(2) 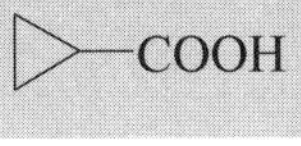 环丙基—COOH

(3) 环戊基—$COCH_3$　　(4) $CH_3CH_2CH(COOH)CH_2CH=CH_2$

13.7　用化学方法区别下列各组化合物。

(1) 丙酮,α-羟基丙酸,丙酮酸

(2) 丁-2-酮,乙酰乙酸乙酯,丁酸乙酯

(3) 水杨酸,乙酰水杨酸,水杨酸甲酯

13.8　按要求排列下列各组化合物的顺序。

(1) 碱性由弱到强

(a) $C_6H_5O^{\ominus}$　(b) 邻羟基苯甲酸根(o-HO—C_6H_4—$COO^{\ominus}$)　(c) HO—C_6H_4—$COO^{\ominus}$(对位)　(d) C_6H_5—$COO^{\ominus}$

(2) 脱羧反应由易到难

(a) 丁酸　(b) 3-氧亚基丁酸　(c) 2-氧亚基丁酸

(3) 烯醇式百分含量由大到小

(a) 戊-2,4-二酮　(b) 乙酰乙酸乙酯　(c) 丙二酸二乙酯　(d) 丁-2-酮

13.9　分子式为 $C_4H_4O_5$ 的化合物,有两个异构体 A 和 B,都无旋光性,与 $NaHCO_3$ 作用放出 CO_2。A 与 2,4-二硝基苯肼作用生成相应的腙。B 既能使氯化铁溶液显色,也能与溴水反应。B 经催化加氢生成一对对映体。试写出 A 和 B 的结构式和有关化学反应式。

13.10　从白花蛇舌草中提取得到一种化合物,分子式为 $C_9H_8O_3$,能溶于氢氧化钠溶液和碳酸氢钠溶液中,与三氯化铁溶液作用呈红色,能使溴的四氯化碳溶液褪色,用高锰酸钾氧化得到对羟基苯甲酸和草酸。试推测该化合物的构造式并写出有关化学反应式。

13.11　化合物 A,分子式为 $C_5H_{10}O$,能使高锰酸钾溶液褪色,能与乙酰氯起反应得到分子式为 $C_7H_{12}O_2$ 的醋酸酯,该酯仍然能使高锰酸钾溶液褪色,当 A 氧化后所得到的酸酸化时容易失去 CO_2 得到丙酮,写出 A 的构造式和有关化学反应式。

第十四章　含氮化合物

有机含氮化合物在自然界分布很广，许多含氮化合物是生命活动的重要物质。同时许多含氮化合物也是重要的药物、染料和其他有机工业产品。

§14.1　硝基化合物

烃分子中的氢原子被硝基（nitro group）取代的化合物叫作硝基化合物（nitro compound）。硝基化合物一般以硝基为取代基，烃为母体来命名。

脂肪族硝基化合物是无色并具香味的液体。芳香族硝基化合物为高沸点淡黄色液体或低熔点固体，有剧毒。硝基化合物相对密度大于1，不溶于水，易溶于有机溶剂。多硝基化合物受热易爆炸，如2,4,6-三硝基甲苯（TNT）是常用的炸药。

一、硝基化合物的结构

硝基化合物的凯库勒式和路易斯式为

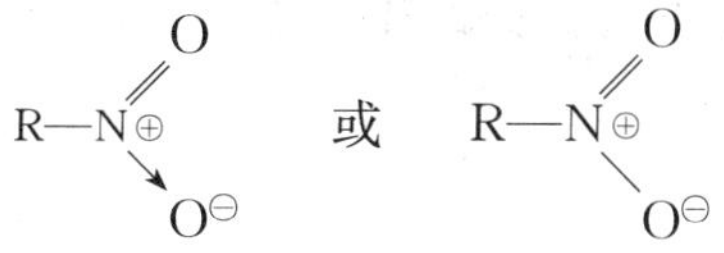

$$R-\overset{\oplus}{N}{\begin{matrix}=O\\ \rightarrow O^{\ominus}\end{matrix}} \quad 或 \quad R-\overset{\oplus}{N}{\begin{matrix}=O\\ -O^{\ominus}\end{matrix}} \qquad\qquad R:\overset{\oplus}{N}{\begin{matrix}\therefore\ddot{O}\colon\\ \colon\ddot{O}\colon^{\ominus}\end{matrix}}$$

凯库勒式 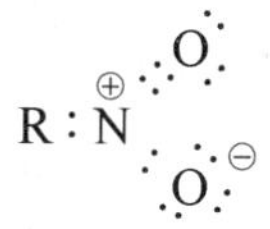　　　　　　　　路易斯式

电子衍射证明硝基的两个氮氧键的键长是等同的，如硝基甲烷中都是122 pm。因此硝基化合物的共振式表示为

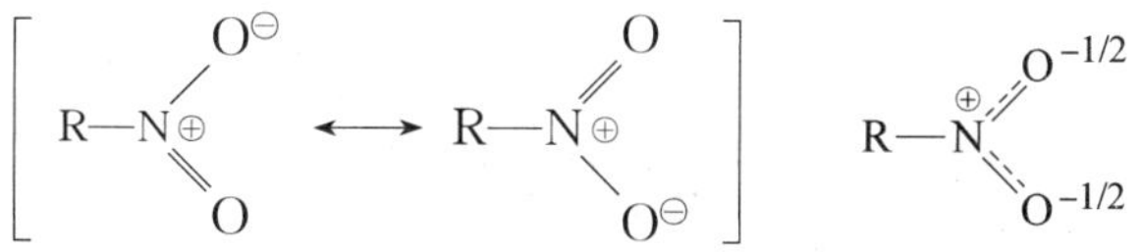

$$\left[R-\overset{\oplus}{N}{\begin{matrix}-O^{\ominus}\\ =O\end{matrix}} \longleftrightarrow R-\overset{\oplus}{N}{\begin{matrix}=O\\ -O^{\ominus}\end{matrix}}\right] \qquad R-\overset{\oplus}{N}{\begin{matrix}\text{=}O^{-1/2}\\ \text{=}O^{-1/2}\end{matrix}}$$

二、硝基化合物的化学性质

1. α-H 的反应

硝基氮原子带正电荷，强烈的吸电子效应使α-H的酸性增强。因此含α-H的硝基化合物，能溶于强碱（如氢氧化钠）溶液生成盐。例如：

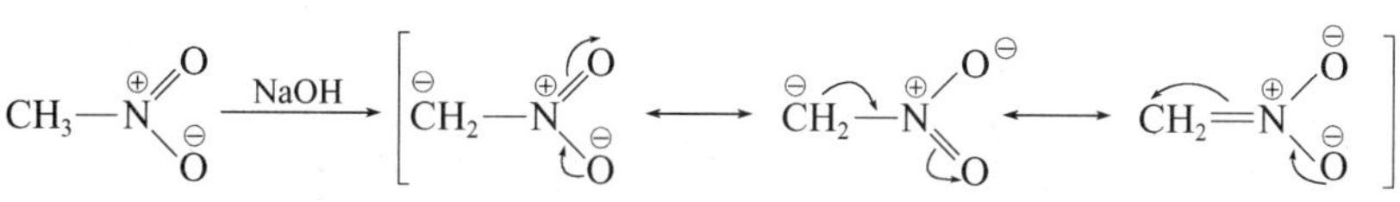

$$CH_3-\overset{\oplus}{N}{\begin{matrix}=O\\ -\overset{\ominus}{O}\end{matrix}} \xrightarrow{NaOH} \left[\overset{\ominus}{C}H_2-\overset{\oplus}{N}{\begin{matrix}=O\\ -\overset{\ominus}{O}\end{matrix}} \longleftrightarrow \overset{\ominus}{C}H_2-\overset{\oplus}{N}{\begin{matrix}-O^{\ominus}\\ =O\end{matrix}} \longleftrightarrow CH_2=\overset{\oplus}{N}{\begin{matrix}-\overset{\ominus}{O}\\ -\overset{\ominus}{O}\end{matrix}}\right]$$

硝基甲烷的共轭碱的碳原子带有部分负电荷，是一个亲核试剂，能与醛酮中的羰基起亲

核加成反应，生成β-羟基硝基化合物：

$$CH_3(CH_2)_7CHO + CH_3NO_2 \xrightarrow[EtOH]{NaOH} CH_3(CH_2)_7\underset{}{\overset{OH}{|}}{CH}CH_2NO_2$$

芳醛与硝基甲烷缩合生成的β-羟基化合物容易脱水，产物为α,β-不饱和硝基化合物。例如：

$$C_6H_5CHO + CH_3NO_2 \xrightarrow[\triangle]{NaOH} C_6H_5CH{=}CHNO_2$$

2. 还原反应

芳香族硝基化合物易被还原，还原产物因反应条件(如还原剂和介质)不同而不同。但在强烈条件下，芳香族硝基化合物最终被还原成相应的芳香胺，常用的还原方法有催化加氢和化学还原法(还原剂为铁和盐酸、氯化亚锡及硫化物等)。例如：

$$C_6H_5NO_2 \xrightarrow[\text{或 } H_2/Ni]{Fe,HCl} C_6H_5NH_2$$

$$m\text{-}C_6H_4(NO_2)_2 \xrightarrow[\triangle]{NaHS,H_2O} m\text{-}O_2NC_6H_4NH_2$$

3. 硝基对苯环上邻、对位取代基的影响

卤代芳烃是乙烯式卤代烃，卤素难以被亲核试剂取代。但是当卤素在硝基的邻、对位时，却容易被取代。例如：

$$p\text{-}ClC_6H_4NO_2 \xrightarrow[\text{② } H_3O^{\oplus}]{\text{① } NaOH,H_2O,130\ ℃} p\text{-}HOC_6H_4NO_2 \quad 97\%$$

$$2,4\text{-}(O_2N)_2C_6H_3Cl \xrightarrow[\text{② } H_3O^{\oplus}]{\text{① } Na_2CO_3,H_2O,100\ ℃} 2,4\text{-}(O_2N)_2C_6H_3OH \quad 90\%$$

$$2,4,6\text{-}(O_2N)_3C_6H_2Cl \xrightarrow[\text{② } H_3O^{\oplus}]{\text{① } Na_2CO_3,H_2O,30\ ℃} 2,4,6\text{-}(O_2N)_3C_6H_2OH \quad 96\%$$

离去基团不限于氯原子，进攻试剂也可以是醇钠、胺等亲核试剂。例如在蛋白质的结构测定中常利用2,4-二硝基氟苯和肽链N-端的氨基的反应产物来确定N-端氨基酸的种类。

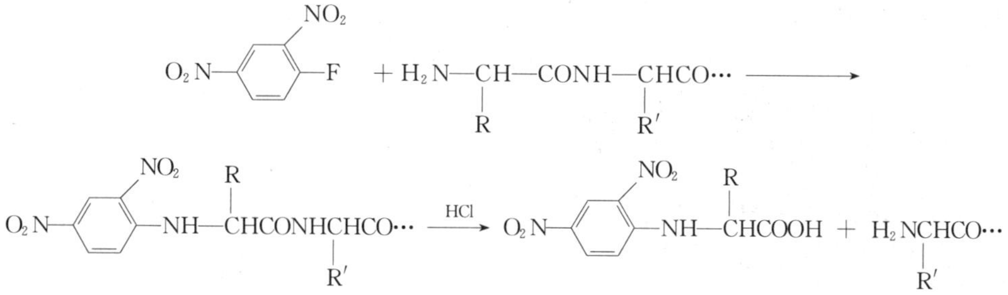

$$O_2N-C_6H_3(NO_2)-F + H_2N-CH(R)-CONH-CH(R')CO\cdots \longrightarrow$$

$$O_2N-C_6H_3(NO_2)-NH-CH(R)CONHCH(R')CO\cdots \xrightarrow{HCl} O_2N-C_6H_3(NO_2)-NH-CH(R)COOH + H_2NCH(R')CO\cdots$$

这类反应是芳环上的亲核取代反应，与饱和碳原子上的 S_N2 反应不同的是它是分步进行的。底物先与亲核试剂加成生成碳负离子活性中间体，然后离去基团带着一对电子离开。

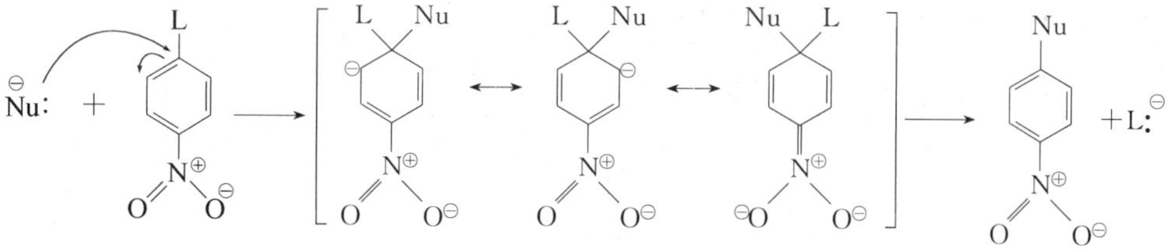

$$Nu^{\ominus} + L-C_6H_4-NO_2 \longrightarrow [\text{碳负离子中间体的三个共振式}] \longrightarrow Nu-C_6H_4-NO_2 + L^{\ominus}$$

硝基在离去基的邻、对位时，由于硝基强烈的吸电子共轭效应，使环上的负电荷得到分散，碳负离子的稳定性增加，因而能起亲核取代反应。

问题 14.1　解释下面的实验事实，为什么 F 最容易被亲核试剂取代？

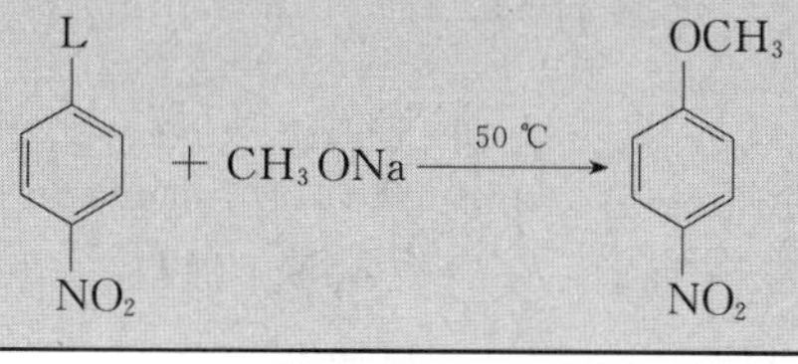

$$L-C_6H_4-NO_2 + CH_3ONa \xrightarrow{50\ ℃} CH_3O-C_6H_4-NO_2$$

	L=F	Cl	Br	I
相对反应速率	312	1.0	0.74	0.36

§14.2　胺的结构、命名和物理性质

氨的烃基衍生物称为胺(amine)，氨分子中一个、二个或三个氢原子被烃基取代生成的化合物分别称为伯胺(primary amine)、仲胺(secondary amine)和叔胺(tertiary amine)：

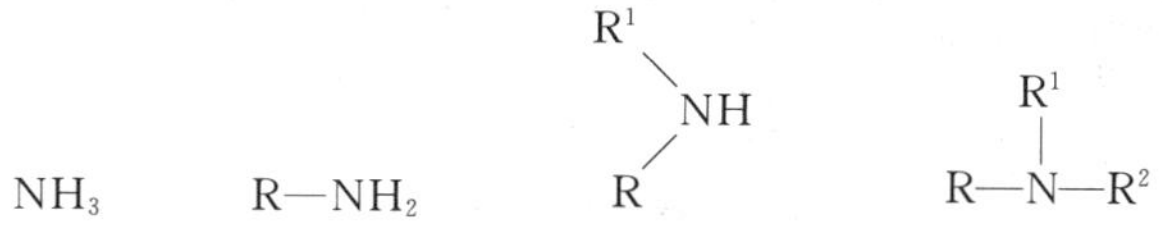

NH_3	$R-NH_2$	$R^1(R)NH$	$R-N(R^1)-R^2$
氨	伯胺	仲胺	叔胺

一、胺的命名

伯胺的取代命名是将后缀“胺(amine)”加到母体氢化物名称的后面，烷烃的“烷”字在不致混淆时可省略。仲胺和叔胺的取代命名是作为伯胺的 *N*-取代衍生物命名。不对称仲胺和叔胺的官能团类别命名中取代基团按字母顺序排列，并用括号分开。例如：(括号中为官能团类别命名或俗名)

$CH_3CH_2NH_2$
乙胺 ethanamine
（乙基胺 ethylamine）

$(CH_3CH_2)_2NH$
N-乙基乙胺 *N*-ethylethanamine
（二乙基胺 diethylamine）

$CH_3CH_2CH_2NH\,CH_2C(CH_3){=}CH_2$ （1 2 3）
2-甲基-*N*-丙基丙-2-烯-1-胺
2-methyl-*N*-propylprop-2-en-1-amine
（等长碳链，选择含烯键的碳链为母体）
（(2-甲基丙-2-烯-1-基)丙基胺）
（(2-methylprop-2-en-1-yl)propylamine）

$CH_3CH_2N(CH_3)CH_2CH_2CH_2CH_3$ （1 2 3 4）
N-乙基-*N*-甲基丁-1-胺
N-ethyl-*N*-methylbutan-1-amine
（选择最长碳链为母体）
（丁基(乙基)甲基胺）
（butyl(ethyl)methylamine）

（官能团类别命名中取代基团按字母顺序排列）

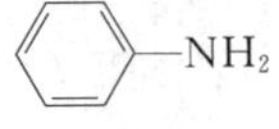
苯胺
benzenamine
（俗名 aniline）

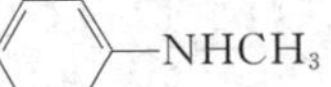
N-甲基苯胺
N-methylbenzenamine
（*N*-methylaniline）

$C_6H_5N(CH_3)_2$
N,*N*-二甲基苯胺
N,*N*-dimethylbenzenamine
（*N*,*N*-dimethylaniline）

二元及多元胺要表示出氨基的数目。

$H_2NCH_2CH_2CH_2NH_2$
丙-1,3-二胺
propane-1,3-diamine
（丙-1,3-叉基二胺）
（propane-1,3-diyldiamine）

$H_2N-C_6H_4-NH_2$
苯-1,4-二胺
benzene-1,4-diamine
（苯-1,4-叉基二胺）
（1,4-phenylenediamine）

$H_2N-C_6H_4-C_6H_4-NH_2$
联苯-4,4′-二胺
biphenyl-4,4′-diamine
（俗名：联苯胺）
（benzidine）

结构比较复杂的胺可以作为烃的氨基(amino)衍生物来命名。例如

$CH_3CH(CH_3)CH_2CH(NH_2)CH_2CH_3$
4-氨基-2-甲基己烷
4-amino-2-methylhexane

$CH_3CH_2CH(CH_3)CH(CH_3)N(CH_3)_2$
2-二甲氨基-3-甲基戊烷*
2-dimethylamino-3-methylpentane

$HOOC-C_6H_4-NH_2$
对氨基苯甲酸
p-aminobenzoic acid

（* di-是属于取代基名称的一部分，要参与字母顺序比较。）

问题 14.2 用中、英文命名下列化合物。

(1) $CH_3CH_2CH(CH_3)CH_2NH_2$

(2) 环戊烷（NH_2、CH_3、H、OH 取代）

(3) $CH_3CH_2N(CH_2CH_3)CH_2CH_2CH_2CH_3$

(4) 环丙基$-CH_2CH_2CH_2NH_2$

(5) 3-硝基苯胺（NH_2，NO_2）　　(6) Cl—(2,4-二氯苯)—NH_2

二、胺的结构

胺的结构与氨相似，氮原子为 sp^3 杂化。其中一个 sp^3 杂化轨道被未共用电子对占据，其余三个 sp^3 杂化轨道则与氢或碳原子形成 σ 键。当胺分子的氮原子上连有三个不同的基团时，分子中既没有对称面也没有对称中心，应是手性分子。但由于两种构型的能垒很低（25 kJ · mol^{-1}），在室温下每秒钟互相翻转的次数高达 2×10^{11}，因此一般不能拆分成对映异构体。

在苯胺分子中，∠HNH＝113.9°，苯环平面和 NH_2 三个原子所在的平面之间的夹角为 39.4°，说明氮原子接近于平面结构，未共用电子对所在的 sp^3 杂化轨道含有较多的 p 成分，可以与苯环共轭（图 14.1）。

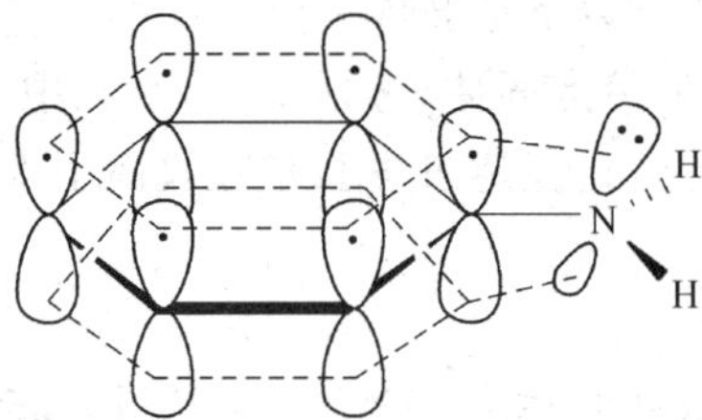

图 14.1　苯胺的结构

三、胺的物理性质

表 14.1　一元胺的物理性质

化合物	英文名称	熔点/℃	沸点/℃ (0.1 MPa)	pK_a^* (共轭酸) (25 ℃)
甲胺	methanamine(methylamine)	−93	−7.5	10.66
乙胺	ethanamine(ethylamine)	−81	17.0	10.80
丙胺	propanamine(propylamine)	−83	49.0	10.58
丁胺	butanamine(butylamine)	−50	77.8	
二甲胺	*N* - methylmethanamine (dimethylamine)	−96	7.5	10.73
二乙胺	*N* - ethylethanamine (diethylamine)	−42	56.0	10.09
三甲胺	*N*,*N* - dimethylmethanamine(trimethylamine)	−117	3.5	9.80

（续表）

化合物	英文名称	熔点/℃	沸点/℃ (0.1 MPa)	pK_a^* (共轭酸) (25 ℃)
三乙胺	*N*，*N* - diethylethanamine (triethylamine)	−115	90.0	10.85
三丁胺	*N*，*N* - dibutylbutanamine(tributylamine)		213.0	
苯甲胺(苄胺)	benzenemethanamine(benzylamine)		185.0	9.34
苯胺	benzenamine (aniline)	−6	184.0	4.58
N-甲基苯胺	*N* - methylbenzenamine (*N* - methylaniline)	−57	196.0	4.85
N,*N*-二甲基苯胺	*N*,*N* - dimethylbenzenamine(*N*,*N* - dimethylaniline)	3	194.0	5.06
二苯胺	*N* - phenylbenzenamine(diphenylamine)	54	302.0	0.8
三苯胺	*N*,*N* - diphenylbenzenamine(triphenylamine)	127	365.0	

* 胺的共轭酸的 pK_a 值

甲胺、乙胺、二甲胺和三甲胺常温下为气体，其他低级脂肪胺为液体。低级脂肪胺有鱼腥味或肉腐烂的臭味。

伯胺和仲胺分子中含有 N—H 键，因而能形成分子间氢键。由于氮原子的电负性比氧原子小，分子间缔合能力比醇差，因此其沸点比相对分子量相近的醇低而比烷烃高。伯胺、仲胺能与水分子形成氢键，叔胺分子中氮原子上的未共用电子对也能与水分子上的氢生成分子间氢键，因此一般 7 个碳原子以下的胺能溶于水。

芳香族胺为高沸点液体或低熔点固体，毒性很大，空气中含百万分之一的苯胺，12 h 后就会产生中毒征象，并且液体芳胺还能透过皮肤被吸收而中毒。苯胺、联苯胺和萘胺等都有致癌作用。

§14.3 胺的化学性质

一、胺的碱性

胺是最重要的有机碱。胺与氨相似，氮原子上的未共用电子对结合一个质子，形成共轭酸，因而胺在水溶液中呈碱性。

$$NH_3 + H_2O \rightleftharpoons NH_4^{\oplus} + OH^{\ominus}$$
$$RNH_2 + H_2O \rightleftharpoons RNH_3^{\oplus} + OH^{\ominus}$$

胺与强酸反应生成烃基取代的铵盐，铵盐用强碱处理又游离出胺。

$$RNH_2 + HCl \rightleftharpoons RNH_3^{\oplus}\ Cl^{\ominus}$$
$$RNH_3^{\oplus}Cl^{\ominus} + NaOH \rightleftharpoons RNH_2 + NaCl + H_2O$$

胺的碱性的强弱通常通过胺的共轭酸(conjugate acid)(烃基取代铵离子)的电离常数来比较。

$$RNH_3^{\oplus} + H_2O \overset{K_a}{\rightleftharpoons} RNH_2 + H_3O^{\oplus}$$

$$K_a = \frac{[RNH_2][H_3O^{\oplus}]}{[RNH_3^{\oplus}]} \quad pK_a = -\lg K_a$$

pK_a 值越大，胺的共轭酸的酸性越弱，胺的碱性就越强（表 14.1）。

胺的碱性的强弱取决于氨基氮原子上电子云密度的高低。氮原子上电子云密度越高，结合质子的能力就越大，胺的碱性也就越强。因此脂肪族胺的碱性比氨强。在芳香族胺分子中，由于氮原子上的未共用电子对占据的轨道和苯环共轭，使氮原子上的电子云密度降低，因而芳香胺的碱性比脂肪胺和氨都弱。

芳胺的碱性虽然比脂肪胺弱，但仍可以和强酸成盐，后者用强碱处理释放出原来的芳胺。例如：

$$C_6H_5NH_2 + HCl \longrightarrow C_6H_5\overset{\oplus}{N}H_3Cl^{\ominus}$$

苯胺　　苯胺盐酸盐

$$C_6H_5\overset{\oplus}{N}H_3Cl^{\ominus} + NaOH \longrightarrow C_6H_5NH_2$$

利用胺的碱性可以将胺和其他有机化合物分离。难溶于水的胺与稀盐酸成盐而溶于水，然后用强碱处理释出胺。

为了增加胺类药物的水溶性，常将其制成铵盐。例如：

$$H_2N-C_6H_4-COOCH_2CH_2N(CH_2CH_3)_2 + HCl \longrightarrow$$

普鲁卡因（procaine）

$$H_2N-C_6H_4-COOCH_2CH_2\overset{\oplus}{N}H(CH_2CH_3)_2 \quad \overset{\ominus}{Cl}$$

盐酸普鲁卡因

等摩尔的量的普鲁卡因和盐酸作用，由于脂肪胺的碱性大于芳香胺，因而仅在脂肪胺的一端成盐。

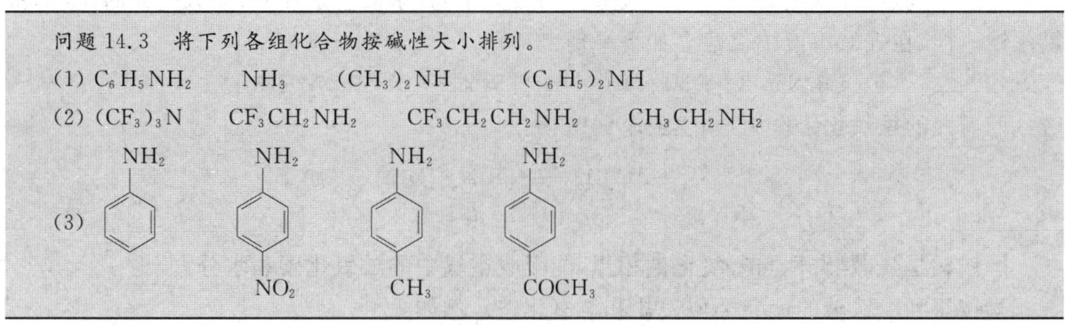

问题 14.3　将下列各组化合物按碱性大小排列。

(1) $C_6H_5NH_2$　NH_3　$(CH_3)_2NH$　$(C_6H_5)_2NH$

(2) $(CF_3)_3N$　$CF_3CH_2NH_2$　$CF_3CH_2CH_2NH_2$　$CH_3CH_2NH_2$

(3)

必须注意胺的碱性是用其共轭酸的 pK_a 值进行比较的，不要与胺本身的 pK_a 值相混淆。例如二乙胺 $(Et)_2N—H$ 的 pK_a 为 36，因而 N—H 键有微弱的电离，即有很弱的酸性。二乙胺的酸性强度相当于甲苯甲基上的氢，其共轭碱(conjugate base) $(Et)_2N^{\ominus}$ 则是很强的碱。

二异丙胺与丁基锂在四氢呋喃溶液中反应，得到二异丙基氨基锂(lithium diisopropylamide，简写作 LDA)。

$$[(CH_3)_2CH]_2NH + n\text{-}C_4H_9^{\ominus}\ Li^{\oplus} \xrightarrow{THF} [(CH_3)_2CH]_2N^{\ominus}\ Li^{\oplus} + n\text{-}C_4H_{10}$$

	二异丙基胺 diisopropylamine	丁基锂 butyl lithium	二异丙氨基锂(LDA) lithium diisopropylamide	丁烷
pK_a	~40			~50

丁基锂的碱性比 LDA 强，所以能将二异丙基胺完全转变为 LDA。LDA 和丁基锂作为很强的碱用于有机合成中。

问题14.4 将下列各组化合物按碱性大小排列。

$NaNH_2$ LDA $n-C_4H_9Li$ NaOH EtONa t-BuONa

二、胺的烃化

氨或胺都能与伯或仲卤代烃发生亲核取代反应。

$$RCl + NH_3 \xrightarrow{-HCl} RNH_2$$

$$RNH_2 + RCl \xrightarrow{-HCl} R_2NH$$

$$R_2NH + RCl \xrightarrow{-HCl} R_3N$$

$$R_3N + RCl \longrightarrow R_4N^{\oplus}\ Cl^{\ominus} \quad \text{季铵盐}$$

胺的烃化得到的是各种胺和季铵盐的混合物。用不同物质的量之比的原料，控制反应温度、时间或其他条件，可使某一种胺为主要产物。

问题 14.5 胺的制备方法除了氨或胺的烃化反应外，还可采用硝基化合物、腈、酰胺和肟等含氮化合物的还原、加布里(Gabriel)合成法和霍夫曼(Hofmann)重排等方法。试用实例列举胺的制备方法。

当烃化剂过量时，主要产物是季铵盐。与胺盐不同，季铵盐是强酸、强碱生成的盐，它和氯化钠一样，在强碱溶液中仅建立如下平衡：

$$[R_4N]^{\oplus}\ X^{\ominus} + Na^{\oplus}\ OH^{\ominus} \rightleftharpoons [R_4N]^{\oplus} + OH^{\ominus} + Na^{\oplus} + X^{\ominus}$$

但与湿的氢氧化银作用，则生成季铵碱：

$$\underset{\text{季铵盐}}{[R_4N]^{\oplus}\ X^{\ominus}} + AgOH \longrightarrow \underset{\text{季铵碱}}{[R_4N]^{\oplus}\ OH^{\ominus}} + AgX\downarrow$$

季铵碱是强碱，碱性与氢氧化钠相当，能吸收空气中的二氧化碳和水分。

季铵盐和季铵碱的命名类似铵盐和氢氧化铵。例如：

$(CH_3CH_2)_4\overset{\oplus}{N}\ Cl^{\ominus}$

氯化四乙基铵

tetraethylammonium chloride

$(CH_3CH_2)_4\overset{\oplus}{N}\ OH^{\ominus}$

氢氧化四乙基铵

tetraethylammonium hydroxide

$$\left[CH_3-\overset{CH_3}{\underset{CH_2CH_3}{\overset{|}{\underset{|}{N^{\oplus}}}}}-CH_3\right]Br^{\ominus}$$

溴化乙基三甲基铵

ethyltrimethylammonium bromide

$$\left[CH_3CH_2-\overset{CH_2CH_3}{\underset{CH_2C_6H_5}{\overset{|}{\underset{|}{N^{\oplus}}}}}-CH_2CH_3\right]OH^{\ominus}$$

氢氧化苄基三乙基铵

benzyltriethylammonium hydroxide

具有长链的季铵盐是阳离子表面活性剂。例如：

$$\left[C_6H_5CH_2-\overset{CH_3}{\underset{CH_3}{\overset{|}{\underset{|}{N^{\oplus}}}}}-C_{12}H_{25}\right]Br^{\ominus}$$

溴化苄基(十二烷基)二甲基铵

benzyl(dodecyl)dimethyl

ammonium bromide

(新洁尔灭)

$$\left[C_6H_5OCH_2CH_2-\overset{CH_3}{\underset{CH_3}{\overset{|}{\underset{|}{N^{\oplus}}}}}-C_{12}H_{25}\right]Br^{\ominus}$$

溴化十二烷基(二甲基)(2-苯氧基)乙基铵

dodecyl(dimethyl)(2-phenoxy)

ethylammonium bromide

(杜灭芬)

季铵盐、季膦盐(§14.8)及冠醚(§9.7)在有机合成中用作相转移催化剂(phase-transfer catalysis)。

• 相转移催化
• 表面活性剂

> 问题 14.6　胆碱$[HOCH_2CH_2N^{\oplus}(CH_3)_3]OH^{\ominus}$是广泛分布于生物体内的季铵碱，因为最初是由胆汁中发现的，所以叫作胆碱。胆碱能调节肝中脂肪的代谢。乙酰胆碱$[CH_3COOCH_2CH_2N^{\oplus}(CH_3)_3]OH^{\ominus}$是交感神经系统中传导神经冲动的生源胺。氯化胆碱$[HOCH_2CH_2N^{\oplus}(CH_3)_3]Cl^{\ominus}$是治疗脂肪肝及肝硬化的药物。试写出胆碱、乙酰胆碱、氯化胆碱的化学名称。

具有长链烃基的季铵盐、季膦盐是具有灭菌消毒性能的表面活性剂。有关表面活性剂的基本知识见二维码阅读材料。

如果使胺与过量的碘甲烷反应，最终可生成 N 原子上带甲基的季铵盐，这一过程称作彻底甲基化反应。根据消耗掉的碘甲烷的物质的量，可推断胺的类型。

$$\left.\begin{array}{l}RNH_2+3CH_3I\longrightarrow R\overset{\oplus}{N}(CH_3)_3I^{\ominus}\\ R_2NH+2CH_3I\longrightarrow R_2\overset{\oplus}{N}(CH_3)_2I^{\ominus}\\ R_3N+CH_3I\longrightarrow R_3\overset{\oplus}{N}CH_3I^{\ominus}\end{array}\right\}\xrightarrow{AgOH}\left\{\begin{array}{l}R\overset{\oplus}{N}(CH_3)_3OH^{\ominus}\\ R_2\overset{\oplus}{N}(CH_3)_2OH^{\ominus}\\ R_3\overset{\oplus}{N}CH_3OH^{\ominus}\end{array}\right.$$

具有 β-H 的季铵碱受热，会消去含所有甲基的叔胺，生成碳碳双键上烃基最少的烯烃。这一消去反应的区域选择性称作霍夫曼(Hofmann)规律，它与查依采夫规律相反。例如：

$$CH_3CH_2CH_2-\underset{OH^{\ominus}\overset{\oplus}{N}(CH_3)_3}{\underset{|}{CH}}-CH_3\xrightarrow{\triangle}\underset{98\%}{CH_3CH_2CH_2CH=CH_2}+\underset{2\%}{CH_3CH_2CH=CHCH_3}$$

根据上述彻底甲基化和霍夫曼消去反应的结果，可以推断胺的结构，这一方法常用于天然生物碱的结构测定中。

问题 14.7 写出下列反应的主要产物。

(1) $\left[CH_3CH_2-\overset{CH_3}{\underset{CH_3}{\overset{|}{\underset{|}{N^{\oplus}}}}}-CH_2CH(CH_3)_2\right]OH^{\ominus} \xrightarrow{\triangle}$

(2) $\left[\text{环己基-1-}CH(CH_3)_2\text{-1-}\overset{\oplus}{N}(CH_3)_3\right]OH^{\ominus} \xrightarrow{\triangle}$

三、胺的酰化

伯胺、仲胺分子中氮原子上的氢原子被酰基取代，分别生成 N-取代或 N,N-二取代酰胺的反应叫作胺的酰化反应。常用的酰化剂为酰氯和酸酐。叔胺的氮原子上没有氢原子，因而不能进行酰化反应。

$$\underset{\text{伯胺}}{RNH_2} \xrightarrow[\text{或}(R'CO)_2O]{R'COCl} \underset{N\text{-取代酰胺}}{R'CONHR}$$

$$\underset{\text{仲胺}}{R_2NH} \xrightarrow[\text{或}(R'CO)_2O]{R'COCl} \underset{N,N\text{-二取代酰胺}}{R'CONR_2}$$

绝大多数酰胺都是结晶固体，有一定的熔点，可用于定性鉴定。

在药物分子中引入酰基，可增加药物的脂溶性，利于体内的吸收，降低毒副作用，提高疗效。例如对氨基苯酚具有解热镇痛作用，由于毒副作用不能成为实用药物。但它的乙酰化产物是临床的常用药扑热息痛。

$$HO-C_6H_4-NH_2 + (CH_3CO)_2O \xrightarrow{CH_3COOH} HO-C_6H_4-NHCOCH_3$$

4-氨基苯酚　　乙酐　　N-(4-羟基苯基)乙酰胺(扑热息痛)

4-aminophenol　acetic anhydride　N-(4-hydroxyphenyl)acetamide

酰胺可以在酸或碱催化下水解除去酰基，得到原来的胺，因此在有机合成中常通过酰化来保护氨基。例如，制备对硝基苯胺时，若苯胺直接硝化，由于硝酸对苯胺的氧化而难以得到对硝基苯胺。因此，先将氨基乙酰化保护起来，待引入硝基后再水解除去乙酰基，可得到对硝基苯胺。

$$C_6H_5NH_2 \xrightarrow{CH_3COCl} C_6H_5NHCOCH_3 \xrightarrow[H_2SO_4]{HNO_3} p\text{-}O_2N-C_6H_4-NHCOCH_3 \xrightarrow{H_3O^{\oplus}} p\text{-}O_2N-C_6H_4-NH_2$$

叔丁氧羰基(Boc)、苄氧羰基(Cbz 或 Z)和芴-9-甲氧羰基(Fmoc)也是氨基常用的保护基。这些保护基可在碱性条件下使氨基与相应的酸酐或氯甲酸酯反应导入。例如：

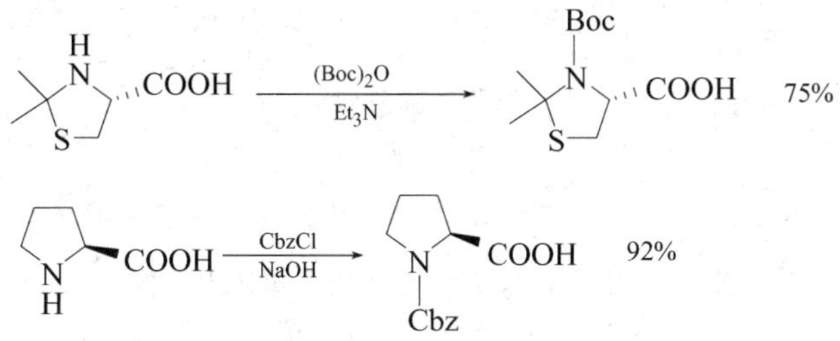

（反应式：2,2-二甲基噻唑烷-4-羧酸 经 $(Boc)_2O$ / Et_3N 得 N-Boc 产物，75%）

（反应式：脯氨酸 经 CbzCl / NaOH 得 N-Cbz 脯氨酸，92%）

叔丁氧羰基保护基可用稀盐酸或三氟乙酸水解除去。苄氧羰基保护基常用催化氢解(Pd/H_2)的方法除去。

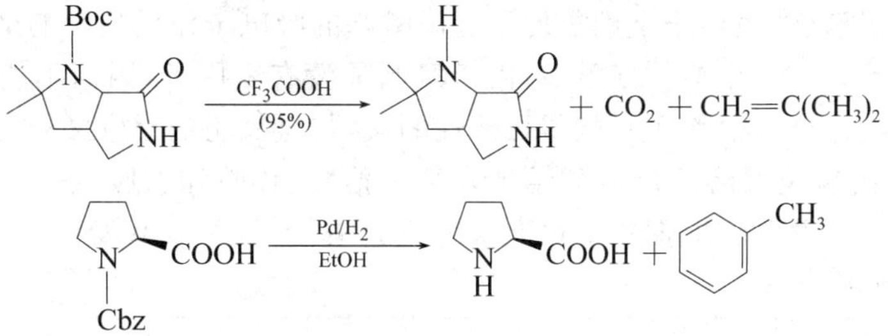

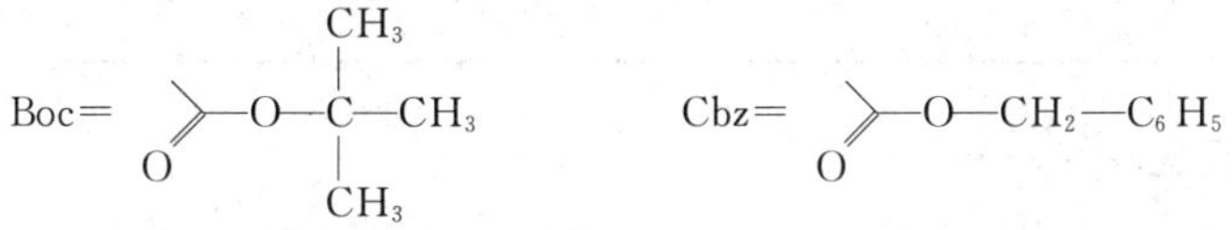

（反应式：N-Boc 化合物 经 CF_3COOH (95%) 得 N-H 化合物 + CO_2 + $CH_2{=}C(CH_3)_2$）

（反应式：N-Cbz 脯氨酸 经 Pd/H_2 / EtOH 得脯氨酸 + 甲苯）

Boc= $-C(=O)-O-C(CH_3)_3$　　　Cbz= $-C(=O)-O-CH_2-C_6H_5$

氨基用芴-9-甲氧羰基保护后，在酸性条件下稳定。用三氟乙酸和催化氢解的方法都不能除去该保护基，而用有机碱（常用哌啶）可除去芴-9-甲氧羰基保护基。例如：

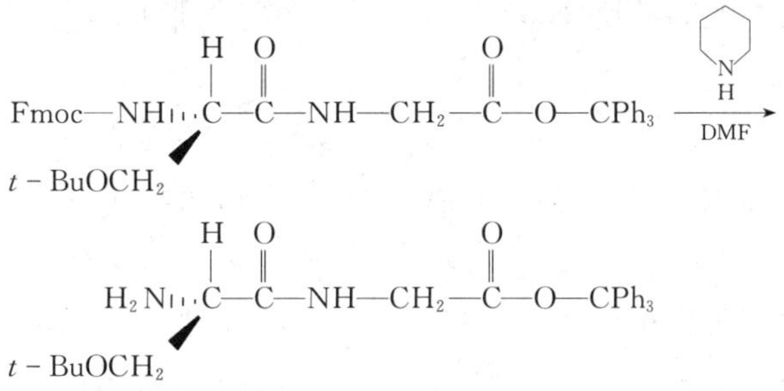

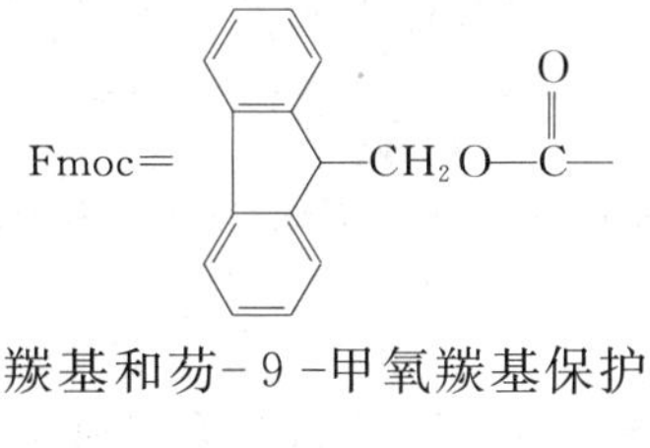

$$\text{Fmoc—NH—CH}(CH_2O\text{-}t\text{-Bu})\text{—C(=O)—NH—CH}_2\text{—C(=O)—O—CPh}_3 \xrightarrow[\text{DMF}]{\text{哌啶}} \text{H}_2\text{N—CH}(CH_2O\text{-}t\text{-Bu})\text{—C(=O)—NH—CH}_2\text{—C(=O)—O—CPh}_3$$

Fmoc= 芴-9-基—$CH_2O—C(=O)—$

叔丁氧羰基、苄氧羰基和芴-9-甲氧羰基保护基广泛用于肽和药物的合成中。

四、胺的磺酰化反应

胺分子中氮原子上的氢原子被磺酰基取代的反应叫作胺的磺酰化反应，常用的磺酰化剂是苯磺酰氯和对甲苯磺酰氯。

$$\text{C}_6\text{H}_5\text{—SO}_2\text{Cl} + \text{RNH}_2 \longrightarrow \text{C}_6\text{H}_5\text{—SO}_2\text{—NH—R}\downarrow \xrightarrow[\text{H}_2\text{O}]{\text{NaOH}} [\text{C}_6\text{H}_5\text{—SO}_2\text{—}\overset{\ominus}{\text{N}}\text{—R}]\text{Na}^{\oplus}$$

苯磺酰氯　伯胺　*N*-取代苯磺酰胺

$$\text{C}_6\text{H}_5\text{—SO}_2\text{Cl} + \text{R}_2\text{NH} \longrightarrow \text{C}_6\text{H}_5\text{—SO}_2\text{—NR—R}\downarrow \xrightarrow[\text{H}_2\text{O}]{\text{NaOH}} \text{沉淀不溶解}$$

苯磺酰氯　仲胺　*N*,*N*-二取代苯磺酰胺

$$\text{C}_6\text{H}_5\text{—SO}_2\text{Cl} + \text{R}_3\text{N} \longrightarrow \text{C}_6\text{H}_5\text{—SO}_2\text{—}\overset{\oplus}{\text{N}}\text{R}_3\overset{\ominus}{\text{Cl}} \xrightarrow[\text{H}_2\text{O}]{\text{NaOH}} \text{C}_6\text{H}_5\text{—SO}_3^{\ominus}\text{Na}^{\oplus} + \text{R}_3\text{N}$$

苯磺酰氯　叔胺

伯胺生成的磺酰胺,氮原子上的氢原子受磺酰基的吸电子作用的影响呈弱酸性,因而与强碱成盐而溶于水。仲胺生成的磺酰胺,由于氮原子没有氢原子,因而不能与碱成盐,而以沉淀析出。叔胺与苯磺酰氯作用只能得可溶性的盐,与氢氧化钠反应又释出叔胺。因此,可以利用胺与苯磺酰氯及碱溶液反应的结果来区别伯胺、仲胺和叔胺,这个方法叫作兴斯堡(Hinsberg)试验。磺酰胺在酸催化下也能水解成原来的胺,所以兴斯堡试验也可以用于分离伯胺、仲胺和叔胺。

问题 14.8　市售三乙胺中常混有少量的乙胺和二乙胺,如何利用化学方法除去这些杂质?

五、与亚硝酸反应

亚硝酸是一个中等强度的酸,不稳定,室温下也容易分解,一般用无机酸与亚硝酸钠代替。

1. 伯胺与亚硝酸的反应

不同类型的胺与亚硝酸反应,可得到不同的产物。脂肪族伯胺与亚硝酸反应生成重氮盐(diazonium salt):

$$\text{RNH}_2 \xrightarrow[\text{HX},0\ ^\circ\text{C}]{\text{NaNO}_2} \text{R—}\overset{\oplus}{\text{N}}\equiv\text{NX}^{\ominus}$$

脂肪族重氮盐极不稳定,即使在低温下也会自动分解放出氮气。

$$\text{R—}\overset{\oplus}{\text{N}}\equiv\text{NX}^{\ominus} \longrightarrow \text{R}^{\oplus} + \text{X}^{\ominus} + \text{N}_2\uparrow$$

生成的碳正离子可发生取代、消去和重排反应。例如:

$$\text{CH}_3\text{CH}_2\text{CH}_2\text{CH}_2\text{NH}_2 \xrightarrow[\text{② H}_2\text{O},25\ ^\circ\text{C}]{\text{① NaNO}_2,\text{HCl},0\ ^\circ\text{C}} \underset{25\%}{\text{CH}_3(\text{CH}_2)_3\text{OH}} + \underset{13\%}{\text{CH}_3\text{CH}_2\text{CH(OH)CH}_3} + \underset{5\%}{\text{CH}_3(\text{CH}_2)_3\text{Cl}}$$

$$+ \underset{3\%}{\text{CH}_3\text{CH}_2\text{CHClCH}_3} + \underset{18\%}{\text{CH}_2\text{=C(CH}_3\text{)CH}_3} + \underset{26\%}{\text{CH}_3\text{CH}_2\text{CH=CH}_2} + \underset{10\%}{\text{CH}_3\text{CH=CHCH}_3}$$

因此,脂肪族伯胺的重氮盐在合成上意义不大。但能定量地放出氮气,因而可以用来测定伯胺氨基的含量。

问题 14.9　脂环族伯胺与亚硝酸反应生成的重氮盐也能发生取代、消去和重排反应,得到环扩大或缩小的产物。试说明反应的过程。

$$\text{环丁基—CH}_2\text{NH}_2 \xrightarrow[\text{HCl}]{\text{NaNO}_2} \text{环丁基—CH}_2\text{OH} + \text{环丁叉}\text{=CH}_2 + \text{环戊基—OH} + \text{环戊烯}$$

芳香族伯胺在 0～5 ℃强酸性溶液中与亚硝酸反应得到芳香族重氮盐(aromatic diazonium salt)。这一反应叫作重氮化反应(diazotization reaction)。例如：

$$C_6H_5NH_2 \xrightarrow[0\sim5\ ℃]{NaNO_2+HCl} C_6H_5\overset{\oplus}{N}\equiv N\ Cl^{\ominus}$$

苯胺 aniline　　氯化重氮苯 benzenediazonium chloride

芳香族重氮盐在 0～5 ℃下可以保存一段时间，可以用于多种芳香族化合物的合成。

2. 仲胺与亚硝酸的反应

仲胺与亚硝酸反应生成黄色的 N-亚硝基化合物。例如：

$$CH_3—NH—CH_3 \xrightarrow[HCl]{NaNO_2} CH_3—N(NO)—CH_3$$

二甲胺 dimethylamine　　N-甲基-N-亚硝基甲胺 N-methyl-N-nitrosomethanamine

$$C_6H_5NHCH_3 \xrightarrow[HCl]{NaNO_2} C_6H_5N(NO)CH_3$$

N-甲基苯胺 N-methylaniline　　N-甲基-N-亚硝基苯胺 N-methyl-N-nitrosoaniline

动物试验已证明一些有机亚硝基化合物有致癌作用。

3. 叔胺与亚硝酸的反应

脂肪族叔胺与亚硝酸作用生成亚硝酸盐：

$$(CH_3CH_2)_3N + HNO_2 \longrightarrow (CH_3CH_2)_3N \cdot HNO_2$$

芳香族叔胺与亚硝酸反应，生成对亚硝基化合物。

$$C_6H_5N(CH_3)_2 \xrightarrow[HCl]{NaNO_2} CH_3—\overset{\oplus}{N}(=C_6H_4=N—OH)—CH_3\ Cl^{\ominus} \underset{HCl}{\overset{NaOH}{\rightleftharpoons}} p\text{-}ON—C_6H_4—N(CH_3)_2$$

N,N-二甲基苯胺 N,N-dimethylaniline (橘黄色)　　N,N-二甲基-4-亚硝基苯胺 N,N-dimethyl-4-nitrosoaniline (翠绿色)

六、胺的氧化

芳香族胺十分容易被氧化。例如苯胺能被空气中的氧气自动氧化，颜色逐渐变深、变黑，产物极其复杂。使用化学氧化剂，苯胺可被氧化成对苯醌，这是工业上制备对苯醌的方法。

$$C_6H_5NH_2 \xrightarrow[H_2SO_4]{MnO_2} O{=}C_6H_4{=}O$$

苯胺　　对苯醌

aniline　　*p* - benzoquinone

七、芳胺的亲电取代反应

1. 卤化

芳香族胺的氨基使苯环高度活化，使氯化和溴化难以停留在一卤化阶段。例如：

$$C_6H_5NH_2 \xrightarrow[H_2O]{Br_2} 2,4,6\text{-}Br_3C_6H_2NH_2$$

苯胺　　2,4,6 -三溴苯胺

aniline　　2,4,6 - tribromoaniline

如要得到一卤化产物，应先把氨基乙酰化，使氮原子上的电子云密度降低，削弱它对苯环的活化作用。例如：

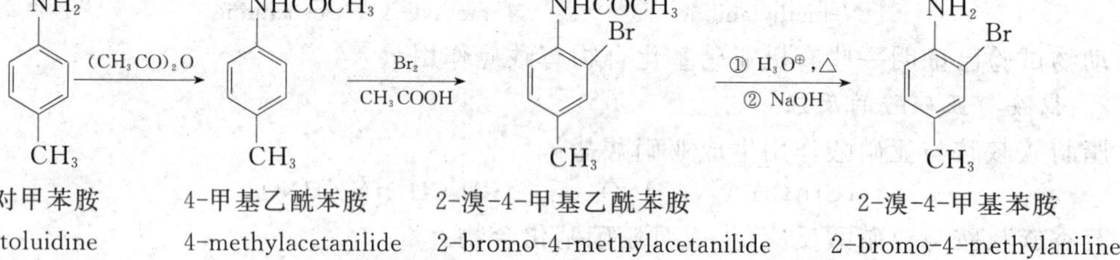

2. 硝化反应

芳香族胺能与强酸（H_2SO_4）成盐，由于—$NH_3^{\oplus}$ 使苯环钝化，因而硝化时硝基进入间位。

$$C_6H_5NH_2 \xrightarrow{H_2SO_4} C_6H_5\overset{\oplus}{N}H_3\,HSO_4^{\ominus} \xrightarrow{HNO_3} m\text{-}O_2NC_6H_4\overset{\oplus}{N}H_3\,HSO_4^{\ominus} \xrightarrow{NaOH} m\text{-}O_2NC_6H_4NH_2$$

如要将硝基导入邻、对位，必须先乙酰化保护氨基。

3. 磺化反应

苯胺硫酸盐在 180～190 ℃焙烘，重排成对氨基苯磺酸，它以内盐的形式存在。

$$C_6H_5NH_2 \xrightarrow{H_2SO_4} C_6H_5\overset{\oplus}{N}H_3\,HSO_4^{\ominus} \xrightarrow[-H_2O]{180\sim190\ ℃} p\text{-}H_2NC_6H_4SO_3H \longrightarrow p\text{-}\overset{\oplus}{N}H_3C_6H_4SO_3^{\ominus}$$

内盐为两性离子，熔点高，在水中的溶解度较小。

§14.4　芳香族重氮盐的反应

在重氮化合物中，最重要的是芳香族重氮盐（$Ar-\overset{\oplus}{N}\equiv NX^{\ominus}$）。芳香族重氮盐由芳香族伯胺的重氮化反应得到。

在重氮盐分子中，两个 N 原子是 sp 杂化，结合成氮氮叁键，端氮未键合的 sp 杂化轨道中有一对未共用电子。在芳香族重氮盐中，重氮基可以和苯环共轭（图 14.2），因而比脂肪族重氮盐稳定。干的芳香族重氮盐不稳定，极易发生爆炸，因而经重氮化反应制得的重氮盐水溶液一般不经分离，直接使用。

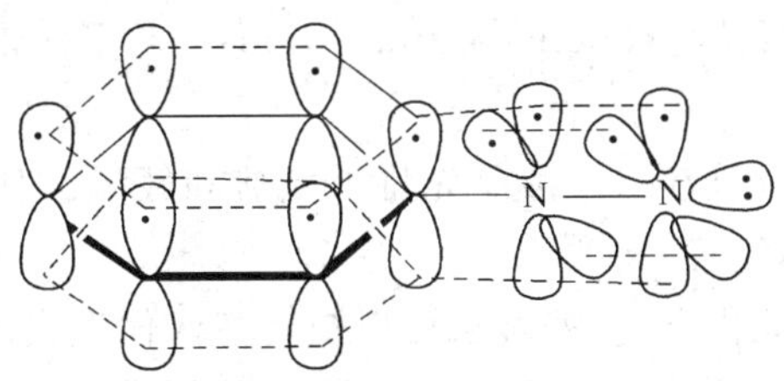

图 14.2　苯基重氮盐的结构

芳香族重氮盐十分活泼，可以起许多反应，生成多种类型的化合物。这些反应可归纳为两大类：一类是重氮基被取代放出氮气的反应；另一类是保留氮的偶联反应和还原反应。

一、取代反应（放出氮气）

$$ArNH_2 \xrightarrow[0\sim5\,℃]{NaNO_2+HCl} Ar\overset{\oplus}{N}\equiv N\,Cl^{\ominus} \longrightarrow$$

$$\xrightarrow{H_2O} ArOH + N_2 \qquad ①$$

$$\xrightarrow{KI} ArI + N_2 \qquad ②$$

$$\xrightarrow{NaSH} ArSH + N_2 \qquad ③$$

$$\xrightarrow{HBF_4} Ar\overset{\oplus}{N}_2BF_4^{\ominus} \xrightarrow{\triangle} ArF + N_2 \qquad ④$$

$$\xrightarrow{CuCN} ArCN + N_2 \qquad ⑤$$

$$\xrightarrow{CuCl} ArCl + N_2 \qquad ⑥$$

$$\xrightarrow{CuBr} ArBr + N_2 \qquad ⑦$$

$$\xrightarrow[NaNO_2]{Cu} ArNO_2 + N_2 \qquad ⑧$$

$$\xrightarrow{H_3PO_2} ArH + N_2 \qquad ⑨$$

重氮基被取代放出氮气的反应机理比较复杂，但主要有 S_N1 和自由基反应两种机理。

由于 N_2 是良好的离开基，因而芳香族重氮盐易生成芳基碳正离子，然后与溶液中的亲核试剂结合成取代产物。碳正离子生成的速度只与重氮盐的浓度有关，因而是 S_N1 反应。反应①、②、③都属于 S_N1 反应。

$$\mathrm{Ar{-}\overset{\oplus}{N}{\equiv}N\colon \longrightarrow Ar^{\oplus} + N_2}$$

$$\mathrm{\overset{\ominus}{Nu}\colon + Ar^{\oplus} \longrightarrow Ar{-}Nu}$$

芳香族重氮盐与亚铜盐起氧化还原反应生成芳基自由基，后者与反应中生成的铜盐作用生成取代产物。

$$\mathrm{Ar\overset{\oplus}{N}\equiv NX^{\ominus} + CuX \longrightarrow Ar\cdot + N_2 + CuX_2}$$

$$\mathrm{Ar\cdot + CuX_2 \longrightarrow ArX + CuX}$$

反应⑤、⑥、⑦属于自由基反应。

重氮盐与次磷酸（H_3PO_2）的反应也是自由基反应，这是重氮基被氢取代的反应（反应⑨），一般称为还原脱氨基反应（reductive deamination）。除了用次磷酸外，还可以用硼氢化钠作还原剂。

氟取代重氮基的反应（反应④）一般是先将重氮盐和氟硼酸作用变成稳定的氟硼酸盐，然后加热分解得到氟代芳烃。

芳香族重氮盐在铜粉催化下，重氮基也可以被硝基取代生成硝基化合物（反应⑧）。

利用上面的取代反应，可以制备用过去所学的一般方法难以制得的芳香族化合物。例如：

$$\text{p-}CH_3C_6H_4NH_2 \xrightarrow[0\sim5\ ℃]{NaNO_2+HCl} \text{p-}CH_3C_6H_4N_2^{\oplus}Cl^{\ominus} \xrightarrow{CuCN} \text{p-}CH_3C_6H_4CN$$

$$\text{m-}H_2NC_6H_4COOH \xrightarrow{Br_2} \text{2,4,6-三溴-3-氨基苯甲酸} \xrightarrow[0\sim5\ ℃]{NaNO_2,\ H_2SO_4} \text{2,4,6-三溴-3-}N_2^{\oplus}HSO_4^{\ominus}\text{苯甲酸} \xrightarrow{H_3PO_2} \text{2,4,6-三溴苯甲酸}$$

问题 14.10 完成下列转变。

(1) 3-氯苯胺（Cl，NH_2）$\longrightarrow$ 1-溴-3-氯苯（Cl，Br）

(2) 3-硝基苯胺（NH_2，NO_2）$\longrightarrow$ 1-碘-3-硝基苯（I，NO_2）

(3) 对甲苯胺（NH_2，CH_3）$\longrightarrow$ 对氟苯甲酸（F，COOH）

(4) 对甲苯胺（CH_3，NH_2）$\longrightarrow$ 间甲苯酚（CH_3，OH）

二、偶联反应（保留氮）

芳香族重氮盐是一个较弱的亲电试剂，但能与酚或芳胺高度活化的苯环起亲电取代反应，产物为偶氮化合物（azo compound）。这种反应称为偶联反应（coupling reaction）。

$C_6H_5N_2^+Cl^-$ + C_6H_5OH $\xrightarrow{pH=7\sim9}$ $C_6H_5-N=N-C_6H_4-OH$

氯化重氮苯 benzenediazonium chloride　　苯酚 phenol　　对羟基偶氮苯 4-hydroxyazobenzene

$C_6H_5N_2^+Cl^-$ + $C_6H_5N(CH_3)_2$ $\xrightarrow{pH=5\sim7}$ $C_6H_5-N=N-C_6H_4-N(CH_3)_2$

氯化重氮苯 benzenediazonium chloride　　*N*,*N*-二甲基苯胺 *N*,*N*-dimethylaniline　　对二甲氨基偶氮苯 4-dimethylaminoazobenzene

偶联反应一般在活化基团的对位发生，若对位被占据，则在邻位上发生偶联。

$O_2N-C_6H_4-N_2^+Cl^-$ + $HO-C_6H_4-CH_3$ $\xrightarrow{pH=7\sim9}$ $O_2N-C_6H_4-N=N-C_6H_3(OH)(CH_3)$

芳香族重氮盐与芳香族伯胺反应时先在氮原子上偶联，生成重氮氨基化合物，然后在酸性条件下重排成对氨基偶氮苯。

$C_6H_5-N_2^+Cl^-$ + $C_6H_5-NH_2$ $\xrightarrow{pH=5\sim7}$ $C_6H_5-N=N-NH-C_6H_5$ $\xrightarrow[重排]{H^+}$ $C_6H_5-N=N-C_6H_4-NH_2$

对氨基偶氮苯 4-aminoazobenzene

含 C=N 和 N=N 双键的化合物也有顺反异构体，确定(*Z*)和(*E*)构型的原则与碳碳双键相同，只是氮原子上的未共用电子对作为最不优先基团对待。例如(*E*)-偶氮苯和(*Z*)-偶氮苯：

(*E*)-偶氮苯 $\underset{\triangle}{\overset{h\nu}{\rightleftharpoons}}$ (*Z*)-偶氮苯

(*E*)-偶氮苯 (*E*)-azobenzene 熔点 68 ℃　　(*Z*)-偶氮苯 (*Z*)-azobenzene 熔点 71~73 ℃

(*E*)-构型比(*Z*)-构型稳定。在光照下，(*E*)-构型可以转变成(*Z*)-构型，加热时(*Z*)-构型又转变成(*E*)-构型。

偶氮化合物都有颜色，因而许多偶氮化合物是很好的染料或指示剂。

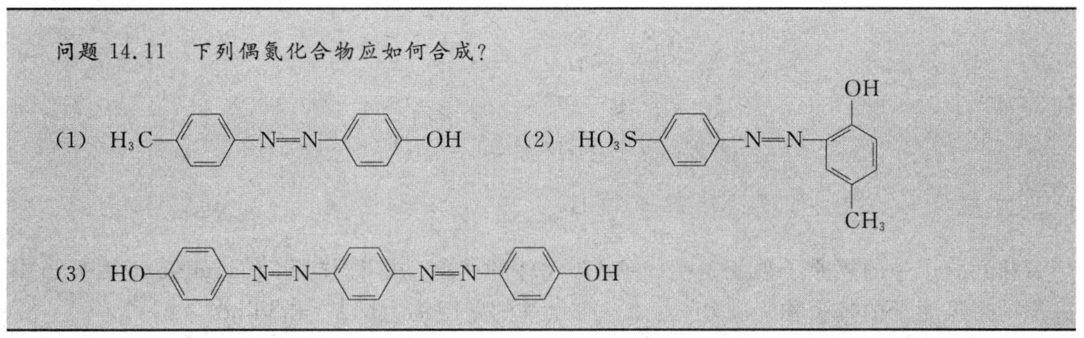

三、还原反应(保留氮)

芳香族重氮盐用锌和盐酸、氯化亚锡等还原剂还原,保留氮原子而生成芳肼。例如:

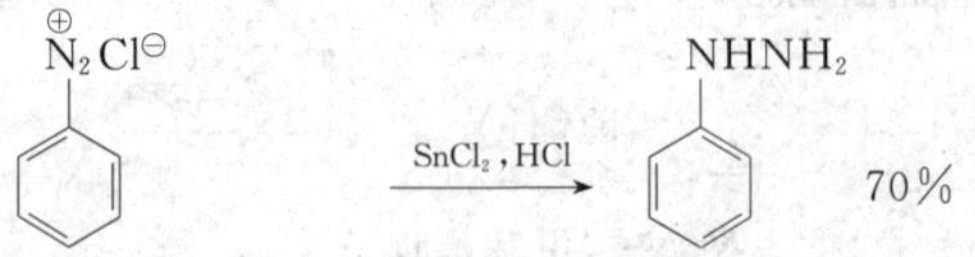

$$C_6H_5\overset{\oplus}{N}_2Cl^{\ominus} \xrightarrow{SnCl_2,\ HCl} C_6H_5NHNH_2 \quad 70\%$$

氯化重氮苯 benzenediazonium chloride　　苯肼 phenylhydrazine

§14.5 脲和胍

一、丙二酰脲

丙二酸二乙酯在强碱存在下与尿素缩合生成丙二酰脲:

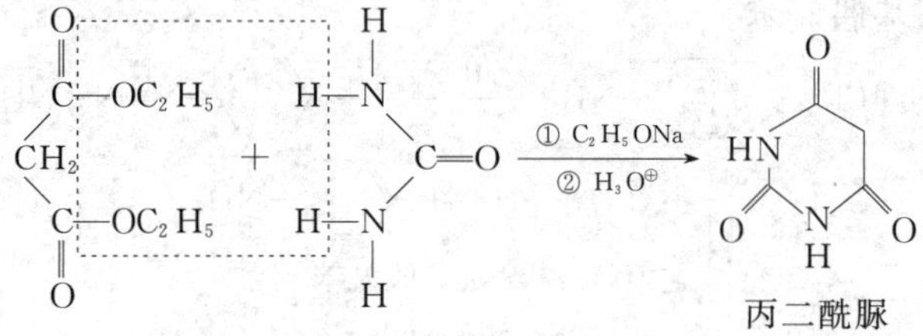

$$CH_2(COOC_2H_5)_2 + (H_2N)_2C{=}O \xrightarrow[②\ H_3O^{\oplus}]{①\ C_2H_5ONa} \text{丙二酰脲}$$

丙二酰脲

丙二酰脲分子中含有一个活性亚甲基和两个二酰亚胺基,能发生酮式和烯醇式的互变异构:

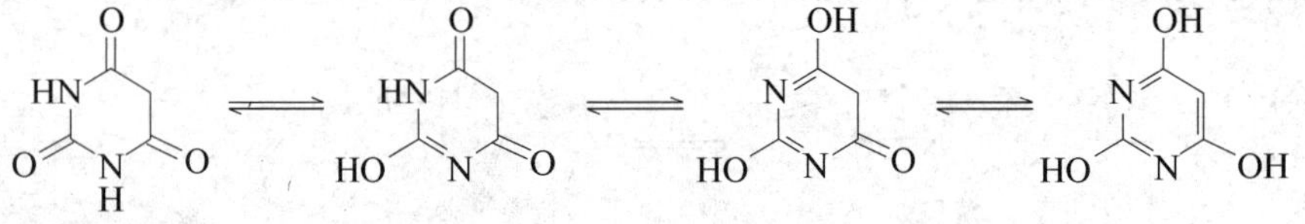

全烯醇式比乙酸的酸性强,因而丙二酰脲也叫作巴比妥酸(barbituric acid)。若在丙二酰脲的活性亚甲基上烃化,所得二烃基衍生物对中枢神经有抑制作用,临床上作为镇静和安眠药。

除了尿素外,人类体内还含有其他脲的衍生物,例如生物素是二氧化碳的可逆载体,其分子中含有脲单元。

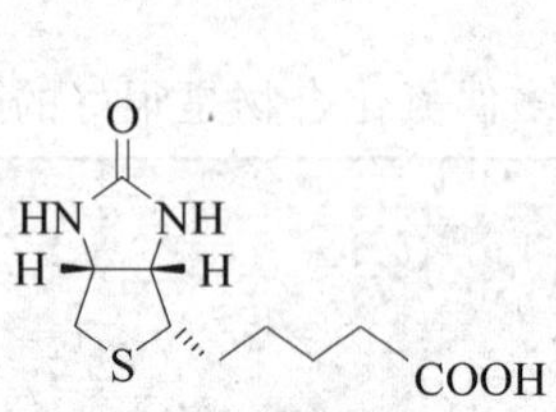

生物素(biotin)

二、胍

尿素分子中的氧原子被亚氨基(=NH)代替的亚氨基脲称作胍(guanidine)。胍分子中去掉一个氢原子的基团称为胍基,去掉一个氨基的基团称为脒基(amidino)。

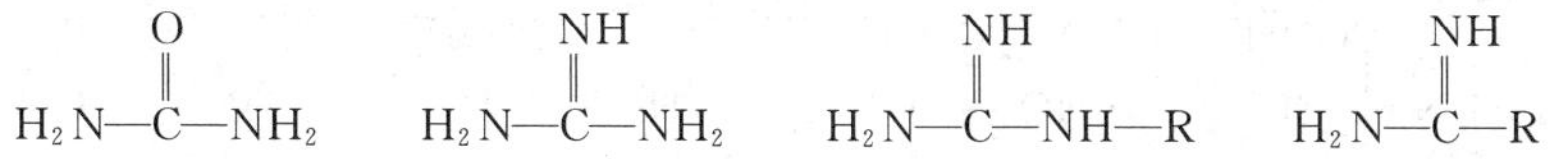

$$\underset{\substack{\text{尿素}\\ \text{urea}}}{H_2N-\overset{\overset{O}{\|}}{C}-NH_2}\qquad \underset{\substack{\text{胍}\\ \text{guanidine}}}{H_2N-\overset{\overset{NH}{\|}}{C}-NH_2}\qquad \underset{\text{胍}}{H_2N-\overset{\overset{NH}{\|}}{C}-NH-R}\qquad \underset{\substack{\text{脒}\\ \text{amidine}}}{H_2N-\overset{\overset{NH}{\|}}{C}-R}$$

胍是最强的有机碱之一($pK_a=13.6$)，其碱性与氢氧化钠相仿。胍的强碱性是由于亚氨基比伯胺更容易质子化而形成稳定的三角形共轭阳离子：

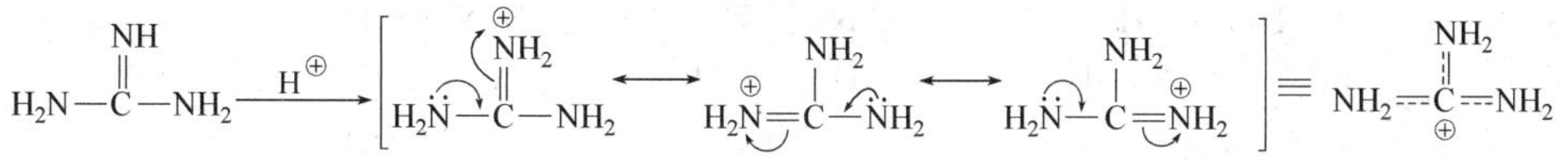

$$H_2N-\overset{\overset{NH}{\|}}{C}-NH_2 \xrightarrow{H^{\oplus}} \left[H_2N-\overset{\overset{\overset{\oplus}{N}H_2}{\|}}{C}-NH_2 \longleftrightarrow H_2\overset{\oplus}{N}=\overset{\overset{NH_2}{|}}{C}-NH_2 \longleftrightarrow H_2N-\overset{\overset{NH_2}{|}}{C}=\overset{\oplus}{N}H_2 \right] \equiv NH_2\text{---}\overset{\overset{NH_2}{\vdots}}{\underset{\oplus}{C}}\text{---}NH_2$$

胍暴露于空气中，能吸收空气中的二氧化碳和水分形成稳定的碳酸胍盐。胍一般以盐的形式运输和保存。

胍基存在于生物体内蛋白质中，是精氨酸的残基。由于胍基的强碱性，在生理条件下(pH=7.2)胍基总是被质子化的。这种质子化的胍基在生物体酶的活性点通过氢键和静电引力识别结构和电性与之互补的羧酸根和磷酸二酯负离子，发挥重要的生化和生理功能。

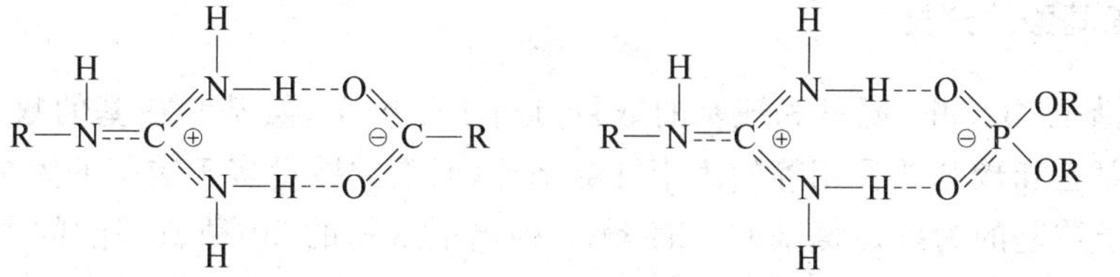

$$R-\overset{\overset{H}{|}}{N}\text{---}\overset{\oplus}{C}\begin{matrix}\overset{\overset{H}{|}}{N}-H\cdots O\\ \underset{\underset{H}{|}}{N}-H\cdots O\end{matrix}\overset{\ominus}{C}-R \qquad R-\overset{\overset{H}{|}}{N}\text{---}\overset{\oplus}{C}\begin{matrix}\overset{\overset{H}{|}}{N}-H\cdots O\\ \underset{\underset{H}{|}}{N}-H\cdots O\end{matrix}\overset{\ominus}{P}\begin{matrix}OR\\ OR\end{matrix}$$

胍的许多衍生物，具有生理活性和药物价值。

例如二甲双胍盐酸盐具有有效的降糖作用，同时具有控制血脂和血压作用，是治疗Ⅱ型糖尿病的药物。

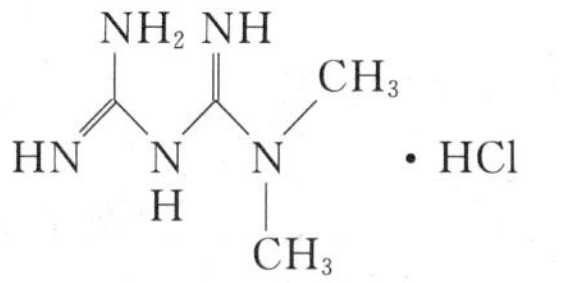

$$HN=\overset{\overset{NH_2}{|}}{C}-\underset{H}{N}-\overset{\overset{NH}{\|}}{C}-N(CH_3)_2\cdot HCl$$

二甲双胍盐酸盐(甲福明，metformin)

§14.6　氨基酸

分子中含有氨基的羧酸叫作氨基酸(amino acid)。自然界中存在500多种氨基酸，绝大多数是α-氨基酸。从细菌到人类的所有物种中的蛋白质主要由20种α-氨基酸构成。成年人体内能合成除了8种氨基酸以外的所有氨基酸。这8种氨基酸必须从膳食中获得，所以称为必需氨基酸。α-氨基酸是组成蛋白质的基本单位，蛋白质彻底水解生成α-氨基酸。因此α-氨基酸是生命的基础物质，在生命活动中起决定性的作用。

一、α-氨基酸的构型

与核酸中的遗传密码相应的组成蛋白质的20种氨基酸中，19种是α-氨基酸，1种是亚氨基酸(脯氨酸)。在这些氨基酸中，除甘氨酸外都有旋光性，并且都是L-型的。

$$\begin{array}{c}COOH\\H_2N-\!\!\!\!+\!\!\!\!-H\\H\end{array}\qquad\begin{array}{c}CHO\\HO-\!\!\!\!+\!\!\!\!-H\\CH_2OH\end{array}\qquad\begin{array}{c}COOH\\H_2N-\!\!\!\!+\!\!\!\!-H\\R\end{array}\qquad\begin{array}{c}COOH\\HN-\!\!\!\!+\!\!\!\!-H\end{array}$$

甘氨酸(不旋光)　　*L*-甘油醛　　*L*-氨基酸　　*L*-脯氨酸

对于含有两个手性碳原子的 α -氨基酸,其构型仍由 α -碳原子决定。例如:

$$\begin{array}{c}CHO\\HO-\!\!\!\!+\!\!\!\!-H\\CH_2OH\end{array}\qquad\begin{array}{c}COOH\\H_2N-\!\!\!\!+\!\!\!\!-H\\H-\!\!\!\!+\!\!\!\!-OH\\CH_3\end{array}\qquad\begin{array}{c}COOH\\H_2N-\!\!\!\!+\!\!\!\!-H\\CH_3-\!\!\!\!+\!\!\!\!-H\\CH_2CH_3\end{array}$$

L-甘油醛　　*L*-苏氨酸　　*L*-异亮氨酸

氨基酸的构型也可以用 *R*/*S* 来表示,但习惯上用 *D*/L 标记法。

问题 14.12　用 *R*/*S* 标记 *L* -苏氨酸和 *L* -异亮氨酸分子中的手性碳原子的构型。

二、α -氨基酸的分类

在 α -氨基酸分子中,氨基和羧基的数目有时不是一个,氨基和羧基的数目也不一定相等。分子中氨基和羧基数目相等的为中性氨基酸;氨基的数目多于羧基的为碱基氨基酸;氨基的数目少于羧基的为酸性氨基酸。表 14.2 列出了常见的 20 种氨基酸的中英文名称、结构、等电点值,它们的英文缩写有三字码和单字码。

表 14.2　常见氨基酸

$H_2N-C(COOH)(H)-R$	R 的结构	名　称	缩　写 三字码,单字码	等电点 (20 ℃)
中性氨基酸	—H	甘氨酸 glycine	Gly, G (甘)	5.97
	$—CH_3$	丙氨酸 alanine	Ala, A (丙)	6.02
	$—CH(CH_3)_2$	* 缬氨酸 valine	Val, V (缬)	5.96
	$—CH_2CH(CH_3)_2$	* 亮氨酸 leucine	Leu, L (亮)	5.98
	$—CH(CH_3)CH_2CH_3$	* 异亮氨酸 isoleucine	Ile, I (异亮)	6.02
	环状 CO_2H / NH (氨基酸的结构)	脯氨酸 proline	Pro, P (脯)	6.30
	$—CH_2C_6H_5$	* 苯丙氨酸 phenylalanine	Phe, F (苯丙)	5.48
	$—CH_2—C_6H_4—OH$	酪氨酸 tyrosine	Tyr, Y (酪)	5.66

$H_2N-\overset{COOH}{\underset{R}{C}}-H$	R 的结构	名　称	缩　写 三字码，单字码	等电点 (20 ℃)
中性氨基酸	$-CH_2-$(3-吲哚基，N-H)	＊色氨酸 tryptophan	Trp，W（色）	5.98
	$-CH_2OH$	丝氨酸 serine	Ser，S（丝）	5.68
	$-CH(OH)CH_3$	＊苏氨酸 threonine	Thr，T（苏）	5.60
	$-CH_2CONH_2$	门冬酰胺 asparagine	Asn，N（门冬酰胺）	5.41
	$-CH_2CH_2CONH_2$	谷氨酰胺 glutamine	Gln，Q（谷-NH_2）	5.65
	$-CH_2SH$	半胱氨酸 cystein	Cys，C（半胱）	5.07
	$-CH_2CH_2SCH_3$	＊蛋氨酸 methionine（甲硫氨酸）	Met，M（蛋）	5.74
酸性氨基酸	$-CH_2CO_2H$	门冬氨酸 aspartic acid	Asp，D（门冬）	2.77
	$-CH_2CH_2CO_2H$	谷氨酸 glutamic acid	Glu，E（谷）	3.22
碱性氨基酸	$-CH_2CH_2CH_2CH_2NH_2$	＊赖氨酸 lysine	Lys，K（赖）	9.74
	$-CH_2CH_2CH_2NHCNH_2$（C=NH）	精氨酸 arginine	Arg，R（精）	10.76
	$-CH_2-$(4-咪唑基，N-H)	组氨酸 histidine	His，H（组）	7.59

表中带＊号的氨基酸在人体内不能合成，必须从食物中摄取，所以称为必需氨基酸。

三、α-氨基酸的物理性质

α-氨基酸都是无色结晶，熔点较高，并且多数在熔化时分解。例如甘氨酸的熔点为 262 ℃(分解)，而相应的乙酸的熔点仅 16.5 ℃。所有的 α-氨基酸均溶于强酸或强碱中而不溶于乙醚、苯等非质子溶剂中。各种 α-氨基酸在水中的溶解度大小不一，例如 25 ℃时 100 g 水中仅溶解 0.01 g 胱氨酸，但能溶解 162.3 g 脯氨酸。

四、α-氨基酸的化学性质

1. 两性与等电点

α-氨基酸分子中既含有碱性的氨基，又含有酸性的羧基，所以是两性化合物。例如：

$$H_2NCH_2COOH + HCl \longrightarrow H_3\overset{\oplus}{N}CH_2COOH\ Cl^{\ominus}$$

$$H_2NCH_2COOH + NaOH \longrightarrow H_2NCH_2COO^{\ominus}\ Na^{\oplus}$$

实际上，氨基酸分子本身的羧基或氨基就能互相作用生成内盐：

$$R-\underset{NH_2}{\underset{|}{CH}}-COOH \rightleftharpoons R-\underset{NH_3^{\oplus}}{\underset{|}{CH}}-COO^{\ominus}$$

内盐具有偶极和两种离子的性质，所以称为偶极离子或两性离子(zwitterion)。α-氨基酸在固态时主要以两性离子的形式存在，因而熔点较高。

α-氨基酸在水溶液中有如下的平衡：

$$\underset{\substack{\text{负离子}\\ pH>pI}}{\underset{NH_2}{R-\underset{|}{C}H-COO^{\ominus}}} \underset{OH^{\ominus}}{\overset{H^{\oplus}}{\rightleftharpoons}} \underset{\substack{\text{两性离子}\\ pH=pI}}{\underset{NH_3^{\oplus}}{R-\underset{|}{C}H-COO^{\ominus}}} \underset{OH^{\ominus}}{\overset{H^{\oplus}}{\rightleftharpoons}} \underset{\substack{\text{正离子}\\ pH<pI}}{\underset{NH_3^{\oplus}}{R-\underset{|}{C}H-COOH}}$$

由于α-氨基酸中羧基离解质子的能力和氨基接受质子的能力并不相等，因而在上述平衡体系中，负离子、正离子和两性离子的浓度并不相等。例如中性氨基酸在水溶液中，负离子的浓度比正离子的浓度要大一些。如调节α-氨基酸溶液的酸碱性达到某一pH，使正离子和负离子的浓度相等，此时α-氨基酸主要以两性离子的形式存在，在电场中既不向阳极也不向阴极移动，这时溶液的pH叫作该氨基酸的等电点(isoelectric point)，用符号pI表示。由于各种α-氨基酸分子中的氨基和羧基的数目不等且相对强度各异，因而其等电点也各不相同。从表14.2中可以看到中性氨基酸的pI略小于7，在5.6～6.8之间；酸性氨基酸的pI在2.8～3.2之间；碱性氨基酸的pI大于7，在7.6～10.8之间。

将某α-氨基酸溶液的pH调节到大于它的pI时，该α-氨基酸就主要以负离子的形式存在，在电场中向阳极移动；如将它的pH调节到小于它的pI时，该α-氨基酸则主要以正离子的形式存在，在电场中向阴极移动。这一现象称为电泳(electrophoresis)。

α-氨基酸在等电点时，两性离子的浓度最大，在水中的溶解度最小，因而用调节等电点的方法可以分离氨基酸的混合物。

问题14.13 写出下列α-氨基酸在指定的pH溶液中主要的存在形式。

(1) 丙氨酸，pH=6.0时 (2) 缬氨酸，pH=8.0时

(3) 赖氨酸，pH=10.0时 (4) 丝氨酸，pH=1.0时

2. 酯化和酰化

α-氨基酸具有羧酸和胺的一般反应。例如羧基可以酯化，氨基可以酰化。

$$\underset{\text{苯丙氨酸}}{\underset{NH_3^{\oplus}}{C_6H_5CH_2\underset{|}{C}HCOO^{\ominus}}} + CH_3OH \xrightarrow[\triangle]{HCl} \underset{\text{苯丙氨酸甲酯盐酸盐}}{\underset{NH_3^{\oplus}\ Cl^{\ominus}}{C_6H_5CH_2\underset{|}{C}HCOOCH_3}}$$

$$\underset{\text{缬氨酸}}{\underset{NH_3^{\oplus}}{(CH_3)_2CH\underset{|}{C}HCOO^{\ominus}}} \xrightarrow[\text{② } HCl]{\text{① } C_6H_5COCl,OH^{\ominus}} \underset{N\text{-苯甲酰基缬氨酸}}{\underset{NHCOC_6H_5}{(CH_3)_2CH\underset{|}{C}HCOOH}}$$

3. 与亚硝酸的反应

α-氨基酸中的氨基与亚硝酸作用时定量放出氮气。

$$\underset{NH_3^{\oplus}}{R-\underset{|}{C}HCOO^{\ominus}} + HNO_2 \longrightarrow \underset{OH}{R-\underset{|}{C}HCOOH} + N_2 + H_2O$$

测定放出氮气的体积，可计算出氨基的含量。这个方法叫作范斯莱克(Van Slyke)氨基

测定法。

4. 与水合茚三酮的反应

α-氨基酸的水溶液用水合茚三酮处理时呈紫色。在反应中α-氨基酸被氧化成醛和二氧化碳，同时脱去氨基。

$$\text{水合茚三酮} + R-\underset{NH_2}{\underset{|}{CH}}COOH \longrightarrow \text{(紫色)} + RCHO + CO_2 + H_2O$$

水合茚三酮　　（紫色）

α-氨基酸与水合茚三酮的反应十分灵敏，几微克α-氨基酸就能显色，所以常用水合茚三酮为显色剂，定性鉴定α-氨基酸。同时由于生成的紫色溶液在570 nm有强吸收峰，其强度与参加反应的氨基酸的量成正比，因而可以定量测定α-氨基酸的含量。

5. 脱羧

将α-氨基酸小心加热或在高沸点溶剂中回流，可脱羧生成胺。例如赖氨酸脱羧后便得到戊二胺（尸胺）：

$$H_2N(CH_2)_4\underset{NH_2}{\underset{|}{CH}}COOH \xrightarrow{\triangle} H_2N(CH_2)_5NH_2 + CO_2$$

细菌或动植物体内的脱羧酶作用于氨基酸，也能发生脱羧反应。

问题 14.14　写出下列反应中中间产物的构型式。

L-(−)-丝氨酸 $\xrightarrow[HCl]{CH_3OH}$ A，$C_4H_{10}ClNO_3$ $\xrightarrow{PCl_5}$ B，$C_4H_9ClNO_2$ $\xrightarrow{OH^\ominus}$ C，$C_4H_8ClNO_2$ $\xrightarrow{NaSH}$ D，$C_4H_9NO_2S$ $\xrightarrow[\text{② } OH^\ominus]{\text{① } H_3O^\oplus,\triangle}$ L-(−)-半胱氨酸

问题 14.15　某化合物的分子式为$C_3H_7NO_2$，有旋光性，能与NaOH和HCl成盐，并能与醇生成酯，与亚硝酸作用时放出氮气。试推测该化合物的构造式，并写出各步反应式。

五、α-氨基酸的制备方法

1. 化学合成法

(1) α-卤代酸的氨化

α-卤代酸和过量的氨作用可以得到α-氨基酸。

$$CH_3CH_2COOH \xrightarrow[P,h\nu]{Br_2} CH_3\underset{Br}{\underset{|}{CH}}COOH \xrightarrow{NH_3} CH_3\underset{NH_3^\oplus}{\underset{|}{CH}}COO^\ominus + NH_4^\oplus Br^\ominus$$

由于α-氨基酸中氨基的碱性比脂肪伯胺弱，进一步烷基化的倾向较小，所以可以得到较纯粹的α-氨基酸。

问题 14.16　写出由相应的羧酸合成亮氨酸和苯丙氨酸的反应式。

(2) 斯特雷克尔(Strecker)合成

醛在氨存在下与氢氰酸加成生成α-氨基腈,后者水解可生成α-氨基酸。例如:

$$C_6H_5CH_2CHO \xrightarrow[NH_3]{HCN} C_6H_5CH_2\underset{\displaystyle NH_2}{\underset{|}{C}}HCN \xrightarrow[\text{② } H_3O^{\oplus}]{\text{① } NaOH, H_2O} C_6H_5CH_2\underset{\displaystyle NH_3^{\oplus}}{\underset{|}{C}}HCOO^{\ominus}$$

(3) 丙二酸酯法

卤代丙二酸酯与邻苯二甲酰亚胺的盐作用生成N-丙二酸酯邻苯二甲酰亚胺,后者经烷基化、水解脱羧可得到α-氨基酸。

$$CH_2(CO_2C_2H_5)_2 \xrightarrow{Br_2} BrCH(CO_2C_2H_5)_2$$

$$\text{邻苯二甲酰亚胺}N^{\ominus}K^{\oplus} \xrightarrow{BrCH(CO_2C_2H_5)_2} \text{邻苯二甲酰亚胺}NCH(CO_2C_2H_5)_2 \xrightarrow[\text{② } C_6H_5CH_2Cl]{\text{① } C_2H_5ONa}$$

$$\text{邻苯二甲酰亚胺}N\underset{}{\overset{CH_2C_6H_5}{\overset{|}{C}}}(CO_2C_2H_5)_2 \xrightarrow{H_3O^{\oplus}} \xrightarrow[-CO_2]{-\triangle} C_6H_5CH_2\underset{\displaystyle NH_3^{\oplus}}{\underset{|}{C}}HCOO^{\ominus}$$

上述化学合成得到的α-氨基酸都是外消旋体,所以进行拆分后才能得到有实际用途的L-氨基酸。近年来已发展了多种不对称合成方法制备L-α-氨基酸。

问题 14.17 分别用丙二酸酯法和斯特雷克尔法合成缬氨酸和酪氨酸。

2. 蛋白质水解法

蛋白质的酸性或碱性水解可得到多种α-氨基酸的混合物,经分离纯化可得到天然的L-氨基酸。例如动物的毛发经30%盐酸水解得到水解液,调节其pH到达4.8(等电点)时,即析出L-胱氨酸的沉淀。

$$\text{毛发等} \xrightarrow[\triangle]{30\%\,HCl} \begin{array}{l} S-CH_2CH(NH_3^{\oplus})COO^{\ominus} \\ | \\ S-CH_2CH(NH_3^{\oplus})COO^{\ominus} \end{array}$$

pI=4.8

L-胱氨酸与L-半胱氨酸可通过氧化还原而相互转化:

$$2HSCH_2\underset{\displaystyle NH_3^{\oplus}}{\underset{|}{C}}HCOO^{\ominus} \underset{[H]}{\overset{[O]}{\rightleftharpoons}} \begin{array}{l} S-CH_2CH(NH_3^{\oplus})COO^{\ominus} \\ | \\ S-CH_2CH(NH_3^{\oplus})COO^{\ominus} \end{array}$$

L-半胱氨酸　　　　L-胱氨酸

3. 发酵法

用微生物发酵法生产α-氨基酸,近年来获得了迅速的发展,目前大多数常见α-氨基酸都可以用发酵法生产。发酵法有许多优点,原料来源丰富,产品都是L-氨基酸,不需要拆分。例如 *L* -谷氨酸就是由淀粉经微生物发酵得到。*L* -谷氨酸的单钠盐是日常的调味品味精。结晶氨基酸配制的输注液常用来补充手术后或体弱患者的营养。

§14.7　多　　肽

α -氨基酸分子中的羧基与另一分子 α -氨基酸的氨基生成的酰胺叫作肽(peptide)，肽分子中的酰胺键叫作肽键(peptide bond)。由多个 α -氨基酸分子用肽键连接而成的化合物叫作多肽(polypeptide)。

一、肽的结构和性质

蛋白质水解的中间产物为多肽，多肽进一步水解最后生成 α -氨基酸。多肽的性质与氨基酸极为相似，多肽也是两性离子，也有等电点，在等电点时溶解度最小。根据组成肽分子的氨基酸的数目可分为二肽、三肽、四肽和多肽等。

$$H_2N-\underset{R}{CH}-\overset{O}{\overset{\|}{C}}-NH-\underset{R}{CH}-COOH$$

二肽

$$H_2N-\underset{R}{CH}-\overset{O}{\overset{\|}{C}}-NH-\underset{R}{CH}-\overset{O}{\overset{\|}{C}}-NH-\underset{R}{CH}-COOH$$

三肽

$$H_2N-\underset{R}{CH}-\overset{O}{\overset{\|}{C}}\left[NH-\underset{R}{CH}-\overset{O}{\overset{\|}{C}}\right]_n NH-\underset{R}{CH}-COOH$$

多肽

书写肽的化学构造式时，一般把氨基的一端写在左边，称为 *N* -端；把羧基的一端写在右边，称为 C -端。式中 R 基可以相同，也可以不同。

肽的命名是以 C -端的氨基酸为母体，把肽链中其他的氨基酸中的酸字改成酰字，按顺序依次写在母体名称之前。为了书写方便，也常用缩写符号代替化学名称。例如甘氨酸和丙氨酸形成的两种二肽的构造式和名称为

$$H_3\overset{\oplus}{N}CH_2\overset{O}{\overset{\|}{C}}-NH\underset{CH_3}{CH}-COO^{\ominus} \qquad H_3\overset{\oplus}{N}\underset{CH_3}{CH}\overset{O}{\overset{\|}{C}}-NHCH_2-COO^{\ominus}$$

甘氨酰-丙氨酸(甘丙肽)　　丙氨酰-甘氨酸(丙甘肽)

glycylalanine　　alanylglycine

甘-丙，Gly-Ala　　丙-甘，Ala-Gly

二、活性肽

生物体内除了由蛋白质部分水解生成的多肽之外，还存在一些游离的小肽和多肽，它们含量较少，但具有重要的生理功能，因此称作活性肽(active peptide)。例如谷胱甘肽

(glutathione)是广泛存在于动植物细胞中的三肽，由 L-谷氨酸、L-半胱氨酸和甘氨酸组成。在 N-端是由 L-谷氨酸的 γ-COO^- 与 L-半胱氨酸的氨基形成的肽键。

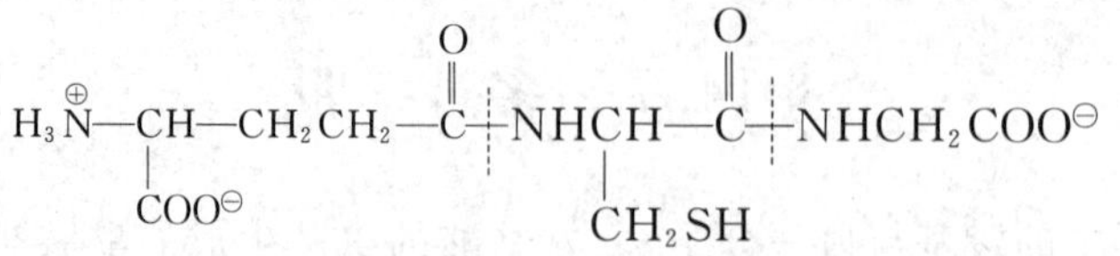

$$\overset{\oplus}{H_3N}-\underset{\underset{COO^{\ominus}}{|}}{CH}-CH_2CH_2-\overset{\overset{O}{\|}}{C}-NH\underset{\underset{CH_2SH}{|}}{CH}-\overset{\overset{O}{\|}}{C}-NHCH_2COO^{\ominus}$$

γ-谷氨酰-半胱氨酰-甘氨酸(谷胱甘肽)

γ-谷-半胱-甘，γ-Glu-Cys-Gly

谷胱甘肽分子中含有巯基(—SH)，故称为还原型谷胱甘肽，简写作 GSH。两分子还原型谷胱甘肽的两个巯基在体内氧化偶联为二硫键，形成氧化型谷胱甘肽(GS-SG)。还原型谷胱甘肽参与细胞的氧化还原过程，保护细胞膜上含巯基的膜蛋白或酶免受氧化。

$$2GSH \underset{[H]}{\overset{[O]}{\rightleftharpoons}} GS-SG$$

胰腺分泌的胰岛素(insulin)是调控体内葡萄糖代谢的多肽类激素。胰岛素由 21 个氨基酸组成的 A 链和 30 个氨基酸组成的 B 链，两条链由两个二硫桥(—S—S—)连接。绝大部分哺乳动物的胰岛素的结构差别很小。人的胰岛素与猪的胰岛素只有 B 链 C-端的一个氨基酸不同，与牛的胰岛素也只有三个氨基酸不同。Banting F. 和 Macleod J. 用从牛和猪的胰腺中提取的胰岛素成功治疗糖尿病，他们获得了 1923 年诺贝尔生理学或医学奖。Sanger F. 因测定了牛胰岛素的氨基酸序列获得 1958 年诺贝尔化学奖。1965 年我国化学工作者成功合成了牛胰岛素。胰岛素一直是治疗糖尿病的主要药物。使用牛或猪的胰岛素临床上有一些副作用。医药工业上已将猪胰岛素改造成人胰岛素，后者的基因被转移到大肠杆菌中，用发酵方法生产胰岛素，以满足众多糖尿病患者治疗的需求。现在已有重组人胰岛素的多种剂型供临床使用。

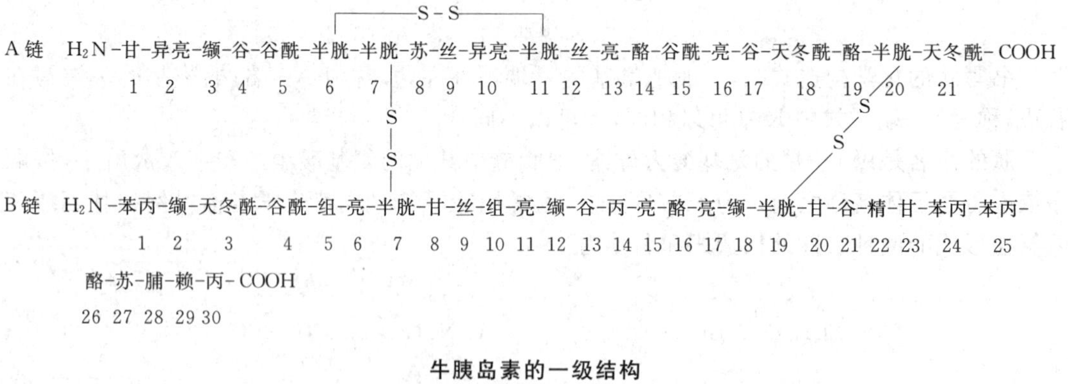

S-S（A6—A11）

A 链 H₂N-甘-异亮-缬-谷-谷酰-半胱-半胱-苏-丝-异亮-半胱-丝-亮-酪-谷酰-亮-谷-天冬酰-酪-半胱-天冬酰-COOH

1 2 3 4 5 6 7 8 9 10 11 12 13 14 15 16 17 18 19 20 21

S—S（A7—B7）；S—S（A20—B19）

B 链 H₂N-苯丙-缬-天冬酰-谷酰-组-亮-半胱-甘-丝-组-亮-缬-谷-丙-亮-酪-亮-缬-半胱-甘-谷-精-甘-苯丙-苯丙-

1 2 3 4 5 6 7 8 9 10 11 12 13 14 15 16 17 18 19 20 21 22 23 24 25

酪-苏-脯-赖-丙-COOH

26 27 28 29 30

牛胰岛素的一级结构

由于活性肽在生物体内各种各样的生理功能，活性肽的结构、性质、功能及作用机理是重要的研究领域，一些模拟活性肽的结构和功能的合成肽模拟物(peptidomimetics)已成为临床上重要的药物。

问题 14.18 脑啡肽是存在于脑中的五肽，已发现有两种，与痛觉和学习记忆有关。其结构简式为 Tyr-Gly-Gly-Phe-Met(或 Leu)，写出它们的构造式。

三、多肽的合成

两种氨基酸可以生成四种二肽。例如：

$$苯丙氨酸+甘氨酸\xrightarrow{-H_2O}苯丙\text{-}苯丙+甘\text{-}甘+苯丙\text{-}甘+甘\text{-}苯丙$$

如要合成指定的二肽，如苯丙-甘，必须把苯丙氨酸的氨基和甘氨酸的羧基保护起来，使肽键只能在指定的羧基和氨基之间生成，并且所选择的保护基团在肽键生成后应易于除去。另一方面必须使欲反应的羧基或氨基活化，以便肽键在温和的条件下生成。此外，除甘氨酸之外的 α-氨基酸都是旋光的，因而必须注意任何一个反应条件都不可发生构型的转化或外消旋化。多肽的合成过程必须满足以上的严格要求。

1. 氨基的保护

氨基常用苄氧羰基(Cbz，Z)、叔丁氧羰基(Boc)和 9-芴甲氧羰基(Fmoc)保护(§14.3)。

2. 羧基的保护

羧基常用苄酯或叔丁酯保护。例如：

$$\underset{甘氨酸}{H_3\overset{\oplus}{N}CH_2COO^{\ominus}}+\underset{苄醇}{C_6H_5CH_2OH}\xrightarrow[②\ OH^{\ominus}]{①\ HCl}\underset{甘氨酸苄酯}{H_2NCH_2COOCH_2C_6H_5}$$

苄基可以用催化氢解的方法除去。叔丁基可用温和酸性水解除去。

此外，氨基酸侧链上的官能团也需要加以保护。

3. 肽键的生成

要使已有保护基的两个氨基酸之间形成肽键，还需使欲反应的基团活化。常用的方法是加入羧基活化剂 N,N'-二环己基碳二亚胺(简写作 DCC)或 N,N-二异丙基碳二亚胺(简写作 DIC)。

等物质的量的羧酸和胺在 DCC 存在下，在室温就可以迅速生成酰胺：

$$RCOOH+R'NH_2+\underset{DCC}{C_6H_{11}-N{=}C{=}N-C_6H_{11}}\xrightarrow{CHCl_3,\ 25\ ℃}RCONHR'+\underset{N,N'\text{-}二环己基脲}{C_6H_{11}-NHCONH-C_6H_{11}}$$

氨基保护或羧基保护的氨基酸不再是两性离子，它们可以溶于有机溶剂，在 DCC 或 DIC 存在下，迅速反应生成肽键，除去保护基后便得到二肽。例如：

$$\underset{\displaystyle CH_2C_6H_5}{CbzNHCHCOOH}+H_2NCH_2COOCH_2C_6H_5\xrightarrow[CHCl_3]{DCC}\underset{\displaystyle CH_2C_6H_5}{CbzNHCHCONHCH_2COOCH_2C_6H_5}$$

$$\xrightarrow[Pd/C]{H_2}\underset{\displaystyle CH_2C_6H_5}{H_2NCHCONHCH_2COOH}+2C_6H_5CH_3+CO_2$$

苯丙酰-甘氨酸　phenylalanylglycine

适当保护的氨基酸和二肽在 DCC 或 DIC 存在下再生成肽键，产物除去保护基后得到三肽。如此重复，可得到多肽。

4. 多肽的固相合成

在多肽的合成中，每生成一个肽键，都要经过官能团保护，官能团活化、形成肽键、去保护基等步骤，加上每一步产物的分离提纯，操作十分复杂和费时。1962 年梅里菲尔德(Merrifield R. B.)提出的固相合成法使多肽的合成取得重要突破。这个合成方法是在不溶性聚合物表面上进行。所用聚合物是以对二乙烯基苯交联的聚苯乙烯树脂。常用的树脂上含苄羟基或苄基氯。氨基被保护的氨基酸与树脂上的苄羟基或苄羟氯反应形成氨基酸的苄酯。除去氨基的保护基，加入氨基被保护的氨基酸及活化剂，就可生成固定在聚合物上的二肽。例如：

$$\text{Fmoc-NHCH(R)COOH} + \text{HOCH}_2\text{-C}_6\text{H}_4\text{-}Ⓟ \xrightarrow{\text{DIC}} \text{Fmoc-NHCH(R)COOCH}_2\text{-C}_6\text{H}_4\text{-}Ⓟ$$

$$\xrightarrow{\text{piperidine (NH)}} \text{H}_2\text{NCH(R)COOCH}_2\text{-C}_6\text{H}_4\text{-}Ⓟ$$

$$\text{Fmoc-NHCH(R')COOH} + \text{H}_2\text{NCH(R)COOCH}_2\text{-C}_6\text{H}_4\text{-}Ⓟ \xrightarrow{\text{DIC}}$$

$$\text{Fmoc-NHCH(R')CONHCH(R)COOCH}_2\text{-C}_6\text{H}_4\text{-}Ⓟ$$

重复上述过程，可得到固定在聚合物上的三肽、四肽等。最后加入 CF_3COOH，使合成的多肽从聚合物上脱落下来。

目前，已有计算机控制的商品化的多肽合成仪，每步反应的产率在 99%以上，多肽的合成已实现了自动化，推动了生物化学、分子生物学等学科的迅速发展。Merrifield 获得 1984 年诺贝尔化学奖。

多肽和蛋白质之间没有明确的界限，通常把相对分子量大于 10 000(约 100 个氨基酸单位)且不能透过天然渗析膜的多肽称为蛋白质。蛋白质的性质和结构在生物化学课程中介绍。

问题 14.19 合成三肽甘氨酰缬氨酰苯丙氨酸。

§14.8 含磷化合物

磷和氮同族，因而它们具有许多结构和性质类似的化合物。但氮位于第二周期，而磷位于第三周期，因而又有显著的区别。

一、磷烷和膦

三价磷的氢化物叫作磷烷(phosphane)，如 PH_3 为(甲)磷烷(一般“甲”字省略)，$H_2P—PH_2$ 为乙磷烷。对于基元磷烷(PH_3)的烃基衍生物也可以叫作膦(phosphine)。

(甲) 磷烷分子(PH_3)的一个、二个或三个氢被烃基取代的衍生物分别被称为伯膦、仲膦和叔膦，相应于胺类化合物的伯胺、仲胺和叔胺。四烃基(甲)磷烷正离子(phosphanium)的盐(季膦盐)相应于季铵盐。例如：

伯膦	仲膦	叔膦
$CH_3CH_2PH_2$	$(CH_3CH_2)_2PH$	$(C_6H_5)_3P$
乙基(甲)磷烷	二乙基(甲)磷烷	三苯基(甲)磷烷
(ethylphosphane)	(diethylphosphane)	(triphenylphophane)
乙基膦	二乙基膦	三苯基膦
(ethylphosphine)	(diethylphosphine)	(triphenylphosphine)

膦的碱性比胺弱，但由于磷原子的外层电子比氮原子更容易被极化，因而膦的亲核性比胺强。例如叔膦极易和卤代烷起 S_N2 反应，生成季膦[1]盐：

$$(CH_3CH_2CH_2CH_2)_3P + CH_3CH_2CH_2CH_2Br \longrightarrow (CH_3CH_2CH_2CH_2)_4\overset{\oplus}{P}Br^{\ominus}$$

三丁基膦　1-溴丁烷　溴化四丁基膦盐

tributylphosphine　1-bromobutane　tetrabutylphosphonium bromide

$$(C_6H_5)_3P + CH_3Br \longrightarrow (C_6H_5)_3\overset{\oplus}{P}CH_3Br^{\ominus}$$

三苯基膦　溴化甲基三苯基膦盐

triphenylphosphine　methyltriphenylphosphonium bromide

溴化甲基三苯基膦对热较稳定，在水中也不分解。当用丁基锂、氨基钠、氢化钠等强碱处理时，则生成极性很大的磷叶立德(phosphorus ylide)：

$$(C_6H_5)_3\overset{\oplus}{P}CH_3Br^{\ominus} + n\text{-}C_4H_9Li \longrightarrow \left[(C_6H_5)_3\overset{\oplus}{P}-\overset{\ominus}{\ddot{C}}H_2 \longleftrightarrow (C_6H_5)_3P=CH_2\right] + n\text{-}C_4H_{10} + LiBr$$

磷叶立德

磷叶立德在温和的条件下就可以和醛、酮起亲核加成反应生成不稳定的四元环化合物，后者迅速分解成烯烃和三苯基膦氧化物(triphenylphosphine oxide)：

$$\begin{matrix}R\\R'\end{matrix}\!\!>C=O + {}^{\ominus}\ddot{C}H_2-\overset{\oplus}{P}(C_6H_5)_3 \longrightarrow \begin{matrix}R\\R'\end{matrix}\!\!>\underset{|}{C}-\overset{\ominus}{O}{:}\ \ CH_2-\overset{\oplus}{P}(C_6H_5)_3 \longrightarrow \begin{matrix}R\\R'\end{matrix}\!\!>\underset{|}{C}-\underset{|}{O}\ \ CH_2-P(C_6H_5)_3 \longrightarrow \begin{matrix}R\\R'\end{matrix}\!\!>C=CH_2 + (C_6H_5)_3P=O$$

反应的净结果是亚甲基代替了醛酮分子中的氧原子生成烯烃。这个反应是维悌希(Wittig G.)发现的，称为维悌希反应，磷叶立德称为维悌希试剂。维悌希反应是形成碳碳双键的重要方法，分子中各种其他官能团如羟基、醚基、卤素、酯基、末端炔基等对反应都没有影响。维悌希和对有机硼反应做出重要贡献的布朗(Brown H. C.)共享了1979年诺贝尔化学奖。

用膦酸酯代替四烃基膦盐，在碱性条件下(常用醇钠、氨基钠、氢化钠和氢氧化钠等)生成膦酸酯的叶立德，后者立即与醛、酮反应形成碳碳双键。这一反应叫作 Horner-Wadsworth-Emmons(HWE)反应。HWE 反应是 Wittig 反应最广泛的改良。HWE 反应中生成的副产物磷酸盐可以用水洗去，避免了 Wittig 反应中要将副产物三苯基膦氧化物($Ph_3P=O$)从产物中分离出去的不便。同时 HWE 反应中主要生成 E-构型产物。例如：

[1] 曾有仿效"铵"字而使用"鏻"字，《有机化合物命名原则》(P264)建议尽量不再使用。

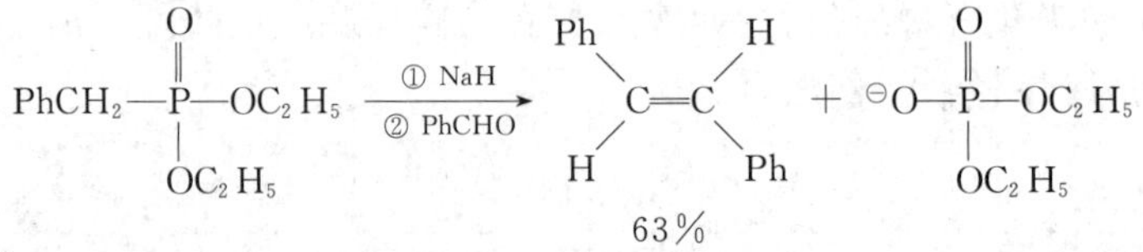

$$PhCH_2-\overset{\overset{O}{\|}}{\underset{\underset{OC_2H_5}{|}}{P}}-OC_2H_5 \xrightarrow[\text{② PhCHO}]{\text{① NaH}} \underset{63\%}{\overset{Ph\qquad H}{\underset{H\qquad Ph}{C=C}}} + {}^{\ominus}O-\overset{\overset{O}{\|}}{\underset{\underset{OC_2H_5}{|}}{P}}-OC_2H_5$$

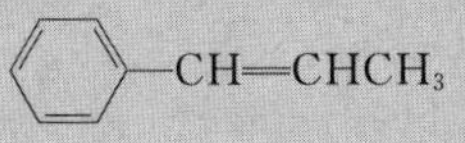

问题 14.20 如何合成下列化合物？

(1) 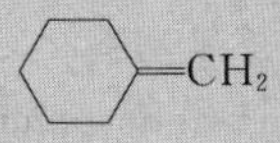 环己亚基$=CH_2$ (2) $C_6H_5-CH=CHCH_3$ (3) (E)-PhCH=CHCOOEt（Ph与H在一侧碳上，H与COOEt在另一侧碳上）

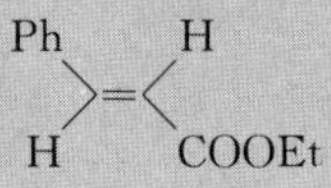

二、磷酸酯、亚磷酸酯和膦酸酯

磷酸酯(phosphate)是磷酸分子中羟基的氢原子被烃基取代后的衍生物。在磷酸酯分子中，磷原子不与碳原子相连。

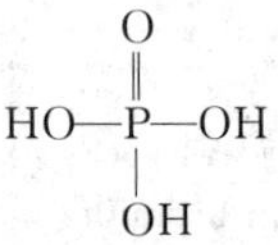

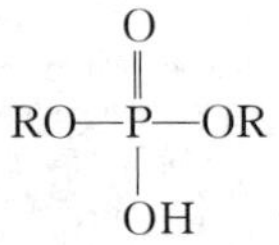

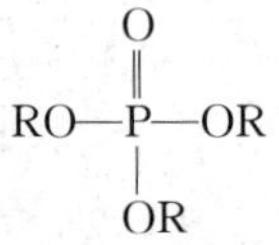

$$\underset{\text{磷酸}}{HO-\overset{\overset{O}{\|}}{\underset{\underset{OH}{|}}{P}}-OH} \qquad \underset{\text{磷酸单酯}}{RO-\overset{\overset{O}{\|}}{\underset{\underset{OH}{|}}{P}}-OH} \qquad \underset{\text{磷酸二酯}}{RO-\overset{\overset{O}{\|}}{\underset{\underset{OH}{|}}{P}}-OR} \qquad \underset{\text{磷酸三酯}}{RO-\overset{\overset{O}{\|}}{\underset{\underset{OR}{|}}{P}}-OR}$$

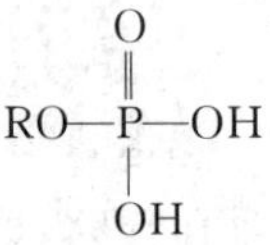

亚磷酸酯(phosphite)也有相应的亚磷酸单酯、亚磷酸二酯和三酯衍生物。磷酸分子中的羟基被一个或两个烃基取代的化合物分别叫作膦酸(phosphonic acid)和次膦酸(phosphinic acid)，它们分子中的羟基上的氢原子被烃基取代的产物叫作膦酸酯(phosphonate)和次膦酸酯(phosphinate)。在膦酸酯和次膦酸酯分子中，磷原子分别与一个或两个烃基的碳原子相连。例如：

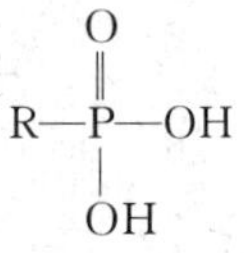

$$\underset{\text{膦酸}}{R-\overset{\overset{O}{\|}}{\underset{\underset{OH}{|}}{P}}-OH} \qquad \underset{\text{膦酸单酯}}{R-\overset{\overset{O}{\|}}{\underset{\underset{OH}{|}}{P}}-OR} \qquad \underset{\text{膦酸二酯}}{R-\overset{\overset{O}{\|}}{\underset{\underset{OR}{|}}{P}}-OR}$$

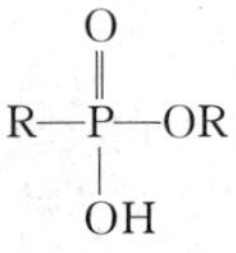

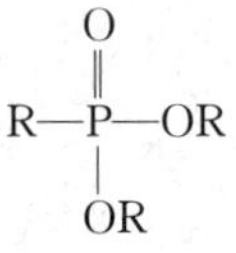

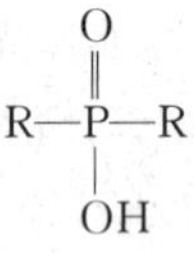

$$\underset{\text{次膦酸}}{R-\overset{\overset{O}{\|}}{\underset{\underset{OH}{|}}{P}}-R} \qquad \underset{\text{次膦酸酯}}{R-\overset{\overset{O}{\|}}{\underset{\underset{OR}{|}}{P}}-R}$$

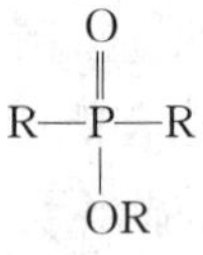

$$H_3CH_2C-\overset{\overset{O}{\|}}{\underset{\underset{OH}{|}}{P}}-OH \qquad C_6H_5-\overset{\overset{O}{\|}}{\underset{\underset{OH}{|}}{P}}-C_6H_5$$

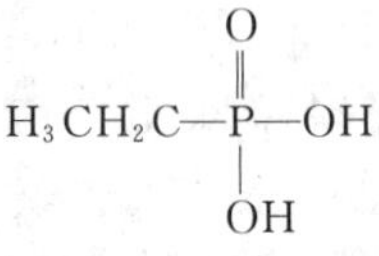

乙基膦酸 二苯基次膦酸

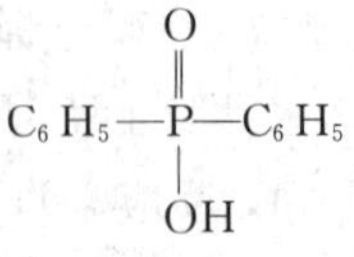

ethylphosphonic acid diphenylphosphinic acid

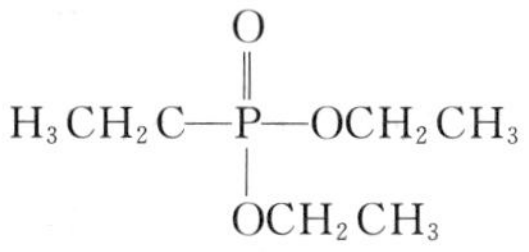

$$H_3CH_2C-\overset{\overset{O}{\|}}{\underset{\underset{OCH_2CH_3}{|}}{P}}-OCH_2CH_3$$
乙基膦酸二乙酯
diethyl ethylphosphonate

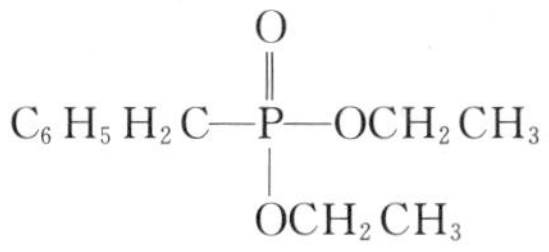

$$C_6H_5H_2C-\overset{\overset{O}{\|}}{\underset{\underset{OCH_2CH_3}{|}}{P}}-OCH_2CH_3$$
苄基膦酸二乙酯
diethyl benzylphosphonate

磷酸三酯一般由三氯氧磷(可以看作是磷酸的酰氯)和醇作用得到：

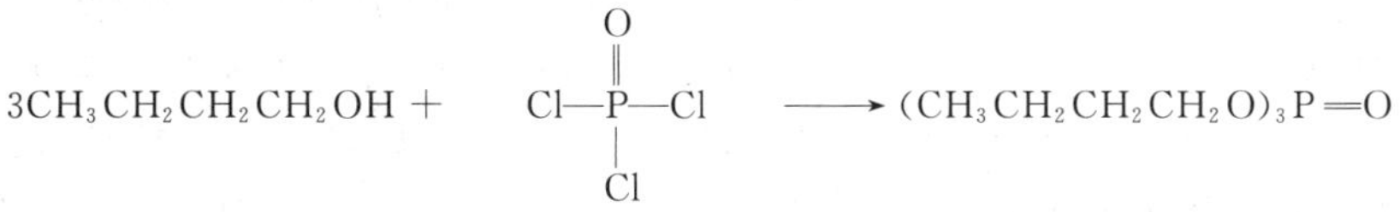

$$3CH_3CH_2CH_2CH_2OH + Cl-\overset{\overset{O}{\|}}{\underset{\underset{Cl}{|}}{P}}-Cl \longrightarrow (CH_3CH_2CH_2CH_2O)_3P=O$$

三氯氧磷 phosphoryl chloride；磷酸三丁酯 tributyl phosphate

亚磷酸酯类中最重要的是亚磷酸三酯，它可以由三氯化磷和醇在碱存在下制备：

$$PCl_3 + 3CH_3CH_2OH \xrightarrow{吡啶} (CH_3CH_2O)_3P$$

亚磷酸三酯分子中磷原子上有未共用电子对，具有亲核性，能与卤代烃、α-卤代酸酯或卤代酮等起 S_N2 反应。

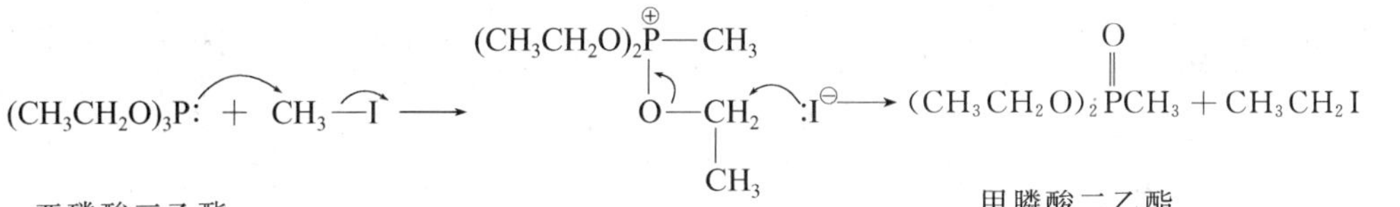

$$(CH_3CH_2O)_3P: + CH_3-I \longrightarrow (CH_3CH_2O)_2\overset{\oplus}{P}(-CH_3)-O-CH_2CH_3\ \ :I^{\ominus} \longrightarrow (CH_3CH_2O)_2\overset{\overset{O}{\|}}{P}CH_3 + CH_3CH_2I$$

亚磷酸三乙酯
triethyl phosphite

甲膦酸二乙酯
diethyl methylphosphonate

实际上是起连续两次 S_N2 反应。第一次 S_N2 反应生成碘化甲基三乙氧基膦。后者分子中的磷原子带正电荷，使 C—O 键更加极化，受到碘离子的亲核进攻，电子对反馈，生成烃基膦酸二乙酯。这一反应称作阿布佐夫(Arbuzov)反应，是制备膦酸酯的重要方法。

问题 14.21　合成下列化合物。

(1) $(CH_3CH_2O)_3P=O$

(2) $CH_3CH_2CH_2\overset{\overset{O}{\|}}{P}(OCH_2CH_3)_2$

(3) $(CH_3CH_2O)_2\overset{\overset{O}{\|}}{P}CH_2COOCH_2CH_3$

磷酸三酯在酸或碱催化下易于水解，甚至在中性的水中也能水解。例如磷酸三乙酯在中性的水中经 S_N2 机理发生烷氧键破裂，生成磷酸二酯：

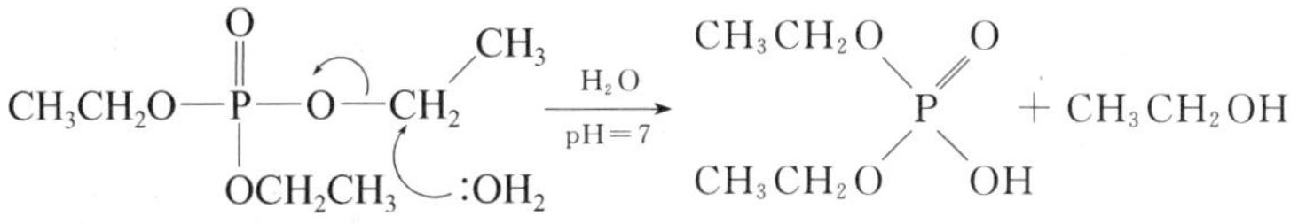

$$CH_3CH_2O-\overset{\overset{O}{\|}}{\underset{\underset{OCH_2CH_3}{|}}{P}}-O-CH_2CH_3\ \ :OH_2 \xrightarrow[pH=7]{H_2O} (CH_3CH_2O)_2P(=O)OH + CH_3CH_2OH$$

磷酸三酯的碱性催化水解与羧酸酯的碱性水解机理相似。例如：

$$CH_3O-\overset{O}{\overset{\|}{P}}(OCH_3)-OCH_3 + :OH^{\ominus} \rightleftharpoons CH_3O-P(HO)(O^{\ominus})(OCH_3)-OCH_3 \rightleftharpoons CH_3O-\overset{OH}{\overset{|}{P}}(=O)-OCH_3 + CH_3O^{\ominus}$$

$$\rightleftharpoons CH_3O-\overset{O^{\ominus}}{\overset{|}{P}}(=O)-OCH_3 + CH_3OH$$

由于磷酸二酯分子中的氧负离子和进攻基团 $OH^{\ominus}$ 之间的电性排斥，磷酸二酯不易继续水解成磷酸单酯。磷酸二酯在 100 ℃的 1 mol/L NaOH 溶液中的水解半衰期达 16 天，可见磷酸二酯一般很难水解。脱氧核糖核酸(DNA)是由磷酸二酯键连接单核苷酸的生物缩聚物，因此对水解具有强力的抗拒作用，在 100 ℃的 1 mol/L NaOH 溶液中，1 h 后没有观察到 DNA 的降解。

但是，磷酸甲基羟乙基二酯也是磷酸二酯，却很易在碱催化下水解，在 5 ℃的 1 mol/L NaOH 溶液中，水解的半衰期仅 25 h。这是由于邻近羟基的分子内亲核进攻(邻基参与 neighboring group participation)而形成有张力的五元环的磷酸二酯，然后开环解除张力，水解成磷酸单酯。

$$HO^{\ominus} + HOCH_2CH_2O-P(=O)(O^{\ominus})-OCH_3 \longrightarrow \text{五元环 } P(O^{\ominus})_2(OCH_3) \longrightarrow \text{五元环 } P(=O)O^{\ominus} \xrightarrow{:OH^{\ominus}} HOCH_2CH_2O-P(=O)(O^{\ominus})-O^{\ominus}$$

核糖核酸(RNA)与 DNA 不同，在核糖的 2 -位上具有羟基(§15.5)，与上式类似，可以发生邻基参与作用，促进 RNA 的磷酸二酯键的水解，因此 RNA 不稳定，容易发生降解。RNA 在 0.1 mol/L NaOH 溶液中室温就被降解成多种磷酸单酯的混合物。

三、生物体中的磷酸酯

一切生物体中都含有磷，但一般以磷酸单酯、磷酸二酯、焦磷酸单酯和三磷酸单酯等的形式存在。这些分子都可以离解出质子，所以在水溶液中，它们以负离子的形式存在，其离解程度取决于介质的酸度。

$$RO-\overset{O}{\overset{\|}{P}}(OH)-OH \qquad RO-\overset{O}{\overset{\|}{P}}(OH)-O-\overset{O}{\overset{\|}{P}}(OH)-OH \qquad RO-\overset{O}{\overset{\|}{P}}(OH)-O-\overset{O}{\overset{\|}{P}}(OH)-O-\overset{O}{\overset{\|}{P}}(OH)-OH$$

磷酸单酯　　焦磷酸单酯　　三磷酸单酯

$$RO-\overset{O}{\overset{\|}{P}}(OH)-OH \rightleftharpoons RO-\overset{O}{\overset{\|}{P}}(OH)-O^{\ominus} + H^{\oplus} \rightleftharpoons RO-\overset{O}{\overset{\|}{P}}(O^{\ominus})-O^{\ominus} + 2H^{\oplus}$$

某些三磷酸单酯在生命过程中起重要作用。例如三磷酸腺苷(ATP)是生命的"能源库"。在生命进程中，直接利用的最重要的能量形式是 ATP 的磷氧键的水解与合成的化学能。ATP 水解为 ADP(焦磷酸腺苷)时，由于 P—O 键断裂而释放大量的能量(33～54 kJ・mol^{-1})，远远超过一般磷酸酯水解时放出的能量(8～16 kJ・mol^{-1})。

腺苷—O—P(=O)(OH)—O～P(=O)(OH)—O～P(=O)(OH)—OH

ATP(三磷酸腺苷)

腺苷—O—P(=O)(OH)—O～P(=O)(OH)—OH

ADP(焦磷酸腺苷)

$$ATP + H_2O \longrightarrow ADP + H_3PO_4 + 能量$$

在生物化学中，把这种能释放高能量的键叫作“高能键”，用～表示。

习　题

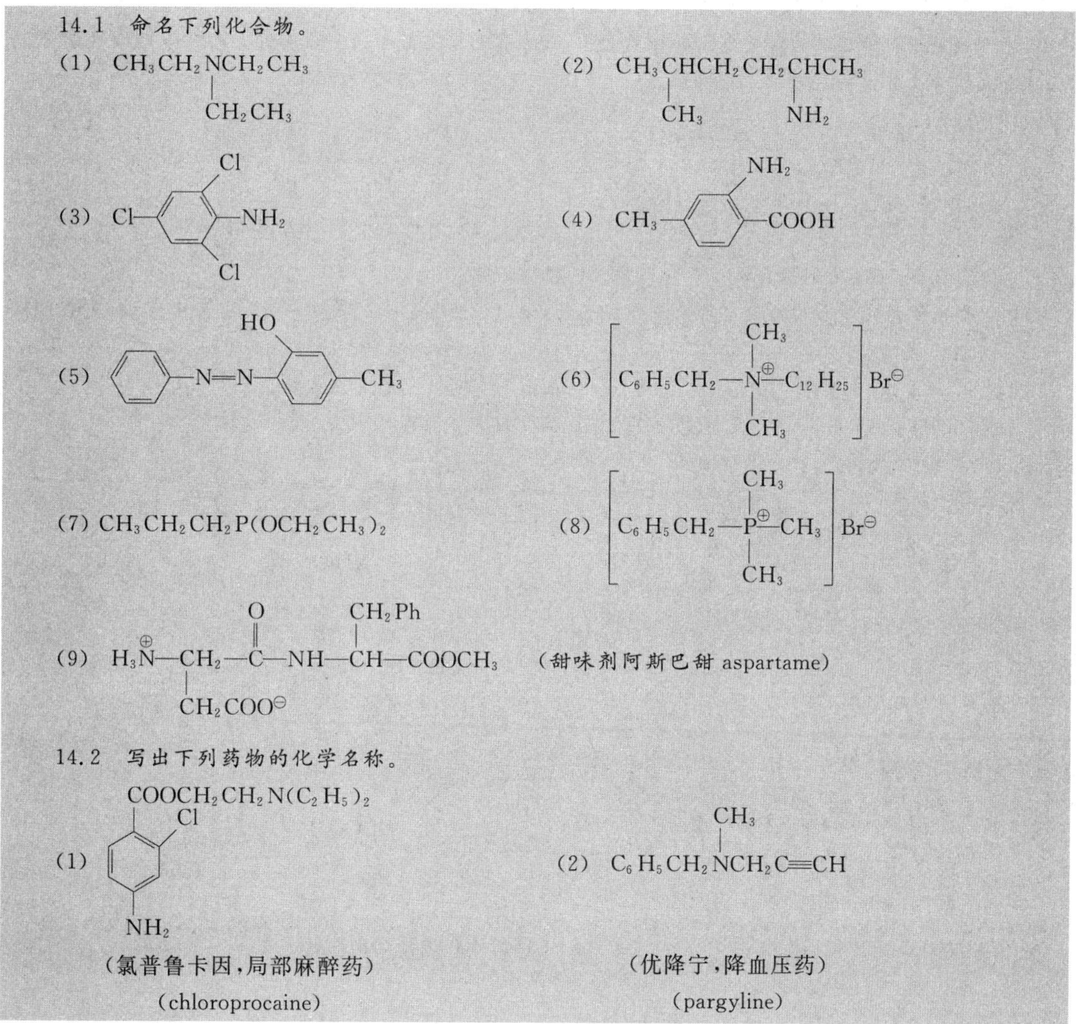

14.1 命名下列化合物。

(1) $CH_3CH_2N(CH_2CH_3)CH_2CH_3$　　(2) $CH_3CH(CH_3)CH_2CH_2CH(NH_2)CH_3$

(3) 2,4,6-三氯苯胺结构（Cl—苯环—NH_2，两个邻位 Cl）　　(4) CH_3—苯环—COOH（COOH 邻位 NH_2）

(5) 苯—N=N—苯环(HO)—CH_3　　(6) $[C_6H_5CH_2—\overset{\oplus}{N}(CH_3)_2—C_{12}H_{25}]Br^{\ominus}$

(7) $CH_3CH_2CH_2P(OCH_2CH_3)_2$　　(8) $[C_6H_5CH_2—\overset{\oplus}{P}(CH_3)_2—CH_3]Br^{\ominus}$

(9) $H_3\overset{\oplus}{N}—CH(CH_2COO^{\ominus})—C(=O)—NH—CH(CH_2Ph)—COOCH_3$　(甜味剂阿斯巴甜 aspartame)

14.2 写出下列药物的化学名称。

(1) 苯环(COOCH$_2$CH$_2$N(C$_2$H$_5$)$_2$，Cl，NH_2)

(氯普鲁卡因，局部麻醉药)

(chloroprocaine)

(2) $C_6H_5CH_2N(CH_3)CH_2C\equiv CH$

(优降宁，降血压药)

(pargyline)

(3) 苯环对位取代：$CH_2CH_2CH_2COOH$，$N(CH_2CH_2Cl)_2$

（苯丁酸氮芥，抗肿瘤药）

(chloroambucil)

(4) CH_3；$H_2N—C—H$；$HO—C—H$；间羟基苯基（HO）

（间羟胺，肾上腺素药）

(metaraminol)

14.3 在人体内，3′,4′-二羟基苯丙氨酸经多巴脱羧酶作用生成多巴胺：

$$\text{3,4-(HO)}_2C_6H_3—CH_2CH(NH_2)COOH \xrightarrow{\text{多巴脱羧酶}} \text{3,4-(HO)}_2C_6H_3—CH_2CH_2NH_2$$

3′,4′-二羟基苯丙氨酸　　多巴胺(dopamine)

多巴胺是中枢神经冲动传导作用的化学介质，缺乏多巴胺易引起帕金森氏症。同时多巴胺也是肾上腺素和去甲肾上腺素的前身。

$\text{3,4-(HO)}_2C_6H_3—CH(OH)CH_2NHCH_3$　　$\text{3,4-(HO)}_2C_6H_3—CH(OH)CH_2NH_2$

肾上腺素(*L*-(-)-epinephrine)　　去甲肾上腺素(norepinephrine)

(1) 写出多巴胺、肾上腺素和去甲肾上腺素的化学名称。

(2) 临床使用的多巴胺盐酸盐是人工合成药物，试以香兰醛(4-羟基-3-甲氧基苯甲醛)和硝基甲烷为原料进行合成。

14.4 写出(a)赖氨酸、(b)天门冬氨酸、(c)丝氨酸与下列试剂的反应产物。

(1) NaOH　(2) HCl　(3) CH_3OH, H^+　(4) $(CH_3CO)_2O$　(5) $NaNO_2 + HCl$

14.5 写出下列反应的主要产物。

(1) $H_2N(CH_2)_4—CH(NH_3^{\oplus})—COO^{\ominus} \xrightarrow{HCl}$　(2) $HOOC(CH_2)_2—CH(NH_3^{\oplus})—COO^{\ominus} \xrightarrow{NaOH}$

(3) 间二硝基苯（NO_2，NO_2）$\xrightarrow{Fe+HCl}$　(4) $CH_3CH_2CH_2CONH_2 \xrightarrow{Cl_2, NaOH}$

(5) $C_6H_5N^{\oplus}\equiv NCl^{\ominus}$ + 对甲基苯酚（OH，CH_3）$\longrightarrow$　(6) $C_6H_5—CH_2CH(NH_2)COOH \xrightarrow{NaNO_2, HCl}$

(7) $CH_3OH + POCl_3 \longrightarrow$　(8) $CH_3CH_2CH_2P(OCH_3)_2 \xrightarrow{NaOH, H_2O}$

14.6 实现下列转变。

(1) $C_6H_5—Cl \longrightarrow H_2N—C_6H_4—Cl$（对位）

(2) $C_6H_5—CH_3 \longrightarrow (CH_3)_2N—C_6H_4—COOH$（对位）

(3) $C_6H_5Br \longrightarrow I-C_6H_4-Br$

(4) $C_6H_5CH_3 \longrightarrow NC-C_6H_4-CH_2NH_2$

(5) $C_6H_5CH_3 \longrightarrow (C_6H_5CH_2O)_3P{=}O$

(6) 水杨酸（邻羟基苯甲酸）$\longrightarrow$ HO—(COONa)C₆H₃—N=N—C₆H₃(COONa)—OH

(7) $CH_3COCH_2COOC_2H_5$，$BrCH_2COCH_3$，$BrCH_2COOEt \longrightarrow$

EtOOC—CH=C(CH₃)—CH₂CH₂—C(CH₃)=CH—COOEt

14.7 以苯、甲苯和其他3C以下原料合成下列化合物。

(1) 对氨基苯甲酸（COOH，NH_2） (2) 4-甲基-2-溴苯酚（CH_3，Br，OH） (3) 对氟苯甲酸乙酯（F，$COOC_2H_5$） (4) 间氨基苯甲醛缩二甲醇（$CH(OCH_3)_2$，NH_2）

(5) $HO_3S-C_6H_4-N{=}N-C_6H_4-N(CH_3)_2$（甲基橙）

(6) $C_6H_5-N{=}N-C_6H_4-N{=}N-C_6H_4-OH$

14.8 推测下列化合物的构造式。

(1) C_3H_7NO，^{1}HNMR，δ_H(ppm)：1.2(t,3H)，2.2(q,2H)，6.5(s,2H)。

(2) $C_8H_{11}N$，^{1}HNMR，δ_H(ppm)：1.3(d,3H)，1.4(s,2H)，4.0(q,1H)，7.2(m,5H)；IR(cm^{-1})：3 400，1 600，1 505。

(3) $C_8H_{11}N$，^{1}HNMR，δ_H(ppm)：1.4(s,1H)，2.5(s,3H)，3.8(s,2H)，7.3(m,5H)；IR(cm^{-1})：3 500，1 602，1 500

(4) $C_{12}H_{11}N$，IR(cm^{-1})：3 500，1 600，1 500；^{1}HNMR，δ_H(ppm)：5.5(宽,1H)，7.0(m,10H)。

14.9 分子式为$C_{15}H_{15}NO$的化合物A，不溶于水、稀盐酸和稀氢氧化钠溶液中。A与氢氧化钠溶液一起回流时慢慢溶解，同时有油状物浮在液面上。用水蒸气蒸馏法将油状物分出，得到化合物B。B能溶于稀盐酸，与对甲苯磺酰氯作用生成不溶于碱的沉淀。把分去B以后的碱性溶液酸化，有化合物C析出。C能溶于碳酸氢钠溶液中。C的分子离子峰的质荷比为136。^{1}HNMR谱图上有三组峰，δ_H(ppm)：11.2 (s,1H)，7.2(d,4H)，1.7(s,3H)。推测化合物A、B、C的构造式。

14.10 化合物A分子式为$C_7H_7NO_2$，无碱性，还原后变成B(C_7H_9N)能与盐酸成盐。B的盐酸盐与亚硝酸作用生成C($C_7H_7ClN_2$)，在水溶液中加热放出氮气生成对甲苯酚，C与苯酚作用生成具有颜色的化合物D($C_{13}H_{12}N_2O$)。写出A、B、C和D的构造式以及有关化学反应式。

14.11 化合物A($C_5H_9NO_4$)，具有旋光性，且与$NaHCO_3$反应放出CO_2。A与亚硝酸作用放出氮气并转化成化合物B($C_5H_8O_5$)，B仍具有旋光性。将B氧化得C($C_5H_6O_5$)。C可与2,4-二硝基苯肼作用生成黄色沉淀。C经加热可放出二氧化碳并生成化合物D($C_4H_6O_3$)，D能起银镜反应，其氧化产物为E($C_4H_6O_4$)。已知1 mol E常温下与足量的$NaHCO_3$反应可放出2 mol二氧化碳。试写出A、B、C、D和E的构造式。

14.12　某化合物分子式为 $C_6H_{13}N$，与过量的碘甲烷作用生成盐（只消耗 1 mol 碘甲烷）后用氢氧化银处理并加热，将所得碱性产物再次与过量的碘甲烷作用后用氢氧化银处理并加热，得到戊-1,4-二烯和三甲胺。试推导该化合物的构造式。

14.13　有机化合物的分离、提纯是科研和生产中常遇到的实际工作，一般既要采用溶解、萃取、洗涤、过滤、重结晶和蒸馏等物理方法，同时也要采用化学方法。例如分离苯胺、苯乙酮和苯甲醛可采用如下步骤：

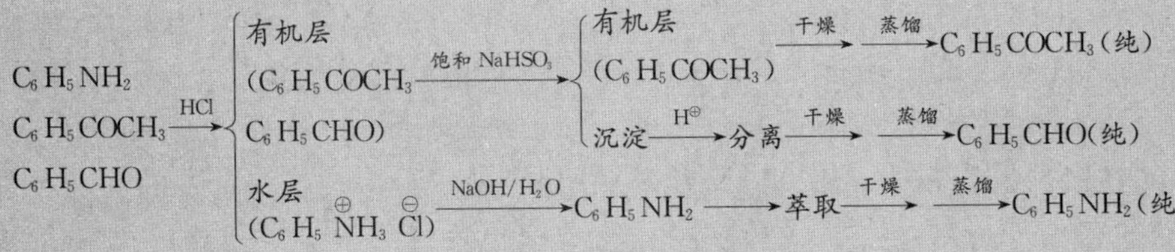

试分离提纯下列各组混合物。

(1) 苯胺、苯酚、硝基苯

(2) 环己醇、环己酮、环己胺

(3) 对甲苯酚、苯甲酸、*N*,*N*-二甲苯胺和苯甲醛

14.14　在喹诺酮类抗生素氧氟沙星(Ofloxacin)的合成中，最后三步都是苯环上的氟原子被取代，说明其反应过程。

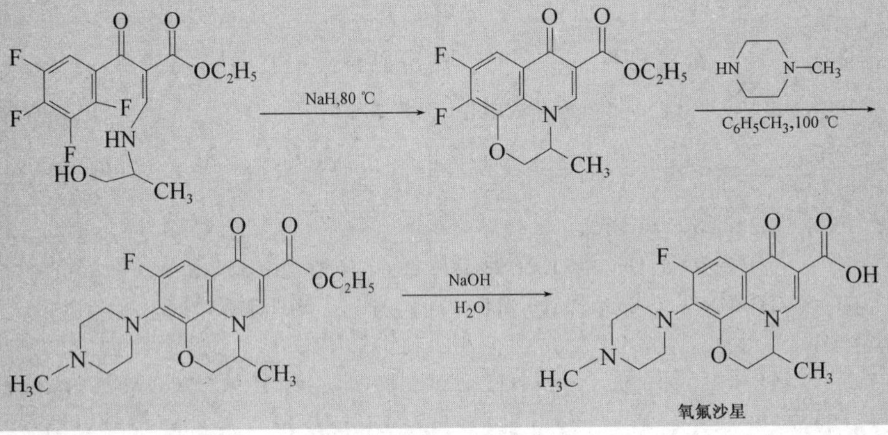

氧氟沙星

第十五章　芳杂环化合物

在环状化合物中，组成环的原子除碳原子以外，还有氧、硫、氮等其他杂原子的化合物，叫作杂环化合物(heterocyclic compound)。

前面各章学过环氧乙烷、顺丁烯二酸酐、γ-丁内酯、己内酰胺等都是杂环化合物，但它们没有芳性，其性质与相应的开链脂肪族化合物相似。本章讨论的杂环化合物具有不同程度的芳性，因而叫作芳杂环化合物(aromatic heterocyclic compound)。

芳杂环化合物广泛存在于自然界并且具有重要的生理功能，例如叶绿素、血红素、核酸、生物碱、维生素等分子中都含有芳杂环。同时许多临床上使用的药物以及兽药、农药等也含有芳杂环。因此芳杂环化合物具有十分重要的地位。

§15.1　杂环化合物的命名

一、杂环化合物的俗名

由于历史的原因，常见的五元和六元杂环母体氢化物较多采用俗名。

我国采用音译的方法，应用同音汉字加“口”字旁命名。

1. 杂环化合物的母环的编号规则

(1) 以杂原子作为编号的起点，杂原子的编号为 1。也可以用希腊字母编号，靠近杂原子的碳原子为 α 位，其次为 β 和 γ。例如：

噻吩(thiophene)　　吡啶(pyridine)

(2) 如有两个或两个以上相同的杂原子，要使连有氢原子或取代基的杂原子的编号为 1，并使其余杂原子的编号尽可能小。例如：

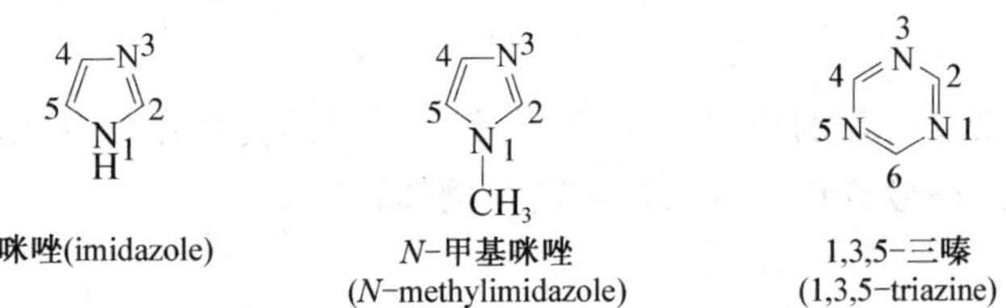

咪唑(imidazole)　　N-甲基咪唑(N-methylimidazole)　　1,3,5-三嗪(1,3,5-triazine)

五元含氮杂环的后缀为唑(azole)，六元含氮杂环的后缀为嗪(azine)。

(3) 含有不同杂原子时，按 O、S 和 N 的先后顺序(高低位顺序)编号。例如：

1,3-噻唑(1,3-thiazole)　　1,3-噁唑(1,3-oxazole)

“噻”表示“硫杂”(thio),“噁”表示“氧杂”(oxa)

(4) 有特定名称的稠杂环母环,按稠环芳环的规则编号。例如:

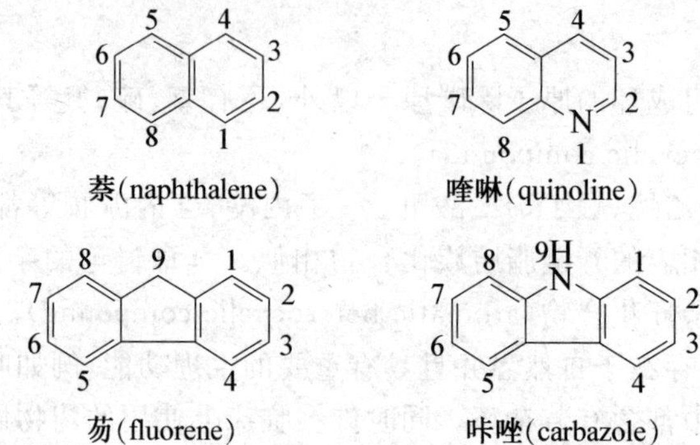

萘(naphthalene)　　喹啉(quinoline)

芴(fluorene)　　咔唑(carbazole)

但要注意有许多例外,要记住特定的编号顺序。例如:

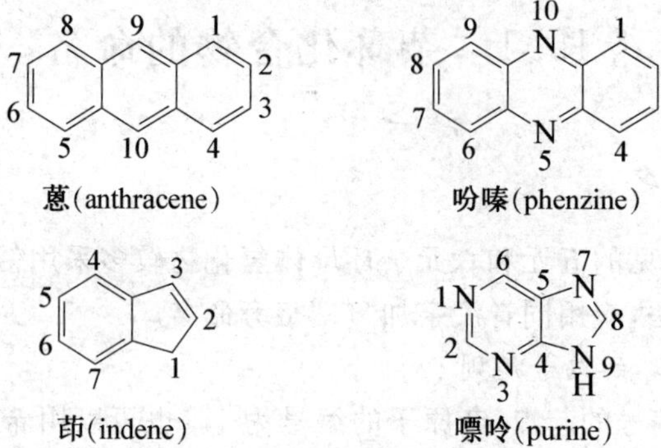

蒽(anthracene)　　吩嗪(phenzine)

茚(indene)　　嘌呤(purine)

(5) 某些母环与特定的母环仅杂原子的位置不同,常在特定母环名前加“异”字表示,编号不变。例如:

异喹啉(isoquinoline)　　异噁唑(isoxazole)

2. 标氢

与上面基本芳杂环中氢的位置不相同,或者由于母体衍生化后有氢的加入,命名时可用大写斜体“*H*”及位次编号放在杂环名称之前。例如:

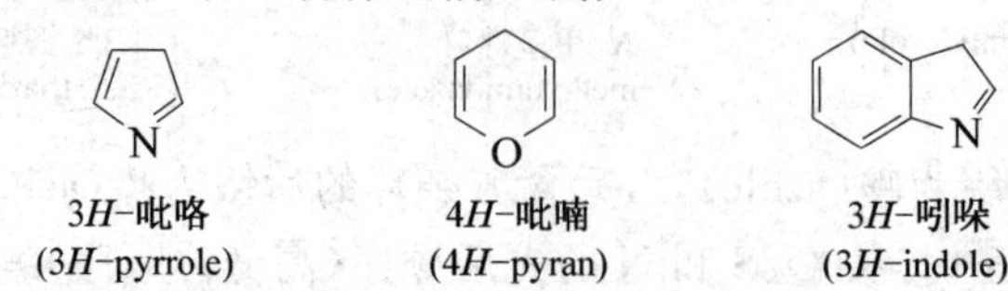

3*H*-吡咯 (3*H*-pyrrole)　　4*H*-吡喃 (4*H*-pyran)　　3*H*-吲哚 (3*H*-indole)

二、Hantzsch - Widman 杂环命名系统

除了俗名外，在英文命名中采用扩展的 Hantzsch - Widman 杂环命名系统命名。为了杂环化合物命名的系统化和中英文命名间的方便转换，《命名原则》提出除了保留嗪(- azine)、唑(- azole)等后缀名称外，建议优先采用"环某熳(发音 màn)"作为 Hantzsch - Widman 杂环系统中文命名不饱和杂环的后缀。(所谓熳环(英文 mancude)是指含最大非积累双键数的不饱和环)。环的大小用天干表示。命名时在"环某熳"前加上杂原子的名称和位次。命名饱和杂环时，后缀仍为"烷"，环上杂原子用前缀氧杂(oxa)、硫杂(thia)、氮杂(aza)表示。例如氮杂环丙烷，1,3 -氧氮杂环戊烷。环上原子的编号和杂原子前缀按 O、S、N 高低位顺序列出。例如：

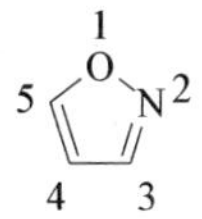

1,2-噁唑(1,2-oxazole)
1,2-氧氮杂环戊熳

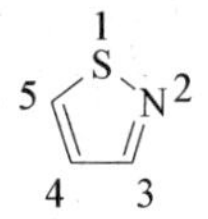

1,2-噻唑(1,2-thiazole)
1,2-硫氮杂环戊熳

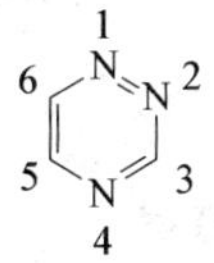

1,2,4-三嗪(1,2,4-triazine)
1,2,4-三氮杂环己熳

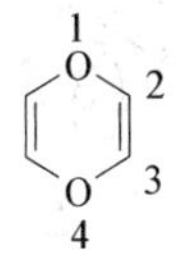

1,4 -二氧杂环己熳
(1,4 - dioxine)

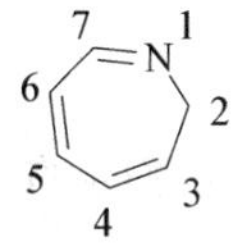

2*H* -氮杂环庚熳
(2*H* - azepine)
(曾用名：氮杂䓬)

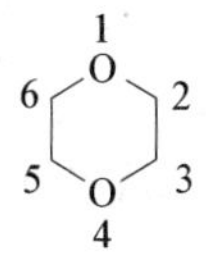

1,4 -二噁烷(1,4 - dioxane)
1,4 -二氧杂环己烷
(1,4 - dioxacyclohexane)

中文 Hantzsch - Widman 杂环命名系统的后缀见附录六。杂环化合物的命名比较复杂，可阅读《有机化合物命名原则》科学出版社，2018.1，P49～P58。

§15.2　含一个杂原子的五元杂环

一、吡咯、呋喃和噻吩的结构

吡咯、呋喃、噻吩都是五元芳杂环化合物，它们具有相似的结构。环上的五个原子共平面且都是 sp^2 杂化，互相以 σ 键相连。碳原子的 p 轨道上各有一个电子，杂原子的 p 轨道上有两个电子，五个 p 轨道都垂直于环平面，它们在侧面互相重叠形成由五个原子和六个 π 电子组成的环状闭合共轭体系(图 15.1)。因此，吡咯、呋喃、噻吩都具有芳香性。

由于环中的杂原子以未共用电子对参与共轭，使环内碳原子上的电子云密度大于苯环，因而亲电取代反应比苯更容易进行。另一方面，由于杂原子的电负性都大于碳原子，因而 π

电子云的分布不像苯环那样均匀，芳香性比苯差。

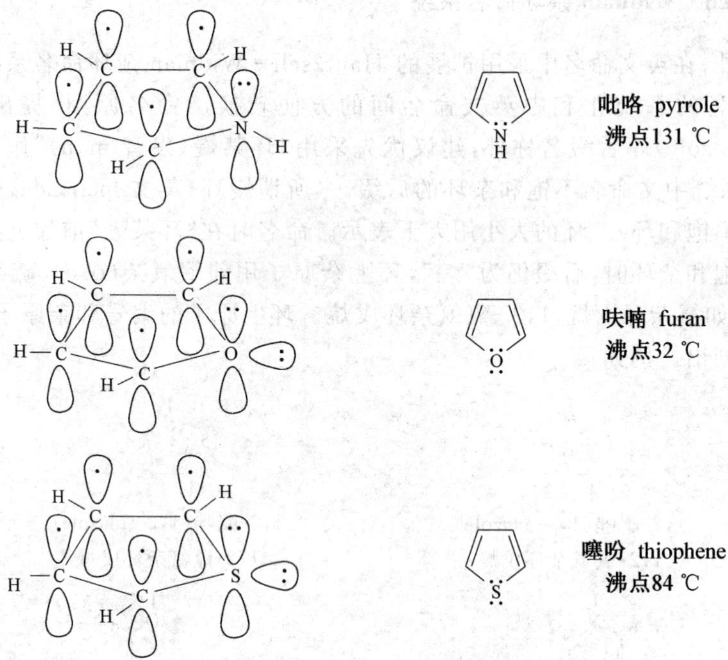

图 15.1 吡咯、呋喃、噻吩的分子轨道模型

二、吡咯、呋喃和噻吩的化学性质

1. 亲电取代反应

吡咯进行亲电取代反应的活性最大，类似苯酚，呋喃次之，噻吩的活性最小，但比苯容易，取代基主要进入电子云密度较大的 α-位。

（1）卤化

吡咯 $\xrightarrow{I_2,\ KI}$ 2,3,4,5-四碘吡咯

呋喃 $\xrightarrow[-40\ ℃]{Cl_2}$ 2-氯呋喃

噻吩 $\xrightarrow[CH_3COOH,\ 0\ ℃]{Br_2}$ 2-溴噻吩

（2）硝化

吡咯和呋喃在强酸作用下容易开环生成聚合物，噻吩用混酸硝化时反应太猛烈，因而硝化反应一般在低温和乙酐溶液中进行：

吡咯 $\xrightarrow[-10\ ℃]{HNO_3,\ (CH_3CO)_2O}$ 2-硝基吡咯

呋喃 $\xrightarrow[-50\ ℃]{HNO_3,\ (CH_3CO)_2O}$ 2-硝基呋喃

噻吩 $\xrightarrow[0\ ℃]{HNO_3,\ (CH_3CO)_2O}$ 2-硝基噻吩

(3) 磺化

吡咯和呋喃对强酸敏感，需用较缓和的磺化剂三氧化硫-吡啶进行磺化。

从煤焦油得到的苯常含有噻吩，利用噻吩在室温下与浓硫酸磺化反应的性质可除去苯中的噻吩。

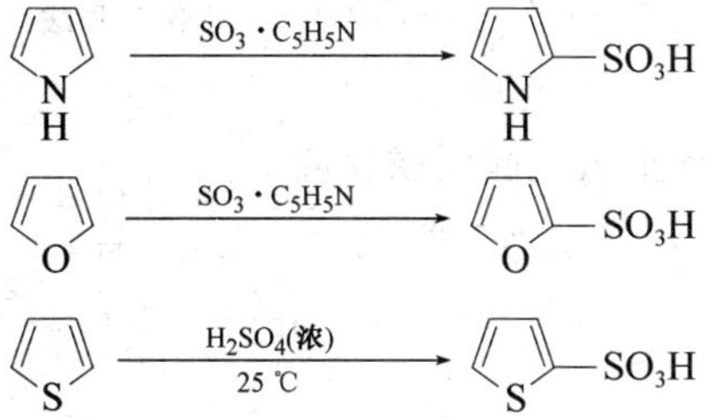

$SO_3 \cdot C_5H_5N$ → $-SO_3H$ 吡咯-2-磺酸

$SO_3 \cdot C_5H_5N$ → $-SO_3H$ 呋喃-2-磺酸

H_2SO_4(浓), 25 ℃ → $-SO_3H$ 噻吩-2-磺酸

(4) 傅-克酰基化反应

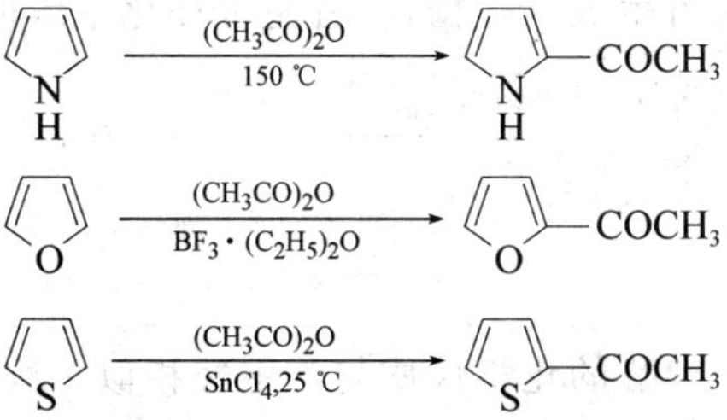

$(CH_3CO)_2O$, 150 ℃ → $-COCH_3$ 2-乙酰基吡咯

$(CH_3CO)_2O$, $BF_3 \cdot (C_2H_5)_2O$ → $-COCH_3$ 2-乙酰基呋喃

$(CH_3CO)_2O$, $SnCl_4$, 25 ℃ → $-COCH_3$ 2-乙酰基噻吩

吡咯的乙酰化首先在氮原子上进行，生成 *N*-乙酰吡咯，然后重排成 2-乙酰基吡咯。吡咯、噻吩、呋喃也能起傅-克烷基化反应，但产率低，选择性差。

2. 催化加氢

在催化剂存在下，吡咯、噻吩、呋喃都可以加氢：

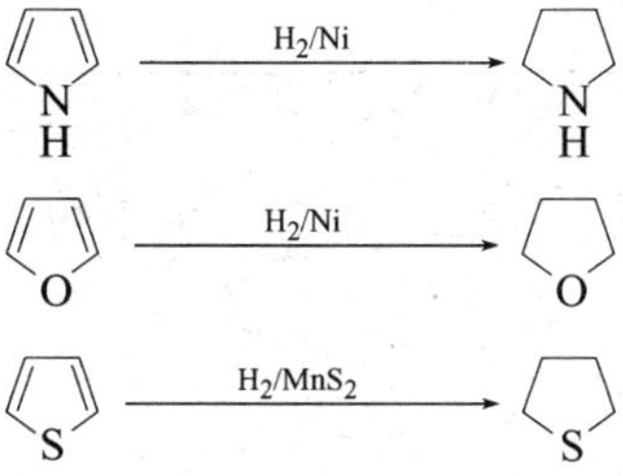

H_2/Ni → 四氢吡咯

H_2/Ni → 四氢呋喃(THF)

H_2/MnS_2 → 四氢噻吩

噻吩的加氢，用 Ni 作催化剂时，氢解脱硫生成丁烷。

3. 呋喃的共轭双烯性质

在呋喃中，由于氧的电负性较大，因而其芳香性比吡咯和噻吩差，具有共轭双烯的性质，可以与亲二烯体迅速起狄尔斯-阿尔德反应。

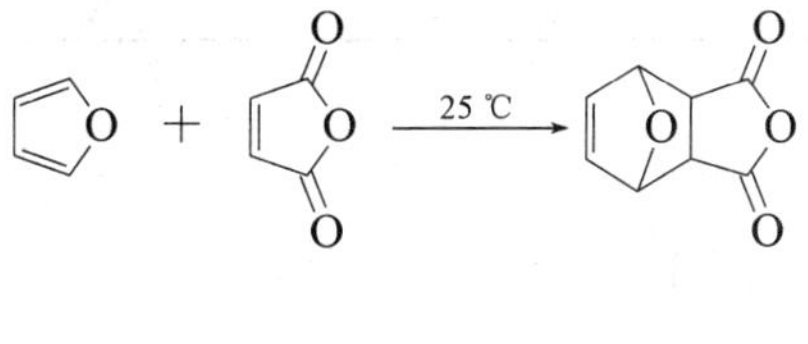

呋喃 + 马来酸酐 —25 ℃→ 加成产物

4. 吡咯的酸性

在吡咯中，由于氮的未共用电子对参加共轭，使氮原子上的电子云密度降低，因而吡咯中氮上的氢易于离解。吡咯的酸性($pK_a = 16.5$)与低级醇相当，与强碱作用可生成盐：

吡咯 $\xrightarrow[NH_3(l)]{NaNH_2}$ 吡咯钠

吡咯钠盐类似苯酚钠，可以与二氧化碳作用生成吡咯-2-甲酸：

吡咯钠 $\xrightarrow[②H_3O^{\oplus}]{①CO_2}$ 吡咯-2-甲酸

吡咯也可以像苯酚一样与芳香族重氮盐起偶联反应：

吡咯 + $C_6H_5\overset{\oplus}{N_2}Cl^{\ominus}$ $\xrightarrow{pH=7\sim9}$ 2-(苯偶氮基)吡咯

5. 糠醛的性质

α-呋喃甲醛是呋喃的重要衍生物，因最初由米糠制得，所以叫作糠醛。米糠、玉米秆、花生壳、棉籽皮等在稀酸作用下水解可生成戊醛糖，后者脱水环化生成糠醛：

戊醛糖 $\xrightarrow{-3H_2O}$ 糠醛

糠醛为无色液体，沸点 162 ℃。糠醛的化学性质与苯甲醛相似。例如，在浓碱溶液中糠醛能发生坎尼扎罗反应：

糠醛 furaldehyde $\xrightarrow{NaOH(浓)}$ 糠醇 furyl alcohol + 糠酸钠 sodium furoate

糠醛是重要的有机化工和医药工业原料。

问题 15.1 写出下列反应的主要产物。

(1) 2-苯基噻吩 $\xrightarrow{H_2SO_4(浓)}$

(2) 呋喃 + $CH_2=CH-CHO$ $\longrightarrow$

(3) 糠醛 + CH_3COCH_3 $\xrightarrow{NaOH(稀)}$

(4) 吡咯 + C_6H_5MgBr $\longrightarrow$

三、吲哚

吲哚由吡咯环与苯环稠合而成：

吲哚 indole

吲哚为无色晶体，熔点 52.5 ℃，沸点 254.0 ℃，气味极臭，但其稀溶液则有花香味，是化妆品的常用香料。吲哚和吡咯一样，也是弱酸，与强碱作用生成盐。吲哚也易起亲电取代反应，但与吡咯不同，取代基主要进入 β-位。例如：

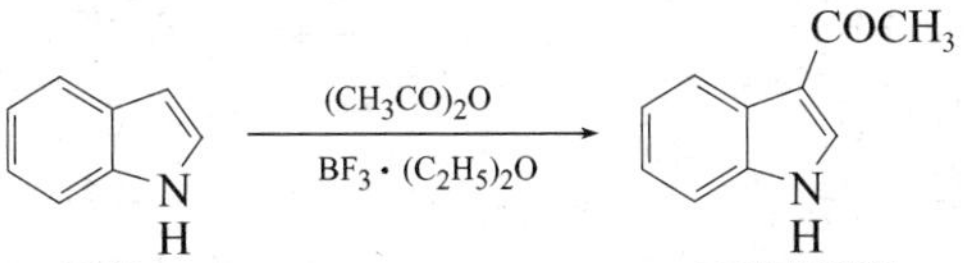

吲哚 $\xrightarrow[BF_3 \cdot (C_2H_5)_2O]{(CH_3CO)_2O}$ 3-乙酰基吲哚（$COCH_3$）

在强酸性溶液中，β-位接受一个质子而被钝化，亲电取代反应在 5-位进行。例如：

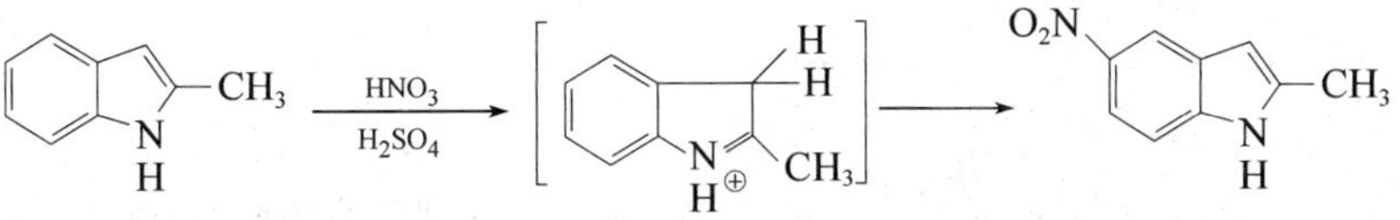

2-甲基吲哚（CH_3）$\xrightarrow[H_2SO_4]{HNO_3}$ [中间体（H, H, $N^{\oplus}$H, CH_3）] ⟶ 5-硝基-2-甲基吲哚（O_2N, CH_3）

问题 15.2　用共振式说明吡咯的亲电取代反应发生在 α-位，而吲哚发生在 β-位上。

吲哚-3-乙酸是一种植物生长调节剂，广泛存在于植物幼芽中，刺激植物生长，但浓度较高时则抑制植物的生长。色氨酸是人体必需的一种氨基酸。色胺和 5-羟基色胺是哺乳动物脑组织中与中枢神经系统功能有关的物质。吲哚环广泛存在于生物碱天然产物中，并且一些药物分子也含有吲哚环。

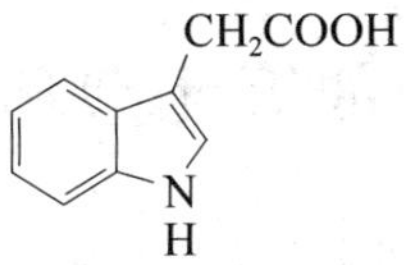

吲哚-3-乙酸（CH_2COOH）
indole -3- acetic acid

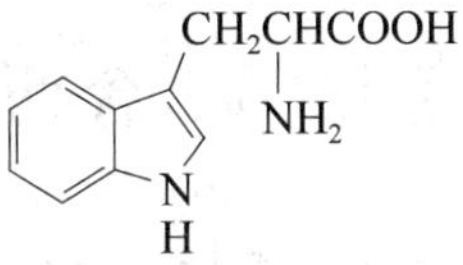

色氨酸（$CH_2CHCOOH$, NH_2）
tryptophan

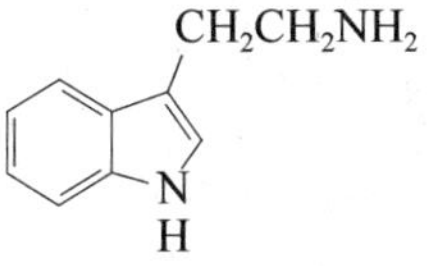

色胺（$CH_2CH_2NH_2$）
tryptamine

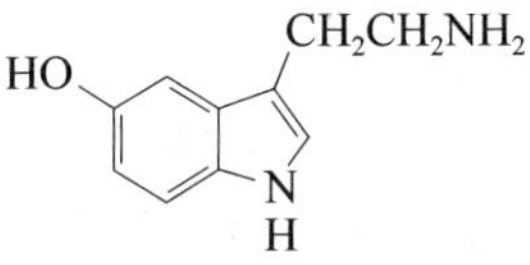

5-羟基色胺（HO, $CH_2CH_2NH_2$）
5- hydroxytryptamine

四、卟吩环衍生物

卟吩环是由四个吡咯环通过四个次甲基(—CH═)连接而成的大环共轭体系，具有芳香性，其核磁共振谱中 5-、10-、15-和 20-位质子的化学位移为 10 ppm，而氮原子上的质子则为-2～-5 ppm。

卟吩环中四个氮原子位置适当，可通过共价键或配位键与金属离子结合形成螯合物。与铁离子结合的为血红素，血红素与蛋白质结合为血红蛋白，后者存在于血红球中，在血液中担负运载氧气的任务。与镁离子结合的为叶绿素，它对植物的光合作用起催化作用。天然的叶绿素由叶绿素 a 和叶绿素 b 组成。

卟吩(porphine)　　血红素(hemin)

R=—CH_3　叶绿素a (chlorophyll a)

R=—CHO　叶绿素b (chlorophyll b)

§15.3　含两个杂原子的五元杂环

含两个杂原子的五元芳杂环化合物可以看作是吡咯、呋喃和噻吩中的一个—CH—基被 sp^2 杂化的 N 原子置换而生成的化合物，它们都与吡咯有关，因而统称为吡咯系(azoles)芳杂环化合物。

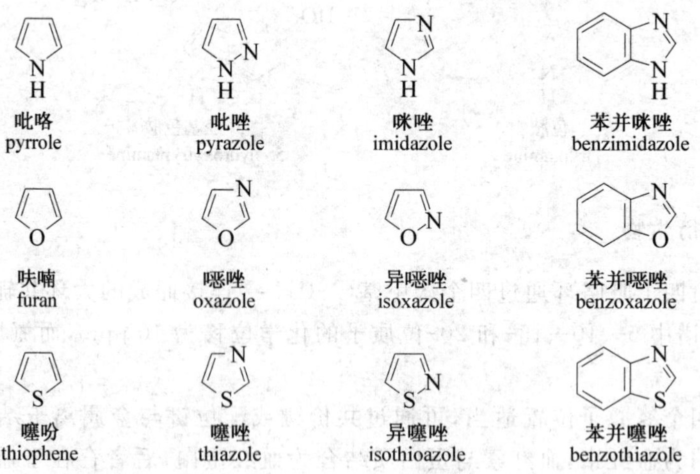

本节主要讨论咪唑和噻唑。

一、咪唑

1. 咪唑的结构

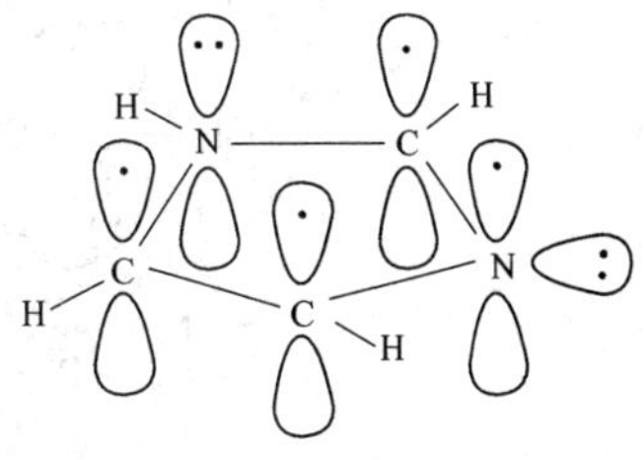

图 15.2 咪唑的分子轨道模型

与吡咯相比，咪唑分子中新增加一个 sp^2 氮原子，参加共轭的 p 轨道中只有一个电子，因而咪唑环也有芳性。新增加的氮原子上的未共用电子对处于环平面上的 sp^2 杂化轨道中，与环内的 π 电子不共轭，这样咪唑分子提供了接受质子的地方，因而咪唑是一个中等强度的碱。同时与吡咯相同的 N—H 键也能离解出质子，因而咪唑又是弱酸(图 15.2)。

2. 咪唑的性质

咪唑为结晶固体，熔点为 90 ℃，沸点 256 ℃，比相应的吡咯系杂环化合物高得多，这是由于咪唑可以通过氢键互相缔合的缘故。

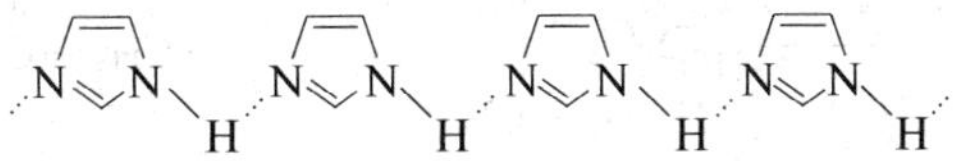

由于咪唑的共轭酸的 pK_a 值为 7.0，因而在生理条件下(pH=7.2)，咪唑的质子化状态和未质子化中性状态同时存在，使得存在于酶活性点的组氨酸残基咪唑环同时具有酸和碱的催化功能，在生命活动中起重要作用。

二、噻唑

噻唑的氮原子上易于烷基化生成噻唑正离子盐，由于正电荷分布于整个芳环上，因而噻唑正离子盐是稳定的。

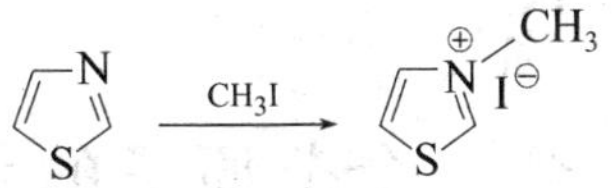

噻唑正离子盐具有弱酸性，在碱性溶液中形成内盐：

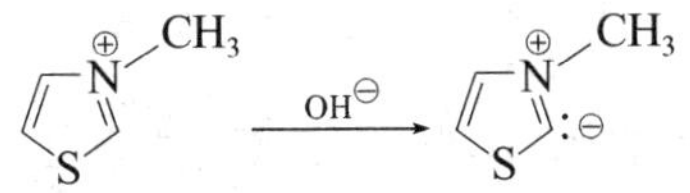

噻唑正离子盐存在于人体的硫胺素(VB_1)的焦磷酸酯辅酶(TPP)中。

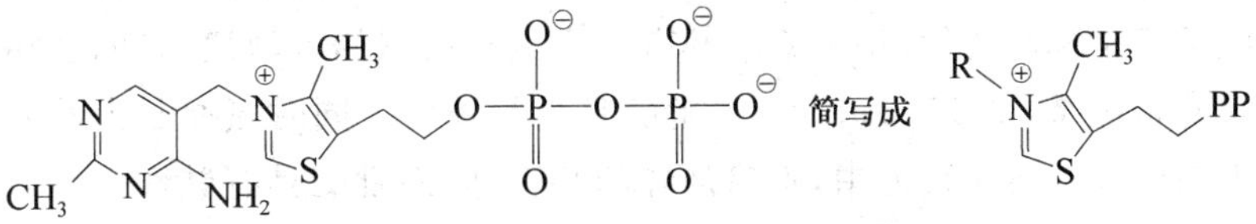

简写成

硫胺素焦磷酸酯(TPP)(thiamine pyrophosphate)

TPP 的作用体现了碳负离子的化学。噻唑内正离子盐可作为亲核试剂与羰基化合物起亲核加成反应。例如 TPP 与丙酮酸起亲核加成反应生成 TPP 乳酸，然后脱羧生成烯醇类化合物，后者又是一种较强的亲核试剂，称作“生物活性乙醛”，它能与羰基化合物加成。例如与乙醛反应生成乙偶姻。

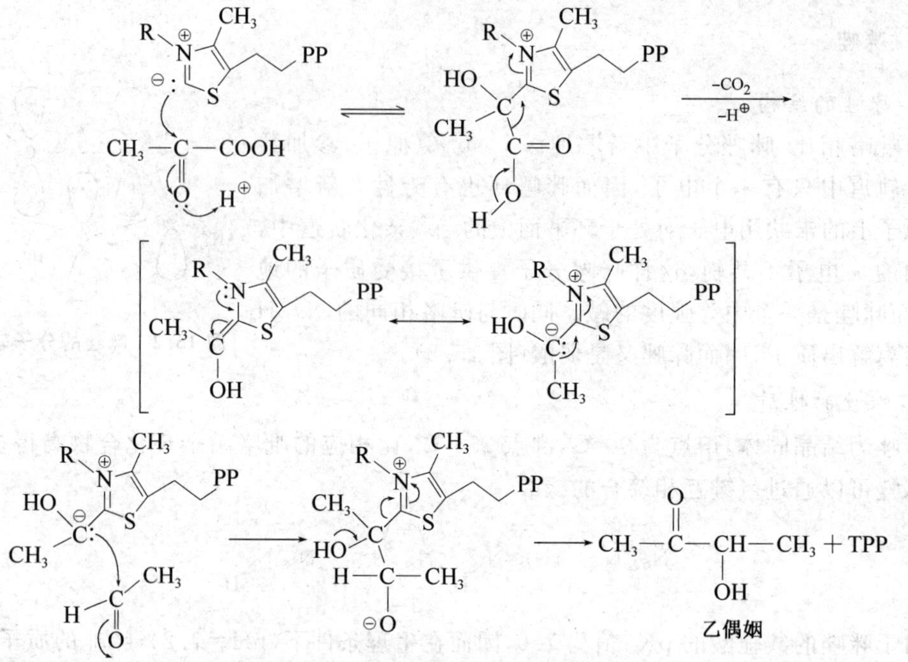

$$CH_3-\overset{\overset{O}{\|}}{C}-\underset{\underset{OH}{|}}{CH}-CH_3 + TPP$$

乙偶姻

可见，TPP 的作用类似氰离子(CN^-)催化安息香缩合反应(§10.7)，因此 TPP 又称为生物氰化物。

氰离子不能催化含 α-H 的脂肪醛的安息香缩合反应，但 N-烷基的噻唑盐能催化含 α-H的脂肪醛起安息香缩合反应。例如：

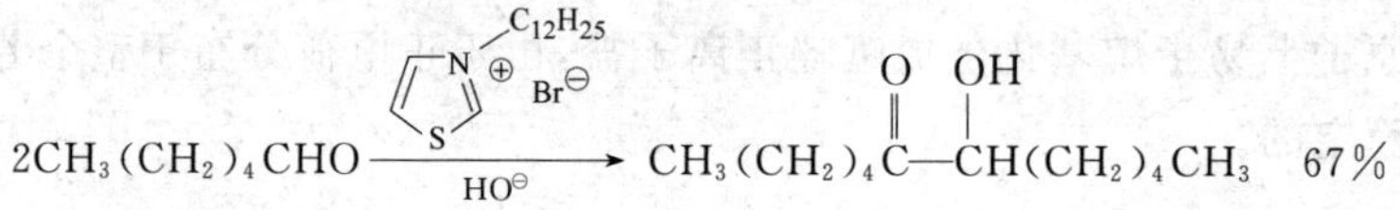

$$2CH_3(CH_2)_4CHO \xrightarrow[HO^{\ominus}]{\text{N-}C_{12}H_{25}\text{噻唑盐}\ Br^{\ominus}} CH_3(CH_2)_4\overset{\overset{O}{\|}}{C}-\overset{\overset{OH}{|}}{C}H(CH_2)_4CH_3 \quad 67\%$$

§15.4 含一个杂原子的六元杂环

一、吡啶的结构

吡啶是无色具有特殊臭味的液体，熔点 −42 ℃，沸点 115.5 ℃，与水混溶，极易吸收空气中的水分。吡啶从煤焦油中分离得到，是重要的有机合成原料。

吡啶可以看作一个氮原子置换苯分子中的一个—CH—而形成的化合物。吡啶环中的碳原子和氮原子都是 sp^2 杂化，每个原子都有一个电子占据的 p 轨道，它们互相平行在侧面重叠形成环状共轭体系(图 15.3)。因此，吡啶具有芳香性。同时氮原子上的未共用电子对处在与环共平面的 sp^2 杂化轨道中，不参加环的共轭，因而吡啶具有碱性。

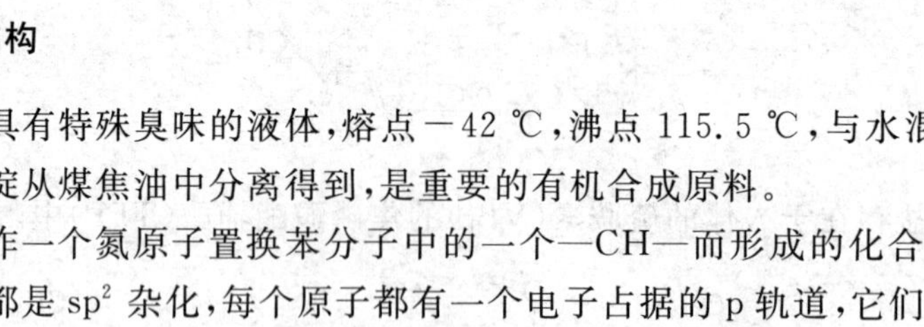

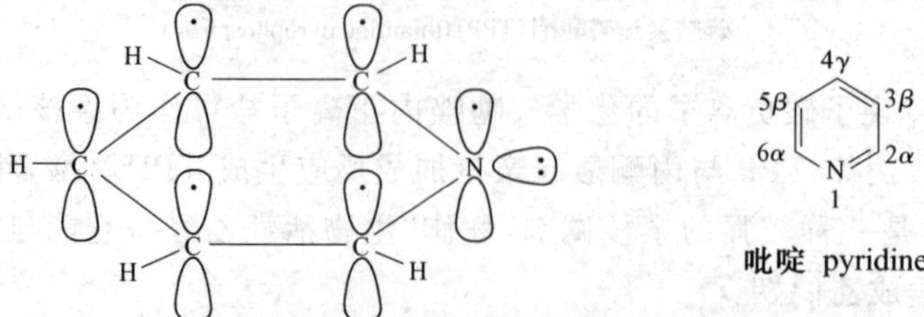

图 15.3 吡啶的分子轨道模型

二、吡啶的化学性质

1. 碱性

吡啶是弱碱，其碱性(共轭酸 $pK_a=5.23$)比脂肪族叔胺(如三甲胺 $pK_a=9.8$)弱，但比苯胺(共轭酸 $pK_a=4.7$)强。吡啶与强酸作用生成盐，与卤代烷作用生成季铵盐：

吡啶 $\xrightarrow{HCl}$ 吡啶盐酸盐（$C_5H_5NH^+Cl^-$）

吡啶 $\xrightarrow{C_{16}H_{33}Br}$ 溴化十六烷基吡啶（$C_5H_5N^+C_{16}H_{33}\ Br^-$）

吡啶和路易斯酸可生成配合物。例如：

吡啶 $\xrightarrow[25\ ℃]{SO_3}$ 吡啶-三氧化硫（$C_5H_5N^+-SO_3^-$）

吡啶-三氧化硫是一个温和的磺化剂，用来磺化对酸敏感的化合物，如呋喃和吡咯的磺化。

2. 亲电取代反应

由于氮原子吸电子效应的影响，吡啶进行亲电取代反应比苯难，取代基主要进入 β-位。因此吡啶的亲电取代反应与硝基苯相似。

吡啶的卤化、硝化、磺化都要在剧烈的条件下进行。吡啶和硝基苯一样，不起傅-克烃化和酰化反应。

吡啶 $\xrightarrow[\triangle]{Cl_2,\ AlCl_3}$ 3-氯吡啶（Cl）

吡啶 $\xrightarrow[300\ ℃]{HNO_3,\ H_2SO_4}$ 3-硝基吡啶（NO_2）

吡啶 $\xrightarrow[200\ ℃]{H_2SO_4(SO_3)}$ 3-吡啶磺酸（SO_3H）

3. 亲核取代反应

吡啶与强的亲核试剂起亲核取代反应，主要生成 α-取代产物。例如将吡啶和氨基钠共热，亲核性极强的氨基负离子取代 α-位的氢负离子，同时放出氢气，这一反应叫作齐齐巴宾(Chichibabin)反应。

吡啶 $+ NaNH_2 \longrightarrow$ 2-吡啶基-$\overset{\ominus}{N}HNa^{\oplus}$ $+ H_2$

2-吡啶基-$\overset{\ominus}{N}HNa^{\oplus}$ $+ H_2O \longrightarrow$ 2-吡啶基-NH_2 $+ NaOH$

2-氨基吡啶

与卤代硝基苯类似，吡啶环上的卤素也易被亲核试剂取代。

4. 氧化与还原

和苯环相似，吡啶环不易被氧化，侧链可被氧化成羧基。

$$\text{3-乙基吡啶}\xrightarrow[H^{\oplus}]{KMnO_4}\text{3-吡啶甲酸（COOH）}$$

烟酸
nicotinic acid

吡啶环比苯环易还原。例如：

$$\text{吡啶}\xrightarrow{Na,\ CH_3CH_2OH}\text{六氢吡啶}$$

哌啶（六氢吡啶）
piperidine

六氢吡啶是环状仲胺，性质与一般脂肪族仲胺相似。

问题 15.3 写出下列反应的产物。

(1) 3-(2-吡咯基)吡啶 $\xrightarrow{CH_3I}$

(2) 2-氯吡啶 $\xrightarrow[CH_3OH]{CH_3ONa}$

(3) 3-吡啶甲酰胺（$CONH_2$） $\xrightarrow[NaOH]{Cl_2}$

吡啶衍生物是生物体内重要的维生素如维生素 B_6、维生素 PP 等。许多药物结构中也含有吡啶环。

维生素 PP 和
维生素 B_6

三、喹啉和异喹啉

喹啉和异喹啉是由苯环和吡啶稠合而成：

喹啉
quinoline

异喹啉
isoquinoline

喹啉为无色液体，沸点 238 ℃。异喹啉为低熔点固体，熔点 26.5 ℃，沸点 243 ℃。喹啉和异喹啉存在于煤焦油中。

喹啉和异喹啉的性质与吡啶的性质相似，它们也是弱碱，能与强酸作用生成盐，也能起亲电和亲核取代反应。例如：

1. 亲电取代

喹啉 $\xrightarrow{HNO_3,H_2SO_4}$ 5-硝基喹啉（52%）+ 8-硝基喹啉（48%）

异喹啉 $\xrightarrow{HNO_3,H_2SO_4}$ 5-硝基异喹啉（90%）+ 8-硝基异喹啉（10%）

苯环上的电子云密度大于吡啶环，因而亲电取代主要发生在 5-位和 8-位，亲核取代反应则在吡啶环上进行。

2. 亲核取代

喹啉 $\xrightarrow[\triangle]{NaNH_2}$ 2-NHNa 喹啉 $\xrightarrow{H_2O}$ 2-NH_2 喹啉

异喹啉 $\xrightarrow[\triangle]{NaNH_2}$ 1-NHNa 异喹啉 $\xrightarrow{H_2O}$ 1-NH_2 异喹啉

3. 氧化和还原

喹啉和异喹啉能被强氧化剂氧化，氧化时苯环破裂，喹啉和异喹啉的吡啶环易被还原。

吡啶-2,3-二甲酸 $\xleftarrow{KMnO_4}$ 喹啉 $\xrightarrow{Na,C_2H_5OH}$ 四氢喹啉 $\xrightarrow{H_2/Ni}$ 十氢喹啉

喹啉环和异喹啉环是许多生物碱和合成药物的母体。

四、吡喃

吡喃有 α-吡喃（$2H$-吡喃）和 γ-吡喃（$4H$-吡喃）两种，无芳性，性质类似于烯醚。

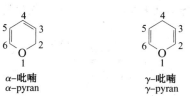

花青素和植物的颜色

α-吡喃　α-pyran　　γ-吡喃　γ-pyran

具有 2-或 3-苯基的色原酮结构的化合物分别叫做黄酮和异黄酮，它们的分子中都含有一个酮式羰基，其羰基衍生物一般呈黄色。

色原酮(chromone)
苯并-γ-吡喃酮

黄酮(flavone)
α-苯基苯并-γ-吡喃酮

异黄酮(isoflavone)
β-苯基苯并-γ-吡喃酮

色原酮、黄酮、异黄酮在强酸溶液中接受质子形成盐后,具有芳香性。

黄酮和异黄酮类化合物以糖苷的形式存在于植物中,它们也是许多药物的有效成分。例如银杏中的银杏双黄酮素:

银杏双黄酮素
(ginkgetin)

§15.5　含两个和两个以上氮杂原子的六元杂环

一、二嗪和三嗪

含两个或三个氮杂原子的六元杂环分别叫作二嗪(diazine)和三嗪(triazine)。

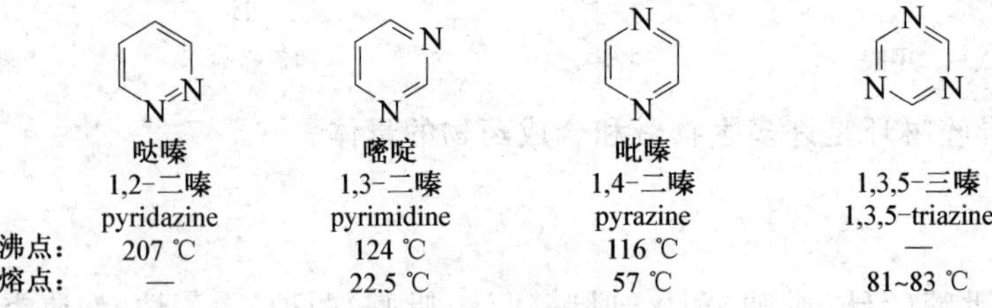

	哒嗪 1,2-二嗪 pyridazine	嘧啶 1,3-二嗪 pyrimidine	吡嗪 1,4-二嗪 pyrazine	1,3,5-三嗪 1,3,5-triazine
沸点:	207 ℃	124 ℃	116 ℃	—
熔点:	—	22.5 ℃	57 ℃	81~83 ℃

这些化合物都是弱碱,都有芳香性。由于氮杂原子吸电子的影响,环碳原子上的 π 电子云密度降低,只有环上有羟基、氨基等活化基时才能起亲电取代反应。例如:

$\xrightarrow[75\ ℃]{HNO_3}$

尿嘧啶　　　　5-硝基尿嘧啶

二、嘧啶和嘌呤的衍生物

嘧啶和咪唑环稠合而成的环叫作嘌呤。嘌呤为白色固体,熔点 216～217 ℃,易溶于水。

嘌呤与酸或碱作用都可以生成盐。

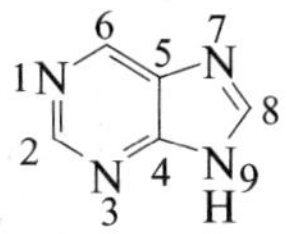

嘌呤
purine

嘧啶和嘌呤最重要的衍生物是

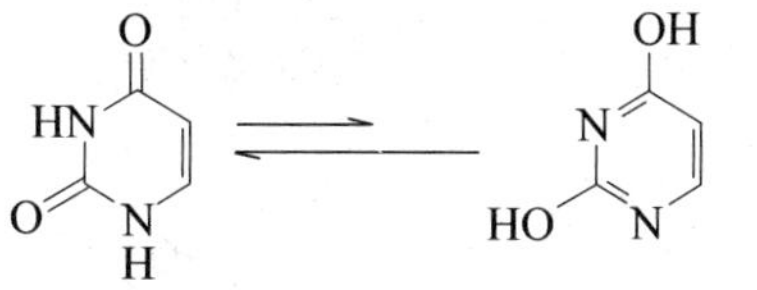

尿嘧啶
uracil(简写为U)

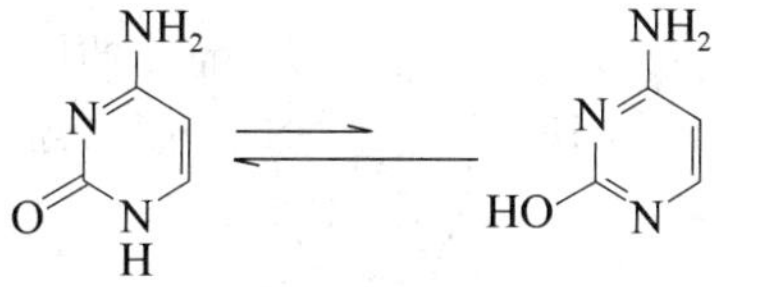

胞嘧啶
cytosine(简写为C)

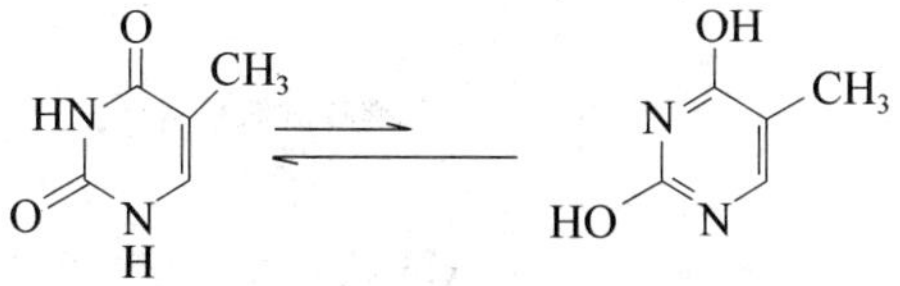

胸腺嘧啶
thymine(简写为T)

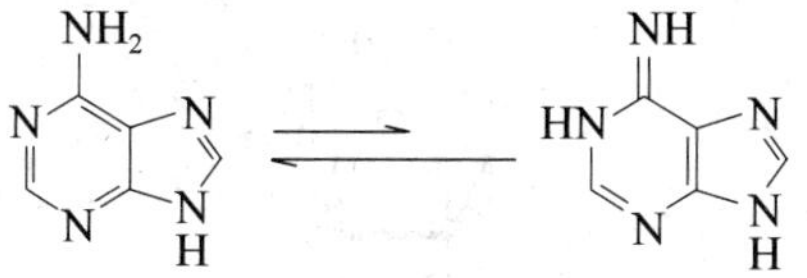

腺嘌呤
adenine(简写为A)

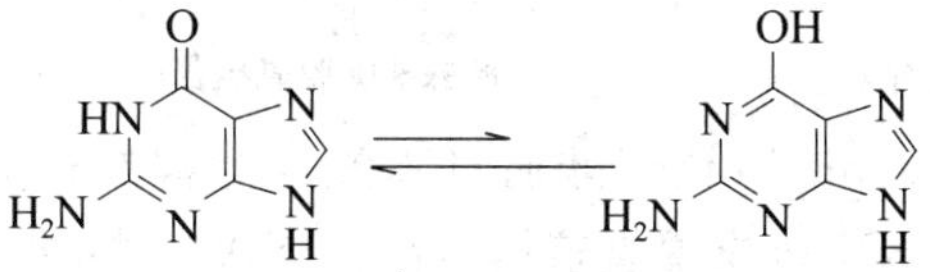

鸟嘌呤
guanine(简写为G)

上述嘌呤和嘧啶的衍生物，都有相当于酮式和烯醇式的互变异构体，在生理体系中主要以左边异构体的形式存在。它们存在于核酸中。核酸(nucleic acid)分两种：含有 *D*－核糖的核酸叫作核糖核酸(简称 RNA)，含有 *D*－2－脱氧核糖的核酸叫作脱氧核糖核酸(简称 DNA)。RNA 中含有腺嘌呤、鸟嘌呤、胞嘧啶和尿嘧啶，DNA 中含有腺嘌呤、鸟嘌呤、胞嘧啶和胸腺嘧啶。

核糖或脱氧核糖分子中的 C_1 上的羟基和嘧啶碱 N_1 或嘌呤碱 N_9 上的氢脱水后生成的糖苷称为核苷(nucleoside)。由于 RNA 和 DNA 中各含四种杂环碱基，所以它们各含有四种核苷。

RNA 中的四种核苷是

腺嘌呤核苷

鸟嘌呤核苷

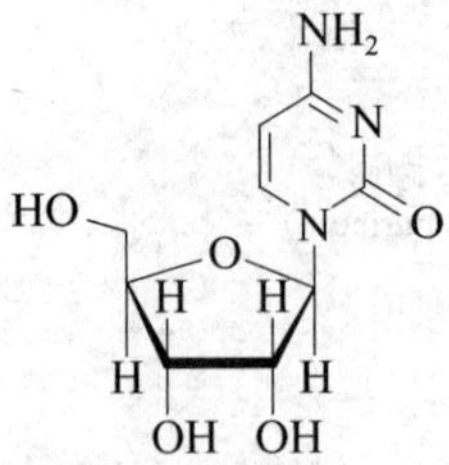

胞嘧啶核苷 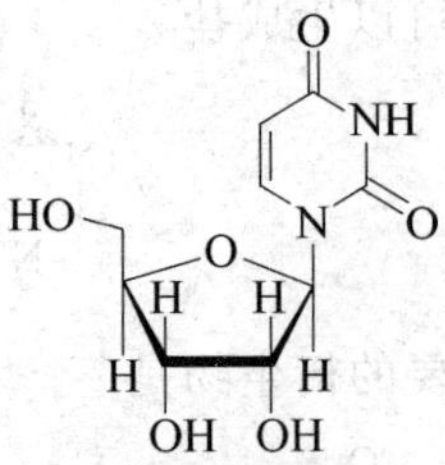 尿嘧啶核苷

DNA 中的四种核苷是

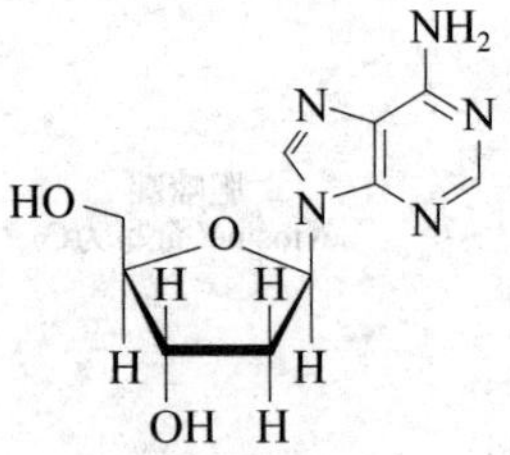

腺嘌呤脱氧核苷 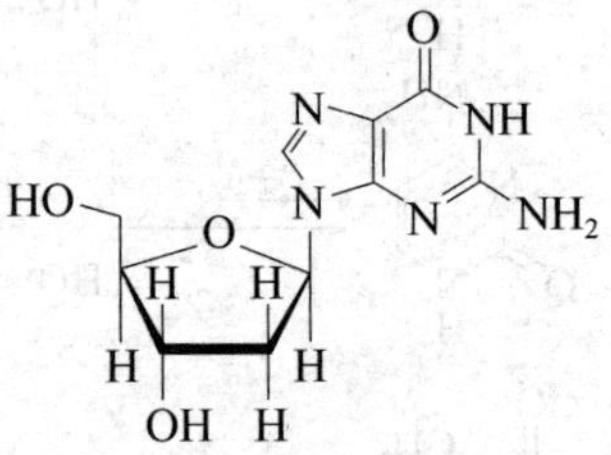 鸟嘌呤脱氧核苷

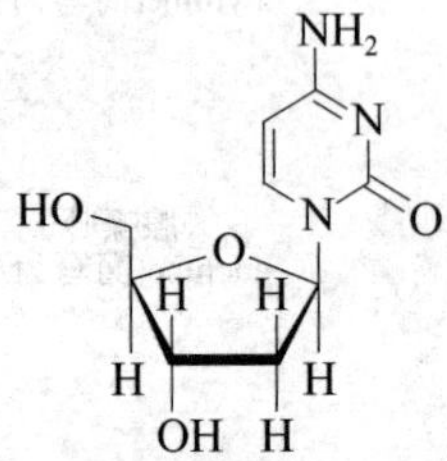

胞嘧啶脱氧核苷 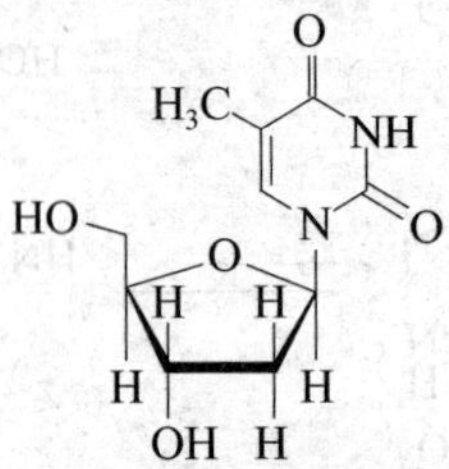 胸腺嘧啶脱氧核苷

核苷的磷酸酯称为核苷酸(nucleotide),核苷酸通过磷酸二酯键在核糖或脱氧核糖的3′—、5′—位上互相连接成核糖核酸(RNA)或脱氧核糖核酸(DNA)。核酸分子中的核苷酸排列顺序称为核苷酸序列,由于核苷酸间的差别主要是碱基不同,因而又称为碱基序列。图15.4 是 RNA 和 DNA 链的一级结构示意图。

1953 年,沃森(Watson J. D.)和克里克(Crick F. H. C.)根据前人的 X 射线和化学分析结果,提出了著名的 DNA 右手双螺旋(double helix)结构模型,这是 DNA 分子在水溶液和生理条件下最稳定的结构。

根据双螺旋结构模型,DNA 分子由两条核苷酸链组成,它们沿着同一个轴从相反方向盘绕,形成右手双螺旋结构。碱基朝向内侧,其平面与中心轴垂直,亲水的脱氧核糖和磷酸基位于外侧。两条核苷酸链的碱基通过氢键互相配对,腺嘌呤(A)与胸腺嘧啶(T)通过两个氢键配对,鸟嘌呤(G)与胞嘧啶(C)通过三个氢键配对(图 15.5)。图15.6 是 DNA 双螺旋结构模型。

RNA　　DNA

图 15.4　DNA 和 RNA 链的一级结构示意图

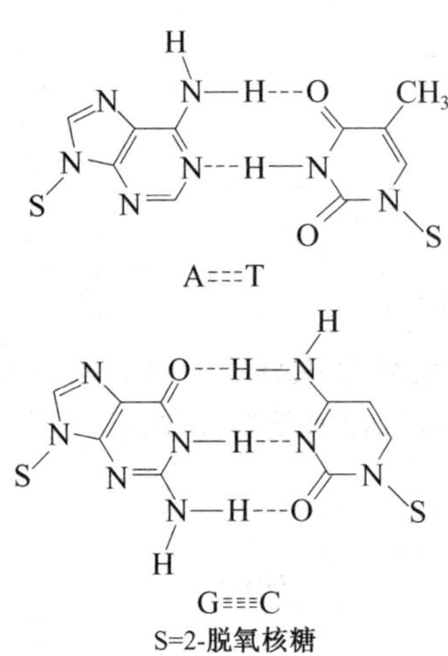

图 15.5　DNA 中碱基之间的氢键

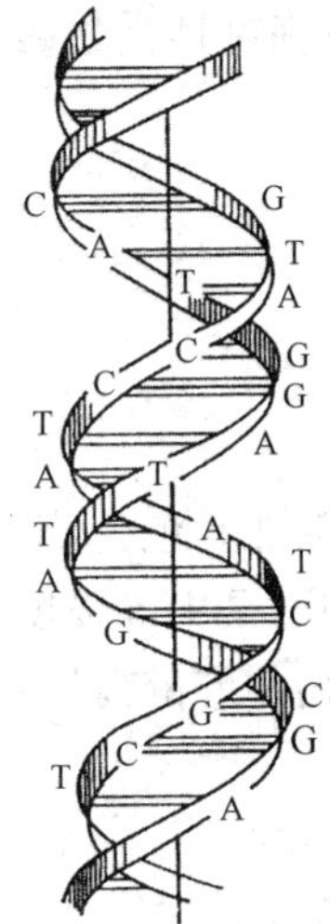

图 15.6　DNA 双螺旋结构模型

（横线表示碱基间的氢键，竖线表示中心轴）

DNA 中四种碱基的排列顺序代表遗传信息，通过 DNA 的复制，把遗传信息传给下一代。

大多数天然 RNA 以单链形式存在，但在单链的回折区域的碱基通过氢键互相配对，腺嘌呤(A)与尿嘧啶(U)通过两个氢键配对，鸟嘌呤(G)与胞嘧啶(C)通过三个氢键配对。

核酸的详细结构和功能将在生物化学课程中学习。

§15.6 生物碱

生物碱(alkaloid)是一类存在于生物体中含氮的碱性有机化合物。生物碱主要存在于植物中，因而也称为植物碱。

一、生物碱的一般性质

许多生物碱具有特殊的生理活性，具有镇咳、解热、止痛、抗癌等作用，是中药的有效成分。一些生物碱有较大的毒性，量小时是良好的药物，量大时能引起中毒甚至致死。

多数生物碱具有苦味，为无色结晶或非晶体。少数生物碱为液体，能用减压蒸馏的方法分离出来。生物碱分子常含有手性碳原子，具有旋光性，具有临床使用价值的多为左旋体。

游离的生物碱难溶于水，溶于甲苯、氯仿、丙酮、乙醇等有机溶剂。生物碱的盐大多溶于水和乙醇，难溶于甲苯、氯仿等有机溶剂。

二、生物碱的碱性

生物碱碱性的强弱与分子中氮原子的存在状态有关。例如小檗碱 berberine(黄连素)是季铵碱，因而是强碱性生物碱。

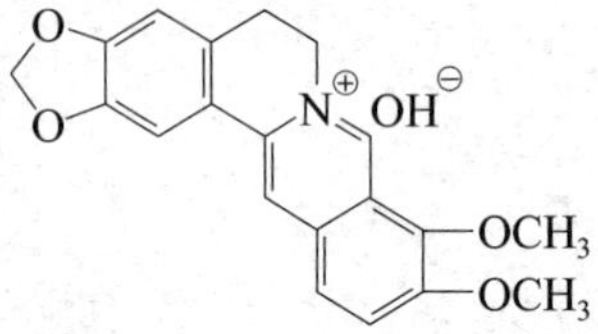

$\overset{\oplus}{N}$ $\overset{\ominus}{OH}$ $-OCH_3$ $-OCH_3$

小檗碱(消炎止痢) mp145 ℃

分别存在于颠茄和色公藤中的颠茄碱(hyoscyamine)和色公藤碱分子中含有脂肪族叔胺和仲胺结构，因而是中等强度碱性的生物碱。颠茄硫酸盐具有镇痛及解痉作用，用于治疗肠、胃绞痛，也常用作麻醉前用药及有机磷中毒的急救药。

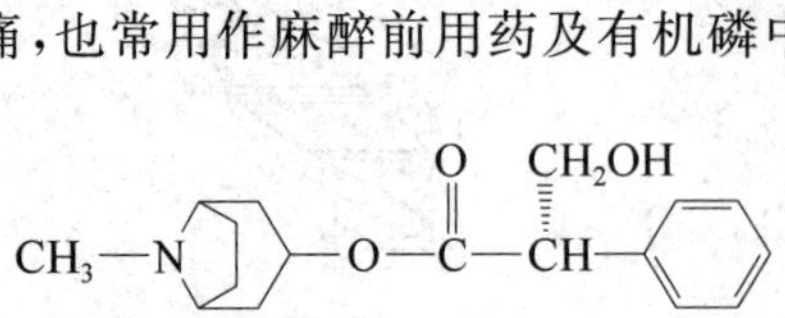

CH_3-N $-O-\overset{O}{\overset{\|}{C}}-\overset{CH_2OH}{CH}-C_6H_5$

颠茄碱(止痛镇痉) mp 109 ℃

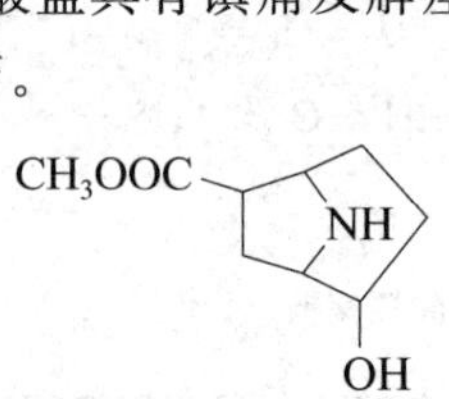

CH_3OOC NH OH

色公藤碱(具有缩瞳作用) mp 265 ℃

生物碱分子中的氮原子为芳香族仲胺(如吲哚)或酰胺，则为弱碱性或中性生物碱。如山慈菇中提取得到的秋水仙碱(colchicine)，用于治疗急性痛风性关节炎症。

秋水仙碱(抗风湿痛、抗癌) mp155～157 ℃

有些生物碱分子中除了含有碱性氮原子外，还含有酸性基团酚羟基。它们既能和酸成盐，也能和碱成盐，是两性生物碱，例如来自罂粟的吗啡(morphine)、可待因(codeine)和海洛因(heroin)。前两者有强烈的镇痛镇咳作用，但容易成瘾，临床上一般只为解除癌症晚期病人的痛苦而使用。海洛因即二乙酰吗啡，其成瘾性是吗啡的五倍，是危害很大的毒品。

$R^1=R^2=H$　吗啡

$R^1=H, R^2=-OCH_3$　可待因

$R^1=R^2=-COCH_3$　海洛因

大多数生物碱与有机酸结合以盐的形式或与糖结合以糖苷的形式存在于植物中，因此从植物中提取有药用价值的生物碱，要根据生物碱的碱性大小、存在形式、在不同溶剂中的溶解度等选择适宜的方法分离纯化。

三、生物碱的结构

一些重要的生物碱在有机化学发展的初期就已经从植物中提取得到，但其结构的测定及合成工作却经过了漫长的年月。例如1805年就已经得到纯粹的吗啡，但吗啡的结构经过100多年(1952年)才完全确定。近代分析仪器(IR、UV、NMR、MS)的发展已大大缩短了确定生物碱及其他有机天然产物结构的时间，也促进了中药有效成分的研究。

生物碱分子结构中大多含有氮杂环，也有少数生物碱的氮原子不在环上，而在侧链上，例如麻黄碱。重要的生物碱按其结构举例如下。

1. 含吡咯或吡啶的衍生物

烟碱又名尼古丁(nicotine)，存在于烟草中，以苹果酸或柠檬酸盐的形式存在。游离的烟碱为无色能溶于水的液体，沸点246 ℃。有旋光性，天然存在的为左旋体。烟碱有剧毒，因而吸烟有害健康。少量烟碱对中枢神经有兴奋作用，大量时抑制中枢神经，使呼吸停止甚至死亡。

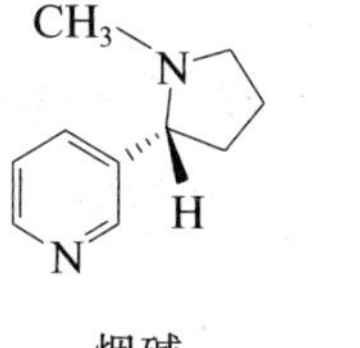

烟碱

吸烟有害健康

2．吲哚衍生物

利血平(reserpine)是从萝芙木中提取得到天然生物碱。弱碱性，左旋体。具有镇静和降血压作用。

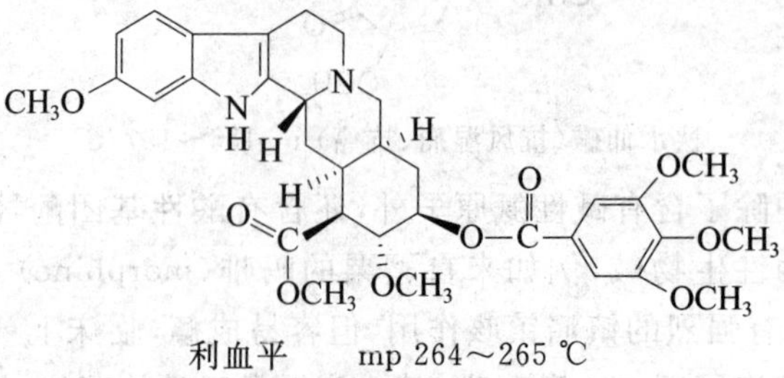

利血平 mp 264～265 ℃

3．喹啉和异喹啉衍生物

喹啉和异喹啉是许多生物碱的母体。奎宁(quinine)即金鸡纳碱，是传统的抗疟疾药物，开始时从南美的金鸡纳树皮中发现。第二次世界大战时，奎宁碱来源短缺，促进了对奎宁碱的结构和合成的研究。以奎宁碱结构为基础设计和筛选出来的最有效的抗疟药为扑疟喹啉(plasmoquine)和氯喹(chloroquine)。

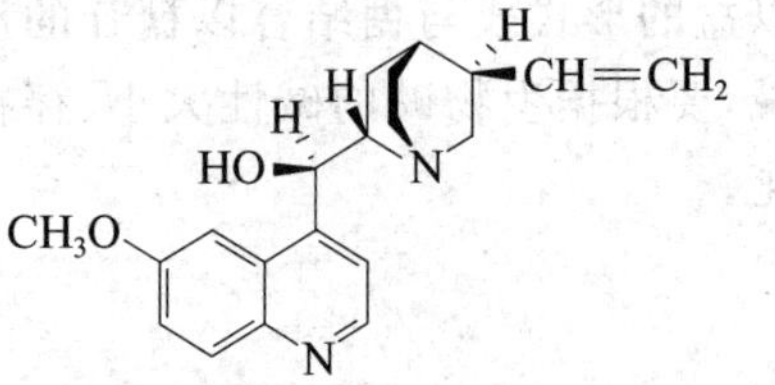

奎宁碱

扑疟喹啉

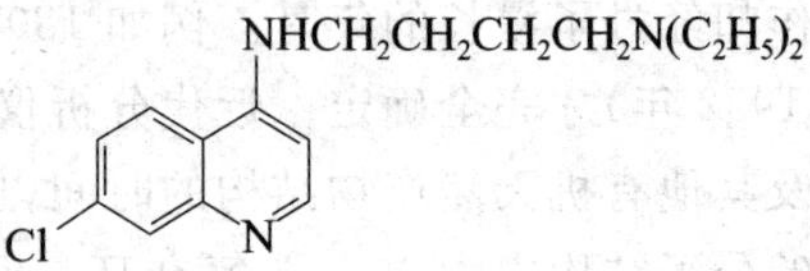

氯喹

喜树碱(camptothecin)是从我国喜树中提取得到的喹啉生物碱。喜树碱是一种抗癌药物，用于治疗肠癌、胃癌和白血病。

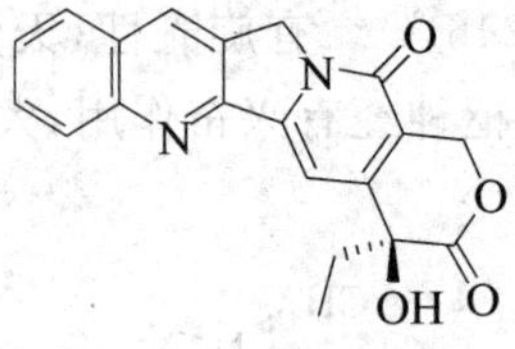

喜树碱 mp 264 ℃

为了提高抗癌效果和增加水溶性，已经合成其衍生物拓扑替康(topotecan)和依利替康(irinotecan)并应用于临床。

拓扑替康　　　　依利替康

4．嘌呤衍生物

从咖啡中提取得到的咖啡碱(caffeine)(1,3,7-三甲基黄嘌呤)和茶叶中提取得到的茶碱(theophylline)(1,3-二甲基黄嘌呤)都有兴奋中枢神经的作用。

咖啡碱　　　　茶碱

5．无环生物碱

麻黄碱(ephedrine)是氮原子在脂肪链上的生物碱，麻黄碱分子中有两个不相同的手性碳原子，应有四个旋光异构体，但从中药麻黄分离得到的麻黄碱主要是 D-(－)-麻黄碱和 L-(＋)-伪麻黄碱，其生理活性前者是后者的五倍。

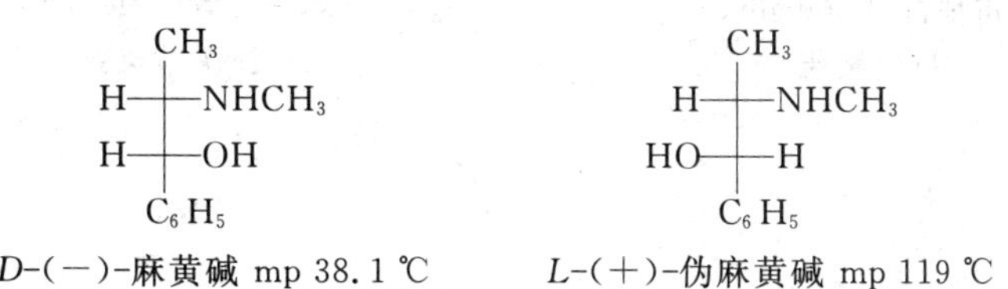

D-(－)-麻黄碱 mp 38.1 ℃　　L-(＋)-伪麻黄碱 mp 119 ℃

麻黄是镇咳、平喘、驱寒的中药。麻黄盐酸盐用于治疗低血压和支气管哮喘。

去氧麻黄碱(N-甲基-1-苯基丙-2-胺，MA)的盐酸盐为透明晶体，俗称“冰毒”。冰毒对人体的损害甚于海洛因，吸、食或注射 0.2 g 即可致死。去氧麻黄碱和苯丙胺的衍生物(MDMA 和 MDA)是致幻剂类毒品，是被称为“摇头丸”的主要成分，服用后使人产生幻觉，表现出摇头晃脑、手舞足蹈的疯狂行为，并且极易成瘾，0.5 g 可致死。因此“冰毒”和“摇头丸”是危害人类的毒品。

MA　　MDMA　　MDA

四、合成杂环类药物

人类不但能认识自然，而且善于改造自然。许多生物碱和天然产物有良好的药用价值，但有些毒性副作用大，或者来源十分有限，因此根据其结构进行构效关系的研究，设计合成出比天然的生物碱分子结构简单而疗效高，毒性小的药物。在不断改进和新创的药物中，大部分含有杂环结构。据统计，目前全球销售量前 180 个药物中 130 个是含 N、S、O 的杂环化合物。例如：

奥美拉唑(Omeprazole)
(洛塞克)抗溃疡药

阿托伐他汀(Atorvastatin)
(立普托)降血脂和降胆固醇药物

氯雷他汀(Loratadine)
抗过敏药

塞来考昔(Celecoxib)
抗关节炎药

氨氯地平(Amlodipine)
抗高血压药

达沙替尼(Dasatinib)
抗肿瘤药

利培酮(Risperidone)
抗精神病药

拉米夫定(Lamivudine)
抗病毒药

有机发光二极管(OLED)

不仅天然和人工合成的药物含有杂环结构，有机光电材料，例如有机电致发光二极管(OLED)的发光材料、电子和空穴传输材料等也含有各种杂环结构。

习　　题

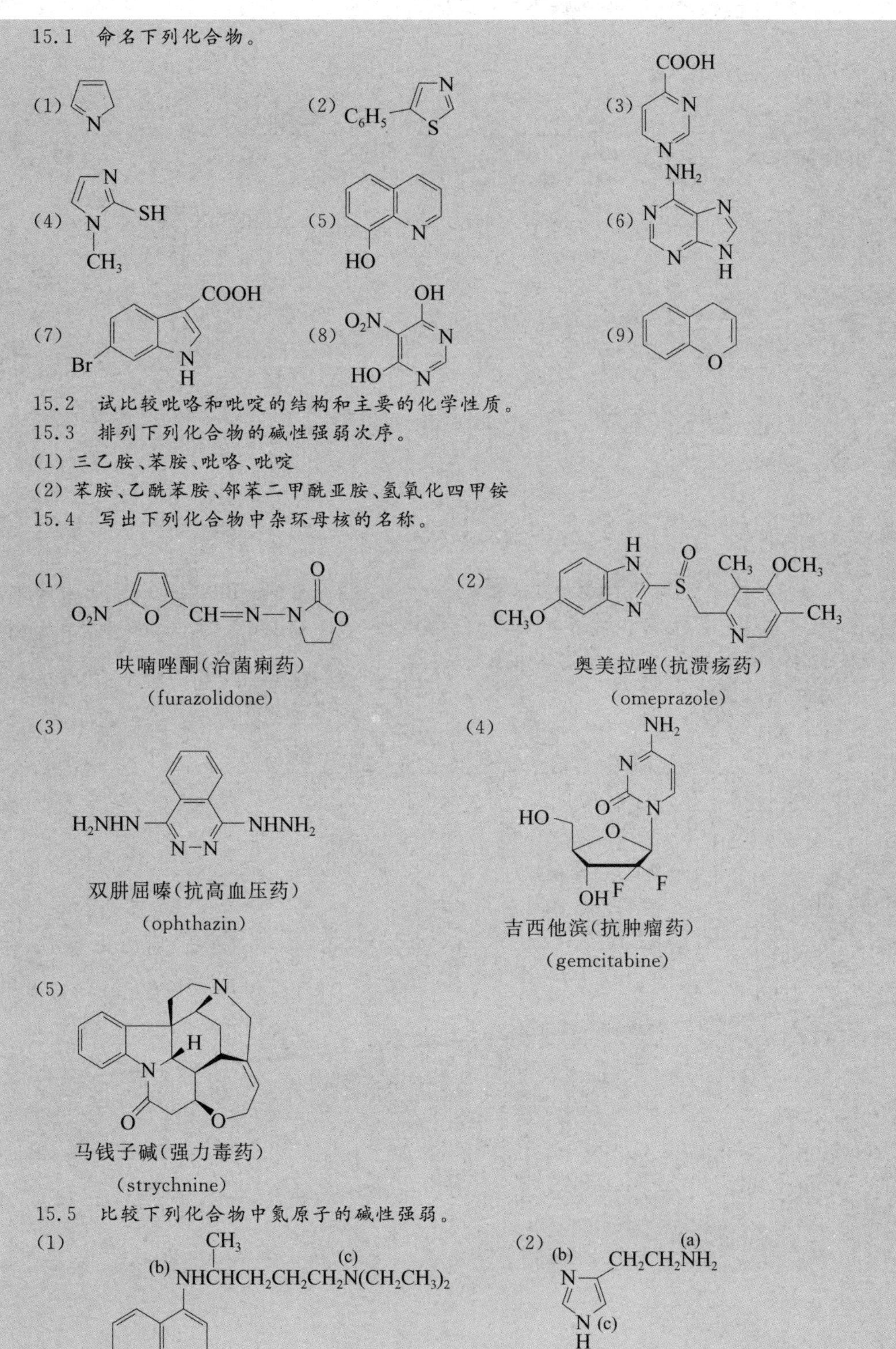

15.1　命名下列化合物。

15.2　试比较吡咯和吡啶的结构和主要的化学性质。

15.3　排列下列化合物的碱性强弱次序。

(1) 三乙胺、苯胺、吡咯、吡啶

(2) 苯胺、乙酰苯胺、邻苯二甲酰亚胺、氢氧化四甲铵

15.4　写出下列化合物中杂环母核的名称。

(1) 呋喃唑酮(治菌痢药)(furazolidone)

(2) 奥美拉唑(抗溃疡药)(omeprazole)

(3) 双肼屈嗪(抗高血压药)(ophthazin)

(4) 吉西他滨(抗肿瘤药)(gemcitabine)

(5) 马钱子碱(强力毒药)(strychnine)

15.5　比较下列化合物中氮原子的碱性强弱。

(3) CH_3NH(c)–C(=O)–O–（芳环）；H_3C；N(b)–CH_3；N(a)–CH_3

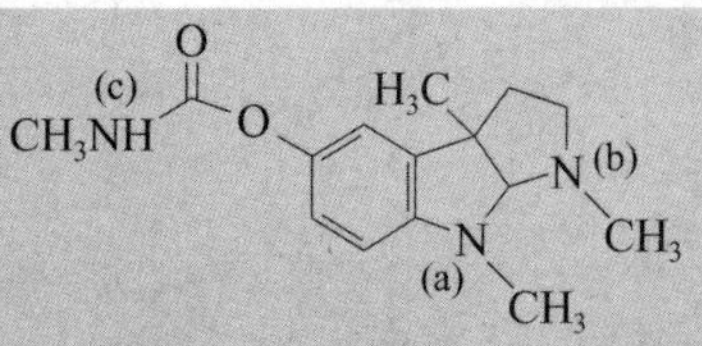

15.6 写出下列反应的产物。

(1) 2,6-二叔丁基吡啶 [$(CH_3)_3C$, N, $C(CH_3)_3$] $\xrightarrow{H_2SO_4(SO_3)}$ (2) 呋喃甲醛 (CHO) $\xrightarrow{浓\ NaOH}$

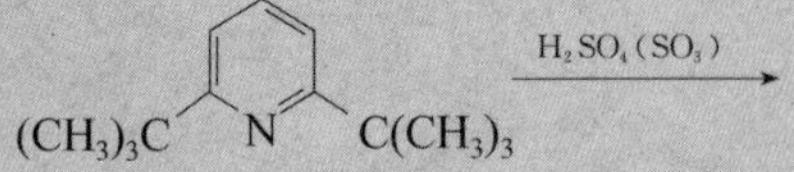

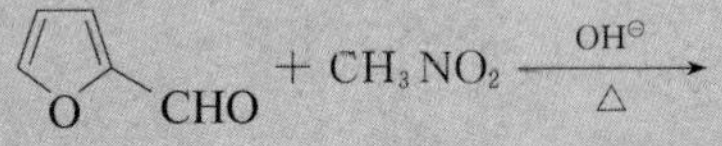

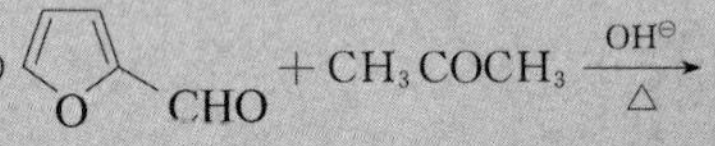

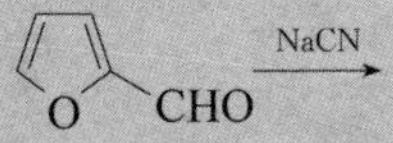

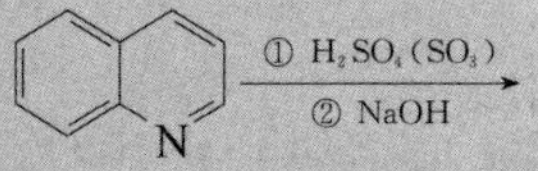

(3) 呋喃甲醛 (CHO) + CH_3NO_2 $\xrightarrow[\triangle]{OH^{\ominus}}$ (4) 呋喃甲醛 (CHO) + CH_3COCH_3 $\xrightarrow[\triangle]{OH^{\ominus}}$

(5) 呋喃甲醛 (CHO) $\xrightarrow{NaCN}$ (6) 噻吩 + 邻苯二甲酸酐 $\xrightarrow[②\ P_2O_5,\ -H_2O]{①\ AlCl_3}$

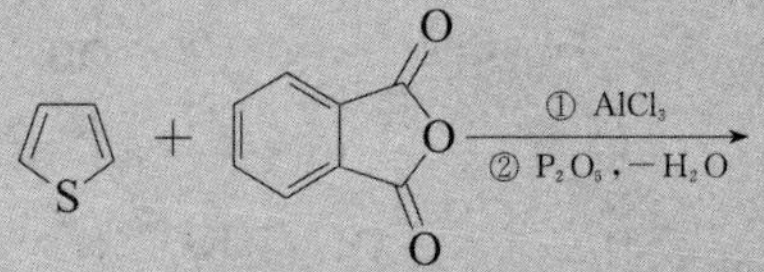

(7) 吡咯 (NH) $\xrightarrow{NaOH,CHCl_3}$ (8) 异喹啉 $\xrightarrow[②\ H_2O]{①\ KNH_2}$

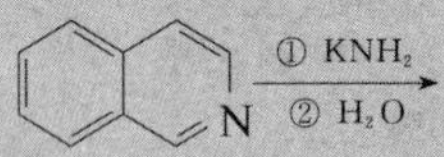

(9) 喹啉 $\xrightarrow[②\ NaOH]{①\ H_2SO_4(SO_3)}$ (10) 喹啉 $\xrightarrow[Fe]{Br_2}$

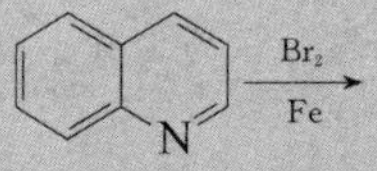

15.7 一含氧杂环的衍生物 A，在强酸性水溶液中加热反应得到化合物 B($C_6H_{10}O_2$)。B 与苯肼呈正反应，但不发生银镜反应。B 的 IR 谱在 1 715 cm^{-1} 有强吸收峰，^1H NMR谱上在 2.6 ppm 和 2.8 ppm 处有两个单峰，面积之比为 2∶3，写出化合物 A 和 B 的结构式。

15.8 写出 A～I 的结构式。

(1) 邻苯二胺 (NH_2, NH_2) $\xrightarrow[NaHCO_3]{CHO-CHO}$ 喹喔啉 $\xrightarrow[②\ H_3O^{\oplus}]{①\ KMnO_4}$ A $\xrightarrow{\triangle}$ B $\xrightarrow[H^{\oplus}]{C_2H_5OH}$ C $\xrightarrow{\triangle}$ D

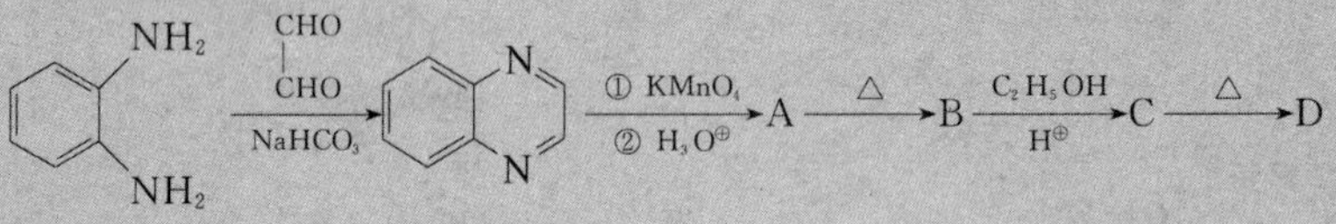

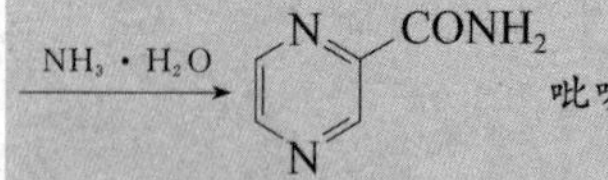

$\xrightarrow{NH_3 \cdot H_2O}$ 吡嗪-$CONH_2$ 吡嗪酰胺(抗结核药)

(2) 呋喃甲醛 (CHO) $\xrightarrow[NaOH,\ \triangle]{CH_3CHO}$ E $\xrightarrow[②\ H_3O^{\oplus}]{①\ AgOH}$ F $\xrightarrow[(CH_3CO)_2O]{HNO_3}$ G $\xrightarrow{PCl_5}$ H $\xrightarrow[0\ ℃]{(CH_3)_2CHNH_2}$ I 呋喃丙胺(抗吸血虫病药)

(3) 2,4-二氧代庚酸乙酯 (O, O, O) $\xrightarrow{NH_2NH_2 \cdot H_2O}$ A $\xrightarrow[②\ NaOH,H_2O]{①\ (CH_3)_2SO_4}$ B $\xrightarrow[②\ SOCl_2]{①\ HNO_3,H_2SO_4}$ C $\xrightarrow[②\ H_2,Pd/C]{①\ NH_3,H_2O}$ D

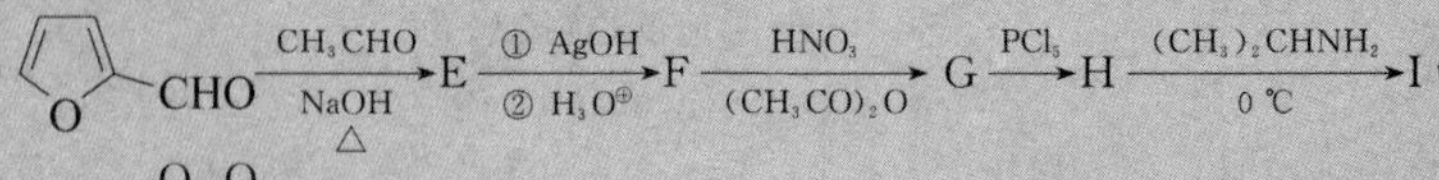

$\xrightarrow{邻-OCOC_2H_5-苯甲酰氯(COCl)}$ E $\xrightarrow[CH_3CH_2Br]{NaOH,H_2O}$ （产物：CH_3, O, HN, O, N, N, N）

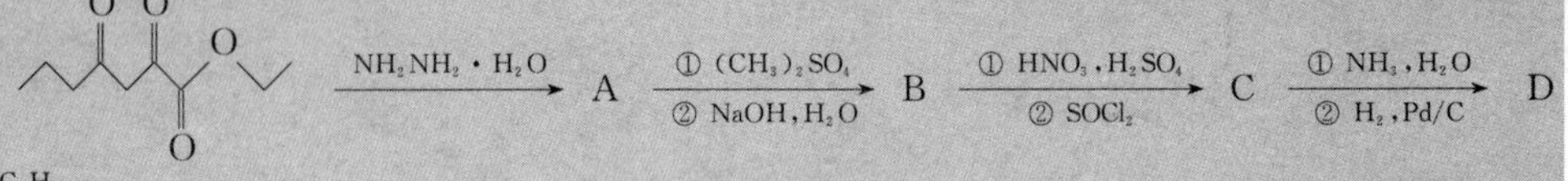

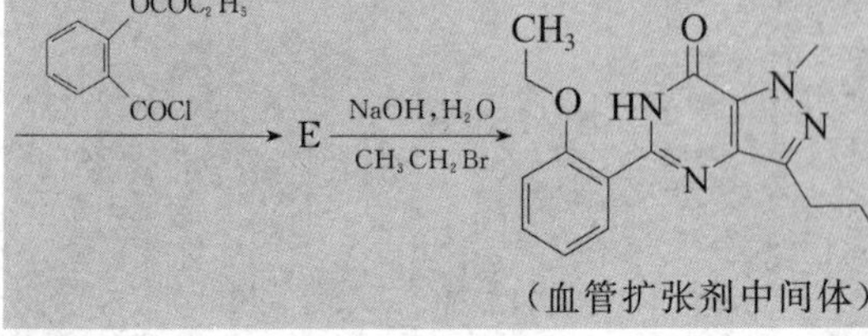

(血管扩张剂中间体)

第十六章　碳水化合物

碳水化合物(carbohydrate)也叫作糖类(saccharide),是自然界中存在最多、分布最广的一类有机化合物。植物干重的80%～85%都是碳水化合物。从细菌到高等动物的机体中也都含有大量的碳水化合物。

碳水化合物是光合作用的产物。植物依靠吸收日光活化的叶绿素把空气中的二氧化碳和水转变成碳水化合物,同时释放氧气。

$$xCO_2 + yH_2O \xrightarrow[\text{叶绿素}]{\text{日光}} \underset{\text{碳水化合物}}{C_x(H_2O)_y} + xO_2$$

碳水化合物在生物体内的代谢中又被氧化成二氧化碳和水,同时释放出能量,满足生物体生命活动的需要。

$$C_x(H_2O)_y + xO_2 \longrightarrow xCO_2 + yH_2O + \text{能量}$$

除了为生命活动提供能量外,碳水化合物在生物体内也以直接或间接的方式转变成生物体的蛋白质、核酸、脂肪以及各种生物分子的碳架,因此碳水化合物是人类和动植物维持生命不可缺少的一类化合物。

大多数碳水化合物的组成符合通式 $C_m(H_2O)_n$。由于以前不知道它们的结构,把它们看作是碳的水合物,因而产生了碳水化合物的名称。从结构特点来看,碳水化合物是多羟基醛、酮或其缩聚物。碳水化合物根据其是否水解以及水解后生成分子的多少分成三类:① 单糖(monosaccharide)是不能水解的多羟基醛酮,例如葡萄糖、果糖等;② 水解时生成2～10个分子单糖的化合物叫作低聚糖(oligosaccharide),例如麦芽糖、蔗糖等;③ 水解时生成10个以上分子单糖的化合物叫作多糖(polysaccharide),例如纤维素、淀粉等。

碳水化合物一般使用俗名,通常与其来源有关。例如蔗糖来自甘蔗,果糖来自水果,核糖来自核酸中的糖基,等等。

§16.1　单糖的结构

单糖可以根据分子中所含的羰基分为醛糖(aldose)和酮糖(ketose)两类,再按分子中含碳原子的数目叫作某醛糖或某酮糖。例如:

戊醛糖	戊酮糖	己醛糖	己酮糖
1 CHO	1 CH_2OH	1 CHO	1 CH_2OH
2 CHOH	2 C=O	2 CHOH	2 C=O
3 CHOH	3 CHOH	3 CHOH	3 CHOH
4 CHOH	4 CHOH	4 CHOH	4 CHOH
5 CH_2OH	5 CH_2OH	5 CHOH	5 CHOH
		6 CH_2OH	6 CH_2OH

相应的醛糖和酮糖是同分异构体。自然界中含五个或六个碳原子的单糖最为普遍。

写糖的结构时，一般采用费歇尔(Fischer)投影式将羰基写在上端，碳链的编号从醛基或靠近酮基的一端开始。

一、单糖的构型

单糖分子中都含有手性碳原子，都有对映异构体。如戊醛糖分子中有 3 个不相同的手性碳原子，所以有 8 个对映异构体；己醛糖有 4 个不相同的手性碳原子，所以有 16 个对映异构体。(+)-葡萄糖(glucose)是己醛糖 16 个异构体中的一种，系统化学名为：(2*R*,3*S*,4*R*,5*R*)-2,3,4,5,6-五羟基己醛。

单糖的构型用费歇尔投影式来表示。例如(+)-葡萄糖的构型可以表示为

```
    CHO            CHO            CHO          △
 H──┼──OH           ├─OH          ├─           ├─
HO──┼──H         HO─┤            ─┤           ─┤
 H──┼──OH     ═     ├─OH     ═    ├─     ═     ├─
 H──┼──OH           ├─OH          ├─           ├─
   CH2OH          CH2OH          CH2OH         ○
```

为了书写方便，手性碳原子上的氢可以省去，甚至羟基也可以省去，只用一短横线表示。有时也采用更简化的形式，用△代表 CHO，○代表 CH_2OH。

单糖的构型一般用 *D*/*L* 法标记。将单糖的构型式与甘油醛(glyceraldehyde)相比较，若编号最大的一个手性碳原子的构型与 *D*-(+)-甘油醛相同，则属于 *D* 型，若与 *L*-(−)-甘油醛的构型相同，则属于 *L* 型。例如：

```
                           CHO              CH2OH
                        H──┼──OH             CO
                       HO──┼──H          HO──┼──H
      CHO               H──┼──OH          H──┼──OH
   H──┼──OH             H──┼──OH          H──┼──OH
     CH2OH                CH2OH             CH2OH
```

D-(+)-甘油醛 　　*D*-(+)-葡萄糖 　　*D*-(−)-果糖

D-(+)-glyceraldehyde 　　D-(+)-glucose 　　D-(−)-fructose

己醛糖的 16 个异构体中，8 个是 *D* 型，8 个是 *L* 型。自然界中存在的糖绝大多数是 *D* 型的。

D 型的丁醛糖、戊醛糖和己醛糖的构型和名称见图 16.1。

二、单糖的环状结构

D-(+)-葡萄糖以不同的方式重结晶可以得到两种不同的晶体。在 50 ℃ 以下的水溶液中结晶得到 α-*D*-(+)-葡萄糖，熔点是 146 ℃，新配制的水溶液的比旋度$[\alpha]_D^{20}$是+113°，放置一段时间后，逐渐减小到+52.7°。在 98 ℃以上的水溶液中结晶得到 β-*D*-(+)-葡萄糖，熔点是 150 ℃，新配制的水溶液的比旋度$[\alpha]_D^{20}$是+17.5°，放置时逐渐增大到+52.7°。这种新配制的溶液，比旋度随着时间的变化，逐渐增大或减小，最终达到一个恒定数值，这种现象叫作变旋现象(mutarotation)。

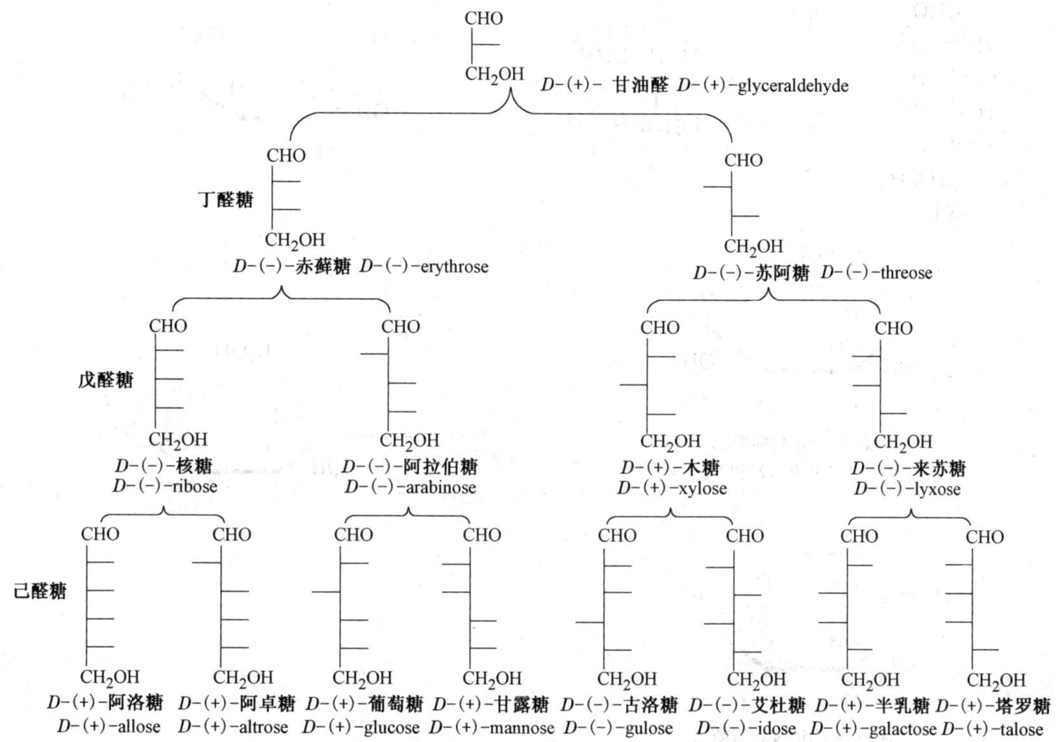

图 16.1　醛糖的 *D* 型异构体

X-衍射分析证明，*D*-(＋)-葡萄糖主要以六元环的环状半缩醛形式存在。由于 C_5 上的羟基与醛基作用生成环状半缩醛时，羟基可以从羰基平面的两侧进攻，结果生成构型相反的新的手性碳原子，而原来的其他手性碳原子构型不变。因此，*D*-(＋)-葡萄糖有两种环状的非对映异构体，分别用 α 和 β 表示。α 型和 β 型可以通过开链结构式互变，达到平衡时，α 型占 37%，β 型占 63%，开链结构式仅占 0.024%。可见，变旋现象就是两种环状非对映体通过开链结构式互变最终达到平衡的反映。

α-*D*-(＋)-葡萄糖　37%　$[\alpha]_D^{20}=+113°$　⇌　开链结构式 0.024%　⇌　β-*D*-(＋)-葡萄糖　63%　$[\alpha]_D^{20}=+17.5°$

达到平衡时 $[\alpha]_D^{20}=+52.7°$。

将开链结构式改写成环状结构式的过程如下：

***α*-*D*-(＋)-葡萄糖和 *β*-*D*-(＋)-葡萄糖的半缩醛结构**

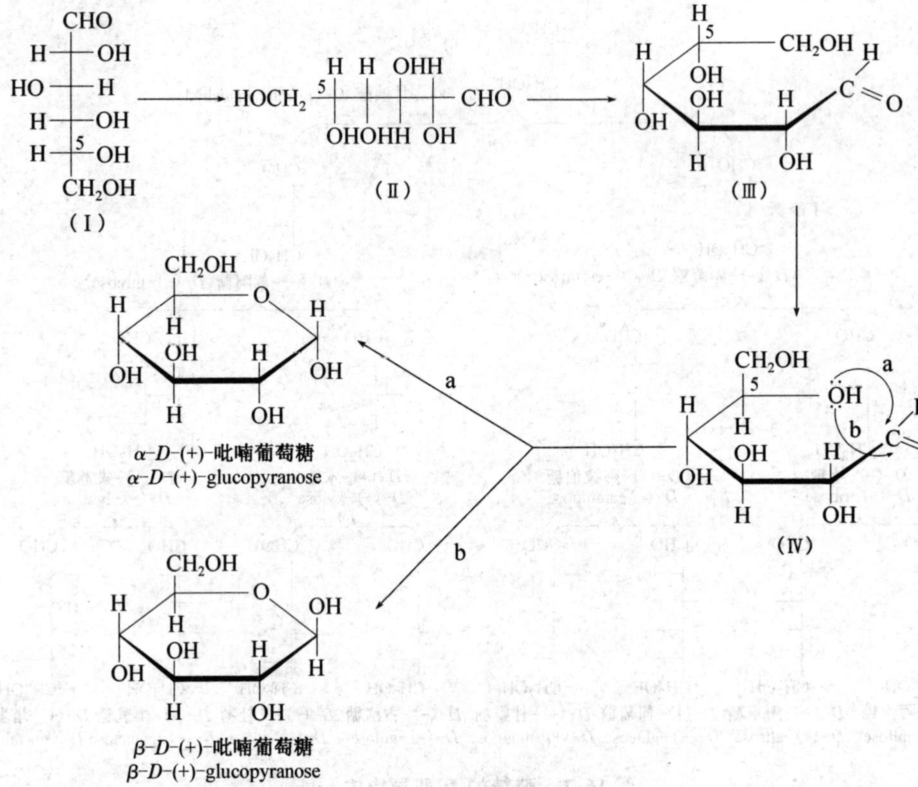

(Ⅰ) (Ⅱ) (Ⅲ)

α-D-(+)-吡喃葡萄糖
α-D-(+)-glucopyranose

(Ⅳ)

β-D-(+)-吡喃葡萄糖
β-D-(+)-glucopyranose

(1) 将开链结构式(Ⅰ)向右倒成水平状(Ⅱ)。

(2) 固定 C_1,将碳链在水平位置向后弯曲成(Ⅲ)式。

(3) 将 C_5 上 H、CH_2OH、OH 依次轮换(构型不变),改写成(Ⅳ)式。

(4) C_5 上的羟基分别从羰基平面的上方和下方进攻羰基碳,生成 α-D-(+)-葡萄糖和 β-D-(+)-葡萄糖。

这种环状结构式叫作哈武斯(Haworth)式。六元环半缩醛哈武斯式的结构类似于吡喃环,所以命名时冠以"吡喃"两字。在己醛糖的哈武斯式中,C_1 上的—OH 和 C_5 上的—CH_2OH在环的同一边时为 β-异构体,不在同一边时为 α-异构体。有时不需要指明 α 和 β,则把羟基写在环的平面上,甚至把 H 也省去。

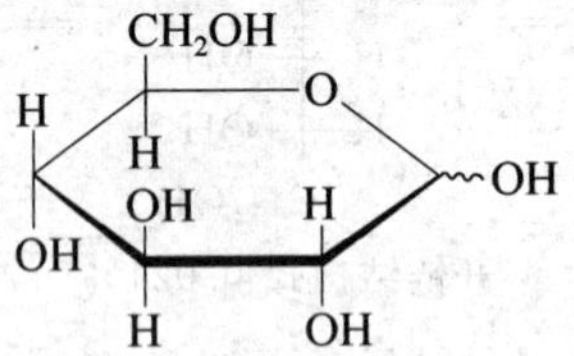

单糖分子中的半缩醛环并不都是六元环,也有是五元环的。例如 D-(—)-果糖、D-核糖(ribose)和 2-脱氧-D-核糖(deoxyribose)一般以五元环状半缩醛形式存在:

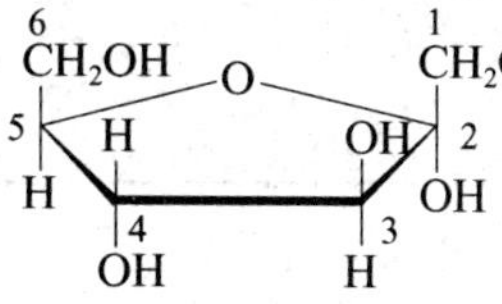

α-D-呋喃果糖
α-D-fructofuranose

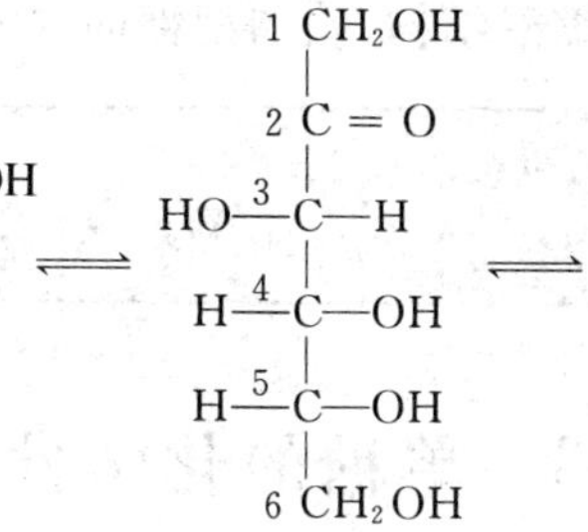

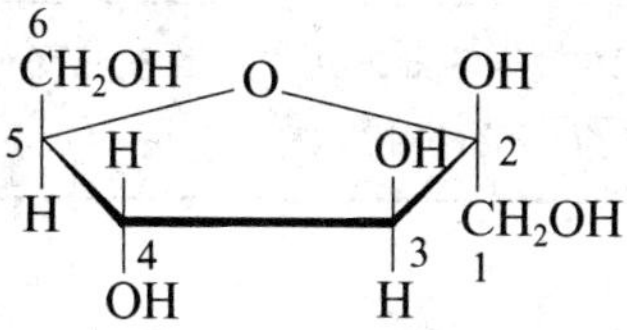

β-D-呋喃果糖
β-D-fructofuranose

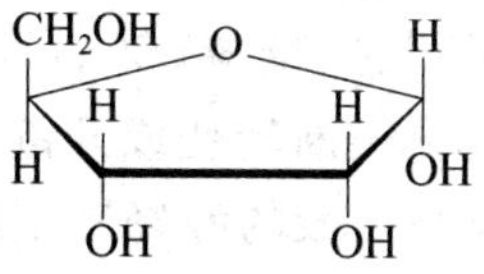

α-D-呋喃核糖
α-D-ribofuranose

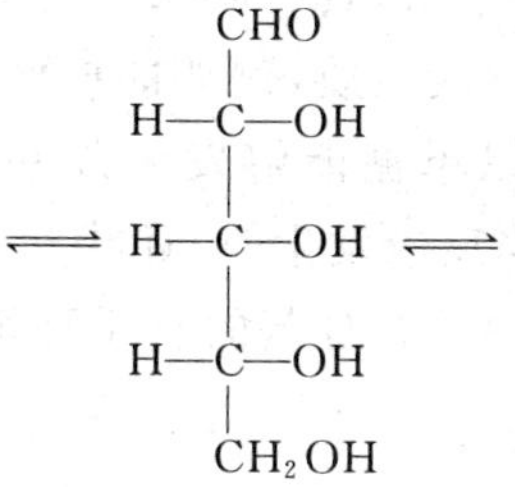

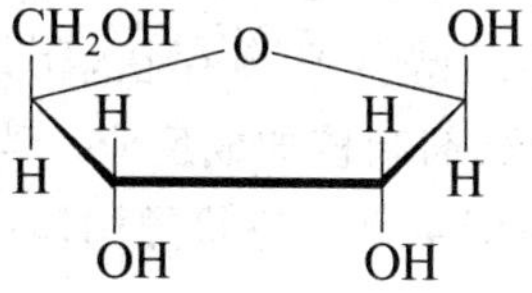

β-D-呋喃核糖
β-D-ribofuranose

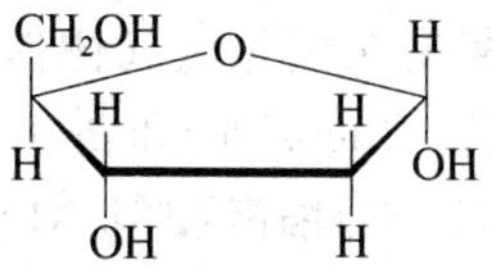

2-脱氧-α-D-呋喃核糖
2-deoxy-α-D-ribofuranose

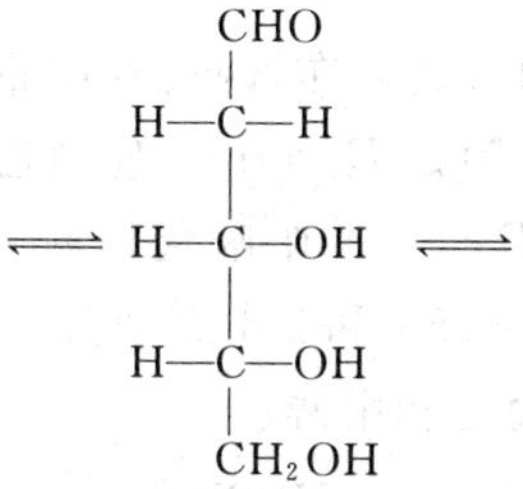

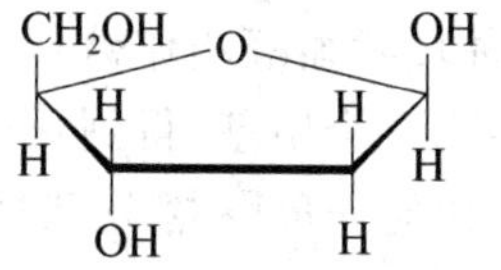

2-脱氧-β-D-呋喃核糖
2-deoxy-β-D-ribofuranose

五元环半缩醛哈武斯式的结构类似于呋喃环，所以命名时冠以“呋喃”两字。

问题 16.1　写出下列单糖的哈武斯式。

(1) β-D-吡喃甘露糖　　(2) β-D-吡喃半乳糖

(3) α-D-呋喃木糖

三、单糖的构象

根据 X-射线晶体分析，葡萄糖吡喃环与环己烷的椅式构象相似，在吡喃糖中氧原子替代了环己烷中的 CH_2 基。比较 α-D-(+)-吡喃葡萄糖和 β-D-(+)-吡喃葡萄糖的稳定构象，可以看到 α-D-(+)-吡喃葡萄糖中 C_1 上的羟基在垂直键上。因此，β-D-(+)-吡喃葡萄糖的构象比α-D-(+)-吡喃葡萄糖的构象更稳定。这也正好说明在变旋现象中，当达到平衡时 β-吡喃葡萄糖所占的比例比 α-吡喃葡萄糖大。

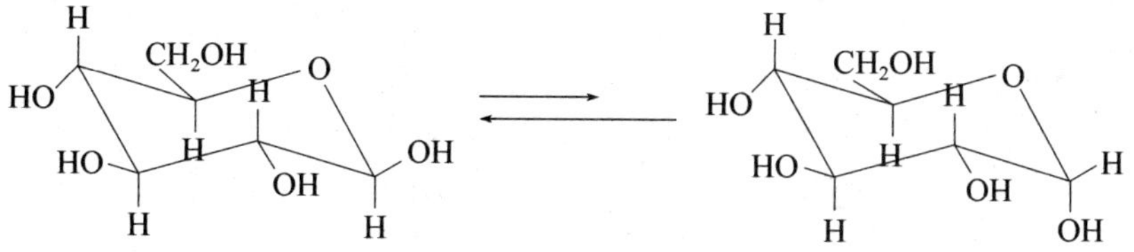

β-D-(+)-吡喃葡萄糖　　α-D-(+)-吡喃葡萄糖

果糖和核糖具有呋喃型环状半缩醛结构，呋喃型糖的构象主要采取信封式构象。

问题 16.2 写出下列化合物最稳定的构象。
(1) β-D-吡喃甘露糖 (2) β-D-吡喃阿洛糖

§16.2 单糖的化学性质

纯粹的单糖都是无色结晶，易溶于水，具有甜味。天然存在的单糖都有旋光性。

单糖分子中的醇羟基具有醇的一般性质，例如能成醚、成酯等。在水溶液中，单糖以开链式和环状半缩醛的平衡存在，所以单糖能够发生羰基的某些反应，例如氧化、还原、与HCN、苯肼等试剂亲核加成反应。当反应发生时，环状异构体不断转变成开链式，最后全部生成开链式的衍生物。环状异构体中的苷羟基的化学环境与一般的醇羟基不同，因而表现某些特殊的性质。

一、生成糖苷

由于单糖主要以环状半缩醛的形式存在，因此在酸催化下单糖与一分子醇反应生成环状缩醛。这种环状缩醛叫作糖苷。例如 D-(+)-吡喃葡萄糖在氯化氢气体催化下与甲醇反应，只能导入一个甲基，得到 α-D-(+)-吡喃葡萄糖甲苷(glucoside)和 β-D-(−)-吡喃葡萄糖甲苷，比旋光度 $[\alpha]_D^{20}$ 分别是 +159°和 −34°。它们的性质与缩醛相似，对碱稳定，在酸性溶液中水解成 D-(+)-吡喃葡萄糖和甲醇。

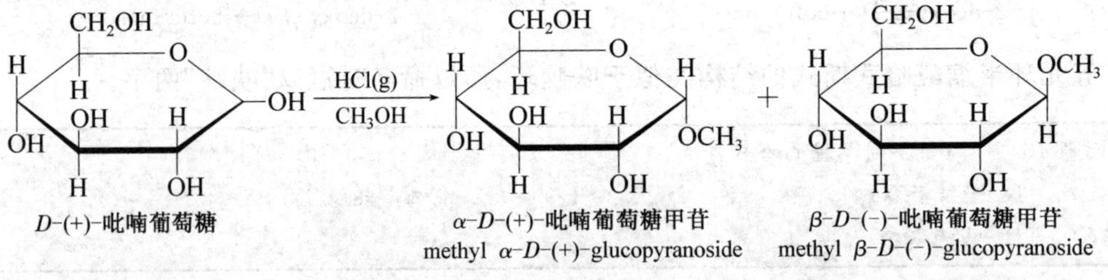

D-(+)-吡喃葡萄糖 $\xrightarrow[CH_3OH]{HCl(g)}$ α-D-(+)-吡喃葡萄糖甲苷 methyl α-D-(+)-glucopyranoside + β-D-(−)-吡喃葡萄糖甲苷 methyl β-D-(−)-glucopyranoside

问题 16.3 D-(+)-吡喃葡萄糖与乙酐反应生成五乙酸吡喃葡萄糖酯，后者没有醛基的性质，说明理由并写出反应方程式。

二、氧化反应

单糖可被氧化，氧化剂不同，产物也不同，例如 D-葡萄糖可以被溴水和硝酸分别氧化成 D-葡萄糖酸或 D-葡萄糖二酸：

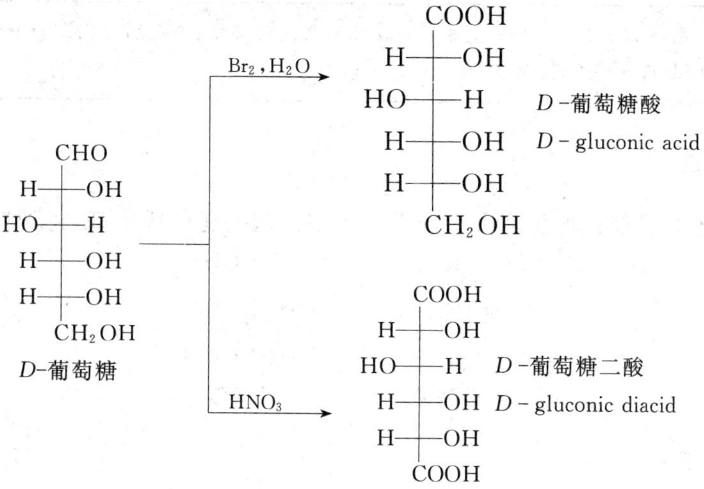

CHO
H—OH
HO—H
H—OH
H—OH
CH_2OH
D-葡萄糖

$\xrightarrow{Br_2, H_2O}$

COOH
H—OH
HO—H
H—OH
H—OH
CH_2OH
D-葡萄糖酸
D-gluconic acid

$\xrightarrow{HNO_3}$

COOH
H—OH
HO—H
H—OH
H—OH
COOH
D-葡萄糖二酸
D-gluconic diacid

酮糖与溴水无作用，用溴水可以区别醛糖与酮糖。

D-果糖用硝酸氧化，碳链在 $C_1—C_2$ 之间断裂，生成 D-阿拉伯糖二酸。用高碘酸氧化糖类时，碳链发生断裂。例如 D-葡萄糖被氧化时，消耗 5 mol 高碘酸，生成 5 mol 甲酸和 1 mol 甲醛。

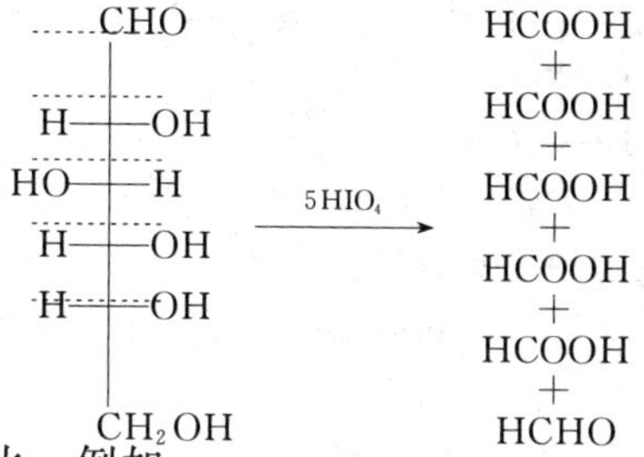

CHO
H—OH
HO—H
H—OH
H—OH
CH_2OH

$\xrightarrow{5HIO_4}$

HCOOH + HCOOH + HCOOH + HCOOH + HCOOH + HCHO

糖苷也可以被高碘酸氧化。例如：

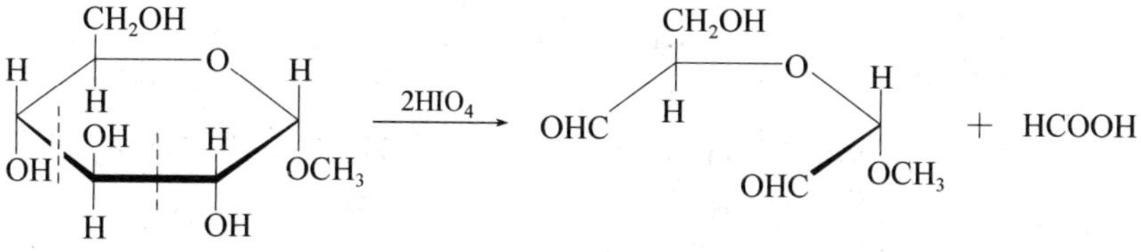

α-D-吡喃葡萄糖甲苷 $\xrightarrow{2HIO_4}$ OHC、OHC、CH_2OH、OCH_3 二醛 + HCOOH

酮糖虽不含醛基，但在碱性溶液中能通过酮式-烯醇式互变异构转变成醛糖，所以醛糖和酮糖都可被托伦试剂或费林(Fehling)试剂氧化，分别产生银镜或红色氧化亚铜沉淀。

$$醛糖或酮糖\ (C_6H_{12}O_6) \xrightarrow{2Ag(NH_3)OH} 2Ag\downarrow + C_6H_{12}O_7 + 4NH_3 + H_2O$$

$$醛糖或酮糖\ (C_6H_{12}O_6) \xrightarrow[OH^{\ominus}]{Cu^{2\oplus}} 2Cu_2O\downarrow + C_6H_{12}O_7 + H_2O$$

糖苷在碱性溶液中不能转变成醛糖或酮糖，所以呈负反应。

能与托伦试剂和费林试剂起反应的糖都叫作还原性糖，不起反应的糖叫作非还原性糖。单糖都是还原性糖。

问题 16.4 写出用硝酸氧化 D-核糖和 D-甘露糖生成的产物，并说明它们是否旋光。

问题 16.5 写出高碘酸氧化 D-果糖生成的产物。

三、还原反应

硼氢化钠还原或催化加氢都可把糖类分子中的羰基还原成羟基，得到糖醇。例如：

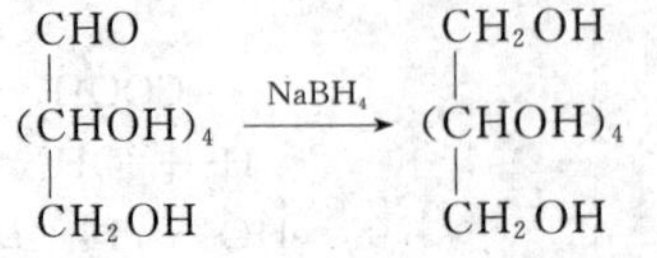

$$\underset{\text{己醛糖}}{\begin{matrix}CHO\\|\\(CHOH)_4\\|\\CH_2OH\end{matrix}} \xrightarrow{NaBH_4} \underset{\text{己糖醇}}{\begin{matrix}CH_2OH\\|\\(CHOH)_4\\|\\CH_2OH\end{matrix}}$$

四、成脎反应

D-(+)-葡萄糖、D-(+)-甘露糖和 D-(−)-果糖分别与过量的苯肼反应，都得到同一种糖脎(osazone)：

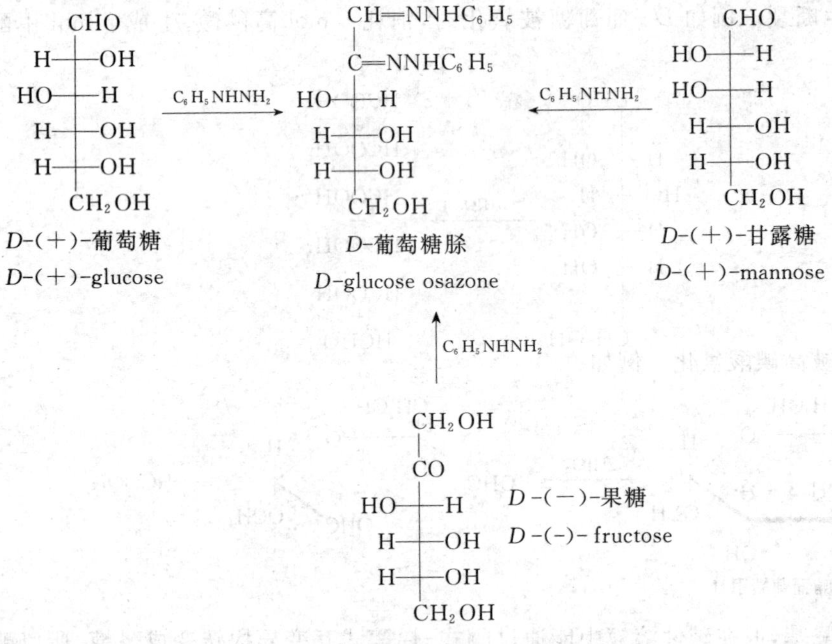

$$\underset{\substack{D\text{-(+)-葡萄糖}\\D\text{-(+)-glucose}}}{\begin{matrix}CHO\\H-\!\!-OH\\HO-\!\!-H\\H-\!\!-OH\\H-\!\!-OH\\CH_2OH\end{matrix}} \xrightarrow{C_6H_5NHNH_2} \underset{\substack{D\text{-葡萄糖脎}\\D\text{-glucose osazone}}}{\begin{matrix}CH=NNHC_6H_5\\|\\C=NNHC_6H_5\\HO-\!\!-H\\H-\!\!-OH\\H-\!\!-OH\\CH_2OH\end{matrix}} \xleftarrow{C_6H_5NHNH_2} \underset{\substack{D\text{-(+)-甘露糖}\\D\text{-(+)-mannose}}}{\begin{matrix}CHO\\HO-\!\!-H\\HO-\!\!-H\\H-\!\!-OH\\H-\!\!-OH\\CH_2OH\end{matrix}}$$

$$\uparrow C_6H_5NHNH_2$$

$$\underset{\substack{D\text{-(−)-果糖}\\D\text{-(−)-fructose}}}{\begin{matrix}CH_2OH\\|\\CO\\HO-\!\!-H\\H-\!\!-OH\\H-\!\!-OH\\CH_2OH\end{matrix}}$$

从上面的反应看出，无论醛糖或酮糖，反应都发生在 C_1 和 C_2 上。因此，碳原子数相同的单糖，如果只是 C_1 和 C_2 分别为羰基或构型不同，它们与苯肼起反应都将得到同一种脎。

糖脎都是不溶于水的黄色晶体，不同的糖脎具有不同的晶形和熔点，成脎所需时间也不同，所以成脎反应可用作糖的定性鉴定反应。

问题 16.6 有两个具有旋光性的 D-丁醛糖 A 和 B，与苯肼作用生成相同的脎；用硝酸氧化后，A 和 B 都生成 2,3-二羟基丁二酸，但由 A 得到的 2,3-二羟基丁二酸具有旋光性，而由 B 得到的 2,3-二羟基丁二酸无旋光性，试写出 A 和 B 的构型式。

五、差向异构化

只有一个碳原子构型不同的非对映异构体叫作差向异构体(epimer)。例如 D-葡萄糖和 D-甘露糖,只有第二个碳原子的构型不同,它们是差向异构体。

用碱的水溶液处理单糖时,能形成某些差向异构体的平衡体系。例如,用稀碱处理 D-葡萄糖,就得到 D-葡萄糖、D-甘露糖和 D-果糖三种单糖的平衡混合物。用稀碱分别处理 D-甘露糖或 D-果糖,也得到三者的平衡混合物,这种作用叫作差向异构化(epimerization)。差向异构化是通过由碱催化羰基的烯醇化产生的烯二醇中间体进行的。

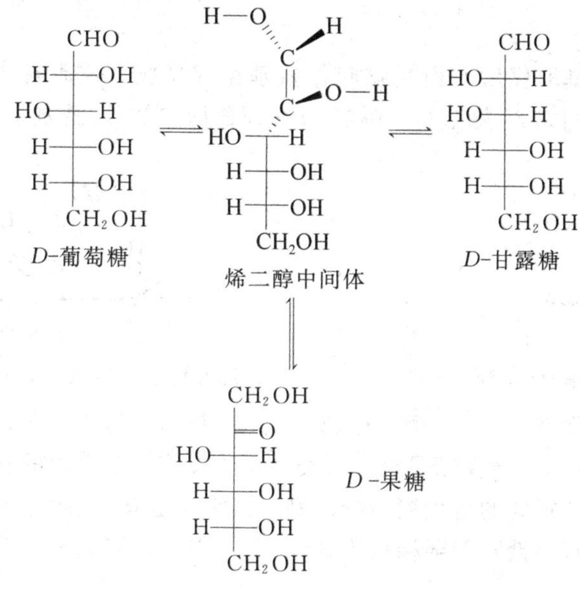

问题 16.7 α-D-(+)-葡萄糖甲苷是否能还原托伦试剂和费林试剂?为什么?

§16.3 单糖的衍生物

单糖的重要衍生物主要有脱氧单糖、氨基糖、糖酸、糖醇及糖苷等。

一、脱氧单糖

2-脱氧-D-核糖是一种脱氧单糖,它与 D-核糖分别与磷酸和杂环碱基结合存在于核酸中,分别是脱氧核糖核酸(DNA)和核糖核酸(RNA)的组成部分。

除了脱氧核糖外,分布较广的是6-脱氧己醛糖,一般称作甲基糖,即在单糖的末端—CH_2OH脱氧成为甲基。例如 L-鼠李糖以及人类血型物质组分 L-岩藻糖等。有些甲基糖的构型为 L 型,这是与一般单糖不同的地方。

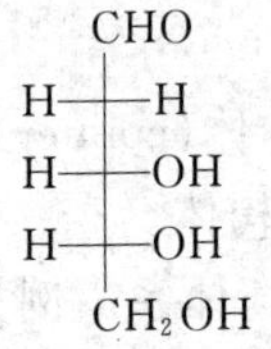

2-脱氧-*D*-核糖
2-deoxy-*D*-ribose

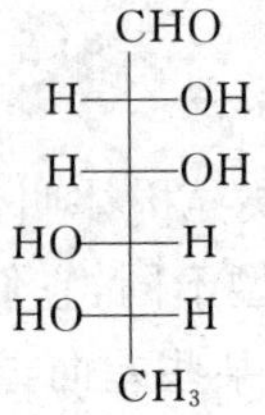

L-鼠李糖
L-rhamnose

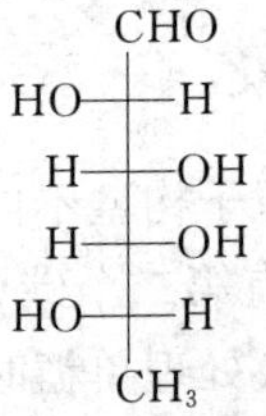

L-岩藻糖
L-fucose

二、氨基糖

单糖的羟基被氨基取代后的衍生物叫作氨基糖或糖胺。氨基糖分子中的氨基有游离的，也有乙酰氨基的，例如 2-氨基-2-脱氧-*D*-葡萄糖和 2-乙酰氨基-2-脱氧-α-*D*-葡萄糖。

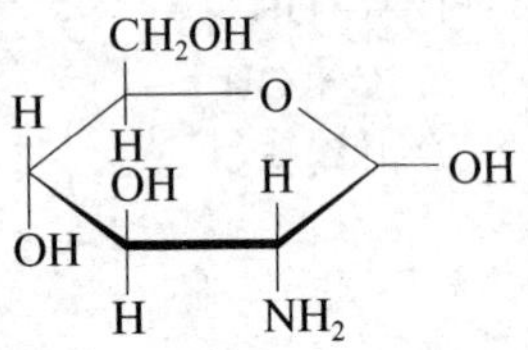

2-氨基-2-脱氧-*D*-吡喃葡萄糖

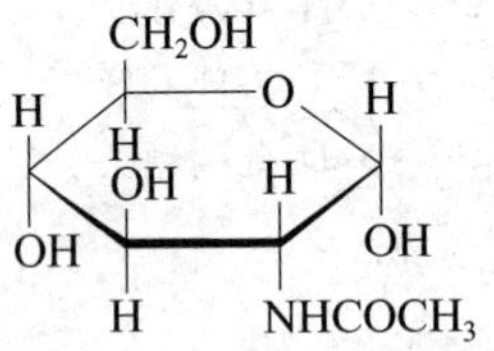

2-乙酰氨基-2-脱氧-α-*D*-吡喃葡萄糖

2-乙酰氨基-2-脱氧-α-*D*-葡萄糖、2-乙酰氨基-2-脱氧-α-*D*-半乳糖、α-*D*-半乳糖、β-*D*-半乳糖、α-*L*-岩藻糖是构成人类血型物质红细胞表面的寡糖链的主要成分。

氨基糖苷也是一类重要的抗生素药物。例如链霉素是有价值的抗结核药。链霉素分子由三部分组成：呋喃糖(链糖)、葡萄糖衍生物(2-甲氨基-2-脱氧-*L*-葡萄糖)和链胍(六取代环己烷衍生物)。

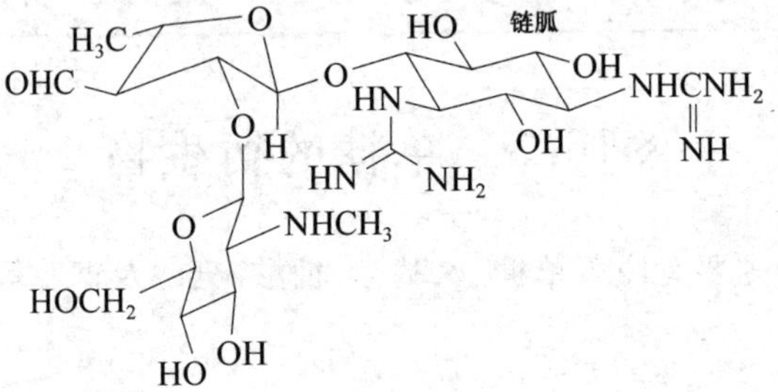

链霉素
(streptomycin)

三、糖酸

醛糖分子中的醛基氧化为羧基后的糖衍生物叫作糖酸(aldonic acid)。*D*-葡萄糖酸分子中的羧基与 C_5 或 C_4 上的羟基内酯化形成 δ 和 γ 两种内酯，它们以平衡混合物存在：

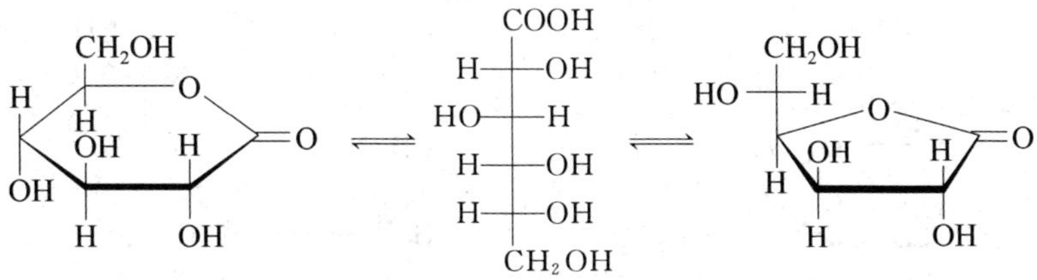

D-葡萄糖酸-δ-内酯　　*D*-葡萄糖酸　　*D*-葡萄糖酸-γ-内酯

D-gluconic acid-δ-lactone　　*D*-gluconic acid　　*D*-gluconic acid-γ-lactone

D-葡萄糖酸能与钙、铁等离子形成可溶性盐类，因而是临床药物。例如：葡萄糖酸钙用于消除过敏、补充钙质。此外，它的内酯也用作豆类蛋白的凝聚剂。

维生素 C 也叫作 *L*-抗坏血酸，$[\alpha]_D^{20}=24°$，存在于新鲜蔬菜和水果中。工业上是以葡萄糖为原料通过发酵和化学半合成工艺生产的。从结构上看维生素 C 是不饱和糖酸的内酯。烯醇式羟基上的氢易离解，因而显弱酸性。维生素 C 易被氧化为去氢抗坏血酸，因而是一种还原剂，在机体内保护蛋白质中半胱氨酸残基的—SH，具有预防坏血病的功能。此外，维生素 C 也用作食品抗氧剂。

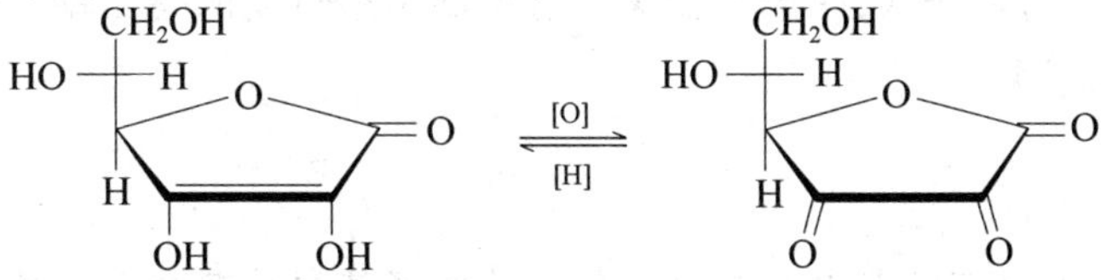

L-抗坏血酸(维生素C)　　*L*-去氢抗坏血酸

L-ascorbic acid(vitamin C)　　*L*-dehydroascorbic acid

维生素 C

四、糖醇

单糖分子中的羰基还原为羟基后的产物称为糖醇(alditol)。例如 *D*-葡萄糖还原为山梨醇，*D*-甘露糖可还原为甘露糖醇。山梨醇和甘露糖醇存在于梨、苹果等水果中。糖醇的甜度虽然不及蔗糖，但它的代谢不依赖于胰岛素，因此山梨醇、木糖醇等用作糖尿病患者的糖代用品。

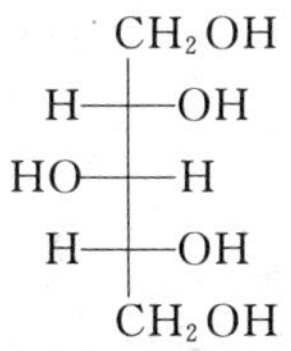

D-木糖醇　　*D*-山梨醇

D-xylitol　　*D*-sorbitol

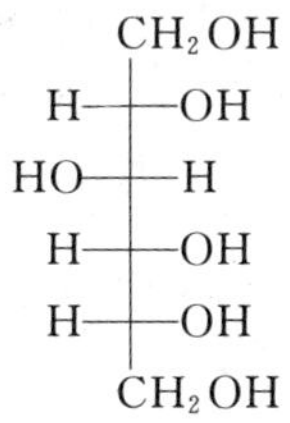

五、糖苷

单糖的环状半缩醛羟基与含羟基的化合物缩合形成的缩醛叫作糖苷(glycoside)。除了 *O*-糖苷外，还有 *N*-糖苷、*C*-糖苷和 *S*-糖苷。自然界中常见的是 *O*-糖苷和 *N*-糖苷。例如水杨苷和 β-腺嘌呤核苷：

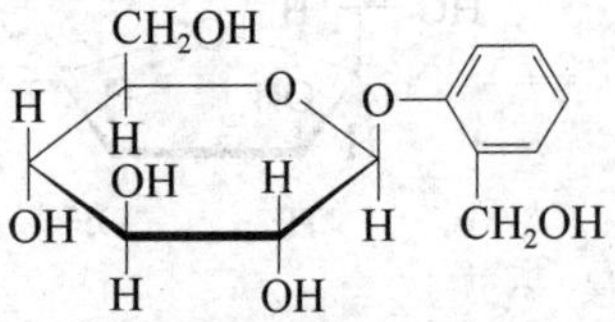

β-D-吡喃葡萄糖水杨苷(O-糖苷)
salicyl β-D-glucopyranoside

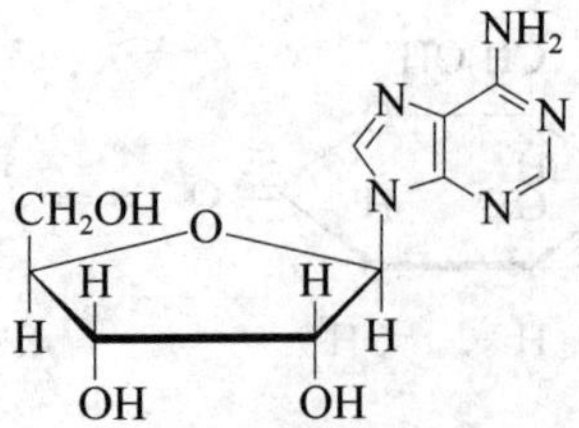

9-(β-D-呋喃核糖基)腺嘌呤(N-糖苷)
9-(β-D-ribofuranosyl)adenine

糖苷在水溶液中不能再转变成开链式，因此糖苷没有还原性和变旋现象，不能与苯肼成脎，在碱的作用下也不会发生差向异构化。但 O-糖苷属于缩醛，因而容易在酸催化下水解为相应的单糖和配基。糖苷类物质广泛存在于自然界。上例中的水杨苷存在于杨树皮内，是由 β-D-葡萄糖和水杨醇形成的苷。一些中草药的有效成分是糖苷类化合物。

§16.4 低聚糖

低聚糖都是结晶固体，易溶于水，一般有甜味。低聚糖中最重要的是二糖。二糖可以分为还原性二糖和非还原性二糖。

一、还原性二糖

还原性二糖是由一分子单糖的苷羟基与另一分子的醇羟基失水缩合形成的二糖。

1. (+)-麦芽糖

麦芽糖(maltose)是由一分子 α-D-葡萄糖的 α-苷羟基与另一分子 D-葡萄糖 C_4 上的醇羟基脱水形成 α-1,4-苷键的二糖：

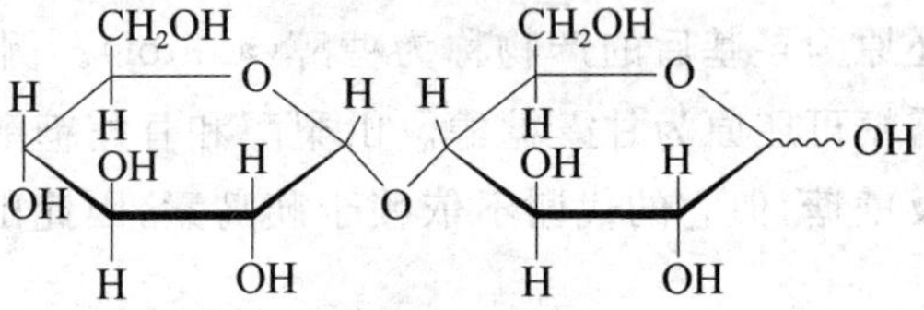

α-1,4-苷键

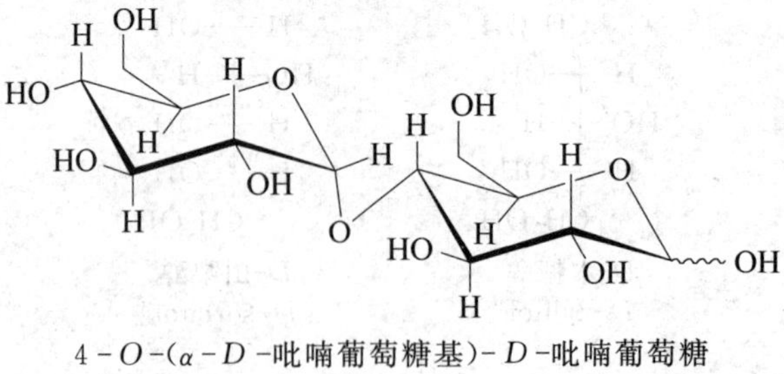

4-O-(α-D-吡喃葡萄糖基)-D-吡喃葡萄糖
4-O-α-D-glucopyranosyl-D-glucopyranose
麦芽糖

麦芽糖是淀粉经淀粉酶部分水解得到，是饴糖的主要成分。麦芽糖经无机酸或 α-葡萄糖苷酶水解生成两分子葡萄糖。α-葡萄糖苷酶只能使 α-糖苷键水解。麦芽糖有变旋现象，有 α 和 β 两种形式，比旋度分别为 $+168°$ 和 $+112°$，平衡时为 136°。

问题 16.8　用哈武斯式和开链式表示麦芽糖在水溶液中存在的动态平衡。

2. (+)-纤维二糖

纤维二糖(cellobiose)由纤维素部分水解得到。纤维二糖经无机酸水解也可以得到二分子 D-葡萄糖。纤维二糖的化学性质与麦芽糖相似,它也是一种还原性糖,也有变旋现象,但它不能被 α-葡萄糖苷酶水解,而能被 β-葡萄糖苷酶水解。因此纤维二糖与麦芽糖不同的是两个 D-葡萄糖分子是以 β-1,4-苷键连接。

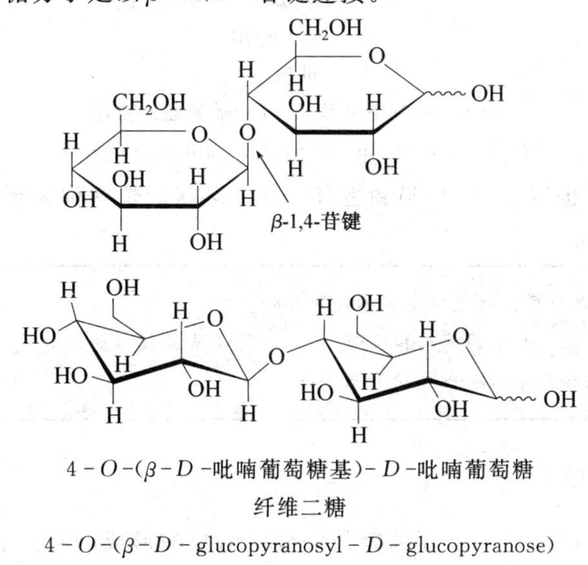

4-O-(β-D-吡喃葡萄糖基)-D-吡喃葡萄糖

纤维二糖

4-O-(β-D-glucopyranosyl-D-glucopyranose)

二、非还原性二糖

非还原性二糖是由二分子单糖的苷羟基脱水缩合形成的二糖。最常见的非还原性二糖是(+)-蔗糖。

蔗糖(sucrose)由甘蔗或甜菜制取,是一般食用糖。世界上每年生产 1 亿吨左右蔗糖,是产量最大的一种有机化合物。

蔗糖是右旋的,蔗糖水解后生成等物质的量的 D-(+)-葡萄糖和 D-(−)-果糖的混合物则是左旋的。由于水解使旋光方向发生了改变,所以一般把蔗糖的水解产物叫作转化糖(invert sugar)。

$$(+)\text{-蔗糖} + H_2O \longrightarrow D\text{-}(+)\text{-葡萄糖} + D\text{-}(-)\text{-果糖}$$

$[\alpha]_D^{20} = +66.5°$　　　　转化糖 $[\alpha]_D^{20} = -43.5°$

由酶水解和 X-射线晶体分析结果证明蔗糖既是 α-D-葡萄糖苷,也是 β-果糖苷,因而蔗糖分子中没有游离的苷羟基,不能转变成开链式。因此,蔗糖是一种非还原性糖,它也无变旋现象,也不能生成脎。

蔗糖

β-D-呋喃果糖基-α-D-吡喃葡萄糖苷

β-D-fructofuranosyl-α-D-glucopyranoside

由 D-(+)-葡萄糖以 α-1,4-苷键互相连接的环状低聚糖称为环糊精(cyclodextrin)，它们也是非还原性糖。

> 问题 16.9　用简单的化学方法区别下列各组化合物。
>
> (1) 葡萄糖和蔗糖　　(2) 葡萄糖和果糖　　(3) 麦芽糖和蔗糖
>
> (4) α-D-吡喃葡萄糖和 α-D-吡喃葡萄糖甲苷

三、甜菊糖(甜菊苷)

• 环糊精
• 人工合成甜味剂

甜菊糖(甜菊苷)是由三分子葡萄糖与一分子萜醇酸形成的苷。甜菊糖是从菊科植物的甜叶菊中提取得到。无色固体，易溶于水，有旋光性，对酸和热稳定，比蔗糖甜 300 倍。甜菊糖分子中的碳水化合物与萜类杂合的结构导致甜菊糖低热量，不影响体内血糖水平。因此甜菊糖是糖尿病和高血压等患者的天然糖代用品。

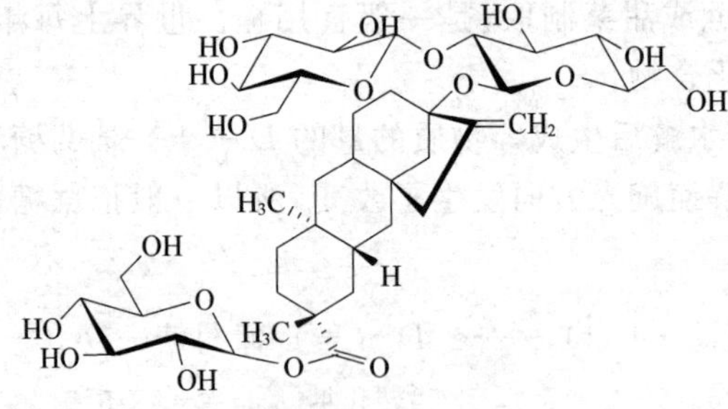

甜菊苷(stevioside)

我国已经大面积种植甜叶菊，甜菊糖已成为食品工业和烹调的甜味剂。

除了甜菊糖，山梨糖醇和木糖醇等甜味剂作为糖代用品外，还有人工合成的甜味剂糖精、安赛蜜、阿斯巴甜和三氯蔗糖等(见二维码中阅读材料)。

§16.5　多　　糖

多糖是由许多相同或不同的单糖分子以苷键互相连接的高分子化合物。由同种单糖组成的多糖叫做均多糖，如淀粉、糖原、纤维素都是由 D-葡萄糖组成的，都属于均多糖。由多种单糖或其衍生物组成的多糖叫作杂多糖，如果胶、琼脂等。多糖在自然界分布十分广泛，差不多所有的生物体内都含有多糖。

多糖与单糖及低聚糖在性质上有较大的差异。多糖没有还原性和变旋现象，也没有甜味，大多数不溶于水，少数能与水形成胶体溶液。

一、淀粉

淀粉(starch)主要存在于植物的种子、果实、块茎中，是人类食用的大米、面粉等的主要成分。淀粉由 α-葡萄糖苷酶彻底水解时生成 D-(+)-葡萄糖。

淀粉是白色无定形粉末，由直链淀粉与支链淀粉两部分组成，其相对含量与淀粉的来源有关。

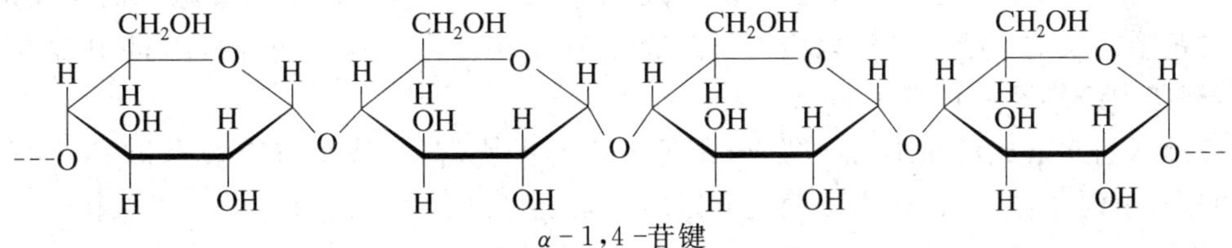

α-1,4-苷键

直链淀粉　$n\approx 1\,000$

直链淀粉是由 α-D-(+)-葡萄糖以 α-1,4-苷键互相连接的直链聚合物。但实际上直链淀粉并不是直线型分子，而是依赖于分子内氢键呈卷曲盘旋的螺旋状存在，每个螺旋圈大约有 6 个葡萄糖分子，其孔径恰好容纳碘分子(图 16.2)，碘分子与淀粉依赖范德华力形成包结物，因此淀粉遇碘呈蓝色。

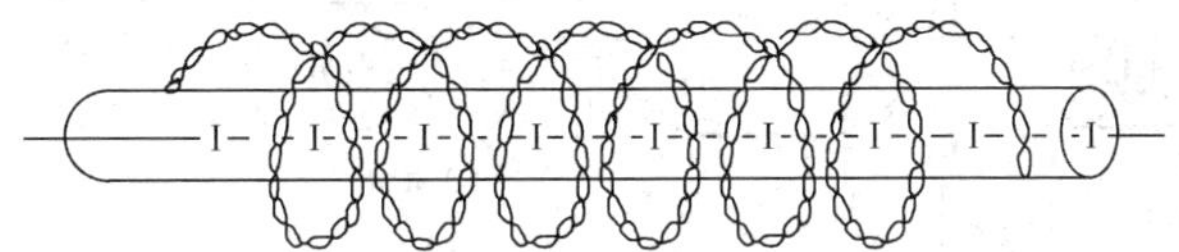

图 16.2　淀粉包结碘的示意图

支链淀粉带有支链。其直链仍是 α-1,4-苷键，支链是以 α-1,6-苷链与主链相连。

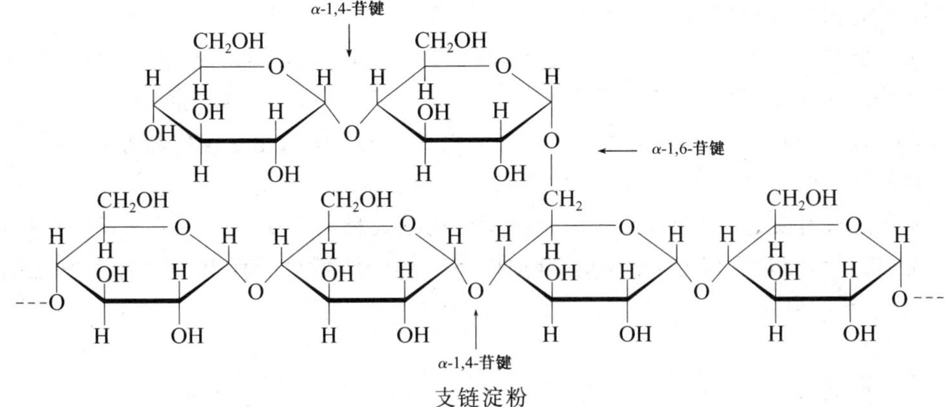

支链淀粉

人类的主要食物淀粉经消化系统中的 α-葡萄糖苷酶催化水解为葡萄糖。如果能抑制 α-葡萄糖苷酶的活性，就可以降低血液中的葡萄糖含量。因此 α-葡萄糖苷酶抑制剂是糖尿病患者的有效药物。

二、糖原

α-葡萄糖酶抑制剂

糖原(glycogen)是动物体内储藏的多糖，称作动物淀粉，主要存在于肝脏和肌肉中，因而分别称作肝糖原和肌糖原。

糖原是动物体能量的主要来源。当血液中葡萄糖含量较高时，则在酶的催化下转化为糖原；当血液中葡萄糖含量降低时，糖原又被酶催化分解成葡萄糖，为生命活动提供能量。糖原的结构与支链淀粉相似。不过组成糖原的 D-葡萄糖单位更多，约有 6 000～12 000 个左右，并且支链更多、更短，整个分子团呈球形。

三、纤维素

纤维素(cellulose)是植物界分布最广、含量最多的多糖，它是植物细胞壁的主要成分，是植物茎干的支撑物质。稻草、麦秆、玉米秆中含纤维素 30%～60%，木材中含纤维素 50%，棉花中纤维素含量高达 90%。

纤维素的水解比淀粉难，常在加压条件下用稀酸水解，最终水解产物为 D-(+)-葡萄糖，部分水解时生成(+)-纤维二糖。所以纤维素也可以看成是纤维二糖的高聚物。

纤维素是由 β-D-(+)-葡萄糖以 β-1,4-苷键互相连接的直链聚合物。

纤维素 ($n\approx3\,000$)

纤维素的相对分子量随来源而异，平均含有 3 000 个葡萄糖单位。

纤维素虽然也是由葡萄糖单位组成，但却不能作为营养物质被人体消化吸收，这是因为人的消化道分泌的 α-葡萄糖苷酶只能水解淀粉的 α-1,4-苷键，而不能水解 β-1,4-苷键。而食草动物如牛、马、羊等的消化道中存在许多纤维素菌，它们能分泌纤维素酶使纤维素水解得到葡萄糖。所以纤维素是食草动物的重要饲料。

纤维素是没有支链的链状分子，由于分子中的葡萄糖单位是以 β-1,4-苷键连接，它不能卷曲成螺旋状，而是凭借分子间的氢键把许多长链纤维素分子像麻绳一样紧密地结合在一起，形成坚硬的纤维。

习　题

16.1　写出 D-(+)-半乳糖与下列试剂反应的主要产物。

(1) 苯肼(过量)　(2) 羟胺

(3) 溴水　(4) 硝酸

(5) 高碘酸　(6) CH_3OH, HCl(g)

(7) (6)的产物在碱性溶液中与 $(CH_3)_2SO_4$ 反应

(8) 用稀盐酸水解(7)的反应产物

(9) $NaBH_4$

16.2　写出下列化合物的 Haworth 式及稳定的构象。

(1) β-D-吡喃葡萄糖甲苷　(2) 2-脱氧-α-D-呋喃核糖

(3) α-D-吡喃半乳糖　(4) 蔗糖

(5) 4-O-(α-D-吡喃葡萄糖苷基)-β-D-吡喃甘露糖

16.3　蜜二糖(melibiose)是一种还原性二糖，有变旋光作用，也能生成脎，用酸或 α-半乳糖苷酶水解生成 D-半乳糖和 D-葡萄糖；用溴水氧化生成蜜二糖酸，后者水解时生成 D-半乳糖和 D-葡萄糖酸。蜜二糖酸甲基化后再水解，生成 2,3,4,6-四-O-甲基-D-半乳糖和 2,3,4,5-四-O-甲基-D-葡萄糖酸，蜜二糖甲基化后水解生成 2,3,4,6-四-O-甲基-D-半乳糖和 2,3,4-三-O-甲基-D-葡萄糖，试推测蜜二糖的结构。

16.4　海藻糖(trehalose)是一种非还原性二糖，用酸水解只生成 D-葡萄糖；海藻糖可以被 α-葡萄糖苷酶水解，但不能被 β-葡萄糖苷酶水解；甲基化后水解生成两分子 2,3,4,6-四-O-甲基-D-葡萄糖。试推测海藻糖的结构。

16.5　某己醛糖(A)氧化得到旋光二酸(B)，将(A)递降为戊醛糖后再氧化得到无旋光性的二酸 C。与 A 生成相同糖脎的另一个己醛糖 D 氧化后得到无旋光性的二酸 E。试推测 A、B、C、D 和 E 的构型。

第十七章　类脂、萜类和甾族化合物

水解时能生成脂肪酸的天然产物叫作类脂(lipid),类脂包括油脂、磷脂和蜡等。从结构上看,萜类(terpenoid)和甾族化合物(steroid)与油脂等毫无关系,但通过生物合成的深入研究,发现油脂、萜类和甾族化合物在生物体内都是由活化醋酸(乙酰辅酶 A)合成的,因而它们都是醋源化合物(acetogins)。因此本章把类脂、萜类和甾族化合物放在一起讨论。

§17.1　油　　脂

油脂包括脂肪(fat)和油(oil)。习惯上把室温下为固体或半固体的叫作脂肪,如猪油、牛油等;室温下为液体的叫作油,如豆油、芝麻油等,但两者并无严格界限。油脂同碳水化合物和蛋白质一样,也是不可缺少的营养成分。

一、脂肪酸

油脂的水解产物为脂肪酸和甘油。组成油脂的脂肪酸绝大多数是含偶数碳原子的直链羧酸,包括 $C_4 \sim C_{26}$ 的饱和脂肪酸和 $C_{10} \sim C_{24}$ 的不饱和脂肪酸。天然油脂中的常见脂肪酸见表 17.1。

表 17.1　天然油脂中的常见脂肪酸

分类	俗　名	系统名	熔点(℃)
饱和脂肪酸	月桂酸(lauric acid)	十二酸	44.2
	肉豆蔻酸(myristic acid)	十四酸	58.0
	软脂酸,棕榈酸(palmitic acid)	十六酸	62.9
	硬脂酸(stearic acid)	十八酸	71.2
	花生酸(arachidic acid)	二十酸	77.0
不饱和脂肪酸	棕榈油酸(palmitoleic acid)	(9*Z*)-十六碳-9-烯酸	0.5
	油酸(oleic acid)	(9*Z*)-十八碳-9-烯酸	16.3
	亚油酸(linoleic acid)	(9*Z*,12*Z*)-十八碳-9,12-二烯酸	−5.0
	亚麻酸(linolenic acid)	(9*Z*,12*Z*,15*Z*)-十八碳-9,12,15-三烯酸	−11.3
	桐油酸(eleostearic acid)	(9*Z*,11*E*,13*E*)-十八碳-9,11,13-三烯酸	49.0
	花生四烯酸(arachidonic acid)	(5*Z*,8*Z*,11*Z*,14*Z*)-二十碳-5,8,11,14-四烯酸	−49.5

在组成油脂的各种饱和脂肪酸中,最常见的是软脂酸和硬脂酸,其次是月桂酸,它们存

在于大部分油脂中。少于 12 个碳原子或多于 18 个碳原子的饱和脂肪酸一般含量较少。

在组成油脂的各种不饱和脂肪酸中，最常见的是 16 个和 18 个碳原子的烯酸，即棕榈烯酸、油酸、亚油酸和亚麻酸等。这些不饱和酸，第一个双键的位置在 C_9 和 C_{10} 之间，并且几乎所有的双键都是 *Z* 构型。除少数例外，双键并不共轭，其原因迄今不明。在植物油中，不饱和脂肪酸的含量较高。

饱和脂肪酸分子的碳架成锯齿形，形状规整，容易紧密排列，分子间作用力较大，熔点较高。而 Z 构型的不饱和脂肪酸，分子形状不规整，相邻分子因位阻而不能紧密地排列，所以熔点较低。如图 17.1 所示。

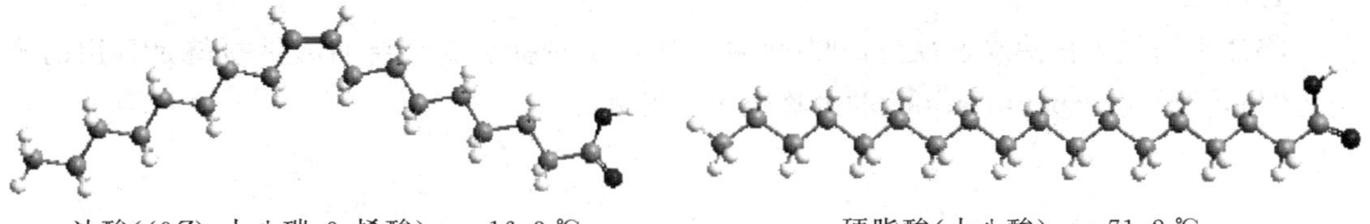

油酸((9*Z*)-十八碳-9-烯酸) mp 16.3 ℃　　硬脂酸(十八酸) mp 71.2 ℃

图 17.1　硬脂酸和油酸的分子模型

问题 17.1　写出亚油酸、亚麻酸和花生四烯酸的构型式。

为什么自然界的脂肪酸一般含有偶数碳原子呢？Bloch K. 和 Donovan F. 用同位素标记的醋酸 $CH_3{}^*COOH$ 和 $^*CH_3COOH$ 分别注入生物体内，经生物合成结果得到如下相应的脂肪酸(以十六酸为例)：

$$CH_3{}^*CH_2CH_2{}^*CH_2CH_2{}^*CH_2CH_2{}^*CH_2CH_2{}^*CH_2CH_2{}^*CH_2CH_2{}^*CH_2CH_2{}^*COOH$$

$$^*CH_3CH_2{}^*CH_2CH_2{}^*CH_2CH_2{}^*CH_2CH_2{}^*CH_2CH_2{}^*CH_2CH_2{}^*CH_2CH_2{}^*CH_2COOH$$

这说明脂肪酸在生物合成中的前体是醋酸。他们认为是乙酰辅酶 A 发生了类似克莱森酯缩合反应后经一系列变化生成了脂肪酸。由于每一次缩合都增加二个碳原子，所以得到偶数碳原子的脂肪酸。Bloch 和 Donovan 获得 1964 年诺贝尔化学奖。脂肪酸的生物合成过程将在生物化学课程中学习。

二、油脂的结构

油脂是甘油和脂肪酸所生成的酯。甘油为三元醇，可以和三分子脂肪酸生成甘油三羧酸酯(triglyceride)。其通式为

$$\begin{array}{l} CH_2-O-\overset{\overset{\large O}{\|}}{C}-R \\ | \\ CH-O-\overset{\overset{\large O}{\|}}{C}-R' \\ | \\ CH_2-O-\overset{\overset{\large O}{\|}}{C}-R'' \end{array}$$

甘油与同一种脂肪酸所生成的甘油三羧酸酯叫作甘油同酸酯，与两种或三种脂肪酸所生成的甘油三羧酸酯叫作甘油混酸酯。

三、油脂的性质

油脂的熔点与其所含脂肪酸的性质有关，通常由饱和脂肪酸生成的甘油酯的熔点比相应的不饱和酸生成的甘油酯要高。

天然的油脂是甘油混酸酯，并且是多种甘油三羧酸酯的混合物。大多数植物油如豆油、花生油的不饱和酸含量超过70%，因而有较低的凝固点，室温时为液体。

油脂的相对密度都小于1，不溶于水，易溶于乙醚、石油醚、氯仿、甲苯及热乙醇等溶剂，可利用这些溶剂从动植物组织中提取油脂。油脂的化学性质主要有：

1. 皂化

将油脂用氢氧化钠水解，就得到甘油和脂肪酸的钠盐。高级脂肪酸钠盐就是日用的肥皂。“皂化”反应(saponification)的名称也由此而来。

$$\begin{matrix} CH_2-O-\overset{O}{\overset{\|}{C}}-R \\ | \\ CH-O-\overset{O}{\overset{\|}{C}}-R' \\ | \\ CH_2-O-\overset{O}{\overset{\|}{C}}-R'' \end{matrix} + 3NaOH \xrightarrow{\triangle} \begin{matrix} CH_2-OH \\ | \\ CH-OH \\ | \\ CH_2-OH \end{matrix} + \begin{matrix} RCOONa \\ R'COONa \\ R''COONa \end{matrix}$$

1 g油脂完全皂化所需要的氢氧化钠的毫克数叫作皂化值。根据皂化值的大小可判断油脂近似平均相对分子量的大小。

2. 氢化

含不饱和酸的油脂，可以用催化加氢的方法使其转变为含饱和酸的油脂，结果使液体的油转变成固态或半固态的脂，这种脂就是人造奶油。

在催化加氢过程中，除了烯键被加氢还原外，还有部分烯键异构化为反式构型。天然奶油中的反式脂肪酸仅含3%左右，而人造奶油中反式脂肪酸高达12%～15%。反式脂肪酸影响体内脂类的代谢，在细胞膜中累积，增加了血液中低密度脂蛋白(LDL)的含量，降低了高密度脂蛋白(HDL)的含量。含人造奶油的食品，油炸和高温烘烤食品与天然食品相比有较高的反式脂肪酸。长期过量摄入反式脂肪酸有增加心脑血管疾病的潜在危险。

3. 加碘

与100 g油脂加成的碘的克数叫作碘值。碘值越大，表示油脂中不饱和程度越高。由于碘与碳碳双键的加成很慢，所以测定碘值时一般用氯化碘(ICl)或溴化碘(IBr)为试剂。

4. 干化

某些油在空气中放置，能够变干，形成坚硬的膜，这种现象叫作干化，具有这种性质的油叫作干性油。在干性油中加入颜料等辅料，可制成油漆等涂料。桐油是理想的干性油，干化快，形成的油膜坚韧、耐冷、耐热且耐湿和抗腐蚀。

5. 酸败

油脂在空气中放置过久，会产生难闻的气味，这种变化叫作酸败。酸败是由空气中的氧、水和微生物的作用引起的。油脂在这些物质作用下发生水解、氧化等反应产生刺激性的醛、酮、羧酸等化合物。有些植物油，不易酸败，这是由于其中含有微量的抗酸败的物质。例如芝麻油中含有微量的抗氧剂芝麻酚。

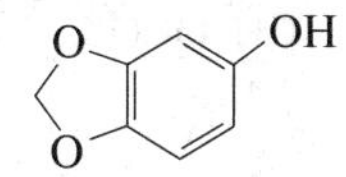

3,4-(甲叉基二氧叉基)苯酚
3,4-(methylenedioxy)phenol

芝麻酚　(sesamol)

§17.2　蜡、磷脂

一、蜡

蜡与油脂不同,它不是甘油的三脂肪酸酯,而是脂肪族高级一元醇和高级脂肪酸所生成的酯。其中的脂肪酸和醇都在十六碳以上,并且也都含偶数碳原子,常见的酸是软脂酸和二十六酸,常见的醇是十六醇、二十六醇及三十醇。例如蜂蜡和虫蜡(白蜡)的主要成分分别是 $C_{15}H_{31}COOC_{30}H_{61}$ 和 $C_{25}H_{51}COOC_{26}H_{53}$。蜡(wax)和石蜡(paraffin)不同,石蜡是由石油中得到的二十个碳以上的高级烷烃,它们的物态相近,但组成完全不同。

蜡比油脂稳定,不易皂化,也不容易酸败。植物的叶、茎、果实的表皮都有一层蜡,其作用是减少内部水分蒸发和防止外部水分的积聚,动物的羽毛、毛皮上也有一层起保护作用的蜡。

问题 17.2　鲸蜡的主要成分是十六酸十六醇酯,试用甘油三软脂酸酯为唯一的有机原料合成。

二、磷脂

磷脂(phospholipid)是含磷的类脂化合物,甘油磷脂是最重要的磷脂。

甘油和磷酸生成的酯称为甘油磷酸,后者与两分子脂肪酸生成磷脂酸(phosphatidic acid)。

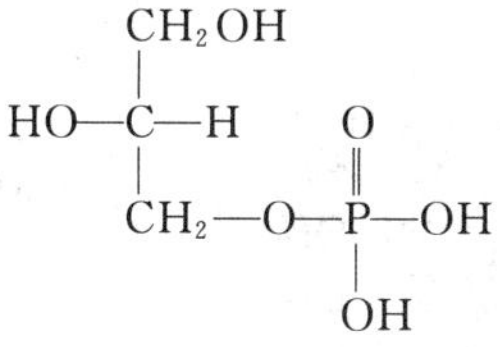

$$\begin{array}{l} CH_2OH \\ | \\ HO—C—H \quad\quad O \\ | \quad\quad\quad\quad \| \\ CH_2—O—P—OH \\ \quad\quad\quad\quad | \\ \quad\quad\quad\quad OH \end{array}$$

L-甘油磷酸

$$\begin{array}{l} CH_2OCOR \\ | \\ R'COO—C—H \quad\quad O \\ | \quad\quad\quad\quad \| \\ CH_2—O—P—OH \\ \quad\quad\quad\quad | \\ \quad\quad\quad\quad OH \end{array}$$

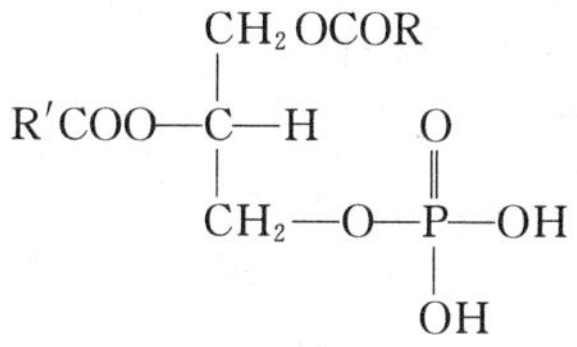

L-磷脂酸

磷脂酸与另一分子醇如乙醇胺、胆碱、丝氨酸等生成的磷酸二酯即为甘油磷脂。

$HOCH_2CH_2NH_2$

乙醇胺

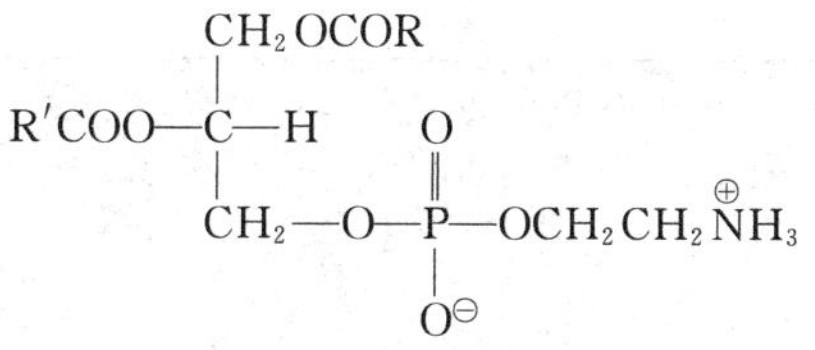

$$\begin{array}{l} CH_2OCOR \\ | \\ R'COO—C—H \quad\quad O \\ | \quad\quad\quad\quad \| \\ CH_2—O—P—OCH_2CH_2\overset{\oplus}{N}H_3 \\ \quad\quad\quad\quad | \\ \quad\quad\quad\quad O^{\ominus} \end{array}$$

脑磷脂(cephalin)

$[HOCH_2CH_2\overset{\oplus}{N}(CH_3)_3]OH^{\ominus}$

胆碱(choline)

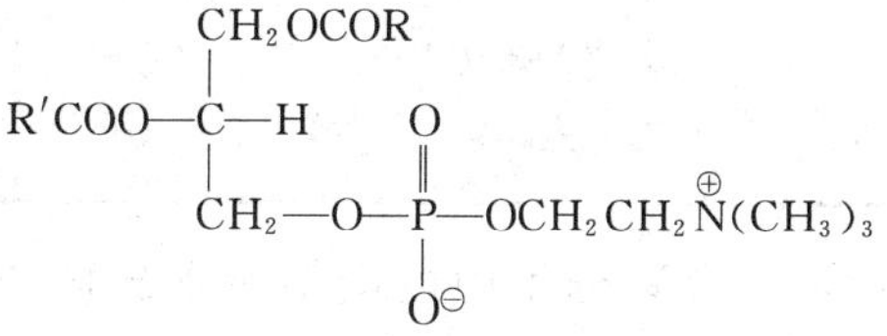

$$\begin{array}{l} CH_2OCOR \\ | \\ R'COO—C—H \quad\quad O \\ | \quad\quad\quad\quad \| \\ CH_2—O—P—OCH_2CH_2\overset{\oplus}{N}(CH_3)_3 \\ \quad\quad\quad\quad | \\ \quad\quad\quad\quad O^{\ominus} \end{array}$$

卵磷脂(lecithin)

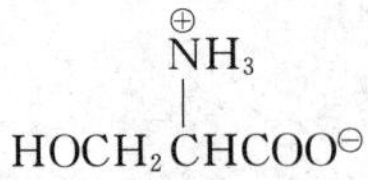

$$HOCH_2\underset{\underset{\oplus}{NH_3}}{CH}COO^{\ominus}$$

丝氨酸

$$\begin{array}{l} CH_2OCOR \\ R'COO—C—H \\ CH_2—O—P(=O)(O^{\ominus})—OCH_2CH(\overset{\oplus}{N}H_3)COO^{\ominus} \end{array}$$

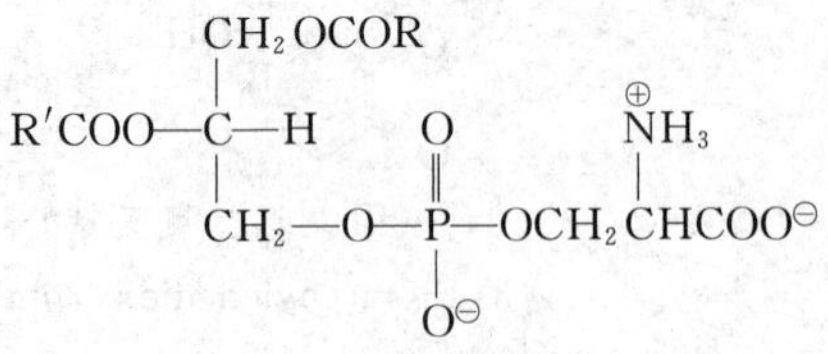

丝氨酸磷脂

甘油磷脂广泛存在于动物的脑、肝脏、蛋黄和植物的种子、果实以及微生物中。卵磷脂和脑磷脂开始时是分别从鸡蛋和脑组织中分离得到的，所以得名卵磷脂和脑磷脂。

磷脂分子的共同特点是都有疏水的长碳链和亲水的极性基团，因而可以形成类脂双层(lipid bilayer)，是细胞膜的主要组成物质。

§17.3 萜类化合物

萜类化合物广泛分布于自然界，几乎所有的植物都含有萜类化合物，动物和微生物中也含有许多种萜类化合物。萜类化合物的工业来源主要是松节油和香精油。香精油是从植物的花、叶、茎中提取得到的有香气的油状液体。

萜类化合物是由异戊二烯单位头尾相连而组成的，因而分子中的碳原子数都是 5 的整数倍。

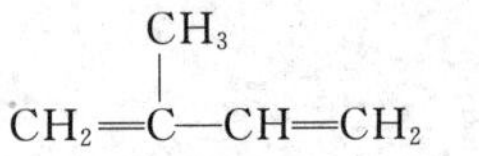

$$CH_2{=}\underset{CH_3}{C}—CH{=}CH_2$$

异戊二烯

头 C=C—C=C 尾（中间碳上连 C）

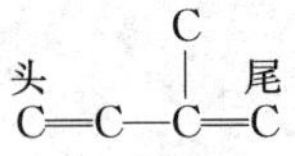

异戊二烯单位

例如：

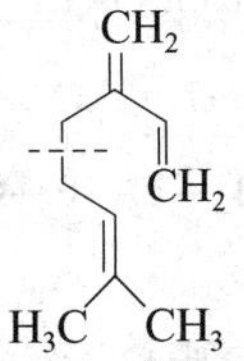

香叶烯(C_{10})(geraniolene)

(存在于月桂果实中)

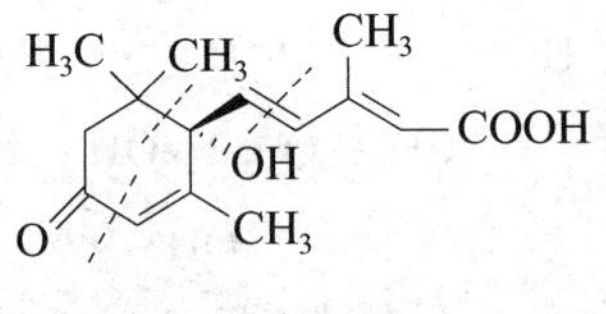

(+)-脱落酸((+)-abscisic acid)

(存在于豌豆等植物中)

问题 17.3 划出下列化合物中的异戊二烯结构单位。

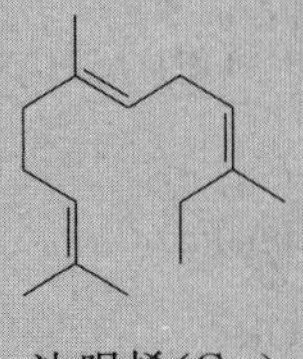

法呢烯(C_{15})

(farnesene)

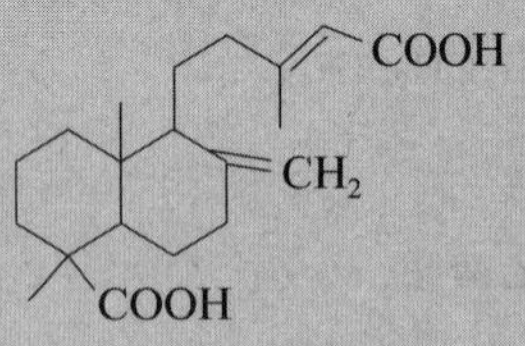

玛瑙酸(C_{20})

(agathic acid)

根据萜类化合物分子中的碳架所含异戊二烯单位的数目可分为单萜(C_{10})、倍半萜(C_{15})、双萜(C_{20})、三萜(C_{30})等。根据分子中异戊二烯单位互相连接的方式分为开链萜、单环萜、双环萜等。

一、单萜

1. 开链单萜

开链单萜化合物是有名的香料。例如：

橙花醇 (nerol)　　香叶醇 (geraniol)　　α-柠檬醛 (α-citral)　　β-柠檬醛 (β-citral)

橙花醇和香叶醇为顺反异构体，存在于玫瑰油、橙花油中，有玫瑰香味。它们也可以从香叶烯合成得到。

柠檬醛存在于从新鲜柠檬和柠檬草蒸馏的柠檬油中，也有顺反异构体，有柠檬香味，用来配制香精和合成维生素 A 的原料。

2. 单环单萜

这类化合物的重要代表是苧烯和薄荷醇。

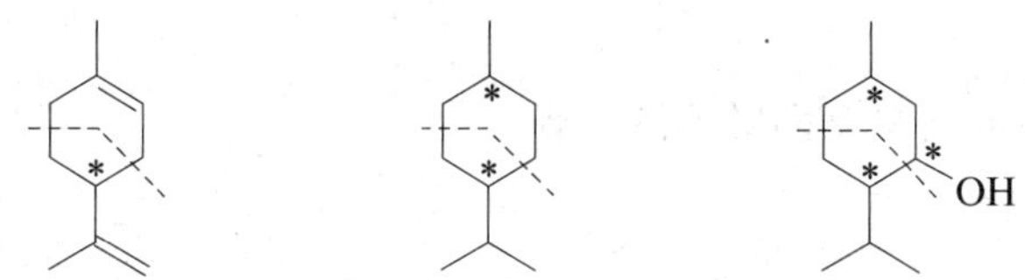

苧烯(cinene)　对薄荷烷(p-menthane)　薄荷醇(menthol)

苧烯有一对对映异映体，左旋苧烯存在于松针油中，右旋苧烯存在于柠檬油中，都是柠檬香味，用作香料。苧烯的氢化产物叫作对薄荷烷(4-异丙基-1-甲基环己烷)。

对薄荷烷的3-羟基衍生物叫作薄荷醇(薄荷脑)，它是薄荷的茎和叶经水蒸气蒸馏所得薄荷油的主要组分。薄荷醇的熔点为43 ℃，有芳香、清凉气味，且有杀菌、防腐及止痛的功效，清凉油、人丹等药物中都含有薄荷醇。

薄荷醇分子中有三个不相同的手性碳原子，因而有八个对映异构体。天然存在的是左旋薄荷醇。

> 问题 17.4　写出薄荷醇的所有立体异构体和最稳定的构象。

3. 双环单萜

自然界中最重要的双环单萜是蒎烯和莰烷的衍生物。

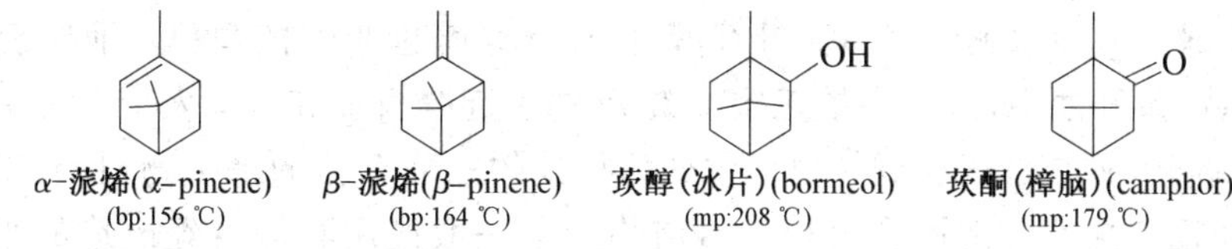

α-蒎烯(α-pinene) (bp:156 ℃)　β-蒎烯(β-pinene) (bp:164 ℃)　莰醇(冰片)(borneol) (mp:208 ℃)　莰酮(樟脑)(camphor) (mp:179 ℃)

α-蒎烯和β-蒎烯是松节油的主要成分(占松节油质量组成的80%～90%)。松节油是水蒸气蒸馏割开松树时流出的松脂所得到的香精油，残留物便是不挥发的松香。

α-蒎烯和β-蒎烯都是不溶于水的油状液体，用于制药、造漆等工业中，α-蒎烯也是合成冰片和樟脑的原料。

莰醇又叫作冰片或龙脑，存在于多种植物的精油中，为无色片状晶体，有清凉气味，用于医药、化妆品工业中。

莰酮俗称樟脑，存在于樟脑树中，它是白色闪光晶体，易升华，用作驱虫剂和防蛀剂，也是医药工业上的重要原料。

樟脑分子中有两个不相同的手性碳原子，但由于碳桥只能在环的一边，所以樟脑只有一对对映体：

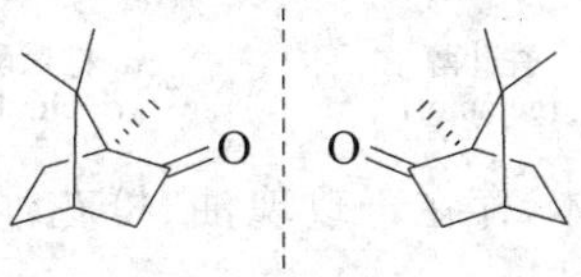

O　O

天然的樟脑为右旋体。$[\alpha]_D^{25}=+43\sim44°(10\%CH_3CH_2OH)$。熔点 179 ℃。

问题 17.5　用系统命名法命名上面的双环单萜化合物。

二、倍半萜

法尼醇、山道年和愈创木薁都属于倍半萜。

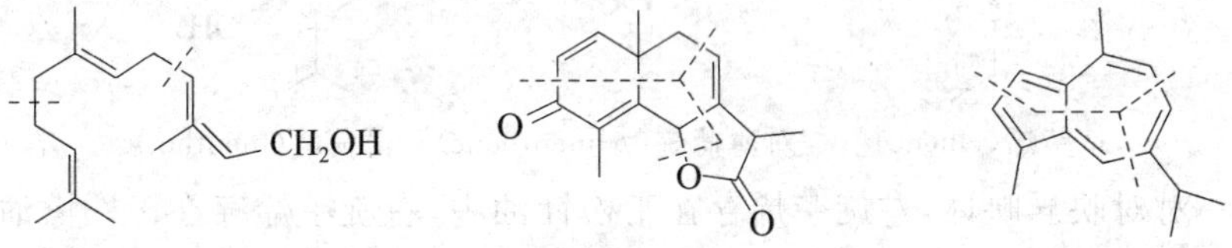

CH_2OH

法尼醇(farnesol)

O O O

山道年(santonin)

愈创木薁(azulene)

法尼醇也叫作合金欢醇，铃兰香味，存在于茉莉油中，是珍贵的香料。山道年是中药蛔蒿的有效成分，目前已人工合成，用作驱蛔虫药。愈创木薁存在于满山红和香樟油中，是抗菌消炎和烫伤药膏的主要成分。

三、双萜

叶绿醇和维生素 A 是双萜的重要成员。

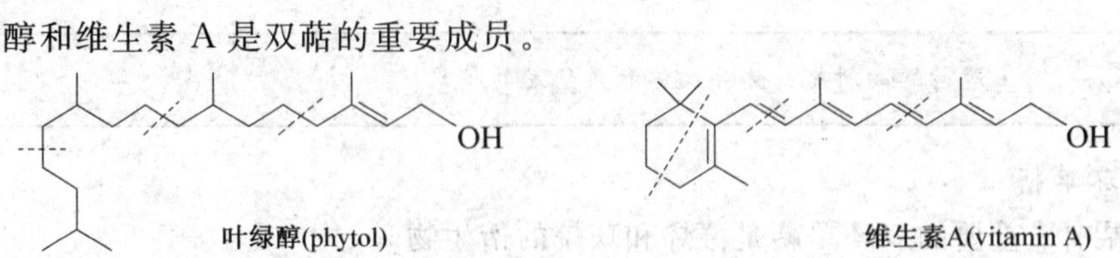

OH

叶绿醇(phytol)

OH

维生素A(vitamin A)

植物的叶绿素碱性水解时可得到叶绿醇，因而叶绿醇也叫作植物醇。维生素 A 主要存在于奶油、蛋黄、鱼肝油中，人体内缺乏维生素 A 能引起夜盲症和身体发育不良。

紫杉醇(paclitaxol)是从红豆杉树皮中分离得到的三环双萜的衍生物，具有很强的抗癌活性。1994 年已完成紫杉醇的全合成。目前临床上一般使用其侧链经改造的半合成的多西紫杉醇(docetaxel)。紫杉醇、多西紫杉醇是市场上最畅销的抗癌药物。

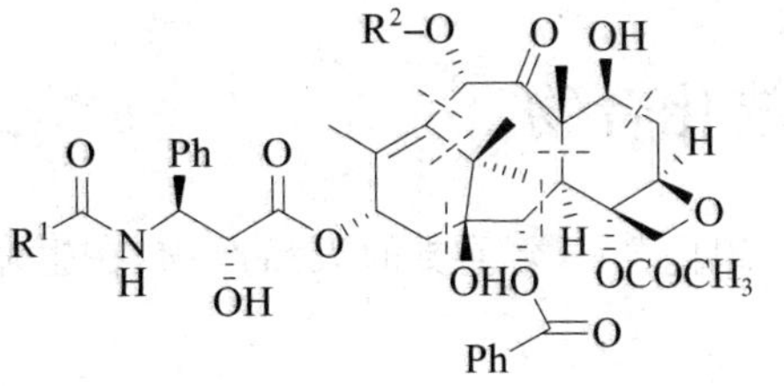

紫杉醇　$R^1=—Ph, R^2=—\overset{O}{\overset{\|}{C}}—CH_3$

多西紫杉醇　$R^1=—C(CH_3)_3, R^2=H$

四、三萜和四萜

角鲨烯是最重要的三萜，在自然界分布很广，它是生物体内羊毛甾醇生物合成的前体。

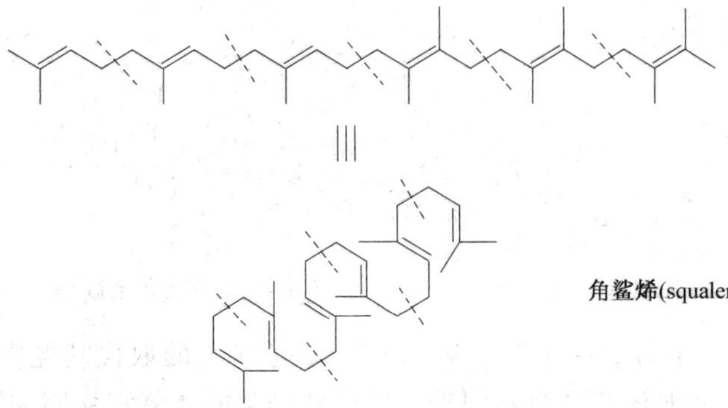

角鲨烯(squalene)

胡萝卜素是重要的四萜，它不仅存在于胡萝卜中，也广泛存在于植物的叶、花、果以及动物的乳汁和脂肪中。胡萝卜素有 α、β、γ 三种异构体，其中 β-胡萝卜素最重要。胡萝卜素可转化为维生素 A，所以称为维生素 A 原。

胡萝卜素化合物的分子中有多个共轭烯键，都是 E 构型。在分子中间部分的两个异戊二烯单位也是尾-尾相连接的。

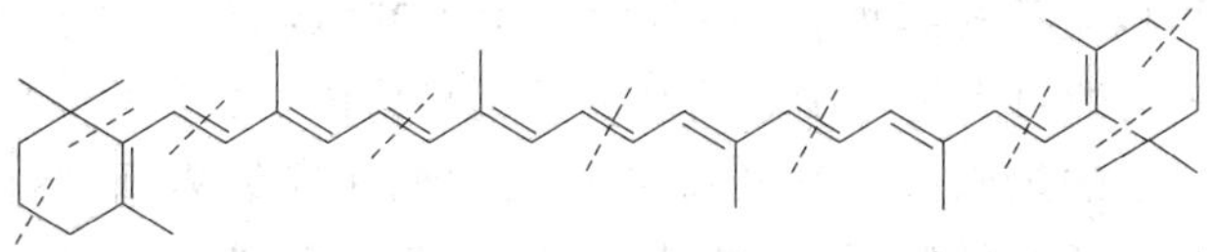

β-胡萝卜素(β-carotine)

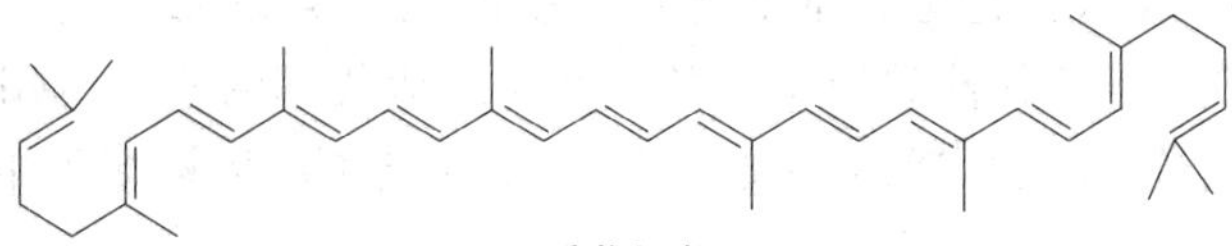

番茄红素(lycopene)

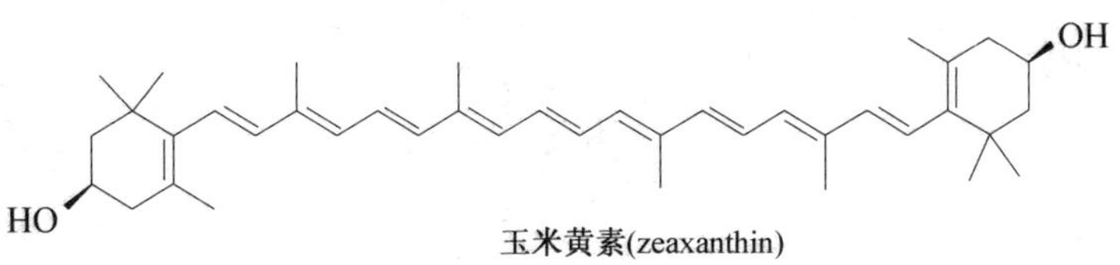

玉米黄素(zeaxanthin)

番茄红素是胡萝卜素的异构体，是开链萜，存在于蕃茄和西瓜等果实中，为洋红结晶。玉米黄素是 β-胡萝卜素的二羟基衍生物，存在于玉米、蛋黄中。番茄红素、玉米黄素及其他胡萝卜素的异构体或衍生物统称为类胡萝卜素。

§17.4 甾族化合物

甾族化合物(steroid)是广泛存在于动植物组织内的一类重要的天然产物，在生命活动中起着重要的作用。

一、甾族化合物的结构

1. 甾族化合物的碳架

甾族化合物的分子中都含有环戊烷并氢化菲碳架。四个环用 A、B、C 和 D 表示。环上的碳原子按下列顺序编号：

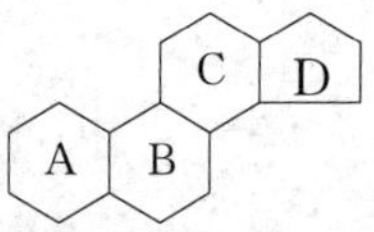

环戊烷并氢化菲

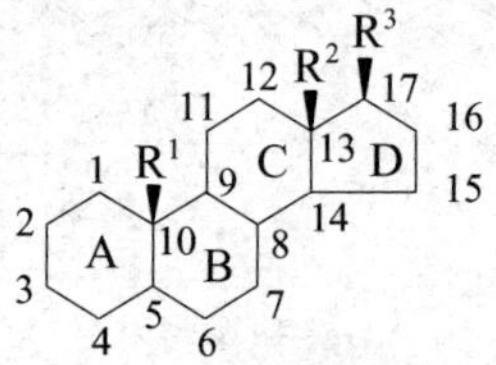

甾族化合物的基本碳架

C_{10}、C_{13} 和 C_{17} 上一般各有一个取代基，前两个碳原子上的取代基经常是甲基(称为角甲基)，后一个碳原子上的取代基是含不同碳原子数的烃基或含氧官能团如羟基等。甾字是象形字，"田"字和"巛"分别象征四个环和三个取代基。

2. 甾族化合物的构型

甾族化合物分子中的 A、B、C、D 四个环，每两个环之间都可以按顺式或反式稠合，同时甾环含有 6 个手性碳原子，应有 $2^6=64$ 个对映体，因此甾族化合物的构型从理论上说十分复杂。但是自然界中的甾族化合物，环 B 和环 C、环 C 和环 D 一般都是反式稠合的，环 A 和环 B 可以是顺式也可以是反式相稠合，并且两个角甲基(或烷基)总是在环的同侧，因此实际存在的构型异构体的数目大为减少。甾环的顺反异构体，只有 A 环与 B 环顺式稠合和反式稠合两种，前者 C_5 上的氢原子与角甲基在环的同侧，用实线表示，叫作 5β-系列；后者 C_5 上的氢原子与角甲基在环的异侧，用虚线表示，叫作 5α-系列。若 C_5 处有双键存在，则无 5α-和 5β-系列之分。若 C_5 上的氢原子与角甲基的相对关系无法确定，用波线表示，叫作 5ξ-系列(ξ 读音 ksi)。甾环其他碳原子上的氢原子或取代基的构型也用 α(虚线相连)、β(实线相连)和 ξ(波线相连)表示，标定的方法与上面标定 C_5 上氢原子的构型的方法相同。例如：

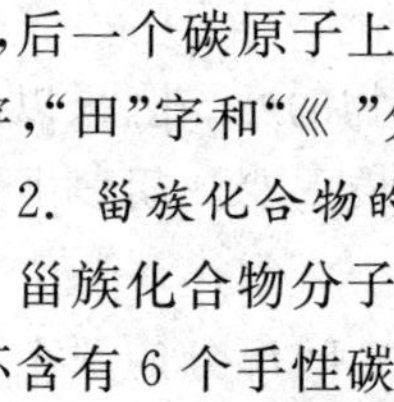

5α-系列
A/B(反)，B/C(反)，C/D(反)

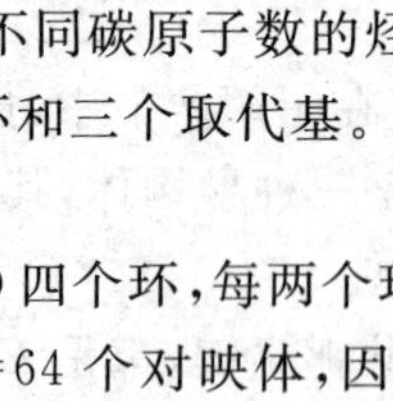

5β-系列
A/B(顺)，B/C(反)，C/D(反)

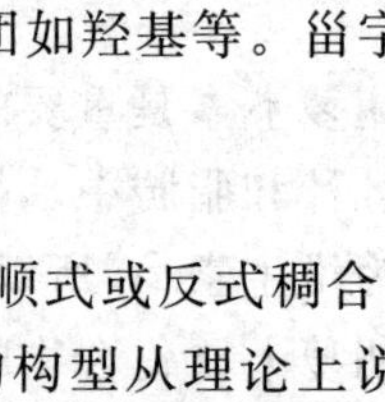

5ξ-系列
A/B(未知)，B/C(反)，C/D(反)

与实线(或实楔形线)相连的氢原子或基团在环平面的上方，与虚线(或虚楔形线)相连的氢原子或基团在环平面的下方，习惯上把角甲基放在环平面的上方。

3．甾族化合物的构象

甾环的 A、B、C 三个环己烷环一般以椅式构象按顺式或反式十氢萘的方式稠合，然后与具有半椅式或信封式的环戊烷环（D 环）稠合。例如：

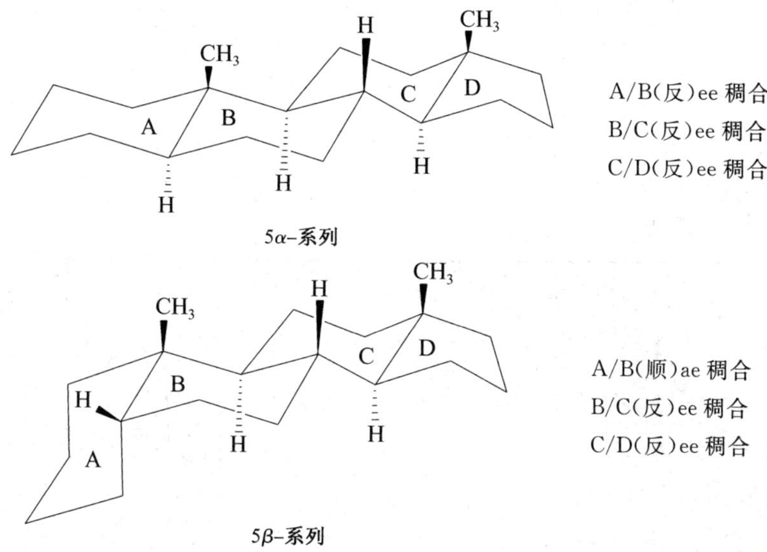

5α-系列

5β-系列

在甾族化合物中，由于反式稠合环的存在，使环己烷环不能翻转，因而 e 键与 a 键也不能互换。甾环碳原子上的两个氢原子（CH_2）被基团取代形成的 α 或 β 构型异构体，每种异构体也只有 e-取代或 a-取代的一种构象。和环己烷衍生物一样，甾环上的取代基在 e 键上比在 a 键上稳定。

二、甾族化合物的命名

根据 C_{10}、C_{13} 和 C_{17} 上连接的侧链的不同，甾族化合物母体氢化物甾烷（gonane）的名称列于表 17.2。

表 17.2　基本甾族化合物母体的名称

R_1	R_2	R_3	母体名称
—H	—H	—H	腺甾烷（gonane）
—H	—CH_3	—H	雌甾烷（estrane）
—CH_3	—CH_3	—H	雄甾烷（androstane）
—CH_3	—CH_3	—CH_2CH_3	孕甾烷（pregnane）
—CH_3	—CH_3	—$\overset{*}{C}H(CH_3)CH_2CH_2CH_3$	胆烷（cholane）
—CH_3	—CH_3	—$\overset{*}{C}H(CH_3)(CH_2)_3CH(CH_3)_2$	胆甾烷（cholestane）

*　C_{20} 为 *R* 构型。

母体含有碳碳双键时，将“烷”改成“烯”“二烯”等并标出双键的位置。取代基的位次、构型和名称放在母体名称的前面，不作为取代基的官能团，将其位次、构型和它代表的化合物类型的名称放在母体名称之后。例如：

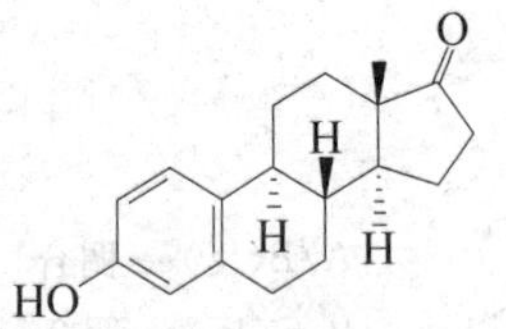

3-羟基雌甾-1,3,5(10)-三烯-17-酮
(3-hydroxyestra-1,3,5(10)-trien-17-one)
俗名:雌酮(estrone)

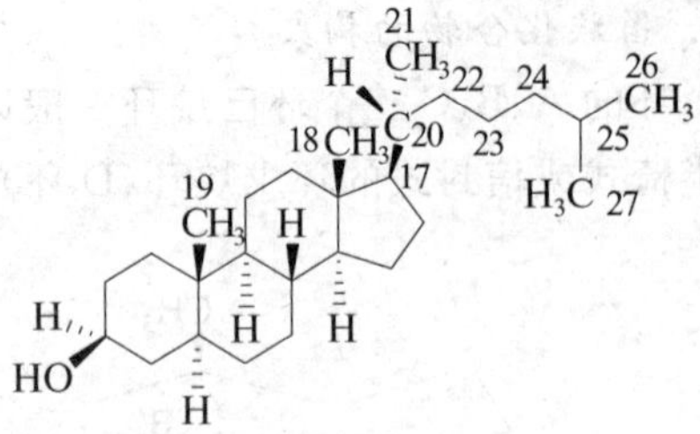

5α-胆甾烷-3β-醇
5α-cholestan-3β-ol

问题 17.6 命名下列甾族化合物。

(1) 雌酮(estrone)

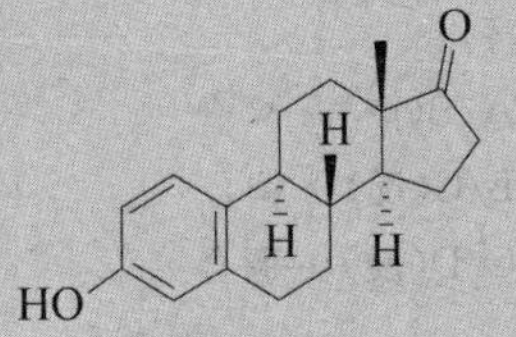

(2) 鹅去氧胆酸 (chenodeoxycholic acid)

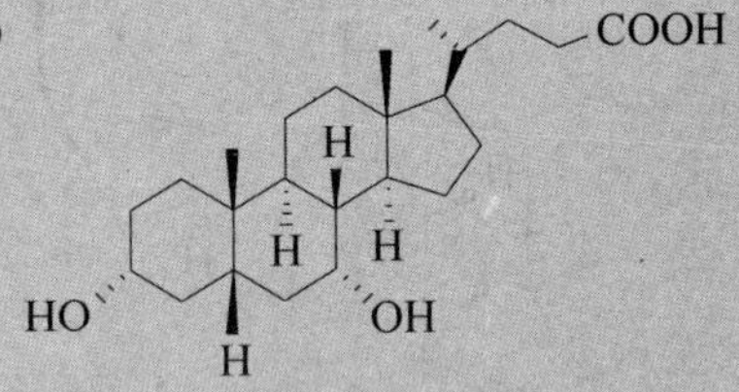

(3) 去氧皮质酮 (desoxycorticosterone)

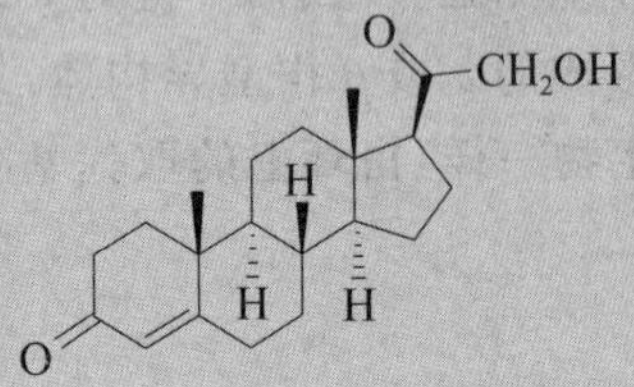

(4) 大力补 (metandienone)

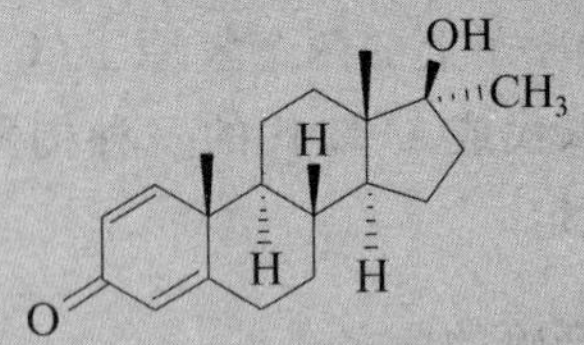

三、重要的甾族化合物

1. 甾醇

天然甾醇(sterol)的醇羟基都在3位上,并且与角甲基在环平面的同一侧。

胆甾醇是最早发现的甾族化合物,起初是从胆结石中得到的,因而也叫作胆固醇(cholesterol)。

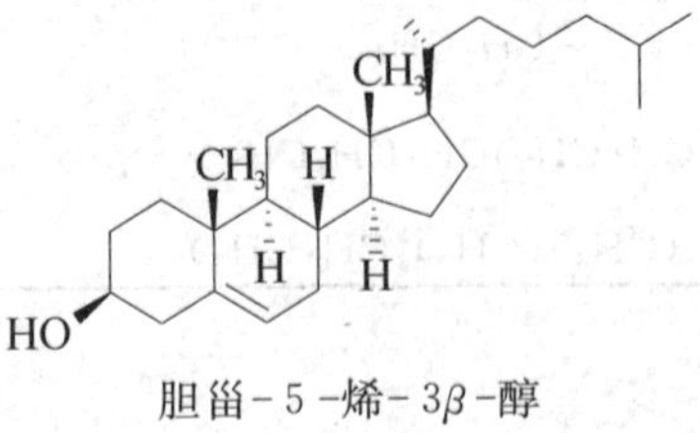

胆甾-5-烯-3β-醇
cholest-5-en-3β-ol
俗名:胆固醇,胆甾醇(cholesterol)

胆固醇是无色或淡黄色固体,熔点148 ℃,不溶于水,易溶于乙醚、氯仿和热乙醇等有机溶

剂。胆固醇存在于人和动物的血液、脂肪及脑髓中。正常人每 100 mL 血清中总胆固醇含量为 200 mg 左右，胆固醇含量过高会从血清中沉淀出来，引起胆结石、动脉硬化和心脏病。

7-脱氢胆固醇也是动物甾醇，结构上只比胆固醇多一个双键。它存在于人体皮肤组织中，紫外光照射时，发生光化学反应，B 环开环而转变成维生素 D_3。

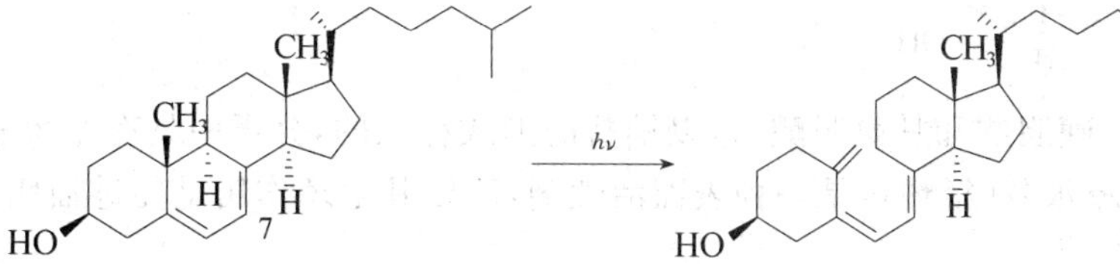

胆甾-5,7-二烯-3β-醇
cholesta-5,7-dien-3β-ol
俗名:7-脱氢胆固醇

维生素D_3(vitamin D_3)

多晒太阳可以获得维生素 D_3。体内缺乏维生素 D_3，引起体内 Ca^{2+} 减少，不足以维持骨骼的生长而得软骨病。

鱼类虽然生活在深水中，但它们体内可通过别的途径生成并积累维生素 D_3，因此鱼肝油是含有丰富的维生素 D_3 的营养剂。

麦角甾醇存在于酵母及某些植物中。麦角甾醇经紫外光照射，B 环开环形成维生素 D_2。

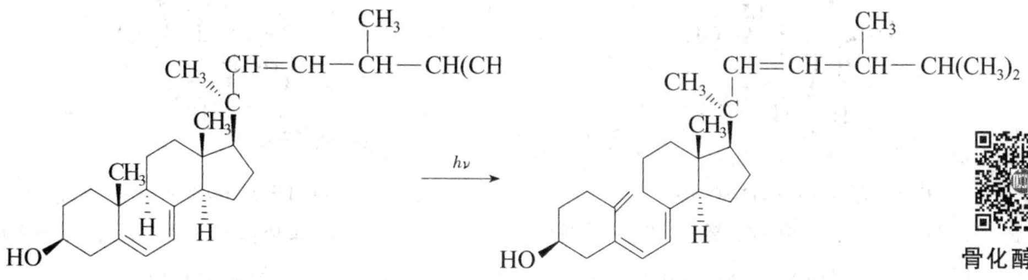

麦角甾醇(ergosterol)

维生素D_2(vitamin D_2)

骨化醇药物

维生素 D_2 和维生素 D_3 是同功物，都有抗软骨病的功效。

从维生素 D_3 为原料半合成可以得到阿法骨化醇等治疗骨质疏松药物。

2. 胆汁酸

胆汁酸盐是胆囊的分泌物。胆汁酸(bile acid)是胆酸的衍生物，有牛磺胆酸和甘氨胆酸两种，它们分别是胆酸(cholic acid)与牛磺酸和甘氨酸的氨基的酰化衍生物。胆酸和胆汁酸的结构为

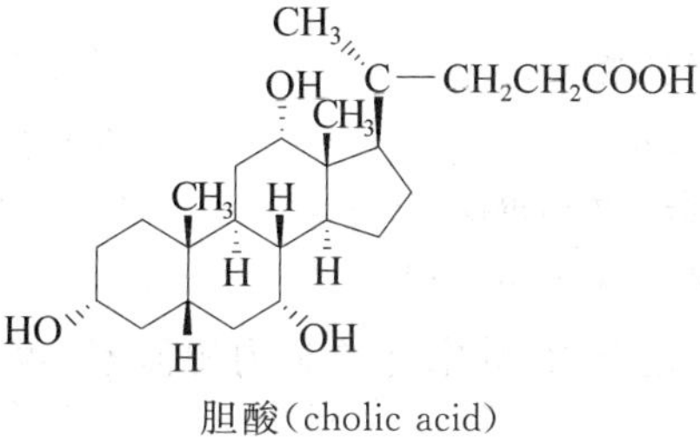

胆酸(cholic acid)

3α,7α,12α-三羟基-5β-胆烷-24-酸

(3α,7α,12α-trihydroxy-5β-cholan-24-oic acid)

R=$CH_2CH_2SO_3H$　　牛磺胆酸

R=CH_2COOH　　甘氨胆酸

胆汁酸，即牛磺胆酸和甘氨胆酸，是以钠盐的形式存在的，分子中具有亲水基（—SO_3Na和—COONa）和疏水基（甾环），是一种表面活性剂，所以其生理作用是促进油脂在肠中的乳化、水解和吸收。

3. 甾族激素

激素（hormone）是体内内分泌腺分泌的一类生理活性物质。激素虽然在人体内含量甚微，但它在机体的生长、发育和生殖的过程中发挥十分重要的调节作用。激素分泌过多或太少时都会引起器官代谢失调。

甾族激素（steroid hormone）根据其来源和功能分成两类：肾上腺皮质激素和性激素。

肾上腺皮质激素是哺乳动物肾上腺皮质所分泌的一类物质，其中最丰富的是皮质醇（氢化可的松）。可的松是治疗风湿性关节炎的药物。肾上腺皮质激素的生理功能是维持体液的电解质平衡和控制碳水化合物的代谢。

皮质醇（hydrocortisone）
（11β,17α,21-三羟基孕甾-4-烯-3,20-二酮）
（11β,17α,21-trihydroxypregn-4-en-3,20-dione）

可的松（cortisone）
（17α,21-二羟基孕甾-4-烯-3,11,20-三酮）
（17α,21-dihydroxypregn-4-en-3,11,20-trione）

性激素有雄性激素和雌性激素两类，是高等动物的性腺分泌物，有促进发育和维持第二性征的作用。

睾丸酮（雄性激素）
（testosterone）
（17β-羟基雄甾-4-烯-3-酮）
（17β-hydroxyandrost-4-en-3-one）

黄体酮（progesterone）
（孕甾-4-烯-3,20-二酮）
pregn-4-en-3,20-dione

一些植物中，也含有甾族化合物，其中有的是内源激素，也有一些是中药的有效成分。

芸苔素内酯
（油菜素内酯）

习　题

17.1　存在于深海鱼油中的(5*Z*,8*Z*,11*Z*,14*Z*,17*Z*)-二十碳-5,8,11,14,17-五烯酸(简称EPA)和(4*Z*,7*Z*,10*Z*,13*Z*,16*Z*,19*Z*)-二十二碳-4,7,10,13,16,19-六烯酸(简称DHA)具有药用价值,前者具有降低血脂抗凝血作用,可防治脑中风和动脉硬化,后者具有健脑益智的功效。写出EPA和DHA的构型式。

17.2　写出下列化合物的结构式。

(1) 植物醇　(2) 莰酮　(3) 胆固醇　(4) 5α-胆甾-3-酮

(5) 胆酸　(6) 6α-氟-11β,17α,21-三羟基孕甾-1,4-二烯-3,20-二酮

17.3　说明下列化合物分子中α、β代表的意义,并写出各化合物的结构式。

(1) α-氨基吡啶　(2) β-氧亚基丁酸　(3) β-*D*-呋喃核糖

(4) α-羟基丙酸　(5) 3α,7α,12α-三羟基-5β-胆烷-24-酸。

17.4　写出化合物6α-溴-3β-羟基-5β-胆甾烷的构型式和最稳定的构象。

17.5　一未知结构的甘油三脂肪酸酯,有旋光性。经皂化和酸化后,得到软脂酸和油酸,其物质的量之比为2∶1。写出该甘油酯的结构式。

17.6　甾环上的角甲基和C_{17}上的侧链都是β-构型,使甾环的β-面有较大的空间位阻,因此甾环上双键的某些反应如催化加氢、环氧化反应等主要发生在α-面。写出胆固醇催化加氢和用过氧苯甲酸氧化的产物的构型式。

17.7　从指定原料合成药物中间体。

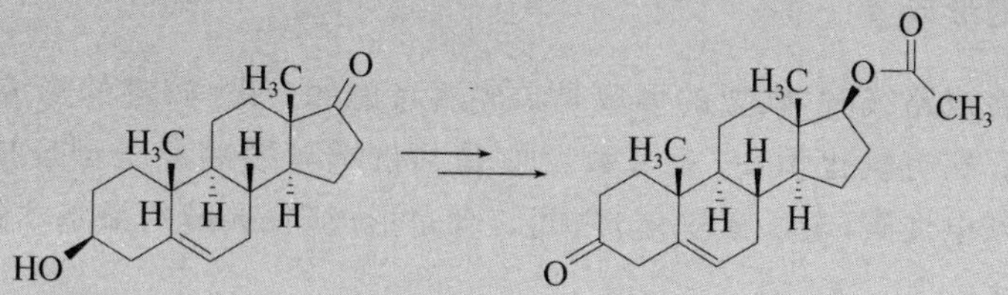

第十八章　有机合成基础

由简单的有机化合物和无机试剂通过一系列有机反应制备结构较复杂的有机化合物的过程叫作有机合成(organic synthesis)。有机合成是有机化学的重要研究内容,也是制药工业和其他有机化学工业的基础。

有机化合物的结构包括碳架、官能团的种类和位置以及分子的构型。一个良好的合成路线应该是步骤少,产率高,中间产物和最终产物都易于提纯,并且原料易得、价格便宜。因此在设计目标分子(target molecule, 简称 TM)的合成路线时必须综合运用学到的有机化学的所有知识。本章归纳总结已学过的反应,同时增补一些有机合成的重要反应,介绍有机合成设计基本方法。

§18.1　碳架的构建

一、碳-碳键的形成

在拟定有机合成路线时,碳架的形成是首先要考虑的。碳-碳键的形成反应是增长碳链建立碳架的基础。在有机化学中,大多数反应是共价键异裂的离子型反应,因此亲核性碳(电子给予体)和亲电性碳(电子接受体)之间结合是形成碳-碳键的最基本的反应。

$$\mathrm{C}^{\ominus}\ /\ \mathrm{C}^{\delta^-}\quad + \quad {}^{\oplus}\mathrm{C}\ /\ {}^{\delta^+}\mathrm{C} \longrightarrow \mathrm{C{-}C}$$

亲核性碳　亲电性碳

有机金属化合物(RMgX、RLi 等)中与金属相连的碳原子、羰基化合物烯醇盐的 α-碳原子、活性亚甲基化合物在碱性条件下的亚甲基碳原子、烯胺的 α-碳原子、氰离子、炔化物末端碳原子以及富电子芳环碳等都是亲核性碳。卤代烃、磺酸酯和环氧化合物中与杂原子相连的碳原子、羰基碳原子、α,β-不饱和羰基化合物中的 β-碳原子等都是亲电性碳。它们通过亲核取代、亲核加成、迈克尔加成(共轭加成)、芳环上的亲电取代等反应形成碳-碳键。

$$\mathrm{C}^{\ominus}\ /\ \mathrm{C}^{\delta^-} + {}^{\delta^+}\mathrm{C{-}X} \longrightarrow \mathrm{C{-}C}\qquad \text{亲核取代}$$

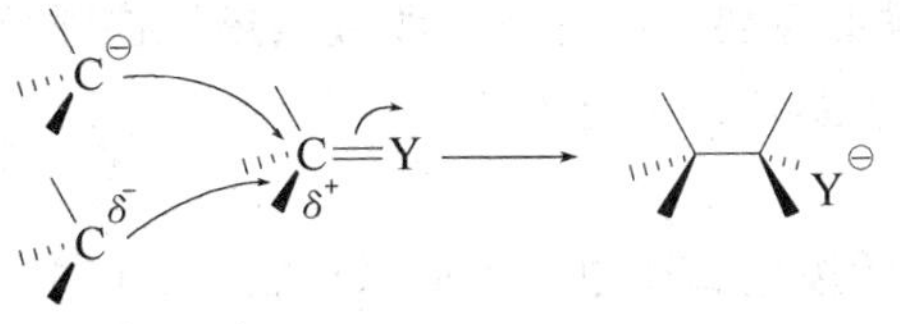

亲核加成

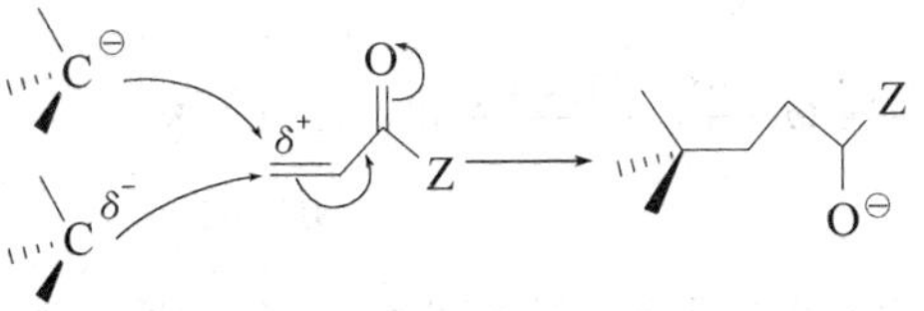

共轭加成

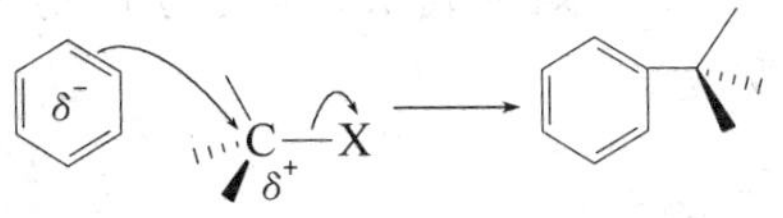

芳环上亲电取代

形成碳-碳键的反应归纳如下：

1. 亲核取代

卤代烃、磺酸酯等与碳负离子(或潜在的碳负离子)的亲核取代反应。例如：卤代烃的氰化反应(§8.3)，炔化钠的烃化(§4.2)，烯胺的烃化反应(§10.2)，碱性条件下的活性亚甲基化合物的烃化反应(§13.4)等。

2. 亲核加成

碳负离子(或潜在的碳负离子)与醛、酮或羧酸衍生物的羰基的亲核加成反应。例如：格氏试剂(RMgX)、有机锂试剂(RLi)、有机锌试剂(如 $BrZnCH_2COOEt$)、氰离子等与醛酮的亲核加成反应(§10.2)，羟醛缩合(§10.3，§14.1)，克莱森缩合(§13.3)，安息香缩合反应(§10.6)。

3. 共轭加成

碳负离子(或潜在的碳负离子)与 α,β-不饱和羰基(包括硝基、氰基等)化合物的共轭加成(迈克尔加成反应)。例如：格氏试剂(RMgX)、氰离子、烯胺、碱性条件下的活性亚甲基化合物与 α,β-不饱和羰基(包括硝基、氰基等)化合物的迈克尔加成反应(§10.5，§13.4)。

问题 18.1　环氧化合物的碳是亲电性碳原子，因而碳亲核试剂如格氏试剂、有机锂试剂、烯胺、碱性条件下的活性亚甲基化合物等对环氧乙烷起亲核开环反应，可以使碳链增长二个碳原子(羟乙基化)。给这些反应各举一例。

4. 芳环上的亲电取代反应

碳正离子(或潜在的碳正离子)进攻芳环引起的亲电取代反应。例如 Friedel-Crafts 烃化和酰化反应、氯甲基化反应(§6.3，§9.5，§15.2)、质子化的羰基化合物与活泼芳烃的缩合反应(第十章习题 10.10(4))等。

问题 18.2　写出下列反应的产物。

(1) 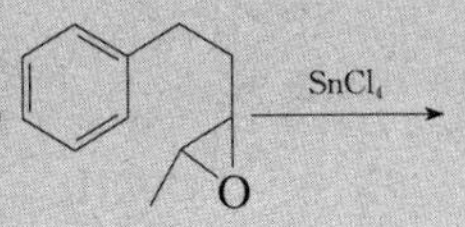 $\xrightarrow{SnCl_4}$　　(2) 2 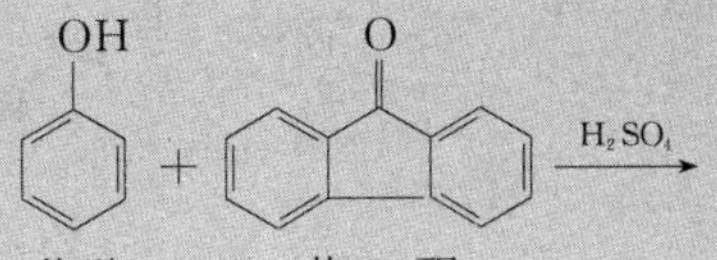 苯酚 + 芴-9-酮 $\xrightarrow{H_2SO_4}$

除了上述反应，生成碳-碳键的重要反应还有活泼金属还原偶联反应和过渡金属配合物催化的偶联反应，不过它们不属于亲核或亲电反应。

5. 还原偶联反应

醛、酮在非质子性溶剂中用活泼金属还原得到偶联产物（§10.4）。

$$2\ R^1R^2C{=}O \xrightarrow[\text{② } H_3O^{\oplus}]{\text{① } Na,C_6H_5CH_3} R^2-\underset{OH}{\overset{R^1}{C}}-\underset{OH}{\overset{R^1}{C}}-R^2$$

酯在非质子性溶剂中被金属还原后水解，则生成双分子还原产物 α-羟基酮。这类反应称为偶姻缩合（acyloin condensation）反应。

$$2R-\overset{O}{\overset{\|}{C}}-OEt \xrightarrow{2Na} R-\overset{O^{\ominus}}{C}(\cdot)-OEt \ \ R-\underset{O^{\ominus}}{C}(\cdot)-OEt \longrightarrow R-C(O^{\ominus})(OEt)-C(O^{\ominus})(OEt)-R \longrightarrow R-C(=O)-C(=O)-R \xrightarrow{2Na} R-\dot{C}(O^{\ominus})-\dot{C}(O^{\ominus})-R$$

$$\longrightarrow R-C(O^{\ominus}){=}C(O^{\ominus})-R \xrightarrow{H_3O^{\oplus}} R-C(=O)-CH(OH)-R$$

6. 钯催化交叉偶联反应

近20年来，钯配合物催化有机反应的研究迅速发展，其中Heck反应和Suzuki反应已成为形成碳-碳键构建碳架的重要方法，已广泛应用于药物合成和有机光电材料分子的合成中。2010年，美国化学家理查德-赫克（Heck R. F.）日本化学家铃木章（Suzuki A.）和根岸英一（Negishi E.）由于钯催化交叉偶联反应的贡献被授予诺贝尔化学奖。

(1) Heck反应

卤代芳烃或芳香族磺酸酯与烯烃或乙烯基化合物在钯配合物（常用醋酸钯加三苯基膦或四（三苯基膦）钯 $Pd(PPh_3)_4$ 催化下形成碳-碳键的偶联反应称作Heck反应。其通式为

$$R-X + H(C{=}C)Z \xrightarrow[B:]{Pd(OAc)_2,PPh_3} R(C{=}C)Z$$

X＝Cl、Br、I、—OSO_2R，Z 常为 Ph、CN、CO_2R、COR 等吸电子基团，R＝芳基、烯基，B：代表碱，常用三乙胺、醋酸钠、碳酸钠和氢氧化钠等。在Heck反应中，反应物烯键的构型仍保留在产物中。分子中其他官能团如醛酮的羰基、羟基、酯基、硝基、氰基等对反应没有影响。例如：

$$\text{2,5-二溴-4-碘甲苯 (Br, CH}_3\text{, Br, I)} + CH_2{=}CHCO_2CH_3 \xrightarrow[CH_3CN,Et_3N\ (81\%)]{Pd(OAc)_2,PPh_3} \text{(Br, CH}_3\text{, Br, CH{=}CHCOOCH}_3) \xrightarrow[Pd(OAc)_2,Et_3N\ (46\%)]{CH_2{=}CHPh,\ PPh_3} \text{(C}_6H_5CH{=}CH\text{, CH}_3\text{, CH{=}CHC}_6H_5\text{, CH{=}CHCO}_2CH_3)$$

(2) Suzuki 反应

卤代芳烃或芳香族磺酸酯与芳基或乙烯基硼酸或硼酸酯在钯配合物催化下形成碳-碳键的偶联反应称作 Suzuki 反应。其通式为

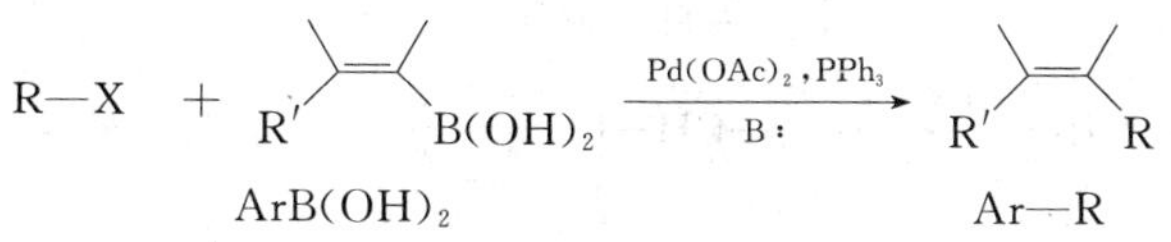

$$R—X + R'CH{=}CHB(OH)_2 \xrightarrow[B:]{Pd(OAc)_2, PPh_3} R'CH{=}CHR$$

$$ArB(OH)_2 \qquad\qquad Ar—R$$

X＝Cl、Br、I、—OSO_2R，R＝芳基、烯基。B：代表三乙胺、碳酸钠、乙酸钠、氢氧化钠等碱。

反应条件和 Heck 反应相似。Suzuki 反应的产物也具有立体专一性。例如：

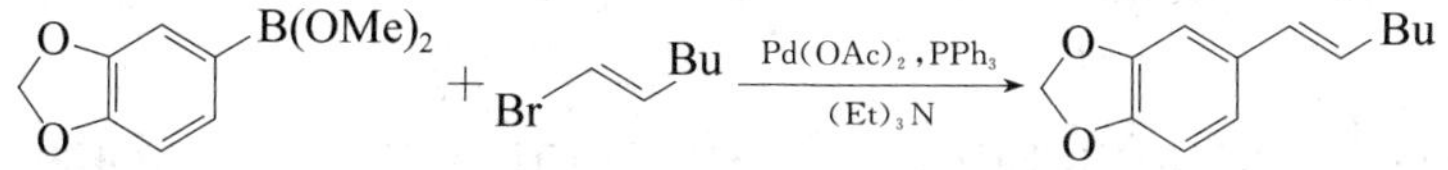

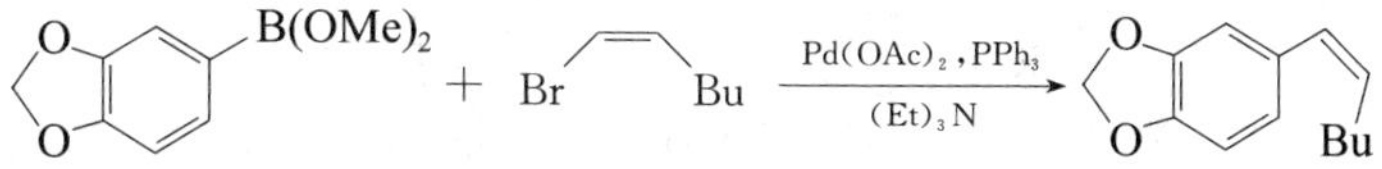

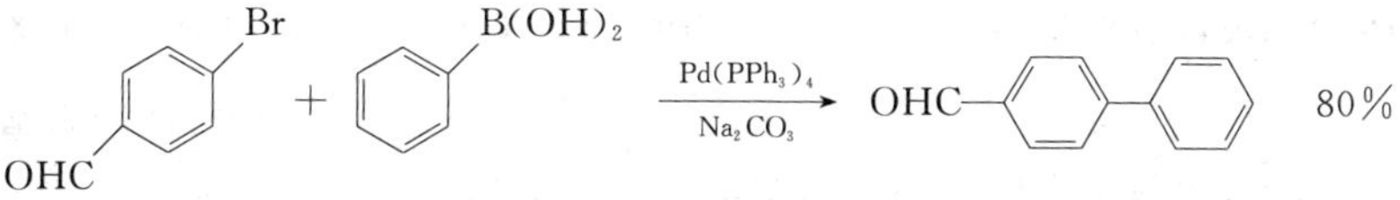

$$\text{3,4-亚甲二氧基苯基}—B(OMe)_2 + Br\text{(E)-}CH{=}CHBu \xrightarrow[(Et)_3N]{Pd(OAc)_2, PPh_3} \text{(E)-产物}$$

$$\text{3,4-亚甲二氧基苯基}—B(OMe)_2 + Br\text{(Z)-}CH{=}CHBu \xrightarrow[(Et)_3N]{Pd(OAc)_2, PPh_3} \text{(Z)-产物}$$

$$p\text{-}OHC—C_6H_4—Br + C_6H_5—B(OH)_2 \xrightarrow[Na_2CO_3]{Pd(PPh_3)_4} OHC—C_6H_4—C_6H_5 \quad 80\%$$

有机硼酸和硼酸酯可以由格利雅试剂或有机锂试剂与烷基硼酸酯制备。

$$RMgX + B(OMe)_3 \longrightarrow RB(OMe)_2 \xrightarrow{H_3O^{\oplus}} RB(OH)_2$$

问题 18.3　写出下列反应的产物。

(1) 2,5-二碘-3,4-二氯噻吩 (I, S, I, Cl, Cl) + 2-噻吩基—$B(OH)_2$ $\xrightarrow[N(Et)_3]{PdCl_2, PPh_3}$

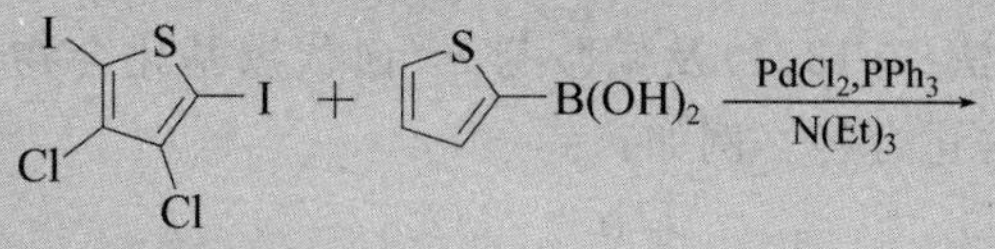

(2) 对碘苯甲酸 (I, COOH) + $CH_2{=}CH—COOCH_2CH_3$ $\xrightarrow[Na_2CO_3]{Pd(OAc)_2, PPh_3}$

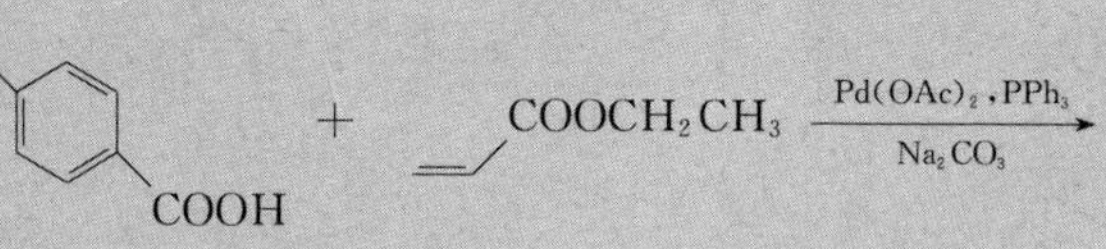

二、碳碳双键的形成

1. 维悌希反应和 HWE 反应形成碳碳双键，同时增长碳链(§14.8)。

2. 诺文格尔缩合反应：活性亚甲基化合物在弱碱催化剂存在下与醛酮脱水缩合生成 α，β-不饱和羰基化合物，形成碳碳双键，同时增长碳链(§13.4)。

3. 烯烃复分解反应(olefin metathesis)形成碳碳双键，同时增长碳链(§5.5)。

4. 利用消去反应也能形成碳碳双键，不过它们是官能团转变反应(§8.5，§9.2，§14.3)。

5. 炔烃在 Lindlar 钯催化加氢下可选择性生成烯烃(§4.2)。

三、碳-碳键和官能团的同时形成

一些有机反应在形成碳-碳键的同时能导入两个官能团，这些反应在有机合成中十分重

要，现归纳如下：

1. 官能团在相邻碳原子

$$\rangle C{=}O \xrightarrow{HCN} \rangle C(OH){-}CN \xrightarrow{H_3O^{\oplus}} \rangle C(OH){-}COOH \qquad (§10.2)$$

$$2\ C_6H_5CHO \xrightarrow{^{\ominus}CN} C_6H_5{-}CH(OH){-}C(=O){-}C_6H_5 \qquad (安息香缩合，§10.6)$$

$$2CH_3COCH_3 \xrightarrow[②\ H_3O^{\oplus}]{①\ Mg, CH_3C_6H_5} (CH_3)_2C(OH){-}C(OH)(CH_3)_2 \qquad (§10.4)$$

2. 官能团在1,3-位碳原子

$$2RCH_2CHO \xrightarrow{OH^{\ominus}} RCH_2CH(OH)CH(R)CHO \xrightarrow{\triangle} RCH_2CH{=}C(R)CH_2OH \qquad (羟醛缩合，§10.3)$$

$$C_6H_5CHO + BrCH_2COOC_2H_5 \xrightarrow[②\ H_3O^{\oplus}]{①\ Zn} C_6H_5CH(OH)CH_2COOC_2H_5 \xrightarrow{\triangle} C_6H_5CH{=}CHCOOC_2H_5$$

(列弗尔马茨基反应，§13.1)

$$2RCH_2COOC_2H_5 \xrightarrow[②\ H_3O^{\oplus}]{①\ C_2H_5ONa} RCH_2COCH(R)COOC_2H_5 \qquad (克莱森缩合，§13.3)$$

$$C_6H_5COOC_2H_5 + CH_3COCH_3 \xrightarrow[②\ H_3O^{\oplus}]{①\ C_2H_5ONa} C_6H_5COCH_2COCH_3 \qquad (克莱森缩合，§13.3)$$

3. 官能团在1,4-位碳原子

丙二酸酯合成法和乙酰乙酸乙酯合成法(§13.4)及烯胺与α-卤代羰基化合物或环氧化物反应可以得到含氧官能团在1,4-位的化合物。例如：

$$\text{环己酮} \xrightarrow[TsOH]{\text{四氢吡咯 (NH)}} \left[\text{1-(环己烯基)吡咯烷} \longleftrightarrow \text{亚胺正离子/碳负离子}\right] \xrightarrow[②\ H_3O^{\oplus}]{①\ BrCH_2COR} \text{2-}(RCOCH_2)\text{环己酮}$$

$$CH_3COCH_2COOCH_2CH_3 \xrightarrow[②\ \text{环氧乙烷}]{①\ NaOEt} CH_3CO\overset{\ominus}{C}(CH_2CH_2OH)COOCH_2CH_3\ Na^{\oplus} \xrightarrow{H_3O^{\oplus}} \alpha\text{-乙酰基-}\gamma\text{-丁内酯}$$

4. 官能团在1,5-位碳原子

$$C_6H_5CH{=}CHCOCH_3 + CH_3COCH_2COOC_2H_5 \xrightarrow[②\ H_3O^{\oplus},\triangle]{①\ C_2H_5ONa} C_6H_5CH(CH_2COCH_3)CH_2COCH_3$$

(迈克尔加成反应，§13.4)

烯胺与α,β-不饱和羰基化合物起迈克尔加成反应也可以得到官能团在1,5-位双官能团的化合物(§13.4)。

四、碳环和杂环的形成

使链状化合物转变为环状化合物的反应称作环化反应。环化反应分两类：一类是双官能团链状化合物前体分子内反应(如二元羧酸酯分子内克莱森缩合);另一类是两个或多个非环前体分子之间两点或多点反应实现环合(如环加成反应)。如环化反应生成碳-碳键即形成碳环,如同时生成碳杂原子键即形成杂环。

1. 碳环的形成

(1) 分子内亲核和亲电反应成环

双官能团化合物分子内的亲核和亲电反应易生成五元环或六元环的化合物。例如:

分子内亲电取代:

$\xrightarrow{AlCl_3}$ CH_3 CH_3

分子内克莱森缩合成环(Dieckmann 缩合反应):

$$\begin{matrix} CH_2-CH_2COOC_2H_5 \\ | \\ CH_2-CH_2COOC_2H_5 \end{matrix} \xrightarrow[\text{② } H_3O^{\oplus}]{\text{① } NaOC_2H_5} \quad COOC_2H_5 \quad 81\%$$

分子内的羟醛缩合反应成环:

$$\begin{matrix} CH_2-CH_2COCH_3 \\ | \\ CH_2-CH_2COCH_3 \end{matrix} \xrightarrow[\triangle]{OH^{\ominus}} \quad COCH_3,\ CH_3 \quad 83\%$$

鲁滨逊成环(Robinson annulation)反应:

α,β-不饱和羰基化合物与碳负离子起迈克尔加成反应后起分子内羟醛缩合或克莱森缩合导致成环的反应叫作鲁滨逊成环(Robinson annulation)反应。

$$C_6H_5-CH{=}CHCOCH_3 + \text{环己酮} \xrightarrow[\text{迈克尔加成}]{NaNH_2} [\ CH_3,\ C_6H_5\ ] \xrightarrow[\text{羟醛缩合}]{} \quad C_6H_5$$

$$(CH_3)_2C{=}C(CH_3)-C(=O)-CH_3 + CH_2(COOC_2H_5)_2 \xrightarrow[\text{迈克尔加成}]{NaOC_2H_5} \quad CH_3,\ CH_3,\ CH_3,\ CH_3,\ COOC_2H_5,\ COOC_2H_5$$

$$\xrightarrow[\text{克莱森缩合}]{\text{① } NaOC_2H_5 \quad \text{② } H_3O^{\oplus}} \quad CH_3,\ CH_3,\ CH_3,\ CO_2C_2H_5$$

(2) RCM 关环反应

RCM(ring closing metathesis)关环反应可以生成各种大小的环烯烃(§5.5)。

(3) 环加成反应

[2+2]环加成反应生成四元环化合物(§5.5)。[4+2]环加成反应(Diels - Alder 反应)生成六元环化合物(§4.5)。

(4) 碳烯与烯键的加成反应

碳烯与烯键的加成反应和 Simmons-Smith 反应生成三元脂环化合物(§5.5)。

(5) 羰基化合物分子内还原偶联。例如:

$$\begin{matrix} CH_2-CH_2-\overset{O}{\overset{\|}{C}}-OC_2H_5 \\ | \\ CH_2-CH_2-\underset{O}{\underset{\|}{C}}-OC_2H_5 \end{matrix} \xrightarrow[\text{② } H_3O^{\oplus}]{\text{① Na, PhCH}_3} \text{2-羟基环己酮}$$

2. 杂环的形成

相当多的药物分子中含有芳杂环,因此芳杂环的形成在药物合成中十分重要。下面以含氮的五元和六元芳杂环为例介绍主要的合成反应和方法。

(a) 吡啶 ⟹ 五碳链 + N;吡咯(NH) ⟹ 四碳链 + N

(b) 吡啶 ⟹ 两碳段 + N;吡咯(NH) ⟹ 两碳段 + N

从上面的分析可以看到,成环反应的原料是 1,2 -、1,3 -、1,4 -、1,5 -双官能化合物,另一原料是含 N 亲核试剂。双官能化合物可以按上面一般的方法合成。在式(a)中,成环时只需形成碳-杂原子键。在式(b)中,需要形成碳-杂原子键和碳-碳键。

在杂环的合成中,形成碳-碳键的常用方法是碳亲核试剂(烯醇、烯醇负离子、烯胺等)对羰基碳的亲核加成或对 α,β-不饱和羰基化合物的迈克尔加成或对饱和碳原子上卤素等易离去基团的亲核取代。形成碳-杂原子键的反应一般是带未共用电子对的 N(或 S、O)原子对羰基碳的亲核加成或对饱和碳原子上卤素等易离去基团的亲核取代。

例 1:

1,4-二酮 + $R-NH_2$ $\xrightarrow{\triangle}$ [环状半缩胺(O, HN, OH) ⟶ 二羟基吡咯烷(OH, N, OH)] $\xrightarrow{-2H_2O}$ 2,5-二甲基-N-取代吡咯

亲核加成形成C—N键　　亲核加成形成C—N键

由于芳杂环热力学上特殊的稳定性,在反应条件下一般可自动脱水。

例 2:

CH_3COCH_2Cl + CH_3COCH_2COOEt ⟶ $CH_3COCH_2CH(COOEt)COCH_3$ $\xrightarrow{NH_3}$ [$CH_3COCH_2CH(COOEt)C(=NH)CH_3$ $\xrightarrow{\text{互变异构}}$ $CH_3COCH_2C(COOEt)=C(NH_2)CH_3$]

亲核取代形成C—C键　　亲核加成形成C—N键

⟶ 2-羟基-2,5-二甲基-4-乙氧羰基-2,3-二氢吡咯 (CH₃, HO, NH, COOEt) $\xrightarrow{-H_2O}$ 2,5-二甲基-3-乙氧羰基吡咯 (COOEt, CH_3, NH, CH_3)

例 3：

迈克尔加成形成C—C键　　互变异构　　亲核加成形成C—N键

$-H_2O$　　[O]

合成含两个 N 原子的五元和六元芳杂环时，可使用含有两个 N 原子的亲核试剂。常用的有肼(NH_2NH_2)、取代肼($RNHNH_2$)、乙二胺($NH_2CH_2CH_2NH_2$)、尿素、硫脲、胍和脒的取代衍生物等。

例 4：

① NaOEt　② $H_3O^{\oplus}$

尿素　　巴比妥酸

例 5：

NaOEt

硫酸胍盐　　4,6-二甲基嘧啶-2-胺

例 6：

$+C_6H_5NHNH_2$　$H_3O^{\oplus}$，△

苯肼　　1,3,5-三苯基吡唑

链中有杂原子的双官能团化合物也可以制备含两个杂原子的芳杂环。

例 7：

CH_3COONH_4，CH_3COOH，△

2,4,5-三苯基咪唑

问题 18.4 写出合成下列芳杂化合物的原料。

(1) (2) (3)

(4) (5)

五、碳链的缩短

1. 烯键、炔键的氧化断裂（§3.4、§4.2），芳烃侧链的氧化（§6.3），邻二醇和邻二羰基及α-羟基羰基化合物的氧化断裂（§9.2）等。

2. 甲基酮的卤仿反应生成少一个碳原子的羧酸（§10.3）。

3. 酰胺的霍夫曼重排生成少一个碳原子的伯胺（§12.6）。

4. 拜耳-魏立格氧化转化酮为酯（§10.4），然后水解。

$$R^1-\overset{O}{\overset{\|}{C}}-R^2 \xrightarrow{RCO_3H} R^1-\overset{O}{\overset{\|}{C}}-OR^2 \xrightarrow[\text{② } H_3O^{\oplus}]{\text{① } NaOH, H_2O} R^1-\overset{O}{\overset{\|}{C}}-OH + HOR^2$$

5. α或β-酮酸的氧化分解或脱羧（§13.2）。

§18.2 官能团的导入和互相转变

一、官能团的导入

饱和碳原子上官能团的导入常通过卤代反应导入卤素，然后再转变成其他官能团。例如烷烃的卤化，烯烃、烷基芳烃、醛酮和羧酸的α-卤代。芳环上官能团的导入常通过硝化、卤化、磺化、傅-克酰化、氯甲基化等亲电取代反应。烷基芳烃的侧链氧化可导入羧基、酰基等。

二、官能团的互相转变

1. 氧化程度相同的官能团一般可以通过取代反应、亲电加成反应和β-消去反应、亲核加成-消去反应等方法互相转变。例如：

(1) 卤代烃和醇通过取代反应互相转变：

$$ROH + HX \longrightarrow RX + H_2O$$

$$RX + H_2O(OH^{\ominus}) \longrightarrow ROH + X^{\ominus}$$

(2) 烯烃和卤代烃或醇通过烯键的亲电加成反应和β-消去反应互相转变。例如：

$$(CH_3)_2C=CH_2 \underset{-H_2O}{\overset{+H_2O}{\rightleftharpoons}} (CH_3)_2\underset{OH}{\underset{|}{C}}CH_3$$

$$(CH_3)_2C=CH_2 \underset{-HX}{\overset{+HX}{\rightleftharpoons}} (CH_3)_2\underset{X}{\underset{|}{C}}CH_3$$

(3) 芳基重氮盐的取代反应(§14.4)和芳环上的亲核取代反应(§14.1)。

(4) 羧酸、羧酸衍生物通过亲核加成-消去反应互相转变(§12.5)。

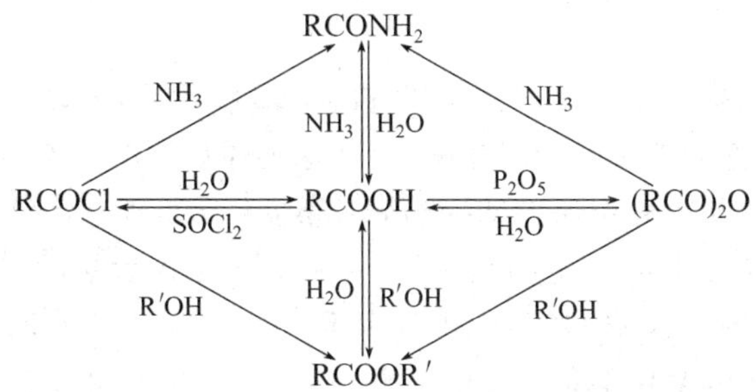

2. 氧化程度不同的官能团的互相转变可通过氧化还原反应来实现。要注意各种氧化剂和还原剂氧化或还原不同官能团的选择性。例如 PCC 试剂氧化不饱和伯醇的羟基为醛基，而不氧化碳碳重键(§9.2)，金属氢化物硼氢化钠和氢化锂铝还原不饱和醛酮的羰基为羟基，而不还原碳碳重键(§10.4)。下表列出了本书氢化物还原剂对常见官能团的还原选择性。

表 18.1　氢化物的还原产物

反应物 / 还原剂	醛	酮	酰卤	酯	酰胺	羧酸	腈	亚胺	硝基化合物	卤代烃
$LiAlH_4$	醇	醇	醇	醇	胺	醇	胺	胺	(a)	烃
$NaBH_4$	醇	醇	—	(b)	—	—	—	胺	—	—
BH_3 · BMS	醇	醇	—	—	胺	醇	胺	—	—	—

(a) 脂肪族硝基化合物还原为胺，芳香族硝基化合物还原为氢化偶氮化合物。

(b) 反应速度很慢，加 Lewis 酸如 $AlCl_3$ 加速反应，产物为醇。

用钯碳(Pd/C)等催化加氢还原时，各种基团被还原的难易不同，因而可以实现选择性氢化。常见基团催化氢化从易到难的大致次序(括号内为氢化产物)为

RCOCl($\longrightarrow$RCHO)>RNO_2($\longrightarrow$$RNH_2$)>RC≡CR($\longrightarrow$RCH═CHR(Z))>RCHO($\longrightarrow$$RCH_2OH$)>R'HC═CHR($\longrightarrow$$RH_2C—CH_2R'$)>$PhCH_2OR$($\longrightarrow$$PhCH_3$+ROH)>RCOR'($\longrightarrow$RCH(OH)R')>RCN($\longrightarrow$$RCH_2NH_2$)> (萘) ($\longrightarrow$ (四氢萘))>RCOOR'($\longrightarrow$$RCH_2OH$+R'OH)>RCONHR'($\longrightarrow$$RCH_2NHR'$)> (苯) ($\longrightarrow$ (环己烷))

§18.3　官能团的保护、占位和导向

一、官能团的保护

在有机合成中，为了使某官能团在进行其他反应过程中不被破坏，需要采取措施把它保护起来，待分子中其他基团反应之后再使它复原，这叫作官能团的保护。例如：

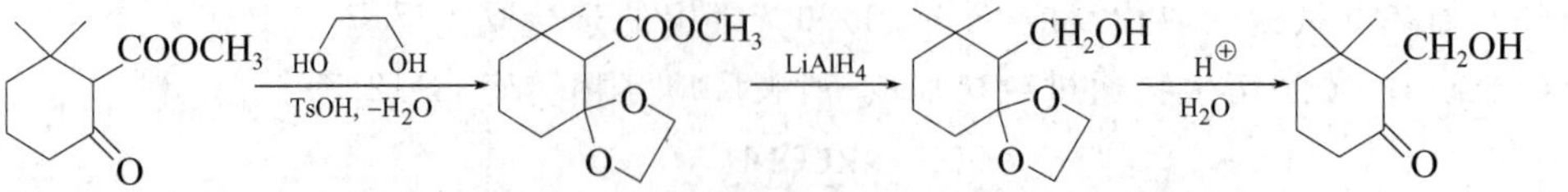

分子中同时含有酮羰基和酯基,它们都能被 $LiAlH_4$ 还原,要使酮羰基保持不变而使酯基还原成羟基,就必须把酮羰基转变成缩酮,待酯基还原后再酸性水解除去缩酮保护基。

用于官能团保护的基团称作保护基(protecting group),理想的保护基必须满足三个基本条件:① 导入时反应条件温和、选择性好、产率高;② 导入后能承受其他官能团希望进行的反应;③ 除去保护基时反应条件温和、不发生重排和异构化等副反应。

羟基和氨基官能团的常用保护基和除去方法列于表 18.2 和表 18.3。

表 18.2 羟基的常用保护基

羟基保护基	结构式	缩写	除去方法
Benzyl 苄基	$PhCH_2—$	Bn	Pd/C, H_2
t-Butyl 叔丁基	$(CH_3)_3C—$	*t*-Bu	HCl,HBr,CF_3CO_2H
Trimethylsilyl 三甲基硅基	$(CH_3)_3Si—$	TMS	CH_3CO_2H, TBAF
t-Butyldimethylsilyl 叔丁基二甲基硅基	$(CH_3)_3C(CH_3)_2Si—$	TBS, TBDMS	CH_3CO_2H,TBAF
t-Butyldiphenylsilyl 叔丁基二苯基硅基	$(CH_3)_3CPh_2Si—$	TBDPS	HCl, TBAF
Acetyl 乙酰基	$—COCH_3$	Ac	K_2CO_3, NH_3, Et_3N
Benzoyl 苯甲酰基	—COPh	Bz	NaOH, Et_3N
Tetrahydropyranyl 四氢吡喃	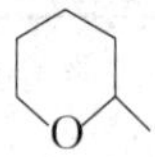	THP	CH_3CO_2H, HCl

表 18.3 氨基的常用保护基

氨基保护基	结构式	缩写	除去方法
Benzyl 苄基	$PhCH_2—$	Bn	Pd/C, H_2
t-Butoxycarbonyl 叔丁氧羰基	$(CH_3)_3COCO—$	Boc	HCl; CF_3CO_2H
Benzyloxycarbonyl 苄氧羰基	$PhCH_2OCO—$	Cbz, Z	Pd/C, H_2
Acetyl 乙酰基	$CH_3CO—$	Ac	NaOH
Benzoyl 苯甲酰基	PhCO—	Bz	NaOH
fluoren-9-ylmethoxycarbonyl 芴-9-甲氧羰基	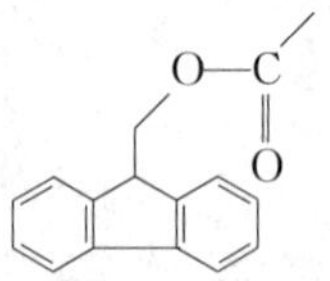	Fmoc	Et_2NH; 

羟基和氨基可以用苄基(Bn)保护,用钯/碳催化氢解的方法除去(§9.6)。羟基和氨基也

可以用乙酰基(Ac)或苯甲酰基(Bz)保护，用酸性或碱性水解的方法除去(§12.5、§14.3)。氨基也常用叔丁氧羰基(Boc)、苄氧羰基(Cbz 或 Z)和芴-9-甲氧羰基(Fmoc)保护，分别用酸水解、钯碳氢解和弱碱如六氢吡啶裂解的方法除去(§14.3)。

硅醚作为羟基的保护基在有机合成中已得到广泛的应用。硅醚保护基主要有三甲基硅基(TMS)、叔丁基二甲基硅基(TBDMS 或 TBS)、叔丁基二苯基硅基(TBDPS)等。由于硅的电负性(1.9)比碳(2.6)小，因而 Si—Cl 键的极性比 C—Cl 键大，氯代硅烷分子中的氯很易被烃氧基取代生成硅醚。用相应的氯代硅烷在咪唑催化剂下，室温时即可导入硅醚保护基。

$$R—OH + \overset{\delta^+}{Si}—\overset{\delta^-}{Cl} \longrightarrow R—\overset{\oplus}{O}(H)—Si— \xrightarrow{-H^{\oplus}} R—O—Si—$$

硅醚保护基对氧化剂、还原剂等稳定，但对酸和碱敏感，因此用酸或碱都可以除去保护基。由于 F—Si 的键能比 O—Si 大得多，因此含氟试剂如氟化四丁基铵(TBAF)、氟化氢吡啶盐(HF·Py)等都可以除去硅醚保护基。

醛酮羰基用缩醛和缩酮保护，酸性条件下水解除去(§10.2)。羧基常通过酯化形成甲酯、乙酯、叔丁酯等保护，碱性或酸性水解解除保护。

问题 18.5　羟基也常用四氢吡喃基(THP)保护，试说明导入这种保护基后的产物是哪一类化合物，用什么方法除去 THP 保护基。

$$ROH + \text{二氢吡喃(DHP)} \xrightarrow{H^{\oplus}} \text{2-烷氧基四氢吡喃} \quad (THP—OR)$$

二、官能团的占位

在有机合成中，为了避免在某一活泼位置引入不需要的基团，反应前先在此位置引入某一特定的官能团，反应后将其除去，这叫作官能团的占位。例如：

$$\text{间苯二酚} \xrightarrow{H_2SO_4} \text{4,6-二磺酸基间苯二酚}(HO_3S, SO_3H) \xrightarrow[HNO_3]{H_2SO_4} \text{2-硝基-4,6-二磺酸基间苯二酚}(HO_3S, NO_2, SO_3H) \xrightarrow[\triangle]{H_2O} \text{2-硝基间苯二酚}(OH, NO_2, OH)$$

三、官能团的导向

在芳香族化合物的合成中，由于定位效应的影响，有时不能用直接的方法把所需的官能团引入指定位置，这时必须先引入一个合适的基团，发挥定位作用后再把它除去，这叫作官能团的导向。例如 Br—是邻、对位定位基，用直接溴化的方法不能得到 1,3,5-三溴苯。在苯环上先引入氨基，溴化后经重氮盐除去氨基，就可以得到 1,3,5-三溴苯(§14.4)。

$$C_6H_5NH_2 \xrightarrow[H_2O]{Br_2} \text{2,4,6-三溴苯胺} \xrightarrow[0\sim5\ ℃]{NaNO_2, HCl} \text{2,4,6-三溴苯重氮盐}(\overset{\oplus}{N}_2Cl^{\ominus}) \xrightarrow{H_3PO_2} \text{1,3,5-三溴苯}$$

§18.4 构型的控制

一、*Z*-*E* 构型的控制

非末端炔键用化学试剂如活泼金属/液氨溶液或氢化锂铝还原一般得到 *E*-构型烯键，催化加氢得到 *Z*-构型烯键(§4.2)。

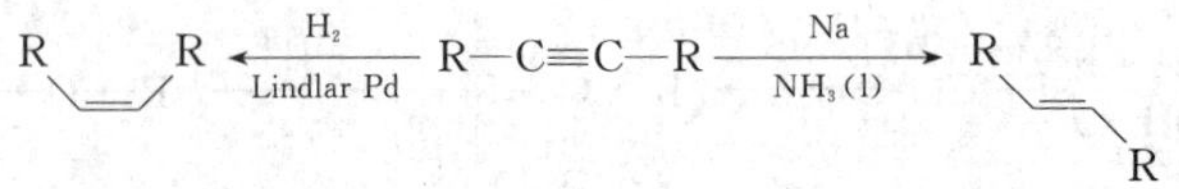

一些化学反应有很好的 *Z*-*E* 构型控制能力。例如 HWE 反应主要生成 *E*-构型烯键产物(§14.8)。

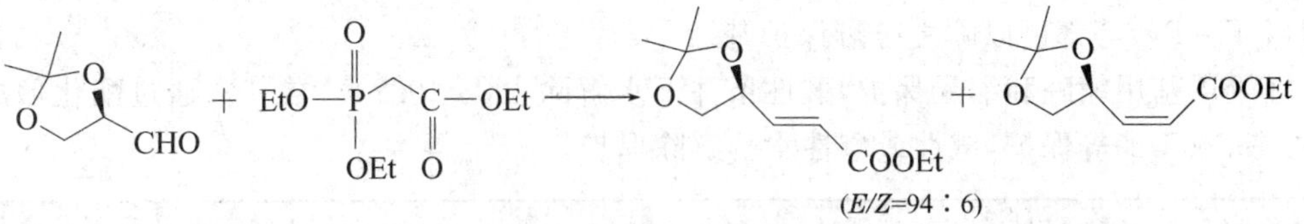

(*E*/*Z*=94∶6)

Heck 反应和 Suzuki 反应中，原料中烯键的构型保持在偶联产物中(§18.1)。在 Diels-Alder 反应等环加成反应中，原料亲二烯体的构型保留在产物中(§4.5)。

二、构型保持和构型翻转

仲醇用氯化亚砜试剂氯化时，反应是分子内的亲核取代(intramolecular nucleophilic substitution)，S_Ni 机理，产物的构型保持(configuration retention)，用吡啶催化时，反应为 S_N2 机理，构型翻转。

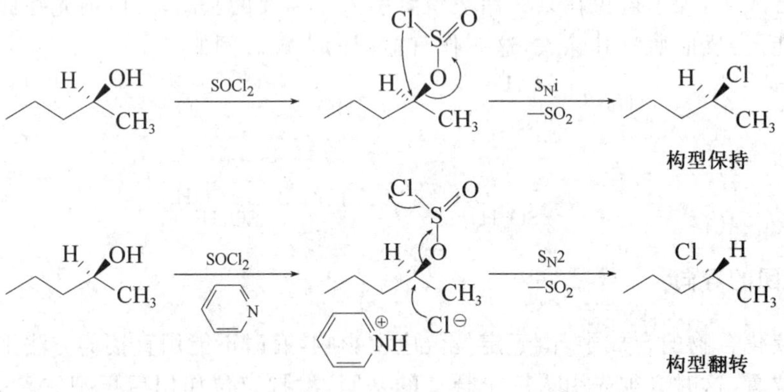

构型保持

构型翻转

在 S_N2 机理的亲核取代反应中，产物的构型翻转(configuration inversion)。

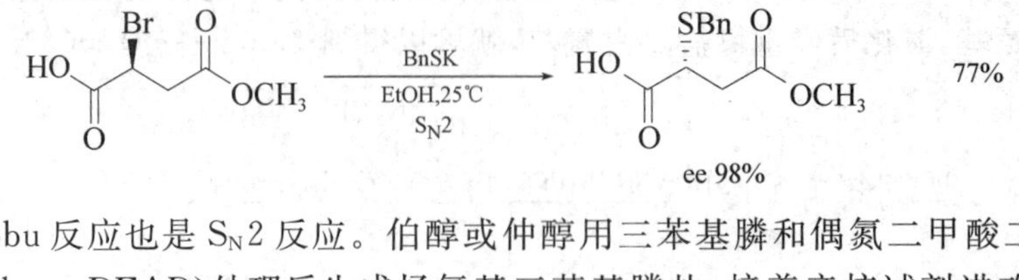

77%

ee 98%

Mitsunobu 反应也是 S_N2 反应。伯醇或仲醇用三苯基膦和偶氮二甲酸二乙酯(diethyl azodicarboxylate，DEAD)处理后生成烃氧基三苯基膦盐，接着亲核试剂进攻起 S_N2 反应，构型翻转，三苯基膦氧化物作为离开基离开。

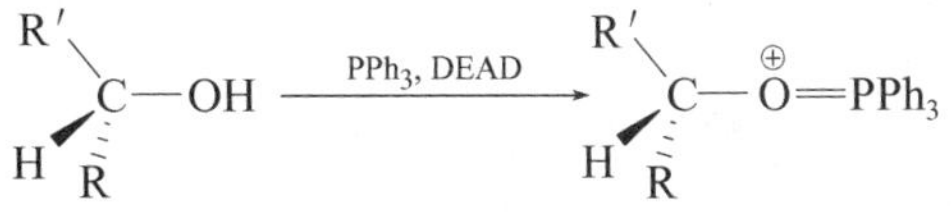

烃氧基三苯基膦盐

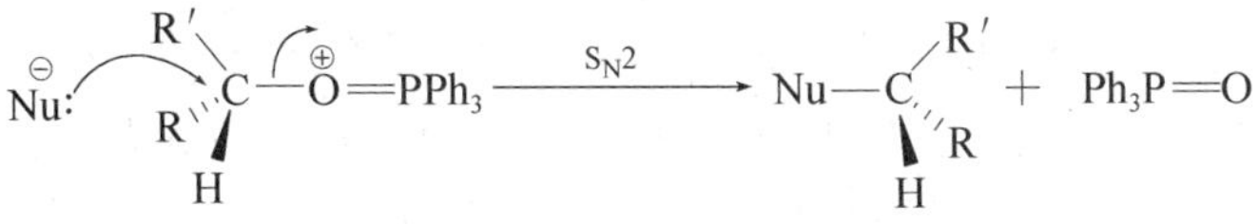

构型翻转

亲核试剂可以是羧酸、醇、酚、胺、硫醇、卤离子等，因此 Mitsunobu 反应可以将醇转变成构型翻转的各种官能团的化合物，应用范围十分广泛。例如：

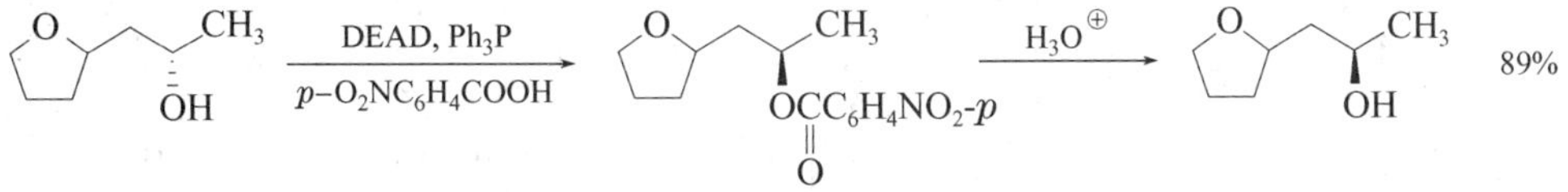

89%

问题 18.6　写出下列反应产物。

(1)

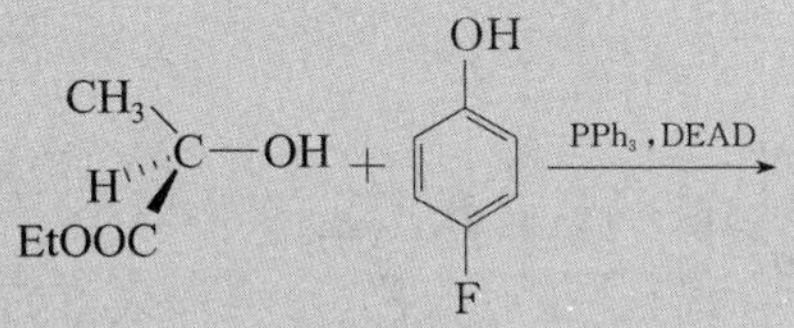

(2)

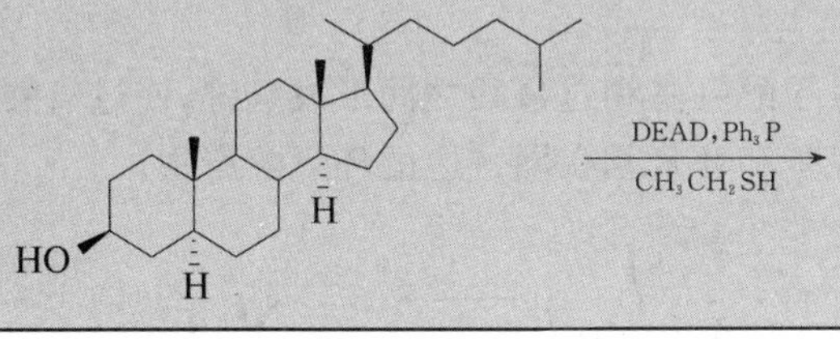

三、烯键上的立体选择性反应

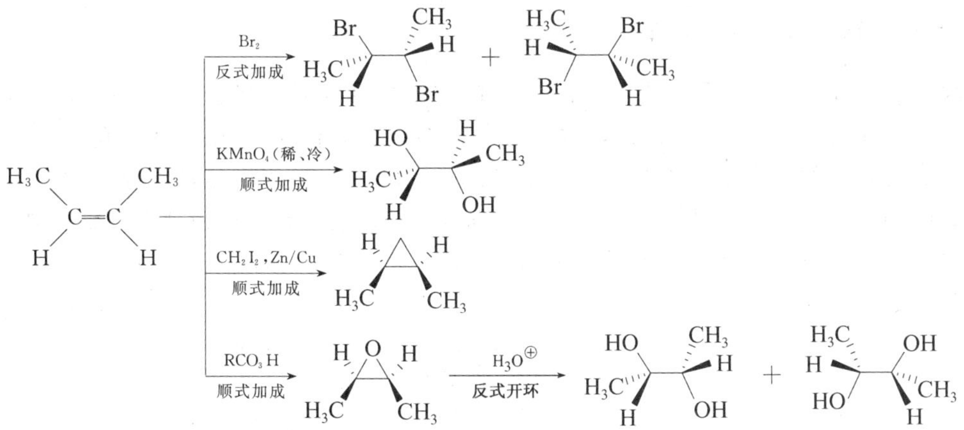

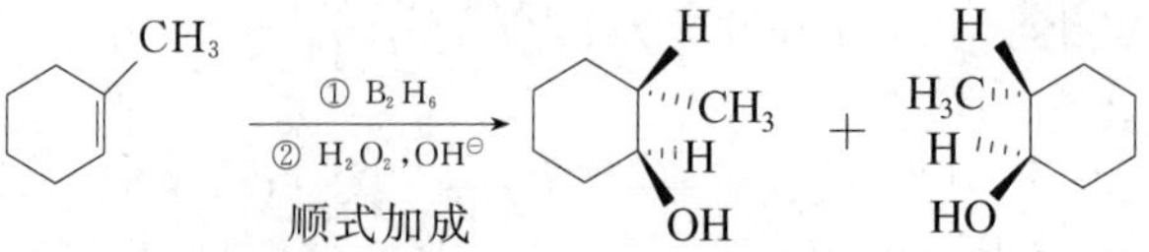

顺式加成

四、杂原子螯合效应控制立体选择性

在烯键、羰基等反应中心附近含有未共用电子对的官能团如羟基时，常和某些试剂形成螯合环，从而导致反应具有非对映体选择性和对映选择性。因此杂原子螯合效应(heteroatom chelation)是控制许多反应立体选择的重要方法。

用金属氢化物如硼氢化锌还原 α-羟基酮时，由于羰基和羟基的氧原子与试剂中的锌原子形成螯合环，因而控制负氢只能在羰基的另一边加到羰基的碳原子上。

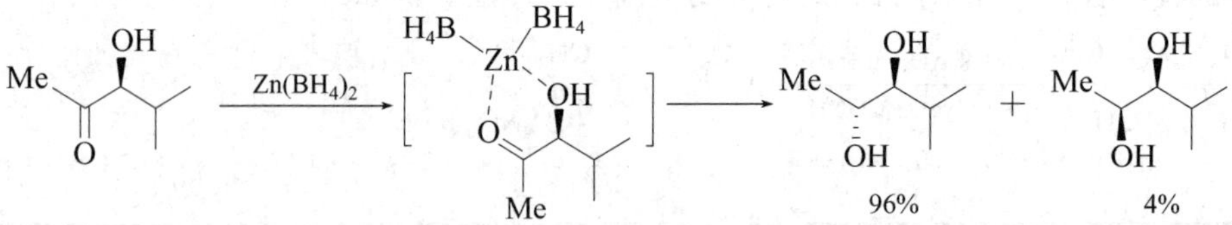

96%　　4%

手性烯丙式醇为底物的 Simmons-Smith 反应由于烯键的羟基氧原子和锌的配位形成螯合环也导致羟基和环丙基处于同侧的产物。

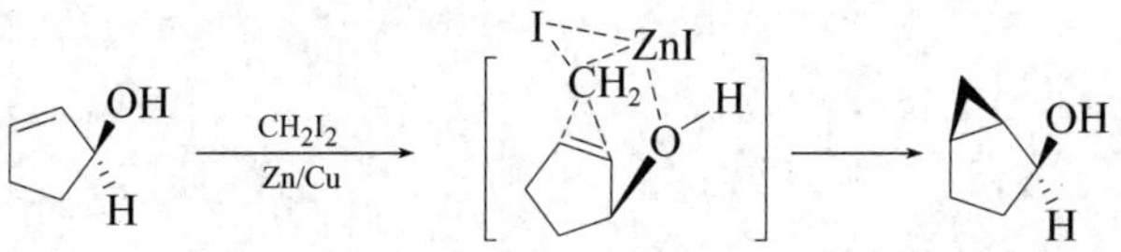

手性烯丙式醇用过氧酸环氧化时，由于醇羟基和过氧酸之间形成氢键，使过氧酸的亲电性氧原子从羟基同一边接近烯键，生成羟基和环氧基在同一边的环氧醇产物。

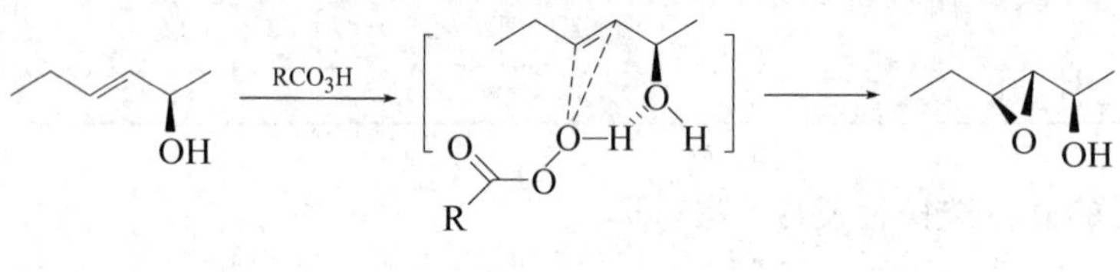

五、底物手性控制立体选择性

当反应底物分子中邻近反应中心存在手性单元时，由于手性诱导(chiral induction)，反应具有立体选择性。例如含 α-手性碳的醛、酮与亲核试剂如格氏试剂、金属氢化物的亲核加成反应就是底物手性诱导的立体选择性反应。克拉穆(Cram)规则可预测反应的主要产物。Cram 规则认为羰基氧与最大基团(R_L)之间的斥力最大，它们处于反式共平面状态，较小的基团(R_M)和最小的基团(R_S)在羰基两旁呈邻交叉式，亲核试剂主要从位阻较小即最小基团(R_S)一边进攻羰基。

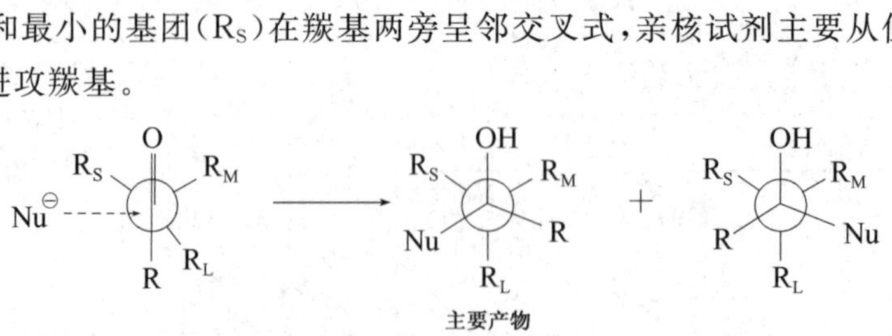

主要产物

例如：

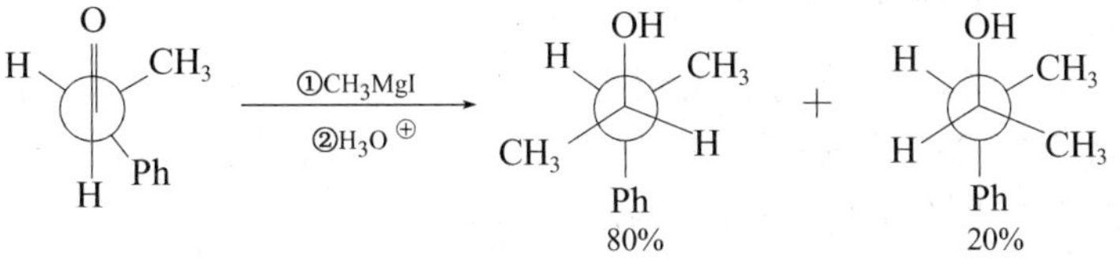

没有手性的反应底物可导入手性辅基，例如 Evans 手性辅基。Evans 手性辅基试剂由氨基酸制备。*N*-酰基手性 Evans 试剂在强碱如 LDA 作用下生成烯醇锂盐，锂离子同时与羰基氧配位形成六元螯合环。由于环上的手性碳上烃基的位阻，亲电试剂从相反一边进攻烯醇盐。

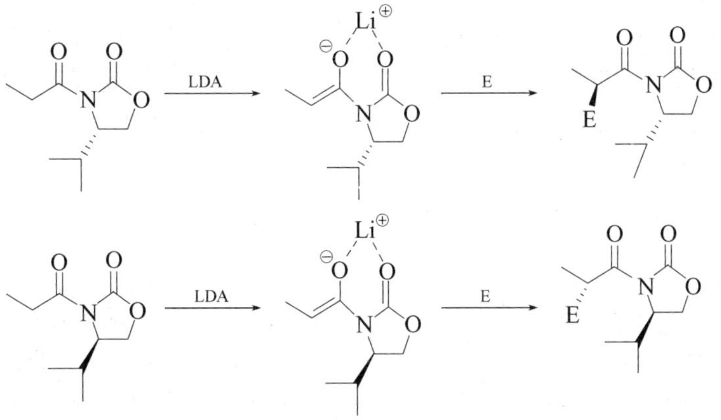

例如：

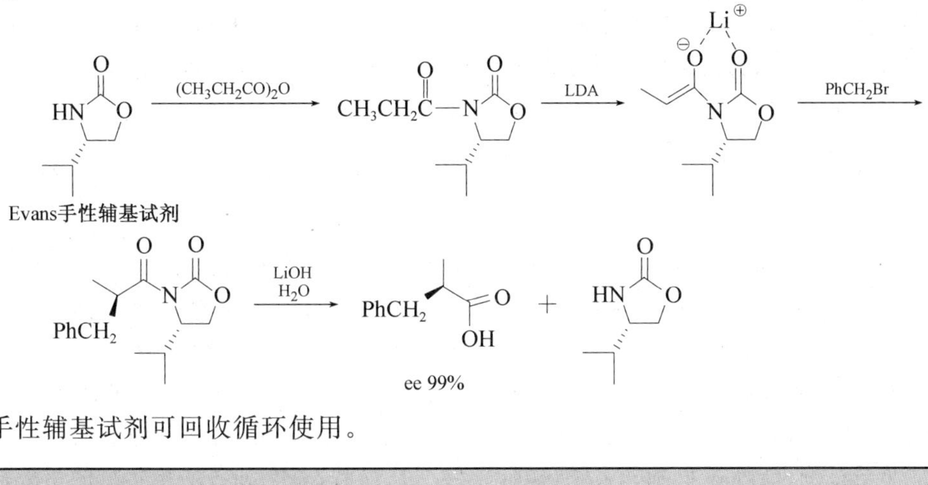

手性辅基试剂可回收循环使用。

问题 18.7　从 *L*-缬氨酸和氯甲酸苯酚酯合成上例中的 Evans 手性辅基试剂。

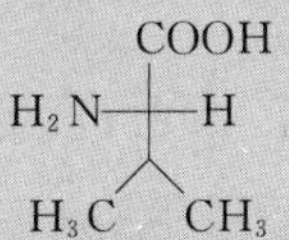

L-缬氨酸 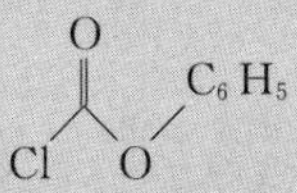　　氯甲酸苯酚酯

六、手性催化剂控制立体选择性

运用手性配体的配合物催化是实现非对映选择性和对映选择性的最有效的方法。Sharpless 环氧化反应(§9.7)和不对称氢化反应(§7.11)是最杰出的例子。反应产物的构型不但可以预测,并且具有很高的对映选择性和非对映选择性。

§18.5 合成路线的推导

结构比较复杂的目标分子的合成路线的推导一般从目标化合物开始,通过对化学键合理的"切断"和官能团的"逆向变换",逐步倒推到简单的有机原料。这一倒推过程称为逆向合成分析(retrosynthetic analysis)。逆向合成分析原理是科里(Corey E. J.)在 1967 年提出来的,后来他又发展了计算机辅助合成设计。科里的贡献为有机合成设计的发展奠定了重要基础。科里获得 1990 年诺贝尔化学奖。现以实例说明这种倒推过程。

例 1:

$$C_6H_5 \overset{a}{\wr} CH_2 \overset{b}{\wr} CH(COOC_2H_5)_2 \quad \text{TM A}$$

$$C_6H_5CH_2 \wr CH(COOC_2H_5)_2 \xRightarrow{\text{dis}} \underset{(C_6H_5CH_2Br)}{C_6H_5CH_2^{\oplus}} + \underset{(CH_2(COOC_2H_5)_2)}{^{\ominus}CH(COOC_2H_5)_2}$$

式中波纹线表示切断(disconnection, 简写作 dis),这是一个化学反应的逆过程,用符号$\Rightarrow$表示。共价键被切断后得到两种分子片断(在基础有机化学中绝大部分反应是共价键异裂的离子反应,因而一般是正和负两种离子),这种分子片断叫作合成子(synthon),与合成子作用相当的试剂和原料称为合成子的合成等价物。如目标分子在 b 处切断后,合成子 $C_6H_5CH_2^{\oplus}$ 和$^{\ominus}CH(CO_2Et)_2$ 的合成等价物是苄溴和丙二酸二乙酯。为什么在 b 处切断而不在 a 处切断呢?因为在 b 处切断具有合理的反应机理。因此目标分子(TM A)的合成途径是

$$CH_3CH_2\overset{\ominus}{O}: \quad H-CH(COOC_2H_5)_2 \longrightarrow (CH_3CH_2OOC)_2\overset{\ominus}{C}H \quad \underset{C_6H_5}{\underset{|}{CH_2}}-Br \longrightarrow \text{TM A}$$

离子型合成子:从上例看到,碳-碳切断后有离子型碳亲电性合成子和碳亲核性合成子,它们互相结合便形成碳-碳键。各种不同形式的碳正离子和潜在的碳正离子都是亲电性合成子,它们的合成等价物主要包括卤代烃、磺酸酯、醛酮、羧酸衍生物、α,β-不饱和羰基化合物、α-卤代羰基化合物、环氧化合物等。各种不同形式的碳负离子和潜在的碳负离子都是亲核性合成子,它们的合成等价物主要包括格氏试剂、有机锂试剂、有机锌试剂、炔化钠、氰化钠、维悌希试剂、活性亚甲基化合物(碱性条件下)、烯胺、醛酮和羧酸衍生物的烯醇盐等。

例 2:

(结构式:CHO) TM B

分析:

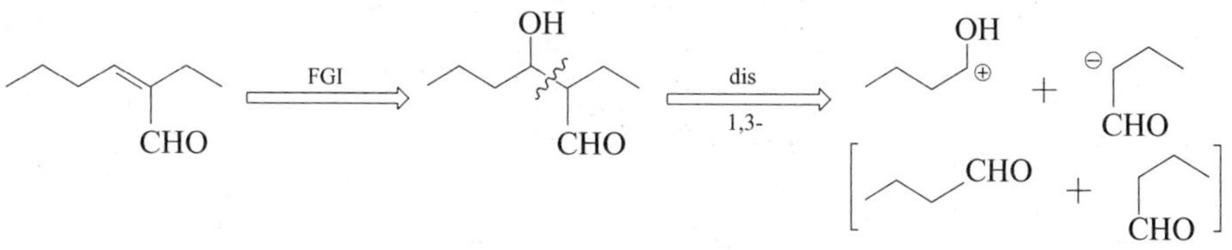

对于1,3-位含氧官能团化合物,一般在α,β-位之间切断有合理的反应机理。正向反应使用前已总结的形成1,3-位二官能团的反应。

合成:

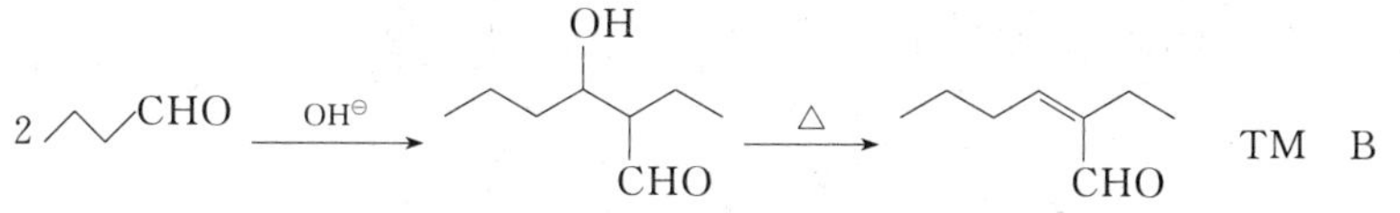

TM　B

逆向官能团变换:在逆向合成分析中,只变更官能团的种类或位置而不改变碳架的变换称为逆向官能团变换。逆向官能团变换主要包括逆向官能团的互换(functional group interconversion,简写作FGI)和逆向官能团添加(functional group addition,简写作FGA)。官能团变换的目的是① 为了便于作逆向切断,将目标分子上原有不合适的官能团变换成合适的官能团,或者添加必需的官能团;② 为了提高区域选择性或立体选择性,在碳架适当的位置添加致活、导向、阻断等基团。

例3:

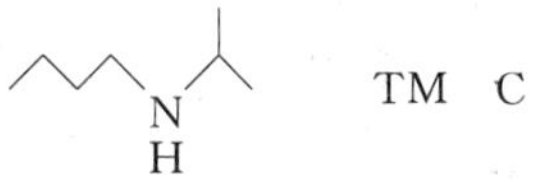

TM　C

分析:

(①$LiAlH_4$,②$H_3O^{\oplus}$)

($NaBH_4$)

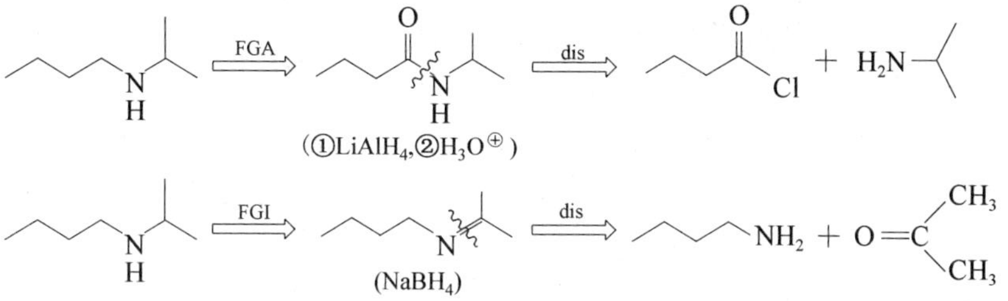

如用卤代烃与胺直接反应,其缺点是产物为混合物,难以分离纯化,也不符合有机合成高产率的要求。因此在氮原子旁的碳原子上添加羰基变换为酰胺,或变换成亚胺,然后再切断。

合成:

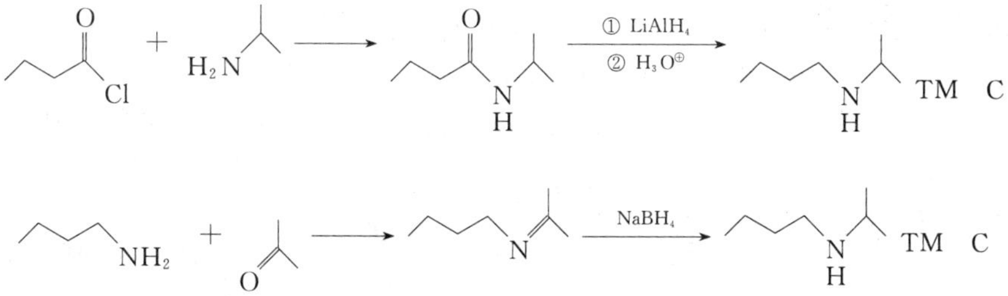

TM　C

TM　C

例 4：

$C_6H_5-\overset{O}{\overset{\|}{C}}-\underset{CH_2CH_2COOCH_3}{\underset{|}{CH}}COOCH_3$ TM D

分析：

$$C_6H_5-\overset{O}{\overset{\|}{C}}-\underset{CH_2CH_2COOCH_3}{\underset{\wr}{CH}}COOCH_3 \xRightarrow[1,5-]{dis} C_6H_5-\overset{O}{\overset{\|}{C}}-\overset{\ominus}{C}HCOOCH_3 + \overset{\oplus}{C}H_2CH_2COOCH_3$$

$$\left[C_6H_5-\overset{O}{\overset{\|}{C}}-CH_2COOCH_3 + CH_2{=}CHCOOCH_3 \right]$$

$$C_6H_5-\overset{O}{\overset{\|}{C}}\wr CH_2COOCH_3 \xRightarrow[1,3-]{dis} C_6H_5-\overset{O}{\overset{\|}{C}}{}^{\oplus} + {}^{\ominus}CH_2COOCH_3$$

$$\left[C_6H_5-\overset{O}{\overset{\|}{C}}OCH_3 + CH_3COOCH_3 \right]$$

第一步切断是迈克尔加成的逆过程(含氧官能团在 1,5 -位上)。第二步切断是克莱森缩合的逆过程(含氧官能团在 1,3 -位上)。

合成：

$$C_6H_5-COOCH_3 + CH_3COOCH_3 \xrightarrow[② H_3O^{\oplus}]{① C_2H_5ONa} C_6H_5-COCH_2COOCH_3$$

$$\xrightarrow[② H_3O^{\oplus}]{① C_2H_5ONa,\ CH_2{=}CHCOOCH_3} C_6H_5-\underset{CH_2CH_2COOCH_3}{\underset{|}{COCH}}COOCH_3 \quad \text{TM D}$$

例 5：

(六氢异色满-1,3-二酮结构式)   TM E

分析：

$$\text{TM E} \xRightarrow{FGI} \text{2-(羧甲基)环己烷甲酸} \xRightarrow{FGI} \text{二乙酯} \xRightarrow{FGA} \text{2-[CH(COOC}_2\text{H}_5)_2\text{]环己烷甲酸乙酯}$$

$$\xRightarrow[1,5]{dis} \text{环己基}^{\oplus}-\overset{O}{\overset{\|}{C}}-OC_2H_5 + {}^{\ominus}\underset{COOC_2H_5}{\underset{|}{CH}}-\overset{O}{\overset{\|}{C}}-OC_2H_5 \quad \left[\text{环己烯基}-\overset{O}{\overset{\|}{C}}-OC_2H_5 + CH_2(COOC_2H_5)_2 \right]$$

$$\text{环己烯基}-\overset{O}{\overset{\|}{C}}-OC_2H_5 \xRightarrow{FGI} \text{1-羟基环己基}-\overset{O}{\overset{\|}{C}}-OC_2H_5 \xRightarrow{FGI} \text{1-羟基环己基}\wr\overset{O}{\overset{\|}{C}}-OH$$

$$\xRightarrow[1,2-]{dis} \text{环己酮} + HCN$$

由于活性亚甲基易形成碳负离子，因而在酯羰基的 α-位添加致活基乙氧羰基（$—COOC_2H_5$），切断后的合成等价物是 $CH_2(COOC_2H_5)_2$。在正向合成中，$—COOC_2H_5$ 可通过水解脱羧除去。

合成：

环己酮 $\xrightarrow{HCN}$ 1-羟基环己甲腈 $\xrightarrow[\triangle]{H_3O^{\oplus}}$ 环己-1-烯甲酸 $\xrightarrow[H^{\oplus}]{C_2H_5OH}$ 环己-1-烯甲酸乙酯（$—COOC_2H_5$）$\xrightarrow[CH_2(COOC_2H_5)_2]{C_2H_5ONa}$ 2-[$CH(COOC_2H_5)_2$]环己甲酸乙酯（$COOC_2H_5$）$\xrightarrow[② H_3O^{\oplus}]{① NaOH, H_2O}$ 2-[$CH(COOH)_2$]环己甲酸（COOH）$\xrightarrow[-CO_2]{\triangle}$ 2-(CH_2COOH)环己甲酸（COOH）$\xrightarrow[-H_2O]{\triangle}$ 环状酸酐　TM　E

例 6：抗忧郁药氟西汀（Fluoxetine）

（结构式：$PhCH(OAr)CH_2CH_2NHMe$，Ar = 4-$CF_3C_6H_4$）　TM　F

分析：氟西汀是抗忧郁症治疗剂，开始时使用外消旋体。由于(*R*)-氟西汀异构体会在机体中累积造成毒害，因而目前使用其(*S*)-氟西汀对映体。(*S*)-氟西汀的一条成功合成路线的逆向合成如下：

TM F（O—Ar 处切断，CF_3，NHMe）$\xRightarrow{dis}$ $PhCH(OH)CH_2CH_2NHMe$（OH，NHMe）$\xRightarrow{FGI}$ 苯基环氧丙醇（O，OH）$\xRightarrow{FGI}$ 肉桂醇（OH）

合成：首先将肉桂醇进行 Sharpless 环氧化反应，接着用金属氢化物还原剂 Red-Al [$(NaAlH_2(OCH_2CH_2OCH_3)_2$]进行区域选择性还原，然后进行饱和碳原子上和芳环上的亲核取代。

肉桂醇（OH）$\xrightarrow[Bu^tOOH]{(-)\text{-DIPT},\ Ti(OPr^i)_4}$ 环氧醇（O，OH）$\xrightarrow{Red\text{-}Al}$ $PhCH(OH)CH_2CH_2OH$（OH，OH）$\xrightarrow[Et_3N]{MsCl}$

$PhCH(OH)CH_2CH_2OMs$（OH，OMs）$\xrightarrow[THF]{MeNH_2}$ $PhCH(OH)CH_2CH_2NHCH_3$（OH，$NHCH_3$）$\xrightarrow[NaH,\ DMF]{F-C_6H_4-CF_3}$ TM　F

问题 18.8 用合适的原料合成下列化合物。

(1) $C_6H_5CH_2CHC_6H_5$（CH 上连 $OCOCH_3$）

(2) 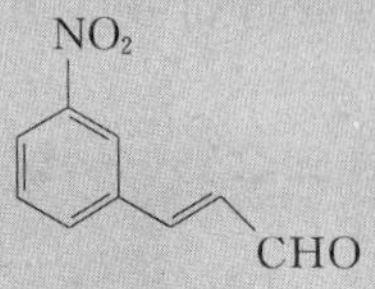 NO_2 CHO

(3) O O

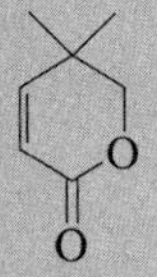

(4) 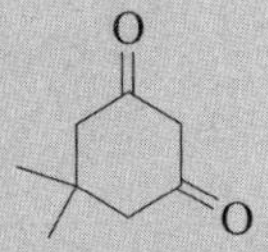 O O

§18.6 绿色有机合成基础

有机化学工作者从天然产物分离和用人工合成方法获得了数千万个有机化合物，许多化合物用作医药、兽药、农药、炸药、染料和纺织助剂，甜味剂等食品添加剂，洗涤剂等日用家居材料，合成纤维等服装材料，涂料、合成树脂等建筑材料，液晶等光电材料。国民经济各行各业和人民衣食住行都离不开有机化学。但是随着有机化学的高速发展，某些传统的有机产品的生产和使用对环境和人类健康产生了一些负面影响。因此绿色化学应运而生并迅速发展。我国已把节约资源和保护环境作为基本国策，实行严格的环境保护制度，要求"源头防治"，节能减排，清洁生产，实行绿色低碳循环经济。因此有机化学工作者的重要使命是必须从源头上消除污染的生成，即原料、产品、反应过程及工艺都要绿色化。1998 年，Anastas P. T. 和 Warner J. C. 提出了著名的绿色化学目标的十二原则，已得到人们的广泛认同。（绿色化学十二原则见二维码阅读材料）

绿色化学十二原则

根据绿色化学的原则和特点，绿色化学有机合成的主要内容和任务简要概括在图18.1中。

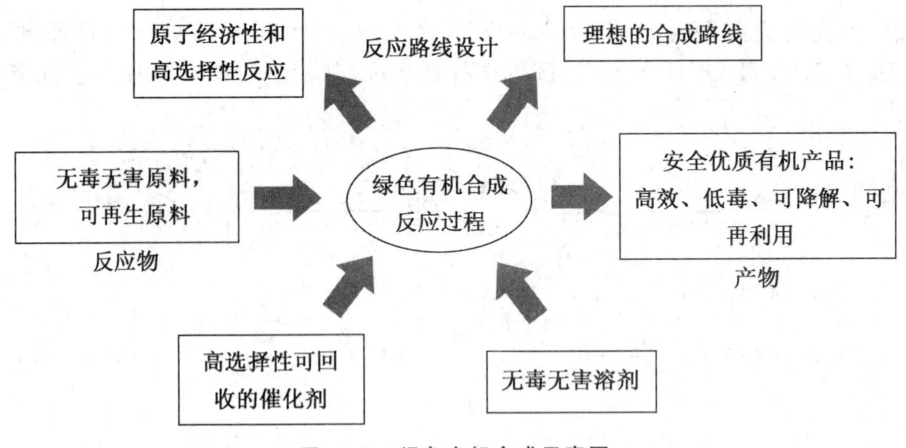

图 18.1 绿色有机合成示意图

一、原子经济性反应和高选择性反应

目标产物的产率常是评价一个有机反应效率的方法，高选择性（化学选择性、区域选择性、立体选择性）反应一般有高产率。但是，即使产率100%的反应也可能产生大量的副产物，而这些副产物并不能在产率中体现出来。产生的副产物可能对环境有害，即使无害也是一种浪费。1991年，Trost B. M. 提出原子经济性（atom economy）概念。认为原子经济性反应是原料和试剂分子中的原子最大限度的结合到产物分子中，以达到减少以至无废弃物产生。反应的原子经济性用原子利用率衡量。

$$原子利用率=\frac{目标产物的质量}{所有产物质量之和}\times 100\%$$

例如合成环氧乙烷的氯乙醇法和乙烯氧化法的原子利用率分别为25%和100%。显然后者是完全原子经济性反应，没有废弃物的生成。

$$H_2C{=}CH_2+Cl_2+H_2O \longrightarrow ClCH_2CH_2OH+HCl$$

$$ClCH_2CH_2OH+Ca(OH)_2+HCl \longrightarrow \text{环氧乙烷}+CaCl_2+H_2O$$

总反应：$H_2C{=}CH_2+Cl_2+Ca(OH)_2 \longrightarrow \text{环氧乙烷}+CaCl_2+H_2O$

分子量：　28　71　74　44　111　18

原子利用率＝44/(44＋111＋18)×100%＝44/(28＋71＋74)×100%＝25%

$$H_2C{=}CH_2+1/2O_2 \xrightarrow{催化剂} \text{环氧乙烷}$$

分子量：　28　16　44

原子利用率＝44/44×100%＝44/(28＋16)×100%＝100%

用甲醇羰基合成法生产醋酸的反应（§12.7），催化加氢反应（§3.4），狄耳斯-阿尔德反应等周环反应（§4.5），克莱森重排反应（§9.6），迈克尔加成反应（§13.4）等反应都是原子利用率100%的原子经济性反应。近年发展的烯烃复分解反应（§5.5）仅排放副产物乙烯，并易于回收利用，因而也是具有发展潜力的原子经济性反应。

因此，必须寻求和利用既具有高选择性又有尽可能高的原子经济性反应，从反应源头上减少和消除废弃物。

二、设计理想的合成路线

合成有机产品往往需要多步反应才能达到目标。设计合成路线时要尽量减少步骤，应采用选择性和原子经济性高的反应，避免使用有害有毒试剂。例如抗炎药布洛芬的老工艺需要5步反应，原子利用率40%，每步都产生大量废弃物。

异丁基苯 $\xrightarrow[AlCl_3]{(CH_3CO)_2O}$ 4-异丁基苯乙酮（CH_3, O） $\xrightarrow[ClCH_2COOEt]{EtONa}$ 环氧酯（O, COOEt）

$\xrightarrow[H_2O]{HCl}$ 醛（H, O） $\xrightarrow[NH_4OH]{HONH_2\cdot HCl}$ 肟（H, N, OH） $\xrightarrow{(CH_3CO)_2O}$

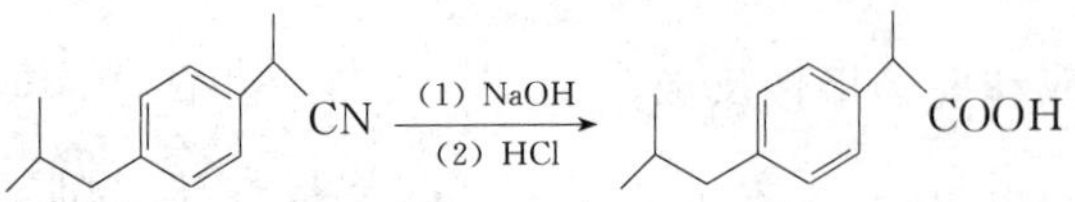

布洛芬的新工艺仅三步,原子利用率高达 99%,第二步采取催化加氢还原羰基,第三步采用羰基合成法合成羧酸,都是高产率高原子经济性反应。

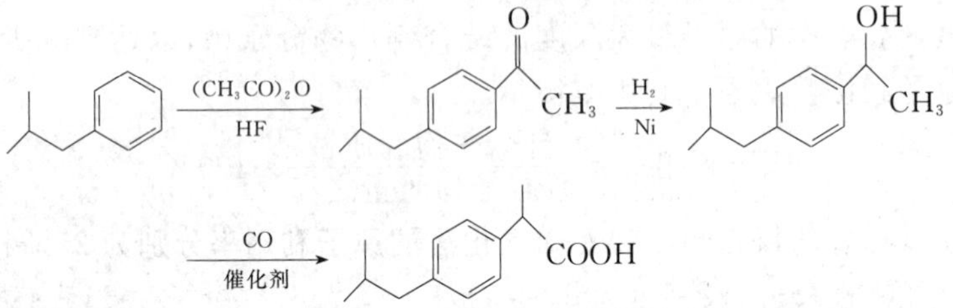

三、设计安全有效的优质有机产品

设计更安全更有效的有机产品是从源头上解决有机产品对环境和人类健康产生不利影响的关键。所以设计有机产品时,除应具有目标功效外,还必须考虑产品对人畜及食物链,对环境安全无害无毒,同时还必须考虑产品降解后对人畜及环境可能引发的直接或间接的危害。

高效低毒农药:曾被广泛使用的有机氯农药如 DDT,六六六,氯丹等,由于对人类健康和环境的危害已被禁止生产和使用。甲胺磷等有机磷农药也因其毒性被限制使用。拟除虫菊酯是一类速效低毒的农药,但缺点是对鱼类水生动物有害。为了克服这一缺点,已发展了非经典的菊酯农药氟硅菊酯(silafluofen)(硅白灵)。氟硅菊酯对人畜和鱼类水生生物无毒,易降解,不易残留,用作农林牧业的杀虫剂。苯甲酸脲类如除虫脲(hexaflumuron)农药也是高效低毒,易降解,在环境中不积累,对人畜对鱼类无害。

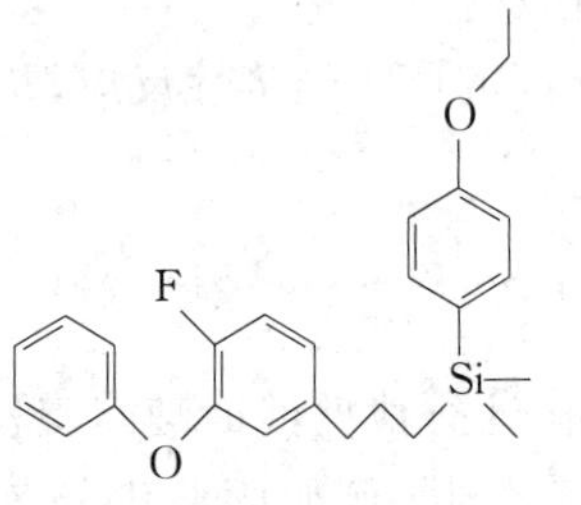

氟硅菊酯(硅白灵) 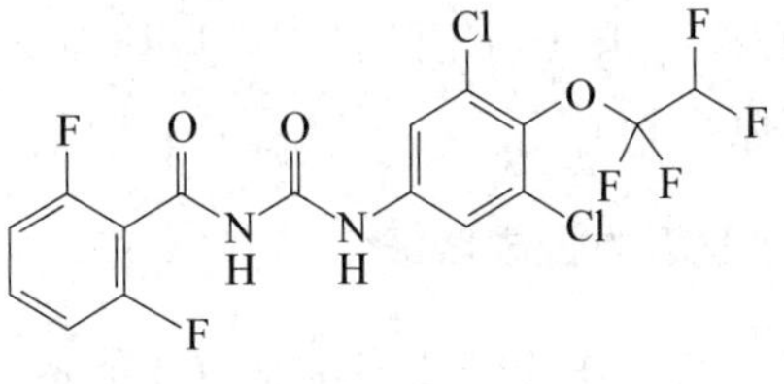　　除虫脲

可生物降解的聚合物:20 世纪迅速发展的石化工业导致塑料多达数千万吨,其中部分用作各种易耗的包装材料和快餐盒等。这些材料不但难以循环再利用,并且自然降解十分缓慢,造成的“白色污染”到处可见。发展可生物降解的聚合物是解决这一问题的有效措施。聚乳酸(PLA)、聚己内酯(PCL)、聚羟基丁酸酯(PHB)和聚羟基戊酸酯(PHV)等(§13.1)及它们的共聚物,都是由生物质发酵的羟基酸缩聚得到,无毒无害,它们分子中的酯键易水解,在自然界经微生物作用可降解,最终代谢产物为二氧化碳和水。

四、无毒无害的原料和可再生原料

在研发有机产品时，必须使用无毒安全的反应物。例如用无毒的碳酸二甲酯（§12.7）代替有毒的光气和硫酸二甲酯，用无毒的碳酸亚乙基酯（§12.7）代替有毒的2-氯乙醇、2-溴乙醇作羟乙基化试剂。用重金属盐作为氧化剂的氧化还原反应，导致重金属污染产品和环境，所以应尽可能采用空气或氧气为氧化剂的催化氧化法，或者用双氧水为氧化剂，例如氧化烯键为环氧化物，副产物是水。

利用可再生资源作为有机合成的原料是绿色有机合成的战略性目标。目前有机合成原料大多来自石油资源。在可以预见的几代人之后，石油资源将减少并枯竭。有机合成必然要转向以再生资源为基本原料。再生资源指农林牧畜渔的生物质及残渣。例如合成尼龙-66的原料己二酸是从石油化工得到的苯经高压催化加氢为环己烷，然后通过催化氧化生产的。但也可将纤维素或淀粉水解生成葡萄糖，然后将后者经生物酶催化转化为邻苯二酚和己二酸。

五、无毒无害的反应介质

有机合成中一般用有机溶剂作为反应介质和萃取剂。有机溶剂的大量使用既会污染环境，又是不安全的重要根源。因此必须尽可能使用低毒或无毒的溶剂，或者用环境友好易回收的介质代替有机溶剂，甚至不用溶剂。

1. 使用低毒或无毒的溶剂

例如用低毒的甲苯代替苯作为反应溶剂和萃取剂。苯在人体肝脏中会代谢成亲电性物质致肝中毒和致癌。甲苯则在肝脏中代谢为苯甲酸，毒性较低。乙醇、醋酸、乙酸乙酯等是无毒或低毒溶剂。

2. 不使用溶剂

不使用溶剂，仅搅拌、研磨或熔融反应物对某些反应常获得很高的产率。例如：

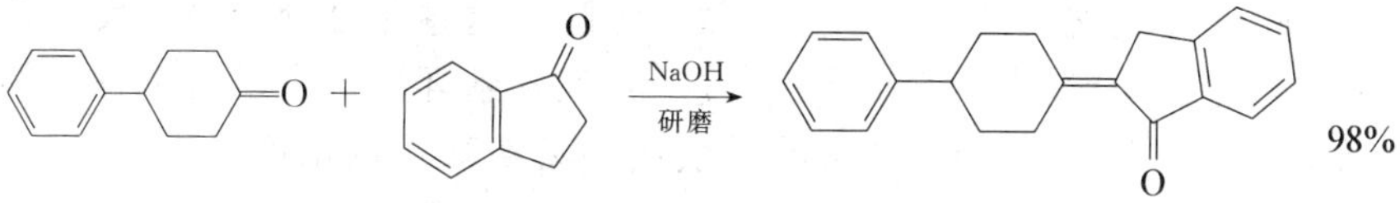

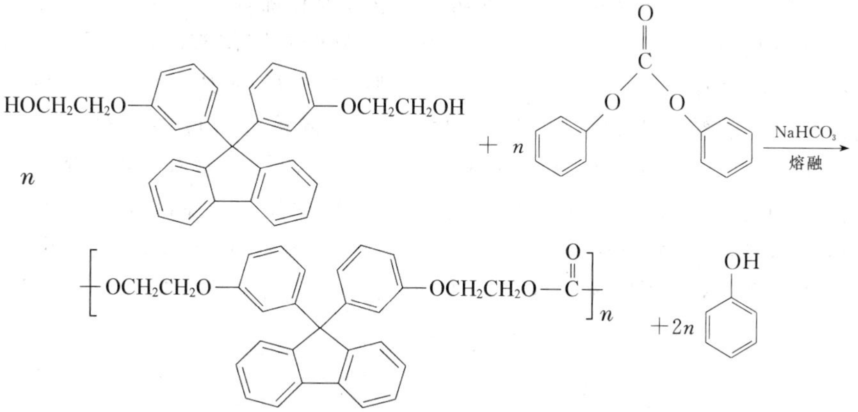

NaOH / 研磨　98%

n $HOCH_2CH_2O$—…—OCH_2CH_2OH $+\ n$ … $\xrightarrow[\text{熔融}]{NaHCO_3}$ [—OCH_2CH_2O—…—OCH_2CH_2O—C(=O)—]$_n$ $+\ 2n$ PhOH

超临界流体是指温度、压力超过其临界温度和临界压力状态的流体。常用的超临界流体为超临界二氧化碳（supercritical carbon dioxide，$scCO_2$）。二氧化碳无毒、不燃烧、价格低廉、作为反应溶剂和萃取剂有许多优点，正受到广泛的重视。例如：

$$\underset{H_3C\quad CH_3}{\overset{H\quad COOH}{C{=}C}} \xrightarrow[\text{scCO}_2]{H_2,\text{手性双膦配体-Ru}} H_3CH_2C-\underset{CH_3}{\overset{COOH}{C}}-H \quad 81\%;\text{ee } 90.5\%$$

离子液体(ionic liquid 简称 IL)是有机盐，熔点低于 100 ℃。许多离子液体的熔点低于室温，称为室温离子液体，外观像水或甘油。常用的室温离子液体有 N,N'-二烷基咪唑阳离子盐[BMIM]、N-烷基吡啶阳离子盐。离子液体具有热稳定性高、不挥发、非可燃性、容易回收等优点，并可溶解许多无机、有机和有机金属化合物。因此离子液体能作为许多有机反应的良好介质，同时也作为催化剂。例如：

$$\text{吲哚(N-H)} \xrightarrow[\text{[BMM]}^{\oplus}\text{[PF}_6\text{]}^{\ominus}]{CH_3CH_2Br} \text{N-}CH_2CH_3\text{吲哚} \quad (90\%)$$

$$\text{4-}H_3CO\text{-苯酚(OH)} + CH_3COCH_2COOEt \xrightarrow{\text{[BMM]}^{\oplus}\,AlCl_4^{\ominus}} \text{6-}H_3CO\text{-4-甲基香豆素} \quad (85\%)$$

$$\text{[BMIM]} = \left[\text{Bu}-N\overset{\oplus}{\frown}N-\text{Me}\right]$$

六、高选择性易回收的催化剂

在有机合成中应用高选择性的催化反应是实现环境友好的重要方面。例如用催化加氢的方法还原硝基、氰基、羰基等官能团不仅转化率高，并且可免除化学还原剂产生的废渣废液。一些新的催化反应如夏普莱斯(Sharpless)环氧化反应(§9.7)是高效高立体选择性的不对称合成反应，可免除普通反应需要的对映体的拆分，并减少了废弃物。又如铃木章(Suzuki)反应和赫克(Heck)反应(§18.1)应用零价钯配位催化剂(如四(三苯基膦)钯)实现了芳基与芳基、芳基与烯键的一步直接偶联。免除了这些化合物的多步反应合成。一些传统的有机反应在常用化学品的合成中广泛应用，但常给环境带来不利影响。例如傅列德尔-克拉夫茨烃化反应和酰化反应(§6.3)一般用路易斯酸三氯化铝催化，产生大量废渣废水。例如异丙苯和乙苯是重要的基本化工原料，是由苯和烯烃的烷基化反应合成。工业上已用无毒无腐蚀性的分子筛固体酸代替三氯化铝。分子筛固体酸固定在反应器中，不需要碱中和等步骤，基本消除了“三废”的排放。大孔型磺酸树脂，尤其耐热的全氟磺酸树脂作为固体酸代替硫酸和盐酸等作为催化剂已应用于酯化，异构化等许多有机反应中。杂多酸(heteropolyacid，HPA)如磷钨酸(phosphotungstic acid)易溶于水和一些极性溶剂，既可作为均相催化剂，也可作为非均相催化剂，可以回收循环使用。杂多酸催化已实现如烯烃水合，酚酮缩合等多类反应的工业化。例如芴-9-酮与苯酚在磷钨酸催化下，在甲苯溶剂中回流脱水可高产率得到双酚芴。磷钨酸可回收循环使用，免除用硫酸催化的“三废”排放。

$$\text{芴-9-酮} + \text{苯酚(OH)} \xrightarrow[\text{甲苯}]{\text{磷钨酸}} \text{9,9-双(4-羟基苯基)芴(HO, OH)}$$

生物酶催化有机反应有很高的化学选择性，区域选择性和立体选择性，反应条件温和并环境友好。因此生物酶催化也是实现绿色有机合成的重要方法。

习　题

18.1　用合适原料合成下列化合物。

(1) 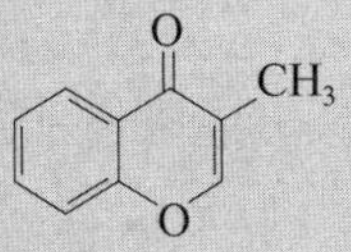　(2) 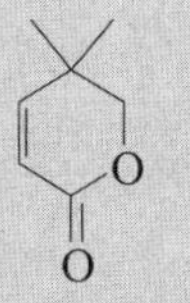　(3)

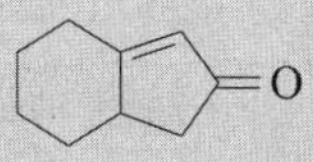

(4) 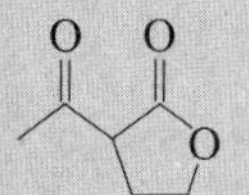　(5) 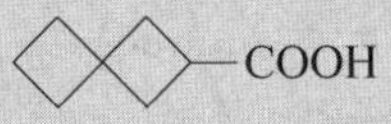　(6)

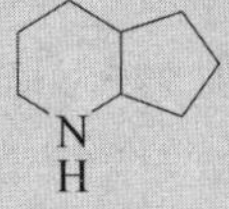

(7) 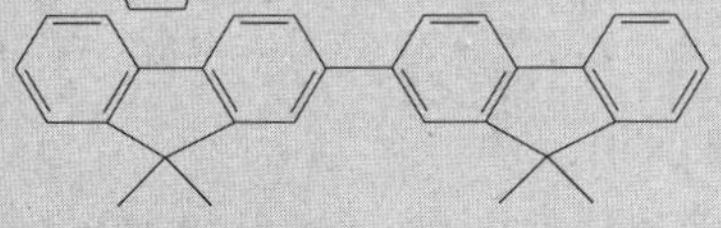　(8)

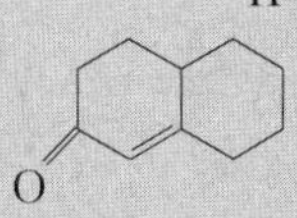

18.2　下列转化是全合成丁子香烯(clovene)的一部分，写出各步反应的合适试剂和反应条件。

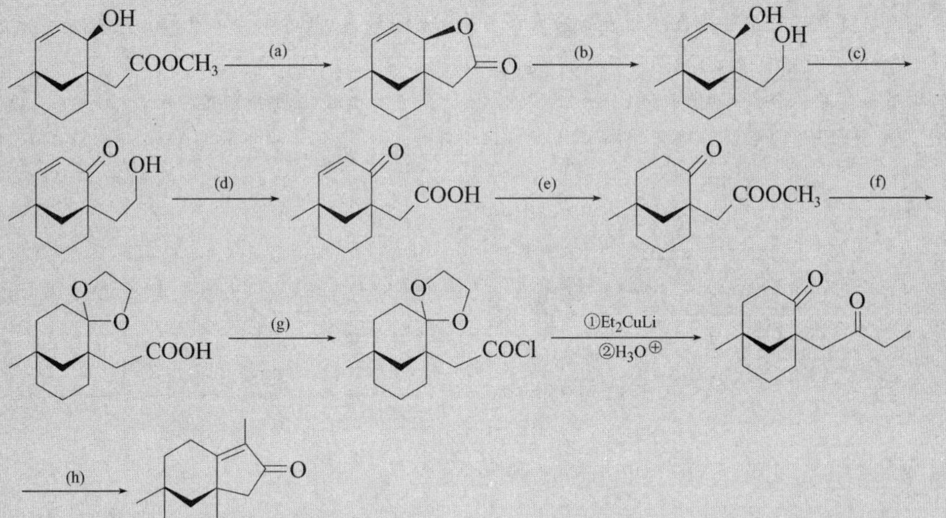

(a)　(b)　(c)　(d)　(e)　(f)　(g)　①Et_2CuLi ②$H_3O^{\oplus}$　(h)

18.3　写出降血糖药羟基吡格列酮(hydroxypioglitazone)合成中的试剂或中间体。

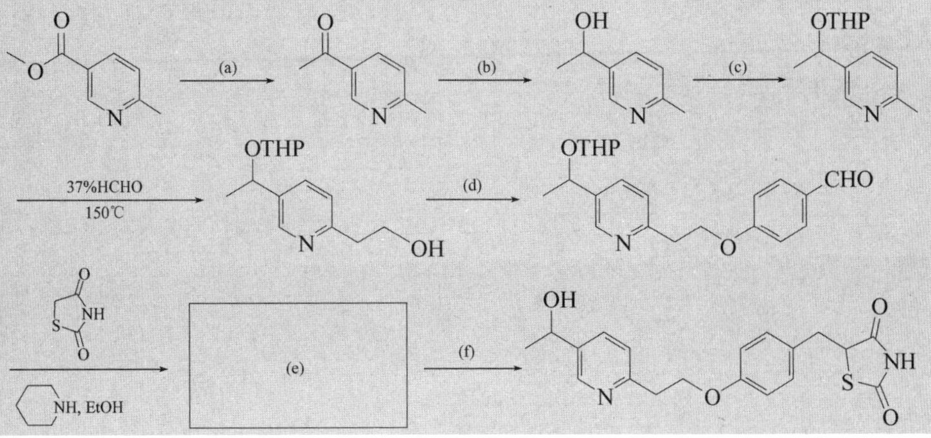

(a)　(b)　(c)　37%HCHO 150℃　(d)　NH, EtOH　(e)　(f)

18.4 4-甲基吡咯-2-甲酸是蚂蚁的追踪信息素。试用3-甲基环丁-1-烯-1-甲酸合成。

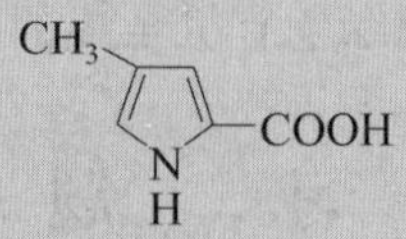

18.5 用对氯苯磺酰胺和对甲基苯乙酮为起始原料合成消炎药西来曲葆(Celebrex)。

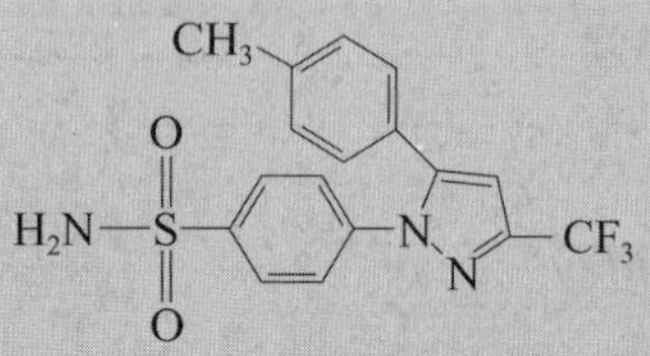

18.6 用合适原料合成抗癌药蓓萨罗丁(Bexarotene)。

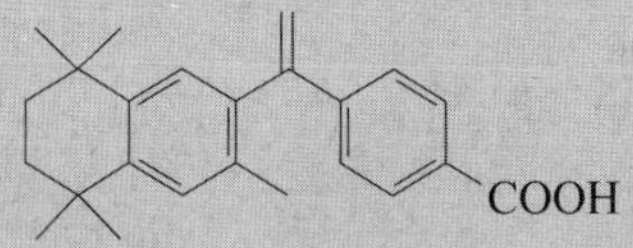

18.7 从南非植物Combretum caffrum中提取分离得到一种二苯乙烯类化合物combretastatin A-4 (CA-4)具有选择性抑制肿瘤血管增生的活性。由于水溶性较差,故在酚羟基上磷酸化后制得水溶性前药CA-4磷酸二钠盐(CA-4P)。

(1) 用合适原料合成CA-4和CA-4P。(2) 设计合成非磷酸化的水溶液前药。(3) CA-4的烯键必须是Z构型,E构型的CA-4没有抗癌活性。试设计合成能固定Z构型的CA-4类似物。

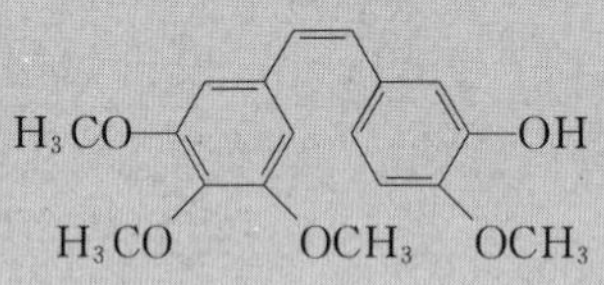

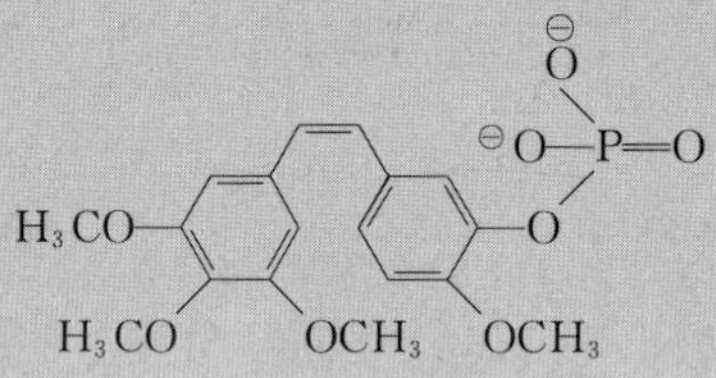

附　　录

附录一　母体氢化物衍生的取代基的俗名和系统命名[a]

取代基	类别[b]	英文俗名	中文系统名	中文俗名
$—CH_2—$	1	methylene	甲叉基	亚甲基
$—CH_2CH_2—$	1	ethylene	乙-1,2-叉基	亚乙基
$CH_2=CH—$	1	vinyl	乙烯基	
$CH_2=CH—CH_2—$	1	allyl	丙-2-烯基	烯丙基
$C_6H_5—$	1	phenyl	苯基	
$—C_6H_4—$	1	phenylene	苯叉基	
$C_6H_5CH_2—$	2	Benzyl	苯甲基	苄基
$C_6H_5CH=$	2	benzylidene	苯甲亚基	苄亚基
$C_6H_5—CH=CH—$	2	styryl	苯乙烯基	
$C_6H_5CH_2CH_2—$	2	phenethyl	苯乙基	
$C_6H_5CH_2=CHCH_2—$	2	cinnamyl	3-苯基丙-2-烯基	肉桂基
$(C_6H_5)_3C—$	2	trityl	三苯甲基	
$(CH_3)_2CH—$	3	isopropyl	丙-2-基	异丙基
$(CH_3)_2C=$	3	isopropylidene	丙-2-亚基	异丙亚基
$CH_2=C(CH_3)—$	3	isopropenyl	丙-1-烯-2-基	异丙烯基
$(CH_3)_3C—$	3	*tert*-butyl	1,1-二甲基乙基	叔丁基
$CH_3CH_2=CHCH_2—$	3	crotyl,crotonyl	丁-2-烯基	巴豆基
$CH_3—C_6H_4—$	3	tolyl	甲苯基	
2,4,6-$(CH_3)_3C_6H_2—$	3	mesityl	2,4,6-三甲苯基	

[a] 摘自《有机化合物命名原则》,中国化学会,科学出版社,北京,2018.1.P128-P129。

[b] 类别:

(1) 取代基上还可以有其他取代基。

(2) 取代基中的环上还可以有其他取代基。

(3) 取代基中不能有其他取代基,此俗名只能用于该取代基本身。

英文命名中有较多这些俗名命名的取代基,但在中文中仅部分保留相应的俗名,其余则采用系统命名。

附录二　重要特性基团在取代命名时的前缀或后缀

结构类别	结构式[a]	作前缀时名称	作后缀时名称
酰卤(acid halides)	—CO—X	卤羰基-(halocarbonyl -)	-甲酰卤(- carbonyl halide)
	—(C)O—X	—	-酰卤(- oyl halide)
醇负离子,酚负离子(alcoholates,phenolates)	$—O^-$	氧负(离子)基-(oxido -)	醇负离子,酚负离子(- olate)
醇,酚(alcohols,phenols)	—OH	羟基-(hydroxy -)	醇,酚(- ol)
醛(aldehydes)	—CHO	甲酰基-(formyl -)	-甲醛(- carbaldehyde)
	—(C)HO	氧亚基-(oxo -)	-醛(- al)
酰胺(amides)	$—CO—NH_2$	氨基羰基-(carbamoyl -)	-甲酰胺(- carboxamide)
	$—(C)O—NH_2$		-酰胺(- amide)
胺(amines)	$—NH_2$	氨基-(amino -)	-胺(- amine)
羧酸根(carboxylates)	$—COO^-$	氧负(离子)羰基-(carboxylato -)	- 甲酸(根)负离子(- carboxylate)
	$—(C)OO^-$	—	-酸(根)负离子(- oate)
羧酸(carboxylic acids)	—COOH	羧基-(羟羰基-)(carboxy -)	-甲酸(- carboxylic acid)
	—(C)OOH	—	-酸(- oic acid)
醚(ethers)	—OR[b]	(烃)氧基-((R)- oxy -)	—
羧酸酯(esters of carboxylic acids)	—COOR[b]	(烃)氧羰基-((R)((R)- oxycarbonyl -)	-甲酸(烃)基酯((R)... carboxylate)
	—(C)OOR[b]	—	-酸(烃)基酯((R)... oate)
卤代化合物(halides)	—X(—F,—Cl,—Br,—I)	卤-(氟-,氯-,溴-,碘-)(halo -(fluoro -,chloro,bromo -,iodo -))	—
氢过氧化合物(hydroperoxides)	—O—OH	过羟基-(hydroperoxy -)	—
亚胺(imines)	=NH	氨亚基-(imino -)	-亚胺(- imine)
	=NR	(烃)氨亚基-((R)- imino -)	
酮(ketones)	>C=O	氧亚基-(oxo -)	-酮(- one)
腈(nitriles)	—C≡N	氰基-(cyano -)	-(甲)腈(- carbonitrile)
	—(C)≡N	—	-腈(- nitrile)
硝基化合物(nitro compounds)	$—NO_2$	硝基-(nitro -)	—
过氧化合物(peroxides)	—OOR	(烃)过氧基-((R)- peroxy)	—

（续表）

结构类别	结构式[a]	作前缀时名称	作后缀时名称
羧酸盐 (salts (of carboxylic acids))	$—COO^- M^+$	—	-甲酸(正离子) ((cation)... carboxylate)
	$—(C)OO^- M^+$	—	-酸(正离子) ((cation)... oate)
硫醚(sulfides)	$—SR$[b]	(烃)硫基-((R) - sulfanyl -)	—
磺酸根 (sulfonate)	$—SO_2—O^-$	磺酸(根)负离子 -(sulfonato -)	-磺酸(根)负离子 (- sulfonate)
磺酸 (sulfonic acids)	$—SO_2—OH$	磺酸(基)-(sulfo -)	-磺酸(- sulfonic acid)
亚磺酸 (sulfinic acids)	—SO—OH	亚磺酸(基)-(sulfino -)	-亚磺酸(- sulfinic acid)
硫醇负离子 (thiolates)	$—S^-$	硫负(离子)基-(sulfido -)	-硫负(离子)(- thiolate)
硫醇(thiols)	—SH	巯基-(sulfanyl -)	-硫醇(- thiol)

摘自中国化学会,《有机化合物命名原则》,科学出版社,北京:2018. 1. P145 - P146。

a. (C)指该碳原子包括在母体氢化物的名称中,而不属于前缀或后缀所表达的基团。

b. R 指母体氢化物(中文用烃代表)失去一氢后所形成的取代基。

附录三　常见特性基团(官能团)的高位(优先)次序

序列	按特性基团分类的化合物类型	general classes of compounds by characteristic group
1	羧酸	carboxylic acids
2	磺酸,亚磺酸	sulfonic acids,sulfinic acids
3	酸酐	anhydrides
4	酯	esters
5	酰卤	acid halides
6	酰胺	amides
7	酰亚胺	imides
8	腈	nitriles
9	醛	aldehydes
10	酮	ketones
11	醇,酚	alcohols, phenols
12	硫醇,硫酚	thiols, thiophenols
13	胺	amines
14	亚胺	imines
15	醚,硫醚	ethers, sulfides

摘自中国化学会《有机化合物命名原则》,科学出版社,北京,2018.1.P153～P154。

附录四　醇、酚、醚的俗名和烃氧基的简约名称

类型Ⅰ——无取代限制

$C_6H_5—OH$

苯酚(phenol)

类型Ⅱ——限制取代(限于环上)

$C_6H_5—O—CH_3$

茴香醚(anisol)

类型Ⅲ——无取代*

$HO—CH_2—CH_2—OH$

乙二醇(ethylene glycol)

$HO—CH_2—CH(OH)—CH_2—OH$

甘油(glycerol)

$C(CH_2OH)_4$

季戊四醇(pentaerythritol)

$(H_3C)_2C(OH)—C(OH)(CH_3)_2$

片呐醇**(pinacol)

$H_3C—C_6H_4—OH$

甲苯酚(对位异构体)(cresol)

$(CH_3)_2CH—C_6H_3(OH)—CH_3$

香芹酚(carvacrol)

$(CH_3)_2CH—C_6H_3(OH)—CH_3$

百里酚(thymol)

$C_6H_4(OH)_2$

焦儿茶酚(pyrocatechol)

$HO—C_6H_4—OH$（间位）

间苯二酚(雷琐酚)(resorcinol)

$HO—C_6H_4—OH$

氢醌(hydroquinone)

$C_6H_2(OH)(NO_2)_3$

苦味酸(picric acid)

* 羟基基团的氢原子的置换可看作是官能化而非取代，例如在形成酯的情况下，因此是被允许的。

** 名称"片呐醇"也可用作类名。

英文中有简约名称的烃氧基

类型 1——无限制取代	
CH_3O— 甲氧基(methoxy)	CH_3—$(CH_2)_3$—O— 丁氧基(butoxy)
CH_3CH_2—O— 乙氧基(ethoxy)	C_6H_5—O— 苯氧基(phenoxy)
$CH_3(CH_2)_2$—O— 丙氧基(propoxy)	
类型 3——无取代	
$(CH_3)_2CH$—O— 异丙氧基(isopropoxy)	$CH_3CH_2CH(CH_3)$—O— 仲丁氧基(*sec* - butoxy)
$(CH_3)_2CHCH_2$—O— 异丁氧基(isobutoxy)	$(CH_3)_3C$—O— 叔丁氧基(*tert* - butoxy)

(摘自中国化学会《有机化合物命名原则》,科学出版社,北京,2018,1. P188,P190)

英文中对以下的结构及其位置异构体保留简约的名称,但中文仍为系统名,仅酚羟基的位次同英文的习惯,标注于芳环名前。但据 IUPAC - 2013 建议优先采用系统命名,酚羟基的位次应标注在- ol 之前,中文命名也宜作相应修订。例如:

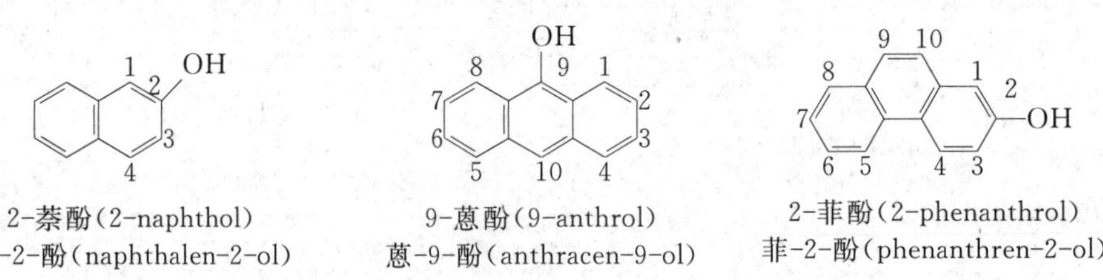

2-萘酚(2-naphthol) 萘-2-酚(naphthalen-2-ol)　9-蒽酚(9-anthrol) 蒽-9-酚(anthracen-9-ol)　2-菲酚(2-phenanthrol) 菲-2-酚(phenanthren-2-ol)

(摘自中国化学会《有机化合物命名原则》,科学出版社,北京,2018,1. P187～P188)

附录五　羧酸的俗名

类型 1——不限制取代

$CH_3—COOH$

醋酸(乙酸)* (acetic acid)

$C_6H_5—COOH$

(苯甲酸)(benzoic acid)

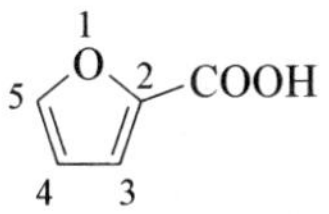

糠酸(furoic acid)(图示 2-位异构体)

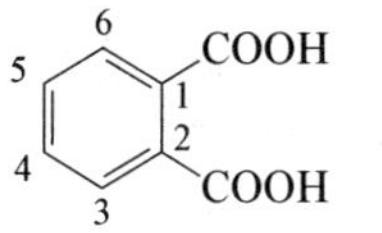

酞酸##(邻苯二甲酸)(phthalic acid)

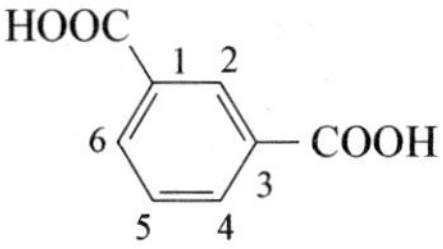

异酞酸##(间苯二甲酸)(isophthalic acid)

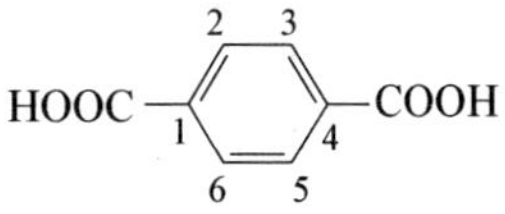

(对苯二甲酸)(terephthalic acid)

$H_2N—COOH$

(氨基甲酸)(carbamic acid)

$H_2N—CO—COOH$

草氨酸(oxamic acid)

类型 3——无取代#

$H—COOH$

蚁酸(甲酸)(formic acid)

$CH_3—CH_2—COOH$

(丙酸)(propionic acid)

$H_2C═C(CH_3)—COOH$

(2-甲基丙烯酸)(methacrylic acid)

$CH_3—(CH_2)_2—COOH$

(丁酸)(butyric acid)

$H_2C═CH—COOH$

(丙烯酸)(acrylic acid)

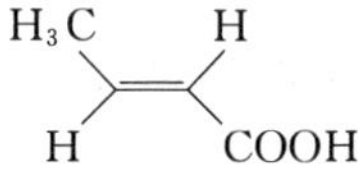

巴豆酸(crotonic acid)

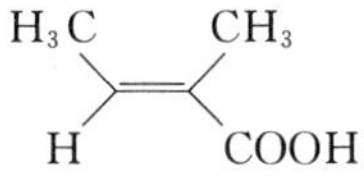

惕各酸##[(*E*)-2-甲基丁-2-烯酸](tiglic acid)

$C_6H_5—CH═CH—COOH$

肉桂酸(cinnamic acid)

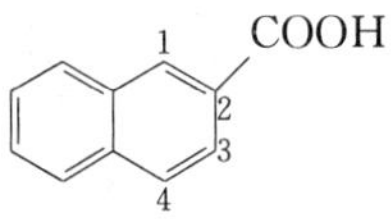

(萘甲酸)(naphthoic acid)(图示 2-位异构体)

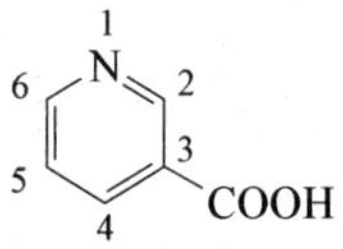

烟酸(nicotinic acid)

（续表）

4-pyridine ring (N at 1; positions 1–6), COOH at 4 异烟酸（isonicotinic acid）	$HOOC—COOH$ 草酸（oxalic acid）
$HOOC—CH_2—COOH$ （丙二酸）（malonic acid）	$HOOC—CH_2—CH_2—COOH$ 琥珀酸（succinic acid）
$HC—COOH$ ‖ $HC—COOH$ 马来酸##（顺丁烯二酸）（maleic acid）	$HC—COOH$ ‖ $HOOC—CH$ 延胡索酸，富马酸##（反丁烯二酸）（fumaric acid）
$HOOC—(CH_2)_3—COOH$ （戊二酸）（glutaric acid）	$HOOC—(CH_2)_4—COOH$ （己二酸）（adipic acid）
$CH_3—(CH_2)_{10}—COOH$ 月桂酸（十二酸）（lauric acid）	$CH_3—(CH_2)_{12}—COOH$ 肉豆蔻酸（十四酸）（myristic acid）
$CH_3—(CH_2)_{14}—COOH$ 棕榈酸（十六酸）（palmitic acid）	$CH_3—(CH_2)_{16}—COOH$ 硬脂酸（十八酸）（stearic acid）
$CH_3—(CH_2)_{18}—COOH$ 花生酸（arachidic acid）	$CH_3—(CH_2)_{20}—COOH$ 山萮酸（behenic acid）
$CH_3—(CH_2)_{24}—COOH$ 腊酸（cerotic acid）	$CH_3—(CH_2)_{28}—COOH$ 蜂花酸（melissic acid）
$C_2H_5—CH{=}CH—CH_2—CH{=}CH—CH_2—CH{=}CH—(CH_2)_7—COOH$ 亚麻酸(9*Z*,12*Z*,15*Z*)-十八碳三烯酸（linolenic acid）	
$C_5H_9—CH{=}CH—CH_2—CH{=}CH—CH_2—CH{=}CH—CH_2—CH{=}CH—(CH_2)_3—COOH$ 花生四烯酸(5*Z*,8*Z*,11*Z*,14*Z*)-二十碳四烯酸）（arachidonic acid）	
$CH_3—(CH_2)_7—CH{=}CH—(CH_2)_{11}—COOH$ 芥酸（(13*Z*)-二十二碳烯酸）（eruic acid）	$CH_3—CH(OH)—COOH$ 乳酸（lactic acid）
$HO—CH_2—CH(OH)—COOH$ 甘油酸（glyceric acid）	$HOOC—[CH(OH)]_2—COOH$ 酒石酸（tartaric acid）
$CH_2—COOH$ | $HO—C—COOH$ | $CH_2—COOH$ 柠檬酸（citric acid）	$CH_3—CO—COOH$ 丙酮酸（pyruvic acid）

* 括号内中文名为系统名。

\# 此类俗名不能用于取代衍生物的命名，但可用于酸酐、酯和盐的命名。

\#\# 中文曾用俗名，现不建议使用。

（摘自中国化学会《有机化合物命名原则》，科学出版社，北京，2018，1. P214 - P216）

附录六 中文 Hantzsch-Widman 杂环命名系统的后缀

为了杂环化合物命名的系统化与传统的命名习惯,《有机化合物命名原则》建议优先采用第二方案(表2),但也可以采用第一方案(表1)。

表1 中文 Hantzsch-Widman 杂环命名系统的后缀——第一方案

环大小	英文不饱和后缀	中文不饱和后缀	英文饱和后缀	中文饱和后缀
3	irene(irine*)	环丙烯	irane(iridine*)	环丙烷(丙啶*)
4	ete	环丁二烯	etane(etidine*)	环丁烷
5A	ole	唑	olidine(oline**)	唑烷(唑啉**)
5B	ole	环戊二烯	olane	环戊烷
6A	ine	环己三烯(苯)	ane	环己烷,噁烷***,噻烷****
6B	ine	嗪*	inane	环己烷
6C	inine	环己三烯(苯)	inane	环己烷
7	epine	环庚三烯	epane	环庚烷
8	ocine	环辛四烯	ocane	环辛烷
9	onine	环壬四烯	onane	环壬烷
10	ecine	环癸五烯	ecane	环癸烷

5A:杂原子=N;5B:除氮外杂原子;6A:杂原子=O,S,Se,Te,Bi,Hg;6B:杂原子=N,Si,Ge,Sn,Pb;6C:杂原子=B,F,Cl,Br,I,P,As,Sb。

* 杂原子=N;** 半饱和;*** 杂原子=O;**** 杂原子=S。

表2 中文 Hantzsch-Widman 杂环命名系统的后缀——第二方案

环大小	英文不饱和后缀	中文不饱和后缀	英文饱和后缀	中文饱和后缀*****
3	irene(irine*)	环丙熳	irane(iridine*)	环丙烷(丙啶*)
4	ete	环丁熳	etane(etidine*)	环丁烷
5A	ole	环戊熳(唑)	olidine(oline**)	环戊烷(唑烷)(唑啉**)
5B	ole	环戊熳	olane	环戊烷
6A	ine	环己熳	ane	环己烷 (噁烷***)(噻烷****)
6B	ine	环己熳(嗪*)	inane	环己烷
6C	inine	环己熳	inane	环己烷
7	epine	环庚熳	epane	环庚烷
8	ocine	环辛熳	ocane	环辛烷
9	onine	环壬熳	onane	环壬烷
10	ecine	环癸熳	ecane	环癸烷

5A:杂原子=N;5B:除氮外杂原子;6A:杂原子=O,S,Se,Te,Bi,Hg;6B:杂原子=N,Si,Ge,Sn,Pb;6C:杂原子=B,F,Cl,Br,I,P,As,Sb。

* 杂原子=N;** 半饱和;*** 杂原子=O;**** 杂原子=S;***** 此类中文后缀限用于3~10元杂环单环化合物的命名。

附录七　部分问题和习题的提示或参考答案

第一章

习题 1.2　分子式 C_3H_8O,有三种可能的结构式。

习题 1.6　(2) $[BH_4]^{\ominus}$ 的形状是正四面体,B原子在中心,四个氢原子在四面体的四个顶点。BH_3 中的 B 是 sp^2 杂化,$[BH_4]^{\ominus}$ 中的 B 是 sp^3 杂化。

第二章

问题 2.1　(1)=(6) 2,4-二甲基戊烷　(2)=(4) 3,3-二乙基戊烷

(3)=(5) 2-甲基戊烷　(7)=(8) 2,2,4-三甲基戊烷

问题 2.2　$(CH_3)_2CHC(CH_3)_3$

问题 2.3　参见问题 2.1

问题 2.4　(1) $((CH_3)_2CH)_2C(CH(CH_3)_2)_2$　(2) $(CH_3)_3CCH_2CH_3$　2,2-二甲基丁烷

(3) $(CH_3)_2CHCH_2CH_3$　2-甲基丁烷　(4) $(CH_3)_3C\underset{|}{C}HCH_2\underset{|}{C}HCH(CH_3)_2$（两个 CH 上各连 CH_3）

2,2,3,5,6-五甲基庚烷

问题 2.8　$ClCH_2\cdot + \cdot CH_2Cl \longrightarrow ClCH_2CH_2Cl$　$CH_3\cdot + \cdot CH_2Cl \longrightarrow CH_3CH_2Cl$

$CH_3\cdot + CH_3\cdot \longrightarrow CH_3CH_3$　$CH_3CH_3 + Cl\cdot \longrightarrow CH_3CH_2\cdot + HCl$

$CH_3CH_2\cdot + Cl_2 \longrightarrow CH_3CH_2Cl + Cl\cdot$ 等

习题 2.3　(1) $(CH_3)_3C—C(CH_3)_3$　(2) $(CH_3)_2CHCH(CH_3)_2$

第三章

问题 3.1　共 12 个

问题 3.2　有两个(参见问题 3.3)

问题 3.3　

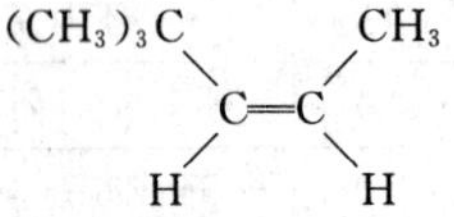

$(CH_3)_3C$(H)C=C(H)CH_3（$(CH_3)_3C$ 与 CH_3 同侧，两个 H 同侧）

(*Z*)-4,4-二甲基戊-2-烯

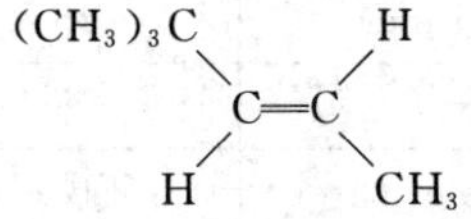

$(CH_3)_3C$(H)C=C(H)CH_3（$(CH_3)_3C$ 与 H 同侧，H 与 CH_3 同侧）

(*E*)-4,4-二甲基戊-2-烯

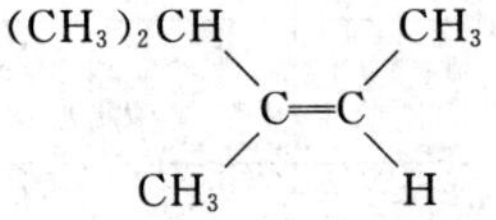

$(CH_3)_2CH$(CH_3)C=C(H)CH_3（$(CH_3)_2CH$ 与 CH_3 同侧，CH_3 与 H 同侧）

(*Z*)-3,4-二甲基戊-2-烯

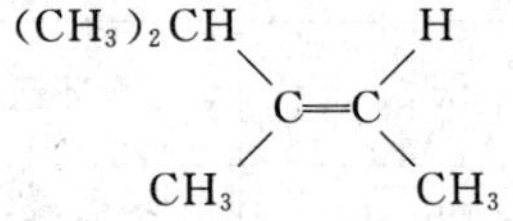

$(CH_3)_2CH$(CH_3)C=C(CH_3)H（$(CH_3)_2CH$ 与 H 同侧，CH_3 与 CH_3 同侧）

(*E*)-3,4-二甲基戊-2-烯

问题 3.5　

$$F_3C—CH=CH_2 \xrightarrow[\text{慢}]{H^{\oplus}} \begin{cases} F_3C \leftarrow \overset{\oplus}{C}H—CH_3 & (\text{Ⅰ}) \\ F_3C \leftarrow CH_2\overset{\oplus}{C}H_2 & (\text{Ⅱ}) \end{cases}$$

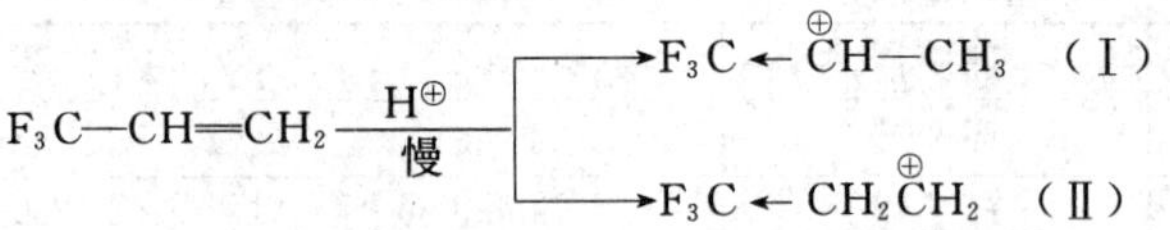

F_3C—为强烈的吸电子基,因而碳正离子(Ⅱ)比(Ⅰ)稳定，主要产物为

$$F_3C—CH_2\overset{\oplus}{C}H_2 + Cl^{\ominus} \xrightarrow{\text{快}} F_3C—CH_2CH_2Cl$$

问题 3.6　$CH_3\underset{\underset{Cl}{|}}{C}H\underset{\underset{I}{|}}{C}H_2$

问题 3.7 (1) 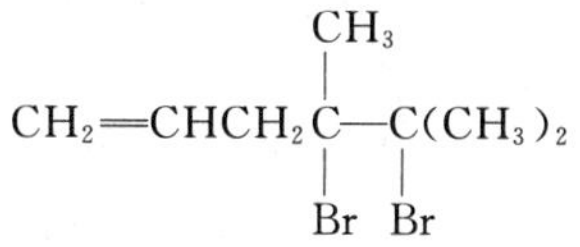 $CH_2{=}CHCH_2C(CH_3)(Br){-}C(Br)(CH_3)_2$ (2) $CH_3CH(Br){-}CH(Br)CH_2CH{=}CHCF_3$

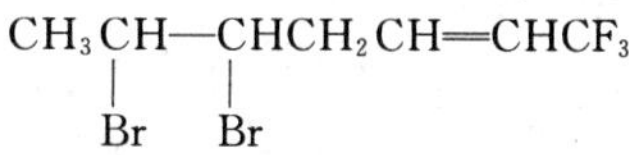

问题 3.8 (反应机理:烯醇在 $H^{\oplus}$ 作用下生成碳正离子,羟基氧进攻成环,$:OH_2$ 夺取质子,得到 2-甲基四氢呋喃 + $H_3O^{\oplus}$)

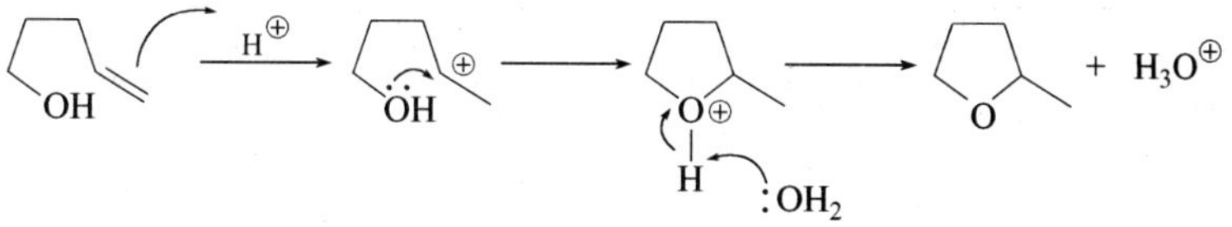

问题 3.9 (1) 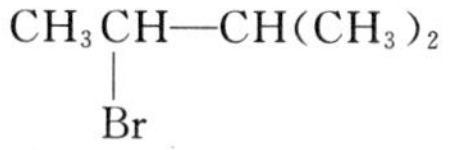 $CH_3CH(Br){-}CH(CH_3)_2$ (2) $CH_3CH_2{-}C(I)(CH_3)_2$

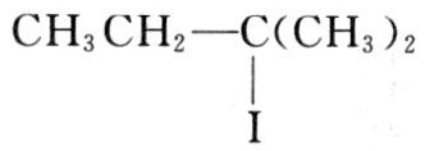

问题 3.10 (1) 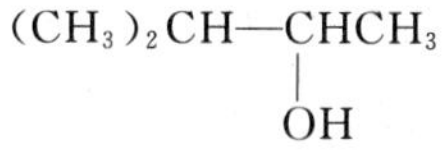 $(CH_3)_2CH{-}CH(OH)CH_3$ (2) $CH_3(CH_2)_7CH_2CH_2OH$

(3) 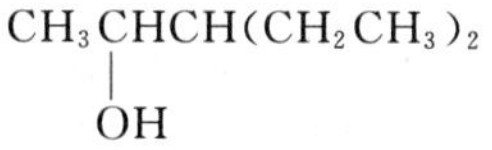 $CH_3CH(OH)CH(CH_2CH_3)_2$

问题 3.11 (A) 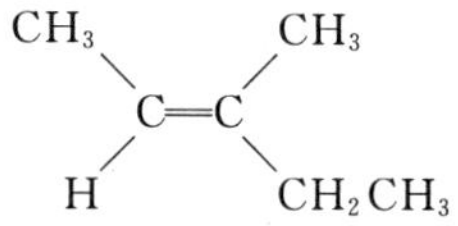 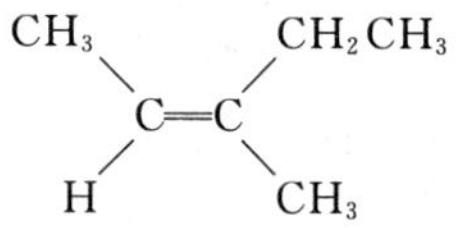 $(CH_3)(H)C{=}C(CH_3)(CH_2CH_3)$ $(CH_3)(H)C{=}C(CH_2CH_3)(CH_3)$

(B) 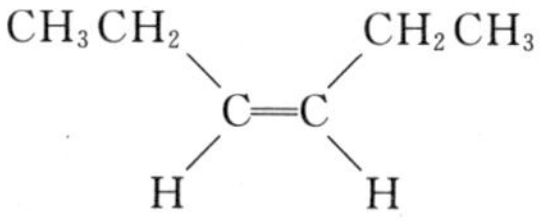 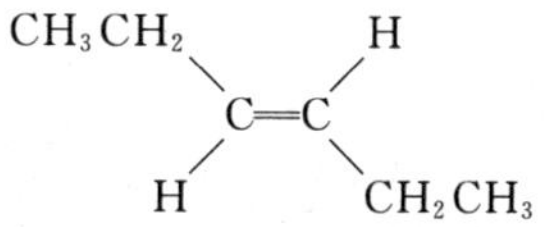 $(CH_3CH_2)(H)C{=}C(CH_2CH_3)(H)$ $(CH_3CH_2)(H)C{=}C(H)(CH_2CH_3)$

问题 3.12 (1) $(CH_3)_2CClCH_2Cl$ (2) 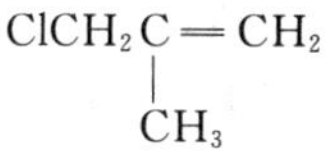 $ClCH_2C(CH_3){=}CH_2$ (3) $CH_2(Br){-}C(CH_3){=}CH_2$

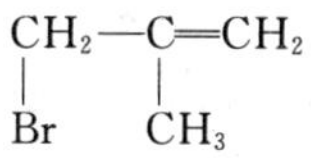

习题 3.1 共 8 个,命名略。

习题 3.3 (1) 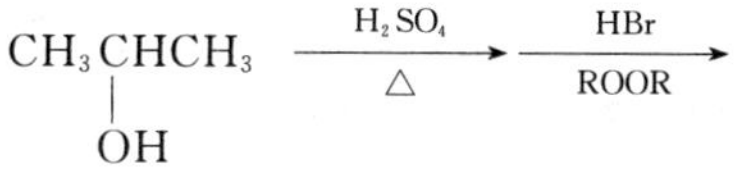 $CH_3CH(OH)CH_3 \xrightarrow[\triangle]{H_2SO_4} \xrightarrow[ROOR]{HBr}$

(2) 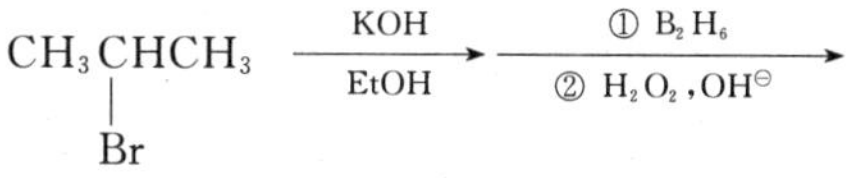 $CH_3CH(Br)CH_3 \xrightarrow[EtOH]{KOH} \xrightarrow[② H_2O_2, OH^{\ominus}]{① B_2H_6}$

(3) $CH_3CH{=}CH_2 \xrightarrow[\triangle]{Cl_2} \xrightarrow{Br_2/CCl_4}$

习题 3.4 A. 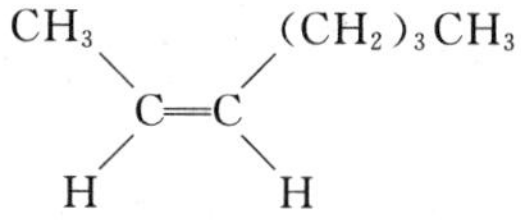 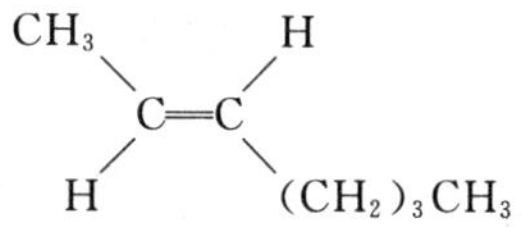 $(CH_3)(H)C{=}C((CH_2)_3CH_3)(H)$ $(CH_3)(H)C{=}C(H)((CH_2)_3CH_3)$

B. 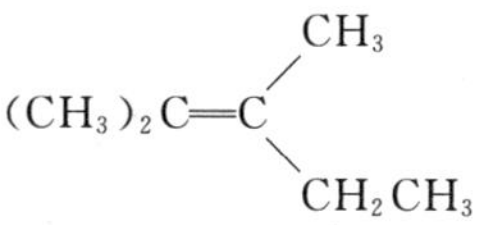 $(CH_3)_2C{=}C(CH_3)(CH_2CH_3)$ C. $(CH_3CH_2)_2C{=}CHCH_3$

习题 3.5 A. $CH_3CH_2C{=}CH_2$ $CH_3CH{=}CHCH_3$ $(CH_3)_2C{=}CH_2$

B 和 C(略)

习题 3.7 (1) 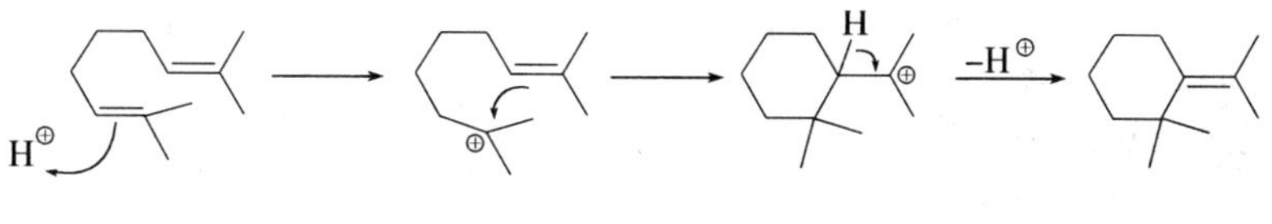 (反应机理:$H^{\oplus}$ 加成生成碳正离子 → 双键进攻成六元环 → 碳正离子 $\xrightarrow{-H^{\oplus}}$ 环外双键产物)

(2) 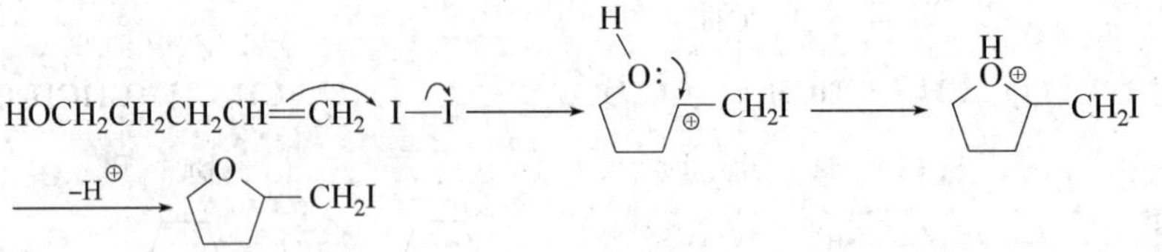 $HOCH_2CH_2CH_2CH{=}CH_2$ I—I $\longrightarrow$ (环状 $O^{\oplus}$ 中间体)—CH_2I $\longrightarrow$ (H—$O^{\oplus}$ 五元环)—CH_2I $\xrightarrow{-H^{\oplus}}$ (四氢呋喃环)—CH_2I

习题 3.8 $CH_3CH{=}CH_2 \xrightarrow[h\nu]{Cl_2} \xrightarrow[Na_2CO_3]{H_2O} \xrightarrow[H_2O]{Cl_2}$

第四章

问题 4.1 共 7 个异构体，命名略。

问题 4.2 $CH_3C{\equiv}CH \xrightarrow{HBr} \xrightarrow{HBr}$　　$CH_3C{\equiv}CH \xrightarrow[ROOR]{HBr} \xrightarrow{HCl}$

问题 4.4 $CH_3(CH_2)_6CHO$，$CH_3CH_2CH_2COCH_2CH_3$

问题 4.6 (1) $CH_3CH_2C{\equiv}CH$，$CH_3C{\equiv}CCH_3$ $\xrightarrow{Ag(NH_3)_2NO_3}$ (＋)↓白，(－)

问题 4.7 (1) $HC{\equiv}CH \xrightarrow{NaNH_2} \xrightarrow{CH_3CH_2Br} \xrightarrow{NaNH_2} \xrightarrow{CH_3CH_2CH_2Br}$

(2) $CH_3CH_2CH_2CH{=}CH_2 \xrightarrow{Br_2} \xrightarrow[\triangle]{NaNH_2} \xrightarrow{H_2O}$

问题 4.8 p,π-共轭

问题 4.9 $CH_3-C(CH_3)(Cl)-CH{=}CH_2$　　$CH_3-C(CH_3){=}CH-CH_2Cl$

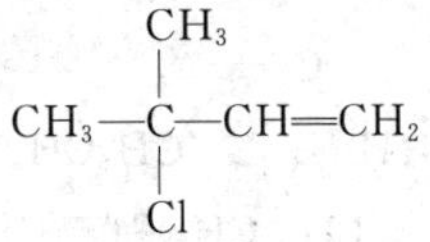

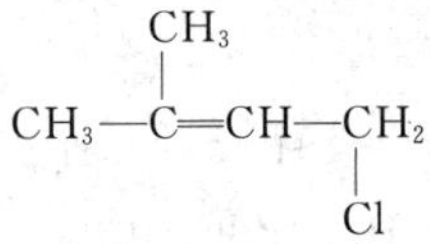

问题 4.10 $BrCH_2-CH{=}CH-CH{=}CH-CH_2Br$

问题 4.11 (1) 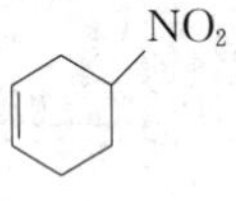 (3-硝基环己烯，NO_2) (2) (二甲基四氢邻苯二甲酸酐结构) (3) (含 $COOCH_3$、$COOCH_3$ 的三环结构) (4) 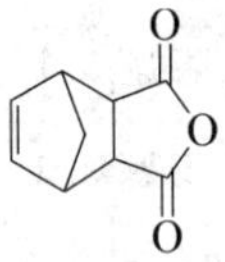 (降冰片烯二甲酸酐结构)

问题 4.12 (1) 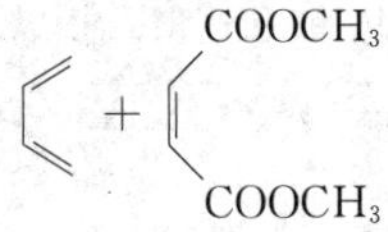 (丁二烯) ＋ (顺丁烯二酸二甲酯，$COOCH_3$、$COOCH_3$)　　(2) 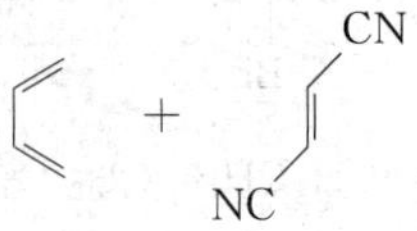 (丁二烯) ＋ (NC—CH=CH—CN)

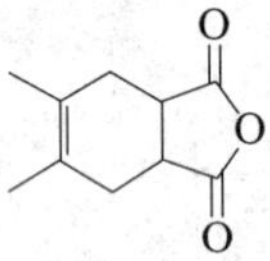

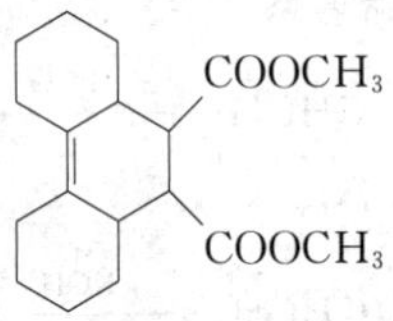

习题 4.1 (1) $CH_3C{\equiv}CCH_2CH_2C{\equiv}CCH_3$　　(2) 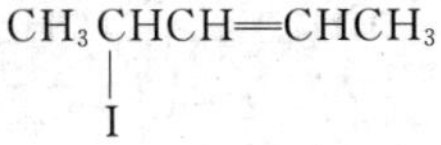 $CH_3CH(I)CH{=}CHCH_3$

(3) $(CH_3)_2C{=}CHCH_2$—C(H)=C(H)—CH_3（反式）　　(4) $(CH_3)_2CHCH_2CHO$

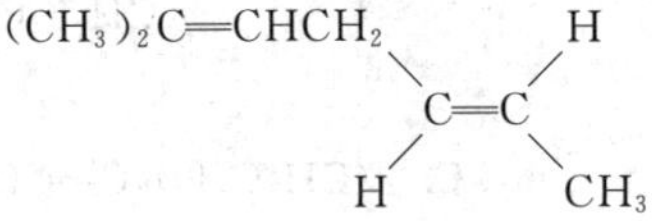

(5) 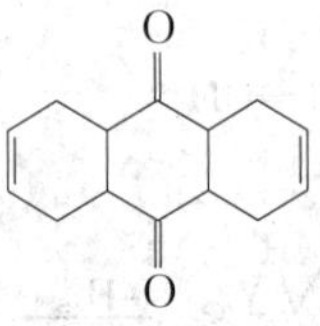 (八氢蒽醌结构，两个 O)　　(6) 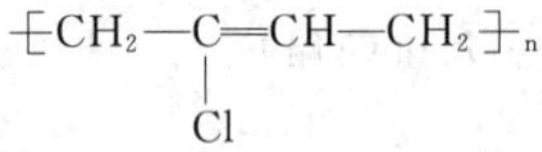 $-[CH_2-C(Cl){=}CH-CH_2]_n-$

习题 4.2 $HC{\equiv}CH \xrightarrow{NaNH_2} \xrightarrow{CH_3CH_2CH_2Br} \xrightarrow{NaNH_2} \xrightarrow{CH_3(CH_2)_6CH_2Br} \xrightarrow[Lindlar\ Pd]{H_2}$

习题 4.3 （1） O + O （2） + （3） + O （4） + $COCH_3$

习题 4.4 $(CH_3)_2CHCH_2C\equiv CH$

习题 4.5 A. 戊-1-炔 B. 戊-2-炔 C. 戊-1,3-二烯 D. 环戊烯

第五章

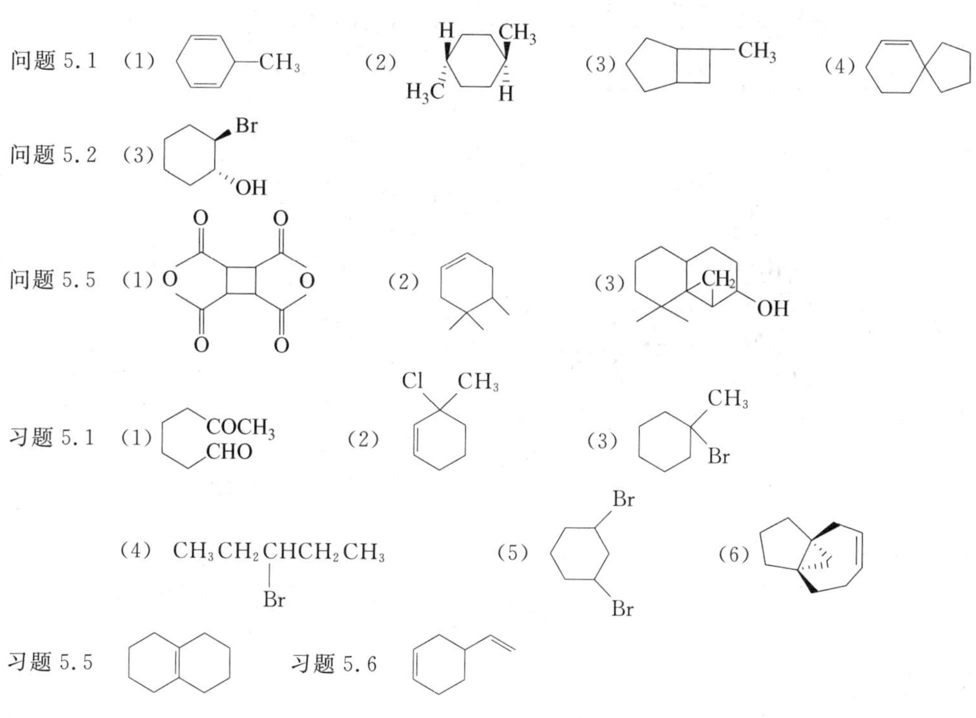

第六章

问题 6.3 （1） Ph_3CH （2） $PhC(CH_3)_3$ （3） 同（2）

问题 6.6 （4） COCl Cl （5） SO_3H $-OCH_3$

问题 6.9 （1） $C_6H_5CH_3 \xrightarrow{KMnO_4} \xrightarrow[H_2SO_4]{HNO_3}$ （2） $C_6H_5CH_3 \xrightarrow[h\nu]{Cl_2} \xrightarrow[Fe]{Br_2}$

（3） $C_6H_6 \xrightarrow[H_2SO_4]{CH_2=C(CH_3)_2} \xrightarrow[H_2SO_4]{HNO_3}$ （4） $C_6H_5CH_3 \xrightarrow{H_2SO_4} \xrightarrow{KMnO_4}$

（5） $C_6H_6 \xrightarrow[AlCl_3]{CH_3COCl} \xrightarrow[H_2SO_4]{HNO_3} \xrightarrow[Fe]{Br_2}$

问题 6.10 （1）、（2）、（4）、（5）和（6）有芳香性。

习题 6.2 (1) 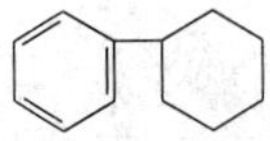 (2) 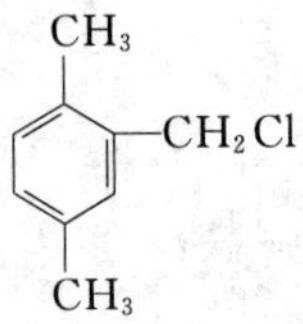 (3)

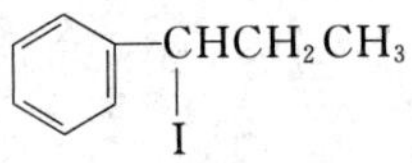

(4) 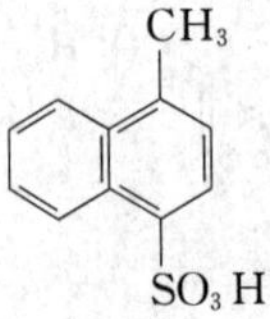 (低温) (5) 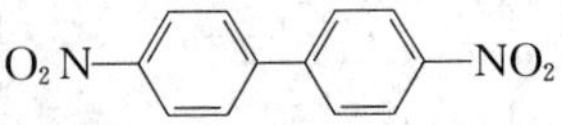 O_2N—⟨⟩—⟨⟩—NO_2 (6)

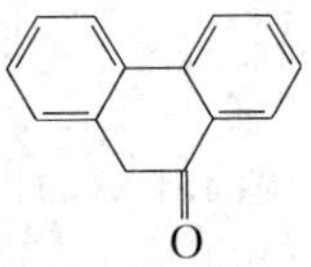

习题 6.4 (1) $C_6H_5CH_3 \xrightarrow[H_2SO_4]{HNO_3} \xrightarrow{H_2SO_4(SO_3)}$ (2) $C_6H_5CH_3 \xrightarrow[Fe]{Cl_2} \xrightarrow{KMnO_4} \xrightarrow[H_2SO_4]{HNO_3}$

(3) $C_6H_6 \xrightarrow[AlCl_3]{CH_2{=}C(CH_3)_2} \xrightarrow[H_2SO_4]{HNO_3} \xrightarrow[h\nu]{Br_2}$ (4) C_6H_6(过量)$\xrightarrow[AlCl_3]{CHCl_3} \xrightarrow[H_2SO_4]{HNO_3}$

(5) $C_6H_5CH_3 \xrightarrow{H_2SO_4} \xrightarrow[Fe]{Br_2} \xrightarrow[\triangle]{H_2O}$

习题 6.5

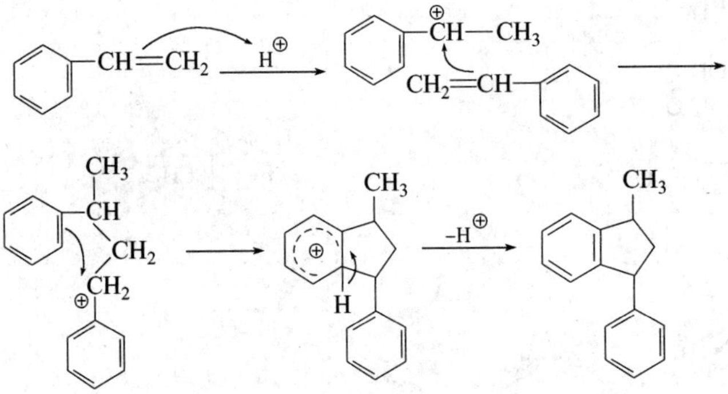

习题 6.7 (A) 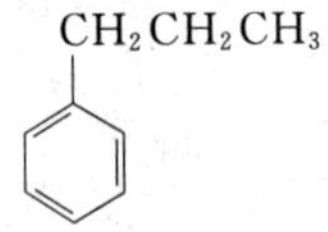 (B) 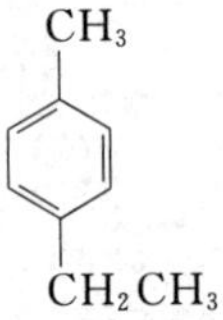 (C)

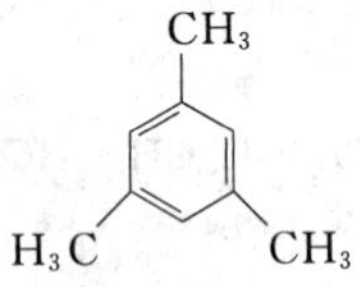

第七章

问题 7.11 (1) 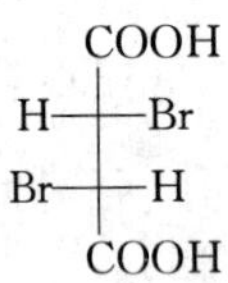 (2) 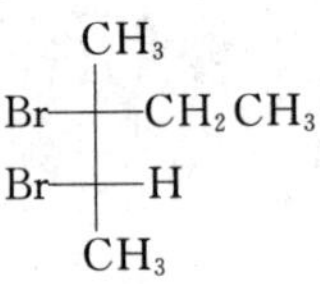 (3)

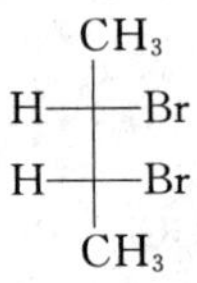

(1)	(2)	(3)
COOH	CH_3	CH_3
H—Br	Br—CH_2CH_3	H—Br
Br—H	Br—H	H—Br
COOH	CH_3	CH_3
(2*S*,3*S*)	(2*S*,3*S*)	(2*S*,3*R*)

(3) 无手性、有对称面

问题 7.12 (1)、(2)、(4)有手性

问题 7.13 (*R*)-(−)-2-溴辛烷占 75%,(*S*)-(+)-2-溴辛烷占 25%

问题 7.14 (1) 赤式,内消旋体 (2) 苏式,外消旋体

问题 7.15

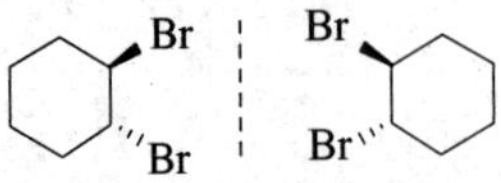

习题 7.5 共 10 个,四对对映体,两个化合物无手性

习题 7.6

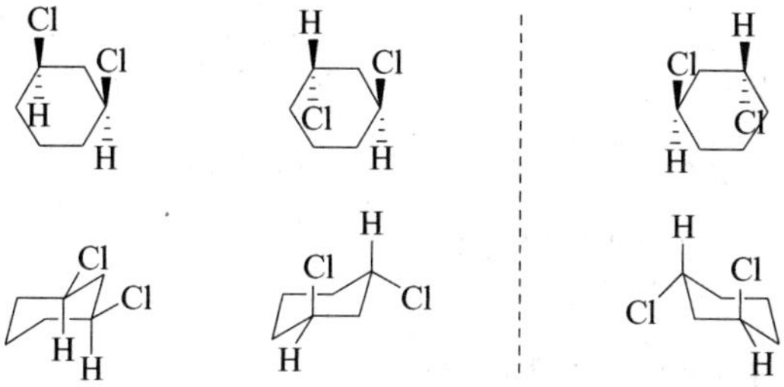

习题 7.8 （1）8 个　（2）9 个，其中一对对映体　（3）4 个　（4）4 个　（5）4 个

习题 7.9 反式、一对对映体，顺式、一对对映体

习题 7.10

A. $CH_3CH{=}C(CH_3){-}CH_2CH_3$

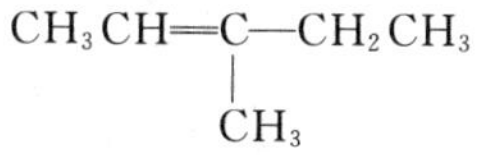

B. $(CH_3CH_2)_2C{=}CH_2$

C. $CH_2{=}CH{-}CH(CH_3)CH_2CH_3$

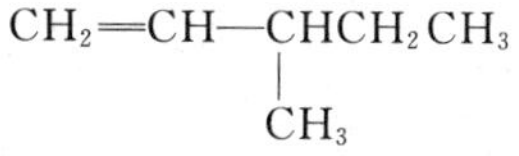

D. $CH_3CH_2CBr(CH_3)CH_2CH_3$

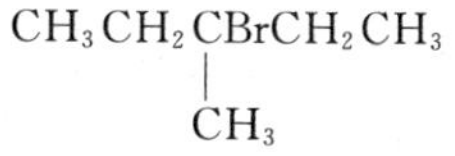

E. $CH_3CHBrCH(CH_3)CH_2CH_3$

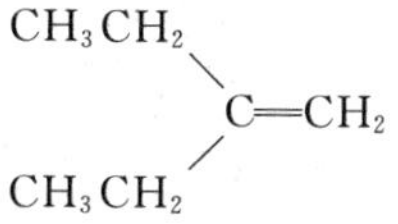

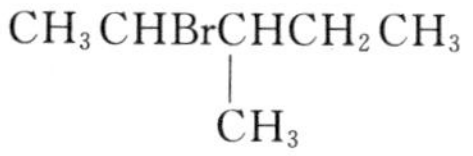

习题 7.11

$$\begin{array}{c} CH_3 \\ H\text{—}\!\!\!+\!\!\!\text{—}OH \\ H\text{—}\!\!\!+\!\!\!\text{—}OH \\ CH_3 \end{array} \qquad \begin{array}{c} CH_3 \\ H\text{—}\!\!\!+\!\!\!\text{—}OH \\ HO\text{—}\!\!\!+\!\!\!\text{—}H \\ CH_3 \end{array} \quad \vdots \quad \begin{array}{c} CH_3 \\ HO\text{—}\!\!\!+\!\!\!\text{—}H \\ H\text{—}\!\!\!+\!\!\!\text{—}OH \\ CH_3 \end{array}$$

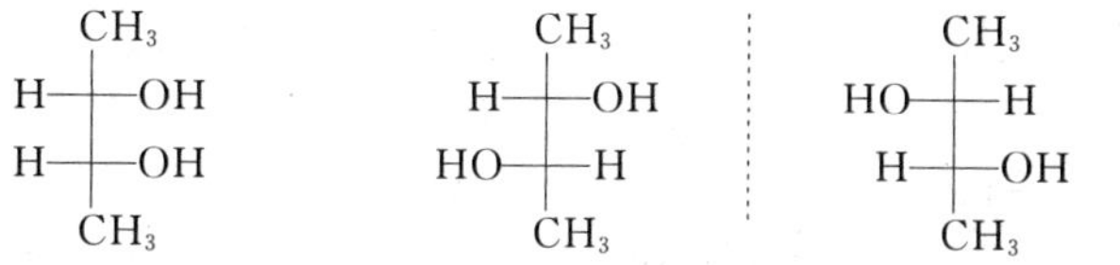

mp. 32 ℃　　　　mp. 19 ℃

第八章

问题 8.1 （1）（2*R*,3*R*）-2-溴-3-氯戊烷　（2）（*R*）-3-氯-2-甲基戊烷　（3）（*S*）-3-碘戊-1-烯

问题 8.5 （1）前者大　（2）前者大　（3）前者大　（4）前者大

问题 8.6 （1）前者大　（2）后者大　（3）后者大　（4）前者大

问题 8.7 （1）前者大　（2）前者大　（3）前者大　（4）后者大

问题 8.8

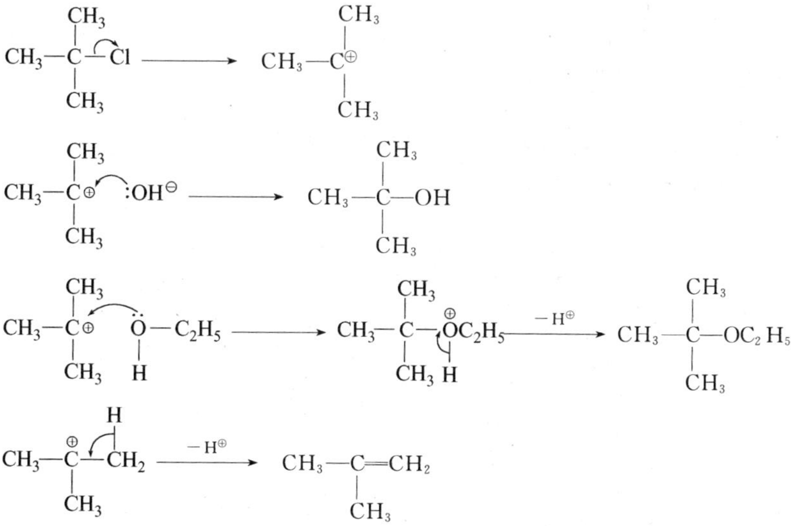

$$(CH_3)_3C{-}Cl \longrightarrow (CH_3)_3C^{\oplus}$$

$$(CH_3)_3C^{\oplus} + {:}OH^{\ominus} \longrightarrow (CH_3)_3C{-}OH$$

$$(CH_3)_3C^{\oplus} + H\ddot{O}{-}C_2H_5 \longrightarrow (CH_3)_3C{-}\overset{\oplus}{O}(H)C_2H_5 \xrightarrow{-H^{\oplus}} (CH_3)_3C{-}OC_2H_5$$

$$CH_3{-}\overset{\oplus}{C}(CH_3){-}CH_2{-}H \xrightarrow{-H^{\oplus}} CH_3{-}C(CH_3){=}CH_2$$

习题 8.1 （1）（*R*）-2-氯-3-甲基戊烷　　（2）（*S*）-1-溴-1-苯基丙烷

(3) (*E*)-1-氯丁-2-烯　　(4) (2*R*,3*R*)-2-溴-3-氯戊烷

习题 8.2 (1) HBr　(2) $CN^{\ominus}$　(3) NaI/CH_3COCH_3

(5) $CH_3CH{=}CHCH_3 \xrightarrow[h\nu]{Br_2} \xrightarrow{NaCN}$

(6) 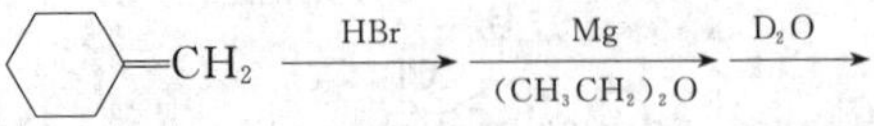 亚甲基环己烷 $\xrightarrow{HBr} \xrightarrow[(CH_3CH_2)_2O]{Mg} \xrightarrow{D_2O}$

习题 8.4 (1) 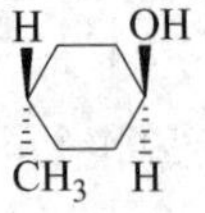 (2) 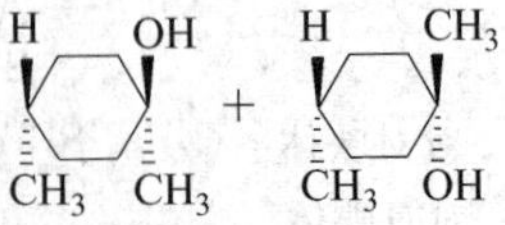 +

习题 8.8 (A) $CH_3CHBr{-}CH{=}CH_2$　(B) $CH_3CHBr{-}CHBrCH_2Br$

(C) $CH_2{=}CH{-}CH{=}CH_2$

习题 8.9 (A) 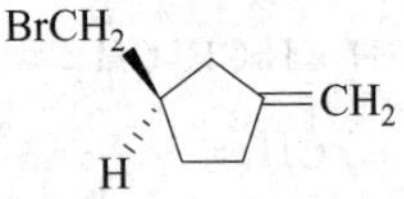 (B) 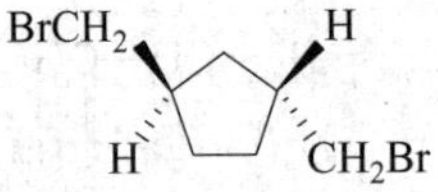 (C) 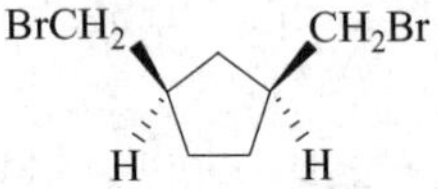 (D) 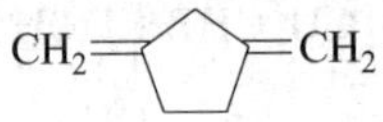 $CH_2{=}$ ◯ $={CH_2}$

第九章

问题 9.2 (4)>(3)>(5)>(2)>(1)

问题 9.5 $\xrightarrow{H^{\oplus}}$ $CH_2{-}\overset{\oplus}{O}H_2$ $\xrightarrow{-H_2O}$ $\overset{\oplus}{C}H_2$ → $\xleftarrow{Br^{\ominus}}$ $\xrightarrow{-H^{\oplus}}$

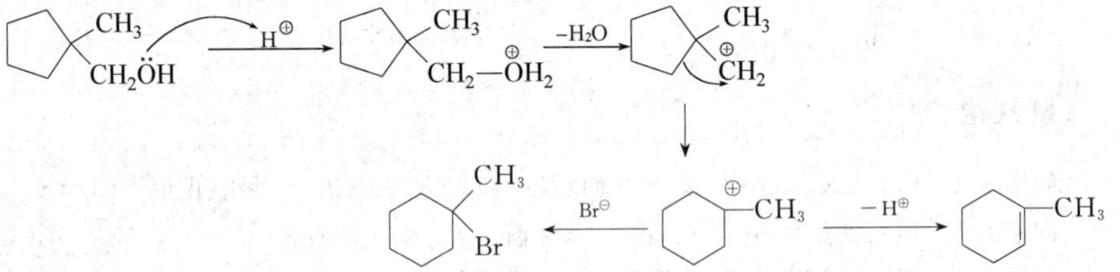

问题 9.7 (1) 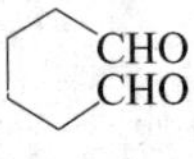 CHO CHO　(2) 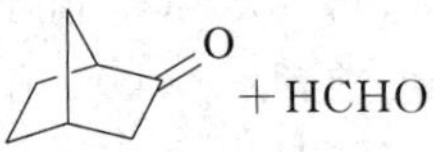 + HCHO　(3)

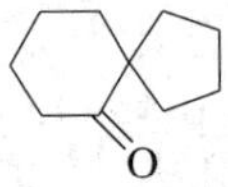

问题 9.8 (1) 从苄氯、甲醛合成

(2) 从苄氯、环氧乙烷合成

(3) 从1-溴丙烷、乙醛或碘甲烷、正丁醛合成

(4) 从苯乙酮和溴乙烷合成

问题 9.12 (1) 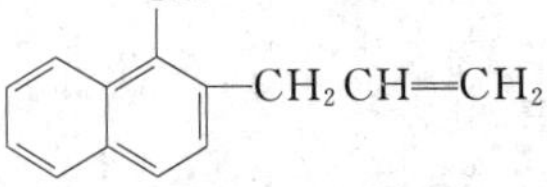 OH $CH_2CH{=}CH_2$　(2) $CH_3COCH_2CH_2CH{=}CH_2$

(3) 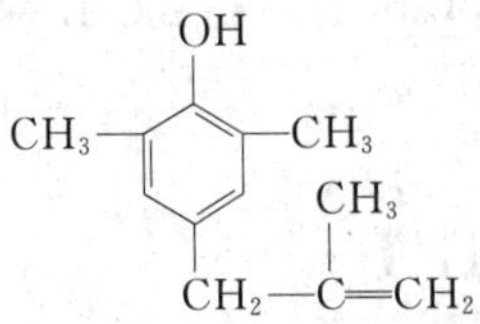 OH CH_3 CH_3 CH_3 $CH_2{-}C{=}CH_2$

问题 9.13 合适路线是(1)。(2)式不能得到叔丁基乙基醚，只能得到异丁烯。因为乙醇钠为强碱，叔丁基氯为叔卤代烃，易起消去反应。

问题 9.14 (1) 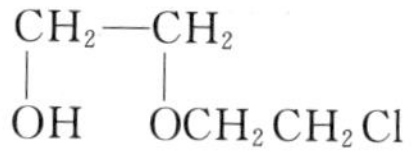 $CH_2—CH_2$（OH）（OCH_2CH_2Cl）　(2) HO, H, C—C, C_6H_5, C_6H_5, H, OH　(3) $CH_3—C(CH_3)(OH)—CH(OCH_3)CH_3$

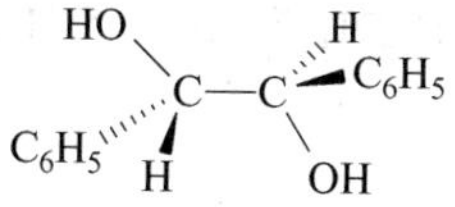

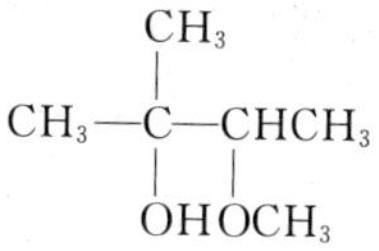

问题 9.15 (1) 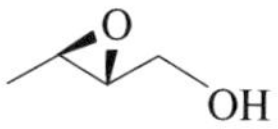 (2) 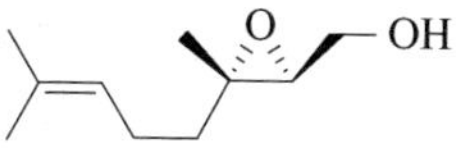 O, OH

问题 9.17 (3) $HSCH_2CH(NH_2)COOH$ (4) 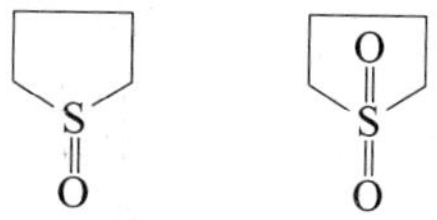 S=O, O=S=O

习题 9.4 (9) 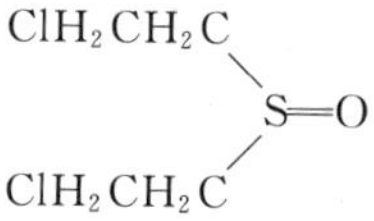 $(ClH_2CH_2C)_2S=O$　(10) 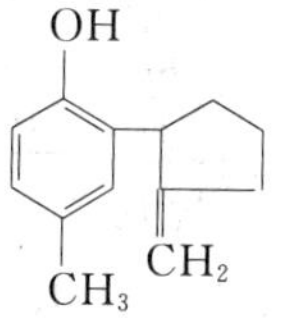 OH, CH_2, CH_3

习题 9.5 (1) 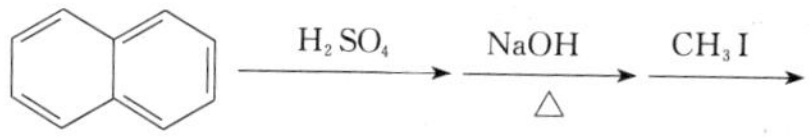 $\xrightarrow{H_2SO_4}\xrightarrow[\triangle]{NaOH}\xrightarrow{CH_3I}$

(2) 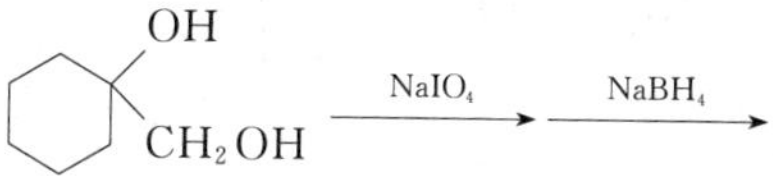 OH, CH_2OH $\xrightarrow{NaIO_4}\xrightarrow{NaBH_4}$

(3) 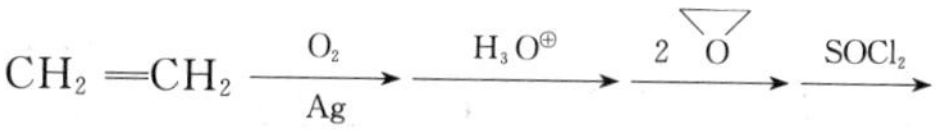 $CH_2=CH_2 \xrightarrow[Ag]{O_2}\xrightarrow{H_3O^{\oplus}}\xrightarrow{2\ \text{环氧乙烷}}\xrightarrow{SOCl_2}$

(4) $C_6H_5CH_3 \xrightarrow[h\nu]{Cl_2}\xrightarrow{NaSH}\xrightarrow{C_6H_5CH_2Cl}\xrightarrow{H_2O_2}$

(5) $C_6H_5CH_3 \xrightarrow{H_2SO_4}\xrightarrow[\triangle]{NaOH}\xrightarrow[H^{\oplus}]{(H_3C)_2C=CH_2}$

(6) 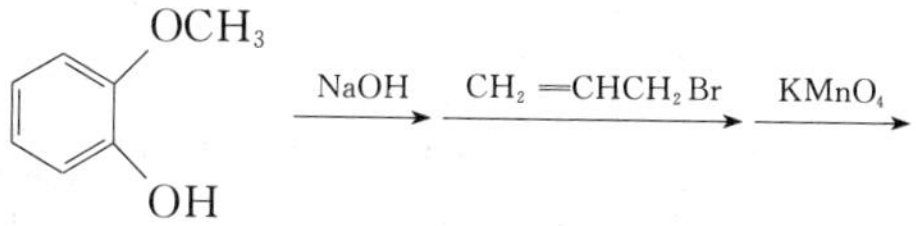 OCH_3, OH $\xrightarrow{NaOH}\xrightarrow{CH_2=CHCH_2Br}\xrightarrow{KMnO_4}$

(7) 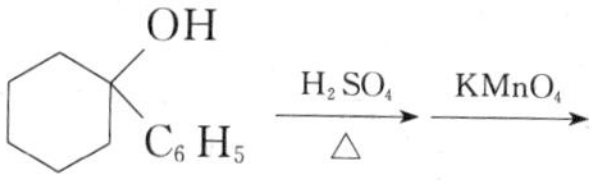 OH, C_6H_5 $\xrightarrow[\triangle]{H_2SO_4}\xrightarrow{KMnO_4}$

(8) $CH_3CH_2OH \xrightarrow{CrO_3\cdot\text{吡啶}} A$

$CH_3CH_2OH \xrightarrow{HBr}\xrightarrow{Mg} B \xrightarrow[②\ H_3O^{\oplus}]{①\ A}\xrightarrow[H^{\oplus}]{Na_2CrO_7}\xrightarrow[②\ H_3O^{\oplus}]{①\ B}\xrightarrow{\triangle}$

(9) 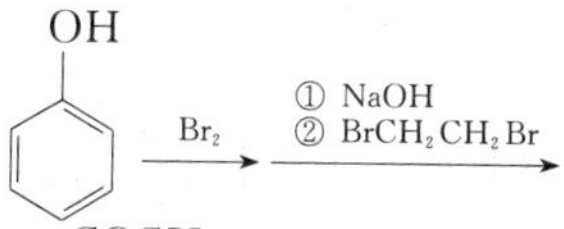 OH $\xrightarrow{Br_2}\xrightarrow{①\ NaOH\ ②\ BrCH_2CH_2Br}$

(10) 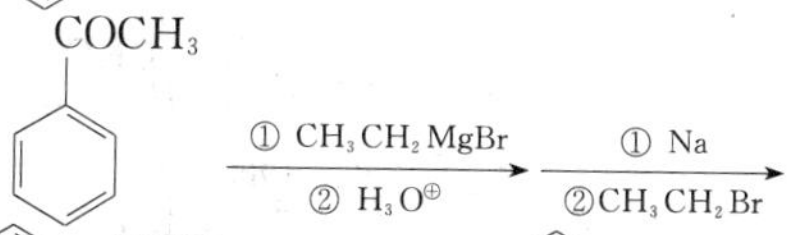 $COCH_3$ $\xrightarrow[②\ H_3O^{\oplus}]{①\ CH_3CH_2MgBr}\xrightarrow[②CH_3CH_2Br]{①\ Na}$

习题 9.7 A. 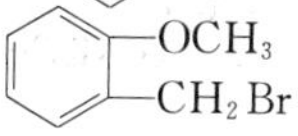 $-OCH_3$, $-CH_2Br$　B. 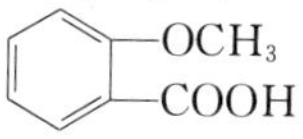 $-OCH_3$, $-COOH$　C. 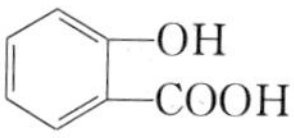 $-OH$, $-COOH$

习题 9.8　A. 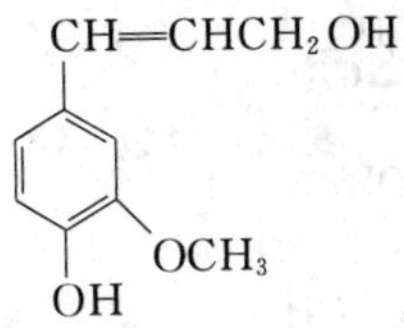　$CH{=}CHCH_2OH$ / OCH_3 / OH　　B. 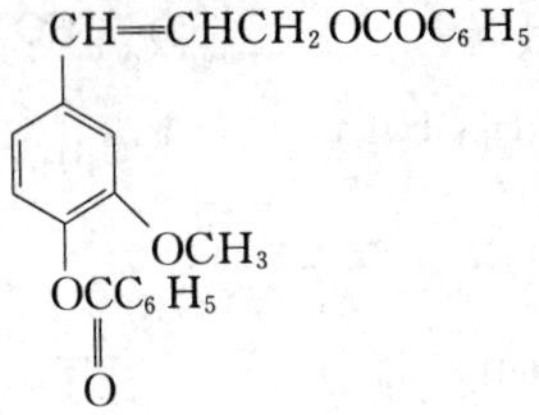　$CH{=}CHCH_2OCOC_6H_5$ / OCH_3 / OCC_6H_5 / O　　C. 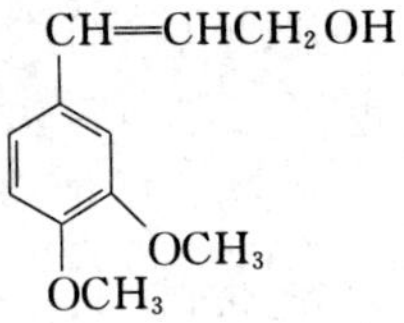　$CH{=}CHCH_2OH$ / OCH_3 / OCH_3

习题 9.9　(1)　:ÖH　$H^{\oplus}$　H　CH_3　CH_3 ⟶ $\overset{\oplus}{O}H_2$　H　CH_3　CH_3 $\xrightarrow{-H_2O}$ b　a　CH_3　CH_3

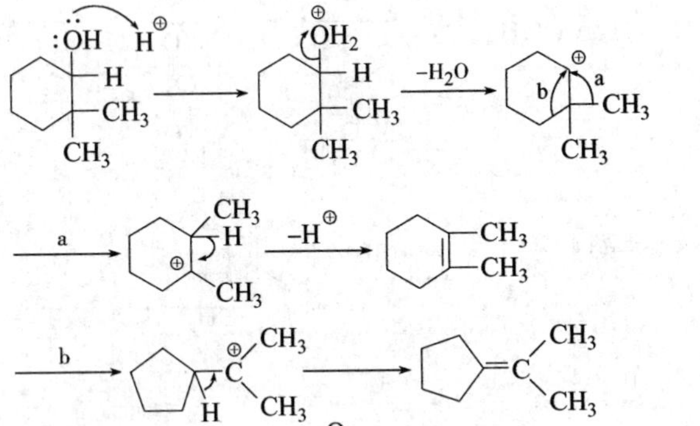

$\xrightarrow{a}$ CH_3　H　CH_3 $\xrightarrow{-H^{\oplus}}$ CH_3　CH_3

$\xrightarrow{b}$ CH_3　C　H　CH_3 ⟶ CH_3　C　CH_3

(2)　O　CH_2　CH　H_2C ⟶ [O　$CH_2CH{=}CH_2$　H] ⟶

OH　$CH_2CH{=}CH_2$ $\xrightarrow{H^{\oplus}}$ H_2　C　CH　CH_3　ÖH ⟶

O　H　CH_3 $\xrightarrow{-H^{\oplus}}$ O　CH_3

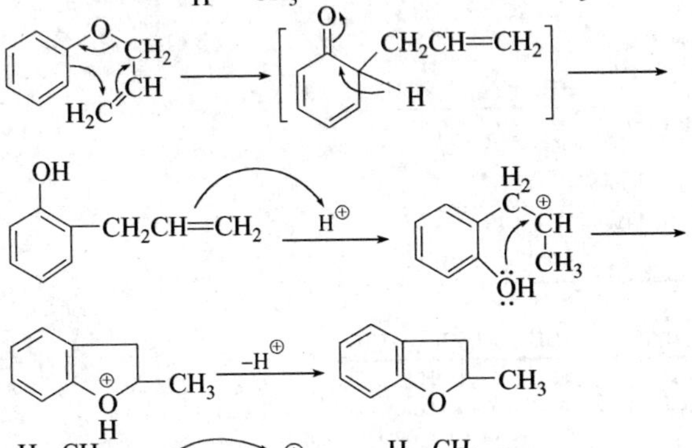

习题 9.10　H　CH_3　C　ÖH　CH_3　$H^{\oplus}$ ⟶ H　CH_3　C　$\overset{\oplus}{O}H_2$　CH_3 ⟶ H　CH_3　C　CH_3

⟶ H　CH_3　CH_3　:SH　CH_3 ⟶ $\overset{\oplus}{H}SCH_3$　CH_3　CH_3 $\xrightarrow{-H^{\oplus}}$ SCH_3　CH_3　CH_3

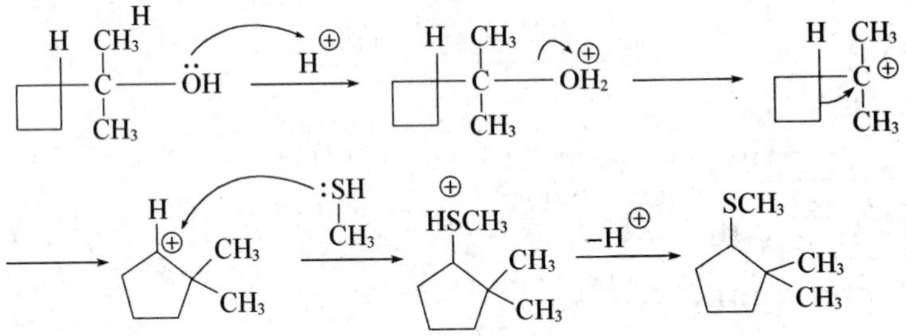

第十章

问题 10.4　OH　$CH_3CH{-}CN$

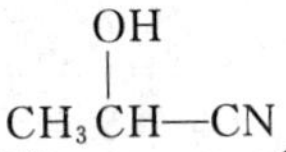

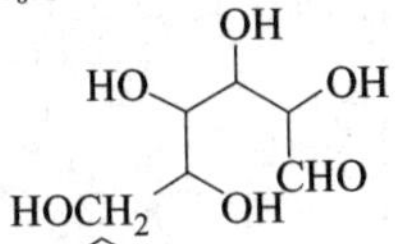

问题 10.7　(1)　OH　HO　OH　$HOCH_2$　OH　CHO　　(2)　HO　CHO　$HOCH_2$　OH

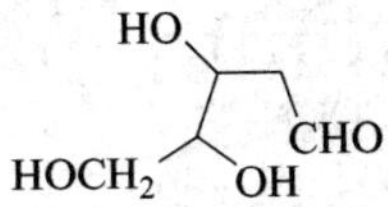

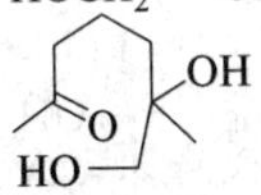

(3)　O　OH　HO　　(4)　OH　OH　O　OCH_2CH_3　+　O

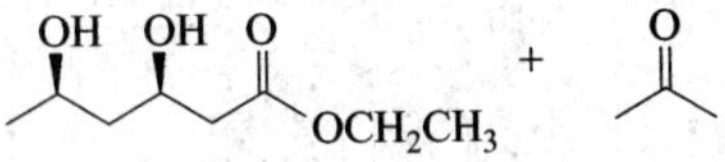

问题 10.8　(4)　O　O

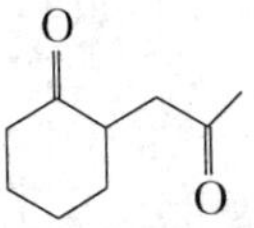

问题 10.10　(1) $CH_3CH_2CH(OH)—CH(CH_3)CHO$　　(2) 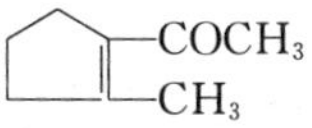 1-乙酰基-2-甲基环戊烯（$—COCH_3$，$—CH_3$）

问题 10.11　(1) 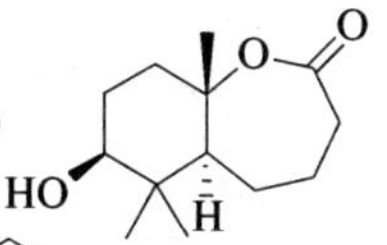　(2) 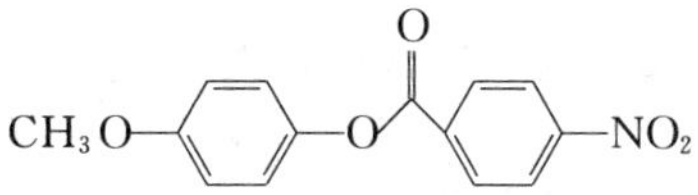 $CH_3O—C_6H_4—O—CO—C_6H_4—NO_2$

问题 10.12　苯 $\xrightarrow[AlCl_3]{CH_3CH_2CH_2COCl}$ $\xrightarrow[HCl]{Zn-Hg}$

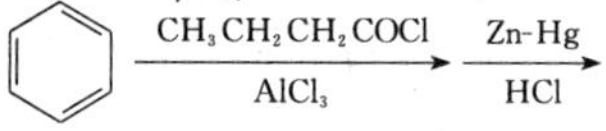

问题 10.13　$CH_3CHO \xrightarrow[5\%NaOH]{3HCHO}$ $HOCH_2—C(CH_2OH)_2—CHO$ $\xrightarrow[HCHO]{NaOH(浓)}$

问题 10.14　1,2-二羟基蒽-9,10-醌；3-甲基-1,6,8-三羟基蒽-9,10-醌。

习题 10.4　(1) $C_6H_5COCH(OH)CN$　　(3) 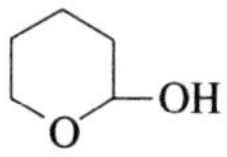 2-羟基四氢吡喃（—OH）　　(4) 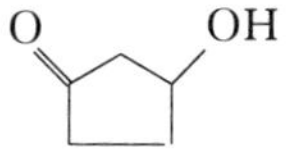 3-羟基环戊酮（O，OH）

习题 10.5　(2) $CH_3CH_2CH_2CH_2Br \xrightarrow[OH^{\ominus}]{H_2O} \xrightarrow{CrO_3} \xrightarrow{5\%NaOH} \xrightarrow{NaBH_4}$

(4) 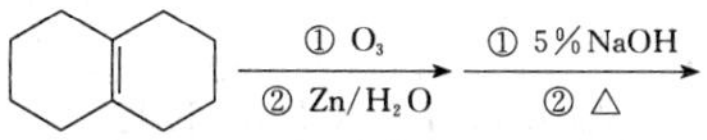 八氢萘 $\xrightarrow[②\ Zn/H_2O]{①\ O_3} \xrightarrow[②\ \triangle]{①\ 5\%NaOH}$

(6) $CH_3CHO \xrightarrow{5\%NaOH} \xrightarrow{NaBH_4} \xrightarrow[HCl(g)]{CH_3CHO}$

习题 10.7　(1) 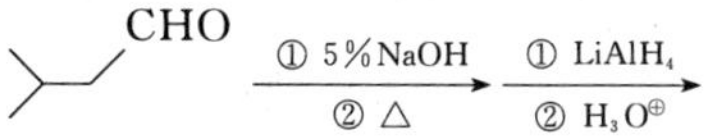 $(CH_3)_2CHCH_2CHO \xrightarrow[②\ \triangle]{①\ 5\%NaOH} \xrightarrow[②\ H_3O^{\oplus}]{①\ LiAlH_4}$

(2) $CH_2OH—CHOH—CH_2OH \xrightarrow[HCl(g)]{CH_3COCH_3} \xrightarrow[②CH_3(CH_2)_{16}CH_2OTs]{①\ Na} \xrightarrow{H_3O^{\oplus}}$

(4) 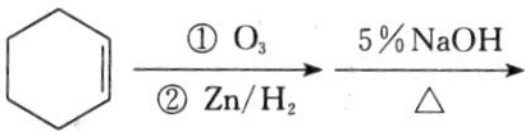 环己烯 $\xrightarrow[②\ Zn/H_2]{①\ O_3} \xrightarrow[\triangle]{5\%NaOH}$

习题 10.8　A. 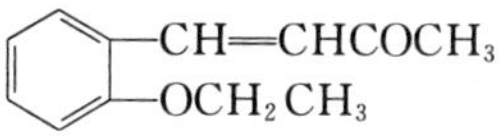 邻位 $—CH═CHCOCH_3$，$—OCH_2CH_3$ 取代苯　　B. 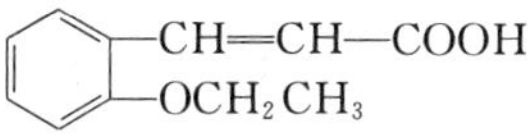 邻位 $—CH═CH—COOH$，$—OCH_2CH_3$ 取代苯

C. 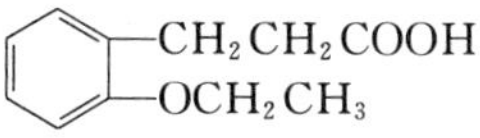 邻位 $—CH_2CH_2COOH$，$—OCH_2CH_3$ 取代苯　　D. 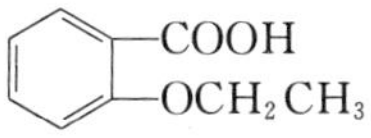 邻位 $—COOH$，$—OCH_2CH_3$ 取代苯

习题 10.10　(4)

$HO—C_6H_4—C(CH_3)_2—\ddot{O}H \xrightarrow{H^{\oplus}} HO—C_6H_4—C(CH_3)_2—\overset{\oplus}{O}H_2 \xrightarrow{-H_2O}$

$HO—C_6H_4—\overset{\oplus}{C}(CH_3)_2$ + $C_6H_5—OH$ $\longrightarrow$ $HO—C_6H_4—C(CH_3)_2—C_6H_5^{\oplus}(H)—OH$

$\xrightarrow{-H^{\oplus}} HO—C_6H_4—C(CH_3)_2—C_6H_4—OH$

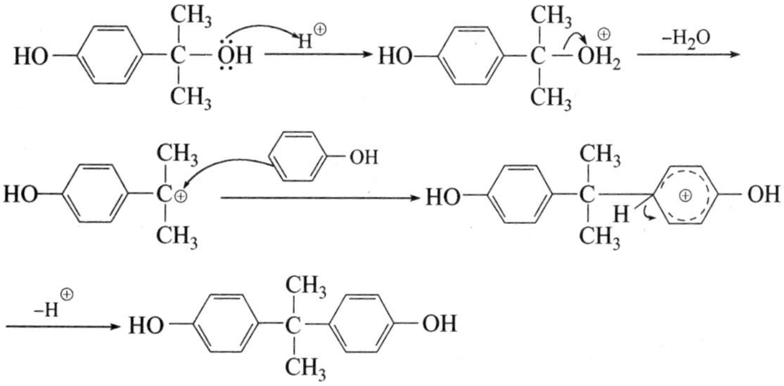

第十一章

问题 11.8　6.6 Hz

问题 11.10　$(CH_3)_2CHCOCH_3$

习题 11.1　(1) 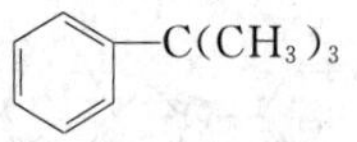 $—C(CH_3)_3$　(2) 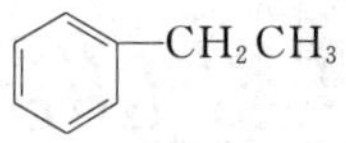 $—CH_2CH_3$　(3) $CH_2ClCHClCHClCH_2Cl$

(4) CH_3COCH_3　(5) $(CH_3)_2CHCOCH_3$　(6) C_6H_5Br

(7) $(C_6H_5)_3COH$　(8)  $CH_3CH_2—$　$—CH_2CH_3$

习题 11.2　$—C≡CH$

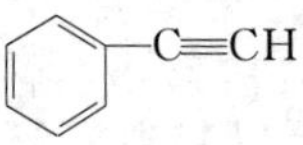

习题 11.3　A. 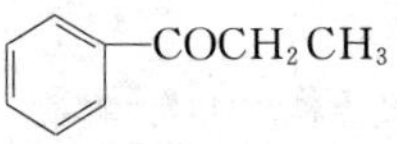 $—COCH_2CH_3$　B. 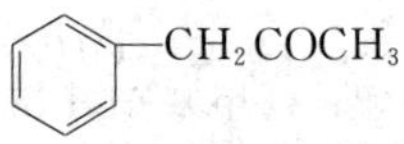 $—CH_2COCH_3$

习题 11.4　OH　$C(CH_3)_3$　　习题 11.5　CH_2OH

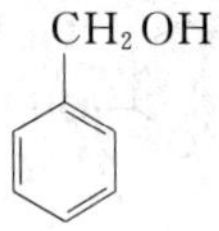

习题 11.6　$CH_3—C(CH_3)(CH{=}CH_2)—CH{=}C(CH_3)—COCH_3$　　习题 11.7　$CH_3CH(OH)CH(CH_3)_2$

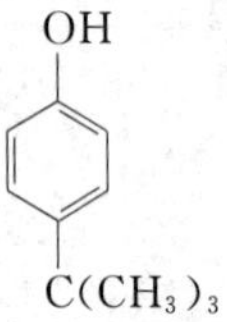

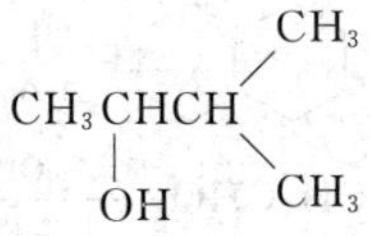

第十二章

问题 12.9　(1) 邻乙酰氧基苯甲酸　(2) (*Z*)-3-氨基羰基-2-甲基丁-2-烯酸

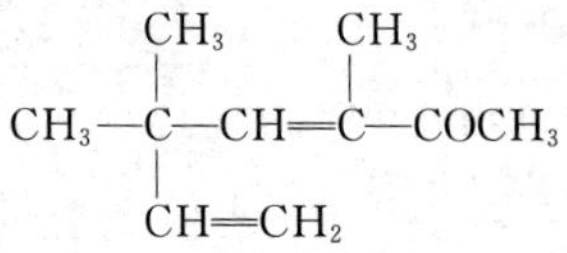

(3) 4-乙酰氨基-2-羟基苯甲酸甲酯　(4) 间甲酰基苯甲酸

问题 12.10　(1) $CH_3\overset{O}{\overset{\|}{C}}—O^{18}H+CH_3OH$　(2) 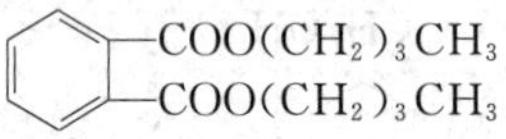 $—COO(CH_2)_3CH_3$　$—COO(CH_2)_3CH_3$

(3) $—CON(CH_3)_2$　(4) 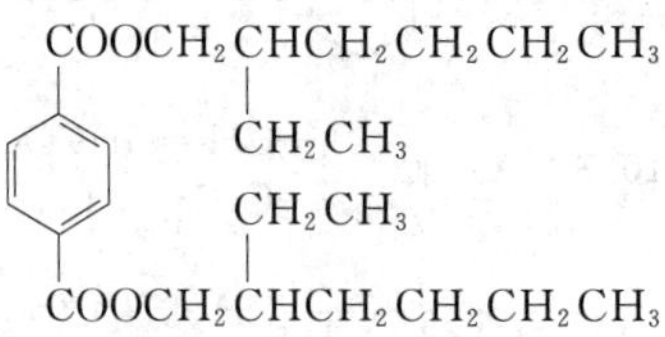 $COOCH_2CH(CH_2CH_3)CH_2CH_2CH_2CH_3$　$COOCH_2CH(CH_2CH_3)CH_2CH_2CH_2CH_3$

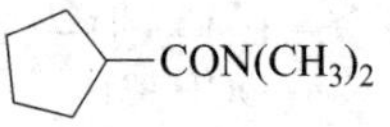

问题 12.11　(1) 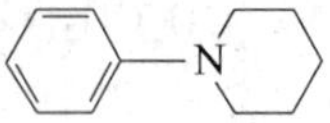 N　(2) $CH_3CH{=}CHCH_2CH_2CH_2OH$

(3) $HOCH_2CH_2CH_2CH_2CH_2OH$　(4) 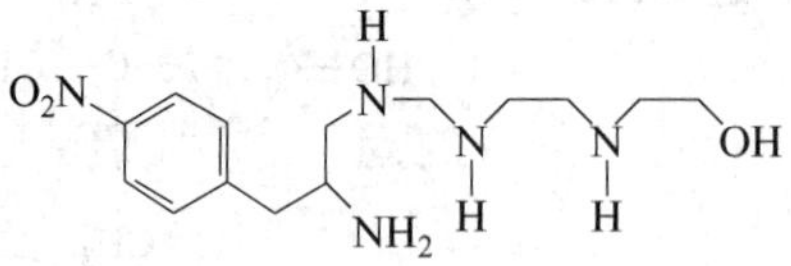 O_2N　NH_2　N H　N H　N H　OH

问题 12.12　(1) 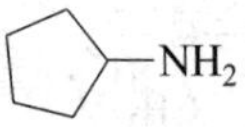 $—NH_2$　(2) NH_2　$COOH$

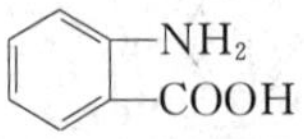

问题 12.13　(1) 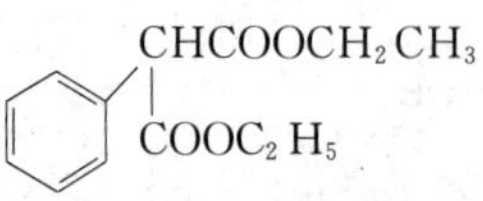 $CHCOOCH_2CH_3$　$COOC_2H_5$　(2) 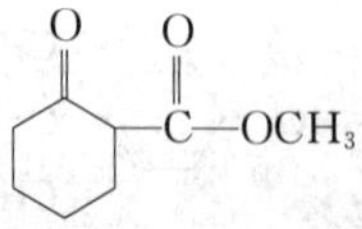 O　O　$—C—OCH_3$

(3) $C_6H_5-C_6H_4-OCH_2CH_2OH$

(4) $H_3CO-\overset{O}{\overset{\|}{C}}-\overset{H}{N}-C_6H_4-CH_2-C_6H_4-\overset{H}{N}-\overset{O}{\overset{\|}{C}}-OCH_3$

问题 12.14　A. （邻位 CH_3，SO_2Cl）　B. （邻位 CH_3，SO_2NH_2）　C. （邻位 COOH，SO_2NH_2）　D. （苯并环：C=O，NH，SO_2）

习题 12.1　(1) 4-羟基丁酸钠　(2) 2-甲基丁二酸酐

(3) 2-氯戊酰氯　(4) 2-甲基-3-氧亚基戊酸甲酯

(5) 对乙酰基苯甲酰胺　(6) *N*,*N*-二甲基丁酰胺

(7) 戊-1,4-内酰胺　(8) 1,4-二羟基萘-2,3-二甲酸二乙酯

(9) 邻乙酰氧基苯甲酸　(10) 2-甲基-2-[4-(甲基丙基)苯基]丙酸

习题 12.3　(1) （苯并环状酸酐：O，O，O）　(2) $CH_3\overset{O}{\overset{\|}{C}}-C_6H_4-CH_2COOH$

(6) $C_6H_4(COOH)_2$（邻位 COOH，COOH）　(7) （双环，$-CH_2OH$）

(8) （苯并内酯：C=O，O）　(9) $CH_2OH-CHOH-CH_2OH$　$+3RCOOH$　(10) （六元环内酰胺：N—H，=O）

习题 12.4　(1) $C_6H_5CH_3 \xrightarrow[h\nu]{Cl_2} \xrightarrow[OH^{\ominus}]{H_2O} \xrightarrow{CH_3COOH}$

(2) （亚甲基环己烷，$=CH_2$）$\xrightarrow[H_2O_2,OH^{\ominus}]{B_2H_6} \xrightarrow{PBr_3} \xrightarrow[② CO_2]{① Mg} \xrightarrow{H_3O^{\oplus}}$

(5) （萘）$\xrightarrow[V_2O_5]{O_2} \xrightarrow{NH_3 \cdot H_2O} \xrightarrow[NaOH]{Cl_2}$

(6) （环己酮，=O）$\xrightarrow{HNO_3} \xrightarrow{\triangle}$

(7) （四氢萘，CH_3，CH_3）$\xrightarrow[H^{\oplus}]{KMnO_4} \xrightarrow{\triangle}$

(8) $CH_3COOH \xrightarrow[P]{Cl_2} \xrightarrow{NaCN} \xrightarrow[H^{\oplus}]{CH_3CH_2OH}$

习题 12.5　(1) $CH_2(COOH)_2$　(2) $(CH_3)_2CHCN$

(3) $CH_3CH_2OOCCH_2CH_2COOCH_2CH_3$　(4) $CH_3CH_2OOC-C_6H_4-COOCH_2CH_3$

习题 12.6　A. （萘，HOOC，COOH）　B. 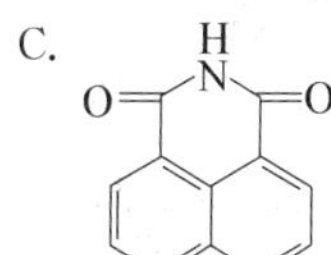　C. （萘二甲酰亚胺：O，N—H，O）

D. NH_2 COONa（萘环 1,8-位） E. NH_3 COOH（萘环 1,8-位）

F. C_6H_5—$NHCOCH_3$ G. CH_3CONH—C_6H_4—SO_2Cl

H. CH_3CONH—C_6H_4—SO_2NH_2

习题 12.7 A. CH_3取代的丁二酸酐

习题 12.8 A. 邻羟基苯甲酸（—COOH，—OH）

习题 12.9 A. $CH_3COOCH{=}CH_2$ B. $H_2C{=}CHCOOCH_3$

习题 12.11 (1) 先生成酰氯，然后起分子内的氨解反应。

(2) 酯羰基的氧原子先质子化，然后带部分正电荷的羰基碳原子进攻苯环起亲电取代反应。

习题 12.12 A. $CH_3CH(CH_2Br)_2$ B. $CH_3CH(CH_2CN)_2$ C. $CH_3CH(CH_2COOH)_2$ D. 3-甲基戊二酸酐

习题 12.13 A. 1-甲基环己烯 B. 甲基环己烷 C. $CH_3CO(CH_2)_4COOH$

D. $CH_3C(=NNHC_6H_5)(CH_2)_4COOH$ E. CH_2CH_2COOH—CH_2CH_2COOH F. 环戊酮

第十三章

问题 13.5 (1) 环己烷-1,2-(COOC$_2$H$_5$)$_2$ $\xrightarrow[\text{② } H_3O^{\oplus}]{\text{① } NaOC_2H_5}$ 2-(COOC$_2$H$_5$)环戊酮

问题 13.6 (2) $C_6H_5COOC_2H_5 + CH_3CH_2COOC_2H_5 \xrightarrow[\text{② } H_3O^{\oplus}]{\text{① } NaOC_2H_5} C_6H_5COCH(CH_3)COOC_2H_5$

(3) $COOC_2H_5$—$COOC_2H_5$ $+ CH_3COOC_2H_5 \xrightarrow[\text{② } H_3O^{\oplus}]{\text{① } NaOC_2H_5} C_2H_5OCOCOCH_2COOC_2H_5$

问题 13.7 (3)，(4)，(6)

问题 13.12 (1) $(CH_3CO)_2CHCH_2CH_2CN$ (2) $CH_3COCH(NO_2)CH_2CH_2COOCH_3$

(3) 2-CH_3-2-$CH_2CH_2COCH_3$-环己烷-1,3-二酮

问题 13.13　(1) 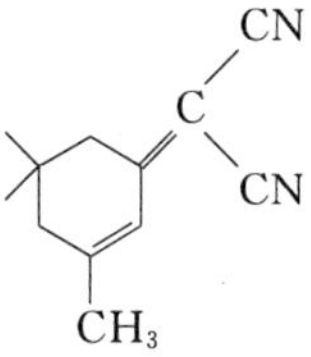　CN　C　CN　CH_3　(2)　O　CN　$COOC_2H_5$　O　(3)　S　O　NH　O

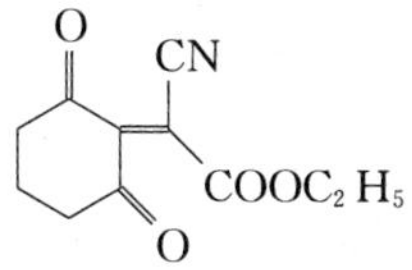

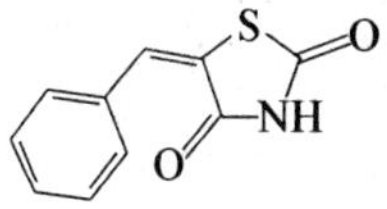

习题 13.3　(1) 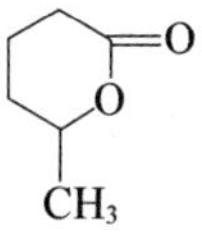　O　O　CH_3　(2) 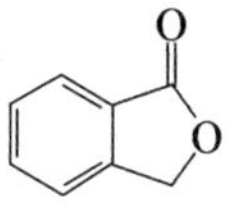　O　O　(4) 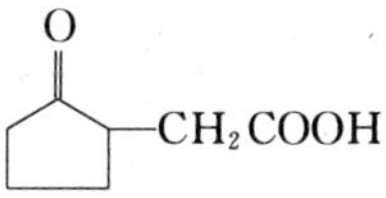　O　CH_2COOH

习题 13.4　(1) 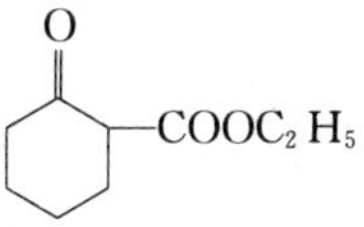　O　$COOC_2H_5$　(2) 　$COCH_2COCH_3$

习题 13.5　(1) 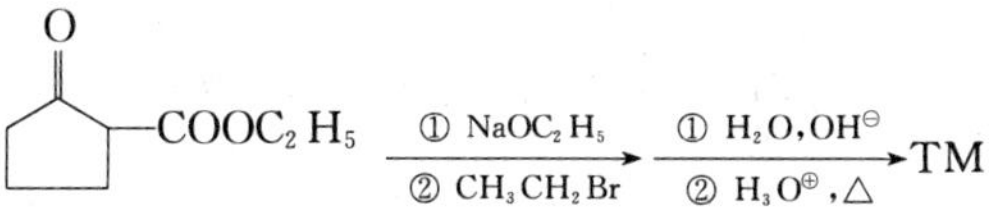　O　$COOC_2H_5$ $\xrightarrow[\text{② } CH_3CH_2Br]{\text{① } NaOC_2H_5}$ $\xrightarrow[\text{② } H_3O^{\oplus},\triangle]{\text{① } H_2O,OH^{\ominus}}$ TM

(3) 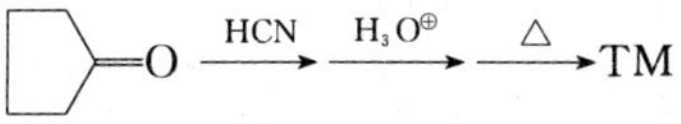　=O $\xrightarrow{HCN}$ $\xrightarrow{H_3O^{\oplus}}$ $\xrightarrow{\triangle}$ TM

(4) 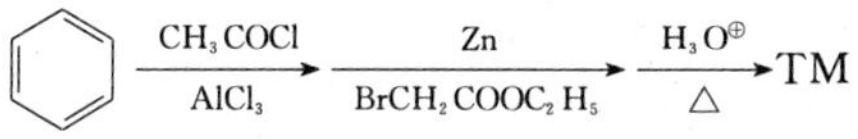　$\xrightarrow[AlCl_3]{CH_3COCl}$ $\xrightarrow[BrCH_2COOC_2H_5]{Zn}$ $\xrightarrow[\triangle]{H_3O^{\oplus}}$ TM

习题 13.9　A. $HOOCCOCH_2COOH$　　B. 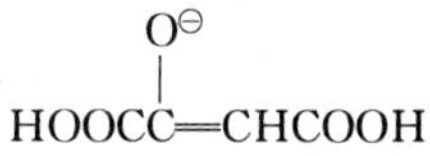 $HOOC\overset{O^{\ominus}}{C}{=}CHCOOH$

习题 13.10　HO—C_6H_4—CH=CH—COOH

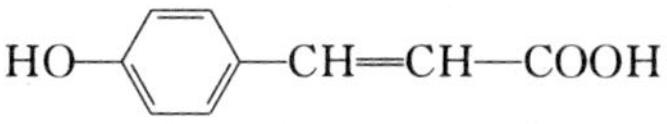

习题 13.11　$CH_3—\underset{OH}{CH}—CH_2CH=CH_2$

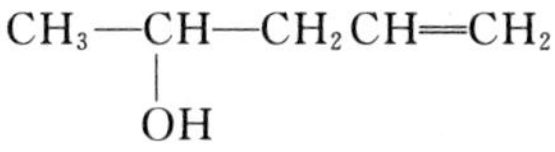

第十四章

问题 14.1　作用物与亲核试剂先生成加成产物，生成碳负离子活性中间体，然后离去基离开得到取代产物。由于氟的电负性强，使加成的活性中间体碳负离子安定性增加，因此反应速度最快。

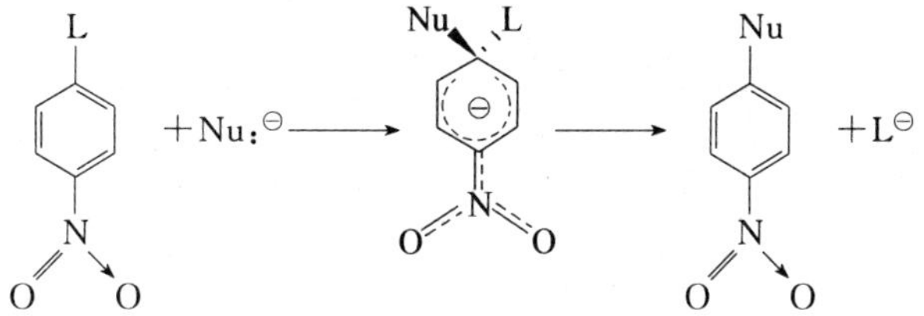

L　N　O　O　$+Nu:^{\ominus}$ ⟶　Nu　L　⊖　N　O　O　⟶　Nu　N　O　O　$+L^{\ominus}$

问题 14.4　n-C_4H_9Li，LDA，$NaNH_2$，t-BuONa，EtONa，NaOH

问题 14.7　(1) $H_2C=CH_2$　　(2) 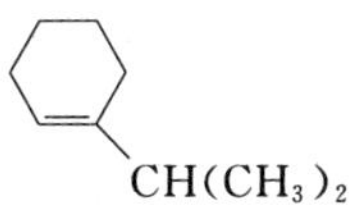　$CH(CH_3)_2$

问题 14.10　(1) 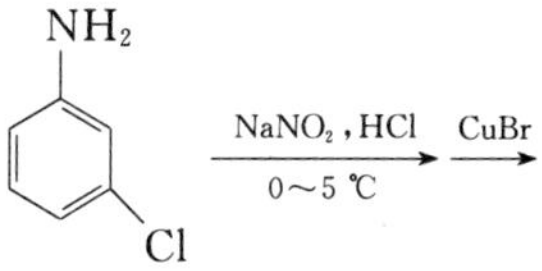　NH_2　Cl $\xrightarrow[0\sim5\ ^\circ C]{NaNO_2,HCl}$ $\xrightarrow{CuBr}$

(2) 间硝基苯胺（NH_2, NO_2） $\xrightarrow[0\sim5\ ℃]{NaNO_2,HCl}$ $\xrightarrow{KI}$

(3) 对甲苯胺（NH_2, CH_3） $\xrightarrow[0\sim5\ ℃]{NaNO_2,HCl}$ $\xrightarrow[\triangle]{HBF_4}$ $\xrightarrow{KMnO_4}$

(4) 对甲苯胺（NH_2, CH_3） $\xrightarrow{CH_3COCl}$ $\xrightarrow[H_2SO_4]{HNO_3}$ $\xrightarrow{Fe,HCl}$ $\xrightarrow[0\sim5\ ℃]{NaNO_2,HCl}$ $\xrightarrow[\triangle]{H_2O}$

问题 14.14　A. 生成酯；B. —OH 被—Cl 取代；C. 中和；D. —Cl 被—SH 取代。

问题 14.15　α-氨基丙酸

习题 14.1　(9) 天冬氨酰-苯丙氨酸甲酯(Asp - Phe-OCH_3)

习题 14.2　(1) 4-氨基-2-氯苯甲酸(2-二乙氨基)乙酯　(2) *N*-苄基-*N*-甲基丙-2-炔-1-胺

(3) 4-[4-(二(2-氯乙基)氨基)苯基]丁酸

(4) (1*S*,2*R*)-2-氨基-1-苯基丙-1-醇

习题 14.3　(2) 香草醛（CHO, OCH_3, OH） $\xrightarrow[OH^{\ominus}]{CH_3NO_2}$ $\xrightarrow{[H]}$ $\xrightarrow[\triangle]{HI}$

习题 14.6　(1) $C_6H_5Cl \xrightarrow[H_2SO_4]{HNO_3} \xrightarrow{Fe,HCl}$

(2) $C_6H_5CH_3 \xrightarrow[H_2SO_4]{HNO_3} \xrightarrow{Fe,HCl} \xrightarrow{CH_3I} \xrightarrow{KMnO_4}$

(3) $C_6H_5Br \xrightarrow[H_2SO_4]{HNO_3} \xrightarrow{Fe,HCl} \xrightarrow[0\sim5\ ℃]{NaNO_2,HCl} \xrightarrow{KI}$

(4) $C_6H_5CH_3 \xrightarrow[0\sim5\ ℃]{NaNO_2,HCl} \xrightarrow{CuCN} \xrightarrow[h\nu]{Cl_2} \xrightarrow{NH_3\cdot H_2O}$

(5) $C_6H_5CH_3 \xrightarrow[h\nu]{Cl_2} \xrightarrow[H_2O]{NaOH} \xrightarrow{POCl_3}$

(6) 水杨酸（COOH, OH） $\xrightarrow{HNO_3}$ $\xrightarrow{Fe,HCl}$ $\xrightarrow[0\sim5\ ℃]{NaNO_2,HCl}$ $\xrightarrow{\text{水杨酸（COOH, OH）}}$

(7) 先用乙酰乙酸乙酯和溴丙酮制备己-2,5-二酮(第十三章)，然后通过 HWE 反应合成目标产物。

习题 14.7　(1) $C_6H_5CH_3 \xrightarrow[H_2SO_4]{HNO_3} \xrightarrow{KMnO_4} \xrightarrow{Fe,HCl}$

(2) $C_6H_5CH_3 \xrightarrow[H_2SO_4]{HNO_3} \xrightarrow{Fe,HCl} \xrightarrow{CH_3COCl} \xrightarrow[Fe]{Br_2} \xrightarrow{H_3O^{\oplus}} \xrightarrow[②\ H_2O]{①\ NaNO_2,HCl}$

(3) $C_6H_5CH_3 \xrightarrow[0\sim5\ ℃]{NaNO_2,HCl} \xrightarrow{HBF_4} \xrightarrow{KMnO_4} \xrightarrow[H^{\oplus}]{C_2H_5OH}$

(4) $C_6H_5CH_3 \xrightarrow[h\nu]{Cl_2} \xrightarrow[OH^{\ominus}]{H_2O} \xrightarrow[HCl(g)]{CH_3OH} \xrightarrow[H_2SO_4]{HNO_3} \xrightarrow{Fe,HCl}$

(5) $C_6H_6 \xrightarrow[H_2SO_4]{HNO_3} \xrightarrow{Fe,HCl} \xrightarrow[\triangle]{H_2SO_4} \xrightarrow[HCl]{NaNO_2} \xrightarrow{C_6H_5N(CH_3)_2}$

(6) $C_6H_5NH_2 \xrightarrow[HCl]{NaNO_2} \xrightarrow{C_6H_5NH_2} \xrightarrow[\triangle]{H^{\oplus}} \xrightarrow[HCl]{NaNO_2} \xrightarrow{C_6H_5OH}$

习题 14.8　(1) $CH_3CH_2CONH_2$　　(2) $C_6H_5CH(NH_2)CH_3$

(3) $C_6H_5CH_2NHCH_3$　　(4) $C_6H_5NHC_6H_5$

习题 14.9　A. C_6H_5—N(CH_3)—C(=O)—C_6H_4—CH_3　　B. C_6H_5—$NHCH_3$

C. CH_3—C_6H_4—COOH

习题 14.10　A. CH_3—C_6H_4—NO_2　　B. CH_3—C_6H_4—NH_2

C. CH_3—C_6H_4—$N_2^{\oplus}Cl^{\ominus}$　　D. CH_3—C_6H_4—N=N—C_6H_4—OH

习题 14.11　A. COOH—$CHCH_3$—$CHNH_2$—COOH　B. COOH—$CHCH_2$—CHOH—COOH　C. COOH—$CHCH_3$—CO—COOH　D. COOH—$CHCH_3$—CHO　E. COOH—$CHCH_3$—COOH

习题 14.12　N-甲基-2-甲基四氢吡咯（结构：五元环，N 上连 CH_3，2 位连 CH_3）

习题 14.14　有吸电子基的芳环上的氟原子易被亲核性基团取代。

第十五章

问题 15.1

问题 15.3

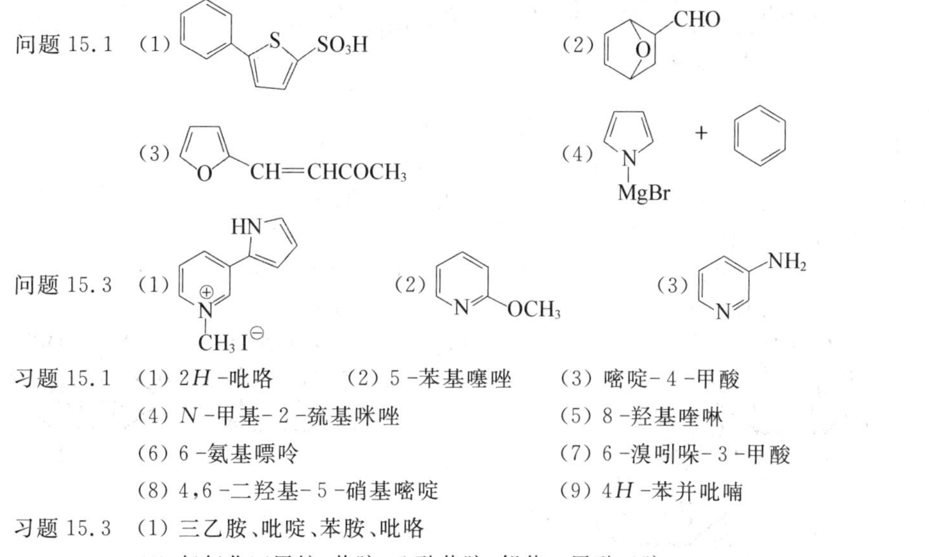

习题 15.1　(1) $2H$-吡咯　(2) 5-苯基噻唑　(3) 嘧啶-4-甲酸

(4) N-甲基-2-巯基咪唑　(5) 8-羟基喹啉

(6) 6-氨基嘌呤　(7) 6-溴吲哚-3-甲酸

(8) 4,6-二羟基-5-硝基嘧啶　(9) $4H$-苯并吡喃

习题 15.3　(1) 三乙胺、吡啶、苯胺、吡咯

(2) 氢氧化四甲铵、苯胺、乙酰苯胺、邻苯二甲酰亚胺

习题 15.5 (1) (c),(a),(b) (2) (a),(b),(c) (3) (b),(a),(c)

习题 15.6 (2) 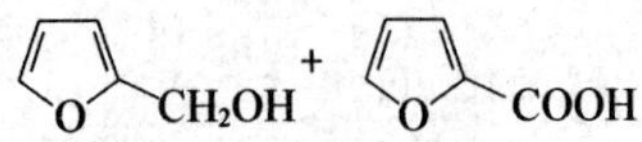 CH_2OH + COOH (3) 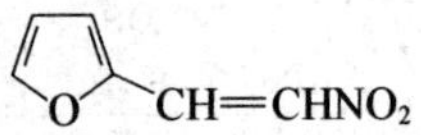 $CH{=}CHNO_2$

(4) 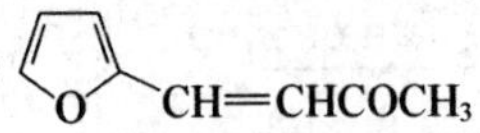 $CH{=}CHCOCH_3$ (5) 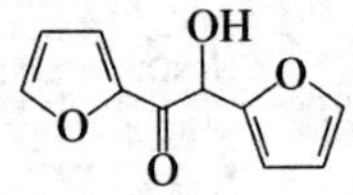 OH O

(6) 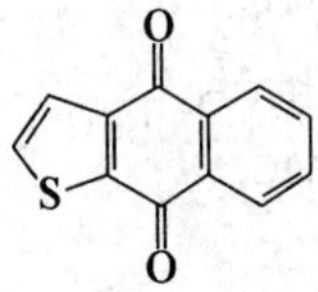 O S O (7) 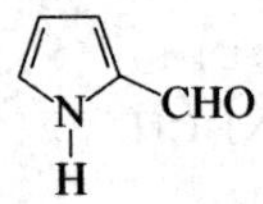 N H CHO

习题 15.7 A. 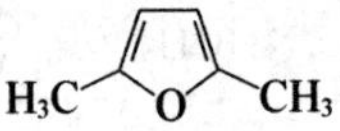 H_3C O CH_3 B. $CH_3COCH_2CH_2COCH_3$

习题 15.8 (1) A. 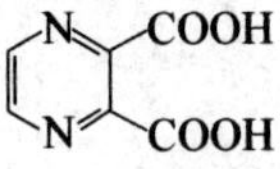 N COOH N COOH B. 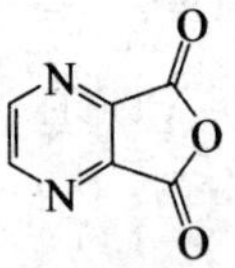 N O O N O

C. 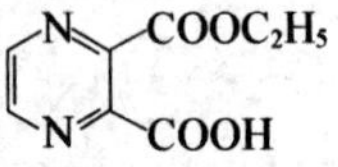 N $COOC_2H_5$ N COOH D. 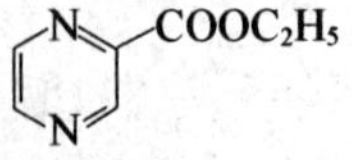 N $COOC_2H_5$ N

(2) E. 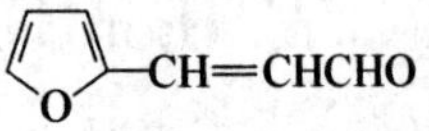 O $CH{=}CHCHO$ F. 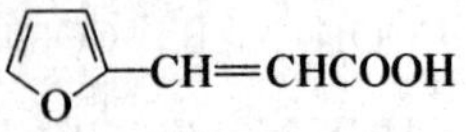 O $CH{=}CHCOOH$

G. 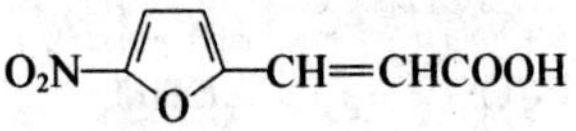 O_2N O $CH{=}CHCOOH$ H. 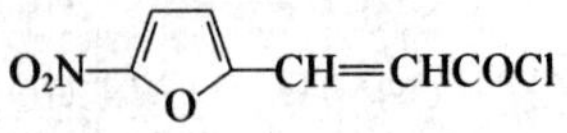 O_2N O $CH{=}CHCOCl$

I. 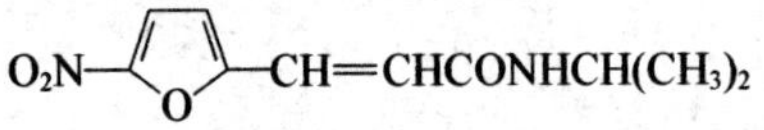 O_2N O $CH{=}CHCONHCH(CH_3)_2$

(3) A. 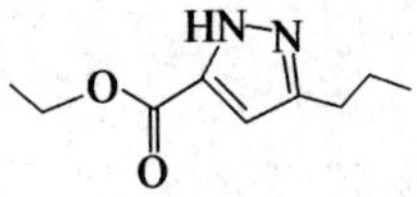 HN-N O O B. 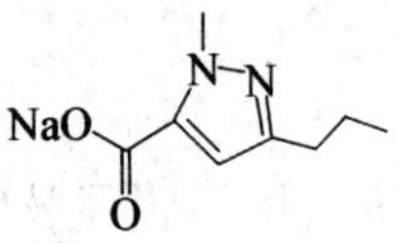 NaO N-N O C. 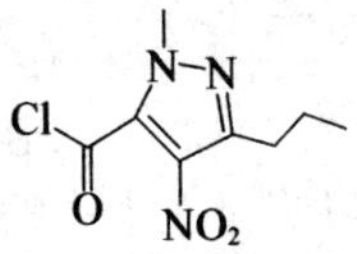 Cl N-N O NO_2

D. 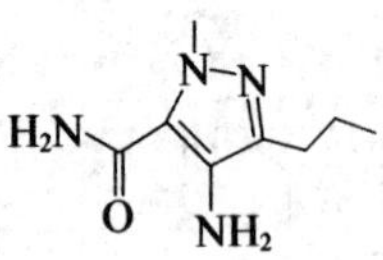 H_2N N-N O NH_2 E. 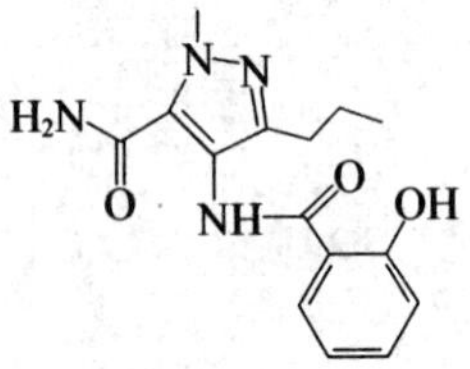 H_2N N-N O NH O OH

第十六章

问题 16.6 A.

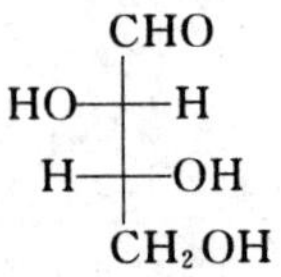

CHO
HO—H
H—OH
CH_2OH

B.

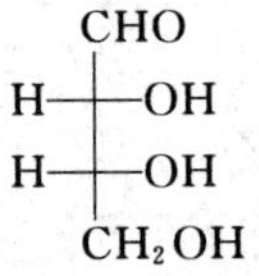

CHO
H—OH
H—OH
CH_2OH

习题 16.3 CH_2OH OH H O H H OH H H OH O H OH CH_2 H H O OH OH H OH H OH

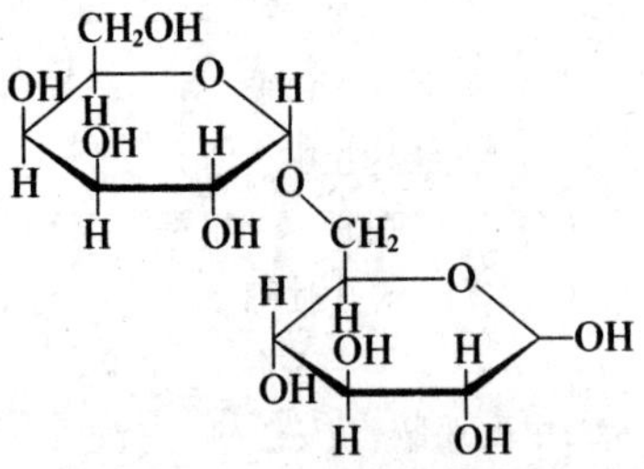

习题 16.4 CH_2OH H O H H OH H OH H OH O H OH H OH H HOH_2C OH H O OH H

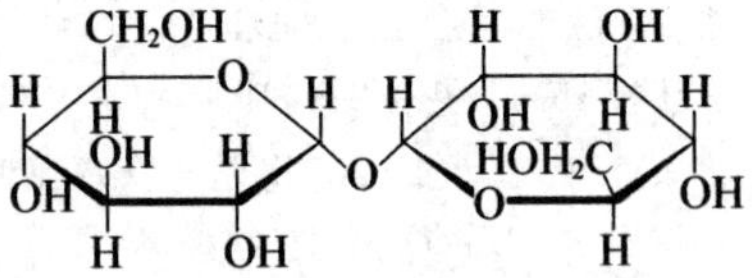

习题 16.5 A.

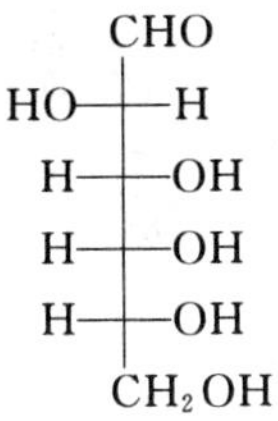

CHO
HO—H
H—OH
H—OH
H—OH
CH_2OH

B.

CHO
H—OH
H—OH
H—OH
H—OH
CH_2OH

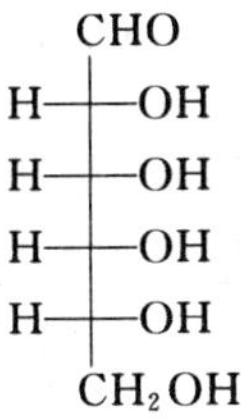

第十七章

问题 17.6 (1) 3-羟基雌甾-1,3,5(10)-三烯-17-酮

(2) 3α, 7α-二羟基-5β-胆烷-24-酸

(3) 21-羟基孕甾-4-烯-3,20-二酮

(4) 17β-羟基-17α-甲基雄甾-1,4-二烯-3-酮

习题 17.4

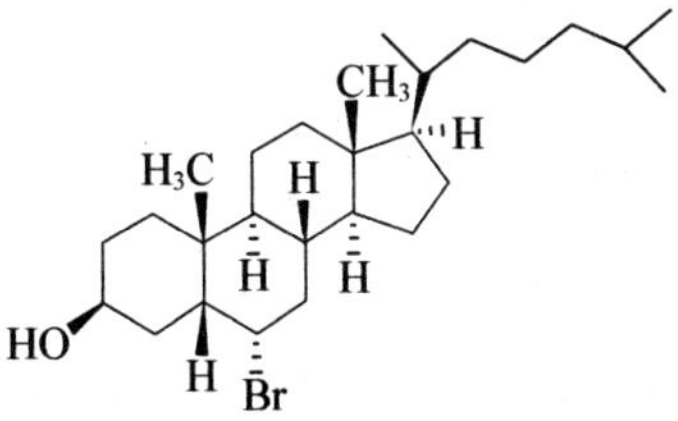

CH_3 H H_3C H H H HO H Br

习题 17.7 $\xrightarrow[H^{\oplus}]{(CH_3)_3COH}$ $\xrightarrow[\text{② } H_3O^{\oplus}]{\text{① } LiAlH_4}$ $\xrightarrow[DCC]{CH_3COOH}$ $\xrightarrow{H_3O^{\oplus}}$ $\xrightarrow{PCC}$

第十八章

问题 18.2 (1) OH (2) HO OH

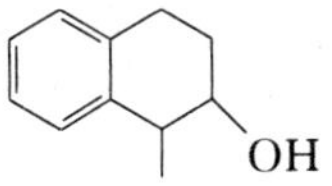

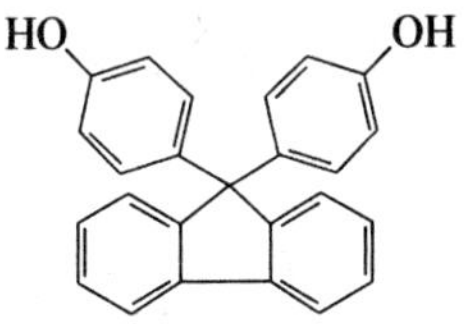

问题 18.3 (1) S S S Cl Cl (2) HOOC— —COOEt

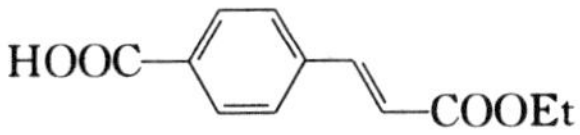

问题 18.4 (1) $CH_3COCH_2—COCH_3 + H_2NOH \cdot HCl$ (2) $OHCCH_2CHO+$ O H_2N NH_2

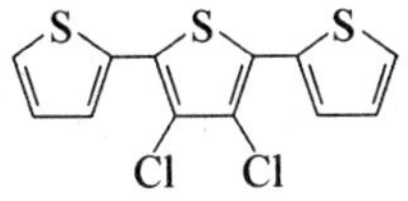

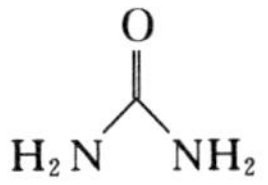

(3) H_2N NH + O O (4) 2 O CH_3 C CH H_2N CO_2Et (5) O Br + NAc H_2N NH_2

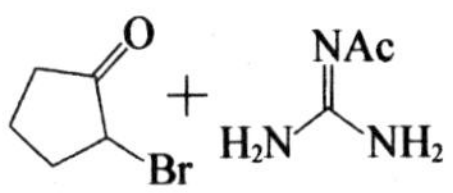

问题 18.5 缩醛,醋酸或盐酸水解

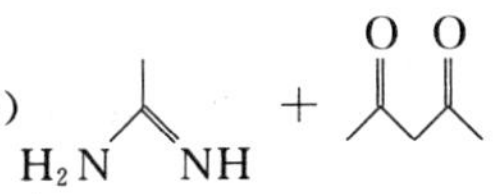

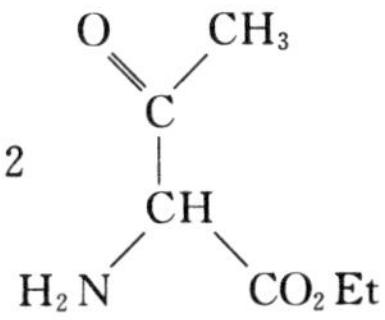

问题 18.6 (1) CH_3 EtOOC C—O— —F H (2) CH_3CH_2S H H

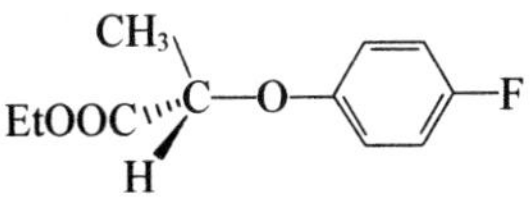

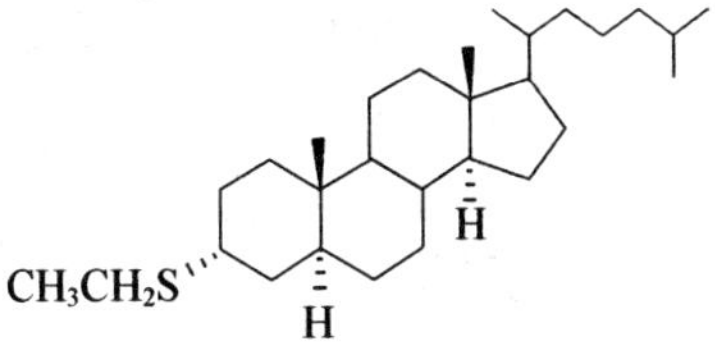

问题 18.7 HOOC–CH(NH_2)–CH(CH_3)$_2$ $\xrightarrow{\text{PhOCOCl}}$ HOOC–CH(NHCOOPh)–CH(CH_3)$_2$ $\xrightarrow{BH_3\cdot THF}$ HOCH$_2$–CH(NHCOOPh)–CH(CH_3)$_2$ $\xrightarrow[\text{THF}]{t\text{-BuOK}}$ 4-异丙基噁唑烷-2-酮（HN, O, O）

问题 18.8 （1）$C_6H_5CH_2Br \xrightarrow[(C_2H_5)_2O]{Mg} \xrightarrow[\text{② } H_3O^{\oplus}]{\text{① } C_6H_5CHO} \xrightarrow[H^{\oplus}]{CH_3COOH} TM$

（2）苯甲醛（CHO）$\xrightarrow[H_2SO_4]{HNO_3} \xrightarrow[OH^{\ominus}]{CH_3CHO} TM$

（3）$(CH_3)_2CHCHO \xrightarrow[OH^{\ominus}]{HCHO} \xrightarrow{CH_2(COOH)_2} \xrightarrow{\triangle} TM$

（4）$2CH_3COCH_3 \xrightarrow{OH^{\ominus}} (CH_3)_2C{=}CHCOCH_3 \xrightarrow[NaOC_2H_5]{CH_2(COOC_2H_5)_2} \xrightarrow[\text{② } H_3O^{\oplus}]{\text{① } NaOC_2H_5} TM$

习题 18.1 （1）邻羟基苯丙酮（O, CH_2CH_3, OH）$+ \ \overset{O}{\overset{\|}{HC}}{-}OC_2H_5 \xrightarrow[\text{② } H^{\oplus}]{\text{① NaOEt}} \xrightarrow[-H_2O]{TsOH}$ 3-甲基色酮（O, CH_3, O）

（2）$(CH_3)_2CHCHO \xrightarrow[OH^{\ominus}]{HCHO}$ OHC–C(CH_3)$_2$–CH$_2$OH $\xrightarrow[\triangle,\ N(Et)_3]{HOOC\ \ COOH}$ （OH, OH, O）$\longrightarrow$ 内酯（O, O）

（3）环己酮（O）+ 四氢吡咯（H, N）$\xrightarrow{TsOH}$ 烯胺（N）$\xrightarrow{CH_3COCH_2Br}$ 2-(2-氧代丙基)环己酮（O, O）$\xrightarrow[\triangle]{OH^{\ominus}}$ 双环烯酮（O）

（4）CH_3COCH_2COOEt（O, O, OEt）$\xrightarrow[\text{② 环氧乙烷}]{\text{① NaOEt}} \xrightarrow{H^{\oplus}}$ α-乙酰基-γ-丁内酯（O, O, O）

（5）$CH_2(COOEt)_2 \xrightarrow[\text{② } BrCH_2CH_2CH_2Br]{\text{① NaOEt}}$ 环丁烷-1,1-(COOEt)$_2$ $\xrightarrow[\text{② } PBr_3]{\text{① Na/EtOH}}$ 1,1-双(溴甲基)环丁烷（Br, Br）

$\xrightarrow[NaOEt]{CH_2(COOEt)_2} \xrightarrow[\text{② } H_3O^{\oplus},\ \triangle]{\text{① 5\% NaOH}}$ 螺[3.3]庚烷–COOH

（6）

$CH_2CH_2COOCH_2CH_3$ / $CH_2CH_2COOCH_2CH_3$ $\xrightarrow{NaOEt}$ 2-氧代环戊烷甲酸乙酯（C_2H_5O, O, O）$\xrightarrow{CH_2{=}CH{-}CN}$ （CN, O, C_2H_5O, O）$\xrightarrow[Pd/C]{H_2}$

（NH_2, O, C_2H_5O, O）$\xrightarrow[\text{② HCl，}\triangle]{\text{① NaOH, } H_2O}$ （NH_2, O）$\xrightarrow{-H_2O}$ 亚胺（N）$\xrightarrow{NaBH_4}$ 八氢环戊并[b]吡啶（N, H）

(7)

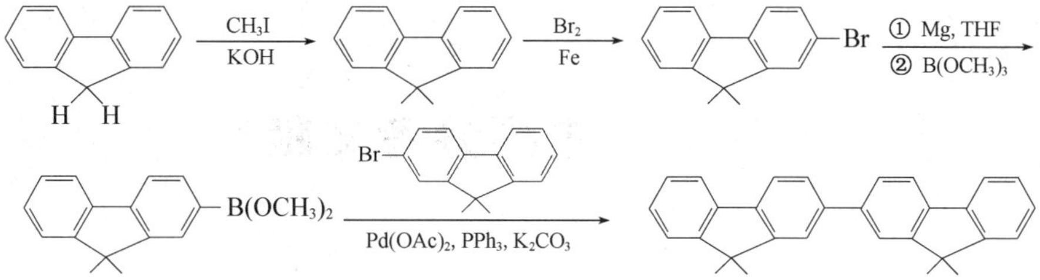

(8)

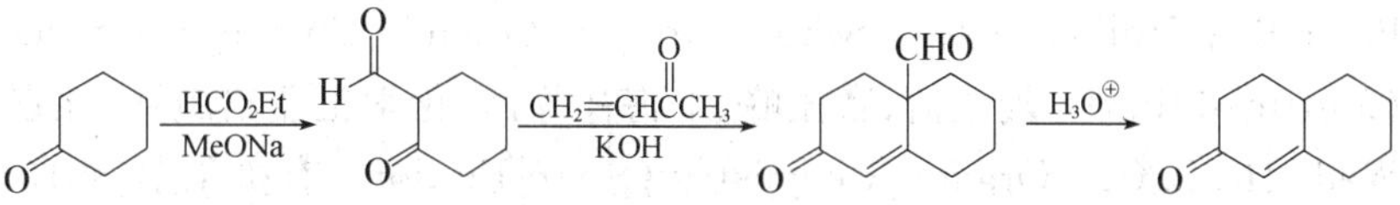

习题 18.2　(a) $H^{\oplus}$　(b) $LiAlH_4$　(c) MnO_2　(d) $K_2Cr_2O_7$，H_2SO_4　(e) ① H_2/Pd　② CH_3OH，$H^{\oplus}$　(f) ① $HOCH_2CH_2OH$，TsOH　② NaOH，H_2O　(g) $SOCl_2$　(h) $HO^{\ominus}$，H_2O

习题 18.3　(a) ① NaOEt　② $CH_3COOC_2H_5$　③ 5% NaOH　④ HCl，△

(b) $NaBH_4$　(c) DHP，$H^{\oplus}$

(d) 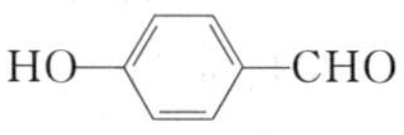 HO—C₆H₄—CHO　DEAD，Ph_3P　(e)

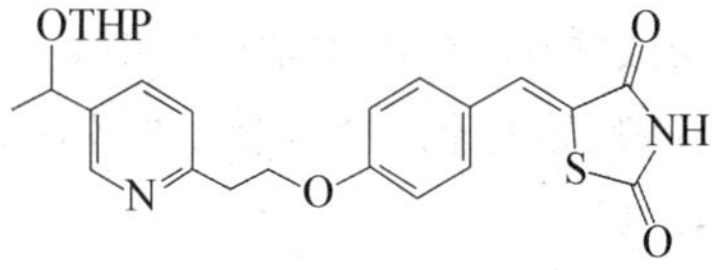

(f) ① Pd/C，H_2　② HCl

习题 18.4

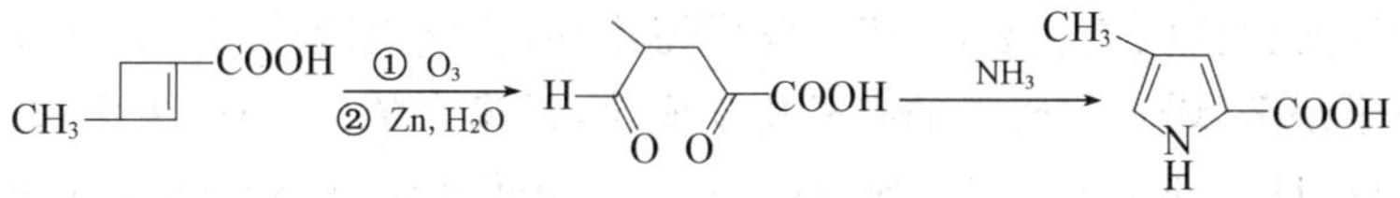

习题 18.5

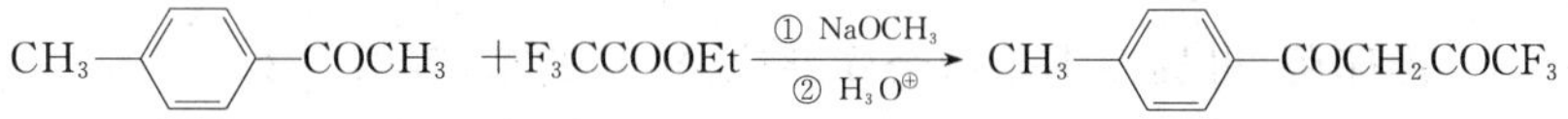

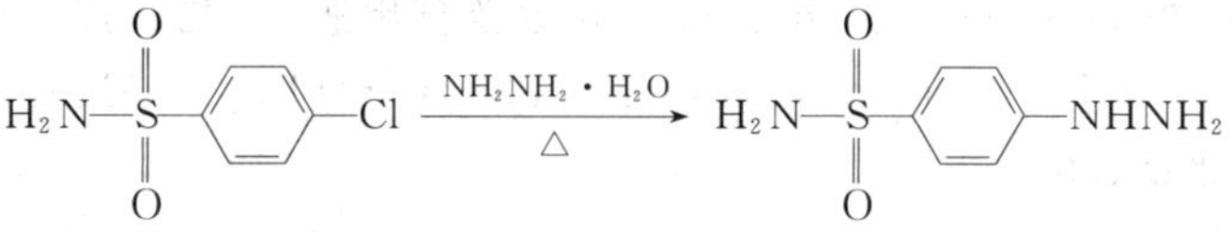

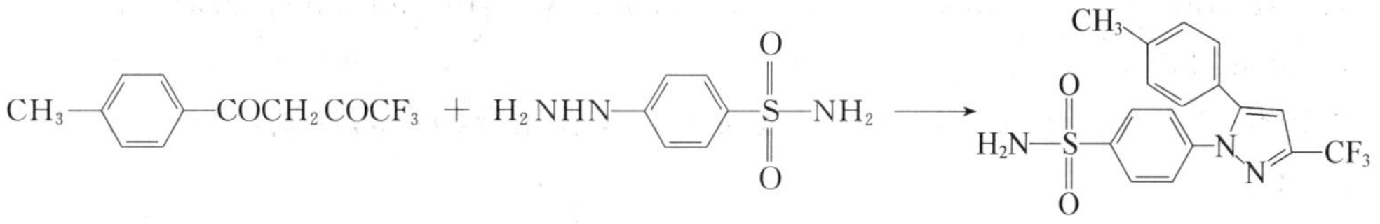

习题 18.6

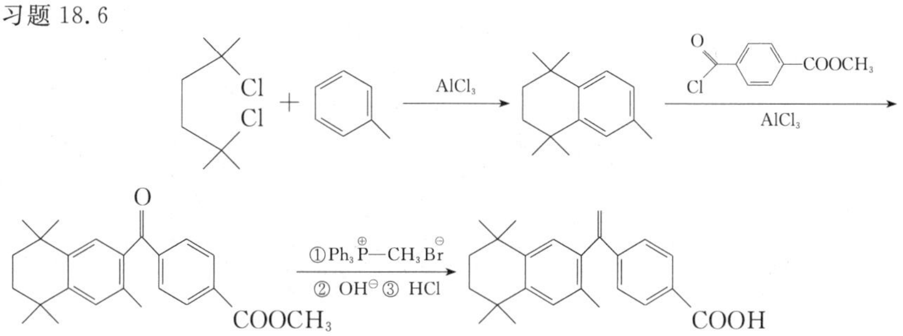

习题 18.7　(1) 用维悌希反应合成。(2) 在酚羟基上导入小肽如二肽和三肽等。(3) 以芳环如咪唑、噁唑环等代替烯键。

主要参考文献

1. Peter K.; Vollhardt C.; Schore Neil E. Organic Chemistry: Structure and Function (fourth edition), 戴立信、席振峰、王梅祥等译,化学工业出版社,北京,2006.5
2. Wade JR. L. G.. Organic Chemistry (Sixth Edition) 有机化学(影印版),高等教育出版社,北京,2004.4
3. Furniss B. S.; Hannaford A. J. Vogel's Text of Practical Organic Chemistry (Fifth Edition), Vol 1～Vol 2,沃氏实用有机化学教程,第5版,第1卷～第2卷,影印版,世界图书出版公司北京公司,北京,2007.12
4. 胡宏纹主编,有机化学(第四版),上册、下册,高等教育出版社,北京,2013.6
5. 邢其毅、裴伟伟、徐瑞秋、裴坚,基础有机化学(第三版),上册、下册,高等教育出版社,北京,2005.6
6. 陆国元编著,有机反应与有机合成,科学出版社,北京,2009.6
7. 冯骏材、陆国元、吴琳、丁孟辛,有机化学学习指导,科学出版社,北京,2003.1
8. 张明杰、马宁编著,诺贝尔奖中的有机化学概论,天津大学出版社,天津,2007.9
9. Williams D. H.; Fleming I. Spectroscopic Methods in Organic Chemistry (Fifth Edition),影印版,世界图书出版公司北京公司,北京,2007.12
10. 汪小兰编,蒋腊生修订,有机化学(第五版),高等教育出版社,北京,2017.3
11. Solomons T. W. G., Fryhle C. B., Organic Chemistry (Eighth Edition), 影印版, 化学工业出版社,北京,2004.1
12. Housecroft C. E., Constable E. C., Chemistry (4th Edition), Pearson, England, London, 2010
13. 中国化学会有机化合物命名审定委员会, 有机化合物命名原则,科学出版社,北京,2018.1